地质调查科研成果与综合建设成就
(1998—2018)

DIZHI DIAOCHA KEYAN CHENGGUO YU ZONGHE JIANSHE CHENGJIU

江苏省地质调查研究院 编

图书在版编目(CIP)数据

地质调查科研成果与综合建设成就:1998—2018/江苏省地质调查研究院编.—武汉:中国地质大学出版社,2021.1
ISBN 978-7-5625-4991-8

Ⅰ.①地…
Ⅱ.①江…
Ⅲ.①地质调查-研究院-概况-江苏-1998-2018
Ⅳ.①P622-242.53

中国版本图书馆 CIP 数据核字(2021)第 067290 号

地质调查科研成果与综合建设成就(1998—2018)	江苏省地质调查研究院 编
责任编辑:舒立霞 陈 露 张旻玥	选题策划:毕克成 唐然坤 张 旭
封面设计:唐良玉	责任校对:徐蕾蕾

出版发行:中国地质大学出版社(武汉市洪山区鲁磨路388号)	邮编:430074
电　　话:(027)67883511　　传　　真:(027)67883580	E-mail:cbb@cug.edu.cn
经　　销:全国新华书店	http://cugp.cug.edu.cn

开本:880毫米×1230毫米　1/16	字数:1236千字　印张:39
版次:2021年1月第1版	印次:2021年1月第1次印刷
印刷:湖北睿智印务有限公司	
ISBN 978-7-5625-4991-8	定价:298.00元

如有印装质量问题请与印刷厂联系调换

《地质调查科研成果与综合建设成就(1998—2018)》编纂委员会

主　　任：刘　聪

副主任：袁晓军

委　　员：朱锦旗　陈火根　王传礼　朱兴贤　于　军
　　　　　王俐俐　唐　青　郝社锋　龚绪龙　赵立鸿
　　　　　黄建平　李向前　高孝礼　蒋　波　许伟伟
　　　　　杜建国　姚炳魁　周清锋　孙　磊　王玉军
　　　　　黄敬军　章其华　沈兆龙　陈　晨　李善贵
　　　　　诸培万　陈　勇

《地质调查科研成果与综合建设成就(1998—2018)》编辑部

主　编：朱锦旗　陈火根

副主编：龚绪龙　赵立鸿

成　员：(按姓氏笔画排序)

王丽娟　王彩会　任静华　华建伟　许书刚

宋　珂　张　平　张　岩　杨　磊　杨礼平

陈　冬　陈彦瑾　赵增玉　徐士银　徐步新

徐雪球　曹　磊　曹景洋　梅芹芹　鄂　建

黄光明　黄晓燕　喻永祥　程　勇　潘明宝

魏　芳

前　言

自1998年组建以来,江苏省地质调查研究院传承"地质摇篮"爱国、奉献、创新优良基因,发扬"三光荣"精神,牢记基础性、公益性、战略性地质调查使命担当,创新地质技术服务模式,在推动地质调查服务于经济社会大局方面取得了丰硕的成果。在建院20周年之际,编写出版《地质调查科研成果与综合建设成就(1998—2018)》一书,回顾并总结我院地质调查和综合建设的发展过程、重要成就和经验教训,对促进我院地质事业繁荣迸发、保障经济社会建设高质量发展具有重要意义。

在履行"三性"地质工作职责过程中,围绕江苏工业化、城镇化、重大区域发展战略以及生态文明建设中的各项需求,我院先后实施了四场战役,为经济社会发展提供了坚实的资源、环境保障。在资源保障战中,通过区域地质调查和矿产地质调查摸清矿产资源家底,取得新兴战略与特色优势矿产找矿重大突破,为工业化提供了宝贵的资源能源;在安全守护战中,推进水工环地质调查和城市地质调查,筑牢城市建设的安全底盘,开展地质灾害调查和危险性评估,全力保障人民生命安全和财产安全;在战略攻坚战中,部署实施江苏沿海地区综合地质调查和苏南现代化建设示范区综合地质调查工作,为江苏沿海和苏南地区高质量发展提供系列地质解决方案;在生态文明建设的绿色保卫战中,通过全省多目标生态地球化学调查摸清生态地质环境家底,开展地热资源勘查、清洁能源开发、矿山地质环境调查及矿山生态修复工作,助力实现碳中和,为建设美丽江苏提供新蓝图。

围绕经济社会活动对地质工作的需求,创新开展地质技术服务工作,进一步提升地质调查与科研工作的社会影响与经济效益。在地质实验测试科研技术服务、水文地质工程地质勘查与应用、矿产资源规划编制研究、国土资源测绘与规划等多个领域取得突出成就,在国家重点工程建设、地下水资源科学利用和保护、地质灾害防治、生态环境保护与修复等工作中发挥了重要作用。

地质事业繁荣发展的同时,我院综合建设也取得斐然成绩,综合实力位居全国省级地调院前列。科研成果方面,先后荣获各项科技成果奖励141项,其中省部级44项;科技人才方面,国务院特殊津贴获得者5名、全国五一劳动奖章获得者2名、自然资源部科技领军人才1名、自然资源部百人计划2名、江苏省有突出贡献的中青年专家4名、金罗盘奖1名;科研平台方面,拥有国土资源部地裂缝地质灾害重点实验室、江苏省境外矿产资源勘查开发信息服务平台、江苏省国土资源厅地质灾害应急技术指导中心、江苏省无机材料专业测试服务中心以及博士后科研工作站等众多地质科技研究前沿阵地。先后获评全国文明单位、全国模范地勘单位、全国国土资源系统先进单位、全国国土资源系统功勋集体、省级公益性地质调查队伍能力建设A级单位,夯实了全国一流地调院的地位。

当前,我国经济社会发展进入全新的发展阶段,为贯彻新发展理念,构建新发展格局,助力建设"强富美高"新江苏,江苏省地质调查研究院将贯彻科技创新理念,持续推动地质工作转型发展,在服务经济社会发展和生态文明建设中展现更大作为,续写地质调查保障经济社会发展的壮丽新篇章!

江苏省地质调查研究院
2019年

目 录

绪 论 ……………………………………………………………………………………… (1)
 第一节 概 述 …………………………………………………………………………… (1)
 第二节 地质调查科研成果综述 ………………………………………………………… (2)
 第三节 地质技术服务成果综述 ………………………………………………………… (8)
 第四节 综合建设成就 …………………………………………………………………… (13)

上部 科研成果

第一篇 基础性公益性地质调查成果 …………………………………………………… (17)

第一章 基础地质调查成果 ……………………………………………………………… (19)
 第一节 区域地质调查 …………………………………………………………………… (22)
 第二节 重点区域地质条件和构造稳定性 ……………………………………………… (42)
 第三节 地质调查方法技术总结 ………………………………………………………… (54)
 第四节 对外服务和援疆 ………………………………………………………………… (69)

第二章 矿产地质勘查 …………………………………………………………………… (74)
 第一节 矿产资源调查评价 ……………………………………………………………… (74)
 第二节 危机矿山、老矿山专项 ………………………………………………………… (76)
 第三节 矿产资源勘查 …………………………………………………………………… (82)
 第四节 矿产资源综合研究 ……………………………………………………………… (96)
 第五节 境外矿产资源勘查 ……………………………………………………………… (105)

第三章 水工环地质调查评价 …………………………………………………………… (109)
 第一节 区域环境地质调查评价 ………………………………………………………… (109)
 第二节 1∶5万环境地质调查评价 ……………………………………………………… (125)
 第三节 地下水资源及污染调查评价 …………………………………………………… (143)
 第四节 地面沉降地裂缝调查 …………………………………………………………… (154)
 第五节 地热-浅层地温(热)能资源调查 ……………………………………………… (165)
 第六节 矿山地质环境调查 ……………………………………………………………… (176)
 第七节 综合地质调查 …………………………………………………………………… (185)

第四章　地质灾害调查防治 (197)

第一节　地质灾害防治规划 (197)

第二节　县(市)地质灾害调查与区划 (201)

第三节　江苏省重要地质灾害隐患点调查评价 (204)

第四节　江苏省突发地质灾害气象风险预警与应急防治 (206)

第五章　城市地质调查评价 (210)

第一节　苏州城市地质调查 (210)

第二节　镇江城市地质调查 (212)

第三节　徐州城市地质调查 (216)

第四节　泰州城市地质调查 (224)

第六章　土地质量调查评价与污染防治 (229)

第一节　土地质量地球化学调查评价 (229)

第二节　土地质量地球化学监测预警 (233)

第三节　土壤污染治理修复探索 (237)

第四节　综合研究 (239)

第五节　应用成效 (239)

第七章　地质环境监测预警 (241)

第一节　地下水监测 (241)

第二节　地面沉降监测 (242)

第三节　突发地质灾害监测预警 (244)

第四节　国土(耕地)生态地质环境监测 (246)

第八章　遥感地质调查与地质调查信息化 (248)

第一节　卫星遥感调查与监测 (248)

第二节　地质调查信息化 (262)

第九章　地质科普 (269)

第一节　百年地博 (269)

第二节　地学科普 (287)

第二篇　地质技术服务成果 (299)

第十章　地质实验测试 (301)

第一节　地质实验科学研究与标准化建设 (301)

第二节　实验测试技术服务 (315)

第三节　珠宝首饰检验检测 (319)

第十一章	地质灾害危险性评估与防治工程勘查设计	(325)
第一节	重大工程建设项目地质灾害危险性评估	(325)
第二节	地质灾害危险性区域评估	(331)
第三节	地质灾害治理工程勘查设计	(334)
第十二章	地热资源勘查与浅层地热能应用成果	(337)
第一节	地热资源勘查	(337)
第二节	地热资源综合研究与开发利用规划	(342)
第三节	浅层地热能场地勘查	(352)
第十三章	水文地质工程地质勘查与应用	(354)
第一节	地下水资源调查评价与开发利用规划	(354)
第二节	地下水应急备用水源地勘察	(358)
第三节	地下水环境保护	(361)
第四节	水资源论证	(363)
第五节	地下水相关研究	(365)
第十四章	矿山环境保护治理	(370)
第一节	矿山地质环境、地质灾害治理可行性研究	(370)
第二节	矿山地质灾害治理工程勘查	(376)
第三节	矿山地质环境、地质灾害治理工程设计	(384)
第四节	矿山地质环境、地质灾害治理工程监理	(393)
第十五章	矿咨中心地质技术服务工作成果简介	(399)
第一节	矿产资源规划编制研究	(399)
第二节	江苏省矿业权实地核查	(405)
第三节	矿业权设置方案编制	(407)
第四节	矿业权人勘查开采信息公示	(408)
第五节	江苏省露采矿山开采现场监督管理模式研究	(409)
第十六章	国土测绘与规划	(411)
第一节	国土资源测绘与调查	(411)
第二节	土地规划与评价	(425)

下部 综合建设成果

| 第十七章 | 江苏地调院综合能力建设 | (435) |
| 第一节 | 地勘资质能力建设 | (435) |

第二节	地质勘查技术设备建设	(446)
第三节	地质科技平台建设	(459)
第四节	院部与基地建设	(472)

第十八章 科研项目与人才建设 (476)

第一节	地质科研项目成果	(476)
第二节	科技研发专利	(491)
第三节	科技人才建设成果	(509)

第十九章 江苏地调院单位综合建设成果 (523)

第一节	文明单位建设成果	(523)
第二节	群团建设成果	(527)
第三节	省部级及其他重要荣誉	(536)

附　表　第二类技术服务项目统计表 (544)

绪　论

第一节　概　述

1998年2月，江苏省地质调查研究院（简称"我院"或"江苏地调院"）成立，是专业从事基础性、公益性、战略性地质工作的科研事业单位。按照"顺应国家部署、服务社会需求、培育创新业务"的发展战略，我院为国民经济建设提供地质基础资料，向社会提供公益性服务，努力走科学发展、创新发展之路，有力地促进了江苏省经济社会和国土资源事业的蓬勃发展。

20年来，江苏省地质调查研究院紧密结合江苏经济社会发展需求及地质资源环境背景，围绕服务保障国土资源中心工作，开展了基础地质调查、矿产地质勘查、水工环地质调查评价与监测、城市地质调查、地质灾害调查防治、土地质量调查评价与污染防治等一系列公益性地质调查工作，实施了一批有重大社会影响的地质调查项目，大大提高了江苏省地质工作程度和研究水平，为"长江经济带""长三角城市群建设""苏南现代化建设示范区""江苏沿海地区发展规划"等国家战略的实施提供了坚实的地质资源环境保障，为美丽江苏的建设谱写了华丽的地质乐章。同时结合自身知识与人才优势，积极投身地质技术服务，在地质灾害防治、地热资源勘查、矿山环境治理与生态保护、水文地质工程地质勘查、矿产资源规划与咨询、遥感与国土测绘以及地质实验测试等领域开展了卓有成效的工作，为社会经济发展提供了优质高效的地质技术支撑。

过去的20年，是江苏省地质调查研究院艰苦奋斗、争创一流的20年，是江苏省地质调查研究院与时俱进、开拓创新的20年。回顾我们20年来所做的工作，将地质科技工作者行走江苏大地形成的科研成果进行梳理，将地质调查研究院地质调查与科技创新创造的成绩汇聚成册，编写了《地质调查科研成果与综合建设成就（1998—2018）》一书，为20年发展历程留下一个印记。

本书分上、下两部，其中，上部是科研成果，由基础性公益性地质调查成果篇和地质技术服务成果篇组成；基础性公益性地质调查成果入编范围为国土资源大调查项目，中央、省地勘基金项目，中国地质调查局、中国地质环境监测院等上级地质调查机构部署任务，自然资源部、省自然资源厅部署公益性地质调查任务，部、省等各级科技基金、行业科技专项等项目成果，各类规划、标准编制成果；地质技术服务成果分两类，第一类为项目规模大、社会影响显著的技术服务项目，第二类为一般技术服务项目，只提供项目基本信息。下部介绍综合建设成果，涉及江苏地调院综合能力建设、科研项目与人才建设以及江苏地调院单位综合建设成果3个部分。

本书共十九章，由朱锦旗主编。绪论由朱锦旗、陈火根、龚绪龙、黄敬军、喻永祥、程勇、曹磊、孙磊、王彩会、黄晓燕、任静华、宋珂、张硕、姜素编写；第一章由李向前、缪卫东、潘明宝、郭盛乔、张祥云、张平、贾根、程瑜、郭刚、宗开红、金永念、尚通晓、欧健编写；第二章由黄建平、刘志宏、王辉、陈冬、胡森林、杨用彪、王少华、王丽娟、王海鸥编写；第三章由龚绪龙、许书刚、徐玉琳、武健强、陆徐荣、王光亚、闵望、黄敬军、张岩、武鑫、吴夏懿、理继红、卢毅、鄂建、王彩会、陆华、程勇、朱明君编写；第四章由李后尧、蒋波、喻永祥、理继红、单玉香编写;第五章由黄敬军、赵增玉、杨磊、潘明宝、武健强、李向前编写;第六章由许伟伟、华明、吴新民、廖启林、任静华、金洋编写;第七章由鄂建、李洋、闵望、单玉香、金洋、汪媛媛编写;第八章由王玉军、宋珂、朱叶飞、苏一鸣、詹雅婷、崔艳梅、朱静苹、王鹏、屈帅编写;第九章由章其华、陈彦瑾编写;第十章由曹景洋、曹磊、蔡玉曼、赵秀峰、沈兆龙编写;第十一章由李后尧、蒋波、喻永祥、李伟、宋京雷编写;第十二章由杜建国、徐雪球、王彩会、姚文江编写;第十三章由姚炳魁、黄晓燕、秦甜甜、李朗编写;第十四章由程勇编写;第十五章由孙磊、华建伟、方强、朱建南、伍洲云、庄颖、邓涛编写;第十六章由杨礼平、王玉军、马忠卫、赵立科、李旋、胥超、宋珂、韩涛、穆慧、王琪琪编写;第十七章由朱锦旗、赵立鸿、罗惠芬、曹磊、陈勇、许书刚、徐士银、杨礼平、陆婧、张岩、王丽娟、黄光明、蒋波、徐步新、李善贵编写;第十八章由朱锦旗、赵立鸿、陶陶、陆美兰、张岩、许伟伟、廖启林、魏芳、杜厚军、诸培万编写;第十九章由朱锦旗、赵立鸿、唐青、魏芳、郝社锋、陶陶、陈彦瑾编写;附表由陆彦、喻永祥、徐雪球、黄晓燕、李朗、秦甜甜、吴娟娟、程勇、孙磊、华建伟、方强、蔡玉曼、杭荣胜提供。

忆往昔峥嵘岁月,看今朝气象万千。20年来的硕果,是全院广大职工勤恳奋斗的结晶,是我院地质工作紧扣时代命题、努力践行温家宝总理"地质工作要坚决为国民经济建设和社会发展服务"指导思想的具体体现。在本书即将出版之际,谨向我院全体职工致以最崇高的敬意和最衷心的感谢!

由于编写时间仓促,书中的缺点和错误在所难免,热忱欢迎广大读者批评指正。

第二节　地质调查科研成果综述

一、基础地质调查

1998年以来,我院共开展了59个1∶5万图幅区域地质调查,完成了苏鲁超高压变质带、苏南及沿江地区1∶5万区域地质调查(简称"区调")片区总结。服务于江苏经济社会发展需要,完成了江苏第二核电厂工程候选厂址区域地质调查、苏州城市地质调查、镇江城市地质调查基础专题和江苏沿海综合地质调查基础专题等。通过调查取得了一批地质成果和基础地质资料。

通过在苏鲁造山带开展的区域地质调查研究,将原"东海群"解体,分别建立"东海岩群"(表壳岩)和7个"片麻岩单元"(变质深成岩)。将苏鲁造山带南缘构造总体上分为两种构造系统,即塑性流变构造系统和脆性断裂构造系统;探讨了苏鲁造山带南缘地质发展史。同时,前期的区调成果为中国大陆超深钻的选址提供了基础资料支撑。

在苏南及沿江地区开展区调片区总结。在对苏南及沿江地区南华纪至三叠纪地层进行多重地层划分对比研究的基础上,论述了各时代的岩相古地理特征,研究并建立了层序地层。建立了非正式地层单位水母山洞穴堆积。在分析新近纪中新世中期、晚期及上新世时期沉积环境的基础上,提出了古长江是在古近纪断陷盆地的基础上,经中新世至上新世多个汇水盆地的作用形成雏形的新认识。系统总结了苏南及沿江地区中生代火山岩特征,对火山岩地层层序、旋回和火山构造进行了研究划分。

开展江苏沿海地区基础地质综合调查,取得了系列成果突破。重新进行了区域第四纪地层分区,新建了长江与淮河过渡带第四纪地层小区。系统建立了区域第四纪年代地层框架,首次开展了中国东部典型沉积区——北部古黄河及淮河沉积区和南部长江沉积区之间的第四纪地层对比研究;分析了区域沉积环境演化过程,清晰构绘了区域河道变迁,海侵、海退过程;首次确定了古长江河道在上新世—更新世中期时的影响北界。首次对江苏沿海地区进行了较系统的构造稳定性评价。

总结集成基础成果,建立行业规范标准。2014—2016年,在中国地质调查局特殊地区地质填图工程的指导下,以《江苏 1∶5 万港口等五幅平原区填图试点》为依托,正式出版了《长三角平原区 1∶5 万填图指南》。该技术方法体系丰富了平原区 1∶5 万填图成果表达,探索不同层次填图成果的应用领域。

平原区区调成果具有行业引领示范作用。已开展的平原区区调在中国东部典型平原区第四纪地质调查与研究工作中起到了引领示范作用。以创新为导向,引领同类项目工作质量,建立了平原区区调工作的技术方法体系;以服务为目标,引领全省城市地质工作蓬勃开展,为其他地质工作及资源管理等提供重要支撑;以科研为引领,在重要科学研究领域实现多点突破,建立苏北中部滨海平原及长三角地区第四纪地层准确年代标尺,提出长三角北翼地区在新近纪早期存在较强海侵。该项目成果获得国土资源部国土资源科学技术二等奖。

将重要的基础地质成果服务于江苏经济社会发展需要。开展了镇江圌山、江宁美人山、连云港东陬山 3 个候选厂址初步可行性研究阶段和可行性阶段地质调查工作。在开展区域综合地质调查和城市地质调查的过程中,将城市的活动断裂与地壳稳定性评价作为基础地质调查的重点内容。相关成果为地方政府国土规划和城镇建设用地开发等提供技术支撑。

二、矿产地质勘查

1998—2018 年间,我院在江苏省境内累计提交超大型矿产地 1 处,大型矿产地 6 处,中型矿产地 5 处,小型矿产地 13 处,累计核实 21 个重点矿种,201 个矿区的资源储量,为江苏省新增了一批金属、非金属矿产资源,大致查清了省内重要矿种的资源家底。同时开展矿产资源综合研究和开拓境外矿产资源勘查,取得了一系列调查成果和基础资料。

新增加了一批矿产资源储量,包括金属矿产:新增铁矿石资源量(333+334)2 937.37 万 t、铜金属量(333+334)66 876.19t、铅金属量(333)2 914.34t、锌金属量(333+334)11 519.36t、钼金属量(333+334)11 084.80t、钨(WO_3)资源量(333+334)1 128.95t、钽(Ta_2O_5)资源量(332+333)5 209.54t、铌(Nb_2O_5)资源量(332+333)33 230.43t、钛(金红石 TiO_2)资源量(331+332+333+334)263.79 万 t、金金属量(333+334)3 620.78kg、银金属量(333+334)11 237.97kg。非金属矿产:新增凹凸棒石黏土矿石资源量(331+332+333)1 929.91 万 t、沸石矿石资源量(333+334)45 016.634 万 t、石膏矿石资源储量(122b+333)41 224.46 万 t、白云岩矿石资源量(332+333)10 514.09 万 t、石灰岩矿石资源储量(111b+122b+333)32 478.94 万 t、石盐资源储量(111b+122b+333)30.37 亿 t。

创新找矿方法,在长江中下游铁铜多金属成矿带和危机矿山接替资源找矿中取得新突破。首次将高精度磁测技术运用于寻找隐伏的含矿榴辉岩体,该方法为原生榴辉岩型金红石矿的发现及后期评价提供了有效的技术方法和科学依据。通过钻探验证磁异常的应用发现苏州超大型铌钽矿。

开展矿产资源综合研究,对江苏省(含上海市)矿产资源进行潜力评价。由江苏省地质调查研究院负责组织实施,江苏长江地质勘查院、江苏省地质资料馆等单位参加的"江苏省(含上海市)矿产资源潜力评价"项目,历时 8 年,以地质、物探、化探、遥感资料为基础,科学评估了深部第二成矿空间的资源禀赋状况。该项目成果获得江苏省国土资源科技创新二等奖。

积极开拓境外矿产资源勘查市场。江苏省地质调查研究院在麦克阿瑟盆地的博罗卢拉(Borroloola)附近选择两个调查区,对其开展区域矿产远景调查。在莫桑比克赞比西省西部地区开展钽铌矿、金矿预查,首次在 Rirrica、Nacuire 和 Nassir 等 3 个勘查区内发现了独居石、磷钇矿、钛铁矿、砂金、铌钽、优质硅等矿产资源。

为满足政府和矿山企业的需求,自 2000 年以来,我院陆续完成了三轮矿产资源规划的研究与编制工作。2002 年完成了第一轮矿产资源规划编制,2008 年完成第二轮,2016 年完成第三轮。通过专题研究和规划编制形成的矿产资源规划,成为江苏省矿产资源勘查、开发利用与保护的指导性文件,成为依法审批矿业权、监督管理矿产资源勘查开发的重要依据。

三、水工环地质调查评价与监测

自1998年建院以来,我院公益性的水工环地质调查工作始终瞄准江苏省经济和社会发展的阶段需求,合理部署工作并稳步开展实施,相继开展了区域环境地质调查评价、1∶5万环境地质调查评价、地下水资源及污染调查评价、地面沉降地裂缝调查、地热—浅层地温(热)能资源调查以及江苏沿海综合地质调查、苏南现代化建设示范区综合地质调查等一系列的重大项目。以项目为纽带,不断创新工作理论与方法,探索解决了江苏省水工环地质领域的地质难题,取得的一批有重大影响力的成果,为政府进行重大环境地质问题决策提供了技术支撑。

我院承担的江苏省1∶50万等多个区域环境地质调查评价项目,基本查明了全省第四纪沉积模式,构建了第四系结构模型、工程地质结构模型与含水层结构等多个三维地质模型,厘定了全省地面沉降、地裂缝等环境地质问题的发育分布特征;首次以省级行政区为单元,提出地质环境区划新思路,建立地质环境综合区划评判体系,开展了不同层次的地质环境综合区划。上述取得的相关成果为我省制定地质环境保护相关规划提供了重要支撑,并获得国土资源部(现自然土资源部)科技进步二等奖3项。

2012—2015年,我院先后完成了江苏沿海地区共计23个1∶5万图幅的水工环地质调查工作,基本覆盖了城市规划区和重要港口,形成一套相对成熟的适合江苏沿海地区1∶5万水工环调查的工作模式,大大提升了沿海开发前沿地带的地质工作程度。徐州地区岩溶塌陷调查(1∶5万)项目探讨岩溶塌陷时空分布规律,开展岩溶塌陷易发程度评价和风险评价,提出岩溶塌陷防治对策,为城市重大工程建设提供了技术支撑。

随着江苏省经济的快速发展,地下水资源被过度开采,地下水水位下降引发地面沉降等环境地质问题,严重制约了江苏省经济的可持续发展。在此背景下,江苏省地下水资源调查评价项目(2000年)重新评价了全省地下水资源量,划分超采区并开展了规划,提出了地下水资源开发保护等相关措施。项目整合后获得2007年国土资源部国土资源科学技术一等奖。苏锡常地区浅层地下水资源前景与开发利用示范项目则深入研究浅层地下水资源分布、取水工程技术研究及环境效应分析,完成8处示范工程,该项目获2009年度国土资源部国土资源科学技术二等奖。江苏平原地区(淮河流域与长三角地区)两个地下水污染评价项目,查明了全省污染源类型及分布特征,评价了全省地下水质量与污染特征,开展了浅层地下水防污性能并提出防治区划,项目整合后获得2015年国土资源部国土资源科学技术二等奖。

为控制20世纪80年代末以来的苏锡常地区地面沉降地裂缝地质灾害,我院开展了一系列的调查、机理、监测与预警等多个项目。苏锡常地面沉降监测与防控研究项目率先建立集成监测技术方法体系,建立地面沉降地下水三维耦合模型及可视化系统,开创地面沉降防治管理模式,成果获得国土资源部科技进步一等奖1项、二等奖4项。江苏省地面沉降监测与防控项目首次获取全省区域的地面沉降速率分布,建档地面沉降监测设施;苏锡常地裂缝成因机制及预警研究项目提出了地裂缝的时空发育规律新论断,建成了无锡光明村地裂缝监测示范基地,构建了一个典型物理模型试验系统并完成了模型试验。地裂缝分布式光纤监测技术研发与系统集成项目研发地裂缝监测特种光纤传感器,编制了地裂缝FBG-BOTDR光纤监测系统应用指南。

地热及地热—浅层地热(温)能作为清洁能源的一类,其开发利用是节能减排大军中非常重要的力量。我院承担的南京市浅层地温能调查评价项目评价了南京市浅层地温能资源量、开发利用潜力和经济环境效益,制定出台了浅层地温能开发利用地质环境监测标准,完成了浅层地温能资源开发利用规划编制与开发利用政策研究;江苏省浅层地温能调查评价项目评价全省地级市城市规划区和其他重要经济区的浅层地温能资源量及开发利用潜力,编制开发利用适宜性区划;江苏省地热资源调查评价与区划调查全省地热井分布及使用现状,计算全省地热资源量、地热流体可开采量并进行了区划。

江苏沿海地区综合地质调查实现了"技术创新"与"政策创新"结合为特色的海岸带综合地质调查工作路径，取得了一批基础性、应用性、战略性成果：系统查明了江苏沿海地质条件，构建了高精度的三维地质模型；查明了沿海地区工程地质条件，提出了开发利用建议；探明了地下水资源家底，提出了地下水综合利用与管理建议；全面掌握了滩涂资源数量，评价了资源潜力；查明了江苏沿海重大地质环境问题现状，构建了多要素资源环境综合监测预警网络，建立了沿海海陆一体化的成果发布与辅助决策系统，实现了地质调查成果支撑政府决策的快速响应。苏南现代化建设示范区综合地质调查项目仍然在实施中，目前取得的成果为首次完成苏南地区地质资源环境承载力评价；以"需求—供给"为主线，探索土地规划编制中地矿融合模式；创新成果表达方式，建立地球化学调查成果与图斑对接方法技术体系等。

地质环境监测是支撑我院地质环境保护管理职能的重要基础性与公益性工作，目前取得显著成绩。在地下水监测方面，完成了国家地下水监测工程建设工作，建成覆盖全省的地下水监测网络；在地面沉降监测方面，目前已经建成由分层标、基岩标、地裂缝自动化监测站等组成的地面沉降监测网络；在突发地质灾害监测预警方面，建立突发地质灾害监测网络，建立江苏特色突发地质灾害预警模型，研发江苏省地质灾害气象风险预警系统，开发江苏省地质灾害防治管理平台（Android版），构建应急值班、预警会商、预警信息发布、地质灾害信息上报和反馈等的监测预警体系；在国土（耕地）生态地质环境监测方面，建立了耕地质量动态监测网络。

四、城市地质调查

自2008年试点开展苏州城市地质调查工作以来，我院陆续开展苏州、镇江、徐州、泰州、宿迁、常州、连云港、淮安、扬州、无锡等10个城市地质调查及泰兴小城镇综合地质调查工作，并完成苏州、镇江、徐州、泰州等4个城市地质调查工作。城市地质调查就是给城市做全面体检，把地下各类要素成像于明面，把脉城市资源环境家底，在查明城市地质条件、摸清地质资源禀赋、探求地质问题诱发因素的基础上，主动服务城市规划建设、生态安全、防灾减灾、绿色农业开发和智慧城市建设等方面，为城市规划、建设、管理提供服务保障。

查明城市地质条件。在以往第四纪地质划分的基础上，分不同地貌单元分析第四纪地层结构特征，绘制不同时期的岩相古地理图，推演古地理沉积环境的演化过程；以地质年代为主，岩性及工程地质特征为辅，采用"层组—层序—亚层"三级分层方案，划分土体工程地质地层层组层序及岩体工程地质岩类及岩组。查明不同类型地下含水层的空间分布特征和水位动态演变规律，圈定具供水价值的地下水源地。

摸清地质资源禀赋。在获取水文地质参数的基础上，概化含水层结构与边界条件，以避免地面沉降或岩溶塌陷等地质灾害为约束条件，模拟计算地下水允许开采量。选取制约地下空间开发利用的地质灾害及环境、水文和岩土体特征等因子进行了一层、二层地下开挖地质环境适宜性及 $0\sim15m$、$15\sim30m$ 地下空间开发利用适宜性评价。

探求地质问题诱发因素。查明地质灾害类型及分布特征，提出地质灾害的地质成因模式及诱发机制，进行地质灾害易发性评价。查明城市区域土壤元素含量现状、区域空间分布特征及影响因素，在土壤重金属污染区域开展耕地污染修复与防治示范。在地质调查成果的基础上，全面系统地分析轨道交通沿线存在的主要岩土工程问题，进行轨道交通建设的地质灾害风险评价。

服务于城市规划建设。确定影响城市规划建设的地质资源和地质环境条件，评价对城市规划建设的限制性程度，调出城市边界线内强限制性的区域，调入相邻城市规划建设适宜性好的区域。围绕新城镇规划，依据地质条件指明建设选址的优先区域，避开地质灾害高风险区，为未来城镇扩展方向的判断提供决策建议。从资源保障、合理开发、环境保护、高效管理等方面为浅层地温能开发利用提供全方位的科学依据。

服务于城市生态安全。通过水质分析全面查明城市区地下水水质状况及污染特征，基于地下水埋深、降雨入渗补给系数、包气带岩性、孔隙水富水性等因子，进行地下水防污性能评价。基于工程地质条件、地质环境问题、地质灾害发育程度和已有工程设施、文物生态保护要求等制约因素，划分地下空间开发难易程度，支撑城市出台地下空间开发利用实施意见。查明城市区地质遗迹分布特征，将地质遗迹保护区纳入生态保护区，调整生态保护红线。

服务于城市防灾减灾。鉴定断裂活动特征，评价了区域地壳稳定性：在地壳活动与岩浆活动研究的基础上，分析城市区主要断裂的分布与活动特征，进行地壳区域稳定性评价，划分稳定区域、次稳定区域和不稳定区域。进行地质灾害风险评价，构建防灾减灾体系：基于地质灾害孕灾体和承灾体，进行地质灾害风险评价，优先实施地质灾害高风险区的工程治理，建立完善地下水环境、地面形变监测网，构建防灾减灾体系，提高城市公共安全应急保障能力。

服务于绿色农业开发。依据土壤地球化学特征，划分了土壤养分丰缺等级和环境质量等级，进行土壤质量地球化学综合等级评价，指出农田土壤养分及氮、磷、钾、速效磷、速效钾等丰富或偏缺状况，重金属元素清洁程度。根据土壤硒分布特征结合土壤环境现状，划分出富硒耕地保护区，结合当地农业发展规划，提出富硒农产品开发区划，如优质富硒大米、富硒茶的开发。借助耕地质量评价成果，提出城镇周边永久基本农田划定建议，将富硒养分丰富耕地调入永久基本农田，同时针对重金属污染区域，提出土地整治或种植结构调整的建议。

服务于智慧城市建设。构建了基岩地质、第四纪地质、水文地质、工程地质4个层次的三维地质结构模型，直观展示地质条件的空间分布特征。建立城市地质数据中心，实现对所有信息的标准化存储和集中管理，实现了地质成果一张图展示、城市地下三维透视、分析决策等功能，丰富了智慧城市建设。通过三维可视化技术，使具有时空分布特征的地质数据得到直观形象的展现。建立信息共享平台，针对各职能部门对系统专业分析成果应用需求，依据OGC服务标准将成果数据Web发布，实现成果数据部门共享。

五、地质灾害调查防治

我院地质灾害调查相关工作始于1999年，江苏省内最先部署开展了镇江市区和宜兴市地质灾害调查区划工作，采用1∶10万地质灾害调查精度，查明了工作区内的地质灾害分布发育特征，划定了地质灾害易发区，并结合实际提出了防治建议，两项调查成果于2001年提交；而后无锡、连云港、南京等市陆续开展了以市、县为单元的地质灾害调查与区划工作，至2010年我院在全省共完成60个县（市、区）地质灾害调查与区划工作，这是江苏省首轮开展以市、县为单元的地质灾害调查工作，通过该项工作，基本查明了省内地质灾害多发、易发地区的地质灾害基本特征，首次深入研究了地质灾害的致灾背景，初步摸清了各地地质灾害隐患家底，科学划定了地质灾害易发区，提出了地质灾害防治建议，为各地建立群测群防网和有重点地部署地质灾害防治工作提供了基础。

在地质灾害调查与区划成果的基础上，结合社会经济发展需要，我院首次对全省地质灾害防治工作进行了总结评估，并部署了全省"十一五"期间的地质灾害防治工作，同时展望了"十二五"至"十三五"期间地质灾害防治工作，完成了《江苏省地质灾害防治规划（2006—2020年）》的编制，2006年4月，规划经省政府批复正式实施。同时还依托调查成果，先后完成了南京市、无锡市、常州市、南通市、连云港市、扬州市等多个设区市级地质灾害防治规划和40余个县（区、市）级地质灾害防治规划，为各级政府科学开展地质灾害防治规划提供了依据。

十八大以来，各级政府对地质灾害防治工作的要求越来越高，为更好地服务于全省地质灾害应急工作,2013年以来,我院持续开展江苏省重要地质灾害隐患点调查评价项目,坚持每年对危险性、危害性大的重要地质灾害隐患点进行全面系统的再核查,形成核查报告、表等详细的基础技术资料,并在主汛来临前反馈给各地用于指导防灾。5年来,共核查重要地质灾害隐患点1200余点次,编制核查报告5部,核查简报表60套,各类图件近300幅,为年度地质灾害防治工作提供了强有力的支撑。

2004年以来,江苏省国土资源厅与省气象局联合开展了江苏省地质灾害气象风险预警项目,作为项目实施单位,我院坚持每年与省气象局联合召开全省地质灾害气象风险预警联席会议,分析研判全省的雨情、水情、汛情以及地质灾害防治形势,不断加强地质灾害监测预警关键技术的科研攻关,不断提高和完善气象地质灾害预报水平,共发布地质灾害气象风险预警90次,成功预报地质灾害险(灾)情220余起,避免人员伤亡2300余人,避免经济损失近2.5亿元。

六、土地质量调查评价与污染防治

(一)基础调查工作有序推进,不断创新调查技术

2003—2006年,江苏省在全国率先完成其陆域及近岸海域的1∶25万多目标区域地球化学调查,并率先开展了市、县、乡镇级尺度的土地质量地球化学评价,截至目前已经完成了苏南五市,以及泰州、徐州、连云港、宿迁、淮安等地1∶5万土壤环境质量调查工作,10多年来,通过开展不同尺度的调查工作,基本摸清了全省区域性土壤质量现状。基于多纬度多期次同空间的土壤元素调查数据的收集与对比分析,建立了一套"空间分异—逐级加密—梯度取样"的元素异常捕捉与快速识别技术。

(二)开展动态监测预警,制定相关技术标准

依托"江苏省国土(耕地)生态地质环境监测"项目实施,2014—2018年为监测1.0时代,主要针对江苏省现有耕地,兼顾园地、设施农用地、滩涂等部署了4类监测点,定期对耕地土壤环境质量及其变化进行跟踪监测,收集耕地环境质量基础数据,总结有关规律,为全省耕地质量保护、污染防治等提供科学依据。编制的《江苏省耕地质量地球化学监测技术规范》,已经通过江苏省市场监测管理局评审。围绕新时期自然资源管理职责,开启监测2.0时代,对现有监测网络进行提升,依托现有的江苏省国土生态地质环境监测网,以实地监测、取样分析为主,遥感调查为辅,获取山水林田湖要素环境质量现状及动态变化信息,评估近年来全省自然资源质量、生态功能等状况及其变化趋势,服务于省级国土空间规划与生态修复。

(三)积极探索治理修复技术,为实施山水林田湖草生态系统修复奠定基础

基于矿地融合的工作理念,围绕自然资源"两统一"职责,以自然资源部国土(耕地)生态监测与修复工程技术创新中心为平台,探索建立国土空间生态修复技术体系,研发适合江苏地区的镉和汞污染耕地生态修复与质量提升的技术,建立示范样板工程。农田作为系统要素的重要组成部分,其修复成功的示范可为山水林田湖草系统保护修复奠定重要的理论与实践基础。目前相关技术已获得发明专利2项,已受理9项,研发的镉污染农田的稳定化修复技术被江苏省环保产业协会评为2016年度环保实用新技术,部分研究成果荣获国土资源部国土资源科学技术二等奖,提出的江苏土壤环境保护和综合治理对策得到了原省长石泰峰同志的亲笔批示。

第三节 地质技术服务成果综述

一、地质实验测试

测试研究所(国土资源部南京矿产资源监督检测中心)始建于1948年,为地矿部五大检测中心之一,是新中国地质实验测试工作的摇篮之一。测试研究所一直为我国地质实验测试事业培养和输送了大量的技术人才,在全国地质实验测试领域享有盛誉。

测试研究所业务领域涵盖岩石矿物分析、土壤和水系沉积物分析、区域地球化学样品分析、水质和元素形态分析、土地质量调查监测和生态地球化学评价样品分析、岩土物理力学性能试验、建筑材料检测、装饰装修材料和室内环境有害物质检测、岩矿珠宝鉴定、标准方法研究和标准物质研制等。

测试研究所现下设化学光谱检测室、工程材料检测室、岩矿及珠宝鉴定室3个业务部门。现有实验室面积7650m^2,职工68人,其中,教授级高级工程师6人,高级工程师30人;博士研究生2人,硕士研究生21人,本科生28人。各类检测设备400多台套,设备总值超4000万元。

测试研究所于1989年首次通过国家级计量认证(CMA),现检测能力共计172个产品,3147项参数。2004年经江苏省科技厅、财政厅批准成立"江苏省无机材料专业测试服务中心"。同时还具有以下检测服务资质:国土资源部地质实验测试甲级资质(岩矿分析、岩矿鉴定、岩土试验),江苏省建设工程质量检测机构(见证取样类、专项类和备案类),南京市一类土工实验室,江苏省饮用天然矿泉水水源水质全分析技术检验机构,国土资源部多目标地球化学调查样品(54种元素)测试资格,国土资源部地下水有机、无机污染物分析资格,全国土壤污染状况详查检测实验室。

多年以来,实验室技术人员紧密围绕国土资源行业和江苏省各类科学研究计划、工程及项目,以地质实验测试技术需求为导向,致力于地质实验测试科学研究和标准化建设工作,取得了一系列成果。近20年曾获得过国土资源部国土资源科学技术二等奖、江苏省国土资源科技创新一等奖、江苏省国土资源科技创新二等奖、江苏省科技成果二等奖、江苏省发改委优秀工程咨询成果二等奖、科技兴检二等奖等多个奖项。作为"江苏省无机材料专业测试服务中心"连续被江苏省科技创新服务联盟评为"百强机构",实验室人员连续被评为"百优人才"。在标准化工作中,研制了近20个国家级标准物质,制修订了多项国家标准方法和行业标准方法。

二、地质灾害勘察设计与评估

我院是江苏省内最早开展地质灾害危险性评估工作的单位之一,2000年初对京福高速公路徐州段二期、江南大学新校区等多个重大建设项目开展了地质灾害危险性评估工作,近20余年来共完成各类地质灾害危险性评估项目逾万项,其中关系国计民生的重大工程建设项目百余项,为江苏省内重大项目建设、社会经济发展提供了有力的地质技术支撑。

2016年以来,为全面落实国家和省委、省政府深化行政审批制度改革和优化营商环境要求,结合江苏省地质灾害特点,针对开发区用地需求最为集中的现状,省厅统一部署推进了开发区地质灾害危险性区域评估工作,我院作为前期重要技术支撑单位,编制完成了《江苏省开发区地质灾害危险性区域评估技术要求(试行)》,为地质灾害危险性区域评估的推进提供了技术保障。至2018年6月,我院先后完成了10余个开发园区的地质灾害危险性区域评估项目,在区域评估实施过程中,探索建立了地质灾害危险性评估成果查询和服务方式,开发了多个平台的地质灾害危险性区域评估成果查询服务系统,使地质灾害危险性区域评估成果更好地服务于建设项目地质灾害审批,有效贯彻省委、省政府简化行政审批程序及实行"不见面"审批的有关精神。

我院于2005—2006年相继取得了地质灾害治理工程勘查、设计甲级资质,是江苏省第一批获得甲级资质的单位,10余年来相继完成了100余项地质灾害治理工程勘查、设计工作,为消除地质灾害隐患提供了科学指导;同时积累了丰富的资料和经验,为全面支撑全省地质灾害防治工作提供了充分的技术保障。

三、地热资源勘查与浅层地热能评价

我院地热资源勘查始于2000年以后,2002年在高邮地区进行了探索性研究,完成了第一份地热钻井选址调查报告,确定了地热井井位。2004年在张家港西张地区率先勘查成功了苏南平原区第一口地热深井,取得了地热勘查的重大突破。之后,随着社会经济发展和人们对地热清洁能源的逐步了解,地热资源开发利用的需求日渐旺盛,相继在全省13个市开展了地热钻井选址论证和地热普查项目180多个。2000年以来,全省新增的近100口地热井中,由我院施工的地热井占90%,近90口地热井成功出水,出水成功率达92%。其中镇江圌山地热井单井涌水量超过3000m^3/d,井口水温达45℃,自流量960m^3/d,创造了长三角地区地热深井最大单井涌水量记录;发现如东小洋口(井深2800m,出水量2480m^3/d,水温92℃)和宝应七里村(井深3028m,出水量1505m^3/d,水温93℃)两处中温地热资源,实现江苏省中温地热资源零的突破。此外,在火山岩、变质岩、碎屑岩地层中,找到优质地热资源,其中连云港大伊山地热井2017年成功出水,水温46℃,出水量1019m^3/d,实现了变质岩地区寻找优质地热资源的重大突破。2018年,高邮神居山井深3006m,出水量1915m^3/d,水温80℃,为江苏省碎屑岩类热储出水温度最高的地热井。高品质的服务、出色的业绩,确立了我院在全省地热勘查市场中的龙头地位。

近几年来,我院高度重视地热工作中浅层地热能的调查评价及应用研究工作,不断加大力度增强对全省浅层地热能的调查评价与应用研究,先后承担、完成了泰州市城市规划区浅层地热能调查评价工作、南京百家湖商务会馆地源热泵工程的设计和施工、江苏沙家浜温泉国际度假中心垂直地埋管现场热响应试验、苏州大阳山森林保护区岩土热响应试验、淮安市城市规划区浅层地热能调查评价、如东小洋口国际温泉度假城浅层地热能勘查等,通过调查评价,实现浅层地温(热)能的可持续开发利用。

为加强地热资源的管理,降低地热勘探风险,推动地热资源的科学勘查、有序开发、合理利用和有效保护,2007年以后,结合地方需求,先后开展了苏州、镇江、扬州、泰州等7个地热资源勘查与开发利用规划,编制江苏省地热能开发利用规划,实现地热资源勘查开发的统一管理。

此外,申请了江苏省东海县西北部丘陵地区地下水资源调查评价、苏北盆地建湖隆起岩溶裂隙型地热资源研究、南通市洋口地区地热资源调查评价与回灌试验等地热专题研究项目。所承担项目获得江苏省国土资源科技创新一等奖1项、二等奖3项、三等奖1项。

四、水文地质工程地质勘查与应用

水是生命之源,生产之基,生态之要。地下水作为水资源的重要组成部分,在保障经济社会发展、维系良好生态环境方面发挥着重要作用。自1998年建院以来,我院水文地质工程地质技术服务工作以地下水资源科学利用和保护为出发点和立足点,在地下水资源调查评价及开发利用规划、地下水应急备用水源地勘察与规划、水资源论证、地下水环境保护、地下水基础研究等方面取得了丰硕成果，完成各类报告数百份，为江苏省自然资源、水利、生态环境等部门开展地下水环境和地质环境保护提供了重要的技术依据，也为广大企事业单位依法取水、推动地方经济发展提供了重要的技术保障。

在地下水资源调查评价与开发利用规划方面，我院于2006年完成了江苏省首轮"江苏省地下水资源开发利用规划"，作为江苏省水资源综合规划的重要内容之一，经省政府批复同意（苏政复〔2011〕29号）下发各地执行，作为各级政府地下水资源管理的重要依据。此外受省、市、县各级水行政主管部门委托，开展了苏锡常地区、泰州市、宿迁市、盐城市、常州市、常熟市、昆山市、江阴市、东海县、盱眙县等多地不同比例尺的地下水资源调查评价与开发利用规划工作10多项，为进一步强化江苏省地下水资源的开发利用和节约保护提供了重要依据，也为我院在江苏省水利系统赢得了良好声誉。

在地下水应急备用水源地勘察方面，先后受无锡市、江阴市、太仓市、昆山市、吴江区、扬中市等多地水行政主管部门委托，完成6个市（县）地下水应急备用水源地普查、详查或勘探工作，并成功建成江苏省首个傍河地下水应急集中供水水源地（无锡江阴），地下水应急分散供水水源3处（无锡、昆山及吴江）。

在水资源论证方面，我院自2003年9月取得建设项目水资源论证甲级资质后，受取水单位委托，相继完成近百份建设项目水资源论证报告和1份规划水资源论证。论证水源包括浅层地下水、深层承压水、矿泉水、地热水，涉及行业有服务业、商饮业、农业、纺织业、石化业、食品业等。另外，我院受省水利厅委托，作为全国试点完成了江苏省第一份建设项目水资源论证后评估报告《江苏红蜻蜓油脂有限责任公司建设项目水资源论证后评估报告》，对全面落实和深化水资源论证工作进行了有益探索。

在地下水环境保护方面的技术服务工作主要来自两个方面：一是受托于江苏省环境保护及水行政主管部门，先后完成了全省首轮"江苏省地下水污染防治规划"、两轮全省地下水超采区划分与评价、全省首次地下水基础环境状况调查评估（2013年）、长江以北首次地下水压采效果评估（2016年）以及建院以来持续20年的苏州市部分市县地下水动态监测报告；二是受托于广大企业，先后在连云港灌南、扬州江都等地完成了江苏迪安化工有限公司、江苏景宏生物科技有限公司等一系列企业的建设项目地下水环境影响评价。上述工作对有效保护江苏省地下水资源、改善生态环境、促进人与自然和谐发展具有重大意义。

此外，受省水利厅、盐城市水利局、吴江区水利局等各级水行政主管部门委托，在地下水资源科学利用与保护方面开展了"江苏省地下水现代化管理关键技术研究"、"江苏省地下水水位红线控制管理研究"〔经省政府批复同意（苏政复〔2013〕59号）下发各地执行〕、"江苏省地下水压采评估方法研究"、"苏锡常地区地下水禁采效果评价与研究"、"盐城市区第Ⅴ承压地下水资源开发利用研究"、"吴江盛泽地区地面沉降机理分析研究"等多项研究，为江苏省各级水行政主管部门实施水量和水位"双控"管理，加强地下水超采区治理，改善和保护地下水环境提供了重要的技术支撑；受江苏省交通厅委托，在苏通长江公路大桥初步设计阶段开展了"苏通长江公路大桥地层沉降影响研究"，为大桥设计和后期安全运营提供了强有力的技术支持。

建院20年间，共荣获各等级科技成果奖励8项，其中江苏省科学技术三等奖1项，江苏省国土资源科技创新奖一等奖和三等级各1项，江苏省水利科技优秀成果一等奖、二等奖、三等奖各1项，江苏省城乡建设系统优秀勘察设计一等奖1项，南京市优秀工程勘察一等奖1项。

五、矿山环境保护治理

（一）矿山地质环境、地质灾害治理可行性研究

矿山地质环境、地质灾害治理可行性研究是各级地方政府向上级争取各类专项补助资金而必须编制的申请材料，报告必须严格按照部、省下达立项文件规定的各项要求编制，所选项目必须符合文件规

定的支持范围和申报条件,符合国家、省有关政策和支持方向,以及省级地质灾害防治规划、矿山地质环境保护与治理规划、地质遗迹保护规划等地质环境保护专项规划,项目实施的各项保障措施在申报前必须基本落实。

历年来,我院陆续开展了江苏省南京麒麟科创园青龙山沿线矿山地质环境治理示范工程,江苏省南京市栖霞区灵山、桂山、龙王山建材矿区关闭矿山地质环境治理项目,江苏省苏州市阳山建材矿区关闭矿山地质环境治理项目等40余项申报中央财政、省财政专项资金的可行性研究工作,累计为各地市争取中央财政补助资金5亿多元,争取省级地质勘查专项补助资金近6000万元,为符合国家、省级相关政策的矿山地质环境、地质灾害治理项目优先开展和顺利实施提供了资金保障,有力促进了全省生态文明建设工作的全面开展。

(二)矿山地质灾害治理工程勘查

历年来,我院陆续承担了苏州浒墅关经济开发区阳山道磲矿、镇江市西南片区凤凰山等矿山地质灾害治理工程勘查工作,查明矿山边坡地质环境条件、地质灾害分布发育特点,分析其成灾的原因、成灾的条件,调查其危害范围,对边坡的稳定性进行分析与计算,并做出综合评价,为矿山地质环境治理工程设计提供工程地质依据。

(三)矿山地质环境、地质灾害治理工程设计

矿山地质环境、地质灾害治理工程设计是指导矿山地质环境、地质灾害治理工程施工的技术依据。工程设计是否科学合理是决定工程能否顺利实施的先决条件。

历年来,我院累计为南京、镇江、无锡、苏州等重点地市编制矿山地质环境、地质灾害治理工程设计300余份,如苏州高新区阳山西滑坡地质灾害(特大型)治理工程设计、江苏省江阴市秦望山建材矿区(东段)关闭矿山地质环境治理工程、京沪高铁沿线(南京市江宁段)矿山地质环境治理工程、镇江市狮子山滑坡地质灾害治理工程等重特大工程,工程设计规模总计达数十亿元,在全省矿山地质环境、地质灾害治理工程设计领域确立了龙头标杆地位,也为全省各地生态文明建设提供了全面的技术服务支撑。

(四)矿山地质环境、地质灾害治理工程监理

矿山地质环境、地质灾害治理工程监理是具有地质灾害监理相关资质单位受建设单位委托,根据法律法规、勘察设计文件及监理合同,在施工阶段对矿山地质环境、地质灾害治理工程质量、造价、进度进行控制,对合同、信息进行管理,对建设相关方的关系进行协调,并履行建设工程安全生产管理法定职责的服务活动。

我院历年来共承担全省重点地区矿山地质环境、地质灾害治理工程监理项目100余个,监理工程规模总计达20余亿元,秉持严谨、诚实、团结、高效的工作作风,在全省矿山地质环境、地质灾害治理工程监理行业树立了良好的口碑。

六、遥感与国土测绘

20年来,我院在遥感地质调查、地质调查信息化、国土测绘以及土地规划与评价等方面逐渐发展,技术能力和水平不断进步,知名度和影响力大幅提高,在多个领域取得丰硕成果,为全省和地方国土资源管理提供了丰富的基础数据和坚实的技术支撑。

遥感地质调查方面，针对国民经济建设与社会发展需要，基于高空间分辨率光学遥感、微波遥感、热红外遥感、高光谱分辨率遥感等先进遥感技术，在基础地质遥感调查、环境地质遥感调查、自然资源遥感调查、矿山环境遥感调查、地质灾害遥感调查、InSAR地面沉降与地裂缝遥感监测等方面取得了丰硕成果。

地质调查信息化方面，开展了地质图空间数据库建设、基础地质专业数据库建设和地质调查专题应用信息系统建设等一系列工作，建成了一批高质量的地学数据库和数据管理系统，基本完成江苏省基础地质数据库以及相关专业地质图空间数据库建设，满足江苏省地质矿产管理和调查评价的需要，初步形成江苏省地质矿产信息服务体系。

国土测绘与规划是我院自主培育并逐渐壮大的业务类型，尽管起步较晚，但发展迅速。针对各级国土资源管理与地方经济社会发展需要，我院在土地调查与测绘、不动产调查与测绘、基础测绘与工程测量、自然资源调查与确权登记等测绘领域和土地利用规划、土地整治规划设计、土地评价与监测等规划咨询领域承担了大量业务工作，服务于各行业的同时取得了良好的社会效益和经济效益。

1999—2018年，我院承担并完成遥感地质调查类项目24个，其中中国地质调查局出资项目18个，地方政府出资项目6个，工作区涵盖了江苏、福建、浙江、甘肃、新疆、内蒙古、黑龙江、吉林、辽宁等地区；承担并完成国家和地方政府出资的各类地质调查信息化项目42个；承担并完成各类国土测绘与规划项目600余项，经济规模累计超2亿元。

七、矿产资源规划与咨询服务

矿产规划与技术咨询中心为江苏省矿产资源合理利用与保护、矿业权监督管理的重要技术支撑机构。中心紧密结合矿产资源开发利用和监督管理的各个关键环节和重点工作，开展多方位的技术服务，在矿产资源规划、绿色矿山建设、矿业权人勘查开采信息公示、建设项目压覆重要矿产资源评估、矿产资源开发利用方案、矿山开采监理与储量动态监测等各个领域取得了丰硕成果。

先后开展了三轮矿产资源规划编制工作，完成的100余个省、市、县各级矿产资源规划成果，是江苏省各级矿政主管部门依法审批矿业权、监督管理矿产资源勘查开发的重要依据。各级各类规划成果，构成了在全国为数不多的省级总体规划与专项规划相配套的矿产规划框架体系，建立和完善了以省级规划为指导、市县级规划为基础的规划系统，保持了江苏省规划工作的编制研究水平处于全国的前列。24项成果获全国矿产资源规划优秀成果奖，其中一等奖11项、二等奖13项。

在全国率先完成江苏省矿业权实地核查工作，首次系统建立了全省所有矿山地质测量的基础设施体系，首次完整获得了有效矿业权的勘查工程或采掘工程的空间数据，首次建立了探矿权、采矿权核查数据库和矿业权空间数据库，实现了"一张图管矿"的基本功能，满足了各级国土资源管理部门的不同需求，提高了矿业权管理的信息化水平。荣获"全国矿业权实地核查工作先进集体""全国矿业权实地核查工作优秀承担单位"荣誉称号，3人获"全国矿业权实地核查工作突出贡献奖"。

完成的宁杭高铁、南沿江高铁、宿新高速、苏州轨道2号线、南京地铁5号线等40余项重点工程压矿评估，为保护矿业权人权益和矿产资源所有者利益提供了科学依据。

中心起草制定了《江苏省矿产资源规划实施管理办法》《江苏省开山采石矿山监理暂行办法》《江苏省矿业权出让收益基准价》《江苏省矿业权人勘查开采信息公示实施办法（暂行）》等一系列规范性文件和技术规程，《江苏省露采矿山开采现场监督管理模式》研究成果为《江苏省开山采石矿山监理暂行办法》提供了蓝本，有力地保障了全省矿产资源的规范有序管理。

第四节　综合建设成就

1998年2月，江苏省地质调查研究院（国土资源部南京矿产资源监督检测中心、江苏省国土资源厅地质灾害应急技术指导中心）正式组建，是江苏省专业从事基础性、公益性、战略性地质调查工作的科研事业单位。院内设管理部门7个、业务部门12个，另设南京地质博物馆、《地质学刊》编辑部；拥有各类从业资质28个（甲级资质19个），拥有全国同行业首家博士后科研工作站1个、全国地调院首批部重点实验室1个；挂靠江苏省地质学会、江苏省矿业协会、江苏省徐霞客研究会和江苏省宝玉石首饰行业协会。按照管理人才和科技人才"双通道"的培养模式，建成一支事业上有作为、思想上有担当的多学科、高学历、专业化科研人才团队。建院以来，江苏地调院围绕党中央、国务院关于地质勘查工作的决策部署，勇于创新、开拓进取，为江苏省经济社会发展和国土资源事业提供技术支撑和保障。先后获评全国文明单位2次、江苏省文明单位5次，被评为全国国土资源系统先进单位、全国模范地勘单位、全国厂（院）务公开民主管理先进单位等。

一、专业技术能力建设

1998年以来，江苏省地质调查研究院历届领导班子不忘初心、开拓进取，始终以创建"五个一流"地调院为目标，继承发扬地质工作"三光荣""四特别"的优良传统，围绕国家和江苏省经济建设、社会发展对地质工作的需求，为江苏地质事业、经济社会发展和国土资源管理事业做出了应有的贡献。20年来，江苏地调院能力资质建设、地质勘查装备配置、科研平台建设、科研基础设施建设以及经济建设等方面取得了长足的进步，为江苏地质调查和科研生产提供了完善的综合能力保障，服务地方经济发展的专业技术水平得到提升，打造了一支江苏地质调查工作的领军团队。

截至2018年12月，江苏地调院拥有各类从业资质28个，其中甲级资质19个。专业门类涵盖区域地质、矿产地质、水工环地质、地质实验测试、地质灾害危险性评估、地热勘查、国土资源规划、测绘、物化探遥感等。拥有各类地质勘查设备3500余台（套），包括磁力仪、浅层地震仪、电阻率法仪、测井仪、X射线衍射分析仪、光栅摄谱仪等重要设备，可满足全院各专业地质工作所需。先后建成国土资源部地裂缝地质灾害重点实验室、江苏省境外矿产资源勘查开发信息服务平台、江苏省国土资源厅地质灾害应急技术指导中心、江苏省无机材料专业测试服务中心和江苏地调院博士后工作站五大科研平台，为江苏地调院科研人才孵化、科研技术创新提供了高层次服务和保证。

20年来，江苏地调院的基础设施、基地建设逐步完善，为地调院的发展奠定了坚实的物质基础。江苏地调院的经济规模从建院之初的2000万元，壮大到2017年的3.5亿元，建院以来，全院经济运行始终保持稳中向好态势，地质科研与市场创收齐驱并进。内部管理科学规范，发展的稳定性和协调性持续增强，综合经济实力稳居行业领先地位。

二、科研项目与人才建设

20年来，江苏省地质调查研究院坚持以"科研立院"为根本，以"服务民生"为理念，不断提高地质项目工作质量，促进地质调查成果转化应用与服务，推进地质科技创新和地质人才队伍建设。积极争取、认真实施一大批科研项目，取得了一大批重大地质科研成果，获得了一大批地质科研专利，造就了一大批地质科技人才,极大地提高了江苏地质调查工作程度和理论与实践水平。

建院20年来,江苏省地质调查研究院紧紧围绕党中央、国务院关于地质勘查工作的一系列重大举措开展地质工作,努力做好公益性地质工作,地勘任务饱满,大项目众多,地质科研成果丰硕,为江苏省经济社会发展和国土资源事业提供了技术支撑和保障。荣获各等级科技成果奖145项,其中国土资源部科研成果奖24项,省政府科研成果奖13项,中国地质调查局科研成果奖11项,厅局级科研成果奖97项;一等奖26项、二等奖84项、三等奖34项、金奖1项。在科技研发中,江苏地调院树立尊重知识、崇尚科学和创新思维的意识,营造鼓励自主创新和保护知识产权的环境,形成一批对经济社会发展有重大带动作用的核心技术和关键技术装备的自主知识产权。截至2018年12月,江苏地调院共获得科技研发专利总计16项,其中,发明专利5项,实用新型专利11项。

20年来,江苏省地质调查研究院坚持不懈地抓好人才队伍建设,逐步建立起一支懂技术、肯吃苦、能钻研的一流地质科技人才队伍。截至2018年12月,在职职工总数454人,其中具有硕士及以上学历职工204人,占总人数的45%。建院以来获得正高级职称职工累计82人,占总人数的18%。共有全国五一劳动奖章获得者2人,省先进工作者1人,全省国土资源系统先进工作者3人,有突出贡献的中青年专家4人,享受国务院特殊津贴3人,地方挂职锻炼3人,"333"人才累计42人次,厅局级表彰累计25人次。

三、综合建设成果

江苏省地质调查研究院一贯坚持科研生产和精神文明建设"两手抓、两手都要硬"的方针,党建、精神文明建设年年都有新进展、新突破,取得了一大批丰硕的成果,取得了一大批"含金量"十足的重大荣誉和奖项,巩固了江苏地调院的省内行业龙头地位。

20年来,历届院党委领导班子集体高度重视以文明单位创建为主题的综合单位建设,始终坚持精神文明、物质文明、政治文明一起抓,始终坚持科技创新与文明创建双轮驱动理念,全院党政工团各负其责、密切配合,形成了齐抓共管、全员参与、共同推进的良好氛围,有力地促进了全院文明创建工作的健康发展,队伍建设、党风廉政建设和文明创建成效显著。通过深入开展一系列持续、卓有成效的创建工作,江苏地调院综合建设工作取得了一系列重大成效。先后获得江苏省文明委颁发的"江苏省文明单位"荣誉称号5次、"江苏省文明单位标兵单位"荣誉称号1次,中央文明委颁发的"全国文明单位"荣誉称号2次,获得国土资源部及中国地质调查局表彰11项、江苏省及厅局表彰33项、行业协会及其他表彰25项。先后荣获全国厂(院)务公开民主管理先进单位、全国模范地勘单位、全国国土资源系统先进集体、全国国土资源系统功勋集体和全国模范职工之家等众多成色十足的综合建设成果。

科研成果

第一篇

基础性公益性地质调查成果

第一章 基础地质调查成果

1998年以来,我院共开展了59个1∶5万图幅(表1-1)、7个1∶25万图幅(表1-2)的区域地质调查,完成了苏鲁超高压变质带、苏南及沿江地区1∶5万区域地质调查片区总结。服务于江苏经济社会发展需要,完成了江苏第二核电厂工程候选厂址区域地质调查、苏州城市地质调查等。通过调查取得了一批地质成果和基础地质资料。

表1-1　1∶5万区域地质调查情况一览表

序号	图幅名	图幅号	面积(km²)	项目负责人	项目起止时间
1	常州市	H50E002024	877.64	邹松梅	1996年6月—1998年5月
2	槽桥镇	H50E003024			
3	赣榆县	I50E007021	845.44	潘明宝	1996年6月—1998年10月
4	城头镇	I50E007020			
5	沙河镇	I50E008020	1 273.2	贾　根 陈火根	1997年1月—2000年2月
6	东海县	I50E009020			
7	房山镇	I50E010020			
8	金坛市	H50E002023	877.64	蒋梦林	1998年8月—2001年2月
9	湟里镇	H50E003023			
10	双　店	I50E009019	849.64	潘明宝	1999年5月—2001年2月
11	阿湖镇	I50E010019			
12	阴　平	I50E011019	852	杜建国	2000年1月—2002年7月
13	华　冲	I50E011020			
14	南通市	I51E024004	1750	缪卫东 冯金顺	2006年1月—2009年12月
15	南通县	I51E024005			
16	小海镇	H51E001004			
17	海门市	H51E001005			
18	昆山县	H51E004004	2250	潘明宝	2007年6月—2009年12月
19	太仓县	H51E004005			
20	安亭镇	H51E005005			
21	吴江县	H51E006003			
22	芦墟镇	H51E006004			

续表 1-1

序号	图幅名	图幅号	面积(km²)	项目负责人	项目起止时间
23	八滩镇	I51E012001	2685	缪卫东	2012年1月—2016年12月
24	南湾	I51E012002			
25	团洼	I51E013002			
26	射阳县	I51E014002			
27	沙港子	I51E014003			
28	黄家尖	I51E015002			
29	盐厂子	I51E015003			
30	南阳镇	I51E018003			
31	川东港	I51E018004			
32	蹲门口	I51E019004			
33	余东镇	I51E024006	2300	冯金顺 冯文立	2012年1月—2014年12月
34	吕四镇	I51E024007			
35	其林镇	H51E001006			
36	南阳村	H51E001007			
37	向阳村	H51E001008			
38	启东	H51E002007			
39	江夏	H51E002008			
40	盐城市	I51E016001	2321	张 平	2012年1月—2014年12月
41	引水沟	I51E016002			
42	龙王庙	I51E016003			
43	伍佑镇	I51E017001			
44	大丰县	I51E017002			
45	裕华镇	I51E017003			
46	港口	I50E021024	2168	李向前	2014年1月—2016年12月
47	泰县	I51E021001			
48	张甸公社	I51E022001			
49	泰兴县	I51E023001			
50	生祠堂镇	I51E024001			
51	灌云县	I50E011022	851.6	李向前 欧 健	2017年4月—2018年12月
52	同兴街	I50E010022			
53	北安丰镇	I51E018001	3010	张 平 骆 丁	2016年5月—2018年12月
54	刘庄	I51E018002			
55	戴家窑	I51E019001			
56	东台县	I51E019002			
57	沈灶镇	I51E019003			
58	时堰镇	I51E020001			
59	安丰镇	I51E020002			

表 1-2　1∶25 万区域地质调查情况一览表

序号	图幅名	图幅号	面积(km^2)	项目负责人	项目起止时间
1	常州市	H50E002024	15 800	邵家骥	2000—2001 年
2	南通市	H50E003024	15 600	张登明	2001—2003 年
3	南京市	I50E007021	15 600	张登明	2001—2003 年
4	淮安市	I50E007020	25 800	郭盛乔	2006—2009 年
5	盐城市	I50E008020			
6	滨海农场	I50E009020			
7	连云港	I50C002004	12 200	潘明宝	1999—2004 年

对苏南及沿江地区前第四纪地层在进行多重地层划分对比研究的基础上，论述了各时代的岩相古地理特征，研究并建立了南华纪至三叠纪层序地层。通过对高家边组等数个穿时地层单位的研究，进一步证实了岩石穿时的普遍性。

按多重地层划分理论，对南通沿海地区第四纪地层进行了研究，并以姜堰—东台安峰—潘镇一线为界，分为南通和东台两个地层小区。

探讨了下蜀组和滆湖组的关系。通过调查对下蜀组和滆湖组进行了对比研究，阐明下蜀组和滆湖组的物质来源可能是一致的，在滆湖组（上段）接受沉积时下蜀组没有接受沉积，下蜀组与滆湖组（上段）为不同期、不同相的产物。

首次建立非正式地层单位水母山洞穴堆积，提出了亚非大陆早期高级长灵类动物可能起源于亚洲的初步断定。

在分析新近纪中新世中期、晚期及上新世时期沉积环境的基础上，提出了古长江是在古近纪断陷盆地的基础上，经中新世至上新世多个汇水盆地的作用形成雏形的新认识。

证实了第四纪以来江苏东部经历了 5 次较大范围的海侵。首次采用遥感解译手段结合实地调查，对测区海岸带现代潮坪沉积特征、滩涂土地资源分布、海岸线冲蚀淤积及沿海沙洲与潮汐水道演变趋势进行了分析研究。

在苏鲁造山带区域地质调查中将原"东海群"解体，分别建立"东海岩群"（表壳岩）和 7 个"片麻岩单元"（变质深成岩）；从变质岩中划分出一套前寒武纪中酸性深层侵入岩，并划分出 7 个片麻岩单元，分别是牛山片麻岩、虎山片麻岩、驼峰片麻岩、城头片麻岩、西石沟片麻岩、胸山片麻岩和杨圩片麻岩。将苏鲁造山带构造总体上分为塑性流变构造系统和脆性断裂构造两种构造系统，分为两个构造地层地体，通过对变质岩、变质作用、榴辉岩及超基性岩等的研究，拟定了该区地质发展史。

应用同源岩浆演化理论对苏南及沿江地区、苏鲁造山带花岗岩类岩石进行了岩石谱系单位划分，在苏南及沿江地区将中生代侵入岩建立了 6 个超单元/序列、23 个单元以及 6 个独立侵入体和 5 类脉岩，在苏鲁造山带将中生代侵入岩建立了 2 个超单元 8 个单元。系统总结了苏南及沿江地区火山岩特征，对火山岩地层层序、旋回和火山构造进行研究划分。进一步总结研究了长江中游成矿带江苏段岩浆活动与内生金属矿产的关系。

在扬子板块区，从变质基底的组成、盖层的沉积特征、生物演化以及中生代以来的岩浆活动、构造形变以及区域重磁场等特征分析，并按地体概念，将该区分为 4 个具不同地质发展史的地体，并分析了该区构造旋回及演化特征。

第一节 区域地质调查

一、1∶25万国家填图计划

(一)连云港幅(I50C002004)区域地质调查(1∶25万)

1. 项目简介

中国地质调查局1999年9月下达了I50C002004(连云港幅)1∶25万基础地质调查项目任务书(编号:0199209051),目标和任务是:

(1)连云港地区的基本构造格架、主要构造变形阶段、变形机制、高压超高压岩片单元的划分、物质组成、产出状态、分布及相互关系。

(2)高压超高压变质岩的原岩成分、时代及变质作用演化过程和相互关系。

(3)石榴子石橄榄岩的成因及经历的超高压变质作用、壳幔相互作用及其元素再循环。

(4)榴辉岩与围岩片麻岩的关系,榴辉岩的来源及花岗质片麻岩的成因。

(5)与超高压变质岩有关的成矿作用。

项目由中国地质科学院地质研究所和江苏省地质调查研究院共同组建调查队伍,"中国大陆科学钻探工程"首席科学家、中国地质科学院副院长许志琴院士任项目负责人,张泽明博士和江苏省地质调查研究院基础所潘明宝总工程师任技术负责人。自1999年9月起,历时4年,于2004年提交项目最终成果,为中国大陆科学工程的实施提供了重要的基础地质背景资料。

2. 主要成果及科技创新

1)建立了南苏鲁造山带核部构造样式

通过区域地质调查、钻孔岩芯、钻孔各类物理化学剖面的构造学研究,以及地球物理深部探测,建立了南苏鲁地区的构造格架,将苏鲁造山划分为超高压变质带、高压变质带和低温高压变质带3个构造单元,而他们又是由多个"剪切岩片"构成的叠覆剪切岩片,剪切岩片之间的界限为糜棱岩带及强变形带组成的韧性剪切带,多个剪切岩片组合构成"剪切叠覆岩片"。从南东向北西依次是云台山高压(HP)低温(LT)变质岩剪切叠覆岩片、锦屏山高压(HP)中温(MT)变质岩剪切叠覆岩片、东海超高压(UHP)变质表壳岩剪切叠覆岩片和苍山-抗日山超高压(UHP)花岗质变质岩剪切叠覆岩片。

2)解构了南苏鲁造山带核部变质岩石组成

在构造学研究的基石上,通过地表和钻孔岩芯的岩石学和地球化学研究,查明了南苏鲁造山带的平面物质组成与分布,并初步建立了部分地区的三维物质组成。研究表明,超高压变质构造单元是由形成在大陆裂谷环境的表壳岩和形成在板内环境的花岗岩组成的柯石英榴辉岩相变质杂岩(体),高压变质构造单元是由形成在大洋环境的含磷岩系、富铝沉积岩系和双峰式火山岩组成的石英榴辉岩相变质岩群,低温高压变质单元是由形成在大陆裂谷环境下的石英角斑岩-细碧岩组成的绿帘蓝片岩相变质岩群。

3) 重建了南苏鲁造山带高压变质带变质作用期次

发现了低温高压变质作用的标志矿物——钠质角闪石、文石和多硅白云母,重新确定了低温高压变质带的空间分布及其与高压变质带的边界。

最新的同位素年代学研究表明,高压变质俯冲岩片的形成(>254Ma)与折返时限(254～210Ma)早于超高压变质俯冲岩片的形成(240～220Ma)与折返时限(220～200Ma)。这表明扬子板块的大陆板片不是整体同时俯冲与折返,而是一系列"下叠式"剪切岩片一个接一个地插入不同深度,继后又以同样的方式一个接一个地向上折返挤出的动力学机制。

4) 再造了超高压变质岩的精细变质作用过程与 PT 轨迹

深入的岩石学和矿物化学研究,特别是超高压变质岩中石榴子石成分生长环带的发现及其矿物包体的详细研究,揭示出测区的超高压变质岩经历了7个变质作用阶段,即绿片岩相进变质、角闪岩相进变质、榴辉岩相进变质、超高压变质峰期、榴辉岩相退变质、角闪岩退变质和绿片岩相退变质作用,并不同程度地限定了各期变质作用的温、压条件,证明峰期变质温度大于 $900\sim950\ ^{\circ}\mathrm{C}$,第一次全面地展示了大别—苏鲁地区超高压变质带的复杂演化过程,证明超高压变质作用的进变质 PT 轨迹与退变质 PT 轨迹近于平行,进一步表明超高压变质岩具有非常快速的折返速率。

5) 变质表壳岩中均发现了超高压变质矿物——柯石英,证明有巨量的大陆物质发生了深俯冲

通过对地表和多个钻孔岩芯中的片麻岩、片岩、斜长角闪岩和大理岩的详细研究,在上述各类岩石的锆石中均发现了典型超高压变质矿物——柯石英包体,以及其他超高压变质矿物或矿物组合,如石榴子石、绿辉石、硬玉和多硅白云母。证明了表壳岩和花岗质片麻岩与榴辉岩一起经历了超高压变质作用,为大陆深冲及超高压变质提供了确凿的证据。

6) 获得了精确的超高压变质作用与退变质作用年代,计算了超高压变质岩折返速率

在对长英质片麻岩锆石矿物包体及生长环带研究的基础上,通过锆石 U-Pb SHRIMP 定年,证明超高压变质的年代是 $229\pm4\mathrm{Ma}$,角闪岩相退变质作用年代是 $211\pm4\mathrm{Ma}$,花岗质片麻岩的原岩年龄为大于 $680\mathrm{Ma}$。第一次较准确地计算了超高压变质岩的早期折返速率,即大于 $5.6\mathrm{km/Ma}$。

7) 揭示了超高压变质岩的流体成分及流体-岩石相互作用过程

通过对青龙山高速公路剖面和钻孔岩芯连续样品的流体包裹体与矿物氧同位素的研究,在超高压变质矿物中发现了原生流体包裹体,以及3期退变质阶段捕获的流体包裹体,据此建立了超高压变质作用的 $P\text{-}T\text{-}f$(流体成分)轨迹,证明超高压矿物多具有异常低的,但是可变的氧同位素值。这些资料表明,超高压变质岩的原岩与高纬度的大气降水发生了水-岩相互作用,超高压变质作用峰期存在高密度高盐度的水流体,角闪岩相退变质过程中为中低盐度的水流体,在绿片岩相退变质过程中有外来的富 CO_2 流体加入。无论是峰在前超高压变质、同超高压变质、还是在退变质过程中,超高压变质岩都保持相对的流体封闭体系,没有大规模的流体带出与带入。

3. 应用成效

连云港 1∶25 万区域地质调查项目是为配合国家"九五"重大科学工程——中国大陆科学钻探项目设置的,目的是通过详细的地表地质调查和某些关键问题的深入研究,为大陆造山带研究的三维物质组成与结构构造研究提供基础资料,在超高压变质作用及动力学研究方面取得国际水平的成果。为中国大陆科学钻探工程提供了区域性的重要参考,促进了整个中央造山带超高压变质作用研究的深入。

(二)江苏 1∶25 万淮安市幅、盐城市幅区域地质与环境调查

1. 项目简介

江苏 1∶25 万淮安市、盐城市幅区域地质与环境调查是江苏省第四系深覆盖区的 1∶25 万区调图幅,

是在系统收集、分析、研究了已有地质、物探、化探、遥感、水文地质、工程地质、环境、矿产等资料的基础上，经过区域地质与环境调查完成的一项旨在为江苏沿海开发战略，腾飞江苏整体经济，为苏北地区国土资源规划、管理、保护、合理利用以及地质灾害防治提供翔实的基础地质资料和科学依据，是基础性、公益性、战略性基础地质项目。经过近4年的艰苦努力，较圆满地完成了任务。本次调查以多重地层、IGBP项目、沉积学、板块构造等新的地学理论和观点为指导，运用遥感技术、地球物理勘察技术、数字填图技术、计算机信息技术以及Eijkelkamp槽型取样钻、钻探等技术方法，对测区内基础地质、第四纪地质、水文地质、工程地质、环境地质、海岸带变化以及国土资源等进行了全面系统地调查和综合研究，取得了较为丰硕的成果，明显提高了苏北平原区基础地质与环境地质的研究程度。

2. 主要成果及科技创新

1）重新厘定地层层序

应用多重地层划分方法，对测区新近纪、第四纪地层进行了岩石地层、生物地层、气候地层、事件地层和年代地层等全面系统的综合研究和划分对比，分别建立了丘岗、平原两个地层小区新近纪、第四纪地层层序。根据区域的整体特征，新建了一个非正式岩石地层单位——黄泛层，将丘岗地层小区划分为中新世下草湾组，上新世宿迁组，更新世戚咀组、泊岗组、豆冲组及全新世连云港组6个岩石地层单位，将平原地层小区划分为中新世盐城组上段，上新世盐城组下段，更新世五队镇组、小腰庄组、灌南组及全新世淤尖组6个岩石地层单位。

2）编制17条第四纪地质剖面图和9张特征时段岩相古地理图

对测区新近纪和第四纪地层（松散沉积物）进行了系统的沉积相研究，编制了2条东西向、8条北东向、6条北西向和1条沿海方向的第四纪地质剖面，编制了中新世、上新世、早更新世、中更新世、晚更新世早期（MIS5）、晚更新世晚期早时（MIS4）、晚更新世晚期中时（MIS3）、晚更新世晚期晚时（MIS2）、全新世中早期共9个特征时段岩相古地理图。通过17条第四纪剖面图和9张岩相古地理图的编制，建立了第四纪沉积结构，重现了新近纪和第四纪沉积物的时空分布特征。详细研究了新近纪以来湖泊的扩张与萎缩、冲洪积扇的进退、古河道迁徙和海陆变迁等时空演化规律。

3）利用Eijkelkamp槽型取样钻研究测区浅表沉积物的空间变化，重新定义了里下河的形成历史

利用Eijkelkamp槽型取样钻对测区10m以浅的第四纪晚期沉积物进行了系统揭露，全面系统地研究了测区浅表沉积物组成、层序、岩相变化、成因、厚度及其三维空间变化，全面了解黄河南泛之前苏北盆地的古地形和区域水系特征。对里下河地区的浅表地层的揭露反映，在表层湖沼相淤泥质黏土之下，下伏地层有全新统淤尖组中段，成因有陆相地层的河流相、湖沼相，海相地层的潟湖相、滨海相和滨岸相，局部还直接超覆在上更新统灌南组上段上部之上。通过对里下河地区地层的层序变化、古地理环境演化规律分析研究，将里下河洼地的地貌由过去的古潟湖平原更名为湖沼平原。

4）新建了一个非正式填图单位——黄泛层

在本次野外调查和数字填图实施过程中，在测区北部发现：黄河泛滥沉积物直接覆盖在全新统连云港组、淤尖组，上更新统戚咀组、灌南组之上。由于黄泛层是一个统一的地质体，分布在不同的地层小区，为了地层表达的完整性，故在本次地质调查中，新建了一个非正式填图单位——黄泛层，地层代号为hfb。

黄泛层分布北界为图幅北界，南界为黄河泛滥南部边界，即分布在洪泽湖—和平—武墩—黄码—盐河—平桥—泾河—宝应县山阳—黄塍的孙庄—史庄—安丰—施河—泾口—流均—博里—罗桥的韩圩—益林—硕集、郭墅的曹圩—天场一线。

沉积时代为全新世晚期。

黄河故道内地层厚度一般5～8m，局部超过10m。以黄河故道中轴，向南北两侧变薄，北侧地层厚度一般2～8m，南侧随古地形起伏变化相对较大，地层厚度3～5m。在垎岗、高亢平原等微地貌地区地层缺失。主要岩性特征为灰黄色黏土、粉砂质黏土及粉细砂、中细砂，常见水平层理和斜层理，在黄河故道内可

见交错层理。成因为河流相,其中黄河故道为河床相,区内其他区域为河流泛滥相。

在故黄河三角洲地区,地层厚度一般 3~5m,最厚达 10m。黄河故道较厚,向南北两侧变薄。主要岩性特征为灰黄色、褐黄色黏土、粉砂质黏土及粉砂层,常见水平层理和斜层理,局部见交错层理,含海相介形虫、有孔虫以及螺、贝壳,偶见陆相介形虫,为海陆过渡相沉积。

下伏全新统连云港组、淤尖组,上更新统戚咀组、灌南组。在古淮河冲积平原上,与下伏的全新统连云港组、淤尖组整合接触,在测区垅岗、高亢平原等微地貌地区与下伏的上更新统戚咀组、灌南组假整合接触。

5) 晚更新世灌南组首次发现出露地表

以往的区域地质调查和水文地质普查资料显示,测区范围内的苏北平原中部地表出露的全是全新统,但是在野外数字填图过程中发现,不仅在 1∶10 万码头镇幅东部、洪泽县幅东部、清江市幅西部和中部、宝应县幅有晚更新世灌南组出露地表,而且在地势最低洼的里下河地区的建湖县幅,也发现有上更新统灌南组出露地表的现象。

分布范围:武墩—和平—洪泽—蒋坝、仇桥—朱桥—平桥、车桥等区域成片状分布,宝应和建湖成岛状分布,沉积物岩性特征是灰绿色、棕黄色黏土、粉砂质黏土,质地均匀,致密,可—硬塑,常含 Ca 质结核,成因是河流泛滥相,层序是灌南组上段上部,与相邻地区全新统下伏的晚更新世灌南组上段上部一致。

微地貌特征是地形上略有起伏,地下水位相对较低,地表全新统淤尖组缺失,因此将该地貌类型归属为剥蚀—堆积地貌类型,微地貌定名为高亢平原。

因此通过测区的野外调查,彻底改变了对苏北平原第四纪晚期地质过程的认识,说明末次盛冰期低海面时期,苏北平原受到较大面积的剥蚀作用,地势起伏增大,全新世沉积范围缩小,没有完全覆盖,形成地层缺失。该层是苏北平原区域地表多层建筑物非常好的持力层。上更新统灌南组上段上部地表出露,这一新发现对区域铁路、公路的线路选址和多层建筑物的地基处理具有非常重要的现实意义。

6) 淮阴-响水断裂带研究进展

通过本次工作,对过去的淮阴-响水断裂进行修订,在涟水段,断裂沿淮阴西—涟水县梁岔镇娃庄呈 NE30°方向伸展,断裂西北地区为苏鲁造山带,地层是太古宇云台岩组变粒岩、浅粒岩,东南地区为扬子地块的一部分,地层是震旦系黄墟组、灯影组。太古宇云台岩组与震旦系接触关系是断层接触,而不是按不整合对待。松散层下伏震旦系黄墟组、灯影组区域,修订为梁岔隆起,作为苏北凹陷中的次一级构造,其西北为苏鲁造山带,东南为阜宁凹陷。

7) 盐城组发育 11 个沉积旋回及 1 个巨厚底砾层

本次调查施工的盐城市射阳县城东开发区 H1 孔,所属构造部位为苏北盆地的盐阜凹陷。进行了古地磁、^{14}C 测年、ESR 测年、OSL 测年、孢粉、微体古生物、黏土矿物、粒度分析等方面测试分析和鉴定。通过对该孔岩石地层、生物地层、气候地层、事件地层和年代地层等全面系统的综合研究和划分对比,重新厘定了测区新近系、第四系层序,对新近系进行了详细研究和划分。

通过分析 ESR 测年数据(615.40mESR 年龄为 5070±761ka,705.50mESR 年龄为 11 570±1740ka,736.26mESR 年龄为 13 080±1962ka),推断盐城组下段底界年龄大约距今 22Ma,时代为中新世。

孢粉分析资料显示,本组合带孢粉贫乏,浓度仅为 15.9~785.5 粒/g,平均值仅为 33.7 粒/g。平均每样约统计到 87.5 粒孢粉。组合中草本植物花粉含量占优势,平均值为 61.2%;其次乔木植物花粉含量为 27.7%左右。蕨类植物孢子含量(7.7%)及灌木植物花粉含量(3.4%)较前带略有增多。孢粉组合带为草原与森林草原植被景观,松、常绿栎、蒿、耐旱灌木及凤尾蕨均达剖面的高值。而且伏平粉开始经常出现,反映了地层的古老性。该孢粉组合带反映了暖偏干气候环境。

根据微古资料,沉积物中含有 *Candona* spp.,*Candoniella albicans*,*Ilyocypris* sp. 等陆相介形虫以及双壳类、瓣鳃类,为湖相沉积环境。

发现了3次海洋作用的痕迹,但有孔虫属种和数量都很少。在449.30～455.00m,含底栖有孔虫 *Ammonia annectens*,贝壳碎片7片,牡蛎碎片1片和虫管1个;618.80～620.65m含有底栖有孔虫: *Ammonia* sp.,*Ammonia annectens*,含少量贝壳碎片;628.50～630.80m,含有底栖有孔虫 *Pseudorotalia schroeteriana*,为潮上带-潮间带沉积环境。

8)盐城组底砾层为冲洪积成因,是一个新的重要的地下水水源地

盐城组下段下部含有一套底砾层,岩石地层特征为:灰绿色、灰白色、灰黑色中砂、中细砂、含砾中粗砂,有3个由上部中砂、中细砂和下部含砾中粗砂组成的沉积韵律,砂层分选中等—差,砾石磨圆中等—差,以次棱角为主,砾石成分除大量的石英外,还有大量的来自苏鲁-大别造山带的变质岩系。地层分布在测区的滨海隆起和盐阜凹陷北部,由西北向东南倾斜,堆积物具有磨拉石建造的特点,成因为冲洪积相,地层厚度50～100m,局部达120m。

H1孔地下水采样分析结果表明,该层水pH值为7.23,呈弱碱性,水化学类型为$Cl·SO_4—Na$,溶解性总固物(TDS)为0.726g/L,氟化物含量为0.12mg/L,铁含量仅为0.03mg/L,砷、汞、镉、铬、铅等重金属元素含量均远低于国家饮用水标准,单井涌水量达1200～1500m^3/d。这些资料表明该底砾层是测区一个新的重要的地下水水源地,富含的淡水资源,对苏北地区的开发具有重要现实意义。

(三)1∶25万南京市幅、南通市幅区域地质调查

1. 项目简介

1∶25万南京市幅、南通市幅区域地质调查,由中国地质调查局2001年1月20日下达,图幅行政区划隶属江苏省南京市、镇江市、扬州市、泰州市、淮安市及安徽省滁州市。地理坐标为东经118°30′—120°00′,北纬32°00′—33°00′,总面积为15 600km^2。成果报告对测区地层、构造、岩浆岩、第四纪地质、国土资源与地质环境等进行了全面系统的分析和论述。项目工作自2001年1月开始,2003年12月提交验收通过。

2. 主要成果及转化应用

1)槽型钻揭露平原区第四系,直观反映了沉积物时空分布特征

利用Eijkelkamp槽型取样钻对平原区10m以浅的第四纪沉积物进行了系统揭露,查明了平原区浅表沉积物组成、层序、岩相变化、成因、厚度及其沉积环境,建立了第四纪地层层序。通过横纵第四纪地质剖面对比,13个时段岩相古地理图的编制,初步建立了测区第四纪结构模型,展示了古地理环境的演变过程和演化规律。

2)总结了中生代侵入岩分布特征及演化规律

中生代侵入岩主要集中分布在宁镇地区,来安鹰咀山、六合冶山等地也有规模较大的岩体侵入。从晚侏罗世的超基性—基性—中性岩到早白垩世的中性—中酸性—酸性岩岩类齐全,侵入岩成分演化规律明显,具有多期次和岩性多样化的特点。

3)重新整理了南京—仪征地区新近纪地层层序及时代

20世纪70年代以来,由于雨花台组与其他砂砾层之间接触关系未被发现,南京—仪征地区新近纪地层层序及时代一直存在着争议。报告对区内新近纪地层进行了重新整理划分,同时结合剖面及岩相古地理分析,发现新近纪各地层叠置关系明显,该地区新近纪地层层序为中新世中期的洞玄观组(N_1d)、中新世晚期的六合组(N_1l)、黄岗组(N_1h)及上新世的雨花台组(N_2y)以及非正式岩石地层单位方山玄武岩(fb)。雨花台组沉积是位于六合组之上的另一套砂砾层,其沉积时代为上新世晚期。

4)采用遥感解译手段结合实地调查,对海岸带进行系统调查

1∶25万南通幅区域地质调查首次采用遥感解译手段结合实地调查,将潮坪划分为潮上带、潮间带、潮下带3个相带,潮间带又可分为高潮坪、中潮坪、低潮坪3个亚带(图1-1)。对潮坪沉积特征和潮坪形成条件及影响因素进行了研究,从而对海岸带滩涂资源调查及滩涂淤蚀趋势进行总结,对岸线稳定性进行了划分,本次调查显示测区主体属淤积型海岸。近20年来通过对沙洲及潮汐水道的演变进行研究,发现沿海沙洲群分布于近岸浅海区,沙洲(脊)和深槽相间分布,达20条之多,构成向海张开向大陆弶港收敛的扇形地貌。西洋是江苏沿海近岸一条最大的潮汐水道,它的变化及水动力条件的改变都会直接涉及该段港口建设、入海通道及潮间带滩涂的开发利用。

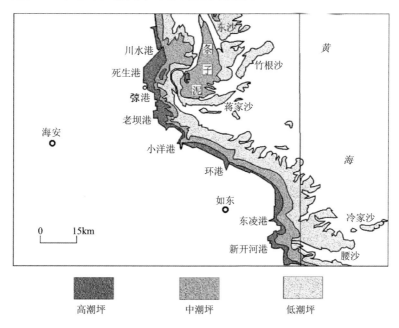

图1-1 海岸带潮坪相带划分(据2000年TM图像解译)

5)主要应用为矿产普查、国土规划、水工环地质、农业地质及地质科研等提供基础地质资料

通过地质调查、工程揭露、地球物理及遥感资料解译等综合研究,填制工作区地质图,编制基岩地质图,为矿产普查、国土规划、水工环地质、农业地质及地质科研提供基础地质资料。

(四)1∶25万常州市幅区域地质调查

1. 项目简介

1∶25万常州市幅位于我国最大经济核心区——长江三角洲经济区内,该项目亦为长三角地区所布置的第一幅、江苏省内布置的第一幅1∶25万区域地质调查类项目。其地理范围包括江苏省常州市、丹阳市、武进市、金坛市、溧阳市、宜兴市、句容市及江宁、江浦、溧水、高淳、丹徒5县;安徽省马鞍山市、芜湖县、郎溪县、广德县;浙江省长兴县等3省17市、县范围,面积约15 800km^2。图幅工作自2000年1月—2001年12月。2001年5月提交送审稿,2001年12月提交最终验收成果。

2. 主要成果及转化应用

1)对区内地层进行了岩石地层、生物、年代等多重划分对比研究

确定了40个正式岩石地层单位、7个非正式岩石地层单位,并对其进行了环境和岩相古地理分析研究,对其成因和时代也进行了探讨,发现了数个穿时地层单位,进一步证实了岩石穿时的普遍性。对

泥盆纪—石炭纪地层进行了层序地层分析和地层格架的探讨(图1-2),为研究该时代地层的时空四维空间分布规律打下了良好的基础。

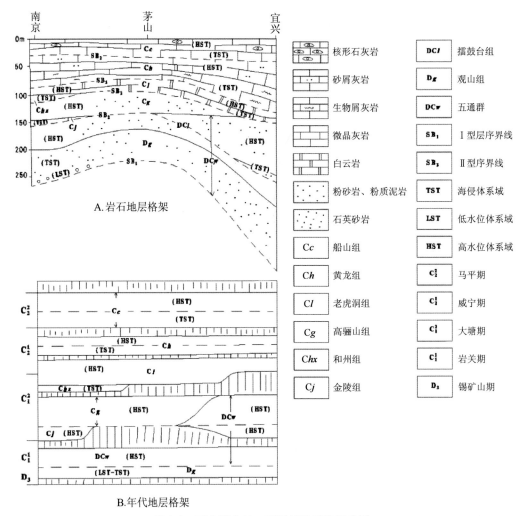

图1-2 区内泥盆纪—石炭纪地层格架略图

2)结合HQ11线大地电磁测深剖面,编制了板桥—长兴地质—物探综合剖面图,并编写了综合剖面图说明书

板桥—长兴地质—物探综合剖面全长160km,北西-南东向斜切1∶25万常州市幅,其地理位置与HQ11线大地电磁测深剖面位置基本一致。该剖面地表地质剖面的编绘是根据1992年地调所与南京地矿所合作,实测的1∶2万板桥—长兴(分板桥—上沛、上沛—长兴两段)地质构造剖面,结合宽约5km的走廊地质图(1∶5万)修编。从地质、物探解译成果分析,将区内划分为东、西两个变质基底、沉积盖层、岩浆活动等均具明显差异的地体,西部地体由宁芜-溧水火山岩盆地、茅山推覆体及桠溪港凹陷等次级构造单元组成,东部地体由溧阳火山岩盆地及宜溧褶皱山区等次级构造单元组成。

3)对苏南地区的逆冲推覆构造进行了系统地研究

苏南地区推覆构造较为发育,主要分布在宁镇、茅山及宜溧等地区,它们均受区域上板块的拼贴、拆离以及地体间的俯冲、剪切等构造作用的控制。从几何学、运动学等特征分析表明,区内推覆构造具多期次和多方向性,主要有3个时期和3种运动方向:第一期发生在燕山中期(J_3—K_1),推覆方向由南(东)向北(西),可能为对冲型,其动力来源可能为华北板块与扬子板块的碰撞及太平洋板块向北移动引起的陆内地体俯冲、挤压的联合作用共同影响;第二期发生在燕山晚期(K_1—K_2),推覆方向为茅山地区的南东东向北西西和苏浙皖交界区的北西西向南东东,呈背冲型,其动力来源于苏锡地体向北西(沿江地体)深部俯冲,俯冲晚期地壳拉伸变薄,深部地幔物质上涌,上部盖层向两侧伸展挤压;第三期发生在燕山末期至喜马拉雅早期(K_2—E),推覆方向主要为北(西)向南(东),其动力来源可能与太平洋板块向大陆深部俯冲有关。

4)对地区内的主要侵入岩类型进行了岩石谱系单位的划分

区内侵入岩类型较为齐全,从中基性—中酸性—酸性均有出露,其中以中酸性岩分布最为广泛,集中于宁芜、宜溧和茅山等地。根据花岗岩类岩石谱系单位划分原则,将区内侵入岩初步建立4个超单元/序列、17个单元等(表1-3)。

表1-3 主要侵入岩岩石谱系单位一览表

	岩区	地质年代	超单元/序列	单元(或名称)	代号	岩性	年龄值(Ma)
岩石谱系单位	东岩区	早白垩世	平桥序列	周院单元	K_1Z	细粒花岗斑岩	97.78
				庙西单元	K_1M	斑状花岗岩	113、109.4
				洪河单元	K_1Hh	细粒花岗岩	127
			戴埠序列	横山村单元	K_1H	花岗斑岩	106.3
				陈家边单元	K_1C	花岗闪长岩	107.5
				见花村单元	K_1Jh	石英二长斑岩	124.95
				金山里单元	K_1Js	石英闪长(斑)岩	125.78
	西岩区		狸头桥序列	罗家村单元	K_1Lj	花岗斑岩	
				马山埠单元	K_1Ms	花岗闪长斑岩	131
				昆山单元	K_1K	辉石闪长岩	136
				雷巷单元	K_1L	花岗(斑)岩	
				安基山单元	K_1A	石英闪长斑岩	
			陆郎序列	霍里单元	K_1Hl	花岗岩	105
				施山单元	K_1S	二长花岗(斑)岩	106.9
				铜井单元	K_1Tj	石英二长(斑)岩	115.57
				皇姑山单元	K_1Hg	石英闪长(斑)岩	
		晚侏罗世		青山单元	J_3Q	闪长玢岩	

5)对第四纪地层进行了详细研究,首次编出了该地区第四系剖析图

对第四纪地层的研究,不仅进行了岩石地层、年代地层、磁性地层、古气候、古生物等多重划分,还研究了它与地貌的关系,并对太湖平原区的第四系进行了研究,首次编出了该地区第四系剖析图。

二、1∶5万区域地质调查

(一)苏鲁超高压变质带基础地质调查

1. 项目简介

苏鲁超高压变质带位于江苏省东北部,地处秦岭-大别造山带郯庐断裂以东东延部分(任纪舜,1989),夹持于华北板块和扬子板块之间,古老结晶基底裸露。20世纪80年代以来,随着高压、超高压

变质作用形成的蓝片岩、白片岩、黄片岩及含柯石英、含金刚石榴辉岩的发现和研究工作的不断深入,该区被认为是昆仑-秦岭-大别-苏鲁造山带根部抬升最高的地区之一,对陆间造山带根部构造研究来说具有得天独厚的条件,是全球规模最大的超高压变质带的重要组成部分,被认为是世界上造山带根部出露最深的地区之一。

20世纪90年代以来,成为全球超高压变质作用研究热点之一,随着"中国大陆科学钻探工程"立项选址,并落实于江苏省东海县毛北村,对该地区区域性基础地质背景资料的需求变得异常急迫,中国地质调查局从1996年起连续下达4个1∶5万区域地质调查项目,对大陆科钻周边地区展开基础地质调查,项目有:赣榆县幅(I50E007021)、城头镇幅(I50E007020)区域地质调查(1∶5万)(苏地科发〔1996〕008号文)(1996—1999);东海县幅(I50E009020)、房山镇幅(I50E010020)、沙河镇幅(I50E008020)区域地质调查(1∶5万)(苏地地科〔1997〕011号)(1997—2000);双店幅(I50E009019)、阿湖镇幅(I50E010019)区域地质调查(1∶5万)(苏地科发〔1999〕008号)(1999—2001);阴平幅(I50E011019)、华冲幅(I50E011020)区域地质调查(1∶5万)(国土发〔1999〕509号文)(2000—2002)。

2. 主要成果及科技创新

1)基本查清测区内岩石类型、特征、分布范围

运用构造-岩石-事件法进行填图,对广泛分布的变质岩石-东海杂岩进行了详细的研究分析。东海杂岩可分为变质侵入岩(原岩为深成侵位的花岗岩类)、变质表壳岩(原岩为海相碎屑岩及化学沉积岩)、变暗色岩类(原岩为各种环境中基性火山岩及沉积岩)三大类。它们由不同时期形成的原岩,经不同层次、不同程度的变质变形作用改造,因岩浆侵入、构造侵位作用而混杂堆积的一套构造混杂岩。对变质侵入岩,运用构造岩石法并结合岩石谱系单位划分的原则,根据其空间分布、岩石特征、岩石化学、接触关系、原岩类型,将其划分为多个酸性侵入岩体;并通过同位素年龄的测试,确定了侵入岩的侵位序次,并将其初步界定为吕梁旋回造山阶段后期的岩浆活动产物。

对变质表壳岩,采用构造-地层-事件法,重建东海岩群,划分为4个岩组:演马厂岩组、摩天岭岩组、虎山岩组、毛北岩组,通过区域地层对比,将东海岩群确定为新太古代—古元古代沉积变质产物。

通过对变质暗色岩类,尤其榴辉岩类的研究表明,它们形成于洋脊、岛弧、大陆等多种大地构造环境的中基性火山岩-火山沉积岩,经俯冲消减携带至地壳深处,经不同程度的变质作用形成,其原岩主要形成于中—新元古代。经超高压变质作用形成榴辉岩则以晋宁期为主,但很可能存在吕梁期的暗色岩类。

2)基本查清测区内地质构造格架

前寒武系变质岩石中构造变形以韧性剪切变形为主,通过对韧性变形发生的时间和变形性质分析,划分了3期韧性变形,即早期榴辉岩相韧性剪切变形、中期角闪岩相韧性剪切变形和后期绿片岩相韧性剪切变形。绿片岩相韧性剪切变形发生于印支期,表现为北东向、近东西向为主,局部呈北北西向,平面呈交织状线性强变形带,中间夹透镜状弱变形域。

3)建立区域变质作用序列

根据野外和室内、宏观和微观、矿物共生组合特征,结合变质和变形、同位素年龄等资料分析,将本区划分为3期变质作用:第一期为吕梁期超高压—高压榴辉岩相变质作用;第二期为晋宁期,有超高压—高压榴辉岩相、中压低角闪岩相、中压高绿片岩相和中压低绿片岩相;第三期为印支期—燕山期高压低绿片岩相变质作用。总体构成造山带的一个退变质构造序列。

4)建立区域中生代岩浆侵入作用序列

将赣榆地区中生代岩浆岩归入夹山序列、朱苍序列,新建桃林超单元,由大解庄单元、老圩庄单元、石埠单元、踢球山单元、马陵站单元组成。为高钾钙碱性花岗岩,经部分指数投图为A型花岗岩,岩浆来源于下部地壳或上地幔,形成于碰撞后隆起构造阶段火山弧后环境。

5)对中生代以来的重要断层进行详细研究

中生代以来受测区西侧郯庐断裂的影响,构造格局以北东向和近南北向断裂为主,主要断裂有高埝-陈栈断裂、羽山-竹墩断裂、接庄断裂、房山断裂等,均为长寿断层,不仅控制了中生代中酸性岩浆侵入岩的分布,对新生代地貌也有明显的控制作用。次要断裂为近东西向或北西西向,控制了新生代河流地貌的发育。伴生小断裂有近东西向和北西向断裂。

6)全面系统地对区域第四纪地层及演化进行了研究

根据野外地质填图及钻孔成果,运用同位素测年、生物地层划分、重矿物组合、黏土矿物组合研究等多重地层划分方法对测区第四系进行了全面研究,并结合粒度分析样品测试结果系统进行了岩相古地理环境的恢复,全面查清了区内第四纪地层的岩性、岩相、层序、厚度变化及各类地貌单元的分布等。

3. 应用成效

4个区域地质调查项目完成了苏鲁造山带南缘区域地质背景资料的收集、整理、分析和综合,完整地建立了东海杂岩的岩石-构造-岩浆-事件序列,构建了造山带内韧性构造格架和变质期次划分,重建东海岩群,解构变质花岗岩,对重建造山带演化历史作了科学系统的分析,同时通过中生代岩浆作用研究,对区域成矿、控矿作用作了较为扎实的分析,项目成果为矿产普查、国土规划、水工环地质、农业地质和地质科研等提供了现势性良好的基础地质资料。

(二)宁芜成矿带基础地质调查

1. 项目简介

在基岩出露区与重要经济区1∶5万区域地质调查工作已基本覆盖的形势下,为集中研究与区域成矿相关的重大基础地质问题,探索成矿带新一轮区域地质调查的工作方法,中国地质调查局于2010年4月29日下达了"江苏1∶5万慈湖、柘塘镇、小丹阳、博望镇幅区调"项目,这是中国地质调查局在长江中下游成矿带地区部署的第一个1∶5万区调修测试点项目,工作历时3年多,在全面系统地收集分析和深化研究已有资料的基础上,以1∶5万区域地质调查规范为指导,开展了1∶5万区域地质调查修测工作,重点加强了含矿地层、岩石与构造的调查,从成矿系统的角度深入研究了与区域成矿相关的地层、构造与岩浆作用等成矿要素的地质作用过程,解决了与成矿相关的重要基础地质问题,取得了丰硕的研究成果;同时该项目探索了在成矿带地区开展1∶5万区域地质调查修测工作的研究思路、技术方法和工作流程,为进一步在类似地区的工作部署提供方法借鉴。

2. 主要成果及科技创新

1)重点开展了成矿地质条件研究,总结了区域成矿规律,建立了区域成矿模式,指导该地区后续矿产地质勘查工作

以含矿地质体详细调查和成矿地质条件分析为主要方法,结合矿点检查和异常查证,全面总结和深入研究测区铁铜多金属矿产的成矿条件、成矿特征与控矿因素,划分了宁芜地区主要内生矿产的成矿系列,建立了区内主要类型铁铜矿床的成矿模式。认为区内铁硫铜金等内生矿产的形成主要与区内多期次火山-侵入活动关系密切,区内成矿作用主要受含钙质细碎屑岩或灰岩类有利成矿围岩、中偏基性—中偏酸性—偏碱性的含矿岩体和北东向、北西向控矿构造的联合控制,重点对区域成矿有利地层和岩浆岩体的成矿专属性进行了系统研究与总结。

2)应用新理论、新技术、新方法对测区基础地质特征进行深入研究,取得了一系列新认识

运用层序地层学的理论和技术方法,首次对测区中三叠世黄马青组和侏罗纪钟山组、北象山组和西

横山组开展了层序地层划分和研究(图1-3),构建了测区主要地层的层序地层格架,并对层序演化和沉积环境变迁进行了综合分析,较大程度地提高了测区地层研究程度;以岩石类型/岩性为岩石填图单位的划分原则,运用岩性-岩相的双重制图法,对测区中生代岩浆活动与火山作用进行了较深入的研究,系统地总结了测区火山构造的时空分布、活动特征及迁移演化规律(图1-4);查明了侵入岩的岩石类型、空间分布及围岩蚀变与矿化特征,系统总结了不同旋回侵入岩的岩石学和岩石地球化学特征,建立了测区侵入岩浆演化序列。

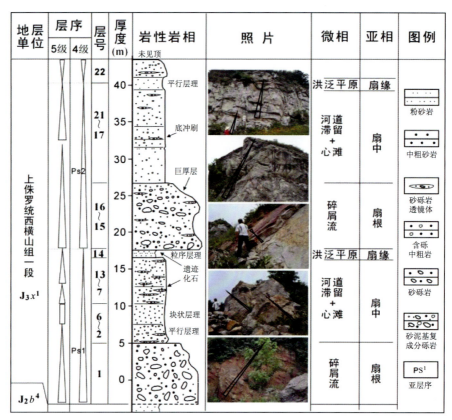

图1-3 江宁地区西横山组扇三角洲亚层序划分示意图

3)对区调成果表达进行了探索尝试,建立了典型矿集区的三维地质模型

项目除编制了地质图和基岩地质图等成果图件外,还编制了火山岩性岩相-构造图、含矿建造构造图、成矿规律与矿产预测图、矿化蚀变地质图等系列图件,对区域地质调查成果表达方式进行了有益探索尝试;项目全程采用数字地质调查系统(DGSInfo)进行,按数据库建设技术要求,分幅建立了原始资料数据库和地质图空间数据库,初步建立了云台山硫铁矿区及其周缘三维地质模型,为开展矿集区三维地质调查做了有益的技术方法尝试。

4)总结了成矿带地区1∶5万区域地质调查修测的技术方法,为成矿带地区进一步开展1∶5万区域地质调查工作提供了技术方法的借鉴

根据项目工作经验体会,对成矿带1∶5万区域地质调查工作的研究内容、技术路线、工作流程、技术方法进行了全面总结,为成矿带地区进一步开展1∶5万区域地质调查工作提供了技术方法的借鉴。认为成矿带1∶5万区域地质调查工作重点是与区内成矿作用密切相关的主要成矿地质条件的调查分析,应加强成矿规律的研究;工作部署要有针对性,强调重点解剖与一般调查的结合,围绕存在的主要地质问题或具有重要地质内容的地区布置;工作方法要交替运用野外地质调查、室内综合研究与编图两种调查方式相互印证;工作中应强调前人资料的开发利用,加强深部成矿环境的综合调查与分析。

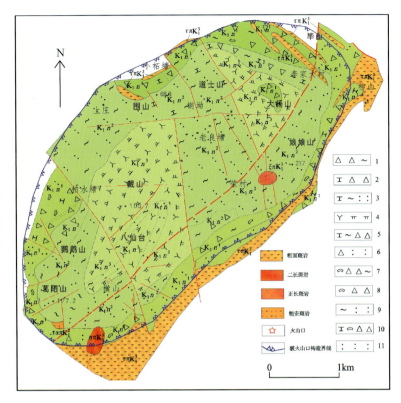

图 1-4 娘娘山火山机构岩性岩相构造图

1.熔结角砾岩；2.粗面质角砾岩；3.粗面质熔结凝灰岩；4.响岩；5.粗面质熔结角砾岩；6.角砾凝灰岩；
7.熔结集块角砾岩；8.集块角砾岩；9.熔结凝灰岩；10.粗面质集块角砾岩；11.凝灰岩

3. 应用成效

该项目作为华东地区第一个部署在成矿带的1∶5万区域地质调查修测项目，强调以成矿地质条件为重点调查内容，针对区内与成矿相关的重要基础地质问题开展针对性的调查研究工作，理论上倡导使用活动论的观点、大陆动力学和同源岩浆深化与成矿理论，对宁芜溧水火山岩盆地区的基础地质和矿产地质特征进行了大量的野外调查和室内综合研究工作，系统查明宁芜地区区域地层、岩石、构造特征和成矿地质条件，解决与成矿关系密切的基础地质问题，取得了丰硕的研究成果，并提交了该地区的1∶5万地质图、基岩地质图、火山岩性岩相构造图、矿产图、矿化蚀变图、成矿规律与成矿预测图以及区域地质调查报告与成矿带1∶5万区域地质调查方法总结等综合地质成果，为在该地区开展基础地质研究和进一步矿产勘查提供了详细的基础地质资料，也是该地区国民经济规划、工农业经济发展的依据，是该地区进行工业布局、农业规划、矿业开发、环境保护的重要基础性资料。

另外项目报告总结了测区主要成矿地质条件、矿产地质特征，并划分了成矿远景区，为区内开展新一轮找矿提供了新的找矿线索。

(三)江苏沿海基础地质调查

1. 项目简介

基于为中国东部平原重要经济区的经济建设提供基础地质资料的目标任务，自2012年以来，中国地质调查局在江苏沿海平原区陆续布设了43幅1∶5万平原区区域地质调查工作。其中，由江苏省地质调查研究院承担的项目包括"江苏省1∶5万盐城市等六幅区调""江苏省1∶5万余东镇等七幅区调""长江三角洲海岸带综合地质调查与监测(江苏地调院)"3个项目的23个1∶5万标准图幅。项目在区域第四纪地层层序、三维结构、地壳稳定性等方面开展调查,在工作模式、成果应用等方面进行探索,为区域基础性、应用性地质工作提供了重要支撑;相关成果获得江苏省国土资源创新奖二等奖和华东地区区域地质调查项目原始资料质量展评优秀奖等。建立了松散沉积物岩性"粒级""色系"的数字化体系,实现了野外地质信息从定性描述到定量分析的转变;利用自动建模技术,构建了松散层三维结构模型,反映了不同沉积组分的空间变化特征,为农业地质、土地质量和水工环等地质调查工作奠定了良好的基础;采用"平剖面、等时面和优势相"3种方法相互组合的岩相古地理图编制思想,充分展现第四纪各时期沉积环境;拓展了孢粉-碳屑鉴定内容,改进了提取流程,并应用于大洋科学钻探(IODP1143)研究中。

2. 主要成果及科技创新

项目基于准确获取的扎实数据,以提升成果转化为目的,在区域沉积物的年代学、地层分区、沉积环境演化、岸线侵蚀淤积、农业地质、生态地质、地壳稳定性等方面取得了重要成果和进展。

1)区域构造及地壳稳定性评价领域

(1)系统研究区域断裂的新构造活动特征,获得了系列新成果,为区域城镇规划建设、重大工程选址等提供了重要的科学依据。利用浅地震剖面勘探资料,进一步确定了沿海地区主要断裂,如:淮阴-响水断裂、盐城-南洋岸断裂、栟茶河断裂、湖州-苏州断裂(南通段)等的空间展布和几何学特征,并通过对物探、第四纪地层及历史地震等资料的综合分析,厘定区域主要断裂的最新活动时间。其中针对盐城-南洋岸断裂提出最新活动时间不早于更新世中期,栟茶河断裂属晚更新世以来活动断裂,湖州-苏州断裂(南通段)属前第四纪断裂,具有活动性分段特征(与区域上该断裂苏州段的第四纪早—中更新世活动时间不同)。

(2)构造稳定性评价方面。根据最新的地壳稳定性评价规范,在收集前人及本次野外调查的基础上,对江苏沿海地区进行较系统的构造稳定性评价:江苏沿海全区总体稳定,次不稳定区面积占全区总面积的4.1%,其余为次稳定区(50.9%)和稳定区(45.0%),不存在不稳定区。构造次不稳定区主要分布在东海、赣榆西北地区,大丰—海丰农场一带。次不稳定区构造相对活跃,建议大丰市东部区域在重大工程建设时应将抗震设防烈度从原来的Ⅶ度提高到Ⅷ度,进行工程建筑时必须进行抗震设防。

2)第四纪地层及沉积环境演化领域

(1)重新进行了区域第四纪地层分区,新建了长江与淮河过渡带第四纪地层小区。按照区域基岩地质构造,第四纪埋深、岩石地层、物质来源及形成环境等特征,将江苏沿海分为5个第四纪地层小区:北部山麓丘陵为连云港地层小区,以鲁南及连云港西北部为主要物质来源的泗沭灌地层小区,以淮河为主要来源的淮河下游地层小区,中部长江与淮河过渡带地层小区及南部的长江三角洲地层小区;新建了长江与淮河过渡带第四纪地层小区;基于各区内标准孔特征,重新建立了各地层小区的标准地层。

(2)系统建立了区域第四纪年代地层框架,首次开展了中国东部典型沉积区——北部古黄河及淮河沉积区和南部长江沉积区之间的第四纪地层对比研究;分析了区域沉积环境演化过程,清晰构绘了区域河道变迁,海侵、海退过程;首次确定了古长江河道在上新世—更新世中期时的影响北界。

3)松散沉积物形成时代及古气候变化领域

建立苏北中部滨海平原及长三角地区第四纪地层准确年代标尺,修订了前人认识;基于磁性地层,结合新发现的特殊花粉(伏平粉)将长三角松散沉积物形成时代从原来的3.6Ma拓展到10~8Ma,获取了长三角地区年代最久的孢粉序列。综合集成大空间数据,对欧亚地区38条高质量气候记录开展系统研究(图1-5);创建植被-生态研究方法,建立了欧亚大陆首条18Ma以来的北半球火灾演化序列;首次利用特殊花粉系统总结欧亚大陆空间尺度季风减弱特征;首次获得长三角地区0.8Ma以来东亚季风的地球轨道参数周期;提出全球气候变冷为主,青藏高原隆升为辅的东亚季风演化动力学机制。

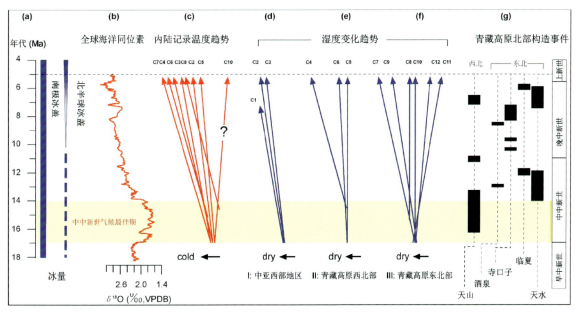

图 1-5 中新世(a)全球冰量、(b)深海氧同位素 (Zachos et al,2008) 与 (c)中亚地区温度变化趋势、(d,e 和 f)降水变化趋势以及(g)青藏高原北部隆升的耦合对比

天山:Charreau et al,2005;Sun et al,2007;Sun and Zhang,2008;Tang et al,2011;Zhang and Sun,2011;酒泉:Song et al,2001a;寺口子:Song et al,2001b;Zheng et al,2006;Lin et al,2010;Wang et al,2011a;临夏:Fang et al,2003;Wang et al,2010;天水:Li et al,2006;Hou et al,2011;Wang et al,2011b;C1:伊朗北部;C2:哈萨克斯坦西北部;C3:斋桑盆地;C4:库车塔乌,天山;C5:金沟河,天山;C6:塔西河,天山;C7:KC-1,柴达木盆地;C8:老君庙,酒泉盆地;C9:寺口子,宁夏;C10:毛沟,临夏盆地;C11:秦安,天水盆地;C12:ZL 孔,庄浪

3. 成果应用

在第四纪沉积物年代序列、沉积环境演化、区域断裂活动性、古长江北界及浅表第四纪地质特征等方面获得地系列重要创新性成果,为盐城市"活动断层探测与地震危险性评价"、区域水工环地质调查(如"江苏 1∶5 万盐城市、引水沟幅环境地质调查""江苏 1∶5 万龙王庙、弶港幅环境地质调查"项目)等工作提供了重要支撑;为区域国土资源管理、环境保护、防震减灾及重大工程建设等工作提供了重要的数据支撑和建议。

(四)长三角平原基础地质调查

1. 项目简介

长江三角洲地区人口密集,是中国第一大经济区,近年来,随着经济的飞速发展和城市化进程的加快,多种地质灾害频发与地质环境的恶化,威胁着该地区的可持续发展。因此,为了维持长江三角洲地区的繁荣和稳定,迫切需要了解该地区的基础地质背景。2006 年以来,在中国地质调查局的支持下,江苏地调院先后开展了"江苏 1∶5 万南通市幅、南通县幅、小海镇幅、海门市幅区调""江苏 1∶5 万昆山市、太仓市、安亭镇、吴江市、芦墟镇幅区调""江苏 1∶5 万港口、泰县、张甸公社、泰兴县、生祠堂镇幅平原区填图试点"等多个基础地质调查项目。系统研究长三角第四纪地层层序,揭示基岩面的起伏变化和隐伏基岩的地层、岩石、构造特征,重新厘定了第四纪地层框架,恢复了地貌及岩相古地理特征,并探讨了重要断裂(如湖苏断裂)的位置及性质、长江贯通的时限、第四纪以来海侵期次、古植被的演化过程及控制因素等科学问题。相关的成果得到了国内外专家一致认可,获得了江苏省国土资源科技进步一等奖,共发表 SCI 论文 2 篇,中文核心期刊论文 10 余篇。同时,为泰州城市地质、苏州市城市地质调查提供了可靠的基础地质资料。

2. 主要成果及科技创新

1) 第四纪以来里下河平原与长三角的沉积演化差异

以多重地层划分为基础,通过编绘钻孔联合剖面建立了测区第四纪沉积物空间格架,编制岩相古地理图恢复区域第四纪以来地质环境演变过程,从剖面上和平面上客观地展现了里下河地区和长江三角洲地区第四纪以来的沉积演化差异(图 1-6)。里下河小区以泛滥相沉积为主,主要发育氧化色(灰黄色、棕黄色)的黏土、含粉砂黏土、黏土质粉砂,共经历了 4 次海侵作用;长三角小区以河流相沉积为主,发育大量还原色(灰色)的砂砾石层,经历了 1 次海侵。其中全新世形成的镇江海侵在区内广泛分布,埋藏深度为 3~50m,由北向南逐渐变深;MIS3 阶段的滆湖海侵和 MIS5 阶段的太湖海侵在里下河地区分布广泛,表现为大面积的潮坪相沉积,而长三角区表现为河口相沉积;中更新世晚期的海侵主要分布在测区中南部泰县幅的东部和中部,为高潮坪沉积。

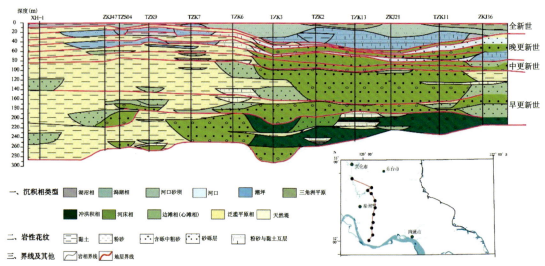

图 1-6 苏北平原—长江三角洲第四纪地质剖面图

2) 第四纪以来长江古河道的变迁过程

通过钻孔间年代地层、岩石地层的对比研究,查明了长江古河道第四纪以来的变迁过程。第四纪初期,长江水流因受仪征、镇江山体约束,水动力大,河谷较窄,在泰州市区—姜堰一带形成砂砾石层的古河床沉积;早更新世中晚期,由于削高填低作用,长江逐渐加宽成不规则喇叭形曲流,影响了靖江—姜堰一带;中更新世时期,河床的下蚀作用和侧蚀作用交替变化,河床不断向南迁移,北界在张甸镇一带;晚更新世时期,在泰州—姜堰一线形成 2 期东西向的堤坝,阻隔了长江向北发育的通道,主河床位于张甸—靖江一带;全新世以来,由于河口沙坝的出现,河流形成南北两个汊道,在科氏力的作用下,北汊道逐渐衰退成三角洲平原,位于靖江一带的南汊道则逐渐增强,成为主河床。

3) 晚新生代以来孢粉记录的东亚季风演化

通过对太湖平原 ZK004、ZK005、SZ03 和 SZ04 河湖相地层的孢粉分析,恢复了 8.0~0Ma 东亚季风的演化过程,并讨论其控制因素。研究结果表明,8.0~2.6Ma,孢粉以木本植被为主,气候温暖湿润;2.6Ma 以来,草本扩张,气候相对冷干。8.0Ma 以来 AP/NAP 值逐渐变小,与深海氧同位素记录的全球变冷相一致,表明在长尺度上东亚季风减弱和全球变冷是同步的。但是,2.6Ma 以来,由于青藏高原隆升和全球变冷的协同效应,导致喜暖孢粉与 AP/NAP 值保持相对稳定。800~480ka 期间,东亚夏季风(EASM)和东亚冬季风(EAWM)相对稳定,480ka 以来,EASM 和 EAWM 二者均有所加强。该研究成果发表在国际 SCI *Palaeogegraphy*,*Palaeoclimatology*,*Palaeoecology* 和 *Arabian Journal of Geosciences* 上。

4)重新厘定了长江三角洲北翼早更新世地层的序列

第四纪时期,长三角持续沉降,受到长江、淮河及海洋的相互作用,剥蚀与堆积作用相互交替,地层连续性差,以多期砂砾层相互叠置为主,难以通过岩石地层进行钻孔间的地层对比。前人对该地区的磁性地层进行了初步探讨,研究的精度较低,且普遍使用交变退磁。项目组对位于泰州地区 TZK10 孔和 TZK9 孔的沉积物进行了系统磁性地层研究(热退磁),并结合兴化的 XH-2 孔和 XH-1 孔,重新厘定了该地区的年代地层框架,将启东组上段修订为启东组,启东组下段修订为海门组的上段,海门组的上段和中段合并为海门组的中段(图 1-7)。

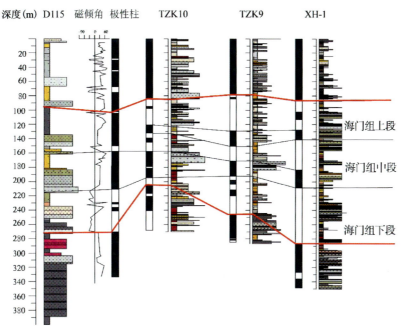

图 1-7　长江三角洲北翼的地层特征及区域对比

(吴标云,李从先,1987;舒强,2004;程瑜等,2016,2018)

5)探讨了长江贯通的时限

长江发源于青藏高原东侧,是亚洲第一长的河流(全长 6300km),很好地记录了亚洲季风演化、青藏高原隆升和亚洲地形演化,在长江演化的众多科学问题中,长江贯通的时限一直存在较大争议,主要有第四纪初期及上新世两种观点。本项目利用沉积物的 U-Pb 年龄谱系特征对物源进行分析,并结合系统的磁性地层学研究,探讨长江贯通的时限。3.7Ma 的锆石年龄谱以白垩纪(130~120Ma)为主,物质主要来自长江中下游的火山盆地,为近源沉积;TZK3 孔 3.04Ma 以来,锆石年龄谱变得复杂且主峰相对较多,且开始出现峨眉山玄武岩年龄段(260~251Ma)的锆石,表明在此时期长江上游的物质就已到达了长江三角洲地区,长江贯通的时限为 3.7~3.04Ma(图 1-8)。

6)查明湖苏断裂的准确位置及性质

项目组针对隐伏区域大断裂(湖苏断裂),首次在区域地质调查项目中采用大功率可控源大地音频测深(CSAMT)方法,调查了湖苏断裂的准确位置、断层形态、组合特征和断层性质,并结合物探剖面分析和钻探工作验证,取得了良好效果。项目组明确了湖苏断裂主断裂的具体位置和性质,在东太湖一带存在 3 条倾向南东、走向北东的正断层构成的断裂组合(F_5、F_6、F_7),在阳澄湖存在 2 条倾向南东、走向

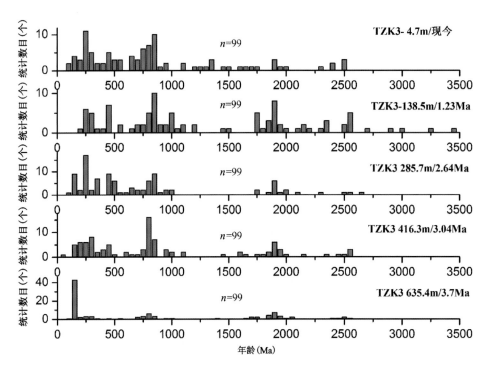

图 1-8　TZK3 孔碎屑锆石 U-Pb 年龄谱系图
（程瑜等，2018）

北东的正断层构成的断裂组合（F_1、F_2），并且有效控制了断裂走向和断裂两侧地层发育及断层性质，是湖苏断层研究史上首次发现，对区域活动断层研究具有重大意义。

3. 成果应用

长三角平原区基础地质调查充分利用不同时相、不同传感器、不同空间分辨率的卫星遥感数据，重点解译区地貌分布特征、新构造活动、第四纪沉积物类型及分布、河道侵淤变化等；采用槽型钻揭露＋地表地形＋遥感影像的方法填绘地表第四纪地质、地貌图；运用钻探、浅层地震，结合区域性航磁、重力资料，进行第四系三维地质结构调查。而后，将获得的各种地质信息集结组合，运用 GIS 平台，分别建立地表、50m 以浅及第四系三维结构模型，使项目成果的转化利用向数字化、可视化取得了很大进步。

浅层地质结构反映不同岩性，如黏土、粉砂等的三维空间位置，成果表达更直观，且在每个空间位置上均有岩性属性信息，直接应用于岩性渗透系数、防污性能的研究，成果对于当前海绵城市的建设具有重要的地质意义；第四纪以来松散层岩性层空间结构模型中砂层的空间分布可以直接展示区域含水层的空间展布，黏土层的空间分布为区域工程地质条件分析提供最直接的依据，综合岩性、含水层可以客观评价区域浅层地热能的赋存状况与开发利用条件，为浅层地热能的合理利用提供科学支撑；推断的地质构造及深部构造层空间展布对深部地热找矿具有指导性意义：一是提供热储条件比较好的新近纪、古近纪、古生代地层的空间深度位置；二是指出了主要控水构造分布状况，如泰州-安丰断裂、长新-姜堰断裂、溱潼-沈灶断裂等；三是在隆起与凹陷之间确立了本区几种高热流构造位置，分别是盆地中的凸起、凹陷外斜坡带、凹陷边缘断阶带、隆起区边缘、隆起区隐伏背斜等。

项目有力地推动了区域城市地质工作的开展，以中央地调资金为引领，同时启动了泰州城市地质调查和泰兴市综合地质调查项目，不仅使项目做大做强，也使项目的基础性研究成果有了翔实的应用点和落脚处。

(五)太湖流域基础地质调查

1. 项目简介

江苏省地质矿产厅于1998年8月31日下达了金坛地区1:5万区域地质调查任务书(苏地科发〔1998〕016号)。项目组充分搜集了区内已有的各种地质、矿产物化探、遥感及水工环地质、农业地质资料,以第四纪地质调查为基础,对水工环地质、农业地质及矿产资源,进一步进行分析研究,同时开展国土资源利用状况调查和规划研究。为矿产普查、国土规划、水工环地质、农业地质及地质科研提供基础地质资料。调查区行政区划隶属江苏省丹阳市、武进市、金坛市,地理坐标为东经119°30′00″—119°45′00″,北纬31°40′00″—31°50′00″,面积约438.5km^2。工作自1998年9月始,至2000年底提交区域地质调查成果验收。

主要以金坛地区开展的1:5万区域地质调查为例进行介绍。

2. 主要成果及转化应用

1)运用岩石地层单位填图方法,系统建立了调查区的地层层序

调查区地层属扬子地层区,下扬子地层分区常州—宜城地层小区。区内地层出露不全,中志留世以前地层未见,晚志留世—早中泥盆世、晚三叠世—早中侏罗世及早白垩世地层缺失。本次划分拟定了前第四纪地层单位18个;平原区第四系地层层序自下而上为更新统海门组、启东组、昆山组、滆湖组和全新统如东组(表1-4);残丘区为下蜀组。通过测制剖面和详细分析钻孔资料,参照《江苏省岩石地层》划分方案,将区内前第四纪地层划分为17个正式岩石地层单位(组)和1个始新统水母山洞穴堆积非正式岩石地层单位。

2)对滆湖组与下蜀组关系进行了初步探讨

对下蜀土的研究已有100多年的历史,滆湖组与下蜀组是同期异相沉积还是上下叠置关系?有的地学工作者认为:所谓的老黄土在丘陵山区是下蜀组的一部分,在大片的平原区则为滆湖组上段的一部分,两者属同期异相沉积物。另一种观点是按《国际地层指南》《中国地层指南》等中关于岩石地层单位的建立原则,一个组的某个段可以穿插另一个组中而成为某个组的一个段。在丘陵区与平原区的交接部位,下蜀组和滆湖组可以是上下关系,要看具体的沉积物特征并结合新构造活动因素恢复古地貌后来认识。其物质来源可能是一致的。下蜀组沉积时代为中更新世中期—晚更新世,滆湖组沉积时代为晚更新世晚期。所以,本书认为区内滆湖组仅相当于下蜀组的一部分,且为相变过渡关系。

3)重新拟定了测区内的构造格架,编制了构造纲要图

通过野外调查,结合钻探、物探、遥感资料,基本查明了区内地质构造特征,初步建立了调查区的地质构造格架。划分出直溪桥断陷地(部分)、上黄-湟里断块、官林断陷盆地(部分)3个基本构造单元,并确定了3个基本构造单元之间的控制性断裂(图1-9)。

4)开展了水文地质、工程地质、环境地质以及农业地质方面的研究

通过本次工作及在以往资料分析研究的基础上,对区内地下水类型、工程地质层等进行了划分,同时对地表水体污染状况及地质灾害进行了分析探讨,提出了进一步保护区内水资源的具体建议及措施,为地方经济发展和城镇规划建设提供了参考资料。

表 1-4 调查区第四纪地层划分简表

地质年代	岩石地层单位			代号		厚度 (m)		主要岩性特征		沉积相	
	平原区		残丘区	平原区	残丘区	平原区	残丘区	平原区	残丘区	平原区	残丘区
第四纪 全新世	如东组	上段		Q_4r^3		0~2.5		灰色、灰黄色、青灰色粉质亚黏土、粉质亚砂土、粉砂夹泥炭层,局部含螺贝壳		冲积相冲湖积相湖沼相	
		中段		Q_4r^2		0~5		灰色、青灰色粉砂、微层理发育,含大量云母片,含丰富的滨海相介形虫及泡粉		滨海相	
		下段		Q_4r^1		0~12		青灰色粉质亚黏土、粉砂浅泥,顶部夹泥炭层		冲湖积-湖沼积相	
晚更新世	滆湖组	上段	下蜀组	Q_3g^3		3~8		灰黄色、黄灰色、土黄色褐黄色粉质亚黏土,含铁锰结核,局部含钙质结核		冲湖积相	
		中段		Q_3g^2		3~10		青灰色粉砂、少量贝壳碎片,含云母的滨海相介形虫、有孔虫及沙草花粉含量丰富,微层理发育,底部具水平微层理		滨海相	棕红色、红棕色、褐黄色、粉质亚黏土、亚黏土,具灰白色网纹、局部成假网纹带,形成角砾层及透镜状砂砾层,局部含钙质结核
		下段		Q_3g^1	$Q_{2-3}x$	3~11	0~>15	黄褐色、灰黄色、灰褐色粉质亚黏土、亚砂土、细砂,含较多的铁锰结核		冲湖积相	洪冲积-冲坡积相
中更新世	昆山组	上段		Q_2k^2		0~11		青灰色粉砂、粉质亚黏土、微层理发育,含丰富的滨海相介形虫、有孔虫、泡粉		滨海相滨海河口相	
		下段		Q_2k^1		0~11		青灰色细砂、灰黄色粉质亚黏土,局部具微层理		滨海相	
	启东组	上段		Q_2q^2		0~30		灰黄色、灰黄色、棕灰色细砂、粉质亚砂土、粉质亚黏土、粉质轻亚黏土,含铁锰结核,局部含钙质结核		冲湖积相	
早更新世		下段		Q_2q^1		0~13		灰色、灰红色、黄褐色含砾粗砂、细砂、粉砂		冲积-冲湖积相	
	海门组	上段		Q_2q^3		0~9		灰黄色、灰红色、棕红色含砾细砂、细砂		冲积-洪冲积相	

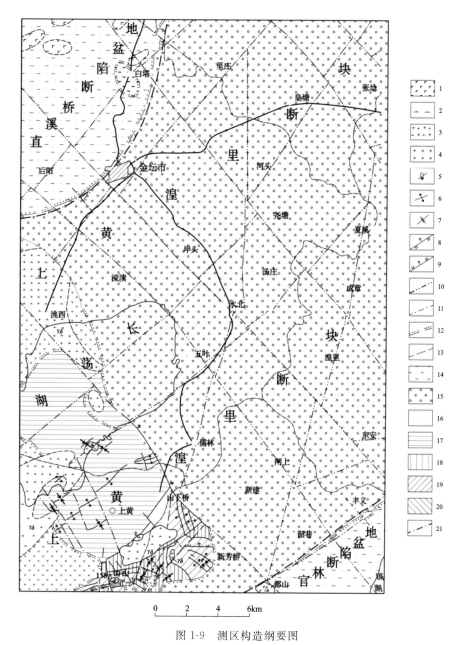

图 1-9 测区构造纲要图

1.玄武岩、辉绿岩;2.闪长岩;3.花岗闪长岩;4.花岗岩;5.倒转背斜;6.背斜;7.向斜;8.逆断层;9.正断层;10.物探推测断层;11.适感解译断层;12.不整合地质界线;13.地质界线;14.古近系构造层;15.燕山晚期构造层;16.燕山早期构造层;17.印支期构造层;18.海西期(二叠系)构造层;19.海西早期(泥盆系—石炭系)构造层;20.加里东期(茅山组)构造层;21.构造分区界线

第二节　重点区域地质条件和构造稳定性

一、苏南片区地质条件综合研究

(一)项目简介

"苏南及沿江地区1∶5万区域地质调查片区总结"是一项多学科、综合性基础地质工程,在国内属首次(批)尝试。苏南及沿江地区是我国地质工作开展最早的地区之一,也是长江经济带与扬子江城市群两大国家级战略规划叠加交汇区域。1∶5万片区总结的目的是"总结过去、探索方法、拓宽领域、培养人才",工作时间为1996—1998年,范围包括长江以南的江苏省域及苏北江浦、六合、仪征、扬州等县市,地理坐标为东经118°20′—121°21′,北纬30°50′—32°32′。所占1∶5万图幅82幅,其中完整图幅60幅(图1-10)。西南部为低山丘陵区,地形起伏,低山缓丘断续展布;东部属平原区,地势平坦;中部太湖沿岸与长江河口段的江阴、常熟、无锡、南通一带,孤山残丘稀疏点缀其间。

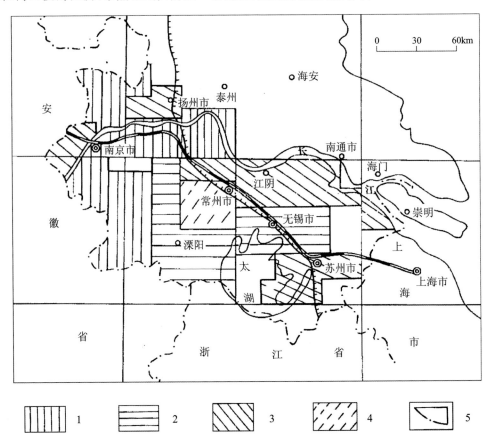

图1-10　苏南及沿江地区1∶5万区调图幅完成情况示意图
1."七五"前完成;2."七五"完成;3."八五"完成;4."九五"计划;5.工作区

(二)主要成果及推广应用

1. 理论体系与国际接轨,成果利用更为便利

利用最新的理论方法体系,如板块构造理论,重新梳理了江苏南部地区地层、岩浆岩、构造等内容,与国际接轨,统一了理论基础,基础地质资料更为合理,利用更加便利。对全区前第四纪地层作了系统地总结对比,划分了51个组级正式岩石地层单位,6个非正式岩石地层单位,首次对二叠纪、三叠纪地层的岩性、岩相及沉积环境进行了深入研究,初步建立本区二叠纪、三叠纪的地层格架,探索其时空分布规律;将全区侵入岩划分为2个岩区,建立了6个超单元(序列),23个单元,6个独立岩体及5类脉岩;火山岩采用岩性岩相法,总结划分出3个旋回及四级火山构造类型,其中一级火山岩区2个,二级火山喷发带5个,三级火山岩盆地6个,四级火山机构、火山岩带数10个,并着重讨论了宁芜、溧水火山岩盆地内火山机构形成、演化的历史(图1-11、图1-12);构造方面,应用板块构造及地体学说,划分了沿江地体、苏锡地体及昆沪地体3个主要构造区,并提出在沿江地体与苏锡地体间,沿江南断裂两侧,存在江南(断裂)壳楔俯冲带。

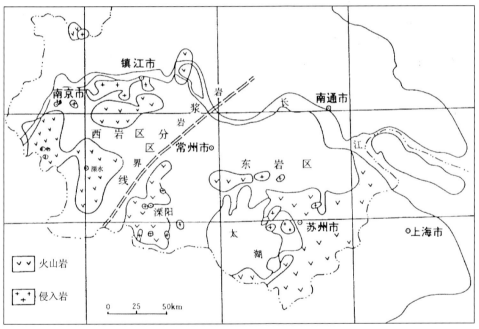

图1-11 苏南及沿江地区主要岩浆岩分布略图

2. 创新成果表达

在大量基础成果图件的基础上,首次综合编制江苏南部1∶25万地质图及1∶50万地质构造纲要图、环境地质图等成果图件,内容更加丰富,表达更为创新,整合了各图幅地质成果图件,统一了标准,提高了本区地质研究程度与水平。

3. 首次体现由传统基础地质调查向综合地质调查转变

首次对基础、水文、工程、环境、矿产等资料开展综合性应用研究,首次跨专业地总结了江苏南部基础地质条件,提出了一系列环境地质问题,为城市规划建设提供了实用的基础资料和建议,是早期综合地质调查和城市地质调查思想的萌芽,为现今城市地质调查及综合地质调查提供了很好的经验积累。

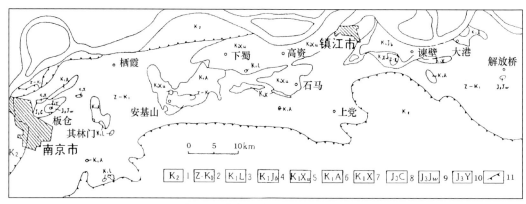

图 1-12 宁镇亚岩区侵入岩分布图

1.上白垩统红层;2.震旦系—下白垩统地层;3.雷巷单元花岗(斑)岩;4.谏壁单元二长花岗岩;5.徐湾单元花岗闪长(斑)岩;6.安基山单元石英闪长斑岩;7.新桥单元(石英)闪长玢岩;8.岔路口单元闪长岩;9.蒋王庙单元辉长岩;10.樱驼村单元橄榄辉长岩;11.盆地边界

如总结、评估了本区地表水、地下水资源及工程地质条件;探索、研究了平原区第四纪以来地下水的分布规律及演化特征,为缺水区地下水勘查提供了方向;据区内水文、工程地质条件,结合地貌、第四纪地质特征,划分了3个环境地质分区,对不同区内的主要环境地质问题、地质灾害及防治措施进行了论述,为城市规划建设、地质灾害的防治提供了基础资料;总结了已知矿产资源的地质特征及时空分布规律,评估了区内优势矿产资源、地质旅游资源的现况和开发应用前景,为资源的合理开发利用提供了决策性的参考资料。

4. 全面系统地总结了苏南浅覆盖区地质调查方法

在苏南地区开展浅覆盖区地质调查方法研究,特别是系统归纳总结了第四纪地层划分,改变之前无标准可用和无经验可寻的局面。总结了浅覆盖平原区采用浅表麻花钻配合螺纹钻填图方法,控制深度1~7m不等,同时结合了遥感、电测深、浅层地震剖面、计算机成图等技术手段,分析了各类方法手段的优劣,为之后长江三角洲地区开展大范围第四纪地质调查积累了丰富的工作经验,并奠定了良好的基础(表1-5)。对浅表第四纪松散层总结过程中,首次引入三角洲理论体系,进行了全面系统总结及划分对比,首次建立了西部丘陵山区3个地层组,以及东部平原区5个地层组,探索了平原区与丘陵区第四纪地层相互关系,查明第四纪沉积物分布特征,探讨了长江三角洲的形成、演化历史,明确提出丘陵山区的柏山组、下蜀组均属跨时代岩石地层单位。

表 1-5 浅覆盖区 1:5 万区域地质调查物化探方法效果表

		遥感	地球物理方法					地球化学方法	方法组合
			重力	磁法	电测深	静力触探	浅地震		
地貌		△△							遥感+野外地质验证
基岩地质	地层		△△		△△		△		重力+电测深+浅钻
	岩石		△△	△△			△		重力+磁法+浅钻
	构造	△	△△	△△	△				重力+磁法+电测深
第四纪地层		△△			△△	△△	△△		遥感+静力触探+电测深
浅层地下水古河道		△			△	△			电测深+浅钻+静力触探

续表1-5

	遥感	地球物理方法					地球化学方法	方法组合
		重力	磁法	电测深	静力触探	浅地震		
浅层工程地质层				△	△△	△		电测深＋静力触探＋浅钻
现代江河演变	△△							遥感
水质污染	△						△△	地球化学
农业地质	△						△△	地球化学
天然气、泥炭砂砾层等资源				△	△△	△		浅钻＋静力触探

注：△△指异常明显或效果较好；△指有异常显示或有一定效果。

二、苏北片区地质条件综合研究

（一）项目简介

苏鲁造山带是一个有别于华北板块与扬子板块的独立大地构造单元，甚至与同一造山带其他地区相比，如秦岭、大别地区，也具有自身独特的演化历程，是演化历史复杂、构造意义特别重要的地区。根据江苏省地质矿产厅1997年度地勘计划任务安排，由江苏省地质调查研究院承担完成"江苏省东北部地区1∶5万区域地质调查片区总结"项目，1999年中国地质调查局将其纳入国土资源大调查项目系列进行管理，并重新下达了项目任务书，项目编号为J4.3.1，任务书编号为0199132009。总结区域范围为东经118°15′—120°00′，北纬33°50′—35°10′，总面积（陆地）约12 000 km^2，含1∶5万图幅49个。

（二）主要成果及科技创新

（1）将原东海群分解为变质表壳岩和变质侵入岩，变质表壳岩根据岩性组合，建立东海岩群，含3个岩组，即下部摩天岭岩组、中部演马场岩组和上部武强山岩组，花岗质变质侵入岩分为早期和晚期7种片麻岩，早期牛山角闪二长片麻岩、虎山斜长花岗片麻岩、驼峰含霓辉二长片麻岩和城头中粗粒二长片麻岩，对应于第一次碰撞造山期后花岗岩化作用，晚期有西石沟钾长片麻岩、朐山花岗质片麻岩和小土山变花岗闪长斑岩，是第二次碰撞造山期后侵入岩。

（2）系统总结了区内超高压变质作用、高压变质作用、退变质作用等发生的地球物理化学环境，初步建立了本区PTt轨迹，区内超镁铁岩存在多种成因类型，具有洋脊和陆下两种属性，经历了4期变质作用，具有顺时针的PT退变轨迹。在前寒武系低角闪岩相—亚低绿片岩相变质岩系上叠加多期网状或线型分布的高压—超高压变质带，经历了基底型动力热流和造山型低温动力、中—高温动力3种类型的区域变质作用。

（3）苏北榴辉岩的总结研究表明，它们是多期形成的，存在多种成因类型，并有顺时针的PT变质轨迹，为多期、多阶段、多机制快速折返，其原岩形成于洋脊、岛弧、大陆等多种构造环境。

（4）通过岩相学、矿物化学、岩石地球化学总结研究，对区内变质岩石进行了系统的岩石学、岩石化学分析，建立了东海杂岩变质岩石建造和原岩建造，尤其是超基性岩和榴辉岩，被确认为大洋中脊 E 型堆积岩和大洋拉斑玄武岩。

（5）较详细地分析了区域构造发展史，提出多次碰撞造山作用是苏鲁造山带复杂构造格局形成的主要原因。

（6）依据现有 1∶5 万图幅资料，与山东省岩石地层划分方案相对比，重新厘定了本区白垩纪地层，划分了早白垩世青山群、大盛群，晚白垩世王氏群。青山群分八亩地组、石前庄组 2 个组；大盛群分马朗沟组、田家楼组、寺前村组、孟疃组 4 个组；王氏群分林家庄组、辛格庄组、红土崖组 3 个组。并在岩性、岩相、生物、同位素年龄方面作了分析对比，提供了较充实的依据。在上新世宿迁组中，将晚期伴生的一套霞石玄武岩划出，作为一个非正式地层单位，命名为安峰山火山岩锥。

（7）初步建立了本区中生代花岗岩类的岩石谱系单位，共划分了 2 个超单元、8 个单元。较系统地叙述了各单元的地质特征和岩石学、岩石化学、地球化学及其岩浆演化成因、侵位机制。对本区中生代花岗岩成因类型有了新认识，确定朱苍超单元为 I 型，桃林超单元为 A 型，这对研究区域地壳运动以及岩浆岩与成矿作用关系有重要意义。

（8）对中新生代火山活动进行了初步研究。区内中生代火山活动为一套中性—酸性火山岩，可划分八亩地旋回、石前庄旋回，前一个旋回为中、中偏碱性，后一个旋回为酸性喷发，底部一层 21m 含火山碎屑沉积岩代表两旋回间一次明显的沉积间断，这是新的认识。新生代玄武岩确定了安峰山和平明山两处火山口，对安峰山火山口地质特征、岩石学、岩石化学、地球化学特征进行了归纳总结。

（9）较详细地分析了苏鲁造山带内部构造组成，将超高压变质带分为 3 个构造层次变形，并进一步划分了 4 个次级岩片，对超高压带的变形进行了较为深入合理的分析。提出超高压变质带与高压变质带之间为韧性剪切接触关系。同时对已有的高压变质带韧性剪切变形也作了较为细致的描述和总结。

（10）对研究区大地构造演化过程从多期次、多机制造山的角度进行了探讨，建立了区域地质演化史，结论较为可靠。

（三）应用成效

该项目的执行过程主要是配合中国大陆科学钻探工程选址和实施进行，早期阶段形成的资料对中国大陆科学钻探工程落户于江苏东海毛北起到了技术支撑作用，受到了工程首席科学家许志琴院士的肯定。项目工作后期，主要配合连云港幅 1∶25 万区域地质调查工作进行，为区域地质调查工作的顺利开展奠定了良好的基础。

三、三维基础地质调查

（一）项目简介

长江三角洲地区是我国改革开放的前沿，基础地质调查研究程度较高，随着重点城市的经济建设不断扩张及地质探测技术与手段的不断进步，对基础地质尤其是与人类生活息息相关的第四系沉积物的研究日益显得不能满足经济建设的需求。因此，开展长江三角洲重点地区三维地质调查，进一步提高了长江三角洲地区基础地质研究程度，提高了基础地质为环境地质问题调查研究、区域发展规划布局、国土整治、防灾减灾与环境保护、功能区划和地下空间开发等提供服务的支撑能力，具有重要的理论与实际意义。

2012 年，中国地质调查局实施了区域性的"三维地质调查"计划项目，开展了"长江三角洲重点地区三维地质调查(江苏)"工作。工作围绕长三角经济区资源环境背景和空间安全需求,以地质-地球物理联合技术为主要手段,在广泛收集、分析与整理已有各类地质资料的基础上,开展长江三角洲核心区三维地质调查。以第四纪地层多重划分对比研究为基础,建立长三角核心区松散沉积层三维地质结构框架,划分淮河、长江、太湖及海洋等不同沉积体系,重塑长江三角洲的河湖形成与演化历史;基本查明基岩地质构造特征及基岩面起伏变化,在此基础上开展区域地壳稳定性分区评价;建立长江三角洲核心区三维地质原始数据库与成果数据库,建立长江三角洲核心区三维可视化信息系统。探索覆盖区三维地质调查的技术方法与成果表达。为长三角经济取得发展规划布局、防灾减灾、环境保护等提供科学的基础数据共享和辅助决策服务。

(二)主要成果及科技创新

1. 完善了长江三角洲地区第四纪地层结构序列,提高了研究程度

依据长江三角洲(主体)江苏地区第四系沉积物的物源差异、沉积环境随着地表水动力条件的差异及地壳运动的差异,分析研究了长江三角洲第四纪时期气候条件的变化规律,运用基准孔古地磁、生物种群的变化、沉积物氧化物及微量元素在不同岩性中的演变特点,结合本次施工钻孔的第四系物性测量,运用"年代地层为主,结合岩石地层、生物地层、磁性地层、化学地层、物性地层、气候地层"综合地层划分方法,对第四纪地质结构进行了详细研究与划分。将长江三角洲地区划分为平原区与山丘区两大沉积类型,平原区细分为黄淮平原堆积区-里下河湖沼积低洼平原区、新长江三角洲冲积平原区、常州-无锡高亢平原区、太湖东岸湖沼积平原区及东部沿海低平原区5个第四系沉积区;山丘区细分为浦口-大仪低山丘陵区、南京-宜兴低山丘陵区、江阴南部环太湖丘陵区及典型区-镇江城市规划区4个亚区。

2. 评价了长江三角洲地区地壳稳定性,为防震减灾提供了依据

将长江三角洲地区作为一个地质调查的主体,分析研究了本地区断裂构造的活动性、地震发育特征,从区域地质构造背景研究出发,将长江三角洲地区地壳稳定性划分为宁镇-里下河稳定区(Ⅰ)、苏锡相对稳定区(Ⅱ)、南通-如皋稳定区(Ⅲ)、东部沿海次稳定区(Ⅳ)、长江口次稳定区(Ⅴ)等5个大区,其中将宁镇-里下河稳定区细分为南京-溧阳次稳定区(Ⅰ1)、扬州-溧阳次稳定区(Ⅰ2)、里下河稳定区(Ⅰ3),苏锡相对稳定区细分为苏锡稳定区(Ⅱ1)、苏锡东部次稳定区(Ⅱ2)。

3. 创新了第四系三维地质结构模型构建的技术方法

运用"年代地层为主,结合多重地层划分,分区块、不同精度结合沉积相"的第四系三维地质建模方法,研究不同沉积区第四系沉积物的三维空间结构特征,较好地刻画了长江三角洲地区第四纪时期海陆变迁、沉积物迁移、古长江的演化特征。古长江在更新世初,受全球气候影响,本区气候亦由新近纪暖热湿润转变为温和略显干凉、寒冷,草原植被景观,气候温凉偏干(图1-13)。随着西部山地的抬升,水系切割强烈,贯穿一系列盆地后东流入海,长江进入一个新的发展演化阶段。本区除江都—扬中—靖江以西为山地外,河水淹没全区。中更新世时期,在世界各地气温普遍回暖的影响下,长三角地区气温逐渐回升,气温升高的结果是雨量的骤然增多和海平面的上升,河流径流发育,河流侧向侵蚀增强,河道加宽,北部岸线与前期大致相当,南界大致位于现长江以南,水面宽阔。晚更新世时期,全球性气候转暖导致海平面上升,大陆冰川退缩,大气降水增加,植被复苏植物茂盛。随着地壳的持续下降,中国东部平原再次受到海水浸淹,此时,受新构造运动影响及海平面的作用,长江古河床从北侧的扬州—江都—泰兴—泰县—海岸—拼茶—如东一线向南迁移,到达如今的镇江—大桥—黄桥—石庄—南通—四甲—启东一线。全新世时期,长江古河道在第四纪期间经历了多次迁移,往返摆动,温暖期河道扩张,多汊,沉积物粒度变细,以侧向侵蚀堆积为主,边滩沉积发育;冷期以下切侵蚀为主,河道变窄,阶地发育,沉积物粒度变粗。长江古河道虽频繁迁移,但其北界从未越过姜堰—安峰—曹镇一线。末次冰期以来,长江河道总体上在不断南移(图1-14)。晚更新世末,古长江在泰州—泰兴之间,向东经黄桥、如皋、三余一带入海,全新世早期,海面上升,使在晚更新世还处在现代沙脊群东部的古长江河口后退至仪征附近。在以后的数千年中,长江河道逐渐拉长,岸线一直持续着逐步向南移动的趋势。之后,古长江河口淤积强盛,使长江河口三角洲迅速发展,同时受地壳的掀斜作用、河口的淤积作用等综合因素的影响,迫使长江古河道自北向南逐渐移至现在位置。

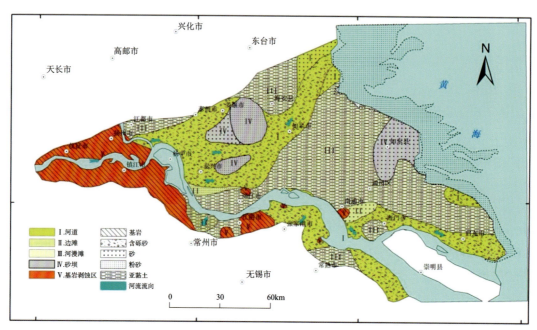

图1-13 长江三角洲地区早更新世晚期(Qp_1^3)沉积环境图

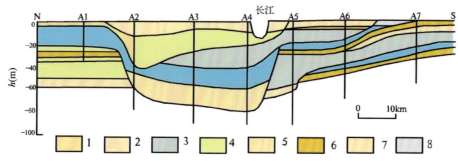

图1-14 常熟—海岸李堡末次盛冰期以来第四系钻孔横剖面
1.粉砂质黏土;2.砂质黏土;3.浅海相砂质淤泥;4.砂;5.河床相砂砾;
6.古土壤层;7.海相贝壳;8.湖泊相淤泥

4. 构建长江三角洲地区基础地质数据库、模型平台

首次较完整地建立了长江三角洲第四系钻孔数据库(包括地球物理数据库),建立了前第四系顶面(第四系底界)起伏模型,建立了长江三角洲地区(江苏)第四系三维地质结构模型(图1-15)。构建了长江三角洲地区(江苏)三维地质结构数据库及模型建设平台。

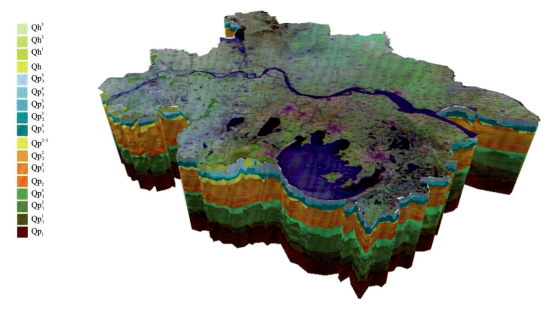

图 1-15　长江三角洲(江苏)地区第四系三维地质结构模型

5. 总结提高了平原区第四系三维地质调查技术方法

系统总结了平原区三维地质调查方法,重点阐述了运用地质综合技术方法对基岩面之上松散覆盖层的三维空间展布、岩性、沉积环境、主要工程持力层和不良工程地质体、主要含水层组特征,建立三维地质结构模型。突出重点地区,关注与地方经济建设密切相关的重点地质问题开展单项重点调查研究。从技术方法、精度要求进行了系统的总结。为后续开展的平原区三维地质调查奠定了技术基础。

(三)应用成效

有效构建了长江三角洲第四纪地层结构模型,为地方政府城市规划及预防地质灾害提供依据。扬州市及镇江市对本项目成果提出了较好的应用评价。

四、活动性构造勘查与区域地壳稳定性评价

(一)项目简介

"区域地壳稳定性评价"是我国工程建设中特有的研究专题,是区域工程地质学科的重要内容之一。断裂活动性研究是从寻找、评价与预测危险的地区入手,为工程避开危险区或工程设防服务。地壳稳定性和活动断裂研究是一个问题的两个方面,研究地壳活动性是一种手段,寻找相对稳定的地区作为工程建设的安全场址和地基,才是主要目的。地震危险区预测,也是为工程建设服务的,殊途同归。因此活动断裂勘查与区域地壳稳定性评价在一个规范中体现的是二者有机融合。目前,江苏省在开展城市地质调查的过程中,将城市的活动断裂与地壳稳定性评价作为基础地质调查的重点内容。

(二)主要成果及科技创新

1. 郯庐断裂江苏段活动断裂与地壳稳定性评价

郯庐断裂带是东亚大陆上的一系列北东向巨型断裂系中的一条主干断裂带(图1-16),在中国境内延伸2400多千米,切穿中国东部不同大地构造单元,规模宏伟,结构复杂。是地壳断块差异运动的接合带,是地球物理场平常带和深源岩浆活动带。它形成于中元古代。

郯庐断层带的南段(江苏段)在三叠纪末期形成,当时是扬子板块与中朝板块之间的秦岭-大别碰撞带以东的一条走滑断层。在中生代燕山期,因太平洋板块向西俯冲到欧亚板块(广义)之下,而使郯庐断层带向北大幅度延伸,并转化为逆冲断层。以后,郯庐断层带虽然一度恢复为走滑断层,但在多数时间内仍以逆冲运动为主。

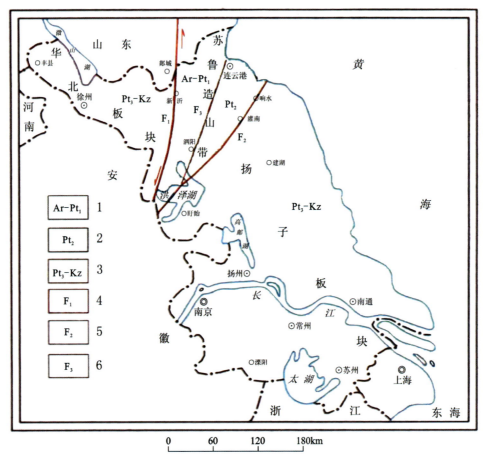

图1-16 江苏省构造分区示意图

1.太古宇—古元古界;2.中元古界;3.新元古界—新生界;4.郯庐断裂;5.淮响断裂;6.海泗断裂

在新构造期,郯庐断层带为右行走滑-逆冲断层。历史上沿这一断层带发生了许多大地震,如1668年郯城大地震、1975年海城地震等。

郯庐断裂带江苏段地处苏北平原西北部,其东侧为苏鲁造山带,西侧为华北板块之徐淮隆起。该段宽20~30km,由5条主干断裂组成,由东向西分别为山左口-泗洪断层(F_1)、桥北镇-宿迁断层(F_5)、新沂-新店断层(F_2)、墨河-凌城断层(F_3)和纪集-王集断层(F_4)。在白垩纪伸展活动中,郯庐断裂带江苏段形成了4条北北东走向的大型脆性正断层(简称F_1、F_2、F_3与F_4断层)。其中F_1和F_2断层控制发育了东地垒,而 F_3 和 F_4 断层控制了西地垒,两地垒之间为地垒。在这两个北北东向的地垒内,自下而上充填了早白垩世青山群(K_1q)火山岩和晚白垩世王氏组(K_2w)红层,局部存在早白垩世小型岩体与岩脉。郯庐断裂带江苏段在古近纪至新近纪期间活动性不明显。第四纪以来,该断裂带进入新构造活动期,断层活动强烈,并控制或影响了第四系的沉积。

2. 长江三角洲地区地壳稳定性评价

分析研究了本地区断裂构造的活动性、地震发育特征,从区域地质构造背景研究出发,将长江三角洲地区地壳稳定性划分为宁镇-里下河稳定区(Ⅰ)、苏锡相对稳定区(Ⅱ)、南通-如皋稳定区(Ⅲ)、东部沿海次稳定区(Ⅳ)、长江口次稳定区(Ⅴ)等 5 个大区,其中将宁镇-里下河稳定区细分为南京-溧阳次稳定区(Ⅰ1)、扬州-溧阳次稳定区(Ⅰ2)、里下河稳定区(Ⅰ3),苏锡相对稳定区细分为苏锡稳定区(Ⅱ1)、苏锡东部次稳定区(Ⅱ2)。对其划分依据、可能的主要灾种、分布发育特征、预防措施进行了初步研究。

3. 镇江地区地壳稳定性评价

镇江地区内主要活动断裂构造为茅山断裂、幕府山-焦山断裂、大路-姚桥断裂及黄墟-谏壁断裂,通过对其开展的地震地质调查、地球物理勘探(含浅地震勘探、CSAMT、重力测量等)、第四系钻孔标志层联孔剖面研究,活动断裂的活动时代基本具有共性,主要活动时代在更新世中期,更新世晚期—全新世早期存在沉降差异性特征,全新世中晚期全区基本处于相对稳定的构造时期,塑造了长江南岸以山丘区、长江北岸以接受较厚的第四系河流相松散沉积物为特征的现今地貌景观。

从镇江地区影响地壳稳定性的因素分析,镇江城市规划区地壳稳定性较好,处于地壳稳定区域,但是,在局部地带存在次稳定的因素,并将划分出地表次稳定地带(Ⅰ)及构造次稳定地带(Ⅱ)、安全岛(Ⅲ)及相对稳定区(Ⅳ)。

4. 苏州地区地壳稳定性评价

通过对苏州地区地震地质条件的分析,苏州地区没有晚更新世以来的活动断裂,但存在早中更新世活动断裂,有湖苏断裂、唯亭断裂、千灯断裂和苏锡断裂等发震构造,苏州市位于苏锡隆起与东太湖平原沉降区的交接部位,具有一定新构造垂直差异活动,历史地震最大影响烈度为Ⅵ度,地震基本烈度为Ⅵ度,根据《中国地震动参数区划图》(GB 18306—2015),苏州市区抗震设防烈度为 6 度,属地壳稳定区,设计基本地震加速度值为 $0.05g$,设计地震分组为第一组。因此可将苏州区域地壳稳定性划分为稳定区。

但由于历史上曾发生过多次地震及有隐伏断裂通过,苏州市仍是江苏省域内地震监测值得注意的地区之一。

对影响地壳稳定性的因素分析,苏州地区地壳稳定性较好,处于地壳稳定区域,但是,在局部地带存在次稳定的因素,并划分出 2 个次稳定地带。

1)望亭-苏州-屯村次稳定地带

该地带呈北西-南东向分布,由于该地带内发育了具有继承性活动的苏锡断裂,该断裂在更新世早中期存在活动性,在该断裂与湖苏断裂交界的苏州市曾发生有记录的地震;同时,在该带内存在北西-南东向的埋藏阶地,存在古阶地陡坎。因此,具备次稳定区特征。

2)山前斜坡地带

该地带主要围绕西部山体边缘,主要存在第四系沉积物厚度差异,山体坡面存在风化的残坡积物。存在次稳定区域特征。

(三)应用成效

(1)宿迁市政府对郯庐断裂带断裂活动性极为关注,应用了我院的勘探成果,在土地出让、城镇规划等方面充分运用该成果,对活动断裂(F_5)经过的地段,采取了规划避让措施,同时加强了对断裂活动性的监测。

(2)苏州、镇江等长三角城市群,在国土规划和城镇建设用地开发方面,对我院取得的地壳稳定性评价成果均作为政府规划的依据,在次稳定地带采取了避让措施。

五、新一轮江苏省大地构造编图综合研究

(一)项目简介

"江苏省成矿地质背景研究"是"江苏省矿产资源潜力预测评价"项目的子课题之一,主要目的是系统总结省域内基础地质调查最新成果,研究成矿作用和地质作用的关系,分析矿产形成的成矿地质环境,运用新的理论和方法技术,深入分析和提取成矿地质构造信息(成矿地质构造预测要素),编制专题图件,研究和总结成矿地质构造形成演化规律。

以该项目工作为基础,充分利用最新的地质调查成果和前人科研成果资料,以大陆动力学理论为指导,以大陆块体离散、汇聚、碰撞、造山等动力学过程及机制为切入点,对江苏省稳定陆块区、造山系和叠加造山-裂谷的多重特点进行了综合研究,梳理和重新研究了江苏省大地构造的一些重大基础地质问题,进一步总结了江苏省区域地质特征和地质构造演化过程,进行了新的大地构造分区,编制了江苏省新一代大地构造图。

(二)主要成果及科技创新

1. 以大地构造相为研究对象,以岩石构造组合为基本地质单元,全面总结了江苏省区域地质构造特征和成矿地质构造环境

运用大陆动力学的观点,全面地总结了江苏省区域地质构造特征与成矿地质构造环境。认为江苏省地跨我国华北陆块区、苏鲁造山带、扬子陆块区等3个主要的一级地质构造单元,不同地质历史时期各构造单元所处的大地构造环境差别很大,形成各具特色的构造岩石组合与地质构造特征。将区内大地构造相划分为3个Ⅰ级大地构造相单元(华北陆块区相系、扬子陆块区相系、秦祁昆造山带相系)、3个Ⅱ级大地构造相单元(进一步划分为鲁西陆块大相、苏鲁造山带大相、下扬子陆块大相)、26个Ⅲ级大地构造相单元、42个Ⅳ级大地构造相单元(大地构造亚相)和96个Ⅴ级大地构造相单元(对应于岩石构造组合),基本建立了省域内大地构造相系统。

2. 以板块离散聚合观念为指导,运用构造环境分析方法,重新厘定了省域大地构造演化过程

认为省域内三大构造单元的构造环境变迁主要受板块离散与聚合的控制,总体上经历了3个大的地质构造演化阶段(图1-17),其中前南华纪主要是微陆块聚合与结晶基底形成阶段,主要表现为微陆块碰撞、拼合与演化,形成华北与扬子陆块区结晶基底;南华纪—中三叠世主要为板块汇聚和陆块重组阶段,早期陆块经新元古代晋宁期大陆的拼合、离散和解体,三大构造单元的构造演化主要受各个陆块区的板块构造体制的控制,以板块的运移、汇聚、碰撞拼合为主,形成了各个陆块区被动陆缘与前陆盆地等构造环境的转换;中—新生代则主要表现为大陆边缘活动带演化阶段,三大单元分别经加里东期—印支期构造拼合后成为泛欧亚大陆的一部分,于中新生代受太平洋板块向欧亚板块俯冲作用制约,构造体制

转换为伸展为主,表现为强烈的岩石圈减薄,构造岩浆活动非常活跃,断块作用强烈。

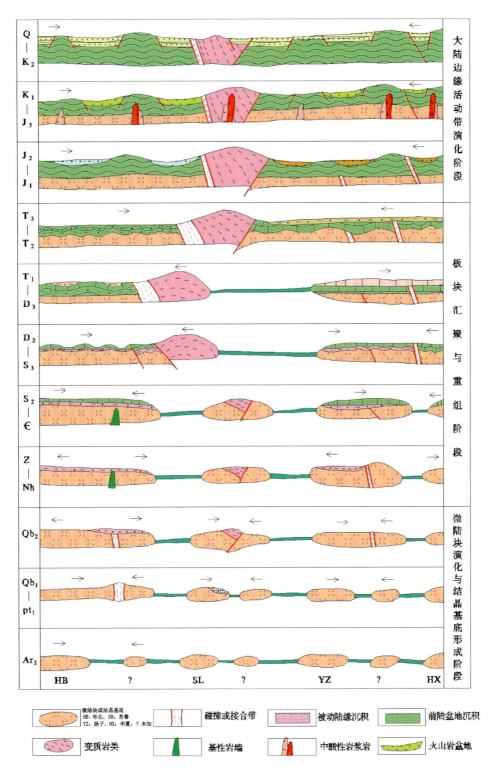

图 1-17　江苏省大地构造演化模式略图

3. 重新编制了全省分幅1∶25万建造构造系列图和江苏省大地构造图,对江苏省土地构造进行了重新分区

在综合利用不同尺度的地质调查原始资料的基础上,通过建造与构造的综合分析与研究,按国际标准分幅编制形成1∶25万建造构造图。并以1∶25万建造构造图为基础,根据地质作用特征,分别按沉积作用、火山作用、侵入作用、变质作用、构造作用开展专题研究,编制了沉积岩、火山岩、侵入岩、变质岩和大型变形构造等五要素专题底图,开展综合地质构造研究,分析归纳大地构造演化阶段、大地构造环境和大地构造相,编制大地构造相时空结构图,编制完成了江苏省大地构造图;并根据前南华纪、南华纪—早三叠世、中三叠世以来等3个不同构造阶段的构造岩石组合和所在的大地构造环境,进行了不同阶段大地构造分区的划分;在综合不同构造阶段大地构造分区的基础上,强调燕山期及喜马拉雅期构造运动形成的断块构造对先期构造叠加与改造特征,以区域性断裂为边界,将江苏省分为4个三级构造分区、15个四级构造分区单元、39个五级构造分区单元。

4. 进一步阐述了大地构造环境、构造岩石组合与成矿的关系

结合成矿地质条件研究,认为省内发育的各类矿产都隶属于一定的大地构造演化阶段的大地构造环境,不同的矿床类型均是不同的大地构造环境与大地构造相的物质组成与构造演化的产物。其中新太古代—古元古代的石英片岩-磁铁石英岩-大理岩组合是区内鞍山式变质铁矿的成矿层位;中元古代绿片岩-(云母)石英片岩-大理岩组合是江苏省重要的磷矿含矿层位;古生代—中生代形成的被动陆缘相、前陆盆地相、陆表海相中碳酸盐岩构造岩石组合是江苏省燕山期构造岩浆作用过程中多金属成矿的重要赋存层位,形成的矿产类型以矽卡岩型等复合内生矿产为主;强调燕山期的岩浆喷发与侵入活动是我国东部晚三叠世以来叠加-造山构造演化阶段最重要的构造-岩浆地质事件,所形成的后造山岩浆杂岩相构造岩石组合也是区内成矿主要矿质来源与成矿载体。

(三)应用成效

新一轮江苏省大地构造编图成果及成矿地质背景研究的进展为重新认识江苏省的一些重大基础地质问题提供了岩石建造、与构造环境分析的翔实资料,也为矿产地质研究与成矿预测提供了丰富的基础地质资料,而这些基础研究的进展无疑将为重新研究省内不同种类、不同类型的矿床的成矿背景、成矿环境、物质来源、形成机制等提供新的思路,相应成果已在成矿预测和矿产勘查工作中得以广泛应用。

第三节 地质调查方法技术总结

一、长三角平原区1∶5万填图方法指南

(一)项目简介

21近纪以来,中国东部盆地强烈沉降,在长江、黄河、淮河及海洋的相互作用下,形成了广阔的江苏平原,松散层厚度局部地区达上千米。同时,江苏平原区分布有我国重要的经济区和大中型城市群,为了使地质工作更好地服务于城市社会经济,促进城市资源与环境协调发展。2014—2016年,在中国地

质调查局特殊地区地质填图工程的指导下,以《江苏1∶5万港口等五幅平原区填图试点》为依托,正式出版了《长三角平原区1∶5万填图指南》,该书是近年来基础所多个平原区填图项目技术方法体系及成果推广应用的总结和集成(图1-18)。针对长三角冲积平原区地质地貌特点,在系统调研国内平原区填图现状的基础上,采取槽型钻揭露、地质钻探、地球物理勘查等有效技术方法组合,分别获取不同深度地质信息,查明不同层次的地质结构,以此为基础建立浅表、第四纪松散层、基岩等不同层次的三维地质模型。该技术方法体系丰富了平原区1∶5万填图成果表达,探索不同层次填图成果的应用领域,为平原区1∶5万填图的地质图件表达及成果应用提供了示范。

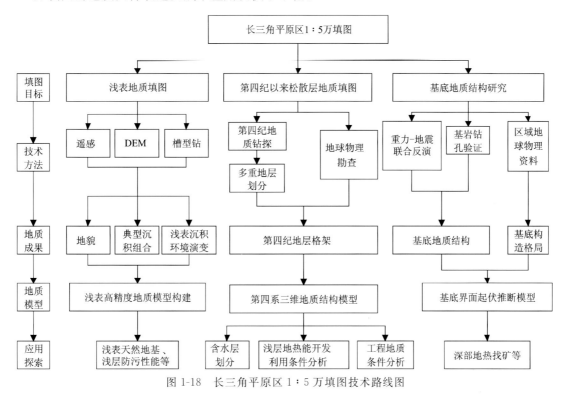

图1-18　长三角平原区1∶5万填图技术路线图

(二)主要成果及科技创新

1. 浅表地质填图

根据长三角平原区地质特点,确定浅表地质填图单元是浅表一定深度的地层岩性组合,以此填绘剥去耕植层后的表层地质图,填图手段主要采用槽型钻揭露,揭露深度一般为4m,更深者可达5m。地质路线与地质点的精度根据所填绘地质体的大小确定,浅表地质结构采用槽型钻揭露+DEM分析+遥感影像地貌解译相结合方法加以研究,槽型钻揭示一定深度的地表松散层岩性组合,反映最新的沉积环境,DEM反映全新世地貌微地貌特征,遥感影像则从宏观上诠释不同地貌单元、沉积单元形成的先后期次,三者结合能够有效地描绘表层地质沉积特征,从而客观高效地填绘表层地质图。

对每个地质点岩性组合进行了沉积相及成因类型划分,同时对不同地质点岩性柱开展对比分析研究,利用沉积物成因类型+沉积亚相或微相组合的方法,对不同的地质点进行地质意义的区分,在此基础上进行了浅表地质图的勾绘。同时,根据区域地质背景,建立研究区浅表标准分层,对槽型钻进行标准化分层,进而建立分层地质面,以分层地质面为分割面,生成各标准层位的三维格网模型,以三维空间属性点为插值属性控制点,基于DSI插值算法,生成浅表三维高精度岩性模型(图1-19)。

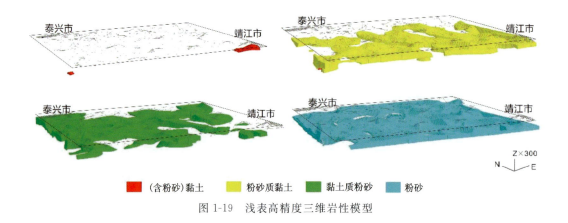

图 1-19　浅表高精度三维岩性模型

2. 第四纪以来松散地层地质填图

平原区第四纪地层岩性、岩相及厚度变化大,钻探是获取深部地质信息的最直接手段,也是进行第四系地质结构研究的常用方法,此外,地球物理方法也是一种重要技术手段,在探索第四系覆盖层厚度、地层结构方面,高密度电法、反射地震、区域重力、综合测井等勘查手段均比较有效,地质钻探结合地球物理剖面可以客观勾勒一定深度松散层的空间三维结构。填图试点按每幅图构建"二横二纵"联合剖面的原则安排钻孔工作量,同时每个图幅部署标准孔一个,进行年代、岩石、磁性、化学、生物等方面的测试分析,开展多重地层划分研究,在图幅内建立一个标准地层对比柱,为区域第四纪松散地层与沉积环境的分析对比提供最科学的依据。

根据各图幅建立的标准地层对比柱,进行区域地层对比研究,构建钻孔联合剖面,表达区域沉积相的横向和纵向变化,是对区域沉积环境变迁的综合认识,也是对平面岩相古地理图的重要补充。将不同剖面中的同时相和同类相用不同的线条连接起来,即可反应研究层位在某一方向上沉积环境的变迁及时间上的演变。

对标准孔的地层进行系统的分析测试,结合地球物理勘查等手段,确定区域第四纪地层框架。并与控制孔进行横、纵向的对比,恢复区域第四纪以来海陆交互作用、河道变迁等沉积环境演变过程。使用"水平层面法"的钻孔建模方法,将整个工作区划分为 500m×500m×1m 的网格空间,以地层界面为约束条件,建立地层实体模型(图 1-20)。

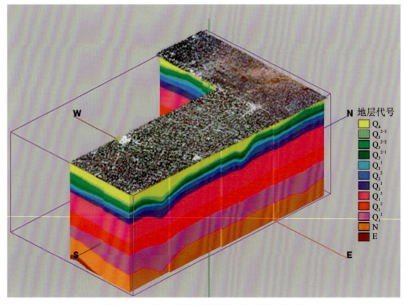

图 1-20　第四纪松散地层实体模型实例

3. 基底地质研究

覆盖层下的基岩地质调查在平原区1∶5万填图工作中同样重要,调查对象是基岩面埋深与起伏变化以及隐伏基岩的地层、岩石、构造特征,尤其要注意隐伏断裂的活动性研究。由于深覆盖区基岩埋深较深,采用钻孔技术对基岩开展调查效益不明显,因而目前,国内外普遍采用物探方法组合对深覆盖区基底结构开展填图工作。

针对基底构造格局,需区域重力、航磁资料系统解释,平面上判断断裂构造、坳陷、隆起、岩体等的具体位置,再结合钻探及部分地球物理勘查资料,查明基底地质构造格局。

在充分收集区域地球物理资料及石油孔、基岩孔的基础上,利用重力-地震联合反演,并通过基岩钻孔验证,揭示基岩面的起伏变化和隐伏基岩的地层、岩石、构造特征。使用物探技术组合,结合钻探和浅震,对基底开展三维地质建模(图1-21)。

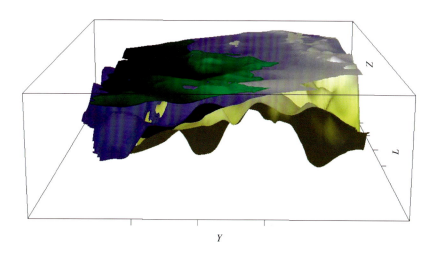

图1-21　基底三维结构模型示意图

(三) 应用成效

在地质工作快速发展的趋势下,平原区1∶5万填图强调多方法、多途径组合开展,同时必须强调成果的表达与应用。通过平原区填图实践,不同层次平原区地质调查成果均有不同的应用方向:0~4m的浅层地质结构客观表达了包气带岩土结构分布,对浅表天然地基(民房建设)、浅层排水能力及防污性能评价、小型工厂选址中的生态环境影响等方面都具有很重要的作用;第四纪以来松散层岩性层空间结构模型应用领域更为广泛,可以在重大工程选址论证、地下空间开发利用适宜性、应急水源地建设论证等方面发挥作用,砂层的空间分布可以直接展示区域含水层的空间展布,黏土层的空间分布为区域工程地质条件分析提供最直接的依据,综合岩性、含水层可以客观评价区域浅层地热能的赋存状况与开发利用条件,为浅层地热能的合理利用提供科学支撑;推断的地质构造及深部构造层空间展布对深部地热找矿具有指导性意义。

二、新一轮成矿带区域地质调查方法研究

(一) 项目简介

"新一轮成矿带区域地质调查技术方法总结"是中国地质调查局在宁芜成矿带上布置开展"江苏

1∶5万慈湖、柘塘镇、小丹阳、博望镇幅区调"项目工作的重要任务之一,强调在系统收集和综合分析已有地质资料的基础上,对区域成矿地质条件等与成矿有关的重要基础地质问题开展调查研究,探索与试验在基础地质工作程度较高的重要成矿带地区开展1∶5万区域地质调查的工作内容、技术路线、技术方法和工作流程,进行成矿带1∶5万区域地质调查方法总结,为在类似的重要成矿带地区推广开展新的1∶5万区域地质调查工作总结经验。

(二)主要成果及科技创新

1. 进一步明确了成矿带新一轮区域地质调查工作的目标任务

成矿带新一轮1∶5万区域地质调查不同于传统的区域地质调查,工作中必须要以先进的地质理论为指导,以数字填图技术为手段,以解决与区域成矿有关的重大基础地质问题为主要目标,认为成矿带1∶5万区域地质调查修测工作的研究重点是区内主要成矿地质条件的调查,加强含矿地层、岩石、构造的调查,开展含矿地质体详细调查和成矿地质条件研究,系统总结区域成矿作用与地层、构造和岩浆作用的相互关系,解决与成矿关系密切的基础地质问题,为地质找矿提供基础资料。为进一步开拓找矿空间,应争取开展三维立体填图或深部填图。

2. 对成矿带开展新一轮区域地质调查工作的技术路线、工作思路进行了大胆探索

根据"江苏1∶5万慈湖、柘塘镇、小丹阳、博望镇幅区调"项目工作的探索,认为成矿带新一轮1∶5万区域地质调查的技术路线应以1∶5万区域地质调查规范为指导,在系统收集和深化研究前人工作的基础上,重视已有地质调查成果的发掘与利用,采用实际野外调查与修编相结合的方法,有针对性地开展调查研究工作。

工作思路应以现代地质科学理论为指导,强调充分收集、整理、分析与应用前人研究成果和分析测试资料,重视地层、岩石和构造等相关要素的含矿性调查与研究,强调岩性与构造填图,突出特殊地质体或含矿地质体的突出表达,主要针对可能存在问题或具有重要地质内容的地区布置主干观察路线+辅助路线或地质剖面进行野外地质调查,重点查明成矿地质背景和成矿条件;同时围绕成矿地质条件研究,开展含矿性调查与研究工作,结合矿点概略性检查和异常查证,全面总结和深入研究调查区主要矿产类型的成矿条件、成矿特征与控矿地质因素,总结区域成矿规律,建立区域成矿模式,指导该地区后续矿产地质勘查工作。

3. 系统总结了成矿带新一轮区域地质调查工作的技术方法

根据成矿带1∶5万区域地质调查工作的目标任务、技术思路和调查区的工作程度,采用的技术方法主要有前人地质资料的综合开发利用、物化遥调查或综合解译、综合地质调查(室内地质填图和野外地质调查)、主要地层与岩体的含矿性调查、深部地质调查(地球物理剖面测量、深部钻探)、异常查证与矿点检查(1∶1万地质调查与1∶1万土壤地球化学测量、槽探与钻探)、样品分析测试、综合研究与专题研究等。重点是加强含矿地质建造调查与填图,强调地质建造与区域成矿的内在关系,重视矿化蚀变与区域成矿的指示作用,突出含矿建造调查、含矿地质体研究和矿化蚀变填图是新一轮区域地质调查的主要方法。

4. 强调成矿带新一轮区域地质调查工作成果的针对性与创新性

创新与探索是找矿需求和技术发展的必然要求,也是成矿带1∶5万区域地质调查的重要任务之一。成果表达的创新主要体现在两个方面:一是表达的内容要细致,要把握重点解决的地质问题,合理划分填图单元,重要层位要细化出段、层及非正式填图单位,尽量强化含矿地质体的表达;二是表达方式要创新,结合找矿实践的需求和区域成矿地质条件及成矿规律的综合研究,探索提交与找矿有关的综合地质成果,编制与成矿有关的专题地质图,如含矿建造构造图、蚀变分带图、成矿规律图等,圈定进一步找矿的靶区,特别是隐伏的找矿靶区或成矿有利地段,为深部找矿提供有价值的线索。

(三)应用成效

"新一轮成矿带区域地质调查技术方法总结"不仅是"江苏1∶5万慈湖、柘塘镇、小丹阳、博望镇幅区调"项目3年多工作思路与技术方法的系统总结,也是多年来开展区域地质调查与找矿勘查工作的经验与体会的一次系统集成,该项成果为在类似的成矿带地区开展新一轮1∶5万区域地质调查工作提供了很好的方法借鉴。

三、地球物理方法应用

(一)项目简介

我院自2007年起先后引进GDP-32综合电法仪、磁力仪和大功率激电仪,2012年起又陆续引进测井仪、高密度电法仪、地质雷达、直流电法仪等设备。同时,逐年引进地球物理专业人才,技术力量迅速发展壮大,在地热地球物理、矿产地球物理、水文地球物理、工程与环境地球物理勘查及测井方面取得了一系列的成果。

地热地球物理勘查方面,完成了105个地热选址地球物理勘查项目,涵盖碎屑岩孔隙热储、碳酸盐岩岩溶裂隙热储、带状裂隙热储等多种热储勘查,涉及白垩纪碎屑岩盆地、侏罗纪火山岩盆地、厚层低阻屏蔽、城市强干扰环境等多种勘查难度大的类型。

水文地球物理勘查方面,完成了15个地球物理勘查项目,包括9个岩溶裂隙水水文井位选址勘查,江苏沿海地区综合地质调查全区面积性电测深,苏南现代化示范区综合地质调查5个图幅面积性电测深。

工程与环境地球物理方面,完成了30个地球物理勘察项目,涉及采空区、岩溶塌陷、地裂缝、滑坡、防空洞、活动断裂、地下管线等勘察。

矿产地球物理勘查方面,完成了10个金属矿产地球物理勘查项目,勘查范围主要为宁镇、宁芜、溧水、宜溧地区,涉及金、铜、铁、锶、铅、锌、银等矿种。

另外完成"江苏1∶5万灌云县(I50E011022)、同兴街(I50E010022)两幅平原区填图"等6个平原区地质调查地球物理勘查工作及238个钻孔的测井工作。

2008—2018年完成主要实物工作量为CSAMT剖面1591km,高精度磁测剖面124.35km,激电中梯剖面434.45km,激电测深物理点532个,直流电测深物理点4231个,高密度电阻率法物理点6102个,地质雷达物理点90 738个,瞬变电磁测深物理点2110个,测井总长87 042m。

(二)主要成果及科技创新

1. 地热地球物理勘查

主要采用的方法技术为可控源音频大地电磁测深法(简称CSAMT),在分析区域重磁资料的基础上布置CSAMT详查剖面。CSAMT抗干扰能力强,探测深度大,具有较高的纵向和横向分辨率,对低阻体位置定位较准,特别适合具有良导特性的断层破碎带、岩溶发育带、高低阻接触面的探测,是地热资源勘查钻探孔位布置应用最为广泛的技术手段。

1)火山岩盆地地热勘查(以江苏省扬中市西北部沿江地区地热普查 CSAMT 勘查为例)

火山岩盆地有利地热储层埋深通常较大,而火山岩本身导水、储水条件差,是地热勘查的不利区域。应用 CSAMT 电阻率定量反演、阻抗相位定性分析的手段,结合多条测线结果对比,对低阻异常进行筛选,克服静态效应和反演多解性引起的假异常,在深部坚硬、性脆的火山岩中推断出导水断裂构造位置(图 1-22)。钻孔 ZK1 验证 1200m 以下为火山角砾岩,1268~2028m 层段经测井显示发育多层构造裂隙,具有较好的蓄水性,抽水试验结果:出水量 1391 m³/d,出水温度 62℃。

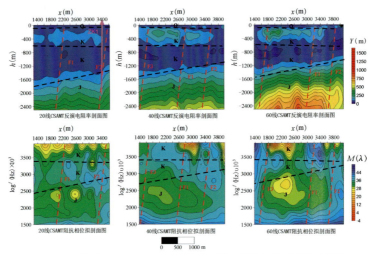

图 1-22　扬中地区 CSAMT 反演电阻率-阻抗相位联合解译图

2)区域地热地质调查评价(以泰兴市综合地质调查 CSAMT 勘查为例)

采用 CSAMT 长剖面测量,结合重力异常和区域地质资料,推断泰兴地区主要断裂构造和地层结构,预测热储深度、规模、温度,评价区内地热地质条件(图 1-23)。

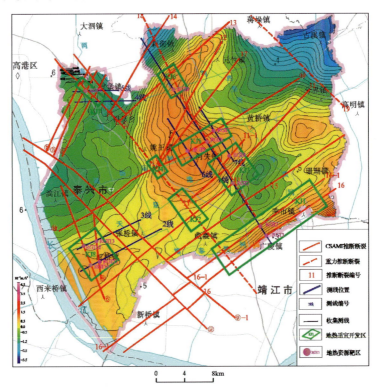

图 1-23　CSAMT、重力联合推断断裂构造、地热重点靶区位置图

2. 水文地球物理勘查

基岩构造裂隙水、碳酸盐岩裂隙岩溶水等含水层勘查主要采用的方法技术为 CSAMT、激电测深、瞬变电磁测深等方法技术,探测低阻的断裂构造、岩溶发育位置;松散沉积物孔隙水勘查采用的技术方法为直流电测深,解决咸淡水分界、砂层厚度、古河道等问题。

1)基岩裂隙水勘查(以宜兴开发区 CSAMT、镇江体育公园激电测深为例)

宜兴工作区北东侧出露志留纪茅山组(S_2m)石英砂岩,南侧被第四系(Q)覆盖,下伏白垩纪浦口组(K_2p)粉砂岩,CSAMT 目标为确定茅山组砂岩范围和厚度,并探测控水较好的北西向张性断裂带,工作难点在于人文干扰严重,白垩纪浦口组(K_2p)粉砂岩、砂砾岩和志留纪坟头组(S_1f)粉砂岩、泥岩含水性较差,电阻率呈低阻特性,为本次工作的地质干扰。

采用短收发距 CSAMT 工作装置克服城区强干扰,准确判断了地层分布和构造位置(图 1-24),经 ZK1 钻探验证,浅部为厚 3m 的第四系,30～170m 为破碎的石英砂岩,涌水量 981.6 m³/d,170～200m 为相对完整的粉砂岩。

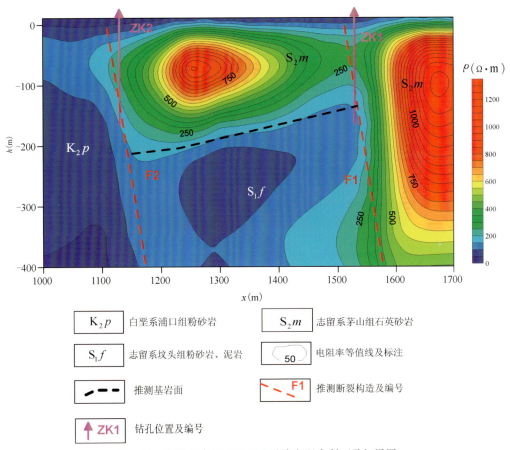

图 1-24 宜兴开发区 CSAMT 反演电阻率断面及解译图

镇江大港新区体育公园第四系厚 50m 左右,下伏震旦纪灰岩、白云岩,应用三极激电测深,在城区干扰环境下圈定了低阻高极化位置(图 1-25),钻孔 ZK1 验证 47.6～53.3m 为强风化白云岩,53.3～132.89m 为中风化白云岩和闪长岩,涌水量 917.5 m³/d。

2)面积性电测深(以江苏沿海地区综合地质调查为例)

沿海地区电测深是目前国内面积最大、数据量最大、钻孔资料最丰富的电测深综合解译工作。除东海、灌南、建湖—阜宁—射阳局部地区外,基本实现全区覆盖,总体达到 1∶20 万工作精度,解译工作中被利用的水文地质孔和第四系孔计 715 个。

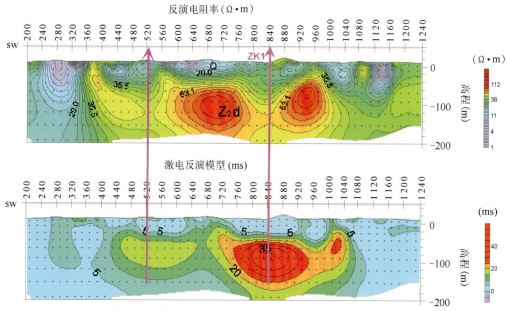

图 1-25 镇江大港新区三极测深反演电阻率断面及解译图

3. 主要成果

(1)以电测深-测井-钻孔的精细拟合方式,形成一套由点-线-体-水文地质参数计算的适合江苏沿海地区电测深工作的联合解译模式(图 1-26)。

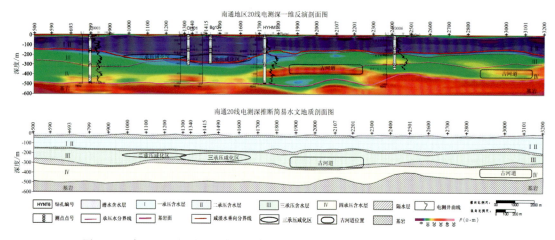

图 1-26 南通地区电测深反演电阻率-测井-钻孔联合推断水文地质剖面示意图

(2)推断沿海全区各含水层与隔水层、浅部淡化带、咸水层、基岩的垂向界面,填补钻孔空白区,构建全区含水系统(图 1-27)。

(3)建立水文地质参数-反演电阻率数学模型,反算潜水、Ⅰ承压含水层、Ⅱ承压含水层 TDS 平面分布(图 1-28),Ⅲ承压含水层涌水量。

(4)丰富的局部性剖面和平面图件,解决第四系地质、水文地质问题。例如东台—大丰地区电测深反演电阻率剖面图和平面图(图 1-29)都有明显的南高北低特点,阻值差异明显,反映出长江作用的砂层厚度和粒径大,砂层连续性好,淮河作用的砂层电阻连续性差,砂层较薄,从而划分出古河道分布以及不同深度不同时代古长江北界位置。

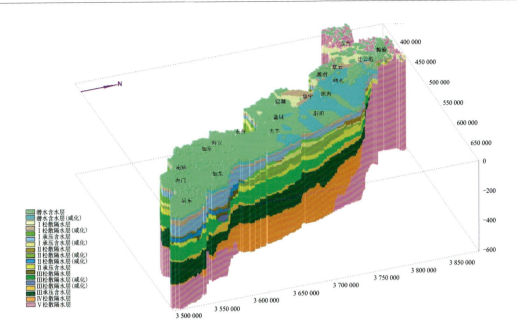

图 1-27　电测深-钻孔联合解译含水系统三维建模

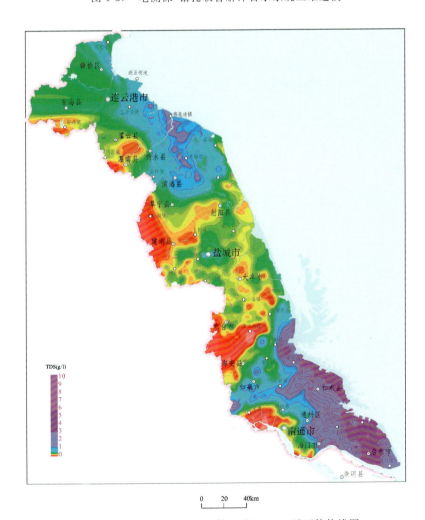

图 1-28　沿海地区电测深计算Ⅱ承压 TDS 平面等值线图

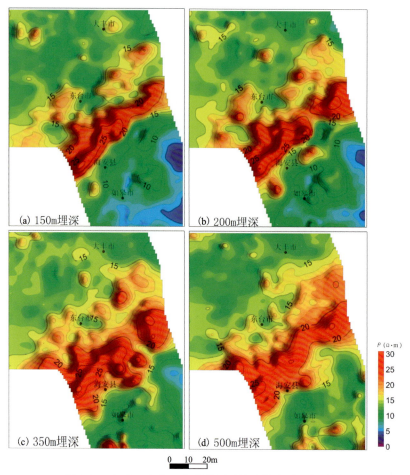

图 1-29　如皋—东台—大丰地区反演电阻率平面切片图

4. 工程与环境地球物理勘察

主要采用的方法技术为 CSAMT、瞬变电磁、高密度电阻率、地质雷达。CSAMT 和瞬变电磁探测深度大，对于低阻体的定位较准，适用于埋深相对较大的采空区探测；高密度电阻率法具有数据量大、信息量丰富、采集点间距小、分辨率高的特点，能反映中浅部断面电性变化情况及电性异常体基本形态，适用于岩溶、滑坡等精细调查；地质雷达具有分辨率高、定位准确、快速经济、成果直观、解释可靠等优点，适用于岩土勘察、工程检测、管线调查、地下掩埋物探测、岩溶等浅层精细调查。

1）滑坡调查（以连云港西山滑坡高密度电阻率法勘察为例）

连云港市花果山国家地质公园北侧特大型滑坡（简称西山滑坡）地质灾害治理工程位于云台山北麓、鼻尖嘴山北侧、西庄村西侧，潜在滑坡体总方量约 20 万 m^3。物探工作的主要目的是查明调查区地层结构和滑坡周界位置，特别是软弱夹层的厚度、埋深与分布情况。

布置高密度电阻率法剖面 3 条，其中主纵剖面 1 条，横剖面 2 条[图 1-30（a）]，通过数据预处理和带地形的二维反演得到反演电阻率剖面和电阻率三维数据体[图 1-30（b）、图 1-30（c）]。物探结果表明西山滑坡及周边山体组成岩性主要为元古宙云台组（$Pt_{2-3}y$）浅粒岩、变粒岩，局部含绿泥石片岩夹层，为软硬互层的地层结构，绿泥石片岩呈层状分布，倾向与坡体倾向基本一致[图 1-30（d）]。滑坡体位于主纵剖面 125～330m 桩号之间，总长度约 200m，滑坡后缘滑动面深度一般不超过 20m，前缘发育有多层绿泥石片岩夹层，存在多层滑动面。

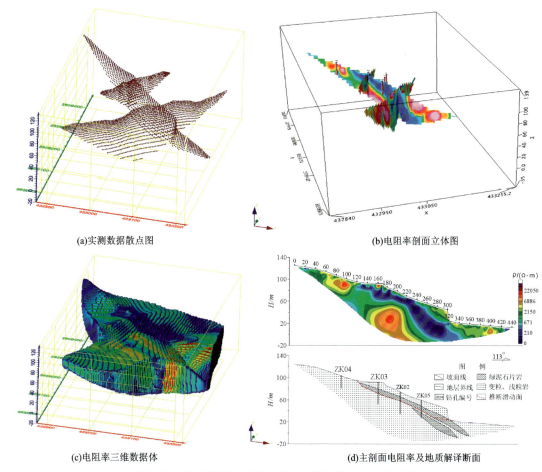

图 1-30　连云港西山滑坡地质灾害调查物探工作成果图

2）废弃防空洞调查（以南京市太平村 69-38 号地质灾害调查地质雷达勘察为例）

在前期走访调查的基础上，围绕太平村 69-38 号居民楼布置地质雷达测线 6 条，天线主频 100MHz。地质雷达剖面上防空洞位置表现为双曲线型强反射，并伴随多次反射波，异常特征极为明显，通过反射波组特征可以大致确定防空洞的横向及纵向顶、底界面位置（图 1-31），物探解译结果与前期调查和钻探结果较为吻合。

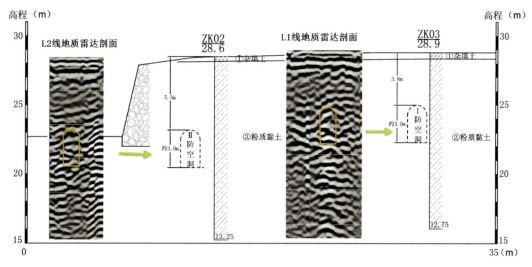

图 1-31　南京市太平村 69-38 号地质灾害调查物探工作成果图

3)岩溶塌陷调查(以徐州城市地质调查为例)

徐州黄河西路岩溶塌陷调查区位于徐州市区电业局宿舍及新生街塌陷区东侧,高密度电阻率法与浅层地震方法均较好地反映了基岩面起伏情况。电阻率剖面上表现出多处电阻率等值线横向不连续[图1-32(a)],横波反射时间剖面上相应位置出现反射波同相轴错断、缺失,局部出现双曲绕射波[图1-32(b)],两种物探方法相互验证,推断地下存在断裂构造和基岩破碎带,局部存在溶洞[图1-32(c)]。

YGC02孔钻探结果表明,地下浅部为粉土、粉砂和黏土层;28~46m为黏土夹强风化灰岩层,灰岩层岩芯较破碎,呈碎块状,岩溶发育。钻探结果与物探推断结果基本吻合。

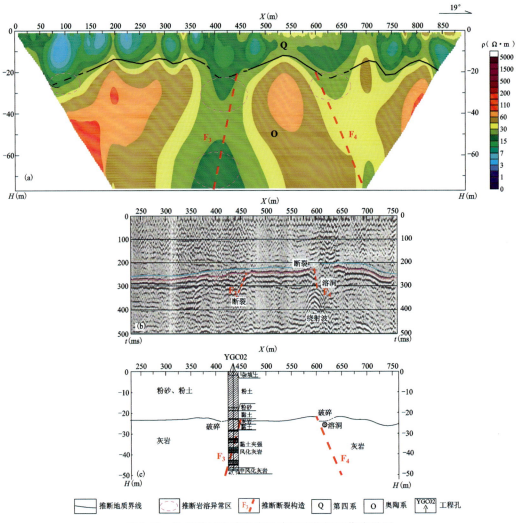

图1-32　徐州黄河西路岩溶塌陷调查物探工作成果图

4)采空区勘查(以宜兴市太华镇砺山景区地质灾害危险性评估CSAMT勘察为例)

宜兴市太华镇砺山景区位于宜兴市西南的太华镇,原为一小型煤矿,根据CSAMT各条物探剖面图所绘制的反演电阻率顺煤层切片图,反映已采煤层(采空区)位置及其附近岩层电阻率在平面上的变化情况。

由该切片图(图1-33)可以看出,测区中心的砺山位置是一个显著的低阻区域,电阻率值在50Ω·m以下,与周围高阻区域界限明显,推测为该煤矿区的主采区域,该区域内煤层开采后上覆岩层发生冒落、弯曲变形破坏,冒落裂缝带具有一定的含水性,致使煤层位置及其附近地层电阻率降低。

依据采空区的典型电性规律并结合断面推断结果、采掘平面图等资料圈定的采空区范围如图1-33

中所示,采空区范围与采掘平面图上所示范围基本一致,二者对应关系较好。在砺山西部的几条测线(3、4、5线)反映的采空区范围要明显大于采掘平面图上所示采空区范围。由于超出范围的那些采空区所处位置的煤层埋深均较浅,靠近煤层露头处,推测为越界开采或地面盗采引起。

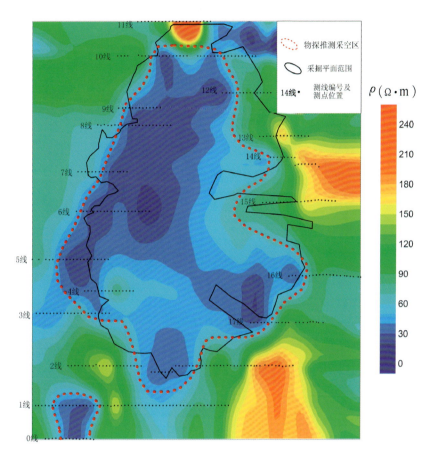

图1-33 宜兴砺山CSAMT反演电阻率顺煤层切片及推断采空区分布图

5. 矿产地球物理勘查

主要采用的方法技术为激电中梯、激电测深、高精度磁测、CSAMT。激电中梯能确定电阻率和激电异常体平面分布范围,但不能确定异常体的深度,适用于面积性普查;激电测深能推断异常体埋深,但生产效率低,通常布置在重点异常区;高精度磁测可以较为准确地确定磁异常平面位置,适用于磁性矿产勘查;CSAMT法探测深度大,横向分辨率高,适用于划分地层结构、确定地质构造、查明地下深部隐伏矿体的埋藏深度及规模,在深部找矿勘探中有着重要的指导意义。

溧水县东岗铁铜矿普查中,通过对大功率激电视电阻率、视充电率异常在平面(图1-34、图1-35)和CSAMT反演电阻率断面(图1-36)分布规律的总结,提出了该区存在"弧形构造"和"环形构造",以及矿体赋存于"弧形构造"内缘的构想(图1-37),并建议在推测的"弧形构造"带中部,前人未进行钻探施工的空白区域首先进行钻探验证,结果于孔深141.15～227.49m(钻厚86.34m)见主断裂构造破碎蚀变带,带内见厚层铜、硫矿层(钻厚61.94m)。后续布置的5个钻孔也都见到了铜矿体和硫矿体,从而实现了该区找矿工作的突破,也为今后在该区进一步工作提出了新的思路。

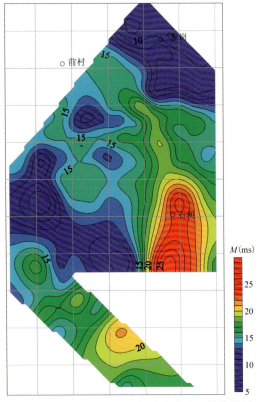

图 1-34 东岗—石坝地区视充电率平面等值线图

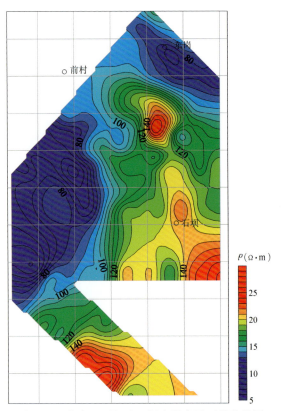

图 1-35 东岗—石坝地区视电阻率平面等值线图

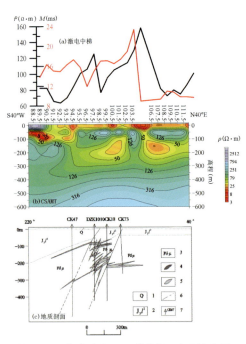

图 1-36 东岗矿段 D-1 线物探、地质综合图
1.第四系；2.侏罗系龙王山组上段；3.辉石闪长玢岩；
4.铜矿体；5.铁矿体；6.实、推测断层；7.钻孔及编号

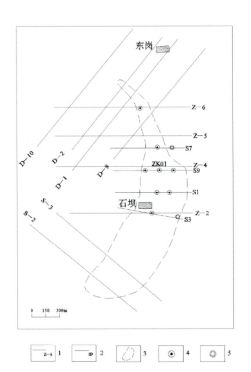

图 1-37 东岗—石坝地区异常验证孔分布图
1.物探测线及编号；2.勘探线及编号；
3.激电异常范围；4.见矿孔；5.未见矿孔

第四节　对外服务和援疆

一、江苏省第二核电厂工程地质调查专题（可研）

（一）项目简介

自改革开放以来，江苏省经济发展进入了快车道，经济快速增长对电业供应能力提出了更高的要求，根据江苏省人民政府办公厅关于加快推进江苏核电工作的有关精神，发展核电、调整能源结构是"十一五"期间能源发展的重点，引进中国广东核电集团进入江苏开展核电选址的前期开发工作，在江苏核能有限公司筹建处的协调下，根据《江苏核电规划选址报告》及专家评审会评审意见，以及江苏核电工程厂址查勘及初步可行性研究工作大纲，筛选出南京市江宁区美人山、镇江市丹徒区圌山和连云港市灌云县东陬山3个候选厂址。

2005年9月20日，中广核工程设计有限公司、华东电力设计院、国家地震局地质研究所和江苏核电筹建处有关人员在南京与江苏省地质调查研究院相关人员就"江苏第二核电厂工程地质调查专题"项目，召开了启动部署会，受中广核集团工程有限公司及江苏核能有限公司筹建处委托，江苏省地质调查研究院承担南京市江宁区美人山候选厂址区、镇江市丹徒区圌山候选厂址区、连云港市灌云县东陬山候选厂址区江苏第二核电厂工程初步可行性研究阶段厂址附近范围地质调查（项目执行后期，根据业主方要求，调整技术方案为可研阶段地质调查），以及近区域范围、区域范围区域地质构造编图工作。江苏省地质调查研究院成立了由基础地质研究所、矿产地质研究所和环境地质研究所技术骨干组成的项目组，由潘明宝总工程师任项目负责人，及时开展了跨学科多专业综合地质调查和编图工作。

2006年6月20日，由江苏核能有限公司筹建处组织南京大学、江苏省国土资源厅、国家环保总局核安全中心、国土资源部（现自然资源部）南京地质矿产研究所、华东电力设计院、苏州热工研究院及中国地震局地质研究所的专家组，对项目成果进行了最终验收，认为项目"成果满足了技术任务书、工作大纲、质保大纲的要求，在进一步修改完善后提交业主及相关技术接口单位使用。"2006年8月10日，由业主方进行了成果认定。

（二）主要成果及科技创新

项目成果提交了3个候选厂址附近范围的地质调查报告及5种相对应的近区域范围、区域范围地质构造编图和说明书，同时提交了为华东电力设计院完成的苏南二厂址厂址区1∶1万工程地质图件及说明书，提交成果含文字报告及说明书10种，地质图件21种，成果符合业主方提出的技术质量要求。取得的主要成果如下。

(1)地层方面：3个厂址区内地层发育均相对简单，镇江圌山以中生代早白垩世流纹质圌山火山岩、火山角砾岩和上党组火山沉积岩为主，美人山厂址以姑山火山岩带中基性安山岩、粗安岩为主，连云港东陬山厂址以云台岩群花果山岩组二长变粒岩、浅粒岩为主，岩性单一，构造简单，力学性质好，可以作为核电站基础。

(2)构造上，3个厂址区构造均相对简单，其中，镇江厂址新构造运动较复杂，但3个厂址区内主要断裂均为前第四纪断裂,地貌上属低山丘陵或残丘,较为稳定。

(3)近区域范围内,南部二厂址近区域构造相对复杂,第四纪地层发育简单,断层特别是隐伏断层是否活动需进一步确定。北部厂址区近区域范围主要断裂均为隐伏断层,需用浅地层及钻探方法进一步确认。

(4)3个厂址近区域范围及附近范围均无重要矿产地及重要成矿带发育,基本无压覆矿产问题。

(5)3个厂址附近范围内无重大颠覆性工程地质问题。水文地质条件简单,但均不具工业地下水。

(6)3个厂址附近及近区域均无第四纪火山活动。

(7)3个厂址区位优势明显,交通便利,水上、陆地、空中运输通道良好,有利于工程建设及人员往来。

(三)应用成效

"江苏省第二核电厂工程地质调查专题"为我院成立以来承担的第一项国家重(特)大工程基础地质调查项目,涵盖专业面之齐全是前所未有的,项目实施过程中通过与中广核设计公司、苏州热工研究院、上海电力设计院、国家地震局地质研究所活动断层研究室、江苏省地震局地震地质工程公司等单位的全方位技术对接和节点协调,使我院在社会性、综合性地质调查项目技术方案制定、人员配置、项目执行、质量管理方面得到了较好的锻炼和进步,开拓了社会地质调查工作的视野,扩大了我院在相关领域的影响力。

二、新疆西昆仑1∶5万 J43E009017 等 5 幅区域地质矿产调查

(一)项目简介

西昆仑造山带是我国重要的铁铜金多金属成矿带,在我国国民经济中具有重要的战略意义,对社会经济可持续发展影响巨大。推进该地区的经济发展与建设,是西部大开发战略的既定宗旨,加快该地区矿产资源的开发和利用,逐步把资源优势转化为经济优势,都离不开基础地质的支撑。"新疆西昆仑1∶5万J43E009017、J43E010017、J43E010018、J43E011017、J43E011018 等 5 幅区域地质矿产调查"是一项基础性、公益性、战略性区域地质调查项目,工作历时3年多,以现代地质科学新理论、新方法为指导,在系统收集、综合分析和深化研究已有资料的基础上,开展1∶5万区域地质调查,突出含矿地层、岩石、构造的调查,解决与成矿关系密切的基础地质问题。

(二)主要成果及科技创新

(1)以多重地层划分理论为指导,以岩石地层单位为基础,系统厘定和完善了工作区的地层序列。共划分了10个群级,31个组级岩石地层单位,并对其中15个组级地层单位进行了进一步细分,新建立35个段级岩石地层单位。对第四系按时代和成因类型进行了划分,对石膏、礁灰岩、玄武岩、砾岩等特殊非正式填图单位进行了划分和标定。查明了各岩石地层单位的空间分布、物质组成、变质变形及含矿性等特征。所建岩石地层单位岩性标志明显,多数地层化石丰富,时代依据可靠。

(2)对工作区岩浆岩的岩石类型、分布形态、时代、期次、接触关系及围岩蚀变特征等进行了较系统地论述,将阿克达拉岩体及喀依孜岩体进行了解体,获得一批 499.8~446.4Ma 的锆石 La-ICP-MS 测

年数据(图1-38),对测区侵入岩形成时代进行了重新厘定,本次工作认为测区内侵入岩主要形成于早奥陶世,不同类型岩石的侵位时间从早到晚依次为辉长岩—石英闪长岩—花岗闪长岩—二长花岗岩—花岗岩。

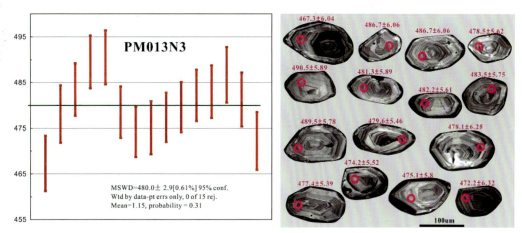

图1-38　阿克达拉岩体部分锆石U-Pb年龄及锆石CL图像

(3)对工作区推覆构造系统进行了较详细的研究,研究表明,推覆构造存在两个不同期次,第一期发生在印支期,第二期发生在喜马拉雅期;将推覆构造划分出5个带,自南西向北东分别为:后缘带—根带—中带—锋带—外缘带(图1-39)。

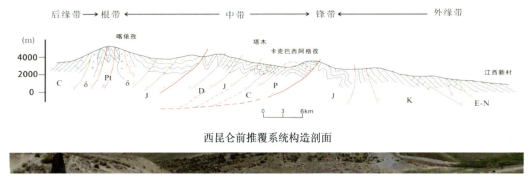

图1-39　库玛希主逆冲断裂

(4)新发现矿化点5个,其中铜矿化点4个、金矿化点1个,具有进一步工作价值,为区域成矿作用和矿产勘查提供了重要线索(图1-40～图1-45)。

图1-40　阿克巴西麻扎尔西北铜矿化点

图1-41　苏盖特别勒铜矿化点

图 1-42　依斯德克铜矿化点

图 1-43　吾衣如勒巴什别勒铜矿化点

图 1-44　阿克达拉牧场金矿化点（对岸山坡宏观）

图 1-45　阿克达拉牧场金矿化点

(三) 应用成效

(1) 在新疆西昆仑艰险区，充分发挥遥感技术在 1∶5 万区域地质调查中的先导作用，遥感解译与野外地质调查相结合，有效提高填图效率。

运用不同遥感数据及同一遥感数据的不同波段组合，对测区沉积、岩浆岩、构造行迹等进行解译，建立遥感解译标志。利用多光谱遥感数据，开展矿化蚀变信息提取。综合地球物理、地球化学资料，圈定成矿有利地段，布设地质调查路线验证，探索出适合高山峡谷地区的有效技术方法组合，提高了艰险区地质矿产调查研究程度。

(2) 在新疆西昆仑艰险区，主要选用测制地球化学剖面的手段，开展矿点概略性检查及异常查证工作，在保证工作质量的前提下，提高工作手段的可操作性。

测制岩石地球化学剖面的目的是调查和评价主要含矿地层、岩石、构造，特别是泥盆纪、石炭纪—二叠纪地层的含矿性，同时应用于矿点检查中，通过岩石地球化学剖面，了解矿化带和矿化体的矿化特征，大致控制矿化带的规模。在新疆西昆仑艰险区，山势陡峭，通行条件差，面积性化探工作难以开展，本次工作选用地球化学剖面，在达到研究目的的同时，提高了工作手段的可操作性。

(3)项目全程坚持使用数字填图技术,是西部地区较早开展无纸化数字填图工作的队伍,起了一定示范及推广作用。

大量基础地质调查数据采用 RGMAPPING 数字填图数据管理系统,不仅使基础地质数据应用方便、高效,而且使成果表达清楚、直观。项目成果在国内基础地质调查成果中达到了领先水平。

(4)本项目是江苏省地勘单位在西部地区开展的首个 1∶5 万区域地质矿产调查项目。

(5)本项目是江苏省地质调查研究院为积极响应中央新疆工作座谈会精神,配合江苏省对口支援克孜勒苏柯尔克孜自治州的需要,以实际行动援疆的举措之一。

第二章 矿产地质勘查

江苏省被称为"中国地质工作的摇篮",地质矿产调查工作起步较早,早在1924年刘季辰、赵汝钧等就对江苏全境开展了区域地质调查工作。中华人民共和国成立后,为了社会经济建设的需要,地质、冶金、石油、煤炭、建材等系统在江苏省开展了大量的矿产勘查工作,先后发现了一批具工业价值的金属、非金属及能源矿产,为江苏的经济发展提供了能源保障。"十五"以来,江苏省地质调查研究院在《国务院关于加强地质工作的决定》《全国矿产资源规划》《"三五八"地质找矿目标》《江苏省找矿突破战略行动实施方案(2012—2020)》等部、省文件的指导下,围绕长江中下游成矿带(江苏段)、桐柏-大别-苏鲁成矿带(江苏段)、鲁西成矿带(江苏段)等重点成矿区带开展了矿产资源调查评价及勘查工作,成效显著。建院20年来,在江苏省境内累计提交超大型矿产地1处、大型矿产地6处、中型矿产地5处、小型矿产地13处,为地方经济可持续发展提供了资源保障;完成江苏省11个重要矿种的资源潜力评价、21个矿种的资源储量利用现状调查,基本摸清了江苏省战略性矿产的资源潜力"家底",为江苏省能源矿产及非能源矿产资源的保障、宏观调控以及省内重要矿产勘查规划和部署提供决策依据。项目成果先后荣获江苏省科技进步二等奖1项、三等奖1项,国土资源部科学技术二等奖3项、全国地质行业优秀找矿成果二等奖1项、国土资源部优秀成果奖1项,江苏省国土资源科技创新二等奖4项、三等奖1项,江苏省国土资源科技成果二等奖1项。

第一节 矿产资源调查评价

《国务院关于加强地质工作的决定》明确提出"全面增强地质勘查的资源保障能力和服务功能,促进地质工作更好地满足经济社会发展的需要",为此国土资源部(现自然资源部)在全国范围开展了16个重点成矿区带、重点矿种的地质矿产调查评价专项,并开展了"长江中下游成矿带地质矿产调查"二级项目,江苏省地质调查研究院承担了其中6个矿产远景调查子项目(表2-1)。

(一)专项简介

矿产远景调查是矿产资源勘查前期的基础性、区域性找矿工作,以解决工作区区域地质问题和区域矿产问题为主要目的,通过中大比例尺的地质、物化遥自然重砂、矿点检查等地质工作手段,大致查明工作区成矿地质背景、成矿地质特征和成矿规律,评价区域矿产资源潜力,为后续矿产勘查提供靶区和新发现矿产地。江苏省地质调查研究院承担的6个矿产远景调查项目共圈定找矿靶区20个,新发现矿产地4处,新发现可供进一步工作的矿点6处,累计投入资金4130万元,拉动省级地质勘查资金和社会资金5039万元,经济效益和社会效益显著。

表 2-1 我院承担的矿产远景调查子项目统计表

序号	项目名称	项目编号	工作年限	投入资金（万元）
1	江苏省宁镇地区铁铜矿远景调查	12120010781021	2008—2010 年	800
2	江苏镇江宝华山-巫岗铁铜矿远景调查	12120110854433	2010—2012 年	850
3	江苏溧水地区铁铜矿远景调查	12120110854432	2010—2012 年	950
4	江苏宜溧地区铁铜矿远景调查	12120111208555	2011—2013 年	590
5	江苏省江浦-六合地区矿产地质调查	12120114037801	2014—2016 年	420
6	江苏盱眙地区矿产地质调查	12120113070300	2013—2015 年	520

（二）主要成果及科技创新

1. 利用综合信息开展矿产地质调查

项目先后对长江中下游成矿带江苏段内的 6 个 V 级成矿带开展了中大比例矿产地质调查；系统收集、整理了 V 级成矿带内地质、物探、化探、重砂、遥感、矿产等资料，利用最新年代学、构造地质学、矿床学等理论结合现代矿产资源评价理论方法和 GIS 评价技术，建立了 V 级成矿带成矿模式和重要矿种勘查模型，为长江中下游成矿带江苏段内的后续矿产勘查工作提供了理论依据和经验模型。

2. 省内率先使用浅钻取样技术开展覆盖区土壤地球化学测量

土壤地球化学测量是地质矿产勘查的重要工作手段之一，能有效降低矿产勘查工作的风险，做到有的放矢，可为下一步的勘查工作提供重要的选区和工程布置依据，但由于江苏省气候环境的影响，导致江苏省大部分地区被较厚的新生代洪-冲积、坡积、残积及风化层所覆盖，严重制约了江苏省的矿产勘查工作。本项目结合区域成矿地质背景、地质环境和施工条件，在找矿潜力较大、地表覆盖严重的地区开创性地将浅钻取样技术应用到1:5万土壤地区化学测量工作中。通过本次工作实践及方法技术总结，明确了浅覆盖区土壤地球化学测量取样设备选择、采样密度、采样方法、采样介质、成果图件编制和异常圈定的方法等技术要求，为浅覆盖地区开展矿产地质调查及土壤地球化学测量提供了方法借鉴。

3. 找矿靶区圈定及重要发现

综合区域成矿地质条件、物化遥自然重砂异常、矿产检查成果等资料，共圈定找矿靶区 20 个，其中宁芜北段 3 个、宁镇地区 4 个、溧水地区 8 个、宜溧地区 3 个、江浦—六合地区 2 个，为上述地区后续矿产勘查指明了方向。

在溧水北部太尉庄铁铜矿点检查时新发现了电气石矿产，该矿为江苏省首次发现的新矿产。电气石集"天然负离子器""远红外线发射仪""细胞活化师""血管清道夫""生态水整理器""生命宝石"等众多美誉于一身，被誉为 21 世纪改善环境、促进人体健康的全新材料（图 2-1），在日本率先掀起了电气石产品开发的热潮，并很快辐射到欧美等发达国家。随着我国经济的发展，以及对健康和环保的重视，对电气石矿产的开发、推广必将得到飞速发展，对其需求也将日益增长，其潜在经济效益显著。

在宁芜北段大平山铜矿区的调查工作中新发现该矿区铜矿中普遍伴生金，该发现改变了大平山铜矿因铜品位低，工业开发经济效益差，一直未开发的困境，提高了该矿床的经济价值，并在大平山矿区外围新发现多条铜、金矿体，扩大了该区找矿潜力。

图 2-1　电气石正交偏光(左)及手标本照片(右)

在宁镇中段宝华—巫岗地区的调查工作中,采用锆石 U-Pb 定年方法,精细厘定了安基山、石马、新桥等中酸性岩体的成岩年龄,结合该区铜钼矿、铁矿成矿年龄,回答了上述 3 个岩体与宁镇中段斑岩型-矽卡岩型铜钼矿和矽卡岩型铁矿的成矿专属性问题,提出了长江中下游成矿带存在第四个成矿期,完善了长江中下游成矿带爆发性、阶段性和专属性的成矿规律特征,为宁镇中段铜钼矿和铁矿的勘查提供了理论依据。

(三) 应用成效

以专项成果(部分为阶段性成果)为依托,共有 12 个找矿靶区获得了省级地质勘查资金和社会资金的跟进,开展了后续的预-普查工作,并取得了较好的找矿效果,部分项目仍在实施当中,有望获得进一步找矿进展。截止到目前在溧水地区新发现小型铁矿床 1 处,大型锶矿床 1 处,大型电气石矿床 1 处,铜金矿点 1 处;在宁镇地区新发现小型金铜矿床 1 处,铜多金属矿点 2 处;在宁镇中段新发现铜钼矿点 1 处,铜多金属矿点 2 处。

此外,宜溧调查区金山地区见多条产于构造破碎带中的铜多金属矿脉和钨矿脉;烟山地区船山组大理岩化灰岩中见铜硫矿体,结合物探信息在其西侧可能存在花岗闪长斑岩与船山组灰岩的接触带,是寻找矽卡岩型矿床的有利部位;江浦—六合调查区九头山—小庙陈和万寿山—马家凹地区成矿地质条件优越(图 2-2),这些地段找矿潜力大,可申请省级地勘资金或引进社会资金开展进一步的后续勘查工作。

第二节　危机矿山、老矿山专项

随着我国工业化、城镇化步伐的加快,资源对我国经济发展的制约愈发明显,特别是石油、铁、锰、铜、铝土、钾盐等关系国计民生和国家经济安全的大宗矿产长期短缺;同时国内一批大中型矿山企业面临着资源枯竭、产能闲置、工人失业等严峻形势,直接影响到我国经济的可持续发展与社会稳定。为有效解决这一矛盾,在中央资金扶持,矿山资金配套的指导思想下,开展了全国危机矿山及老矿山接替资源勘查工作。江苏省地质调查研究院在江苏省国土资源厅的领导下,利用中央勘查资金和矿山自筹资金,在江苏省境内开展了 5 个危机矿山、老矿山接替资源勘查工作(表 2-2)。

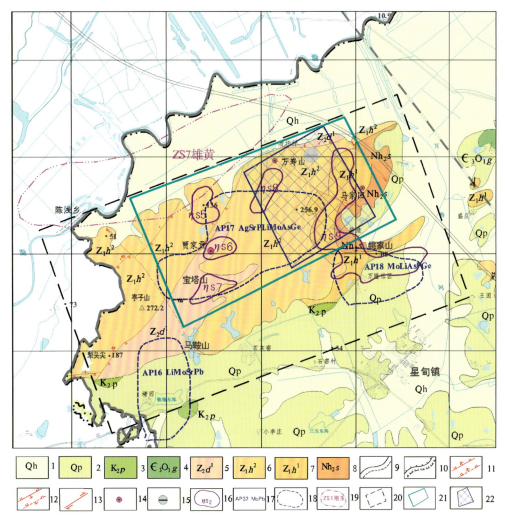

图 2-2 江浦—六合调查区万寿山-马家凹锗铁矿找矿靶区示意图

1.全新统;2.更新统;3.浦口组;4.观音台组;5.灯影组下段;6.黄墟组上段;7.黄墟组下段;8.苏家湾组;9.实测/推测地质界线;10.实测/推测不整合界线;11.实测/推测正断层;12.实测/推测逆断层;13.实测平移断层;14.铁矿点;15.锗矿床(中型);16.激电异常及编号;17.1∶5万土壤化探异常编号;18.1∶5万化探综合异常范围;19.重砂异常及编号;20.激电测量范围;21.成矿预测区;22.找矿靶区

表 2-2 我院承担的危机矿山、老矿山接替资源勘查项目统计表

序号	项目名称	项目编号	工作年限	投入资金（万元）
1	江苏省镇江市韦岗铁矿接替资源勘查	200632078	2006—2010 年	907
2	江苏省南京市冶山铁矿接替资源勘查	200732019	2007—2011 年	1508
3	江苏省苏州市迁里铅锌矿接替资源勘查	12120113081800	2013—2016 年	265
4	江苏省阳山市涂料级高岭土矿接替资源勘查	200632019	2006—2010 年	190
5	江苏省句容市铜山—石砀山地区铜钼矿战略性勘查	1212011220680	2012—2015 年	340

(一)专项简介

危机矿山、老矿山接替资源勘查工作是在系统收集、梳理历年来矿山及其周边地区地质、物化遥自然重砂等资料的基础上,研究已揭露矿体地质特征及控矿地质体,总结矿区成矿规律,以地质钻探、大比例尺物探测量为主要勘查手段,在矿山外围和深部开展接替资源勘查。通过勘查,扩大了江苏省矿山企业的资源储量,延长了矿山服务年限,指明了矿山后续勘查方向,初步缓解了江苏省矿产资源供需紧张的矛盾。江苏省地质调查研究院承担的5个危机矿山或老矿山接替资源勘查项目累计投入资金3210万元,拉动社会资金1303万元。累计提交中、小型铁矿床各1处,小型高岭土矿床1处,延长了矿山服务年限,经济效益和社会效益显著。项目相关成果荣获江苏省国土资源科技创新二等奖。

(二)主要成果及科技创新

1. 新增一批金属、非金属矿产资源储量,有效缓解矿山资源枯竭的难题

在镇江市韦岗铁矿区,于矿区-200m以下新增铁矿石资源量(333)1 390.30万t,其中工业矿体资源量1 281.31万t,平均品位TFe 33.22%,达中型规模;低品位矿体资源量108.99万t,平均品位TFe 22.59%。新增伴生铜资源量918.79t,平均品位1.02%;共生硫铁矿矿石量20.91万t,平均品位14.95%;可供综合利用的伴生有益组分S折算成标矿(S35%)109.54万t,Co 1 591.12t,Ni 837.78t。找矿勘查成果显著,实现了区域深部找矿的重大突破。按采矿回收率80%计算,可采出矿石量1 112.24万t,按目前矿山实际年生产能力50万t计算,可延长矿山服务年限22年,社会效益和经济效益显著。

在南京市冶山铁矿区,新增工业铁矿石资源量(332+333)223.81万t,其中332级工业铁矿石资源量29.57万t,平均品位TFe 41.17%,333级工业铁矿石资源量194.24万t,平均品位TFe 40.92%;新增共伴生铜金属量1 129.25t,伴生铅金属量190.12t,锌金属量962.20t;新增共生硫铁矿矿石资源量1.31万t。按采矿回收率80%计算,可采出矿石量183.14万t,按目前矿山实际年生产能力60万t计算,可延长矿山服务年限约3年,每年可稳定职工人数400人。

在苏州市阳山高岭土矿区,新增工业高岭土矿石资源量(333+332)42.02万t,其中332级工业矿石资源量22.81万t,平均品位Al_2O_3 35.21%,SiO_2 49.89%,333级工业矿石量19.21万t,平均品位Al_2O_3 31.84%,SiO_2 52.35%。新增矿石中Ⅰ级品7.85万t,Ⅱ级品26.24万t,Ⅲ级品0.05万t,Ⅳ级品7.88万t。按采矿回收率80%计算,可采出矿石量33.62万t,按目前矿山实际年生产能力8万t计算,可延长矿山服务年限4.2年,每年可稳定职工人数200人。

2. 建立了省内重要矿种成矿模式及勘查预测模型

在镇江市韦岗铁矿区,建立了该矿床的成矿模式,并在此基础上总结了该类矿床的勘查预测模型。韦岗铁矿矿床类型为矽卡岩型;成矿母岩为早白垩世花岗闪长斑岩、石英闪长玢岩;成矿流体以岩浆水为主,局部混有大气降水。其成矿机制为:花岗石英闪长斑岩、石英闪长玢岩侵入,由于岩体与碳酸盐岩围岩岩性的差异,接触带温度、压力、pH值和Eh等物理化学条件急剧改变,含矿热液与碳酸盐岩发生物质交换,带入Ca^{2+}、Mg^{2+}、CO_2等组分,带出Al^{3+}、Si^{4+}等组分,打破了化学平衡,使含矿热液中呈$Na[Fe(Cl-F)_4]$、$Na_2[Fe(Cl-F)_5]$、$Na[Fe(Cl-F)_6]$等络合物形式迁移的Fe,被Ca、Mg等碱金属置换出来,发生沉淀,形成钙/镁矽卡岩与磁铁矿。

总结其找矿标志为:①地层及围岩标志:早三叠世青龙组碳酸盐岩地层为主要赋矿地层;②岩体标志:早白垩世花岗闪长斑岩、石英闪长玢岩为铁矿成矿母岩;③构造标志:近东西向张性断裂与北北西、北东向扭性断裂交汇部位为有利成矿部位;④物探标志:明显的高磁异常,是寻找铁矿的重要标志;⑤围

岩蚀变标志：绿帘石、透辉石、阳起石等含水矽卡岩矿物与铁矿体密切共生，是寻找铁矿的蚀变标志。

在成矿模式及找矿标志的基础上，建立了该类铁矿床预测模型，由预测要素表及预测模型图组成，见表2-3，图2-3。

表2-3 韦岗式矽卡岩型铁矿区域预测要素表

预测要素		描述内容	预测要素分类
区域成矿地质环境	成矿区带	Ⅲ-69-②沿江Cu-Fe-Au-多金属-硫成矿亚带	重要
	大地构造位置	下扬子陆块苏皖前陆盆地东端宁镇断隆	重要
	主要控矿构造	①北西西向断裂是重要的控矿断层；②构造不整合界面（杨冲组与下伏地层）；③弧形构造；④层间断层（近东西向纵向断层）；⑤其他方向的断层。近东西向张性断裂与北北西向、北东向扭性断裂交会部位，为区内导矿和容矿构造	重要
	主要赋矿地层	古生代、中生代碳酸盐岩建造	必要
	控矿岩浆岩	中酸性花岗闪长斑岩、石英闪长玢岩等	必要
	成矿时代	燕山晚期（白垩纪）	重要
	成矿环境	岩体周围接触带或接触带附近	重要
区域成矿地质特征	区域成矿类型和成矿期	燕山晚期矽卡岩型铁矿	重要
	矽卡岩型铁矿主要成矿要素 含矿建造	石炭系、二叠系、三叠系碳酸盐岩建造	必要
	成矿母岩	成矿有关的侵入岩主要为花岗闪长斑岩，次为石英闪长斑岩	必要
	控矿构造	近东西向张性断裂与北北西向、北东向扭性断裂交汇部位	必要
	矿石建造	磁铁矿矿石为主，少部分赤铁矿矿石	重要
	围岩蚀变	围岩蚀变主要为绿帘石化、绿泥石化、钠长石化、硅化、绢云母化、黝帘石化。其中绿帘石、透辉石化与铁矿体有较密切的关系	次要
	矿床式	主要为矽卡岩型铁矿（韦岗式）	必要
物化遥标志	磁法	铁矿区则表现为明显的高值异常	重要
	重力	梯级带异常	次要

在南京市冶山铁矿区，通过对各矿段矿体特征、成矿规律及其控矿地质体的对比、研究，建立了冶山铁矿区垂向上"三个台阶"的找矿勘查模型。冶山铁矿矿床类型与韦岗铁矿相同，成矿母岩为早白垩世花岗闪长斑岩，成矿流体以岩浆水为主，局部混有大气降水，成矿机制与韦岗铁矿相似，但因其岩体与围岩接触带形态较韦岗铁矿复杂，发育了独特的"三个台阶"成矿模式，即第一台阶矿体以磁铁矿为主，位于近地表，埋深一般小于-150m；第二台阶矿体主要为磁铁矿，埋深一般为$-220\sim-320$m；第三台阶矿体以含铜磁铁为主，埋深为$-550\sim-600$m，见图2-4。

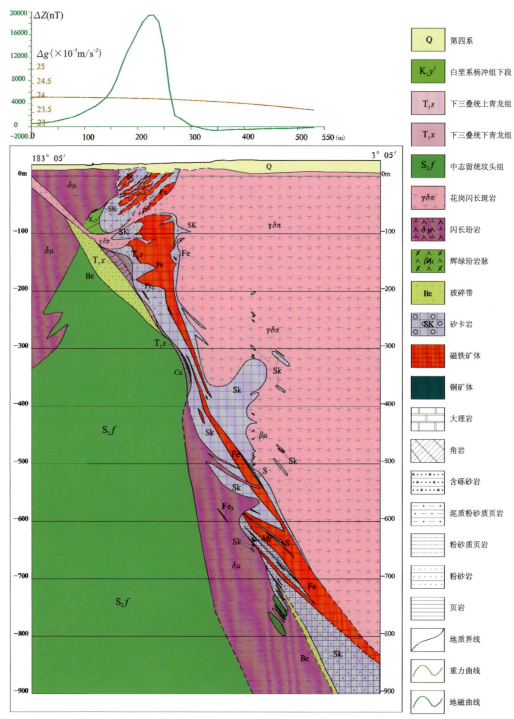

图 2-3 韦岗矽卡岩型铁矿预测模型图

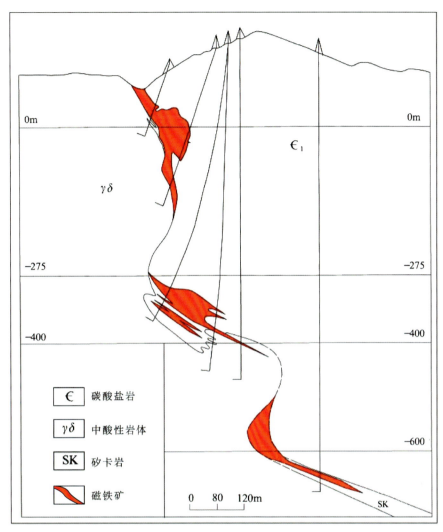

图 2-4 冶山铁矿区"三个台阶"成矿模式简图

在苏州市阳山高岭土矿区，建立了该矿床成矿模式，其成矿作用可划分为早晚两期，早期为中低温热液蚀变作用，晚期叠加有地下水风化残积作用，成矿原岩为矿区火山岩碎屑岩、火山岩及少量脉岩。成矿机制：富含硫及少量磷元素的中低温热液灌入到矿区火山碎屑岩、火山岩和脉岩裂隙中，由于近地表氧逸度升高，热液中的 S^{2-} 被氧化为 S^{6+}，形成 SO_4^{2-}，热液转变为酸性，对矿区火山碎屑岩、火山岩进行强烈的酸淋滤作用，致使原岩中 SiO_2 等组分淋滤，Ca、Sr、K、Al 等组分保留，造成长石类矿物及云母类矿物发生强烈高岭石化，并在热液活动的通道上形成结晶程度较高的高岭石。而后火山碎屑岩、火山岩等原岩中的硫化物（以黄铁矿为主）在近地表氧化并与地下水结合生成含 SO_4^{2-} 的酸性流体，进一步淋滤原岩，生成风化残积型高岭石，叠加在早期高岭石之上，提高了矿石质量。

其找矿标志是寻找岩体与下二叠统栖霞组灰岩或堰桥组砂页岩接触的断裂破碎带和层间剥离构造。

（三）应用成效

1. 保障经济可持续发展与社会稳定

专项研究成果，为江苏省矿山企业新增一批金属、非金属资源储量，盘活了矿企闲置产能，也为经济可持续发展提供了基础资源,初步缓解了江苏省经济发展与矿产资源供给紧张的矛盾。同时新增的矿产资源储量也延长了矿山服务年限,为矿山企业转型升级、矿企工人分流和再就业提供了缓冲时间,有效避免因矿山资源枯竭,导致矿山关闭,大量从事矿业开采和选冶的工人下岗所造成的社会不稳定因素,社会效益显著。

2. 服务矿山后续开发

通过该专项的实施,不仅为省内矿山企业新增了资源储量,而且对省内重要矿种的地质特征和控矿地质体开展了深入研究,建立了省内重要矿种主要矿床类型的成矿模式及勘查预测模型,为矿山企业"就矿找矿,深部找矿"指明了方向。特别是韦岗铁矿深部找矿的突破,成功开辟了宁镇地区找矿第二空间,为该地区深部找矿提供了实例参考,并为《江苏省找矿突破战略行动实施方案(2012—2020)》的编写提供了强有力的决策支持。

第三节　矿产资源勘查

一、江苏省盱眙地区凹凸棒石黏土矿勘查

(一)项目简介

盱眙是中国最大的凹凸棒石黏土矿产集中分布区和生产地,但一直未系统地开展过凹凸棒石黏土矿的勘查评价工作,尚未查清资源家底、矿石质量及分布,严重制约了盱眙地区凹凸棒石黏土矿产的开发利用。为查清盱眙地区凹凸棒石黏土矿产资源家底,加快该区凹凸棒石黏土矿开发利用的步伐,推动地方经济发展,同时服务好地方矿产资源规划及矿政管理,开展了本次工作。本次工作是在综合分析、研究以往勘查成果资料的基础上,以大比例尺地质调查和地质钻探为主要勘查手段,大致查明了盱眙地区凹凸棒石黏土矿产不同工业用途矿层的分布范围及矿体特征,评价了不同用途的矿石质量,并初步预测了盱眙地区凹凸棒石黏土矿产的资源潜力。项目成果先后荣获国土资源部科学技术二等奖、江苏省国土资源科技成果二等奖、江苏省国土资源科技创新奖三等奖。

(二)主要成果及科技创新

1. 提交了多处凹凸棒石黏土矿产地,大致摸清了资源家底

江苏省地质调查研究院先后完成了高家洼-梁家洼矿区(大型)、牛头山矿区东矿段(小型)、龙头山矿区(小型)、白虎山矿区(小型)、猪咀山矿区西矿段(小型)、猪咀山矿区东矿段(小型)等6个凹凸棒石黏土矿的地质详查工作,以及宝山、牛头山东矿段、裂山、花果山、高郢等多个矿床(点)的预查或普查工作。提交了332级凹凸棒石黏土(含膨润土、混合黏土)矿石资源量9 646.71万t;333级凹凸棒石黏土矿石资源量22 617.83万t;预测潜在矿石资源量(334)185 471.49万t。

此外,在上述勘查成果的基础上,结合盱眙地区以往地质勘查资料,系统评价了盱眙地区不同工业用途凹凸棒石黏土矿产的分布及其矿石质量,并按成矿地质条件和勘查工作程度划分出了凹凸棒石黏

土矿产资源可靠集中分布区、可靠分布区和可能分布区等3个等级区分布范围。

2. 基本查明了矿体特征及矿石质量

本区凹凸棒石黏土矿床类型属于内陆玄武质火山—沉积型矿床,与新生代基性火山活动关系密切。通过成矿地质条件和古地理环境的综合研究,结合已勘查的凹凸棒石黏土矿床的对比分析,认为其矿层分布有如下特点:

(1)中新世下草湾组是本区凹凸棒石黏土矿的主要赋矿地层,该组玄武岩层控制着矿层的分布及规模。

(2)凹凸棒石黏土矿大多分布于沉积中心与隆起(剥蚀)的过渡地段(图2-5);本区中新世下草湾组划分为南北两部分,南部以玄武岩为主,夹泥岩、黏土矿,是凹凸棒石黏土矿的主要分布区,已发现工业意义的矿床10多处;北部以泥质沉积为主,局部夹玄武岩,凹凸棒石黏土矿不发育,仅发现高家洼-梁家洼1处工业矿床。

(3)盱眙地区黏土矿层自下而上划分为7层,其中Ⅵ~Ⅶ号矿层赋存于上新世方山组下段中,矿层极不稳定,一般呈透镜体产出,且以膨润土为主,局部为白云石凹凸棒石黏土、凹凸棒石蒙脱石黏土,矿层薄(0.5~2m),规模小,无经济意义。Ⅰ~Ⅴ矿层均分布于下草湾组中,具工业价值,且在各地段发育不尽相同,其浅部的Ⅴ矿层,分布于下草湾组顶部,矿层较稳定、厚度大、矿石质量好。

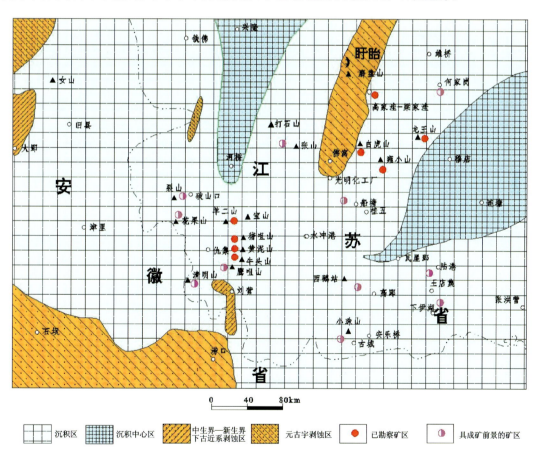

图2-5 盱眙地区新生代中新世下草湾期古地理略图

(4)盱眙县城南东部龙王山—陆港和南西部裂山—花果山—磨盘山一带,黏土矿层发育相对完善,高家洼-梁家洼、白虎山为单一的Ⅴ矿层,但厚度大,一般为5~20m。总体上看,凹凸棒石黏土含矿层标高呈南西部高、北东部低的趋势;矿层厚度和发育层数与下草湾组厚度及其碎屑沉积厚度大小成正相关

(图2-6)。

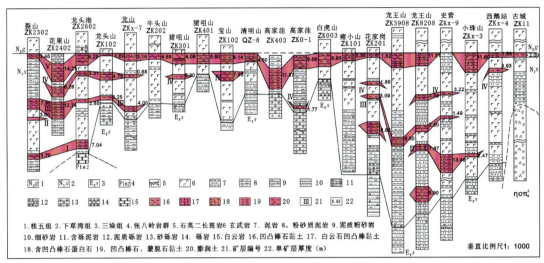

图2-6 盱眙地区凹凸棒石黏土矿层对比柱状图

(5)优质凹凸棒石黏土主要分布龙王山—雍小山、猪咀山—牛头山、西鹅站—高郢一带和清明山、裂山、鹰咀山等地段,其中龙王山—雍小山、裂山、花果山、磨盘山、鹰咀山等地矿石类型较多;白虎山、牛头山、龙头山等地矿石类型较简单。

矿体特征:凹凸棒石黏土矿呈层状—似层状(局部透镜状)产出,与地层产状一致,单矿体一般长200~4250m,宽100~2000m,厚2~10m,最厚达23m左右。根据不同黏土矿物的含量及标志性结构,划分出7种自然类型,即凹凸棒石黏土、白云石凹凸棒石黏土、蒙脱石黏土、蒙脱石凹凸棒石黏土、含凹凸棒石蒙脱石黏土、硅质凹凸棒石黏土、角砾状含海泡石凹凸棒石黏土。根据目前所掌握的黏土矿性能和用途,并参照自然类型,将本区黏土矿划分成凹凸棒石黏土矿、白云石凹凸棒石黏土矿、膨润土矿、蒙脱石凹凸棒石黏土矿(混合黏土)等4种工业类型。

从已知矿床矿层分布情况分析,盱眙地区Ⅴ号矿层分布最广、最稳定,该矿层是目前盱眙地区露采的主要矿层,其次是Ⅳ号矿层。Ⅴ号矿层以凹凸棒石黏土为主,局部地段夹白云石凹凸棒石黏土、海泡石凹凸棒石黏土、混合黏土等。

(三)应用成效

1. 储备了接替资源,保障了当地凹凸棒石黏土产业的发展

盱眙县政府利用本地独特的凹凸棒石黏土矿产资源优势,加大了开发力度,引进凹凸棒石黏土生产加工企业,集中了目前国内数量最多、规模最大的凹凸棒石黏土矿生产商。丰富的凹凸棒石黏土资源为盱眙经济的发展提供了坚实的物质基础,盱眙现已成为名副其实的"凹土之都"。通过本次工作,提交了一批大型及小型矿床,新增了一批高级别的资源储量,不仅为当地凹凸棒石黏土产业提供了雄厚的物质基础,促进了经济发展,而且解决了地方剩余劳动力就业等问题。

2. 为当地矿政管理提供决策依据

通过本次工作,大致查明了盱眙地区凹凸棒石黏土矿产的家底,明确了优质矿石分布区域,划分了凹凸棒石黏土矿产资源可靠集中分布区、可靠分布区和可能分布区等3个等级的分布范围,为盱眙政府统筹规划凹凸棒石黏土矿产资源的开发利用及矿政管理提供了决策依据。

二、溧水地区锶、铁、电气石、金多金属矿勘查

(一)项目简介

江苏是经济大省,也是资源消耗大省。随着江苏省经济建设的高速发展,对矿物原料的需求急剧上升,老一辈地质工作者发现的具工业价值的矿产,早已不能满足江苏省经济建设的需求,供需矛盾十分突出。为了缓解省内急缺矿产供需矛盾,在《江苏省找矿突破战略行动实施方案(2012—2020)》指导下,省级地质勘查资金支持下,结合省内矿产资源潜力评价的初步成果,选择溧水成矿远景区,在综合分析研究区域成矿地质背景、物化探异常特征、已知矿产地控矿条件的基础上,以槽探、钻探为主要勘查手段,辅以大比例尺物化探剖面测量,在爱景山、卧龙山、后方村、麻山头、东岗等成矿有利地区,陆续开展了锶、铁、铜、电气石、金多金属矿勘查工作,取得了一系列成果,新发现矿产地8处(图2-7),其中大、中型锶矿3处,大型电气石矿1处,小型铁铜矿2处,小型铜矿1处,小型金矿1处。

(二)主要成果及科技创新

1. 新发现一批大中型锶矿床,初步解决了江苏锶矿接替资源枯竭的问题

近几年在后方村、麻山头等地新发现2处大型锶矿床,在卧龙山地区新提交1处中型锶矿床。新增工业锶矿石量(333)1895.21×10^3t,工业矿物量(333)896.56×10^3t,平均品位41.77%~49.82%。上述3个锶矿床的成矿地质背景、矿体特征及矿石质量较相似,矿体均赋存在北西向断裂构造带中(图2-8、图2-9),形态呈脉状,总体走向315°~340°,倾向北东,倾角变化较大(58°~85°)。矿石质量较好,矿石结构以自形结晶结构为主,少量他形—半自形结晶结构,矿石构造以致密块状为主,少量角砾状和网脉状构造。矿石矿物为天青石,脉石矿物以方解石、黄铁矿、高岭石为主,少量重晶石、绢云母等。

2. 新发现大型电气石矿床1处,填补了江苏省电气石矿产的空白

经过近3年的勘查,在溧水北部太尉庄地区新发现大型电气石矿床1处,该矿种为江苏省首次发现的新矿种,在长江中下游成矿带内也较少发育,其矿床类型及成矿规律的研究,对丰富长江中下游成矿带特征具有重要意义。通过勘查,提交工业电气石矿物量(333)417.20×10^3t(大型),平均品位6.95%。

太尉庄电气石矿体以透镜状—似层状为主,赋存在晚侏罗世陡山组石英砂岩、泥质粉砂岩与辉石闪长玢岩内外接触带附近。矿体总体走向近东西,倾向北,倾角18°~55°,走向长约300m,倾向延伸100~235m,平均厚度6.65~20.02m,平均品位4.69%~18.65%。矿石结构以自形—半自形板柱状、他形粒状、针状变晶结构为主,局部见交代结构。矿石构造以块状、浸染状、网脉状为主。

3. 建立了溧水地区次火山热液充填型锶矿、陆相火山岩型铁铜矿成矿模式

通过成矿作用研究,建立了溧水地区次火山热液充填型锶矿、陆相火山岩型铁铜矿成矿模式(图2-10、图2-11),为溧水地区次火山热液充填型锶矿、陆相火山岩型铁铜矿等矿产的勘查指明了方向。据锶矿成矿模型,优选出东岗-后方村-凉棚村锶矿找矿远景区;据铁铜矿成矿模型,优选出马场-砚瓦桥铁铜矿找矿远景区。

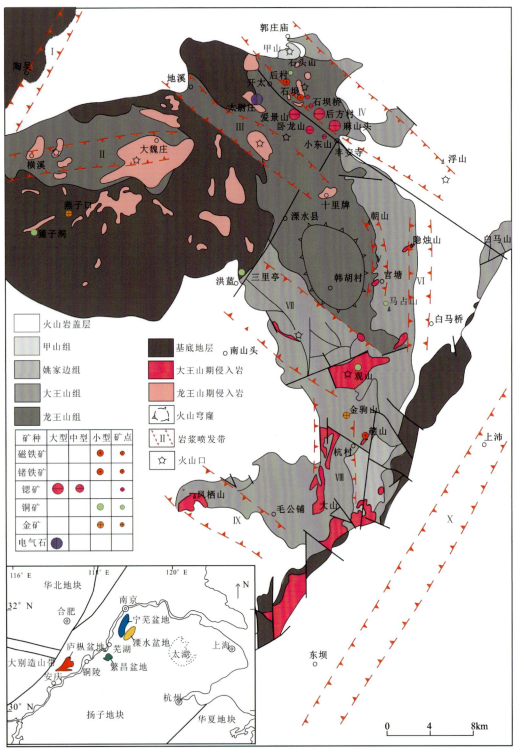

图 2-7 溧水地区主要矿产地分布图

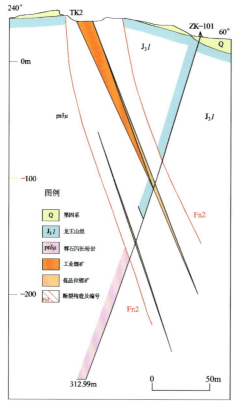

图 2-8 卧龙山矿区-1线地质剖面示意图

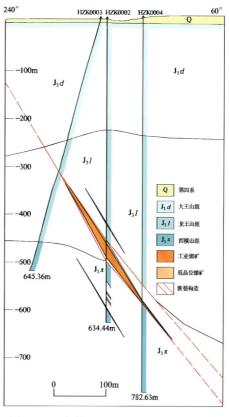

图 2-9 后方村矿区00线地质剖面示意图

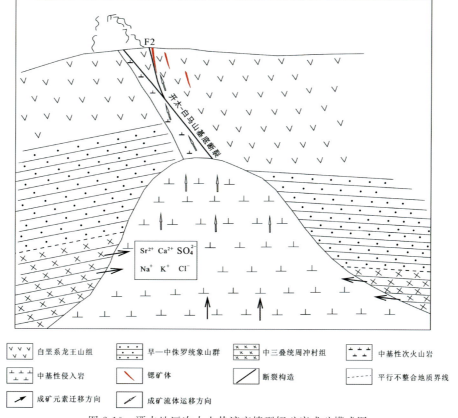

图 2-10 溧水地区次火山热液充填型锶矿床成矿模式图

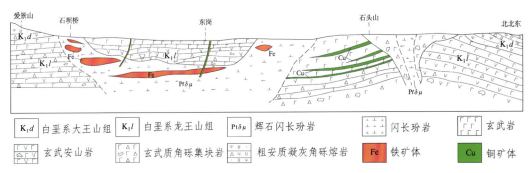

图 2-11 溧水地区陆相火山岩型铁铜矿床成矿模式图

(三)应用成效

1. 新发现 8 处矿产地,为经济社会发展储备了接替资源

江苏省制造业发达,石油、煤、铁和铜铅锌有色金属矿产需求量大,据不完全统计,全省 90% 以上的铁矿石、95% 以上的能源、98% 以上的有色金属都需要依靠省外和国外市场供给。随着长三角区域经济一体化和江苏沿海开发上升为国家战略,资源短缺问题更显突出。新发现的矿产地具有一定的资源量,如能在经济和环境准许的条件下开发利用,则有望缓解资源供需矛盾。

2. 以次火山热液充填型锶矿、陆相火山岩型铁铜成矿模型为指导,在麻山头地区取得锶矿找矿突破,在马场取得铜矿找矿新进展

以次火山热液充填型锶矿、陆相火山岩型铁铜成矿模型为指导,总结了锶矿及铁铜矿找矿勘查标志,在东岗-后方村-凉棚村锶矿找矿远景区内麻山头靶区新发现 3 条规模较大的隐伏锶矿脉,初步估算资源量达大型;在马场-砚瓦桥铁铜矿找矿远景区内马场靶区新发现铜多金属矿脉 21 条,为该区铜多金属矿找矿突破奠定了基础。

三、江苏苏州善安浜钽矿评价

(一)项目简介

稀有金属矿产除广泛应用于冶金、化工、电气、农业、医药等传统领域外,更是发展新能源、新材料、航空航天、电子信息等产业的核心资源,是支撑我国占领科技和经济制高点的关键资源。为寻找稀有金属矿产地,扩大江苏省稀有金属矿产规模,经江苏省地质调查研究院申请,在国土资源部、财政部提供资金支持下,开展"江苏苏州善安浜钽矿评价"工作。该项工作在系统梳理、研究善安浜地区及区域中地质、物探等资料的基础上,以地质钻探为主要勘查手段,辅以大比例尺地质调查和分析测试工作,全面评价苏州善安浜地区钽矿规模及矿石质量。该项目历时 3 年 9 个月,成功提交 1 处超大型钽矿,亦是当时亚洲最大钽矿床。项目成果先后荣获国土资源部科学技术二等奖、江苏省科技进步三等奖。

(二) 主要成果及科技创新

1. 提交了1处超大型钽矿床

通过该项目的实施,于苏州善安浜矿区探获铌钽金属氧化物资源量(332+333)总计 38 439.91t,其中 Ta_2O_5 资源量 5 209.54t,Nb_2O_5 资源量 33 230.43t,平均品位 $Nb_2O_5 + Ta_2O_5$ 0.085 7%,达到超大型钽矿规模。探获伴生 Li_2O 资源量 49 269t,Rb_2O 资源量 97 840t,Cs_2O 资源量 633t,Zr_2O 资源量 53 362t,Hf_2O 资源量 7104t。

2. 首次建立了善安浜钽矿勘查预测模型,为该地区后续钽矿勘查指明了方向

善安浜钽矿成矿受矿区早白垩世花岗质岩浆岩、隆起构造及中二叠世龙潭组围岩的共同制约,早白垩世钠长石(化)花岗岩为其成矿母岩,隆起构造为钠长石(化)花岗岩的上侵提供空间,矿体上部龙潭组围岩有效地阻止了铌、钽等元素的挥发,促进了铌、钽元素的富集成矿(图2-12)。其找矿勘查标志为:①地表标志:据"上有钨锡,下有铌钽"的成矿规律,地表或浅部存在钨、锡、铅、锌矿化,下部铌钽成矿潜力较大;②围岩标志:围岩岩性为中二叠世龙潭组泥岩、粉砂岩、石英砂岩,且裂隙不发育;③构造标志:存在花岗岩隆起构造;④岩浆岩:早白垩世钠长石(化)花岗岩及花岗伟晶岩;⑤蚀变标志:钠长石化与铌钽矿化呈正相关关系,钠长石化越强烈,铌钽矿质越富集;⑥磁异常标志:地面存在低缓正磁异常,且四周伴随负磁异常;⑦重力异常标志:局部剩余重力负异常。并在上述研究成果的基础上,建立了钽矿找矿预测模型,见表2-4。

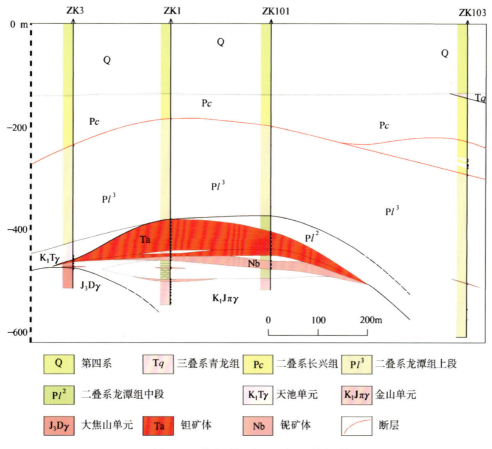

图2-12 善安浜钽矿区1线地质剖面简图

表 2-4 善安浜钽矿勘查预测模型

预测要素		描述内容	预测要素分类
区域成矿地质环境	大地构造位置	下扬子被动陆缘太湖断块	重要
	主要控矿构造	北东向向斜构造翼部岩浆侵位,为主要导岩构造,花岗岩隆起构造为控矿、容矿构造	重要
	主要围岩	二叠系龙潭组、志留系茅山组碎屑岩建造	重要
	赋矿岩浆岩	钠长石(化)花岗岩	必要
	成矿时代	白垩纪	重要
	成矿环境	矿体主要赋存于钠长石花岗岩中,少量在花岗伟晶岩中	必要
区域成矿地质特征	区域成矿类型和成矿期	岩浆型为主,伟晶岩型次之。成矿期为白垩纪	重要
	善安浜钠长石(化)花岗岩型铌钽矿主要成矿要素	①白垩纪钠长石(化)花岗岩与铌钽矿关系密切	必要
		②二叠系龙潭组、志留系茅山组碎屑岩为主要盖层围岩	重要
		③矿体主要赋存于岩体内顶部钠长石(化)花岗岩中,矿体呈透镜状—似层状,具上钽下铌特征	必要
		④矿石矿物以铌钽铁矿系列为主,含细晶石,伴生有益组分为锂、铷、铯、锆、铪等	次要
		⑤矿床成因类型以岩浆型为主,少量伟晶岩型	重要
		⑥蚀变以钠长石化为主	重要
物探异常	重力异常	低负异常为主要特征	重要
	磁异常	低缓正磁异常,四周为负异常伴随	重要

(三)应用成效

该项目成果为江苏省储备了 1 处超大型稀有金属矿床,并指明了该类矿床以后的勘查标志及勘查方向,在初步缓解江苏经济发展与资源供给紧张矛盾的同时,亦为地方城镇规划、矿政管理等方面提供了有力的决策支持,社会效益及潜在经济效益显著。

四、苏北超高压变质带金红石矿勘查

(一)项目简介

苏北超高压变质带分布有榴辉岩体数千个,榴辉岩中普遍含有一定数量的金红石,当达到一定品位时即富集成矿,同时,榴辉岩中的主要造岩矿物石榴子石、绿辉石(二者含量一般大于 85%)作为共生矿产均可综合利用,资源潜力巨大。但以往对苏北金红石矿的成矿理论研究程度及矿床勘查程度普遍偏低,致使金红石矿产资源在江苏省长期处于"潜在优势"状态。

自 2000 年开始,我院通过积极申报,在国土资源大调查项目、省财政等专项资金的支持下,对苏北金红石矿开展了系统的调查评价,总结了区域成矿规律及找矿方向,创新探索出行之有效的找矿方法和找矿标志;发现并评价了新沂市小焦、郝湖两处大型金红石矿床。在此基础上,选择新沂市小焦矿区、东海县毛北矿区(特大型)开展了系统的勘查工作,这也是目前苏北超高压变质带内仅有的两处达到详查-勘探程度的金红石矿床,此外初步评价了郝湖金红石矿。通过勘查,探获一批数量可观、质量可靠的资源储量,从此金红石成为江苏省真正意义上的优势矿产资源。

该项目相关成果先后荣获江苏省科技进步二等奖、"十一五"期间全国地质勘查行业优秀地质找矿项目二等奖等奖项。

(二)主要成果及科技创新

1. 首次对苏北榴辉岩的含矿性进行了系统评价

选取苏北超高压变质带内106个榴辉岩体作为样本,采集529件样品进行测试分析。统计结果显示,苏北榴辉岩中37.35%可达到工业品位要求,表明区域资源潜力巨大。同时,通过统计分析总结了一系列榴辉岩的成矿规律,结合岩体区域分布,划分出5个找矿远景区。

2. 找矿方法的创新

(1)首次将高精度磁测技术运用于寻找隐伏的含矿榴辉岩体,获得明显效果。该方法为原生榴辉岩型金红石矿的发现及后期评价提供了有效的技术方法和科学依据。

(2)首次将手摇麻花钻技术运用于浅覆盖区固体矿产勘查评价,取得显著效果。

苏北超高压变质带第四系覆盖大多较厚,一般3~8m,土质松散易坍塌,地表探槽、浅井等工程难以施工,为达到采集地表样及圈定岩(矿)体的目的,首次采用手摇麻花钻对固体矿产进行揭露,结果表明,麻花钻可以穿过该区第四系内普遍存在的铁锰结核层、砾石层及钙质结核层等,深入风化基岩0.2~0.5m,并能顺利将其带上地面进行观察和采样,为浅覆盖区固体矿产勘查工作提供了有效探矿方法。

3. 提交了1处大型金红石矿床

新沂市小焦大型金红石矿床为我院2001年首次发现,随后系统开展了普查、详查、勘探等工作。矿区共圈出金红石矿体8个,估算331+332+333金红石TiO_2资源量81.98万t,其中331+332资源量占43.0%,矿床平均品位为2.81%,达大型矿床规模,接近特大型。矿区资源量分布较集中、连续,主矿体(Ru_2号)的资源量达68.30万t,占矿区资源总量的83.31%,平均品位达2.88%(图2-13)。

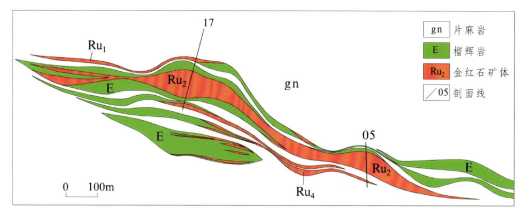

图2-13 小焦金红石矿区地质简图

值得一提的是,在主矿体(Ru_2号)内以TiO_2含量3.5%为下限圈出一高品位矿体,其331+332+

333 资源量为 24.87 万 t，超过大型矿床标准（20 万 t），平均品位高达 3.85%，为国内同类型矿床中品位最富、规模最大的工业矿体。

4. 对毛北特大型金红石矿床开展勘探工作

东海县毛北金红石矿区以往开展过普查，部分开展过详查工作。矿区在榴辉岩体内共圈出金红石矿体 17 个，331＋332＋333 金红石 TiO_2 资源量为 153.31 万 t，达到特大型矿床规模。2011 年我院针对矿区南部的毛北矿段开展地质勘探，共圈定 9 个矿体，估算 331＋332＋333 金红石 TiO_2 资源量 23.35 万 t，平均品位高达 3.53%。

（三）应用成效

1. 创新成果大力推进了区域资源勘查工作

通过我院近 20 年的努力，苏北榴辉岩金红石矿找矿理论、找矿方法不断得以发展、完善和成熟，大力推进了区域资源勘查工作。近年来，以榴辉岩为对象的矿产勘查项目陆续上马，探获了一大批金红石、石榴子石矿产的资源储量，为江苏省正着力推动的苏北经济大发展提供了重要的资源储备。

2. 探获资源已投入开采利用

2014 年初，连云港金红矿业有限公司获得我院实施勘探的东海县毛北金红石矿区毛北矿段采矿权，目前已完成基建，正式投入开采，矿山设计生产能力为 60 万 t/a 采选能力。据介绍，矿山经济效益显著。此外，针对新沂市小焦金红石矿，地方政府也正在积极招商引资，以推动其尽快开发利用。

苏北超高压变质带含矿榴辉岩体众多，资源潜力巨大。在先期投入开发矿山的引领下，以点带面，将进一步促进苏北金红石矿的勘查、开发，促使区域资源优势尽快转变为经济优势，进而将苏北建设成为我国重要的钛资源基地，其社会、经济意义是巨大的。

五、江苏省南京市云台山富而岗地区硫铁矿普查

（一）项目简介

南京市云台山硫铁矿是南京云台山集团下属的骨干企业，是江苏省化肥行业的明珠企业，是南京市化肥行业的龙头企业。始建于 1958 年，是原化工部重点化学矿山之一，江苏省最大的硫铁矿生产基地，交通便利，发展前景广阔。但据 2010 年提交的《全国矿产资源利用现状调查》和《江苏省南京市江宁区云台山黄铁矿核查区资源储量核查报告》显示，云台山硫铁矿狮子山矿段还能继续开采约 11 年（至 2021 年），母鸡山矿段矿山服务年限仅剩 8 年（至 2018 年），寻找接替资源已迫在眉睫。为此我院申请了"江苏省南京市云台山富而岗地区硫铁矿普查"项目，获得了 2006 年度国土资源部矿产资源补偿资金的支持，并在 2009 年获得了江苏省地勘资金的跟进。该项目是在以往地质、物化探等成果资料的基础上，以大比例尺地质调查、地质钻探为主要勘查手段，辅以物探电法测深剖面工作，大致查明了富尔岗地区地质特征和硫铁矿体的规模、产状及矿石质量，成功提交了 1 处中型硫铁矿床。项目成果荣获江苏省国土资源科技创新二等奖。

(二)主要成果及科技创新

1. 提交 1 处中型硫铁矿矿床

富而岗硫铁矿为受断裂构造和闪长玢岩侵入体共同制约的中低温热液充填交代型矿床。硫铁矿矿体分布较为广泛,在象山群砂岩、龙王山组火山岩、黄马青组地层、周冲村组膏盐层的构造破碎部位,闪长玢岩侵入体内及岩体附近均有矿体分布(图 2-14)。通过本次工作,于富尔岗地区提交工业硫铁矿矿石量(333)1 101.47 万 t,平均品位 24.79%,达到中型矿床规模。共生铜金属量 1 168.31t,平均品位 1.35%。此外还有低品位硫铁矿矿石量(333)1 079.09 万 t,平均品位 10.76%,共生低品位铜金属量 59.90t,平均品位 0.24%。

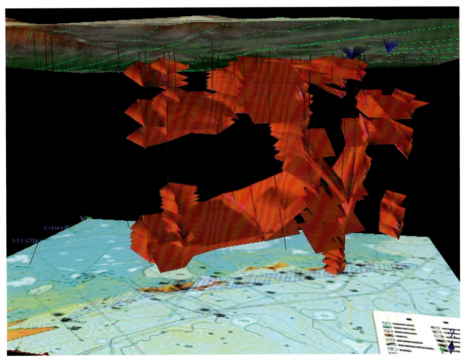

图 2-14 富而岗硫铁矿三维模型

2. 明确复电阻率法在勘查中的有效性,为后期勘查提供方法依据

在 39 线和 43 线开展了复电阻率(CR 法)测量试验,结果显示"中等 mS、低 τS、低 ρS、低 CS"组合异常特征与厚大的硫铁矿体对应性很好(图 2-15)。在复电阻率(CR 法)测量的基础上,对矿区矿体沿走向和倾向进行钻孔验证和控制。共查证复电阻率异常 7 个,其中 5 个异常见矿,表明该方法在硫铁矿区的勘查效果好。

3. 加强了伴生矿种的综合评价,提升矿床综合利用价值

矿区以往工作中对伴生金、银元素的重视程度不够,本次普查发现硫铁矿中伴生金、银元素可以综合利用。采用含矿率法对富而岗地区硫铁矿中伴生金、银进行了初步评价。富而岗硫铁矿中伴生金金属量 862.89kg,平均含量 $0.52×10^{-6}$,伴生银金属量 27.88t,平均品位 $9.28×10^{-6}$。大大提高了硫铁矿的综合利用价值。

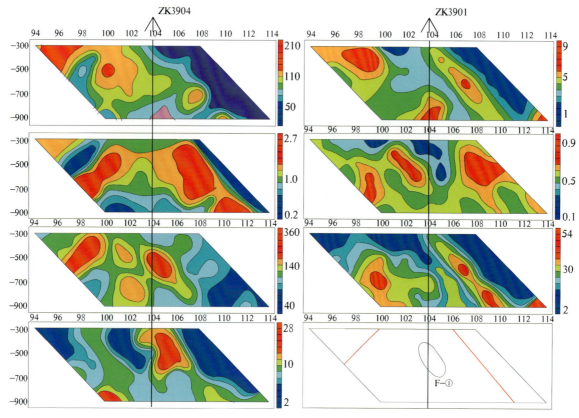

图 2-15　富而岗 CR-39 线异常与矿体对应剖面图

（三）应用成效

该项目成功提交 1 处中型规模的硫铁矿床，初步估算其潜在经济价值可达 42.72 亿元，有效缓解了南京云台山集团因硫铁矿资源枯竭引发的工人失业、产能闲置等诸多问题，社会效益及潜在经济效益显著。

六、江苏省西横山地区金矿勘查

（一）项目简介

西横山地区地质工作历史悠久，成矿地质条件优越，但在 2000 年之前的矿产勘查工作中对金元素的重视程度不够，特别是 20 世纪 80 年代以前，多以找铁为主，对该区一些铜、金、银等矿产成矿有利地段未开展任何勘查评价工作。为贯彻落实《江苏省找矿突破战略行动实施方案（2012—2020 年）》，实现找矿突破，江苏省将西横山地区列为重点勘查区，以铜金矿为主要勘查目标，兼顾铁、多金属矿的原则，开展该区的铜金矿勘查。该项目以大比例土壤地球化学测量和地质钻探为主要勘查手段，辅以大比例尺地质调查和槽探工作，大致查明了西横山地区成矿地质特征及铜金矿脉的分布、规模和矿石质量，并提交了 1 处小型金矿床。

(二) 主要成果及科技创新

1. 提交了1处小型金(铜)矿床

西横山地区金(铜)矿体均呈脉状产于构造破碎带中,矿体倾角较陡,采用垂直纵投影法进行了资源储量估算。经估算共计求得工业品位金金属量(333)1 517.95kg,平均品位 Au $3.3×10^{-6}$,达到小型矿床规模;共生 Cu 金属量 1 314.20t,平均品位 Cu 0.35%;共生 Ag 金属量 5 610.06kg,平均品位 Ag $138.68×10^{-6}$;共生 Pb 金属量 320.38t,平均品位 Pb 0.79%。同时也对矿区硅灰石进行了初步评价,求得硅灰石矿石资源量(333)12.748 万 t,$CaSiO_3$ 平均含量 52.45%。

2. 应用土壤地球化学测量获得找矿突破

通过该项目的实施,发现大比例尺的土壤地球化学测量是本区金(铜)矿勘查行之有效的勘查方法,特别是呈线状展布的金元素土壤地球化学高值点与隐伏金(铜)矿(化)体吻合度非常高,是本区金(铜)矿勘查的最重要的找矿标志。该项目通过开展1∶1万土壤地球化学测量,在西横山地区共圈定出金元素异常 58 个,通过槽探及钻探查证,其中 20 个异常见金(铜)矿(化)体,取得了较好的找矿效果。

3. 金赋存状态及变化规律研究

选取典型样品,通过光片、砂光片和重砂鉴定等技术手段,开展了矿区矿石中金元素的赋存状态及变化规律研究。在样品中共发现 297 粒可见金,经统计发现矿石中金以自然金为主,银金矿少见,主要赋存在脉石矿物裂隙中,且分布极不均匀,但与褐铁矿关系密切。金的粒度相对较粗,自然金纯度略有变化,颜色有金黄色和浅金黄色之分,但以前者为主,后者含有少量银。金的粒度分布以粗粒金为主,占 47.11%;中粒金其次,占 22.87%;细粒金占 14.59%;巨粒金占 11.55%;微粒金最少,仅占 3.88%。自然金的颗粒形态以角粒状、长角粒状为主,枝杈状次之,板片状、针线状少量。金以单体金为主,占 87.54%,包裹金占 3.71%,粒间金占 6.73%,裂隙金占 2.02%,而在包裹金中以褐铁矿包裹金为主(图 2-16),占 3.37%,石英包裹金仅占 0.34%。

金赋存状态及变化规律的研究,对矿床中金元素的富集迁移机制、矿石选冶工艺,乃至尾矿污染和矿产环境治理,均具有重要的理论和实际意义。

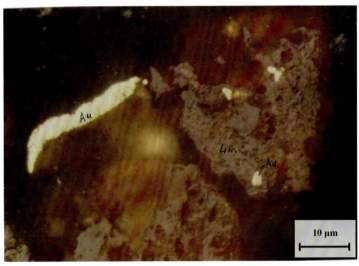

图 2-16 褐铁矿(Lim)包裹金(Au),3 粒,以及针线状单体金

4. 开展了实验室流程选矿试验研究

项目开展了本区金矿的实验室流程选矿试验研究(图 2-17)。采用全泥氰化流程,金原矿品位 4.37×10^{-6},经过 8 小时浸渣品位是 0.49×10^{-6},浸出率是 88.79%,经过 24 小时浸渣品位是 0.37×10^{-6},浸出率是 91.53%,经过 48 小时氰化时,浸渣品位是 0.17×10^{-6},浸出率是 96.11%。经对所得金精矿、尾矿和氰化尾渣都进行多项分析,其中的主要杂质及含量均符合国家的质量标准。表明矿区金矿石可选性良好,是西横山地区金矿的开采、开发利用的重要依据。

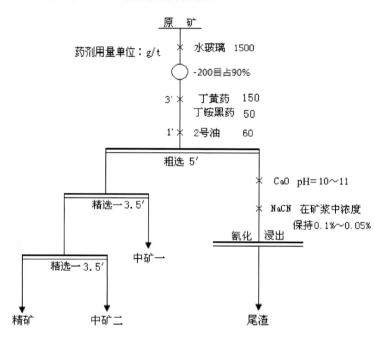

图 2-17 "浮选+氰化"探索试验流程图

(三)应用成效

西横山地区金(铜)矿具有埋藏浅、亦开采、亦选冶等优点,矿床潜在经济价值达 7 亿元。本次勘查工作成果也为该区进一步的金矿勘查提供了有效的勘查方法和资料依据。该区目前共发现含矿构造 15 条,由于工作量限制,仅对其中 2 条进行了较系统的控制,进一步勘查潜力大,依据含矿率估算,该区构造破碎带中的金资源潜力达 13.73t。金矿体中普遍共伴生铜、银等元素,综合利用价值大。此外,共生硅灰石矿物资源潜力达 629.11 万 t(大型),潜在经济价值巨大。

第四节　矿产资源综合研究

一、江苏省(含上海市)矿产资源潜力评价

(一)项目简介

矿产资源是人类社会发展的重要物质基础与保障,对人类社会的生存与发展具有永恒的重要价值。

为了贯彻落实《国务院关于加强地质工作的决定》，在国土资源部、中国地质调查局的统一安排和部署下，由江苏省地质调查研究院负责组织实施，江苏长江地质勘查院、江苏省地质资料馆等单位参加的"江苏省(含上海市)矿产资源潜力评价"项目，历时8年，以地物化遥资料为基础，MRAS软件为辅助决策系统，对江苏省(含上海市)铁、铜、铅锌、金、钼、银、磷、硫、萤石、煤炭等11个矿种进行了成矿规律研究、预测区圈定和资源量定量评估，科学评估了深部第二成矿空间的资源禀赋状况。项目成果得到一批中外著名科学家的广泛关注与赞同，有力支撑了省级找矿突破战略行动，先后荣获国土资源部科学技术二等奖、江苏省国土资源科技创新二等奖等奖项。

(二)主要成果及科技创新

1. 首次以板块构造理论为基础，编制了江苏省大地构造相图

开创性地运用大地构造相分析技术，以大陆块体离散、汇聚、碰撞和造山等动力过程及机制为切入点，以大地构造演化对成矿作用的制约机制为研究主线，以成矿地质构造载体(构造岩石组合)为研究内容，首次系统厘定了江苏省大地构造相类型，进一步研究了成矿地质构造环境及大地构造演化关系。并根据地质作用特征，按沉积作用、火山作用、侵入作用、变质作用、构造作用等5个专题开展综合研究，综合分析大地构造演化阶段、大地构造环境和大地构造相序列，编制了大地构造相时空结构图和大地构造相图。全面表述了江苏省三大构造单元中丰富多彩的大地构造相类型及其构造岩石组合特征，揭示了不同大地构造相的时空演化与空间叠置的内在关系及其对区域成矿的制约机制，进一步提升了江苏省区域地质研究水平。

2. 首次系统开展了江苏省成矿系列、成矿谱系研究，极大地提高了江苏省成矿规律研究水平

以典型矿床解剖及区域成矿模式研究为基础，首次系统开展了江苏省成矿系列研究，划分了重要矿产矿床成矿系列和亚系列，分前寒武纪、古生代和中新生代3个时段编制了成矿系列图，首次建立了省内重要矿区域成矿谱系(图2-18)。在深入总结区域成矿规律的基础上，编制了省内第一张具有时间、空间、成矿环境及成矿系列四维特征的江苏省重要矿产区域成矿规律图，使江苏省成矿规律研究水平得到了极大的提高。

3. 在江苏省内首次利用"固体矿产矿床模型综合地质信息预测技术"，科学地评估了江苏省11个重要矿种的深部资源潜力

以"固体矿产矿床模型综合地质信息预测技术"为理论基础，以地质、物、化、遥、自然重砂等综合信息为基础、成矿规律研究为核心、矿产预测为目标，通过系列对比、研究，在矿产预测类型的厘定、成矿要素与预测要素提取、预测评价模型建立、深部资源潜力评估等方面取得系列创新性认识。在此基础上圈定了铁、铜、铅锌、金、钼、银、磷、硫、萤石等10个矿种的最小预测区413个，其中A类79个、B类86个、C类248个，圈定煤炭最小预测区78个，对上述矿种2000m以浅资源潜力进行了预测，预测结果表明本次预测相关矿种(组)的资源查明程度均在50%以下，显示本省尚有巨大的资源潜力。上述成果进一步提升了本区矿产地质工作的研究与预测水平，也有力支撑了江苏省找矿突破战略行动。

4. 首次系统建立了江苏省较为完整的地学数据库

对以往工作获得的海量地学数据首次全面、全过程应用GIS信息技术，进行空间数据处理、信息生成与提取，建立了较为完整的地学数据库，在此基础上，矿产资源潜力评价方法与GIS功能进行了有机结合，实现了矿产资源预测全程信息数字化、工作手段计算机化、预测处理GIS化、预测结果定量化、预测定位精准化、成果数据规范化集成化，使资源潜力评价与预测研究更加高效、科学、客观，有力地促进了预测评价技术的发展与创新。同时，地学数据库还为江苏省矿产资源总体规划及其专项规划、找矿突

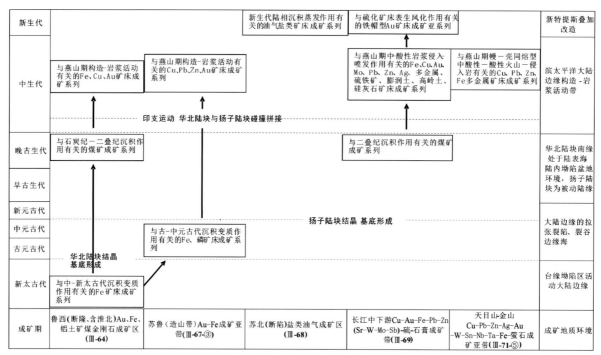

图 2-18 江苏省重要矿产区域成矿谱系图

破战略行动以及国土资源"一张图"工程打下了坚实基础。

(三)应用成效

1. 为经济社会发展提供服务

本项目编制完成了多张江苏省内分幅(区)建造构造图、单元数地球化学图等基础性图件,并建设了包含海量地学数据的地学数据库,为区域地质调查、生态地球化学调查评价、水工环地质调查评价以及地质矿产勘查评价等项目提供了基础性图件及数据,并为全国"一张图"工程提供了实际资料,取得了良好的经济社会效益。

2. 为国家及省级矿产资源勘查规划部署提供服务

本项目研究成果为指导国家级、省级矿产勘查项目部署和中、长期矿产资源规划提供了重要依据。已在《长江中下游成矿带地质找矿工作部署方案(2007—2015年)》《江苏省地质勘查总体部署实施方案(2011—2015年)》《江苏省矿产资源矿业权设置方案》《江苏省找矿突破战略实施方案(2012—2020年)》《江苏省矿产资源总体规划(2008—2020年)》等部级、省级规划中得到广泛应用。江苏省地质勘查专项资金重要矿产勘查计划项目设置也基本以本次潜力评价预测成果为依据进行部署。

3. 为直接找矿勘查工作提供服务

在指导找矿勘查工作中,江苏省潜力评价预测成果得到了较好的应用和验证,在数个预测区内取得了显著的找矿效果,取得重大找矿突破的有6处,新增大型矿产地2个、中型矿产地7个,如在栖霞山铅锌银矿、梅山铁矿、铜井铜金矿、燕子口上湾塘地区金矿等多个地区取得了找矿突破,取得了巨大的经济价值。

二、江苏省矿产资源利用现状调查

(一)项目简介

矿产资源是经济社会发展的重要物质保障。为"摸清资源家底,构建资源管理新平台,提升资源管理新水平",2007年8月国土资源部部署了中华人民共和国成立以来投入人力、财力最大的全国性矿产资源储量利用调查专项。全国安排28个重要矿种开展调查,江苏省涉及其中煤炭、钛、铜、铅、锌、钨、钼、金、银、磷、硫铁矿、萤石等12类矿种,并于2012年提交最终成果。在第一轮调查的基础上,自2012年开始,江苏省选择省内优势矿种开展第二轮矿产资源储量利用调查,包括岩盐、芒硝、石膏、凹凸棒石黏土、高岭土、陶瓷土、钛(金红石)、锶、水泥用灰岩等9类矿种,目前前8类矿种已全部完成调查任务,水泥用灰岩调查正在进行。通过两轮十余年的调查,截至2018年8月,全省共投入200多名技术人员,完成201份矿区资源储量核查报告的编制,创建181份矿区数据库;编制20份单矿种省级汇总报告及数据库;完成全省20个重要矿产资源的数据库"两库衔接"。项目相关成果先后荣获国土资源部优秀成果奖、江苏省国土资源科技创新二等奖等奖项。

(二)主要成果及科技创新

1. 创新技术思路和工作手段,首次全面查清了矿产资源储量"家底"

(1)利用"三围"新概念重新划分矿区,确保核查矿区不重复不遗漏,做到资源储量全覆盖。
(2)首次以块段为数据采集单元,系统查明了矿产资源储量的数量、结构、品质及其利用状况,为江苏省矿产资源储量管理信息化建设奠定了扎实的基础。
(3)系统查明占用、未占用资源储量,盘活未占用资源存量,对缓解江苏省矿产资源供需矛盾具有重要意义。
(4)首次建立矿产资源储量"品位-吨位模型",为江苏省矿产资源可供性动态评估和矿山规划提供了科学依据。

2. 创新"可回收资源储量"概念,挤掉资源"水分",挖掘资源潜力

(1)首次提出"可回收资源储量"概念和测算模型,明晰矿产资源储量的可回收量。
(2)挤掉资源"水分",维护了国家储量数据的真实性、可靠性和权威性,系统清理了全省矿产资源储量统计库中,由于不同时期、不同勘查单位提交报告等因素,存在矿区范围重叠、储量重复统计等历史遗留问题。
(3)发掘一批新增资源储量,潜在经济价值显著。全面查清了12类矿种未上表、漏上表和矿山生产勘探增加等方面的资源储量,新增铁1.0亿t、铜22.5万t、钼2.6万t、钨0.13万t、金446.3kg、银1421t,新增的资源储量潜在总价值超过50亿元。

3. 首次建立全省矿产资源空间数据库和矿产资源储量动态管理支持系统,实现资源储量管理从一维属性数据管理向二维半空间数据管理的跨越

(1)首次建成GIS技术的矿产资源空间数据库,并按9类二层次实现了矿产资源储量及其利用状况的精确空间定位。数据库数据模型设计采用"矿区套合图、工程分布图、储量估算图、储量利用现状图和矿区资源储量数据库"为一体的"四图一库"结构,实现了资源储量管理从过去以矿山为最小数据单位、按"矿山→矿区"模式的一维属性数据管理向以块段为最小数据单位、按"块段→矿体→矿山→矿区"模式的二维半空间数据进行双向储量数据管理的跨越(图2-19、图2-20)。

图2-19 矿产资源储量动态监督管理平台界面

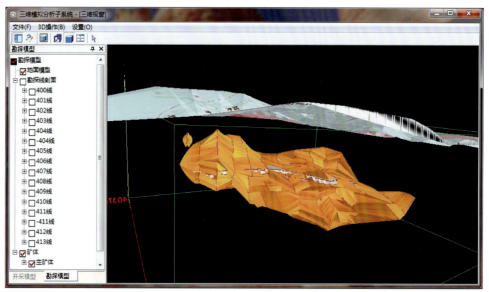

图2-20 三维模型浏览分析子系统界面

(2)首创集DEM、遥感、资源储量GIS专题数据于一体的矿产资源储量动态管理系统,实现全省—矿集区—矿区—矿体—块段的多级导航、空间查询、储量数据汇总统计、煤质煤类分类统计、自动成图成表等功能。首次建立和获取每个矿区矿体最大投影边界的精确坐标,完成矿山动态监测图形空间数据规范和储量电子台账管理子系统,可追溯矿区资源储量保有、采空、损失的演变过程和空间位置,全面实现矿山资源储量动态监测,为江苏省实施"一张图管资源"奠定了扎实的基础信息资料。

(三)应用成效

1. 为部、省、地方三级政府提供决策依据

(1)在国土资源部统一部署的"江苏省矿产资源潜力评价"专项实施过程中,参考本项目成果建立了煤、铁、铜、铅、锌、金、银、磷 8 类矿种预测模型和预测参数。

(2)省厅国土资源信息中心借鉴核查成果数据库完成了"江苏省国土资源矿产资源储量动态监督管理系统"课题,为实现"一张图管资源"目标奠定了扎实的资料信息。

(3)徐州市、常州市国土资源局在矿证管理、储量动态监管和城市规划宏观布局等决策方面充分借鉴了本项目成果资料。

2. 服务国家重大工程建设

省内诸多大型城市规划项目在建设用地压覆矿产资源评估过程中,充分应用了本项目矿区核查成果资料,如"郑州至徐州铁路高铁专线""206 国道徐州段""徐(州)-贾(汪)快速通道公路""上海至南京城际轨道"等建设工程。

三、江苏省宁芜溧水火山岩盆地岩浆构造演化与成矿作用关系研究

(一)项目简介

20 世纪 90 年代以来,随着大型—超大型金属矿(如泥河、罗河铁矿、大湖塘钨矿等)的不断发现,长江中下游中生代成岩成矿作用已成为国内外研究的热点课题,主要围绕成岩成矿作用的时空格架、构造背景、地球动力学机制、成矿系统演化、成矿理论及模式等问题开展了一系列深入的研究,但区域上研究程度不平衡。宁芜-溧水火山岩盆地是江苏省典型的火山岩盆地矿集区,以往的地质工作程度相对较高,但依然缺乏翔实系统的深入研究。该项目系中国地质调查局大调查综合研究工作项目,于 2011—2014 年应用先进的测试分析和物探测量手段,首次系统地建立了宁芜-溧水火山岩盆地的成岩成矿时代格架,阐明了成岩成矿作用过程及其引发机制,提升了研究区的地质矿产理论研究水平,为找矿突破提供了基础资料。

(二)主要成果及科技创新

(1)首次系统精确厘定宁芜-溧水火山岩盆地成岩成矿时空格架,确定两个盆地成岩成矿作用均发生在早白垩世,而非传统认为的晚侏罗世(图 2-21)。两个盆地中基性岩体侵入时代与龙王山组、大王山组和姑山组喷发时代基本一致(136~130Ma),与铁矿关系密切,而中酸性或碱性侵入岩形成稍晚,可晚于 125Ma,与铜金矿成矿作用有关。空间上,宁芜盆地岩浆岩分布从东至西逐渐年轻,而溧水盆地从西北至东南逐渐年轻。

(2)首次应用黄铁矿 Re-Os 同位素定年方法精确厘定火山岩盆地中玢岩型铁矿的成矿时代为 129~127Ma,与成矿母岩闪长玢岩锆石 U-Pb 年龄(132~129Ma)一致,在区域上与长江中下游第二成矿高峰期一致。

(3)通过细致的矿相学研究确定火山岩盆地典型矿床成矿作用演化顺序为:钠化→矽卡岩化→退变质矽卡岩化→硅化-高岭石化-碳酸盐化-黄铁矿化,并提出铁矿化与退变质矽卡岩化作用有关,而铜金多金属矿化与硅化-碳酸盐化-黄铁矿化有关。综合最新研究成果及最新的找矿发现,丰富完善了宁芜-溧水盆地铁-铜-金多金属矿的综合成矿模式,为矿产资源预测研究奠定了基础。

(4)首次应用 AMT 和重力综合剖面测量探测盆地深部基底构造(图 2-22),探讨火山岩基底深度及构造行迹对成岩成矿作用的制约,首次发现在基底隆起-凹陷过渡区基底构造发育,岩浆活动强烈,有利于成矿作用的发生,为找矿预测提供了依据。

(5)首次提出侏罗纪—白垩纪成岩成矿作用与板块俯冲-后撤(rollback)过程有关,阐明了成岩成矿

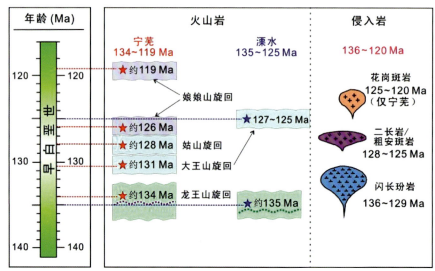

图 2-21　宁芜-溧水火山岩盆地岩浆岩年代谱图

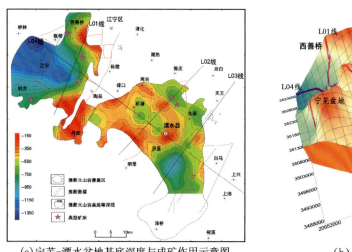
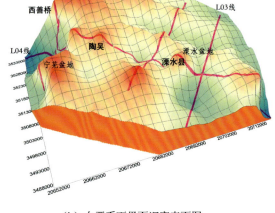

(a) 宁芜-溧水盆地基底深度与成矿作用示意图　　(b) 白垩系下界面深度表面图

图 2-22　宁芜-溧水盆地基底深度与成矿作用示意图

作用的发生机制(图2-23)。侏罗纪中晚期—早白垩世(165~135Ma),太平洋板块向欧亚大陆俯冲,挤压背景造成地壳或整个岩石圈加厚,形成壳源组分为主的岩浆岩和与壳源花岗质岩浆有关的铜金等多金属矿。在约135Ma,太平洋板块俯冲作用减弱,俯冲板片发生后撤(rollback),拉张背景使得沿着俯冲后撤带形成了一系列串珠状火山盆地及大量中基性—中性火山岩、次火山岩,富集地幔源区提供丰富的铁铜等金属成矿元素,在岩浆演化和侵入过程中形成与中基性岩浆有关的矽卡岩型铁铜多金属矿,而在岩浆活动晚期的火山机构或构造破碎带中形成热液充填型铜金多金属矿等。

(6)发表论文5篇,其中SCI论文1篇,核心期刊3篇。

(三)应用成效

项目成果全面反映了江苏省近年来综合研究的成果资料以及基础地质、成矿规律与矿产预测的最新研究进展,提升了本地区的理论研究水平,为江苏的找矿突破提供了坚实的理论依据和翔实的基础资料。

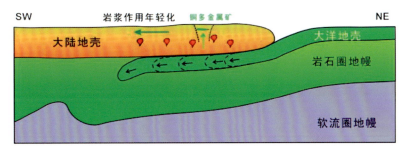

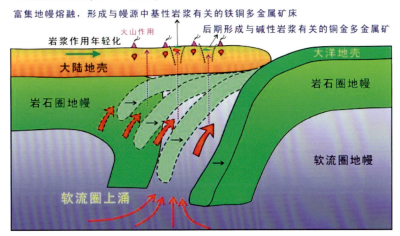

图 2-23　板块俯冲后撤（rollback）模式

四、扬子地块东缘火山岩基底的组成及其演化历史

（一）项目简介

前寒武纪地壳的形成与演化是地球科学研究的重要内容。扬子地块是中国重要的前寒武地块之一，其古老的地壳演化历史一直是近年来地质学家们研究的热点课题，但工作重点主要分布在北部、西缘以及东南缘江南造山带的早中新元古代沉积岩中。对于扬子地块东缘的基底组成知之甚少，其主要原因在于东缘缺少早中新元古代和更老的基底岩石的出露。2012—2014 年，国家自然科学基金委资助的"扬子地块东缘火山岩基底的组成及其演化历史"项目主要从中生代火山岩下覆的古生代及中生代碎屑沉积岩着手，结合极少量出露的震旦纪地层，探测扬子东缘深部的地壳组成，探讨与其他陆块的亲缘关系和聚合演化历史。

（二）主要成果及科技创新

1. 确定扬子东缘火山岩基底的形成时代

本次研究通过锆石年代学研究确定了火山岩的形成时代为早白垩世，并大致限定了火山岩不整合面之下的基底变质沉积岩的形成时代的上限,即火山岩不整合面之下的侏罗纪沉积岩的形成时代约为 176Ma,三叠纪沉积岩的形成时代约为 250Ma,泥盆纪沉积岩形成时代约为 400Ma,志留纪沉积岩形成时代约为 420Ma。此外,零星出露的新元古代陡山沱组的形成时代约为 620Ma,扬子地块东北缘片麻岩结晶基底形成时代约为 780Ma。

2. 探讨火山岩基底的物质组成

新元古代陡山沱组中碎屑锆石组成相对单一,主要由新元古代 850~750Ma 碎屑物质组成,少量太古宙和元古宙物质。古生代泥盆纪和志留纪砂岩中主要以 450~440Ma 和 1000~900Ma 碎屑物质为主,伴有约 2500Ma 物质。而中生代三叠纪—侏罗纪沉积岩中的碎屑锆石以及白垩纪火山岩中的继承(或捕虏)锆石年龄峰值集中在 2500~2400Ga、约 1850Ma、约 2050Ma、820~720Ma、450~400Ma、220~210Ma,少量 1200~900Ma 和 340~320Ma,说明在沉积岩的源区发生了除了前寒武纪几期重要岩浆事件以外,还发生了强烈的加里东期和印支期造山事件,且新元古代到古生代到中生代沉积期间物源区发生显著变化。

3. 分析火山岩基底物质的源区

将火山岩基底沉积岩的碎屑物质组成与扬子地块其他地区的碎屑组成以及邻近地块进行对比发现新元古代沉积物的来源与扬子地块其他边缘的前寒武纪基底组成相似,以 850~750Ma 岩浆活动为主要特征,古老地壳的再循环和少量新生地壳的加入,确定了扬子地块周缘前寒武纪基底组成的一致性,而深部可能存在太古宙—元古宙古老基底。但是古生代的碎屑物质组成更相似于相邻的华夏地块,而中生代物质组成具有华夏地块和扬子地块的混合特征,但以扬子地块为主,其源区的变化可能与加里东期和印支期构造运动有关,即加里东造山运动使得相邻的华夏板块隆起,使得扬子地块东缘古生代沉积岩主要接受来自华夏地块的碎屑物质,而印支期挤压事件,造成苏鲁-大别的隆起,从而使得研究区在中生代主要接受扬子地块的基底碎屑物质,少量华夏地块的特征可能为早期沉积的再循环。

4. 华南在 Rodinia 和 Columbia 超大陆的位置

华南在超大陆中的位置是一个引起全球地质学家感兴趣但很有争议的问题,主流观点就有 5 种。本次研究将扬子地块基底与其他地块进行对比研究,进一步佐证了华南在 Rodinia 超大陆中应与印度和东南极相邻(图 2-24)。通过对比古元古代及以前的地壳物质组成,初步认为华南在 Columbia 超大陆中可能与华北地块和(或)澳大利亚相邻(图 2-25)。

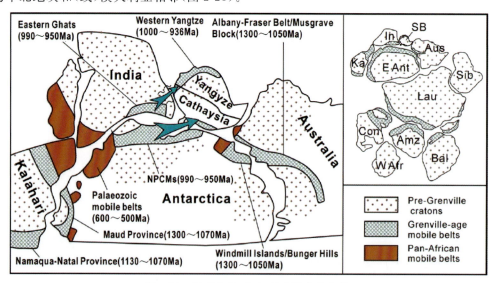

图 2-24 华南在 Rodinia 超大陆中的位置

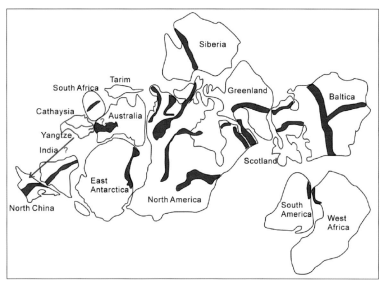

图 2-25 华南在 Columbia 超大陆中的位置

(三)应用成效

项目成果发表论文 9 篇,培养了一批产-学-研综合型研究人才,促进了我院与国外高校的国际合作。

第五节 境外矿产资源勘查

一、澳大利亚北部省博罗卢拉地区、昆士兰州西北部艾莎山地区铁铜矿远景调查

(一)项目简介

我国进入工业化快速发展阶段,正在迅速发展成为世界矿产品的消费大国,同时也面临石油、铁、铜、金等 22 种矿产资源对外依存度持续上升的困境,我国矿业开发实施"走出去"战略,建设海外资源基地,在资源丰富的国家拥有矿产资源性产业势在必行。江苏省地质调查研究院发挥矿业勘查优势,积极实施走出去发展第二市场,在国土资源部国外矿产资源风险勘查专项基金的支持下,开展了本次工作。

澳大利亚成矿地质条件优越,是世界上最重要的矿产地之一,北部省的麦克阿瑟盆地(McArthur Basin)是具有找矿潜力的地区,2010 年 7 月,江苏省地质调查研究院在麦克阿瑟盆地的博罗卢拉(Borroloola)附近选择两个调查区,对其开展区域矿产远景调查。随后得知 2010 年原本矿权设置为空白的两个调查区内在 2011 年被其他公司注册矿权,且调查区位于土著人保护区域。虽然持有当地调查证,但根据当地法律法规,项目组不可以贸然去他人矿权区进行野外工作,而作为外国公民进入土著部落保护区更为困难。因此,项目组及时向主管部门申请调整工作方案。由以物化探为主要手段的勘查方法调整为采用资料收集、翻译整理、遥感解译、综合研究以及先进的数据处理技术相结合的手段,建立相关数据库,开展调查区矿产资源潜力评价。最终本次调查收集分析了澳大利亚北部省地质、矿产、物化遥、综合研究报告等各类资料,分析研究物化探异常和矿化有利地段,圈定可供进一步勘查的铁铜多金属矿远景区(图 2-26)。

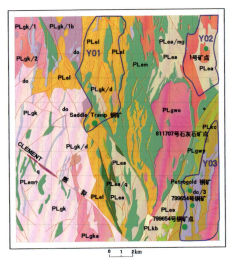
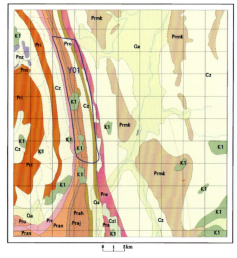

(a) 艾莎山调查区铜金矿成矿远景区　　(b) 博罗卢拉调查区铁铜矿成矿远景区

图 2-26　博罗卢拉地区 2010 年与 2011 年矿区分布图

(二)主要成果及科技创新

1. 圈定预测区,优选最有利成矿远景区

本次远景调查工作通过资料收集整理分析,大致了解了博罗卢拉地区和艾莎山地区内主要地质特征和主要控岩控矿因素;通过对航磁资料的二次详细处理,进一步了解了区内岩浆岩、地层、构造、矿化体的性质,并圈定航磁异常 11 处;通过对遥感影像特征的地质解译,提取岩性、构造、蚀变信息,最终借鉴矿产资源潜力评价的研究方法,对两个调查区开展了潜力评价工作,在博罗卢拉地区圈定 A 类预测区 1 个,B 类预测区 1 个,C 类预测区 2 个,并进一步优选圈定最有利成矿远景区 2 处;在艾莎山及外围地区圈定 A 类预测区 7 个,B 类 5 个,C 类 10 个,并进一步优选圈定最有利成矿远景区 4 处,为下一步矿权申请及勘查工作奠定了坚实的基础(图 2-27)。

2. 建立调查区和北部省两个数据库

系统分析整理了所收集的资料,建立博罗卢拉地区和北部省两个数据库,包括地质、物化遥、综合研究等数据及图件,为今后该区以及我国在澳大利亚北部省的矿产勘查、地质科研提供了翔实的基础资料。

3. 探讨调查区花岗岩形成时代及演化特征

本次工作在艾莎山地区采集 4 件花岗岩样品进行了基础研究,认为艾萨山地区花岗岩为 S 型过铝质花岗岩,形成于碰撞造山挤压向板内拉张的过渡环境中,经历过不同程度的变质作用,形成时代为 1906～1864Ma,是约 4.0Ga 古老地壳再循环的产物,揭示本区存在大于 4.0Ga 的结晶基底。

4. 总结成矿带典型矿床成矿模式

通过对 Mt Isa 铅锌铜矿典型矿床的研究,总结了艾莎山地区沉积型铅锌矿和伴生的构造控制型铜金矿床的形成机理、物化探特征以及综合找矿标志,为寻找同类型的矿床提供依据。

5. 培养了一批适应海外工作的国际综合型人才

本次调查培养了一批适应海外工作的国际综合型人才,为矿产勘查"走出去"战略的实施奠定了坚实的基础。

图 2-27　艾莎山调查区矿化特征

(三) 应用成效

本次调查工作收集了丰富的原始地质矿产资料,可为我国企事业单位在澳大利亚北部成矿带开展矿产勘查工作提供翔实的基础资料。此外,根据圈定的远景区,在矿权设置空白区申请矿权,可进行进一步勘查。

二、莫桑比克赞比西省西部地区钽铌、金矿预查

(一) 项目简介

为了建立多元、稳定、安全的矿产资源供应体系,我国政府提出"走出去"的发展战略,在此背景下,经江苏省地质调查研究院申请,国土资源部、财政部提供资金支持,开展了"莫桑比克赞比西省西部地区钽铌、金矿预查"工作。该项工作在系统收集、分析工作区已有地质、物化探资料的基础上,以大比例地质调查、土壤地球化学测量、重砂测量为主要勘查手段,辅以少量槽探、井探工程,初步评价了赞比西省 Rirrica、Nacuire 和 Nassir 3 个勘查区内钽铌矿、金矿、优质硅等矿产的成矿潜力,为后续进一步的勘查工作提供了基础资料和工作依据。

(二)主要成果及科技创新

1. 初步查明了工作区地质及土壤地球化学特征

通过本次工作初步查明了莫桑比克赞比西省西部地区地层、构造、岩浆岩的特征及其含矿性;初步查明了赞比西省西部Nacuire地区地表土壤中Au、Ag、Cu、Pb、Zn、As、Mo、Hg、Sb、Bi等元素的含量及分布特征(图2-28);初步查明了赞比西省西部地区河谷中主要重砂矿物的含量及分布,为该区进一步的矿产勘查工作提供了翔实的基础资料。

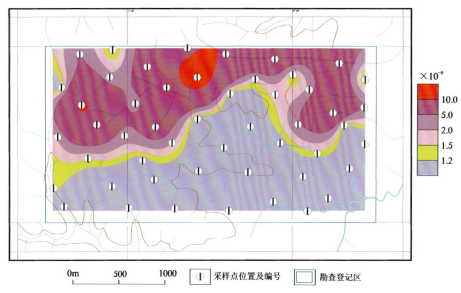

图2-28 莫桑比克赞比西省Nacuire勘查区Au元素土壤地球化学图

2. 初步评价了工作区内主要矿种的资源潜力

首次在Rirrica、Nacuire和Nassir 3个勘查区内发现了独居石、磷钇矿、钛铁矿、砂金、铌钽、优质硅等矿产资源。通过系统的样品采集及分析测试,发现部分样品中砂金、独居石、磷钇矿、钛铁矿等矿产已达到工业品位,利用少量槽探、井探等山地工程结合重砂测量成果,初步评价了工作区独居石、磷钇矿、钛铁矿、砂金、铌钽、优质硅等矿产的资源潜力,提交了独居石砂矿资源量(334)138.81t,磷钇矿砂矿资源量(334)12.40t,钛铁矿砂矿资源量(334)3 829.04t,砂金矿资源量(334)31.59kg,优质硅资源量(334)3000万t。

(三)应用成效

(1)通过该项目的实施,基本了解了莫桑比克金矿、稀有金属(以铌、钽为主)和非金属矿产的类型、分布和特征,收集了丰富的原始地质矿产资料,为后续在该地区开展矿产勘查提供了翔实的基础资料。

(2)熟悉了在莫桑比克从事矿产勘查和矿产品贸易的一整套工作流程,熟悉了境外矿产勘查的法律法规和行业规范,开阔了视野,锻炼了队伍,初步培养了一支能适应不同环境、具有国际视野、技术能力强的矿产勘查队伍。

第三章 水工环地质调查评价

20 世纪 90 年代以来,随着经济社会的发展和生态文明建设理念的深入人心,聚焦资源环境问题逐渐成为江苏地质研究的新方向。江苏省地质调查研究院自建院以来,始终与时代同步,积极发现和瞄准社会需求,创新谋划地质工作,在水工环地质调查领域经历了发展、完善、深化的过程,围绕区域环境地质调查与评价、地下水资源及污染调查评价、地面沉降地裂缝调查、突发地质灾害调查与防治规划、清洁能源开发利用、矿山地质环境治理等方面开展了卓有成效的工作,取得了一系列重要成果。

经过 20 年的努力,江苏省先后完成了苏锡常平原区、淮河流域、长江三角洲(长江以北)、苏中等地区的环境地质调查,基本形成了覆盖全省的系统性的环境地质调查成果;针对水土污染、地面沉降、地裂缝、矿山环境等江苏省突出的环境地质问题,先后开展了淮河流域、长江三角洲地区地下水污染调查评价、苏锡常地面沉降监测与防控研究、苏锡常地裂缝成因机制及预警研究、江苏省矿山地质环境调查评价等一系列聚焦重大环境地质问题的项目,有力支撑了地质环境管理工作;随着社会对清洁能源的需求增加,我院结合地方需求,积极开展地热资源勘查,大大促进了地热资源的社会化利用,"十二五"前后又相继开展了南京浅层地温能资源调查、江苏省浅层地温能调查、江苏省地热资源调查评价与区划等区域系统性调查评价工作,成果支撑了节能减排工作的开展;近年来,在"需求导向、问题导向"的思想指导下,紧密结合国家战略,我院先后实施了省部合作重大项目"江苏沿海地区综合地质调查"和"苏南现代化建设示范区综合地质调查",提高了地质调查项目的社会影响力。

经过多年的组织实施,逐渐形成了多学科交叉、多方法融合、多单位联合攻关与协同创新的工作模式,提交了一批集专业、应用与管理集成的优秀成果,充分彰显了水工环地质调查工作在生态文明建设及经济社会发展中的基础性作用。

第一节 区域环境地质调查评价

一、江苏省 1∶50 万区域环境地质调查

(一)项目简介

为查明中国环境地质问题家底,科学保护地质环境,1996 年,地矿部下达了九五期间重点项目"江苏省 1∶50 万区域环境地质调查",1999 年项目又被列为国土资源大调查重要项目,历时 5 年。项目以发生学、主导因素以及综合分析的理论观点为学术指导思想,首次把"人类与环境"这一复杂的矛盾作为一个整体,结合江苏省地质环境系统特点,采用最先进的"3S"技术与传统的野外调查方法结合对全省进行了全面系统深入的研究,查明了江苏省各类环境地质问题的发育分布特征,提出了相应的防治对策和

建议,为减灾防灾、国土开发与整治、经济建设和社会发展规划以及地质环境监督管理提供了宏观决策依据。相关成果获得国土资源部科技进步二等奖和江苏省国土资源科技创新二等奖。

(二)主要成果及科技创新

1. 基本查明了全省地质环境背景条件

江苏地质环境以平原为主,低山丘陵为辅。沿连云港—新沂—徐州—泗洪—盱眙—南京—苏州一带为低山丘陵区,地质环境具有地形地貌差异悬殊,基岩起伏大,岩性复杂,风化作用普遍并赋存有丰富的岩溶地下水、矿产资源等特点。东部广大平原地质环境具有地势低平、第四纪松散层厚度大、成因复杂、软土层发育,垂向上多层含水砂层相互叠置,地下水资源丰富,基底构造复杂等方面的特征。省内拥有1019km长的江岸线和954km长的海岸线,岸线物质主要由松散砂层构成,抗冲蚀性差。

2. 查明并厘定全省环境地质问题的类型、发育分布特征及危害

江苏省环境地质问题类型主要有水土污染、地下水资源衰减、地面沉降、地裂缝、地面塌陷、滑崩、水土流失、涝渍、江海岸侵蚀淤积、海平面上升、地方病、地震、矿坑突水、瓦斯爆炸以及特殊不良岩土体灾害。截至1999年,平原区松散岩类孔隙水水位漏斗面积达1.8万 km^2;最大水位埋深87.28m(无锡);地面沉降主要发生在苏锡常以及南通、盐城、大丰等地,面积达5943km^2,最大沉降量已超过2.0m,以苏锡常地区最为严重;发生地裂缝13处。岩溶塌陷集中分布在徐州市区和南京栖霞山;采空塌陷在徐州、铜山、沛县发育,总面积达20.6万亩(1亩=666.67m^2)。滑坡、崩塌主要分布在镇江、南京、连云港及苏州、盱眙、宜兴等地,以镇江地区最为发育,据调查,解放以来发生滑坡、崩塌达300余次。各类环境地质问题带来的危害十分严重,仅地面沉降造成的经济损失就在300亿元以上(图3-1)。

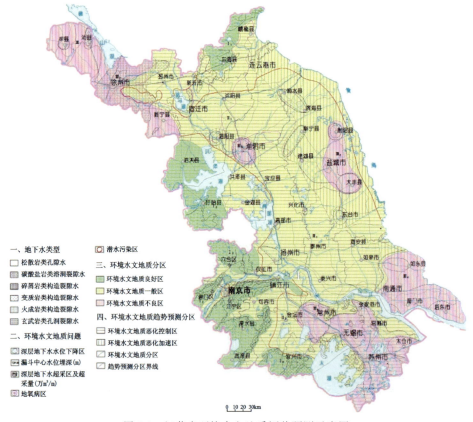

图3-1 江苏省环境水文地质评价预测示意图

3. 在综合研究的基础上，进行环境地质区划并提出防治措施

通过综合研究，结合江苏实际，选取评价因子，对全省地质灾害和环境水文地质问题的发育程度、危害性以及发展趋势进行了评价预测，并进行环境地质综合区划，针对不同地区存在的环境地质问题，提出切合实际的防治措施。

4. 结合江苏省环境地质工作现状，提出下一步工作方向

针对省内存在的问题，结合江苏社会发展，建议尽快开展"江苏省沿海地区环境地质勘查及地下水资源科学管理""长江沿岸（江苏段）环境地质勘查""苏北地区深层地下水环境变化研究""连云港、盱眙地区危岩调查研究""江苏省咸水资源开发利用研究""徐州市采空塌陷调查"等项目。

5. 首次建立江苏省环境地质信息系统

该信息系统的建设能够快速地进行各种数据分析及各种专题地图和报表快速生成，能够适应动态的环境地质评价要求，为环境地质管理和研究提供了方便高效的工具。

（三）应用成效

(1) 项目成果已被政府、国土、规划、建设等部门作为决策依据。
(2) 项目成果直接服务于江苏地质灾害易发区划分和地质灾害防治规划编制。
(3) 以该项成果为依据，有关部门对各自辖区的地质灾害以及防治取得了较好的成效，经济和社会效益显著。

二、长江三角洲苏锡常地区环境地质调查评价

（一）项目简介

该项目是国土资源部成立后在江苏省实施的首个省部合作课题，其目的是在苏锡常地区建立地面沉降监测网络系统，并利用现代科学技术和监测手段对地面沉降及地裂缝地质灾害进行监测，以控制地面沉降及地裂缝等地质灾害的发生，为科学合理开发利用地下水资源提供科学依据。该项目任务主要有4个方面：①调查苏锡常地区地面沉降和地裂缝现状与特征，进行地面沉降测量；②建立地面沉降监测网络，在重点地段建设地面沉降监测基岩标和分层标组；③查明产生地面不均匀沉降及地裂缝的地质、水文地质条件，调查地下水的开发利用情况；④分析研究地面沉降的机理与特征，建立地面沉降预警预报信息系统。

该项目从1999年11月启动，2003年3月结束，形成"一工三研"4个成果报告，即《苏锡常地区地面沉降监测网络建设工程报告》《苏锡常地区地面沉降及地裂缝调查研究报告》《基于GMS平台的苏锡常地区地下水流模型研究报告》《苏锡常地区地面沉降预警预报GIS管理系统研究报告》。

(二)主要成果及科技创新

1. 苏锡常地区地面沉降监测网络建设工程

在没有技术标准和项目案例可参考借鉴的情况下,开创性地设计了苏锡常地区地面沉降监测网络。监测网络工程由5组分层标、8座基岩深标、193座GPS监测标及367个地下水观测孔组成。分层标组均布设在中心城市及地面沉降严重发生地段,基岩标均布设在相对广阔的平原中心地带,GPS监测标的布设可有效控制全区(控制面积1.2万 km^2),在国内是规模最大的地面沉降监测网络,地下水观测孔组成的监测网也较好地控制了全区地下水流场动态变化。

该网络的所有单项工程均被评为优质工程,布设原则清楚,内容真实客观,资料齐全,较好地体现了设计思想和质量水平,为后续长江以北地区地面沉降监测网络工程建设提供了宝贵的经验。

2. 苏锡常地区地面沉降及地裂缝调查研究

通过调查勘察,从内、外因两个方面对苏锡常地区地面沉降和地裂缝地质灾害首先进行全区性的系统研究,揭示了苏锡常地区地质环境的三维空间特征,全面分析了地下水开采调查资料,并对全区30年的地下水开采动态进行了合理恢复,根据地面沉降调查情况,并结合地下水开采强度以及区域水位降落漏斗形态等相关因素,比较客观地评价了苏锡常地区地面沉降现状和程度;对区内地面沉降特征规律进行了初步的分析研究,提出了含水砂层非弹性变形新认识。并根据地质环境条件分区,选点建立了地下水位与地面累积沉降量之间的相关统计模型;典型地裂缝灾点块段,进行了多种方法配合的勘察,查明了发生原因,首次利用GIS系统三维空间分析功能建立了地裂缝形成机理模型。并初步圈定了地裂缝易发带,为长泾、河塘、横林、惠山等城镇规划建设提供了可靠的科学依据。

3. 基于GMS平台的苏锡常地区地下水流模型研究

首次基于GMS平台建立苏锡常地区多层地下水水流的数值模拟模型,将研究区内多层含水层统一进行模拟,并以含水层之间的越流量为条件将多层地下水水流模型进行了动态耦合,其模型识别和验证结果均表明所建水文地质概念模型能够正确地反映研究区的水文地质条件,模型边界概化合理、源汇项处理得当,各参数分区以及参数值合适,同时表明所采用的多层地下水水流耦合模型是合理的,充分反映了研究区的水文地质实际情况。

模型按不同预报方案对地下水流场的变化趋势进行了预报,模拟出了苏锡常地区实行地下水禁采后地下水位的回升情况,成功实现了苏锡常地区主要开采层地下水流场的三维动态显示,为地面沉降相关模型研究提供了数据基础。

4. 苏锡常地区地面沉降预警预报GIS管理系统研究

基于ArcGIS平台构建三大基础模型——基岩构造模型、第四纪沉积结构模型、地下水含水系统结构模型,实现了对地面沉降相关地学信息的可视化检索查询和分析处理。该系统可以利用地下水流模型子系统的预测结果,借助地面沉降的系列监测数据预测地面沉降的未来发展变化趋势,并可结合基础地质的研究成果,利用ArcGIS所特有的空间分析决策功能,进行差异性地面沉降(即地裂缝)的易发区划分及预测。该系统的研制成功,不仅提高了地面沉降监测与预警预报的信息自动化管理水平,同时也可为相关管理部门的综合决策提供更加客观、高效的地质科学依据(图3-2)。

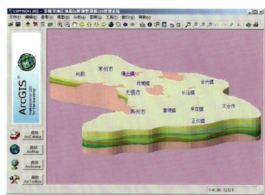
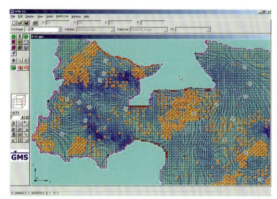

图 3-2 苏锡常地区地面沉降分析模型示意图

(三)应用成效

1. 查清地面沉降地质灾害,指导区域防灾减灾

通过本项调查编制了地面沉降分布图,首次清晰地刻画了区域地面沉降的相对轻重,帮助地方政府认清辖区内灾害形势,科学规划城市建设,先后指导了无锡锡山区、惠山区新城的选址,常州横林、无锡石塘湾等地地裂缝灾害的防灾减灾。

2. 指导区域地下水禁采,快速遏制地面沉降

揭示了地下水开采与地面沉降的关系,提出了禁采地下水开采建议,最终促成了相关法令的出台,使苏锡常地区率先在全国进行"禁采控沉示范"。通过禁采,苏锡常地面沉降迅速有效得到遏制,地质生态环境明显改善。

3. 建成一批地面沉降监测设施,服务地方建设

在苏锡常3市共建设成5组分层标、8座基岩深标和大量水准点。这些监测设施成为此后10多年里获取区域内地面沉降信息的重要途径,为评估地面沉降灾害发挥了关键作用。这些标识已被纳入基础测绘网,为城市规划建设服务。部分分层标和基岩标还被用作地学科普的展示平台,起到了良好的宣传效果。

三、淮河流域(江苏段)环境地质调查

(一)项目简介

淮河流域所处地区易涝易旱,人口密度大,水资源供需矛盾尖锐,地下水污染较重,部分城市大规模开采深层承压水,形成了大规模的降落漏斗,生态地质环境问题突出。为了淮河流域的可持续发展,促进流域内人口、资源、环境、生态、经济的协调发展,中国地质调查局开展了以流域为单位的环境地质调查,为流域内社会经济可持续发展提供决策依据和强有力的技术支撑。项目深入研究了地下水演化规律和岩溶塌陷、地面塌陷、崩塌滑坡等地质灾害问题,构建了第四系含水层结构模型,建立了淮河流域(江苏段)环境地质调查信息系统。2011年获江苏省国土资源科技创新二等奖,2015年该项目参与整合的"淮河流域环境地质调查"获国土资源部国土资源科学技术二等奖。

(二)主要成果及科技创新

1. 建立了江苏沿海地面沉降区的地层结构模型及相关因子分析模型,对江苏沿海地面沉降进行科学的预测

通过地层结构模型的建立与相关分析,表明地面沉降与地下水开采关系非常密切,线性关系较为显著。地面沉降如任其发展,后果不堪设想。

曲线模型计算:首先保证相关曲线拟合精度,再参考太沙基一维固结变形理论进行估算:

$$S=\frac{\alpha}{1+e_1}\sigma_z H$$

式中:S——最终压缩量,相当于α;

α——压缩系数;

e_1——孔隙比;

σ_z——平均压应力;

H——压缩层厚度。

直线相关方程为:

$$Q=a+bS$$

式中:Q——累计开采量;

a——常数;

b——回归系数;

S——累计沉降量。

$$\sum(s-s_0)^2=\sum S^2-\frac{1}{N}(\sum s)^2$$

$$\sum(Q-Q_0)^2=\sum Q^2-\frac{1}{N}(\sum Q)^2$$

$$\sum(Q-Q_0)(S-S_0)=\sum QS-\frac{1}{N}(\sum Q)(\sum S)$$

$$\gamma=\frac{\sum(Q-Q_0)(S-S_0)}{\sqrt{\sum(Q-Q_0)^2(\sum S-S_0)^2}}$$

式中：S——累计沉降量；

Q——测量时累计开采量；

S_0——期初沉降量；

Q_0——期初开采量；

γ——相关系数；

N——测量次数。

经计算，盐城市区、大丰市开采量与地面沉降量（图 3-3、图 3-4）线性相关系数 γ 分别为 0.983、0.997，接近于 1，属显著线性相关。

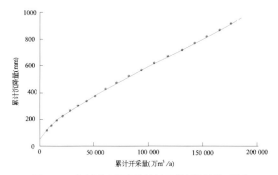 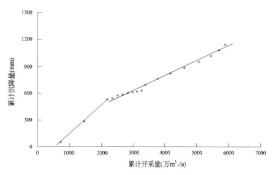

图 3-3　盐城市区开采量地面沉降量关系图　　　　图 3-4　大丰市开采量与地面沉降量关系图

2. 建设了大面积、结构复杂、实用的含水层结构模型

此次建设的含水层结构模型结构复杂，涉及丘陵山区、平原，跨越 3 个不同的水文地质单元，面积大，达 61 000km^2。模型建设以第四系、新近系松散层为依托，运用同位素、地层、地下水水质等因素划分含水层，统计各含水砂层厚度，绘制各含水层厚度等值线图，分析各含水层在空间上的分布规律，最终实现了"多角度、随意切割、地理位置与三维地层结合相对照"的功能。

3. 首次系统研究淮河三角洲地质、水文地质条件及其演化特征

前人在工作区一般为分区研究，此次研究将淮河三角洲作为一个整体，圈出了三角洲的范围及其演化规律。从地下水地球化学特征出发，利用三线图、氘、氧-18 稳定同位素、氧-18 与诸离子（HCO_3^-、Na^+、K^+ 离子）相互关系等方面揭示了数千年来三角洲水陆交互演变史。从淮河 240 万年来第四纪含水系统形成分布埋藏规律、淮河三角洲形成演化过程、第四纪地质沉积特征、海进与海退、第四纪沉积厚度变化、滨海贝壳沙堤等多方面进行了三角洲边界的研究，认为淮河三角洲是在习惯上称之为苏北拗陷基础上发展起来的，其北以淮阴-响水断裂为界，西界可能受郯庐断裂带中段新沂-泗洪断层错开的影响，南界可能为东西走向的洪泽-建湖隆起，向东以北东向盐城断裂为界，三角洲面积大约为 12 000～15 000km^2。

4. 填补了背景值分区、地下水质量与污染评价的空白

确定含水层厚度、包气带岩性、水位埋深、含水层顶板厚度等作为工作区地下水防污性能影响因子，建立了区域地下水防污性能评价模型，利用计算法、类比法、参照法等方法分浅层、深层确定水质背景值，利用单项指数法、综合指标法两种方法，进行了地下水质量与污染评价（图 3-5）。

根据淮河流域（江苏段）地下水水质的实际状况，选取 pH 值、总硬度、TDS 等 26 项组分，以地下水环境背景值为标准，采用指数法评价地下水污染程度，表明潜水、微承压水水质与 20 世纪 80 年代相比已发生大规模的变化，而深层水变化不大。在地下水污染评价的基础上，综合考虑了含水层水量与地层厚度、垂向补给量、含水层岩性及开采现状等因素，建立了开发利用规划模型，进行了地下水开发利用规划建议。

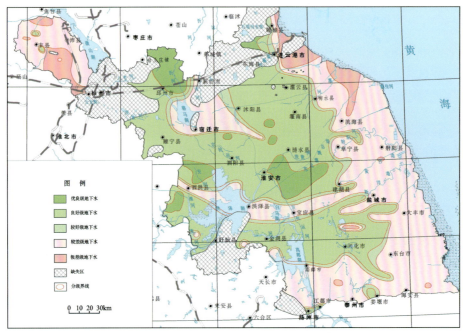

图 3-5 工作区第Ⅱ+Ⅲ承压水质量评价图（综合评价法）

（三）应用成效

（1）此次对滑坡、崩塌、地面塌陷、地面沉降等地质灾害的研究为防灾减灾提供了科学依据，提出了地下水资源合理开发建议，有力支撑了地下水资源保护和可持续利用。

（2）项目成果为淮河流域江苏平原地区地下水污染调查项目的立项、工作部署及研究打下了坚实的基础。

四、长江三角洲地区（长江以北）环境地质综合调查评价

（一）项目简介

随着社会经济的迅猛发展、人口的迅速增长以及工业化、城市化进程的加快，长江三角洲地区（长江以北）地质环境所承载的负荷日益加重，为保障该地区人口、经济、资源和环境的协调发展，保障江苏省沿江经济开发战略及沿海开发战略的实施，控制地质环境的持续恶化进程，中国地质调查局以水〔2009〕03-03-06 号文部署了"长江三角洲地区（长江以北）环境地质综合调查评价"项目工作，项目基本查明了长江三角洲地区（长江以北）环境地质条件和主要环境地质问题，建立区域第四纪地层结构模型、含水层结构模型和基底构造模型；基本查明了江岸、海岸带软土、砂土的分布特征以及沿江沿海岸线的侵蚀、淤积的岸线变迁特征，评价了江岸、海岸的稳定性和沿线港口、码头、滩涂资源状况，为政府实施沿江沿海开发、预防海平面上升、地面沉降防控、减灾防灾提供了技术支撑。相关成果荣获 2016 年度国土资源部国土资源科技进步二等奖。

（二）主要成果及科技创新

（1）建立了第四纪沉积模式和第四纪地层结构模型，研究了浅部地层的工程地质岩（层）组特性，并

进行了工程地质区划分,直接服务于地方城镇及基础设施规划建设。

成果对第四纪沉积规律和沉积过程进行了系统研究,建立了新的更加科学的地层层序。提出了长江三角洲地区(江苏域)第四纪地层是在第四纪时期强烈的新构造运动和剧烈的气候冷暖交替的背景下,经历了大沉积大破坏作用形成的地质残留体。

基于大量钻孔和测试成果,重点研究了36条第四纪地质剖面,建立了第四纪沉积模式,绘制了13个沉积时段的岩相古地理图,对第四纪以来的沉积环境演变有了新的系统性认识(图3-6)。从地层结构和物源分析角度,提出了第四纪以来海陆变迁和长江古河道迁移演化规律,认为第四纪期间有5次海侵,尤其是晚更新世以来的3次较大海侵事件使本区经历了3次三角洲沉积体塑造旋回。首次揭示了区内第四纪地层的时空上显示的三大套沉积地层基本特征,反映沉积过程中有着不同的沉积历史阶段,其沉积环境和沉积规律差异很大。这一成果为认识含水系统,进行地下水资源和地面沉降等环境地质研究打下了坚实的基础。

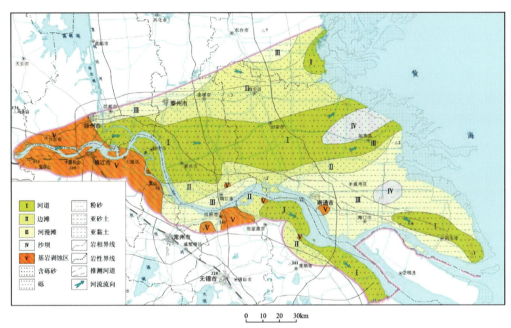

图3-6 长江三角洲地区(长江以北)中更新世晚期($Q_{p_{2-2}}$)岩相古地理图

(2)对含水层水文地质结构与水文地质分区进行了系统研究,构建了含水系统结构模型,分析了含水层"天窗"现象,以及工作区咸淡水形成演化及淡水咸化规律。论述了地下水位动态变化特征及地下水水质特征,并研究了包气带的防污性能(图3-7)。

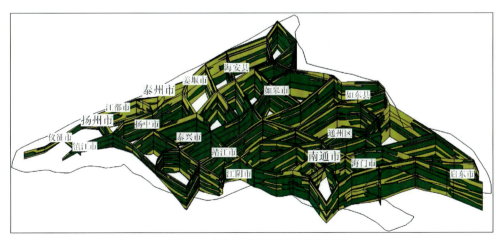

图3-7 水文地质剖面图总体形态

在泰州顾高庄、黄桥一带,"天窗"现象较为突出,甚至存在Ⅰ、Ⅱ、Ⅲ承压含水层均互相贯通的现象,第Ⅲ承压水位接近潜水位,充分表明多个含水层之间存在密切的水力联系。在海门三阳、悦来等第Ⅲ承压水溶解性总固体含量较高,推测与"天窗"现象紧密相关。

重点对潜水、Ⅲ承压含水层的水质进行了质量综合评价。总结了水质演化规律,探讨局部地区的地下水水质异常现象。呈现咸化趋势,启东寅阳—新安、如东掘港—长沙镇一带,Ⅲ承压水矿化度、Cl^-、咸化系数、$\gamma Na/\gamma Cl$ 等化学指标已达轻度海水入侵。

划分了工作区50m以浅工程地质岩(层)组,论述了特殊性岩土(膨胀土、软土及饱和易液化砂土、盐渍土)分布特征,研究了不同地貌单元的土体结构,并进行工程地质分区。

(3)系统研究了江岸带、海岸带侵蚀、淤积的演化规律,并对滩涂资源、深水航道及港口资源进行了评价,指出江岸的治理要不同岸段协同考虑,统一部署防坍措施。

江岸、海岸带的侵蚀、淤积演变规律主要受水流的控制,以及来水来沙的影响;有人类活动以来,围滩造地、修筑江、海堤防、防坍、治坍工程、港口、码头及造船厂、岸带工业区的发展等对江、海岸线的演变趋势起到阶段性的控制作用;江、海岸带的沉积结构特征等对江、海岸坍塌的规模有所影响,但不是现阶段的主要影响因素。

依据河道的平、剖面形态,江岸的利用现状,江岸的冲、淤演变趋势等几个方面,并综合考虑江岸带发展规划,对过江通道、港口码头等适宜性进行了评价。

基于卫星遥感技术的研究还表明,海岸线弶港辐射沙脊区冲淤基本平衡,是天然的国际大港的建港区,目前正在建设的洋口港及正在规划建设的吕四港均是具有建设20万t大型码头的国际大港(图3-8)。

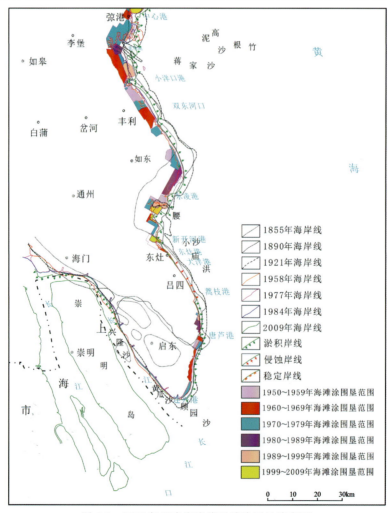

图3-8 1855年以来海岸线及滩涂围垦演变图

（4）通过水准测量资料历史对比分析，并结合分层标、基岩标、GPS、InSAR的地面沉降测量成果，取得了对工作区地面沉降现状及演化历史的系统性认识。详尽论述了地面沉降及速率现状，分析了地面沉降机理，建立地面沉降相关模型（Verhulst预测模型），提出了地面沉降防治对策。

（三）应用成效

项目成果为地质灾害防治、地质环境保护以及区域国土规划和管理、城镇规划、重要基础设施建设等方面提供了地质依据；在科学规划开发利用地下水资源并科学管控地质环境负效应等方面具有重要参考和应用价值；为科学规划开发利用长江及海岸线资源及滩涂资源提供重要依据；为江苏省地下水水位控制红线研究、江苏省地下水压采方案研究、泰州城市地质调查、泰兴城镇地质调查等项目提供了基础数据。

五、苏中地区环境地质调查

（一）项目简介

随着苏中地区经济的迅猛发展、人口的迅速增长以及工业化、城市化进程的加快，该地区地质环境所承载的负荷日益加重，地下水资源的开发利用对该地区国民经济发展和人民生产生活注入活力的同时，也导致了区域性地面沉降、地下水污染等地质环境问题的发生，资源科学利用与经济可持续发展之间的矛盾日益突出。为保障该地区人口、经济、资源和环境协调发展，控制地质环境的持续恶化进程，开展苏中地区环境地质调查评价工作显得非常紧迫和必要。该项目查明了苏中地区地下水资源的开采历史和现状，地面沉降等地质灾害的发育特征与危害程度，评价了江海岸稳定性、江海岸港口资源及滩涂资源状况。

（二）主要成果及科技创新

1. 对苏中地区进行了环境地质分区

根据地质、水文地质、工程地质条件，综合沉积环境、地质灾害发育现状等，将苏中地区进行环境地质分区，划分长江三角洲河口平原沉积、里下河潟湖平原沉积、仪征丘陵岗地区等3个区及8个亚区，并对各区、亚区进行环境地质问题分析，根据可能发生的问题，提出了具体应对建议（图3-9）。

2. 首次建成了苏中地区第四系结构模型、含水层结构模型及工程地质结构模型

在充分分析研究已有资料的基础上，论述了苏中地区地质、水文地质、工程地质条件，进行了工程地质分区评价，首次建成了第四系结构模型（图3-10）、含水层结构模型及工程地质结构模型。

3. 对区内主要环境地质问题的发育分布特征、发育强度及形成条件进行了分析研究

苏中地区地面沉降涉及面广，地面沉降在时空上与地下水开采密切相关，其形成主要为含水砂层的压密和顶底板黏性土层固结，控制地面沉降需要合理开采利用地下水资源，开展地面沉降监测和预警预报工作。苏中地区地势平坦，仅部分低山丘陵区，有出现崩塌、滑坡的可能。通过采样分析，将苏中地区

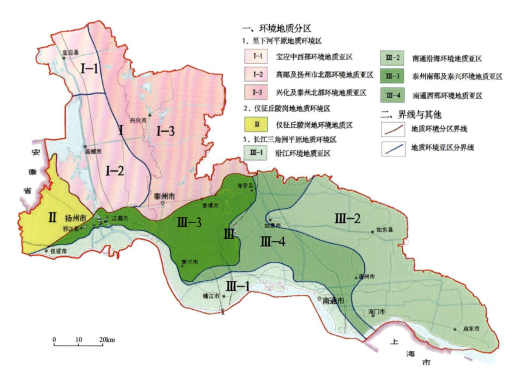

图 3-9 苏中地区环境地质分区图

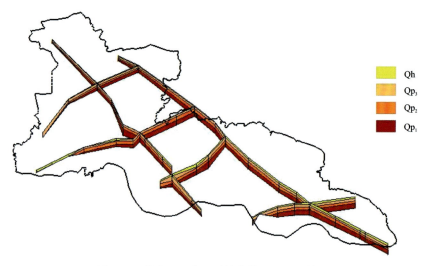

图 3-10 苏中地区第四系结构模型三维立体示意图

浅层地下水污染等级分为轻度污染、中度污染、较重污染、严重污染和极重污染 5 个等级,扬州地区污染较轻,泰州和南通地区严重污染区分布较多。

4. 为苏中区域合理利用长江岸线及滩涂资源提供了科学依据

主要依据遥感解译,结合本项目江岸带调查和资料收集,系统总结了江岸带的变迁规律及侵蚀、淤积现状。对江岸的过江通道、港口码头及江岸稳定性进行了评价,可指导当地更合理地开发利用长江岸线。查明了本区滩涂资源分布特征,对苏中沿海滩涂资源面积进行了统计,分析了苏中沿海滩涂侵蚀淤积趋势及海岸带稳定性,对滩涂资源的开发利用前景进行了评价。

（三）应用成效

本项目是迄今为止苏中三市开展的第一次系统性的综合地质研究，基于大量前人资料和新增调查成果认识，内容丰富，资料翔实，已为泰州、扬州等城市地质项目提供了基础资料参考，也为工作区内城市规划、建设及资源环境保护提供了决策依据。

六、江苏省地质环境调查与区划

（一）项目简介

江苏地处长江三角洲，是我国人类活动最活跃的省区之一，矿产资源短缺与地质环境脆弱是江苏地质环境的两大特征，资源开发与资源供给、经济建设与灾害防治、生态退化与生存安全的矛盾突出，已成为影响江苏经济社会可持续发展的重要因素。为此，"江苏省地质环境调查与区划"项目既是国土资源部规划司开展全国地质环境区划的试点项目，又是江苏省地质环境保护规划的支撑性工作。项目在整合了50年来地质资源与地质环境调查和研究成果的基础上，初次系统地概述了全省土地资源、矿产资源、地下水资源、地热资源、地质遗迹资源、滩涂资源及湿地资源等资源分布特征、开发利用状况及存在的问题；全面总结了全省地质灾害、矿山地质环境问题、水土污染、地下水资源衰减以及地方病等环境地质问题的类型及发育分布特征；采用层次分析法开展了江苏省地质环境专题区划和综合区划研究，提出了地质环境保护规划建议，为地质环境保护规划及国土整治规划提供决策依据。该成果获得国土资源部科技进步二等奖和江苏省国土资源科技进步一等奖等奖励。

（二）主要成果及科技创新

1. 地质资源研究取得新突破，首次摸清全省山体资源分布特征

首次系统地概述了全省土地、矿产、地下水、地热、地质遗迹、滩涂、湿地等地质资源特征及开发利用状况。依据江苏实情，明确山体资源概念及内涵，将"山体资源"定义为"山体有别于平原的自然属性（由相对高度、三维空间、不规则变化的斜坡和岭谷等构成的自然景观）及所承载的社会属性（由文化足迹、山地利用等构成的人文景观）"。基于区域连续性、内部同一性、概念一致性、公众认知性和区域稀缺性等原则，采用遥感技术全面摸清全省山体资源的分布特征及存在的问题，全省1153个山体分布面积2 595.60 km^2，仅占区域面积的2.53%（图3-11），山体资源开发利用中存在破坏自然景观，影响城市风貌，损毁土地资源，造成水土流失、地质灾害隐患，环境污染严重等问题，为山体资源保护对策提供依据。

2. 地质环境区划提出新思路，构建"六专一综"区划框架

从人类活动对地质资源环境的功能需求和地质资源环境对上述功能需求的满足程度的角度，首次以省级行政区为单元，提出江苏省地质环境区划是以地质环境问题为导向的6大专题区划（地质灾害、矿山地质环境、地下水污染防治、土壤污染防治、山体资源保护和地质遗迹保护）和以地质环境问题为主，地质环境功能为辅的地质环境综合区划，即"六专（专题区划）一综（综合区划）"区划框架（图3-12），这是首个以省级行政区为单元的地质环境区划，对全国开展地质环境区划与地质资源环境承载力评价具有指导意义。

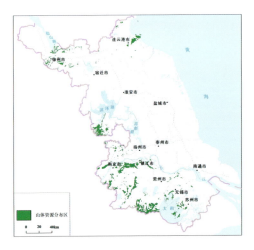

图 3-11　江苏省山体资源分布示意图

图 3-12　江苏省地质环境区划框架图

3. 构建地质环境专题区划评价新体系，并进行区划评价

基于地质环境的自然属性和社会属性，首次全面构建了地质灾害、矿山地质环境、地下水污染防治、土壤污染防治、山体资源保护、地质遗迹保护等 6 个专题区划评价指标体系，区划评价指标体系由目标层、约束层和指标层构成，以地质灾害区划为例，指标体系依据地质灾害易发性、危害性及所处位置的人类工程活动强度建立，由 3 个目标层、7 个约束层、21 个指标层组成（图 3-13）。以 MapGIS 的空间分析模块为评价平台，进行了地质灾害、矿山地质环境、地下水污染防治、土壤污染防治、山体资源保护、地质遗迹保护等区划评价。

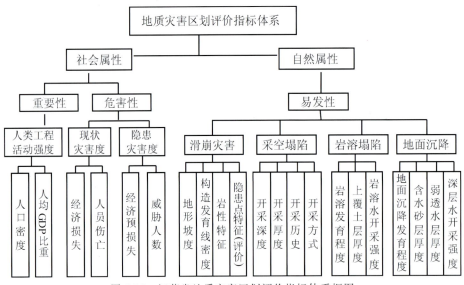

图 3-13　江苏省地质灾害区划评价指标体系框图

4. 创建地质环境综合区划评价新模式

基于 6 个地质环境专题区划成果，建立地质环境综合区划评判体系，分层次进行地质环境综合区划。一级区划按照由深（部）入浅（部）、由主（要）至次（要），对所建立的区划评价指标进行筛选，先自然（属性）后社会（属性）原则，分 4 个层次逐级区划，划分为地质环境保护区、恢复治理区、控制开发区和适宜开发区（图 3-14）。二级区划按照先现状（开发利用）后功能（地质环境）原则，以县级行政区为单元进行区划，划分为城镇优先开发区、农业优先开发区、矿业优先开发区和工业优先开发区。

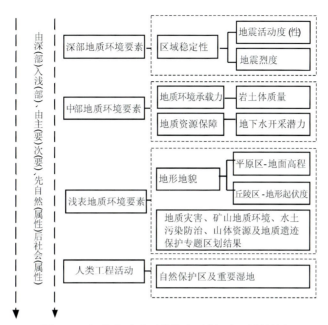

图 3-14　江苏省地质环境综合区划一级区划框图

一级区划以地质环境问题为导向，精准服务于地质环境保护规划及地质环境监测规划；二级区划以地质环境功能为导向，为江苏省矿产资源、地下水资源、地质遗迹资源、滩涂资源等地质资源的合理利用提供方向。首先划定保护区，包括省级自然保护区、国家重要湿地、山体资源特殊保护区、地质遗迹保护区；其次划定控制开发区，包括地震烈度大于 8°区、软土层厚度大于 20m 区、地下水严重超采区、地面高程小于 2.0m 的平原区、地形坡度大于 30°的低山丘陵区、地质灾害重点防治区；再则划定恢复治理区，包括水土污染修复治理区、矿山地质环境重点治理区；最后划定适宜开发区，即除上述划定"三区"以外的其他区域。全省共划定地质资源环境保护区 10 个，分布面积 9929km²；地质资源环境控制开发区 7 个，分布面积 26 628km²；地质资源环境恢复治理区 5 个，分布面积 644km²（图 3-15）。

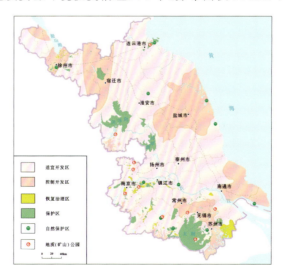

图 3-15　江苏省地质环境综合区划图（一级）

在一级区划中的"保护区"外，依据现有开发功能、地质资源保障和发展潜力等指标，首先考虑开发利用现状因素，农业与城镇优先开发，一是以土地资源作为划分依据，耕地占有率（耕地/区域面积）大于 50%、土壤自然防护区划为农业优先开发区，二是考虑区位因素和社会现状，将已有城镇及其外延区划定为城镇优先开发区，其次考虑地质资源因素，矿业优先开发，将矿山地质环境重点防治区和山体资源适宜开发区划为矿业优先开发区(图3-16)。全省共有15县(市)为农业优先开发区、4县(市)为矿业优先开发区,其他为工业优先开发区。

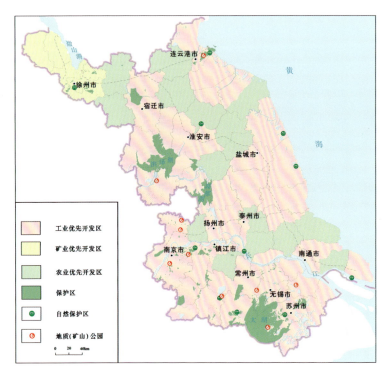

图3-16　江苏省地质环境综合区划图(二级)

（三）应用成效

1. 为江苏省地质环境保护相关规划和方案的编制提供了重要支撑

基于生态省建设,从地质资源保障及地质环境安全角度,提出了地质环境保护规划建议。以地质灾害区划为基础,编制了《江苏省地质灾害防治规划(2016—2020年)》《江苏省地面沉降防治规划(2011—2020年)》《江苏省地面沉降控制区划分方案》;以矿山地质环境保护区划为基础,编制了《江苏省矿产资源总体规划(2016—2020年)》;以山体资源保护区划为基础,编制了南京、无锡、徐州、苏州、常州、南通、扬州、镇江、淮安、连云港市山体资源特殊保护区划定方案;以地质环境综合区划为基础,编制了《徐州市地质环境保护规划(2013—2020年)》《镇江市地质环境保护规划(2014—2020年)》《常州市地质环境保护规划(2014—2020年)》《江苏省地质环境监测规划(2016—2025年)》。对地质灾害防治、矿山地质环境保护、山体资源保护及地质环境监测等做了详细的技术规定,成为全面指导江苏省地质环境保护工作的重要技术文本。

2. 公开发表研究成果,积极推广项目经验

《江苏省地质环境调查与区划》成果积极向社会推广,介绍项目的成功经验和教训。依据研究成果撰写论文,已公开发表20篇,其中,中文核心10篇。主要论文有发表于《中国地质》的《江苏省地质环境区划评价指标体系初步研究》《江苏省地质环境综合区划研究》《连云港北部地区高氟地下水分布特征及成因》,发表于《水文地质工程地质》的《江苏省矿山地质环境区划研究》,发表于《中国人口·资源与环境》的《江苏山体资源分布特征及保护研究》和《城市规划区资源环境承载力评价指标体系构建》,发表于

《长江流域资源与环境》的《江苏省山体资源保护区划及对策》。

第二节　1∶5万环境地质调查评价

一、江苏沿海经济区地质环境调查评价

（一）项目简介

《江苏沿海地区发展规划》上升为国家战略后，江苏沿海地区迎来新的发展机遇，同时也面临着地质资源承载力与地质环境安全方面的挑战。为服务江苏沿海大开发，查明江苏沿海地区地质环境条件，中国地质调查局在江苏沿海部署了"江苏沿海经济区地质环境调查""江苏1∶5万启东县（H51E002007）、江厦村（H51E002008）幅环境地质调查""江苏1∶5万大丰县（I51E017002）、伍佑镇幅（I51E017001）幅环境地质调查"等项目。

2012—2015年，我院先后完成了南通地区、盐城地区、连云港地区以及泰州地区四大片区共计23个1∶5万图幅的水文地质、工程地质、环境地质调查工作，基本实现了城市规划区和重要港口的全覆盖，全面提升了沿海开发前沿地带的水工环地质工作程度（图3-17）。本项工作按照图幅加专题的思路实施，共编制完成36幅1∶5万综合水文地质图、23幅综合工程地质图，并根据海岸地区地质特点系统开展了第四纪沉积环境演化与多重地层划分研究、地下水系统划分与循环演化研究、沉积环境与工程地质层物理力学性质对比研究、地面沉降机理研究及海岸线侵蚀淤积规律等五大方面的专题研究，形成一套相对成熟的适合江苏沿海地区1∶5万水工环调查工作模式，系统查明了沿海地区水工环条件，为沿海海陆统筹发展空间布局的合理制定，重大工程的优化选址以及地下水资源的科学开发利用提供了依据。

（二）主要成果及科技创新

1. 水文地质调查成果

1）首次以第四纪研究为基础，统一了含水层组划分标准并进行地下水系统的划分

地下水系统受控于沉积物成因类型、结构及厚度等条件，而它们的变化又受区域构造以及水动力条件、海进海退等条件制约。本次将沿海地区划分为长江下游（Ⅰ）、淮河流域（Ⅱ）、沂沭泗流域（Ⅲ）3个地下水系统（图3-18）。依据地下水赋存条件、水理性质及水力特征等，划分了松散岩类孔隙和基岩裂隙2个地下含水系统，其中松散岩类孔隙含水系统可进一步划分为全新统、上更新统、中更新统、下更新统、新近纪等6个含水子系统，分别对应潜水，第Ⅰ、Ⅱ、Ⅲ、Ⅳ、Ⅴ承压含水层组。查明了各含水层组埋深、岩性、富水性及水质特征，并建立了三维水文地质结构模型，准确、直观地展示了不同含水层组的空间展布。

图 3-17 江苏沿海地区 1∶5 万区域水文地质、工程地质、环境地质调查图幅分布图

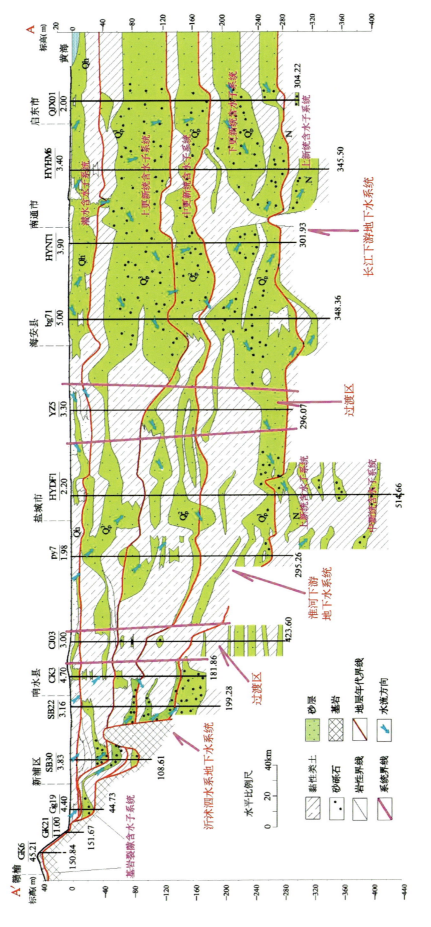

图3-18 地下水系统剖面示意图

2)联合运用多种同位素、水化学、水位等数据系统研究了不同地下水流系统循环演化模式

联合运用多种同位素（D、^{18}O、^{14}C、^{3}H、^{34}S、^{87}Sr/^{88}Sr、Cl、B）、水化学、水位等数据，摸清了地下水年龄与补给源，首次探讨了研究区潮汐对潜水、承压水周期性的影响规律；揭示了区内地下水为大气降水成因，潜水主要接受大气降水入渗补给，局部可能存在现代海水入侵；深层承压水主要接受晚更新世以来的降水入渗的补给，主要为"古水"，总体上与浅层地下水水力联系微弱，不受现代海水入侵的影响，在滨海地区可能受到地层中残留的海（咸）水影响。

首次全面揭示了沿海地区地下水流系统的循环特征。综合多种因素分析，3个地下水系统均发育局域、中间和区域3种不同尺度的地下水流系统。局部地下水流系统循环深度较浅，积极参与现代水循环；中间地下水流系统循环深度50～200m左右，地下水年龄多小于10×10^3a；区域地下水流系统循环深度达500～600m，地下水年龄多大于15×10^3a，局部达30×10^3a。

3)联合电测深扫面、测试技术查明了区域地下水水化学场空间分布特征

系统的采用视电阻率垂向电测深方法界定了垂向咸淡水界面，摸清了各含水层组水化学空间分布特征，地下水水质呈现上咸下淡的特征，咸水体的空间分布明显地受海侵层的分布范围控制。表层潜水（10m以浅）由于受到淡化，主要为淡水或微咸水，向下逐渐变为咸水；Ⅰ承压水和南通地区第Ⅱ承压水为微咸水、咸水；Ⅱ承压水（除南通地区）、Ⅲ、Ⅳ承压水水质较好，主要为淡水。

4)开展了地下水资源评价与应急供水规划

经计算，沿海地区多年平均天然补给资源量为68.4×10^8m^3/a，其中可以直接利用的资源量（TDS<2g/L）为59.2×10^8m^3/a，占总资源量的86.5%。首次构建了沿海地区三维地下水流与区域地面沉降耦合模型，评价了沿海地区地面沉降约束下的深层地下水可采资源量为1.33×10^8m^3/a，其中以第Ⅲ承压含水层可采资源量最为丰富，可开采资源量为9221×10^4m^3/a。

从应用的角度出发，根据工作区水文地质条件、当地供水规划、地下水应急需求等要素，圈定了地下水应急水源地建设适宜区，规划了应急供水方案；并以南通城市规划区为范围，建立三维数值模型，模拟评价了启用规划的应急供水方案可能产生的环境地质效应。模拟结果显示，启用规划的应急供水方案不会诱发地面沉降及淡水咸化等环境地质问题。

2. 工程地质调查成果

1)基于第四纪沉积环境的研究，首次厘定工程地质层序

在综合考虑海岸线变迁、数次海侵、古地理等多重沉积环境研究的基础上，首次建立了江苏沿海平原区的工程地质层序，重点关注人类工程建设较为活跃的深度（50m），以沉积时代为大层的划分原则，划分为6个工程地质层；综合考虑岩性和物理力学性质的差异性，细分为12个工程地质亚层（图3-19）。

2)全面查明区域工程地质结构

综合考虑地形地貌、次一级地貌、地层岩性、岩土体结构、工程地质问题及工程建设适宜性，将全区分为剥蚀侵蚀山地、侵蚀堆积、堆积平原、潮间带和潮下带工程地质区等5个工程地质区。根据岩土体结构、工程地质问题和工程建设适宜性，细分为11个工程地质亚区，若干工程地质区段。

在全区工程地质层序的大框架下，构建了重要节点的工程地质三维结构模型，详细分析了对工程建设影响较大的关键层（硬土层、软土、持力层）的工程性质及空间分布特征。

3)开展了城市规划建设工程地质适宜性评价，研究了沿海主要城市规划区及重点港区的建设工程地质条件

从天然地基适宜性、桩基础（第一桩基础、第二桩基础）条件适宜性、场地类别划分、饱和砂土液化、水土腐蚀性等方面对城市规划建设工程地质适宜性展开了评价，可为区内城市规划、重大工程选址提供依据；结合主要城市规划区的规划对浅层（0～10m）、次浅层（10～30m）地下水空间开发利用适宜性进行了评价，提出了工程建设及城市规划布局建议。

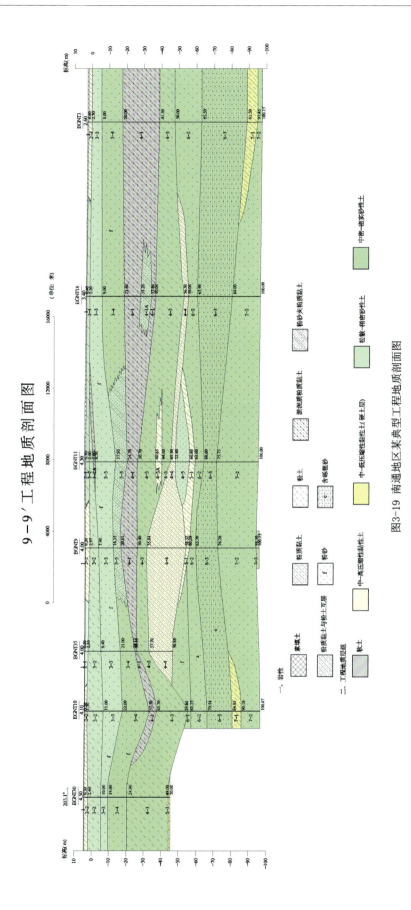

图3-19 南通地区某典型工程地质剖面图

3. 环境地质调查成果

1）查明了区域地下水淡水咸化分布特征及成因机制

分析了 20 世纪 60 年代—2015 年主采层第Ⅲ承压含水层地下水化学演化过程，地下水水化学表现明显的淡水咸化，其咸化区面积逐渐增大、TDS 含量逐渐增高。淡水咸化区的分布范围与地下水位漏斗区、Ⅱ/Ⅲ含水层之间的弱透水层变薄区、Ⅱ承压水咸水区总体一致，经研究，上覆咸水的越流补给是引起深层淡水咸化的最主要原因。

2）构建了综合多种监测手段的地面沉降监测网，查明了地面沉降的发展历史和现状

联合利用高分辨率 InSAR、水准测量、GPS、光纤监测及基岩标、分层标监测技术，摸清了沿海地区地面沉降的发展历史和现状。1985—2013 年，沿海地区累积沉降量大于 200mm 的区域面积达 1.059 万 km^2，最大累积沉降量达 700mm 以上（盐城市便仓镇）。2013 年压采地下水以后，沿海大部分地区地面沉降速率得到明显的控制，但射阳、滨海、响水和灌河口等地沉降速率仍超过 10mm/a，其中射阳、响水、灌河口沉降中心连续 3 年（2014—2016 年）沉降速率超过 30mm/a，是现今江苏省地面沉降发展趋势最为严重的地区之一。

3）首次系统摸清了软土、饱和易液化土、盐渍土的空间分布特征

①软土分布于连云港临海平原区，盐城市大丰以北的广大地区，最厚处位于连云港徐圩地区，最大厚度超过 30m。②饱和易液化砂土，区内砂性土广泛分布，大丰、东台古砂脊地区和黄泛平原区，20m 以浅多为砂层。经评价区内砂土液化问题主要分布于大丰、东台一带，其他地区零星分布。③盐渍土主要沿海岸线方向呈条带状分布，总体来说，北强南弱，自西向东、自陆向海，腐蚀性有逐渐变强的趋势。

4）系统查明了海岸带侵蚀、淤积现状，开展江苏海岸稳定性评价

江苏海岸侵蚀淤积并存，以淤积岸段为主，人工海堤遏制了侵蚀岸段的岸线后退趋势，但岸滩侵蚀加剧。根据海岸线变迁速率和岸滩侵蚀淤积速率，制定江苏省当前的海岸线稳定性分级标准。目前，江苏海岸可分为强侵蚀、弱侵蚀、强淤积、弱淤积、侵蚀淤积过渡、稳定 6 种类型。淤积岸段占海岸总长度的 50%，其中，强淤积海岸分布于新洋港至小洋港，长约 216.16km，近 30 年来海岸线每年平均向外推进 132.3~296.5m，近期实测滩面平均淤积速率介于 6~30cm/a 之间，淤高最明显的地段在辐射沙脊群内缘区的条子泥。侵蚀岸段占海岸总长度的 32%，其中，强侵蚀海岸分布于烧香河口至射阳河口、塘芦港口至圆陀角北，长约 259.81km，近期实测滩面平均侵蚀速率介于 8~20cm/a 之间。

4. 科技创新

1）探索验证了多种多层地下水监测的技术方法体系

沿海地区发育有多个含水层组，常规监测井只能满足单个层位的地下水动态监测。本次首先在海门三阳 HYHM7 孔尝试采用 Paker 技术开展了一孔多层抽水试验；随后采用井外侧管分层采样和井内多通道分层成井与监测技术，实现一孔多层地下水水位监测与水样采集，节约建设成本，提高监测能力（图 3-20）。

(a)   (b)   (c)

图 3-20 井旁测管（a）与连续多通道监测井管断面（b）和加工图（c）

2) 实现地下水流速、流向精准测量

调查过程中广泛使用地下水流速仪对多个不同深度的地下水监测井进行流速流向测量,实现了流速、流向的精准测量(图 3-21)。

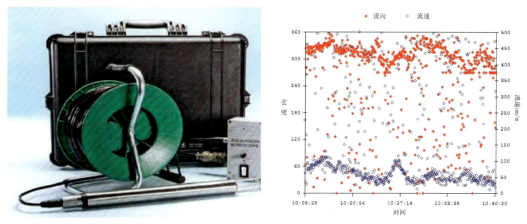

图 3-21　流速流向仪及测试结果

(三) 应用成效

项目形成了一批应用性成果,提出多项地质资源综合管理对策,部分成果已在有关部门得到应用。

(1)调查获取的包气带岩性分区、咸淡水空间分布以及地下水资源评价的最新成果被充分应用到"全国第三次水资源量调查(江苏域)"项目中。

(2)地下水资源评价结果以及地下水应急水源地的规划方案支撑了盐城、大丰地下水应急保障体系的建设,在盐龙湖水源地、大丰自来水公司施工的钻孔直接被纳入到当地的应急体系。

(3)地面沉降研究成果在江苏省地质灾害防治工作中发挥了重要作用,为相关规划编制、地面沉降控制区划分、江苏省地质环境公报编制提供及时有效的数据支撑。

(4)海岸线稳定性调查评价成果在"十三五"江苏沿海滩涂围垦规划修编过程中得到了运用,为滩涂资源从数量管理向数量、质量并重管理转变起到了推动作用。

二、徐州地区岩溶塌陷调查

(一) 项目简介

徐州是江苏省地质环境最脆弱的城市,岩溶分布广泛,3216km² 的城市规划区分布有 1800km² 的隐伏岩溶区,在以往的地下水开采及城市建设中,不仅频发岩溶塌陷,而且给建筑工程的地基处理带来很大影响,轻则造成漏浆现象,重则造成基桩下沉,由于塌陷分布在城市中心区,人口、建筑物密度大,造成严重的经济损失和不良的社会效应。"徐州地区岩溶塌陷调查"既是中国地质调查局"重点地区岩溶塌陷灾害综合地质调查"子项目,又是"徐州城市地质调查"的配套项目。项目在全面系统分析徐州地区以往成果的基础上,通过1:5万岩溶塌陷调查,系统分析了徐州地区地质环境条件,摸清了岩溶发育规律,深入研究了岩溶发育的控制因素,全面摸清了岩溶塌陷时空分布规律,研究了岩溶塌陷的地质模式和触发因素,提出岩溶塌陷发育判据,开展了岩溶塌陷易发程度评价和风险评价,提出了岩溶塌陷防治对策,为徐州城市规划布局、重大工程建设及防灾减灾服务提供了基础地质数据。

(二)主要成果及科技创新

1. 基本查明了徐州地区可溶岩地层岩性分布,摸清了岩溶发育规律及控制因素

徐州地区可溶岩为碳酸盐岩,赋存于震旦系贾园组、赵圩组、倪园组、九顶山组、张渠组、魏集组、史家组,寒武系猴家山组、昌平组、馒头组、张夏组、炒米店组,奥陶系三山子组、贾汪组、马家沟组及石炭系太原组中,岩溶发育在水平方向和垂直方向呈明显分带性,受可溶岩地层分布的影响,在平面上呈北北东向条带状展布,受断裂构造的影响,呈北东向"强—弱"相间展布,背斜核部相对较弱,而向斜核部相对较强,北西向废黄河断裂带局部增强的特点(图3-22);垂直上岩溶发育随深度增加而减弱,60m以浅为强岩溶发育带,线岩溶率21.64%,遇洞率30.07%;60～120m为中等岩溶发育带,线岩溶率9.07%,遇洞率13.65%;120m以深为弱岩溶发育带,溶洞发育较少。

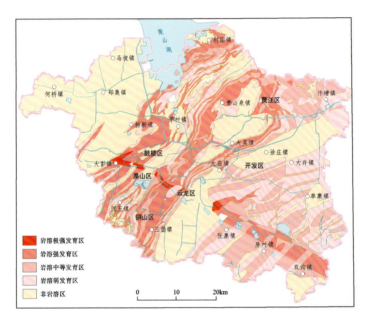

图3-22 徐州地区岩溶发育程度图

2. 建立了"单一透水型盖层""透-阻型盖层"等岩溶塌陷发育的地质模式

徐州地区岩溶塌陷均为土层塌陷,依据塌陷处的松散沉积层与基岩地层的接触关系,岩土的透水性及"岩-土-水"相互作用,分为单一透水型(砂性土单层结构)和透-阻型(砂性土-黏性土双层结构)2种岩溶塌陷发育的地质模式(图3-23)。单一透水型盖层模式其盖层为砂土单层结构,砂性土直接覆盖在岩溶发育的碳酸盐岩之上,形成水文地质"天窗",岩溶水开采加剧了孔隙水与岩溶水的联系与交替,在孔隙水渗透压与土体自重作用下,产生渗透变形破坏,在降雨或火车震动等触发因素下塌陷;透-阻型盖层模式其盖层为砂性土-黏性土双层结构,粉砂、粉土底部存在晚更新世沉积的黏性土,在岩溶水水位降至盖层以下时,潜蚀作用使软化的土粒带走而形成土洞,土洞加速向上及侧壁发展,在降雨等触发因素下致塌。

3. 基于岩溶塌陷的破坏模式及监测数据,首次提出徐州地区岩溶塌陷发育判据

根据地质模式和力学机理的不同对徐州地区典型塌陷进行了剖析,认为单一透水型的新生街塌陷

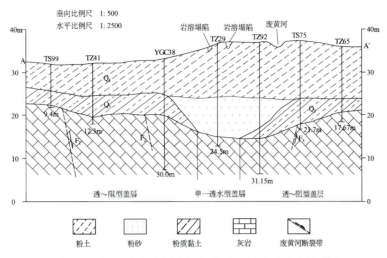

图 3-23 单一透水型盖层和透-阻型盖层地质模式剖面图

的致塌模式为潜蚀—渗透变形—重力致塌,岩溶水开采是其主要诱因,废黄河水位的变化及降雨是其触发因素;透-阻型的民主北路塌陷的致塌模式、吸蚀-剪切变形-重力致塌模式,岩溶水开采是其主要诱因,触发因素为降雨。

根据徐州地区地质条件、塌陷地质模式(单一透水型盖层和透-阻型盖层)、塌陷破坏模式(渗透变形破坏和剪切变形破坏)、塌陷动力模式(重力致塌、潜蚀致塌、吸蚀致塌和振动致塌),提出 2 种岩溶塌陷发育判据。

1)临界水力梯度值

通过室内土工试验,计算第四系底部黏性土发生渗透变形破坏的临界水力梯度值,作为岩溶塌陷初期土洞发育的判据,50 组第四系底部黏性土原状土样室内试验测试表明:徐州地区的临界水力梯度值为 0.85~1.16。

2)水位回升拐点值

通过监测资料分析,识别以往岩溶塌陷与岩溶水水位变化的关系,发现新生街的 4 次塌陷均是发生在水位降至基岩面下回升或骤升的过程中,动水压力作用导致岩溶塌陷产生。显然,岩溶水位低于基岩顶板这一临界条件出现后,失托加荷效应、真空负压作用的发生,潜蚀效应加强,岩溶塌陷发生概率加大,即岩溶塌陷受控于地下水位的变化,与地下水的剧烈波动密切相关,地下水位下降至基岩面附近时,是岩溶塌陷较活跃的时期。据此可将岩溶水水位在基岩面以下出现拐点后的回弹作为岩溶塌陷的发育判据(图 3-24)。

图 3-24 塌陷区水位与塌陷的时间关系图

4. 建立岩溶塌陷易发程度评价指标体系,进行岩溶塌陷易发性评价

岩溶塌陷易发程度评价指标体系依据岩溶发育条件、覆盖层条件、水动力条件建立,由 3 个条件层、8 个因子层组成。岩溶发育条件主要考虑碳酸盐岩溶蚀性、断裂密度等 2 个指标;覆盖层条件主要考虑土层结构、土层厚度、砂性土与黏性土厚度比等 3 个指标;水动力条件主要考虑岩溶水最大月变幅、岩溶水距基岩面距离、孔隙水与岩溶水水位差等 3 个指标。以 MapGIS 的空间分析模块为评价平台,依据建立的岩溶塌陷易发程度评价指标体系,采用层次分析,进行岩溶塌陷易发程度评价。徐州地区岩溶塌陷易发区面积 1360km²。其中,高易发区面积约 11.50km²、中易发区面积约 120.2km²、低易发区面积约 1 228.3km²(图 3-25)。

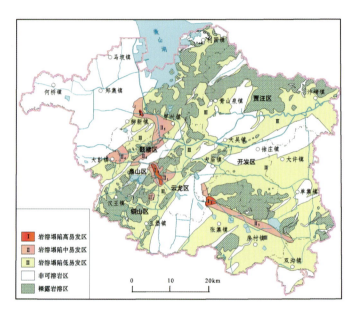

图 3-25　岩溶塌陷易发程度分区图

5. 以岩溶塌陷为约束条件,首次划定了岩溶水水位控制红线

基于渗透变形理论,以不允许土体中发生渗透变形,即不产生岩溶塌陷为约束条件,控制水力梯度小于土体自身的临界水力梯度划定岩溶水水位控制红线。为保障地质环境安全,将实际水力梯度与临界水力梯度的比值为 1.5 时的水位降深作为安全水位控制红线,据此划定岩溶水水源地水位控制红线。在分析七里沟、丁楼—茅村、张集等主要水源地岩溶水水文地质条件、覆盖层特征、水位降落漏斗演变的基础上,计算各水源地临界水力梯度,划定水位控制红线。提出严格执行岩溶水开采规划、建立岩溶水开采管理模型、完善岩溶水动态监测网等地下水开采管理建议。

(三)应用成效

1. 进行了地铁沿线岩溶塌陷风险评价

依据地铁 1、2 号线工程地质钻探资料,提取相关地层岩性、结构和厚度指标,根据岩溶塌陷水位降深控制红线的确定方法,计算得到地铁 1、2 号线各段的临界水力梯度,划定地铁 1、2 号沿线岩溶塌陷水位控制红线(图 3-26、图 3-27)。

根据地铁线沿线地质结构、岩溶发育特征、覆盖层特点、地铁工程可能采取的工程措施,分段进行铁沿线岩溶塌陷风险评价。地铁1号线岩溶塌陷高风险段8.09km,可能诱发突水突泥型岩溶塌陷;岩溶塌陷风险中等段3.36km,可能诱发突水突泥型岩溶塌陷;地铁2号线岩溶塌陷高风险段7.40km,可能诱发突水突泥型岩溶塌陷;岩溶塌陷风险中等段0.40km,可能诱发突水突泥型岩溶塌陷;地铁3号线一期工程岩溶塌陷高风险段5.51km,可能诱发突水突泥型岩溶塌陷。

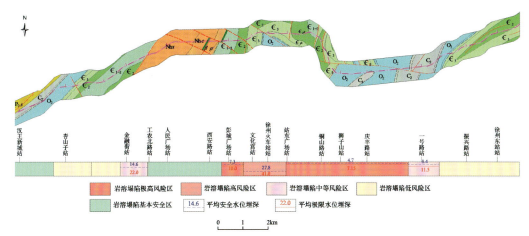

图3-26 徐州市地铁1号线水位控制红线及岩溶塌陷风险评价图

图3-27 徐州市地铁2号线水位控制红线及岩溶塌陷风险评价图

2. 公开发表多篇学术论文,积极推广项目经验

《徐州地区岩溶塌陷调查》成果积极向社会推广,介绍项目的成功经验和教训。依据研究成果撰写了多篇论文,已公开发表15篇,其中SCI 4篇、中文核心6篇,并申请2项实用新型发明专利。

三、宜兴市幅、丁蜀镇幅、徐舍镇幅、张渚镇幅环境地质调查

(一)项目简介

2015年,江苏省国土资源厅与中国地质调查局启动了"苏南现代化建设示范区综合地质调查"项目,江苏省地质调查研究院以宜兴市为试点地区于2015—2017年开展了1:5万宜兴市幅、丁蜀镇幅、徐舍镇幅、张渚镇幅环境地质调查工作,项目编码为12120115043201。项目查清了宜兴市水文地质工程地质条件及地质灾害与地质遗迹分布特征,并立足矿地融合,着眼成果转化,围绕宜兴市经济社会发

展规划,在地下水资源开发、工程建设适宜性评价、浅层地温能利用、地质遗迹开发、地质灾害防治等方面提出了多项建议,有力支撑了宜兴市矿地融合建设示范区的申报及建设。

(二)主要成果及科技创新

1. 基本查明宜兴市水文地质条件,分析了地表水、地下水水质

宜兴市地下水按含水介质、水动力特征,可分为孔隙水、岩溶水和基岩裂隙水三大类型,孔隙水按其埋藏条件,又可分孔隙潜水和孔隙承压水。其中孔隙承压水与岩溶水具备开采价值。孔隙承压水主要分布在宜兴市北部平原区,岩性以粉砂、粉细砂为主,顶板埋深30~35m,总体上由西南向东北含水层厚度增大,西北部的新建镇和东北部的和桥镇、万石镇等区域单井涌水量达到300~1000m³/d。岩溶水主要分布在张渚盆地和湖㳇盆地,主要由奥陶系红花园组、三叠系青龙组、二叠系栖霞组、石炭系黄龙组、船山组等灰岩地层组成,裂隙溶洞较发育,单井涌水量一般为500~1000m³/d,局部单井涌水量2000m³/d。

调查采集水样146组,分析发现宜兴市水质状况不容乐观,地表水17组样品中,Ⅳ类水以上占总调查数量的42%,主要影响指标是总氮和总磷。潜水以Ⅲ类和Ⅳ类水为主,Ⅲ类水占总数的30%,Ⅳ类及Ⅴ类水占总数的70%,Ⅳ类水基本分布全市,Ⅴ类水集中分布在丁蜀镇、芳桥镇和红塔附近,与工厂、企业布局有较大的联系。深层地下水水质较差,主要以Ⅳ类和Ⅴ类水为主,影响深层地下水水质的主要指标为铁、锰、氨氮和亚硝酸盐及硝酸盐等(图3-28)。

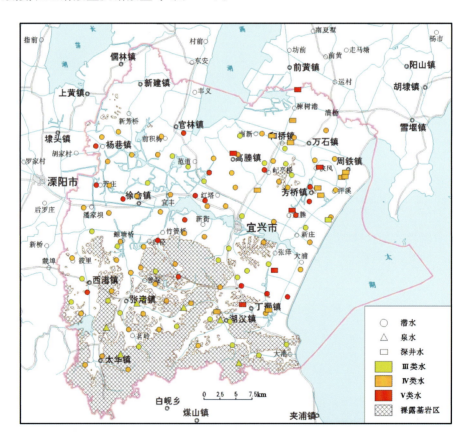

图3-28 宜兴市地下水综合水质分布示意图

2. 建立了宜兴市工程地质层序,进行了建设用地适宜性分区评价

根据工程地质层组划分原则与标准,将本区土体(主要是地表以下 50m 深度范围)划分为 8 个工程地质层,25 个工程地质亚层。根据地形地貌、水文条件、工程地质、不良地质作用与地质灾害等因素,对建设用地地质环境适宜性进行综合分析,宜兴市整体上工程建设适宜性较好,适宜性一般区及较差区域主要分布在南部丘陵山区、太湖、西氿周边等,主要不利因素有软土、地面塌陷隐患等,建议宜兴城市发展以向北部芳桥、高塍、周铁、和桥等镇为主,地势平坦,地面高程在 3～4m 之间,土层较均匀,地基承载力较高(图 3-29)。

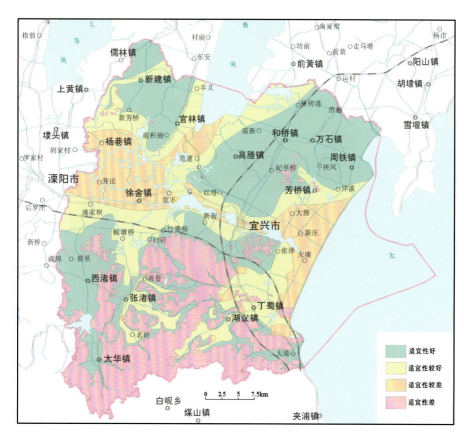

图 3-29　宜兴市工程建设地质环境适宜性评价示意图

3. 查清地质灾害分布,提出了地质灾害防治建议

运用遥感、野外调查、物探及钻探等多种方式查清了宜兴市的滑坡、崩塌、地面塌陷、地面沉降等地质灾害的分布特征及发育规律。本次调查统计宜兴市存在滑坡隐患 19 处,崩塌隐患点 87 处,主要分布在太华镇、张渚镇、丁蜀镇、湖㳇镇等低山丘陵地带,具有量多面广、规模小、突发性强的特点(图 3-30),露天采矿、建房修路、开挖边坡等人类工程活动是滑坡、崩塌隐患形成的主要因素,宜兴市南部的湖㳇、张渚盆地区石灰岩埋藏浅,平均不足 30m 深,易形成岩溶塌陷;宜兴市川埠煤矿、任墅煤矿和黄龙山陶土矿采空区距离宁杭高速公路、新长铁路和镇区、村庄建筑物较近,采空塌陷隐患较大(图 3-31)。此外最新 InSAR 解译数据显示,宜兴市西北部 2017 年地面沉降速率达 40mm/a,为苏南地区沉降速率最大,应引起警惕。

图 3-30　牛山滑坡

图 3-31　任墅煤矿塌陷坑(现状为鱼塘)

4. 基本查明宜兴市地质景观资源分布,为整合旅游资源提供了数据基础

宜兴市岩溶景观规模之大、数量之多为全省之最。宜兴市现存溶洞景观 71 处,其中具备开发价值的 21 处,其中善卷洞、张公洞、灵谷洞、慕蠡洞已成为著名旅游景区;岩溶景观在垂向上可分为 4 层,记录了漫长的地质演化史上地壳间歇性升降运动和地下水侵蚀基准面变化,是绝佳的地质科普旅游资源。黄龙山是宜兴陶文化的发源地,牛犊山是省内目前唯一发现恐龙蛋化石的产地,均具有丰富的地质科学内涵,有利于整合旅游资源,促进绿色经济增长。

5. 梳理了宜兴市露采矿山治理情况,因地制宜提出了治理修复及合理开发建议

宜兴市未治理露采关闭矿山 91 处,露天在采矿山 6 处。露采矿山多为石灰岩、砂岩矿山,矿山点众多,普遍为凹陷式开采,矿区面积较大,边坡高陡,宕底积水成塘,破坏自然景观,影响生态环境,易诱发地质灾害。对三区两线废弃露采矿山应坚持"宜农则农、宜建则建、宜景则景"的原则实施开发式治理(图 3-32~图 3-34)。

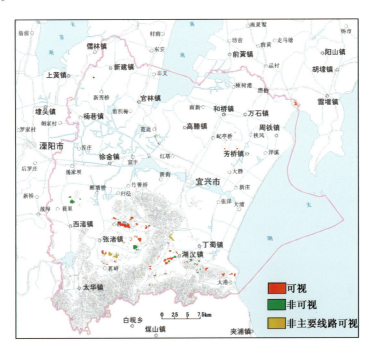
图 3-32　宜兴市露采矿山可视情况分析示意图

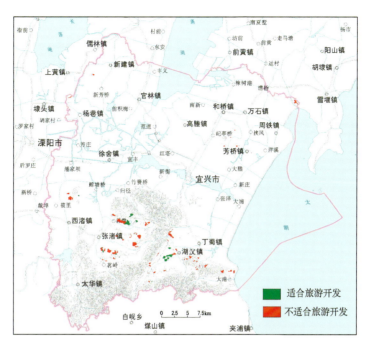

图 3-33　宜兴市露采矿山旅游前景分析示意图

图 3-34　宜兴市部分采石宕口利用现状

根据调查分析，91处废弃矿山中，18处露采矿山剖面典型，构造形迹丰富，山水相依，景色优美，具备地学科普和旅游开发潜力；10处露采矿山宕底平整，边坡高差较小，地质灾害隐患小，且位于交通干线两侧或城市附近，区位优势明显，总面积超过96万 m^2，土地价值潜力巨大，建议复垦为建设用地，按照国家土地政策转做后备建设用地；53处适宜复垦为园地或林地，总面积超过346万 m^2，可提高生态省建设中环境保护的森林覆盖率和采矿宕口环境治理率等指标。

（三）应用成效

1. 项目成果支撑了宜兴市矿地融合示范区的创建

通过进一步挖掘废弃露采矿山土地资源属性，因地制宜提出治理开发建议，为治理废弃矿山，实现土地资源再利用提供了方向，推动了宜兴市矿地融合示范区的创建工作，充分发挥了地质工作成果服务自然资源管理和地方发展的基础性支撑作用。

2. 编写《宜兴市西北地区地面沉降调查简报》，为新建镇地面沉降防治提供了科学依据

结合 InSAR 解译数据及野外调查，查明了宜兴市新建镇周边地面沉降发育趋势，初步分析了其地面沉降成因，提出了"加强地下水资源的开采管理""开展定期监测及预警"等防治建议。

四、江阴县幅、祝塘镇幅环境地质调查

(一)项目简介

2017年，南京地质调查中心委托江苏省地质调查研究院开展"江苏 1∶5 万江阴县(H51E001002)、祝塘镇(H51E002002)幅环境地质调查"，隶属"苏南现代化建设示范区 1∶5 万环境地质调查"二级项目，主要任务为开展江阴县、祝塘镇幅 1∶5 万环境地质调查，系统总结江阴市多年水工环地质资料，综合评价江阴市区域水文地质条件、工程地质条件和地质灾害现状，进行江阴市地质资源环境承载力评价，提出城乡规划建设建议研究。

(二)主要成果及科技创新

1. 查明水文地质条件，进行了地下含水层系统分层研究

江阴市地下水按含水介质、水动力特征，主要为孔隙水和岩溶水两种类型，孔隙水按其埋藏条件，可分孔隙潜水和孔隙承压水，其中Ⅱ承压含水层水量极为丰富。考虑含水砂层的空间分布规律、地下水流场及地下水循环中的径流条件等因素，可将全市划分为澄西、澄中、澄南 3 个水文地质区。澄西区及澄南区主要赋存松散岩类孔隙水即Ⅱ承压含水层，澄中区则以碳酸盐岩类岩溶水和碎屑岩类构造裂隙水为主。岩溶水主要分布在江阴市区云亭一带，呈东西向条带分布。含水岩组主要由石炭系船山、黄龙组，二叠系栖霞组，三叠系青龙组等灰岩地层组成，在断裂构造和地下水溶蚀作用下，裂隙溶洞比较发育。此次在云亭工业园区进行了岩溶水钻探，从抽水试验结果看，水质较好，水量较丰富。

2. 对江阴市地下水水质进行了分析，评价地下水的防污性能

江阴市地下水水质状况总体较差，从分布状况看，Ⅴ类水主要分布在江阴东部到徐霞客镇附近，华士镇、云亭街道水质略好(图 3-35)。根据检测结果，主要影响潜水水质的指标为锰、铁等。江阴市地下水防污性能好的地区主要位于丘陵、岗地，以及西部靠近常州地带。璜土、月城等地，防污性能较好。沿江漫滩、江阴市区、祝塘、新桥等平原区防污性能较差。江阴市区东北部，周庄、青阳、华士、徐霞客镇等局部地区防污性能差。

3. 建立了工程地质层序、全面掌握了江阴市工程地质条件，划分为 9 个工程地质层，19 个亚层，局部软土分布，对工程建设不利

根据工程地质层组划分原则与标准，将本区土体(主要是地表以下 50m 深度范围)划分为 9 个工程地质层，其中部分工程地质层根据物质成分和工程特性指标的差异，又划分出 19 个亚层。以地貌类型为工程地质分区的基本依据，将工作区分为低山丘陵工程地质区(Ⅰ)、冲湖积平原工程地质区(Ⅱ)、长江下游河道平原区(Ⅲ)3 个工程地质区(图 3-36)。

江阴市软土主要分布在城区中部和东部、祝塘镇东北部(图 3-37)。软土体存在的主要工程地质问

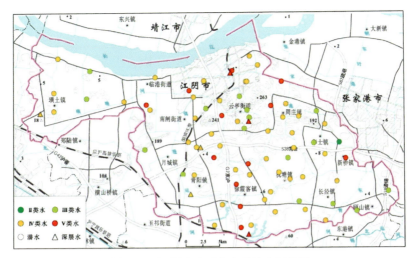

图 3-35　江阴市地下水水质综合评价图

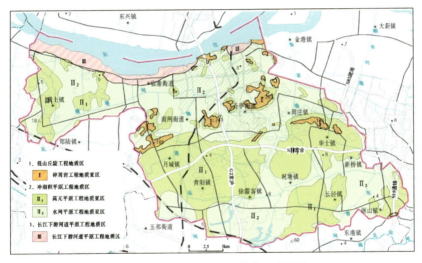

图 3-36　江阴市工程地质分区示意图

题表现为：强度低，具触变性、流变性、不均匀性和高压缩性等，因而影响地基的稳定性，诱发工程地质问题，给工程施工带来危害。江阴市软土厚度从 1.6～7.7m 不等，埋深为 1.5～3.2m，主要岩性为淤泥质粉质黏土夹杂软塑状粉质黏土。该层 $w=39.0\%$，$e_0=1.054$，$IL=1.25$，$a=0.73$，含水率高，孔隙率大，压缩性高，强度低，工程地质性质较差，属不良工程地质层，工程建设中应采取相应的处置措施，以消除其对工程建设的不利影响。

4. 摸清了江阴市地质灾害发育规律，主要地质灾害类型有滑坡、崩塌、地面沉降和地裂缝

江阴市主要地质灾害类型有滑坡、崩塌、地面沉降和地裂缝。在社会经济迅猛发展的时代大背景下，当地对自然资源的过度开发严重地破坏了原生地质环境，诱发了一系列地质灾害问题。2005 年之后，江阴市进入地质灾害全面治理阶段，相继关停了境内所有矿山宕口和地下水开采深井，分批对地质灾害隐患点进行治理，全区地质环境逐渐改善。经调查，现有滑坡隐患 12 处，崩塌隐患 37 处，主要分布于中部低山丘陵区。

从 2000 年苏锡常地区全面实行地下水禁采的决定至今，绝大多数地面监测点数据持续多年反弹，只有祝塘、璜塘、青阳、马镇局部有沉降，年沉降量不超过 5mm。与区域地面沉降减弱趋势一致，地裂缝活动性也呈减弱趋势，差异性累计沉降量没有持续扩大。

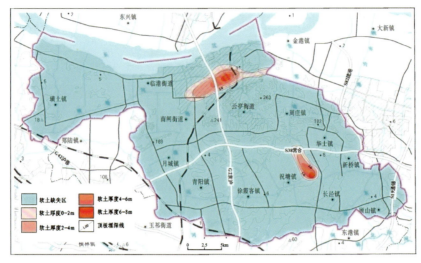

图 3-37　江阴市软土体分布图

5. 进行了浅层地温能资源评价,200m 深度范围内浅层地温能热容量为 $5.33×10^{14}$ J/℃

根据江阴市的浅层地温能的赋存条件,运用层次分析法进行了江阴市浅层地温能适宜性分区,分区结果表明江阴市大部分地区适宜进行地埋管地源热泵系统开发浅层地温能,其中适宜区面积为 446.8km^2。不适宜区的面积为 61.4km^2,为生态红线一级管控区,区内严禁一切形式的开发建设活动。

计算得到研究区 200m 深度范围内,浅层地温能热容量为 $5.33×10^{14}$ J/℃,每摄氏度浅层地温能相当于节约 637 万 t 标煤,可实现二氧化碳减排量 1 520.67 万 t,二氧化硫减排量 10.83 万 t,粉尘减排量 5.10 万 t。

（三）应用成效

本次调查显示云亭地区岩溶地下水资源丰富,本次施工钻孔单井涌水量可达 1572m^3/d,且水质优良,应急开采不会加剧地面沉降趋势。目前,江阴市已经在临港开发区黄丹村建立了地下水应急备用水源地（图 3-38）,绮山应急备用水源地也正在建设中,岩溶地下水的发现可进一步优化宜兴市应急供水结构。

图 3-38　江阴市供水管网现状及应急水源地建设规划图

第三节 地下水资源及污染调查评价

一、江苏省地下水资源调查评价

(一) 项目简介

从20世纪80年代以来，苏锡常地区农村地区的地下水开发利用形成了以农村包围城市的开采局面，苏北地区城市开采也有了较大的发展，并因此形成了大规模的地下水降落漏斗，并引发了严重的地面沉降。在此背景下，中国地质环境监测院根据2000年度国土资源大调查项目计划，以中地环发〔2001〕54号文下达；任务书编号为0299209078；项目编码为ZK5.4，开展包括江苏省在内的全国地下水资源评价工作，要求在以往历次地下水资源评价的基础上，对地下水资源的数量、质量、时空分布特征和开发利用条件重新做出科学的、全面的评价，制订地下水资源规划，提出合理开发、高效利用、有效保护、科学管理的布局和方案，为全省水行政主管部门今后30年地下水资源开发利用与管理提供决策依据，促进和保障经济建设与地质环境协调发展，以地下水资源的可持续利用支持经济社会的可持续发展。由该项目与其他各省地下水资源评价整合的《全国地下水资源评价》2007年获国土资源部国土资源科学技术一等奖。

(二) 主要成果及科技创新

1. 对全省的地下水开采历史与现状进行了全面调查与分析

省域内地下水的开发利用具有悠久的历史。近年来大量的考古成果证明，在太湖流域及一些古老的城市地区，地面以下若干米内均发现了较多的古井。深层地下水的开发利用最早的可追溯到解放之前，当时限于徐州、南京等个别城市；形成规模开采是在20世纪60年代之后，大部分作为工业用水，仅徐州、常州市区的开采深井水应用于城市居民的生活供水；至70年代后，地下水的开发利用在城市地区形成了一定的开采规模，中心城市区的开采量在2万～10.4万 m^3/d 不等，全省平均日开采量达39.67万 m^3，其中苏州市为各城市之最。

20世纪80年代以后，苏锡常地区从城市向广大的农村地区扩展，苏北地区城市开采也急剧上升，并在90年代形成高峰，至2000年，全省共计开采井27 154眼，开采量138 875.69万 m^3，苏锡常地区形成了严重的地面沉降，由此江苏省人大下达了禁采令。

2. 根据前人的研究成果，对全省的水文地质重新进行了划分，利用均衡法进行了地下水资源分区计算，重新评价了地下水可开采资源、深层承压水可开采储存量

根据区域内地层沉积分布特征、含水砂层的空间分布规律、地下水流场及地下水循环中的径流条件，将全省划分为4个地下水资源区，9个资源亚区，21个水文地质块段（图3-39）。计算结果表明，江苏省山区可采资源量为3.05亿 m^3/a，浅层孔隙水可采资源量为126.79亿 m^3/a，总可采资源量为129.84亿 m^3/a。江苏省孔隙地下水含水砂层厚，孔隙水静储量达4 363.9亿 m^3，弹性储存量46.1亿 m^3。

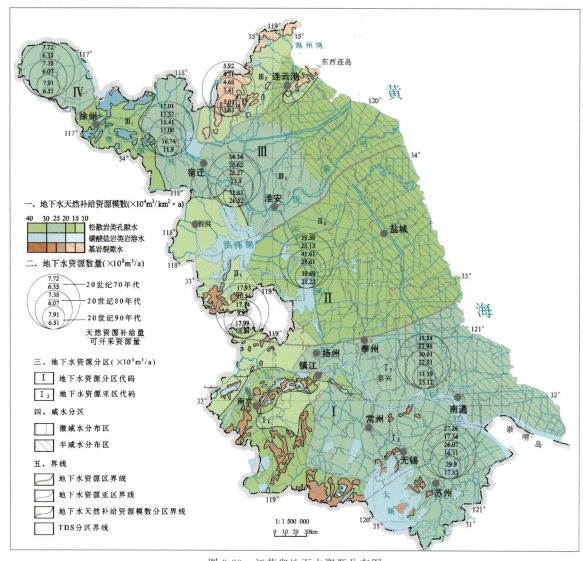

图 3-39　江苏省地下水资源分布图

3. 进行全省超采区划分和地下水资源规划

根据水利部《地下水超采区评价导则》，结合江苏省深层地下水资源的分布规律和开发利用现状，以及江苏省所处黄海之滨、长江淮河下游沉积平原地势低平、第四系松散厚度大等特定的地质环境背景条件，综合考虑了环境地质问题、地下水水位、开采潜力指数等 3 种因素，进行了超采区划分。基于地下水可采资源量评价和超采区划分，进行了全省地下水资源规划。

（三）应用成效

项目在以往各市县地下水资源评价的基础上，评价了全省地下水资源的数量、质量及时空分布特点和演变趋势，划分地下水超采区，提出了地下水资源开发、节约、保护等相关措施，支撑了江苏省地下水资源开发利用规划编制和地下水资源统一管理。

二、苏锡常地区浅层地下水资源前景与开发利用示范

(一)项目简介

为遏制苏锡常地区地面沉降、地裂缝等一系列环境地质问题的发生发展,江苏省人大下达苏锡常地区地下水禁采令,要求超采区3年内、非超采区5年内全面禁采深层地下水。禁采虽然缓解了地质环境恶化的问题,但远离城市供水管网的乡村地区及中小企业供水矛盾日趋突出,为此,中国地质调查局与江苏省政府联合开展"苏锡常地区浅层地下水资源前景与开发利用示范"项目工作,工作年限2003—2004年。项目旨在查清苏锡常地区浅层地下水水质现状,开展浅层地下水开发利用示范,评价其开发利用前景及其地质环境效应,为浅层地下水合理开发利用提供依据。

项目开展了浅层地下水资源分布及评价、取水工程技术研究及环境效应分析、浅层地下水开发利用规划等3个方面的深入研究,完成8处3种不同井型的示范工程,并向社会推广,取得了较好的经济与社会效应。该项目2008年获江苏省国土资源科技创新一等奖,2009年获国土资源部国土资源科学技术二等奖。

(二)主要成果及科技创新

1. 主要成果

1)完成了苏锡常地区浅层地下水资源评价

查清苏锡常地区浅层地下水的水文地质条件,划分了浅层地下水系统,计算出苏锡常地区潜水的天然资源量约为$10.46\times10^8 m^3/a$;以不发生地下水位持续下降、地面沉降等环境地质问题为控制目标,微承压水的可开采资源量约为$3.1\times10^8 m^3/a$(图3-40)。

浅层地下水中原生性的铁锰离子含量较高,在一定程度上影响了整体水质,铁锰离子经适当处理后,将具有广阔的开采前景。

2)提出了不同地区、不同地质条件下的最佳适用井型

利用大口井、子母井、排井等3种井型进行示范对比,进行了各种水文地质、工程地质、环境地质试验。在相同地层条件下,大大提高了示范井型的出水量,例如梅李示范排井的出水量达$1000m^3/d$,是传统开采井型出水量的3~5倍,取得了较好的示范效果。

通过此次示范工程的施工,从微承压含水层发育情况、顶板岩性、水位埋深等几个方面对各自的适用条件进行分析,提出了不同地区、不同地质条件下的最佳适用井型。

苏锡常地区因超采深层地下水诱发严重地面沉降,为研究开采浅层地下水的环境效应,在示范工程结束后,均埋设了地面形变监测墩或建设了分层标组,在其开采使用期间对埋设的地面形变监测墩、分层标进行定期测量,研究地面形变特征。

2. 创新点

(1)摒弃了以往浅层水单一的开采模式,分别采用大口井、排井、子母井等多种形式进行试验对比,摸索出一整套切实可行的开发浅层地下水资源开采方法,可作为苏锡常地区浅层地下水开采的指导书。

(2)首次将区域浅层水资源作为主载体进行多层次探索研究,研究其补、径、排特点及水化学演化规律,为深层地下水禁采的苏锡常地区合理开发浅层地下水提供理论及技术依据。

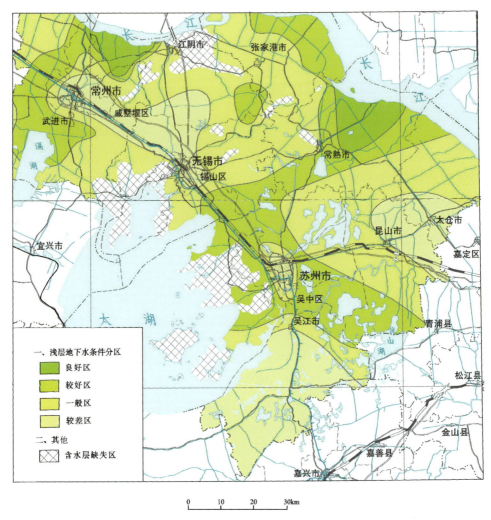

图 3-40 苏锡常地区浅层地下水开发利用条件分区图

(3)首次运用 GMS 软件建立全区的浅层地下水水流模型,以不发生地下水位持续下降及地面沉降等环境地质问题为控制目标,评价微承压水的可开采资源量,把保护生态环境放到首位。

(4)首次对苏锡常地区进行浅层地下水防污染性能评价,评价结果为政府部门制定土地利用和地下水保护规划提供科学依据。

(5)首次在苏锡常地区针对不同区域、不同地层特点进行浅层地下水开发利用规划,综合考虑开采模数、适用井型、用途等多方面因素,可操作性强。

(6)在浅层地下水开采示范工程研究中充分体现了"生态优先"的新型理念。主要表现在浅层地下水资源的可再生及可循环性、浅层地下水的开采加快浅层地下水水循环、针对深层地下水开采中所出现的严重环境地质问题,进行了地面沉降研究。

(三)应用成效

(1)建立 8 处浅层地下水开发利用示范工程,针对不对地质条件提出了不同的适用开采方式,提高了出水效果、施工容易、操作简单,已在苏锡常地区得到推广,经济效益和社会效益明显(图 3-41、图 3-42)。

(2)依据本调查研究成果,在苏州城市规划区、常熟、昆山、吴江、江阴等地开展了浅层地下水资源的进一步调查工作,并应用于当地的开发利用规划。

图 3-41 龙虎塘示范工程外观图

图 3-42 国家环资委主任、国土资源部副部长蒋承松对福山示范工程进行指导

三、江苏平原地区地下水污染调查评价

(一)项目简介

江苏省经济发达、人口密集,地质资源贫乏,地质环境脆弱。在快速推进的城市化进程中,因自然和人类因素影响,形成了较为严重的环境污染,部分地区地下水污染严重,群众的生存健康受到严重威胁,制约经济可持续发展,为此,2006年中国地质调查局下达"江苏平原地区地下水污染调查评价(淮河流域)"工作项目任务书,任务书编号为水〔2006〕005-04,工作项目编码为1212010634504。研究成果为科学开发利用地下水资源、有效保护水土环境质量、支撑生态文明建设提供保障,取得了显著成效。该项目与江苏地区地下水污染调查评价(长江三角洲)项目整合的"江苏省水土污染调查及规划应用"项目获2015年国土资源部国土资源科学技术二等奖。

(二)主要成果及科技创新

1. 探讨地表水与地下水之间的转化关系;建立岩溶地下水溶质运移模型演绎四氯化碳运移规律;解析离子相关性的巨大变化、piper图上离子的迁徙,深化水质演化特征研究,为淮河流域地下水污染的研究、成果应用打下坚实基础

(1)地下水化学演化趋势研究表明,区内浅层水大幅变淡,人类开采是演化的主要原因。

利用20世纪80年代、21世纪初和本次水质3期资料,全区分14个单元研究,发现30年来离子间大量从不相关向高度相关变化,piper图上,多地显示以非碳酸碱金属区向碳酸碱金属区、次生盐度向次生碱度区位移。项目结合当地环境的变化、地下水开发利用、土壤酸碱度等因素进行剖析。研究表明,地表水质恶化促使浅层水开采激增,地下水径流加快、地下水循环更新是主因。妥善开采浅层水资源($130.8 \times 10^8 \mathrm{m}^3/\mathrm{a}$),可缓解水资源紧缺问题,并改善当地的生态环境。

(2)建立七里沟水源地四氯化碳溶质运移模型。

20世纪末,七里沟水源地发生大规模四氯化碳污染事件,最大超标2000多倍,历经10余年仍超2~10倍。根据四氯化碳在水中的贮存特点与运移特征,结合岩溶水源地裂隙发育特点,采用Visual Modflow建立非稳定流模型,建立地下水流场;采用Visual Modflow中地下水溶质运移模块MT3DMS,建立溶质运移模型,模拟七里沟水源地在现状开采条件下四氯化碳污染物的扩散趋势。衰减预测以海河西路水厂(峰值点)为基准点,利用2009年5月以前10年在地下水中的衰减规律,通过四氯化碳运移模型,模拟四氯化碳浓度衰减规律(图3-43、图3-44)。

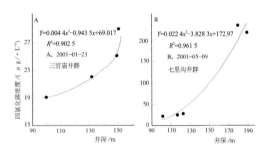

图3-43 岩溶水中四氯化碳含量与井深相关性

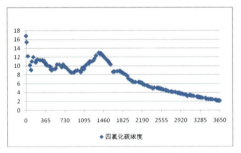

图3-44 四氯化碳浓度衰变曲线预测图

(3)选择江苏盱眙沿淮地区进行地表水与地下水补给关系研究,探讨淮河对地下水的补给能力与溶质运移规律,结果认为污染的淮河水尚未对沿淮地区饮用水安全构成威胁。

江苏盱眙沿淮地区以地下水为饮用水水源。淮河水长期为不适宜饮用的Ⅳ-Ⅴ类水,淮河河床切割承压含水层,水位长年高于地下水水位,水力坡度1:1000左右,持续向地下水补给。分析对比系列水质测试资料,辅以相关分析、聚类分析等方法进行研究、验证。研究表明,水质影响范围仅局限于距淮河800m以内的地下水,水质与淮河水相关性高,相关系数约为0.75~0.8,向外水质优异;相关分析还表明,地下水与淮河水水质间存在着较明显的滞后效应,滞后时间约4~5个月,与地下水运移规律吻合。

2. 创建区域水土结合调查评价新模式。充分利用工作区生态地球化学土壤测试资料,针对性采集地下水水样,研究土壤与地下水之间的溶滤作用和转化规律,对淮河流域(江苏段)主要污染因子的演变规律进行深入研究,为地下水污染研究提供思路与理论方法

本项目大量利用江苏省生态地球化学土壤测试资料,有针对性地采集水样并补充土样,以超标严重的碘、氟、铁、锰、三氮等离子为重点,其他还包括铜、锌、铝等元素及四氯化碳等。

(1)控制土壤酸碱度,可有效抑制地下水中氟的富集,起到防控地方病的作用。

工作区丰沛、泗洪、泗阳、沭阳、铜山等地,是传统的氟地方病分布区,以丰沛地区分布最广。此次研究了 F^- 与围岩的矿物沉淀作用、蒸发浓缩作用、阳离子交替吸附作用等,氟区域分布特点为:①山前地带具水平分带性,从低山丘陵、岗地—山前波状平原—平原,随地下水流方向,F^- 质量浓度逐渐升高;②平原地区取决于土壤表层土壤与深层土壤含量之比值(人为活动环境富集系数 AC),研究成果表明,AC 越大,表示土壤环境受人类活动影响或作用越大,潜水中 F^- 含量越高。

丰沛地区土壤氟含量很低,AC 全省最高(1.2~1.4 左右),潜水氟含量与之一致;灌云、灌南土壤氟含量全省最高,但 AC 小于1,潜水氟含量符合饮用水标准。进一步研究表明,HCO_3^- 质量浓度高的弱碱性水化学环境是促进氟富集、增强其从沉积物向地下水中转化的主要因素,因此控制土壤酸碱度,可抑制地下水中氟的富集。

(2)碘是工作区浅层地下水中超标率最高的因子,且在地下水中浓度长期保持稳定,相同水文地质下,与土壤含量高度相关,长期饮用浅层水的居民食盐中不应加碘。

区内不论表层土壤还是深层土壤,碘含量多数地区稳定在 1~4mg/kg,但浅层水含量则千差万别,取决于地下水径流条件、蒸发作用。径流条件好、蒸发作用弱,地下水中碘含量较低;反之则较高,废黄河带因泛滥,地下水水流不畅,虽然土壤碘含量全省最低,却是典型的潜水高碘区,该带水文地质条件相仿,将潜水中的碘含量与土壤中的碘进行相关分析,相关系数达0.98,属高度相关;土壤有机质可促进水溶性碘形成;碘在地下水中的含量十分稳定,地下水需进行加、降碘处理时,可认为其浓度变幅变化小,从而降低成本。

(3)铁、锰是区内地下水中仅次于碘的超标元素,与氧化还原环境密切相关。

浅层水中,铁、锰与土壤含量关系较小,取决于地下水径流条件与氧化还原环境。地下水径流条件较好、开放式的氧化环境,多为铁、锰低含量区,如丘岗、山前倾斜平原;反之亦然,里下河洼地、废黄河带等地下水径流不畅的地区含量较高。

3. 建立调查成果与实际应用相结合的应用模式,项目实施中,与环保、水利部门多方保持紧密联系,将项目取得的成果与合作项目相结合,为项目成果的成功应用做出示范

(1)与环保部门合作,利用地下水污染调查资料,编写《江苏省地下水污染防治规划》。

江苏省为地下水污染规划试点省份,项目成果针对江苏平原地区水文地质条件及污染源分布特征,从污染源控制、合理开发利用地下水资源两个角度出发,提出地下水污染防治的对策措施和工作建议,已成为江苏省环保厅开展地下水保护工作的重要参考依据。

(2)与水利部门合作,将研究成果应用于地下水资源评价与开发利用规划有关课题。

与江苏省厅、县市有关水利部门合作,从江苏平原地区水文地质条件出发,结合污染源分布、地下水污染现状(图 3-45),综合开发利用现状,完成江苏省地下水开发利用规划、水位开采红线划分,为地下水合理开发利用提供了保障。

(三)应用成效

(1)项目组利用调查资料与环保部门合作完成的《江苏省地下水污染防治规划》成为江苏省地下水污染防治的基础性文本;与江苏省水利厅有关部门合作完成的《江苏省超采区评价报告》《江苏省地下水水位红线控制管理研究》则成为地下水开发利用的规范性文件,为地下水开发利用提供了科学技术支撑。

(2)项目成果有力地支撑了淮安市水利局地下水开发利用规划及淮安市国土局农用地分等定级等工作。

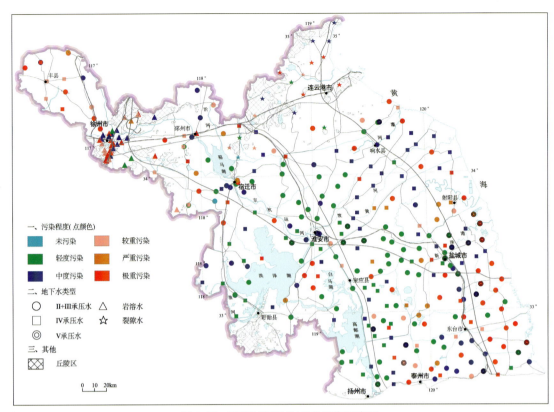

图 3-45　工作区深层地下水污染程度图

四、江苏地区地下水污染调查评价(长三角地区)

(一)项目简介

长江三角洲是我国经济最为发达的地区之一,随着社会经济的迅速发展,地下水的不合理开发利用以及各种环境污染的现象日益加剧,而且目前长江三角洲地区地表水环境污染已经十分严重,因此与地表水水力联系密切的浅层地下水污染状况也不容乐观。为此,中国地调局以水〔2006〕004-02号文向江苏省地质调查研究院下达了"江苏地区地下水污染调查评价"资源评价工作项目任务书,相关成果获得国土资源部科技进步二等奖和江苏省国土资源科技进步二等奖。

(二)主要成果及科技创新

1. 主要成果

1)查明污染源类型及分布特征

工作区污染源类型主要为工业污染源、农业污染源、生活污染源以及污染的地表水体和土壤等。严重污染的地表水已成为地下水的一个重要污染源。工作区内地表水体成网状分布,而河网良好的连通性及其与浅层地下水良好的水力联系,污染的河道和排污沟作为补给来源为地下水的污染提供了有利条件。

2)对工作区地下水质量进行了评价

(1)浅层地下水。

浅层地下水无机单因子质量评价结果较差的指标为锰、碘、铁、总硬度和亚硝酸盐。工作区浅层地下水Ⅰ类水缺失,绝大多数水质为Ⅳ类水和Ⅴ类水。Ⅴ类水分布面积约 15 095.3km², 占全区面积的1/3 (图 3-46);Ⅳ类水分布面积约 22 260.7km², 占全区面积的一半以上;Ⅲ类水和Ⅱ类水总面积约 2844km², 仅占全区面积的 7%;Ⅰ类水缺失。通过对各单指标和综合评价结果的分析,对综合评价结果影响较大的指标为:碘化物、亚硝酸盐、锰和铁。从空间分布上,长江以北的里下河洼地平原区和长江三角洲北部平原区水质较差,大部分地区为Ⅴ类水;宁镇低山丘陵区、山前波状平原和太湖水网平原地区以Ⅳ类水为主,且相连成片;Ⅲ类水主要分布在长江以南地区,且分布零散,断断续续。

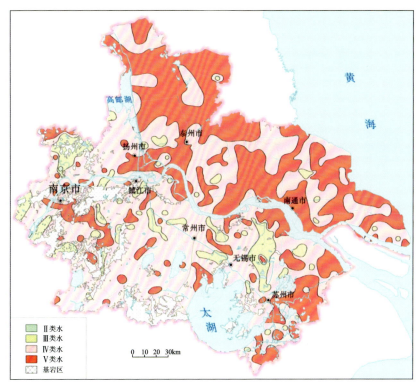

图 3-46 浅层地下水综合质量评价图

(2)深层地下水。

深层地下水综合质量评价中,Ⅰ类水缺失,Ⅳ类水 86 组占 51.8%,Ⅴ类水 57 组占 34.3%,除扬州局部地区外,Ⅳ类和Ⅴ类水广泛分布于全区(图 3-47)。

3)对工作区地下水污染现状进行了评价

(1)浅层地下水。

根据综合污染评价结果,工作区浅层地下水都已遭受严重污染,且相连成片。严重和极重污染分布区总面积约 2.43 万 km², 占全区面积的 2/3;中度污染和较重污染总面积约 1.54 万 km², 占全面积的 38.45%;轻污染区仅占 1.03%;整个工作区未污染区已不复存在。

从空间分布上,江北污染重于江南,污染相对较轻的地区主要分布于山前平原区。从水文地质单元分区污染情况来看,长江三角洲平原区、里下河平原区以及太湖平原区污染最为严重,山前波状平原区和宁镇低山丘陵区相对较轻,常规指标污染相对较重,导致综合污染较重,而太湖和长三角洲平原主要由于工业、农业以及城市化发展较快所排放废物较多,导致其区域浅层地下水污染严重。影响工作区浅层地下水污染状况因子主要是无机指标,有机指标仅卤代烃类和多环芳烃类等,其中工作区浅层地下水

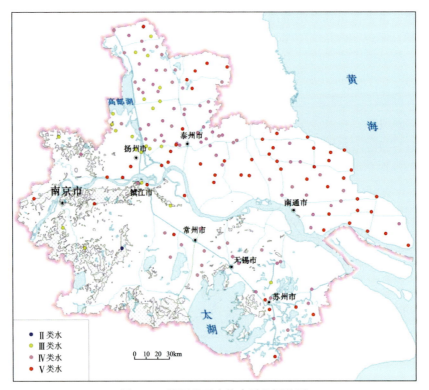

图 3-47 深层地下水综合质量评价图

达到严重、极重污染主要原因是锰、总铁、砷以及三氮因子的超标。

(2)深层地下水。

工作区深层地下水污染现状较为严重。未污染样点仅占 1.20%,较重以上污染点占总样点的 50%,其中极重污染占总样点近 1/3。从各含水层水质污染评价结果来看,Ⅰ承压水质污染最为严重,水质极重污染点占其总数的 45.45%;其次为Ⅲ承压水,极重污染占其总数的 30.26%;相对来说,水质较好的含水层为Ⅱ承压。

4)合理分析了典型污染场地地下水污染特征

典型场区地下水质量与污染评价结果显示,污染源附近水质最差或者污染最为严重,随着距离加大逐渐变好;地下水微流场是决定其地下水中污染物及扩散分布的主要影响因素。在局部地下水流场范围内,严重污染源的附近,沿着地下水流向,污染物浓度呈降低趋势,随着范围的增大,污染物浓度会逐渐缩小;含水层岩性亦是决定地下水污染物扩散范围及速度的重要因素之一。

5)初步探讨了浅层地下水污染途径及污染来源

工作区地下水污染途径主要有经地表水体间接污染地下水——水平渗透、扩散型;降水淋滤作用入渗地下水——垂直入渗补给型;农药、化肥经包气带污染地下水——垂直与水平渗透混合型;以及原生态污染等。

浅层地下水主要污染来源有 5 种,一是可能源于原生沉积环境;二是源于工业三废的排放;三可能源于农业过度使用化肥、农药等活动;四可能源于降雨携带污染进入地下水中;五可能源于土壤的污染。根据综合分析,工作区浅层地下水污染物来源于 5 种作用的综合结果,而不是单一作用的结果,相对来说,浅层地下水中有机污染和重金属分布特征和工业的分布具有很好的相关性,污染企业排污严重的地段,其浅层地下水有机和重金属污染较严重。

6)查明了工作区区域浅层地下水防污性能,并提出工作浅层地下水水防治区划

在综合分析调查区地下水系统防污染性能、地下水质量与污染现状、地下水资源可开采量及开发利用的基础上,参考土地利用分区、污染源分布及社会经济发展规划,完成地下水污染防治分区。

2. 创新点

(1)首次在工作区进行全面系统的区域污染源分布特征、地下水有机、无机污染现状研究等,并探索了污染来源及途径。根据本项目地下水调查评价的结果,结合当地实际水工环地质条件,提出了浅层地下水防污区划(图3-48)。

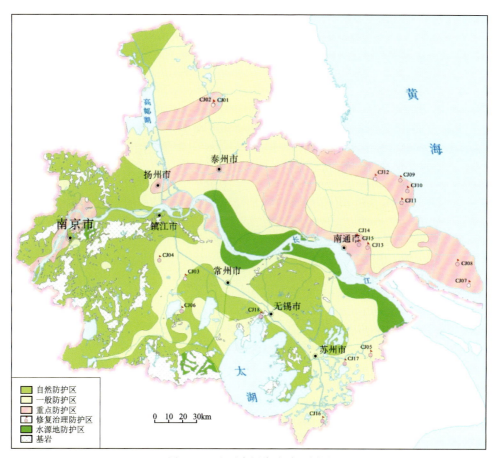

图3-48 地下水污染防治区划图

(2)背景值计算采用第四纪沉积环境地质单元,采用标准方差迭代剔除法分区计算地下水化学背景值。

(3)野外调查及样品采集,皆采用新技术新方法进行,专门的采样器材和严格的取样流程保证了野外调查和化学测试的精度。

(三)应用成效

(1)该项目取得了海量的调查和测试数据,为江苏长江流域提供了区域地下水质量、污染现状等基础资料,为地下水污染防治和规划提供了有力的数据支持。

(2)通过该项工作实施,提高了全民地下水污染防治与地下水资源保护的意识。

第四节 地面沉降地裂缝调查

一、苏锡常地面沉降监测与防控研究

(一)项目简介

苏锡常地面沉降监测最早可追溯到 20 世纪 80 年代初。至 2000 年前主要是在较小的市区范围内进行有限观测,其成果不能表达沉降的全区宏观态势。随着国土资源大调查启动苏锡常地面沉降调查项目,该地区的规模化持续监测工作才真正开始,并一直维持至今。20 年来,苏锡常地面沉降监测与防控大致可分 4 个阶段:2000—2003 年,以区域地面沉降地质背景调查沉降机理研究为主要内容;2004—2006 年,以地面沉降监测设施建设为主要内容,同时进行观测方法试验研究;2006—2010 年,全面推进地面沉降 GPS 监测和 InSAR 监测方法应用,同时研究地面沉降灾害的非工程措施应对策略,即灾害的风险管理;2011 年以来,维持地面沉降监测网络运行,推进监测技术方法的集成与提升。

(二)主要成果及科技创新

1. 在国内率先建立地面沉降集成监测技术方法体系

率先整合多种地面沉降监测技术方法,在苏锡常平原区开展可行性试验研究并取得成功。用 GPS 网点进行区域控制,基岩标分层标进行关键点控制,长距离水准测量进行剖面控制,又以 InSAR 测量来补充对面上的精细刻画。通过 GPS、InSAR、高精度水准的集成化应用,充分发挥多技术互补优势,极大提高了对地面沉降动态的跟踪捕捉能力,监测精度达到毫米级,该技术指标为历年来最优(图 3-49)。

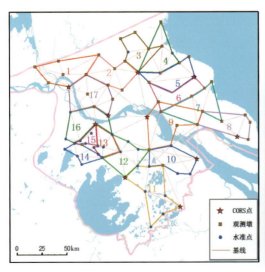 

图 3-49 地面沉降 GPS 监测网

2. 建立了地面沉降地下水三维耦合模型及可视化系统

突破传统理论对地面沉降机理的认识不足，以大量室内实验数据为基础，建立包括塑性形变、弹性形变和蠕变在内的非线性沉降模型，并实现了其与三维变系数地下水流模型的真正耦合，首次采用多尺度有限元法(MsFEM)进行模型求解和预测。首次运用虚拟现实技术(VRT)建立地层结构模型，实现地面沉降及地下水流场的动态展示(图3-50)。

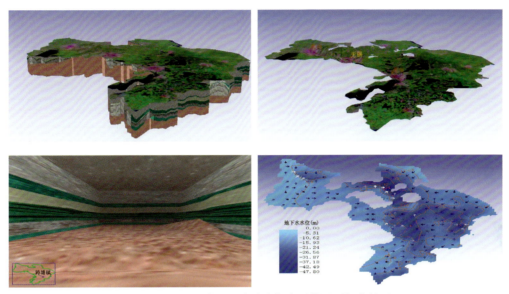

图3-50 地面沉降地下水动态耦合及模型可视化界面

3. 建立本地区地裂缝成因模式和预测预警方法

基于对地裂缝灾害形成的特殊地质背景条件分析，提出导致差异性地面沉降(地裂缝)发生的5种地质成因模式，又依据地裂缝区、基底构造、地层结构、岩性、地下水位等控制因素的定量分析，综合运用GIS、人工神经网络、灰色系统模型技术开展了地裂缝灾害的预测评价(图3-51)。研究成果较好地验证了地裂缝形成机制，解释了其展布规律，成为本地区地裂缝防治的主要指导依据。

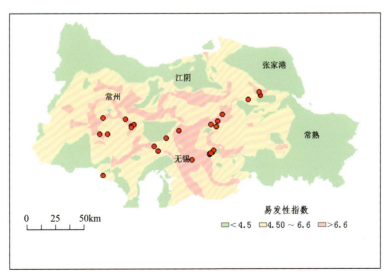

图3-51 地裂缝易发区分级图

4. 开创地面沉降防治管理模式

开拓了地面沉降研究新领域,首次论述了地面沉降风险的内涵及研究方法,并开展了苏锡常地区地面沉降风险研究实践。从地面沉降地质灾害的易发性、易损性、抗风险性(承灾能力)各方面进行了机理剖析,建立起地面沉降风险评价的指标体系(图 3-52),揭示了经济快速发展时代背景下的苏锡常地区地面沉降灾害风险的空间分布及演化规律,并从非工程角度探索了地面沉降防治途径。

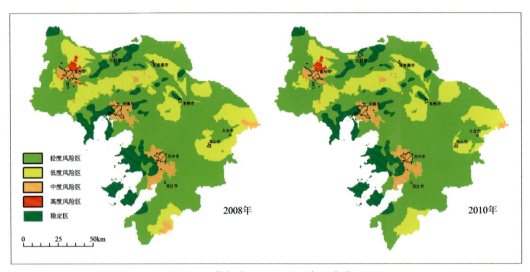

图 3-52 苏锡常地区地面沉降风险分区

(三)应用成效

1. 保障经济社会发展

经过多年的防控努力,苏锡常平原区地面沉降地裂缝活动明显减弱,70%的面积得到有效控制,年平均沉降量小于 5mm,区域地质环境趋于改善。项目研究成果直接服务地方经济建设,在地裂缝灾害区村民避灾搬迁、新农村建设选址、常州及无锡市地铁选线规划等工作中作为重要地质依据发挥作用,社会效益显著。

2. 服务国家重大工程建设

以本项目研究成果为基础,积极服务京沪高速铁路、沪宁城际铁路、西气东输管线等国家重大工程建设,有针对性地开展了工程沿线地质灾害危险性评估,重点研究分析了差异性地面沉降(地裂缝)强弱和影响范围,为工程建设和后期安全运营提供了强有力的决策支持。

3. 为地面沉降防治提供示范

在苏锡常地面沉降防控实践中,进行了从行政管理制度到专业技术方法的多层面探索研究,为国内地面沉降防治积累了宝贵经验,成果直接服务于《全国地面沉降防治规划》编制,"禁采控沉"政策已被杭嘉湖平原和华北平原区借鉴推广。

4. 获得多项科技奖励

项目在地面沉降监测、建模以及地裂缝预测预警等方面取得突破,相关成果获得国土资源部科技进步一等奖 1 项、二等奖 4 项、江苏省科技进步一等奖 1 项,申请专利 4 项(图 3-53)。

图 3-53　获奖证书

二、江苏省地面沉降监测与防控

(一)项目简介

通过多年来的地面沉降防控工作,苏锡常地区区域性沉降已经得到明显控制,但常州南部、江阴南部、吴江南部等局部地区地面沉降依然不断发展,徐州、淮安及江苏沿海地面沉降发展较快,成为地面沉降监测与防控的重点地区。国土资源部在江苏开展《全国地面沉降防治规划(2011—2020年)》落实情况督察时提出,十三五期间全省国土资源系统要以《江苏省地面沉降控制区划分方案》出台为契机,统筹推进地面沉降监测工作,督促相关部门落实防控责任,确保规划制定的防控目标顺利完成。在此背景下,江苏省财政厅、江苏省国土资源厅以苏财建〔2017〕160号文下达《关于下达2017度省级地质勘查基金项目预算的通知》,工作项目名称为"江苏省地面沉降监测与防控"。

(二)主要成果及科技创新

1. 首次获取全省区域的地面沉降速率分布

通过运用高精度InSAR监测开展全省覆盖的地面沉降监测,首次获取全省范围内地面沉降实时动态特征(图3-54)。并通过基岩标分层标测量,水准测量等多种方式对InSAR测量结果进行了校准,分析各项监测数据,编制地面沉降预警区图,支撑各地市地面沉降防控。

2. 实现了地面沉降监测设施建档

建立起一套与监测网相匹配的资料档案整理。收集整理各监测设施包括基岩标分层标,自动化监测站,水准点,GPS点等相关建设期内的设计、施工、地质勘查以及验收资料。

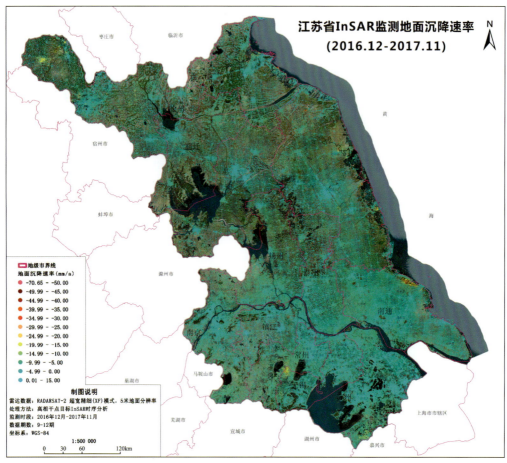

图 3-54　江苏省 2017 年度地面沉降速率

3. 建立地面沉降监测网数据库

建立起包含地面沉降监测设施信息、历史地面沉降监测数据(包括基岩标分层标、自动化监测站、水准测量、GPS 测量、InSAR 监测等多种测量手段获得的监测数据)的地面沉降监测网数据库。

(三)应用成效

通过项目获取的地面沉降速率分布及发展趋势,确定市级地面沉降监测水准网的布设路线,为地级市地面沉降监测网建设提供了依据,目前这一工作已经在泰州、泰兴、连云港、金坛等地开展。

三、苏锡常地裂缝成因机制及预警研究

(一)项目简介

自 20 世纪 80 年代末以来,在苏锡常平原区超采地下水引发区域地面沉降的背景条件下,陆续发生了严重的地裂缝地质灾害。为服务于地裂缝防震减灾,国土资源主管部门直接部署了包括省地勘基金项目"苏南地区地裂缝地质灾害勘查评价"、国土资源部公益性行业科研专项项目"苏南平原区地裂缝成因机制及预警研究"等项目及中国地质调查局部署的一系列项目,对地裂缝灾害发育特征及灾害开展了系统性调查;对重要地裂缝部署了包括钻探、槽探、浅地震勘探、可控源音频大地音频测深、电测深等勘探工作;实施了地裂缝水准测量、裂缝计及静力水准联合自动化监测、GPS 测量、InSAR 技术监测、三维激光扫描监测、分布式光纤剖面监测及地层结构性变形监测等监测工作,查清了地裂缝成因机理,同时,还构建了大型地裂缝物理模型并开展试验研究;构建了地裂缝数学模型并开展了数值模拟研究,实现了对地裂缝灾害发展动态的实时监控,对地裂缝灾害进行了区域风险区划,取得了多项创新成果,如,综合研究成果《苏锡常平原地区地裂缝成因分析及预测评价方法研究》、专著《苏锡常地裂缝》等,相关成果两次获得国土资源部国土资源科技进步二等奖。

(二)主要成果及科技创新

1. 深化研究了地下水超采/限采/禁采条件下,地层结构性变形(压缩/回弹)特征及其时空演化规律,以及对地面沉降/抬升的贡献,论述了地面沉降减缓甚至地面抬升的科学意义,地面沉降研究取得了新突破,推动了相关学科的发展,为地下水资源开发利用的科学管理及地面沉降管控提供依据

第Ⅱ承压含水层是南部区域的主要开采层,其压缩变形规律,体现了对地下水开采的快速响应特征。对常州分层标长期监测数据的研究发现:虽然 1984—2002 年间单位厚度的应变量 0.004 6 比其直接顶板的 0.012 及底板的 0.005 2 小,但是比间接顶板的 0.003 73 稍大,这主要是由于含水砂层的渗透系数大,孔隙水压力对地下水位变化的响应快,而其顶底板弱透水层由于渗透系数小,孔隙水压力消散则需要一定的时程,顶板的异常高应变还因为这一层位为高压缩性软土。2002 年后,第Ⅱ承压含水层及其顶板弱透水层土均出现回弹,但回弹量仅相当于前期压缩量的 7.94%、3.8% 和 9.7%,由此可以推断,不论是砂性土,还是黏性土,压缩过程大部分是不可逆的,主要压缩变形是塑性的、黏弹塑性的,而其弹性变形量都很小;第Ⅰ承压含水层的开采历史短,开采强度低,其变形特征同样体现了 2002 年的分界性,2002 年前为压缩阶段,但压缩小,压缩应变增量仅为 0.000 785,此后开始回弹,26.5% 的前期压缩量回弹了;第Ⅰ承压含水层的底板的压缩应变增量亦仅为 0.000 58,2004 年后开始回弹,91.8% 的前期压缩量回弹了;第Ⅲ承压含水层目前仍处于压缩变形过程中,只是 2002 年后的压缩应变量 0.000 99 仅为前期应变增量 0.005 72 的 17.3%。

不同区段地层结构特性显然是不同的,地下水开采历程也是不同的,因而地层的结构性变形特征是各异的(图 3-55)。指出含水砂层及其顶底板黏性土层的变形对地面沉降的贡献主要决定于地层各不相同的应力历史、物理力学特性及地下水的开采强度等,地层回弹量与历史压缩量无关,而与其压缩/固结阶段有关,这一规律可以指导地方水行政主管部门采取更加科学高效的管理措施,使优质地下水资源得到合理的开发利用。

2. 提出了地裂缝的时空发育规律新论断,研究了地裂缝及其拉张-剪切的联合力学成因机制,直接指导地方防灾减灾工作,以及城镇发展规划及重大工程的防减灾工作

1)地裂缝成因模式

基于地面沉降和地裂缝的发育演化特征及控制地裂缝发育的地质环境条件。在《苏锡常地裂缝》专著中总结了苏锡常地区地裂缝发育的 5 种成因模式,包括基岩潜山型、埋藏阶地型、地层结构差异型、岩溶潜山型和地下水综合开采型(图 3-56)。

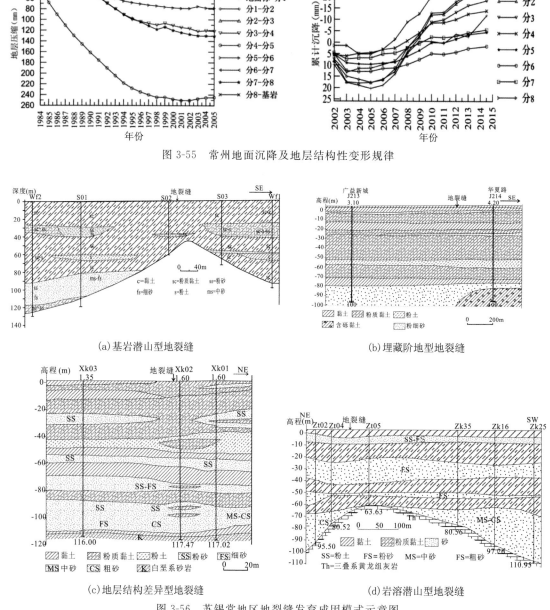

图 3-55 常州地面沉降及地层结构性变形规律

(a) 基岩潜山型地裂缝
(b) 埋藏阶地型地裂缝
(c) 地层结构差异型地裂缝
(d) 岩溶潜山型地裂缝

图 3-56 苏锡常地区地裂缝发育成因模式示意图

2) 地裂缝发育扩展的时空演化规律

工作区大部分地裂缝发生于 90 年代中期以前,且主要分布于锡西—澄南地区,这一区段不仅第Ⅱ承压含水层厚度大、埋藏浅、基底多为起伏较大的基岩山脊或埋藏阶地,而且地下水开采强度大,水位降幅大、速度快,地面沉降发展速度快;由于第Ⅱ承压含水层直接覆盖于岩溶潜山之上,最早的地裂缝发生在常州横林隐伏灰岩潜山区;由于黏性土层固结滞后效应,以及含水层不发育,无锡光明村地裂缝发育较晚,为现阶段最活跃的地裂缝(图 3-57)。

3) 研究发现基岩潜山型地裂缝的力学性质是拉张-剪切的耦合

长期超量开采第Ⅱ承压水导致含水层及其顶底板弱透水层的压缩或固结,在基岩山坡部位由于压缩层的尖灭产生差异压缩而出现拉伸变形,甚至形成张裂缝,而基岩潜山以上层位的土层本身虽然压缩

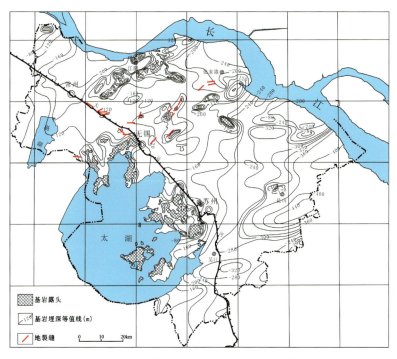

图 3-57 地裂缝空间分布与基底起伏的关系

量很小或等量压缩,但是由于基岩潜山部位深部地层的差异压缩而产生"纵张"效应,在地表发育形成张裂缝,随着裂缝的继续发展,与深部山坡部位土层的拉伸变形协调发展成为"小断层",并形成断层(主裂缝)陡坎,断层下盘形成 10~30m 的坳陷区。裂缝的发育深度则可深达基岩潜山或第Ⅱ含水层。根据地裂缝的成因模式及成因机理,划分了地裂缝地质灾害易发分区,为地裂缝地质灾害防灾减灾及地裂缝易发区城镇发展规划提供科学支撑(图 3-58)。

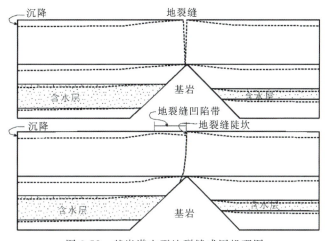

图 3-58 基岩潜山型地裂缝成因机理图

3. 建成了集多种技术方法融合监测的无锡光明村地裂缝监测示范基地

监测技术方法包括地裂缝水准测量、裂缝计及静力水准联合自动化监测、GPS 测量、InSAR 技术监测、三维激光扫描监测、分布式光纤剖面监测及地层结构性变形监测。该基地承载了地裂缝科普教育功能,也促进了地裂缝研究的国内外专家交流合作(图 3-59)。

图 3-59　无锡光明村地裂缝监测示范基地

4. 构建了一个典型物理模型试验系统,并完成了在采水条件下,基岩潜山型地裂缝形成过程的模型试验

该系统是目前国内首个用于研究地下水开采条件下地裂缝成因机理的试验模型,采用分布式光纤技术,实时监测土体渗流场(孔隙水压力)、变形场(三维变形)以及温度场的演变过程,再现地裂缝在可控边界条件下的发育、扩展演化规律,同时为地裂缝数值模拟提供大量的数据支撑(图 3-60)。

图 3-60　地裂缝物理模型试验

5. 构建了三维地面沉降模型和地裂缝模型

显式耦合三维地面沉降模型包括三维地下水流模型和三维地质力学模型。该模型可以刻画弹性和塑性变形，可以考虑参数随变形而变化。基于摩尔-库伦破坏准则耦合拉普拉斯乘子和"虚功原理"构建了地裂缝数学模型，并将该模型应用于苏南典型地裂缝光明村地裂缝的模拟。

三维地面沉降模型和地裂缝模型需要联合求解。先求解三维地面沉降模型，计算水位变化、三维应变，这部分采用"有限单元法"求解，为增加数值解法的稳定性和加快收敛速度，采用了"双阈值不完全乔列斯基分解"作为预处理矩阵。然后在设定的地裂缝纵向剖面上，采用"界面元方法"求解地裂缝模型，计算剖面上节点的拉张或滑动位移。

(三)应用成效

(1)项目对地下水超采/限采/禁采条件下地层结构性变形（压缩/回弹）的特征及其对地面沉降/抬升的贡献的研究成果，应用于《江苏省地下水水位控制红线研究》《江苏省地下水压采方案》编制中，为江苏省地下水资源规划开发利用以及区域地面沉降防控提供了地质科技支撑。

(2)相关研究成果在西气东输、京沪高铁、沪宁城际铁路等重大工程地质灾害评估，"江阴市地下水应急备用水源地建设工程"及"吴江盛泽地区地面沉降机理研究课题"等工作起到了重要的基础支撑作用，社会效益显著。

四、地裂缝分布式光纤监测技术研发与系统集成

(一)项目简介

以苏锡常地区典型地裂缝为监测对象，研发地裂缝监测特种光纤传感器，集成FBG(Fiber Bragg Gratting，光纤布拉格光栅)/BOTDR(Brillouin Optical Time Domain Reflectometry，布里渊光时域反射计)于一体的调制解调仪，建立地裂缝分布式光纤监测系统，开展地裂缝光纤监测系统室内模型试验，提出地裂缝分布式光纤监测技术现场安装工艺，建立地裂缝分布式光纤监测野外示范站，编制地裂缝FBG-BOTDR光纤监测系统应用指南，为提高我国地裂缝监测技术水平，减轻灾害危害提供技术支撑。

(二)主要成果及科技创新

1. 完善的地裂缝光纤监测传感器体系

针对地裂缝的发育和变形特征，研发和改进适用于地裂缝地质灾害监测的特种光纤传感器：基于FBG技术的位移计、静力水准仪、渗压计、温度计、应变计、加速度计、倾角计、压差计；基于BOTDR的地裂缝分布式应变传感器。完成了4种现有FBG传感器件地裂缝监测的适应性改进，提高传感器的地裂缝监测标距、量程及精度等；研发完成7种新型地裂缝监测传感器，获取更多的地裂缝监测参数，完善了地裂缝光纤监测传感器体系(图3-61～图3-63)。

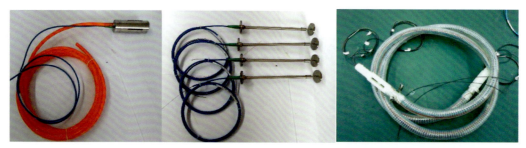

图 3-61　高灵敏光纤光栅水位计、低内力微型位移传感器、分布式位移传感光缆

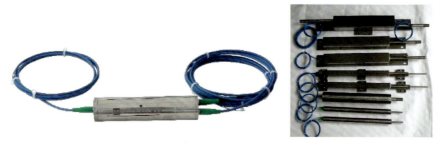

图 3-62　迷你型压差计角度传感器

图 3-63　连续光栅分布式大变形位移传感器

2. 地裂缝光纤解调仪集成

FBG、BOTDR 两种光纤传感技术各有擅长和独特功能之处,目前均为独立设备进行单功能解调,本项目一个主要开发内容为对以上两种光纤解调技术模块进行集成,实现两种技术进行单独或联合控制,实现对光信号的智能提取,仅通过一套集成化仪器系统即可对地裂缝变形及上部结构安全进行全面监测,实现一台仪器多种解调功能,提高监测效率(图 3-64、图 3-65)。

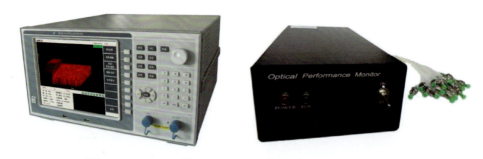

图 3-64　BOTDR(布里渊光时域反射计)、FBG(光纤布拉格光栅)

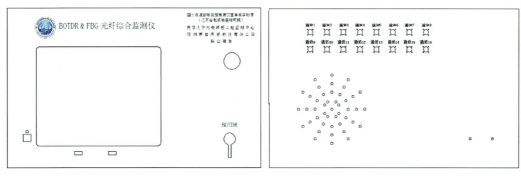

图 3-65　综合监测仪前/后面板丝印开孔图

3. 地裂缝 FBG-BOTDR 光纤监测系统应用指南

编制完成地裂缝 FBG-BOTDR 光纤监测系统应用指南，主要包含了以下几个方面的内容：适用范围、应用条件、传感器选型、布设方式、异常识别、数据处理、精度分析、成果形成，详细地阐述如何运用基于 FBG-BOTDR 的分布式光纤监测技术进行地裂缝的监测。

（三）应用成效

1. 防灾减灾保障社会安全

本项目为典型地裂缝灾害的预测预警提供了一套全新且有效的技术，可大大节省灾害监测的资金投入，有效保障防灾减灾工作，保护人民生命财产安全。

2. 为地裂缝防治提供示范

在苏锡常地裂缝防控实践中，建立地裂缝分布式光纤监测示范站，为国内地裂缝防治积累了宝贵经验，成果可推广到我国其他地裂缝灾害较严重的地区；相关技术方法已被引入《地面沉降和地裂缝光纤监测国土资源部技术推广规程（试行）》。

第五节　地热-浅层地温（热）能资源调查

化石能源逐渐枯竭、环境不断恶化是现代人类所面临的两大突出问题，开发利用可再生能源和清洁能源是缓解能源与环境问题的重要途径之一。地热是一种清洁可再生能源，已在世界各地得到了广泛的开发与利用，是继煤炭、石油之后，能为人类利用的又一新能源，已成为部分城市可持续发展的接替资源之一。我院地热资源勘查始于 2000 年，2002 年在高邮地区进行了探索性研究，2004 年在张家港西张地热井成功出水，之后的地热资源勘查大多是结合地方需求，进行点上的地热资源勘查，为地热选址及地热井施工提供地质技术服务，而区域性的地热-浅层地温（热）能资源调查评价工作相应较少。2010年后，生态文明建设已经上升到国家战略层面，成为经济社会发展的一项重要任务，绿色发展、低碳发展、循环发展成为生态文明建设的重要途径和手段，地热及地热-浅层地温（热）能的开发利用也已成为节能减排大军中一股不可忽视的力量，国家高度重视并给予政策上的大力支持。2013 年 1 月，为了促进地热能这一清洁能源的开发利用，国家能源局、财政部、国土资源部、住房和城乡建设部专门出台了《关于促进地热能开发利用的指导意见（国能新能〔2013〕48 号）》。2016 年，地热能首次写入国家"十三五"发展规划。2017年,发改委、能源局和国土资源部出台《地热能开发利用"十三五"规划》。在此背景下,中国地质调查局和省国土资源厅分别下达多个基金项目,我院也积极申请省级地质勘查专项资金项目进行区域上的地热-浅层地温能资源调查评价。主要包括:江苏省东海县西北部丘陵地区地下水资源调查评价报告、泰州市城市规划区浅层地热能调查评价工作、南京浅层地温能调查评价、江苏省浅层地温能调查、江苏省地热资源现状调查评价与区划、淮安溪河镇和江都樊川等地的地热资源普查及南通市洋口地区地热资源调查评价与回灌试验等多个省级地质勘查专项资金项目,取得了丰硕的研究成果。

以下将选取南京市浅层地温能调查评价、江苏省浅层地温能调查、泰州市城市规划区浅层地热能调查评价、江苏省地热资源现状调查评价与区划4个典型项目进行项目成果介绍。

一、南京市浅层地温能调查评价

(一)项目简介

南京市正处在经济快速发展时期,节能减排和能源结构调整压力巨大,合理开发及利用浅层地热(温)能是发展绿色经济、低碳经济和循环经济的必然趋势,前景十分广阔。2011年10月,中国地质调查局(中国地质科学院)正式向我院下达了开展南京浅层地温能调查工作项目任务书。接到任务后,项目组用3年时间,系统开展了南京市浅层地温能资源的勘查评价、开发利用现状调查与示范工程研究、地质环境监测网络建设、数据库建设和信息管理系统研发、开发利用规划编制、管理政策研究和科普宣传工作,完成了全国首部浅层地温能开发利用地质环境监测规范制定,江苏省首部浅层地温能开发利用专项规划《南京市浅层地温能开发利用总体规划编制》和科普宣传作品《浅层地温能开发利用与环境保护》制作等工作。

(二)主要成果及科技创新

1. 完成了南京市浅层地温能资源调查

1)查明了南京市浅层地温能资源赋存的地质条件并进行了开发利用适宜性区划

对南京市浅层地温能资源赋存条件、开发利用条件和资源量等内容进行了首次全面系统调查评价,进一步明确了南京市的地质与水文地质条件、地热地质条件,全面掌握了南京市浅层地温能资源赋存的地质条件。采用层次分析法,开展了地下水地源热泵和地埋管地源热泵系统的开发利用适宜性分区,并在此基础上进行了地源热泵开发利用适宜性分区。这一成果为南京市浅层地温能资源的合理开发利用和编制开发利用规划奠定了重要基础。

2)评价了南京市浅层地温能资源量、开发利用潜力和经济环境效益

系统地进行了南京市浅层地温能资源评价和开发利用潜力论证,主要工作有浅层地温能热容量计算、地埋管地源热泵系统换热功率计算、地下水地源热泵系统换热功率计算、地埋管地源热泵开发利用潜力评价。另外,对南京市地表水地源热泵的开发利用的前景也进行了初步的分析。若南京市的浅层地温能资源全部开发利用,相当于每年燃烧原煤量1412万t,折合标煤量1009万t。此外,每年将减少CO_2排放约842.5万t,减少SO_2排放约6.0万t,减少NO_x(氮氧化合物)排放约2.1万t,减少悬浮质粉尘约2.8万t,减少灰渣排放35.3万t,节省环境治理费约13.9亿元,节能减排效益十分可观。

3)开展了气候夏热冬冷地区浅层地温能开发利用环境响应研究

南京市地处气候夏热冬冷地区,长期开发利用浅层地温能的地质环境效应尚未有十分明确的结论。

通过研究,认为:热泵运行后,热换孔管壁周围土壤温度变化较大,土壤温度的升高/降低幅度与冷热负荷存在正相关关系,但短期内均不会引起项目工程所在地区地层土壤温度的显著变化;在地下水渗流较强的情况下地下水渗流因素对土壤温度的影响较大,地下水的渗流或流动有利于换热器的传热,有利于减弱或者消除由于地埋管换热器吸放热不平衡而引起的热量累积效应;对于小型地源热泵系统的日常办公使用(周末、节假日不运行),按照现有模式运行,未来10年热泵系统效能基本不会受到影响,而且间歇运行对周围土壤温度的影响明显低于连续运行。通过微生物的探索性研究可知,对于小型地源热泵系统在办公楼使用(周末、节假日不运行),热泵的运行处于放热和吸热的平衡状态,地温的变化范围在当地气温变化范围之内,不会对总大肠菌群和菌落总数两个指标造成明显影响。

2. 完成了浅层地温能资源开发利用调查及示范工程研究

据南京市现有浅层地温能应用项目估算,一年常规能源替代量相当于6.48万t标准煤,约可减排CO_2、SO_2和粉尘分别达16.03万t、0.14万t和703.8t。对有代表性的12处浅层地温能开发利用示范工程进行深入的分析研究,提出在新城开发中鼓励优先使用地源热泵和复合式地源热泵系统、规模化利用长江水等地表水资源、加强地源热泵与太阳能利用技术的研究、地源热泵技术与蓄能技术的结合和建立浅层地温能开发利用环境监测系统等方面的建议。

3. 开展了浅层地温能资源开发利用动态监测网建设和数据库建设及信息管理系统研发

项目分别在侵蚀堆积波状平原区、冲积平原区两类不同的地质环境单元,选择不同类型的浅层地温能开发利用工程作为监测对象,运用不同的监测技术开展监测点建设,并完成监测中心的建设,获取的监测数据已经通过相关信息系统融入南京市国土资源"一张图"平台,可通过"一张图"系统随时了解监测动态。在此基础上,总结浅层地温能开发利用地质环境动态监测技术与方法,编制出台《浅层地温能开发利用地质环境监测规范》。基于南京市国土资源"一张图"基础数据服务平台,完成了浅层地温能调查评价数据库建设和信息管理系统研发。数据库和信息管理系统集成南京市浅层地温能调查评价取得的主要成果,实现了动态监测网监测数据的实时采集、内外网传输和各项动态监测数据的可视化。

4. 完成了浅层地温能资源开发利用规划编制与开发利用政策研究

编制出台了《南京市浅层地温能开发利用总体规划(2014—2020年)》,提出了开发利用规划分区、开发利用布局与规模、开发利用示范单位创建、浅层地温能重点调查评价、动态监测系统建设、监测与综合研究和浅层地温能相关综合研究等方面的具体措施,为南京市未来一段时间科学合理开发利用浅层地温能提供了行动指南。起草了《关于促进我市浅层地温能开发利用工作的意见》和《南京市浅层地温能资源管理办法》,完成《关于全面推动南京市绿色建筑发展的实施意见》(修订建议稿)的编写。

5. 分析了不同开发利用方式和不同地质环境在地埋管换热过程中的作用,论证了上述因素对浅层地温能开发利用的影响,为科学合理开发利用浅层地温能资源提供了重要依据

结合浅层地温能开发利用地质环境监测数据,建立了地埋管换热数值模型,论证了地埋管进口流速、进口水温度、埋管深度、埋管型式等开发利用型式对地埋管换热量的影响(图3-66~图3-69),同时分析了不同的地下水径流速度对岩土体中热量扩散的作用(图3-70),上述成果为如何选择合理的浅层地温能开发利用方式提供了科学依据。

6. 论证了气候夏热冬冷地区浅层地温能长期开发利用过程中的岩土体热堆积问题,提出了浅层地温能长效开发利用的合理建议

基于位于侵蚀堆积波状平原的南京市浅层地温能开发利用工程,开展了长期开发利用过程的模拟分析,证实了岩土体的热堆积问题,并进一步分析了热堆积对开发利用的影响(图3-71)。进一步研究发现在全年均有地下水径流的冲积平原地区,在中、低强度的开发利用过程中,岩土体的热堆积的问题可以得到很大的改善。综合上述研究成果,从地质环境、地源热泵运行方式、埋管间距、埋管深度、建筑容积率和复合开发利用等方面总结提出了气候夏热冬冷地区长期科学开发利用浅层地温能的具体建议。

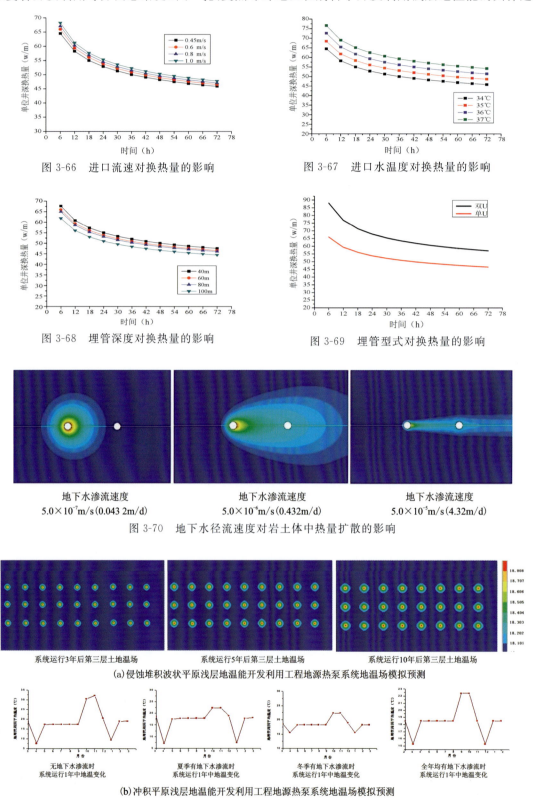

图 3-66　进口流速对换热量的影响

图 3-67　进口水温度对换热量的影响

图 3-68　埋管深度对换热量的影响

图 3-69　埋管型式对换热量的影响

图 3-70　地下水径流速度对岩土体中热量扩散的影响

(a) 侵蚀堆积波状平原浅层地温能开发利用工程地源热泵系统地温场模拟预测

(b) 冲积平原浅层地温能开发利用工程地源热泵系统地温场模拟预测

图 3-71　浅层地温能开发利用工程地源热泵系统运行长期模拟预测

7. 成功的将光纤光栅测温技术运用于地温场监测工作实践,制定出台了浅层地温能开发利用地质环境监测标准

项目运用光纤温度传感和电阻温度传感两种技术方法实现了温度数据的采集,综合运用物联网技术实现各项监测数据的实时无线传输。系统地开展了浅层地温能开发利用地质环境监测研究工作,制定出台《浅层地温能开发利用地质环境监测标准》,在明确了地质环境敏感性分级的基础上,提出了地埋管地源热泵、地下水地源热泵、地表水地源热泵系统的地质环境监测预警工作标准,为规范浅层地温能开发利用地质环境监测,保持地质环境稳定,维护地源热泵系统性能稳定提供了重要依据。

(三)应用成效

(1)项目成果使南京市国土资源局全面掌握了全市资源家底和开发利用条件,明确了浅层地温能资源开发利用目标和任务,同时为系统加强浅层地温能开发利用监管,推进浅层地温能资源开发和土地开发利用的"矿地融合"提供了科学的决策依据。

(2)项目成果为推进江苏省、南京市绿色建筑行动计划、浅层地温能资源建筑应用和地下水资源保护提供了重要技术依据,为掌握全市地源热泵开发利用现状提供了数据支持;相关管理政策研究成果为加强国土、住建、水利等部门的协调合作,共同开展地源热泵系统的应用管理提供了新的思路。

(3)项目建设完成的南京市浅层地温能开发利用监测网,包括监测点、监测中心等软、硬件设施,已经移交南京市国土资源中心使用和维护。基于项目实践编制的《浅层地温能开发利用地质环境监测规范》(DB 3201/T 255—2015)为加强地质环境监测管理、保护地质环境、完善绿色建筑的能效考核方法和维持地源热泵系统稳定提供了重要参考。

(4)《南京市浅层地温能开发利用总体规划(2014—2020年)》,是江苏省第一部浅层地温能开发利用专项规划,明确了浅层地温能开发利用目标、主要任务和保障措施,为指导南京浅层地温能开发利用提供了行动指南,为江苏省其他地区开发利用浅层地温能提供了借鉴。

(5)依据项目研究成果撰写论文,已公开发表3篇,达到了向社会推广的目的。

(6)基于项目各项成果制作的科普作品《浅层地温能开发利用与环境保护》及相关宣传材料,连续3年(2013年、2014年、2015年)在全省和南京市的世界地球日活动中进行了广泛的宣传,极大地提高了社会公众对浅层地温能的认知程度,促进了浅层地温能应用范围的增长。

二、江苏省浅层地温能调查

(一)项目简介

"江苏省主要城市浅层地温能调查评价"项目是中国地质调查局实施的"全国地热资源调查评价"计划项目(实施单位:中国地质科学院)的工作项目之一,项目由中央财政出资,经费500万元。项目的主要目标任务为开展江苏省各地级市的城市规划区及其他重要经济区的浅层地温能调查评价工作,基本查明浅层地温能资源的分布特点和赋存条件,评价浅层地温资源量及开发利用潜力,编制浅层地温能开发利用适宜性区划,建立浅层地温能调查评价数据库,为江苏省浅层地温能合理开发利用和保护提供依据。项目成果包括1个总报告,1个图册,1套调查评价数据库(包括数据库建设工作报告及相关作业文件)。

(二) 主要成果及科技创新

1. 系统查明了江苏省主要城市浅层地温能的分布特点和赋存条件

从收集资料和开展野外调查入手，通过系统的室内分析研究工作，查明了江苏省主要城市浅层地温能资源开发利用的地质条件，这些条件包括地层岩性结构、水文地质条件、岩土体热物性特征、浅层地温场特征、地层热响应特征和环境地质条件。研究成果表明，江苏省总体具备较为优越的开发利用浅层地温能的地质条件。

2. 科学论证了江苏省浅层地温能开发利用适宜性

在查明浅层地温能赋存和开发利用条件的基础上，运用层次分析法，对江苏省和主要城市地埋管地源热泵系统和地下水地源热泵系统的地质适宜性进行了分区评价。研究成果表明，江苏省适宜进行浅层地温能开发利用，地埋管地源热泵系统的适宜性较地下水地源热泵系统广（图3-72）。

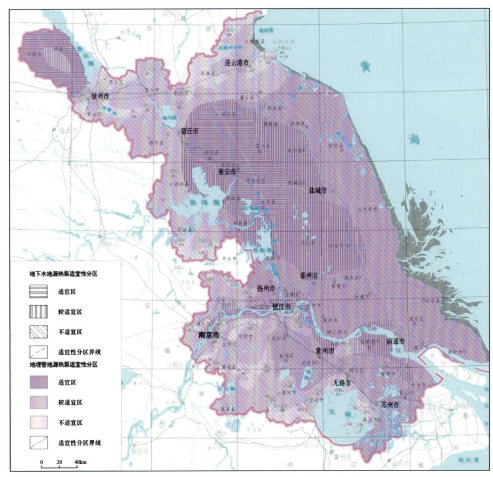

图 3-72 江苏省浅层地温能开发利用适宜性分区图

3. 全面评价了江苏省主要城市浅层地温能资源量和开发利用潜力

在掌握全省主要城市浅层地温能开发利用条件和适宜性分区的基础上，分别计算了浅层地温能热容量、浅层地温能换热功率和浅层地温能开发利用潜力，研究成果表明，江苏省各主要城市的浅层地温能资源十分丰富,开发利用潜力巨大。

4. 评估了江苏省主要城市浅层地温能开发利用的节能减排效益

在评价全省浅层地温能资源量和开发利用潜力的基础上,对浅层地温能开发利用社会经济环境效益进行评估。研究成果表明,浅层地温能开发利用具备十分显著的经济和环境效益。

(三)科技创新

(1)项目对工作区地质、水文地质、岩土体热物性和环境地质问题等浅层地温能开发利用地质条件进行了全面阐述,查明了浅层地温能分布特点和赋存条件。对江苏省主要城市浅层地温能开发利用现状及存在的问题进行了总结和分析,基础资料翔实充分,为科学开发利用打下了良好的基础。

(2)项目在全面分析总结江苏省主要城市浅层地温能开发利用条件的基础上,从地下水地源热泵和地埋管地源热泵两个方面,对江苏省主要城市浅层地温能开发利用进行了适宜性分区,并进行了地源热泵综合适宜性分区。

(3)项目利用本次调查成果及已有资料,对江苏省主要城市浅层地温能资源量及开发利用潜力进行了分析评价,并通过与常规能源开发利用的对比,评估了浅层地温能开发利用的经济环境效益,对成果的推广应用具有重要意义。

(4)项目结合江苏省主要城市浅层地温能开发利用现状与存在的问题,从主要开发利用方式选择、开发利用管理、地质环境监测及相关科学研究等方面,提出了浅层地温能进一步开发利用的相关建议,对地表水地源热泵的开发利用前景进行了分析与展望,具有重要的实际应用价值。

(四)应用成效

项目首次系统地查明江苏省12个地级市的城市规划区浅层地温能资源家底,为江苏省地热资源规划利用提供了全面准确的数据,为科学开发利用、促进节能减排提供了技术建议。

三、泰州市城市规划区浅层地热能调查评价

(一)项目简介

开发利用浅层地温(热)能资源是我国能源结构调整的需要,是实现节能、减排目标的重要手段。"泰州市城市规划区浅层地热能调查评价"是2010年度省级地勘基金安排的项目(苏财建〔2010〕332号文),由泰州市国土资源局委托江苏省地质调查研究院实施项目任务。

项目组在全面调查及资料收集分析的基础上,对调查区第四纪岩土体地质结构及热物性特征、水文地质条件、地温场背景等进行了深入研究,基本查明了调查区浅层地温(热)能分布特点、赋存条件。利用6个现场热响应测试孔的测试,获取了调查区不同区域岩土体的热物性参数。对浅层地温(热)能开发利用时的运行工况进行了模拟研究,对浅层地温(热)能开发利用引起的地温场变化进行深入分析,提出可行的浅层地温(热)能开发利用方案。结合地质环境条件,进行浅层地温(热)能垂直地埋管开发利用适宜性分区,计算调查区地表以下120m深度范围可利用资源量,为浅层地温(热)能可持续利用、保护和管理提供科学依据。该项目获2013年度国土资源科技创新二等奖。

(二)主要成果与科技创新

1. 通过调查与热响应测试,为浅层地热能开发利用提供基础资料

系统收集调查区现有的相关地质成果资料,对第四纪岩土体地质结构及热物性特征、水文地质条件、地温场背景等进行了深入的调查研究,基本查明浅层地温(热)能分布特点、赋存条件(图 3-73)。利用 6 个现场热响应测试孔的测试,获取了调查区不同区域岩土体的热物性参数,并进行了分析对比,为调查区的浅层地温(热)能开发利用提供了基础资料(图 3-74)。

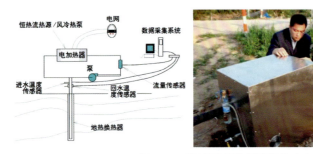

图 3-73 测试原理示意图及热响应测试现场图

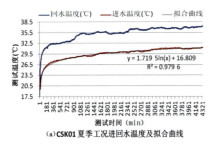
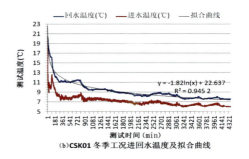

图 3-74 CSK01 孔夏季与冬季工况进回水温度及拟和曲线图

2. 进行开发利用适宜性分区,为浅层地热能合理开发提供依据

对调查区浅层地温(热)能开发利用现状进行了调查,并结合地质环境条件,进行了浅层地温(热)能垂直地埋管开发利用适宜性分区。分为垂直地埋管开发利用适宜区、垂直地埋管开发利用较适宜区共两种分区类型,其中垂直地埋管开发利用适宜区 366.5 km², 占全区面积的 85.6%,垂直地埋管开发利用较适宜区 61.5 km², 占全区面积的 14.4%(图 3-75)。

3. 浅层地热能资源量计算及潜力评价结果显示了区内资源潜力巨大,开发利用浅层地温(热)能可达到明显的节能、减排效果

项目对地表以下 120 m 深度范围内浅层地温(热)能可开发利用资源量进行了计算,评价了浅层地温(热)能资源开发潜力,计算浅层地温(热)能供暖、制冷的可服务面积。从可利用量计算结果来看,泰州市城市规划区浅层地温(热)能可供暖面积为 $7.59 \times 10^7 \text{m}^2$,可制冷面积 $9.04 \times 10^7 \text{m}^2$。

利用浅层地温(热)能资源可以达到明显的节能减排效果,泰州市城市规划区可合理开发利用的浅层地温(热)能每年将达到 4.35×10^{10} kW·h,年节煤 $15\,399 \times 10^3$ t,减少 CO_2 排放 $40\,345 \times 10^3$ t,减少二氧化硫排放 131×10^3 t,减少氮氧化物排放 114×10^3 t。即使按其 10% 的开发利用量,也可以每年

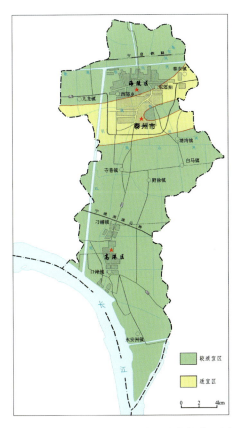

图 3-75 浅层地热能开发利用适宜性分区图

节煤 $1\,539.9\times10^3$ t,减少 CO_2 排放 $4\,034.5\times10^3$ t,减少二氧化硫排放 13.1×10^3 t、减少氮氧化物排放 11.4×10^3 t,节能、减排的效果明显。

4. 自主研发数据采集、分析软件,对不同运行工况浅层地温场变化进行模拟研究,实现浅层地热能开发利用对地质环境影响的实时监测

为了摸清地源热泵工程在实际应用中对地温场的影响,在 6 个场热响应测试孔的不同深度共埋设 A 级 PT100 温度探头 49 个,基于 Modbus 协议自主研发了数据采集软件和数据阅览分析软件,通过现场的冷、热测试过程,模仿地源热泵工程实际的供暖和制冷工况,获得了有关地温场变化过程数据,就地埋管开发利用浅层地温(热)能对地质环境的影响进行了分析评价,取得了较好的效果(图 3-76)。

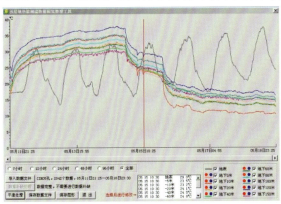

图 3-76 温度监测数据处理界面

(三) 应用成效

1. 作为江苏省首个浅层地温（热）能调查评价项目，项目的开创性及成果对其他地区浅层地热能调查评价工作具有指导性

2011年12月底出版并在相关部门发放了《泰州市城市规划区浅层地温（热）能调查评价成果介绍》，对泰州市城市规划区浅层地温（热）能的开发利用起到了一定的促进和指导作用。项目成果对泰州市城市规划区的节能减排、合理及可持续开发利用浅层地热能、保护生态环境具有重要的现实意义。

2. 在江苏省内率先建立了浅层地温（热）能管理信息系统，为政府相关部门合理规划、高效利用和科学管理提供了重要的技术支撑

《泰州市城市规划区浅层地温（热）能调查评价信息系统》集成了本次调查评价工作的所有成果图件以及测温数据，通过成果图件及测试孔不同深度的测温数据阅览，直观了解在进行热响应测试过程中，各测试孔不同深度岩土体温度的变化情况。为政府相关部门合理规划、高效利用和科学管理提供了重要的技术支撑。

四、江苏省地热资源现状调查评价与区划

(一) 项目简介

为查明全国地热资源分布、赋存条件及地下水的水化学特征、开发利用现状，评价全国地热资源量及开发利用潜力，编制地热资源区划，建立地热资源数据库和信息系统，为地热资源的合理开发利用提供依据，中国地调局组织实施了"全国地热资源现状调查评价与区划"项目。任务书编号为水〔2013〕01-029-006，项目编号为12120113077300，归口管理部门为地调局水环部，组织管理部门为地科院项目办，所属计划项目为全国地热资源调查评价，实施单位为中国地质科学院水文地质环境地质研究所。江苏省地质调查研究院为"江苏省地热资源现状调查评价与区划"项目的承担单位，工作起至年限为2013—2013年。项目开展旨在为江苏省地热资源的科学开发、合理利用和有效管理提供建议与依据。

(二) 主要成果及科技创新

1. 首次获得江苏省地热井分布及使用现状

对全省大部分地热井、温泉进行了深入调查了解，调查获得132口地热井、温泉开发利用现状，交通区位情况，地质背景，相关钻孔资料、物探资料等信息。归纳全省地热资源开发利用类型。省内对地热资源的利用主要还是以温泉洗浴为主，少量存在种植和养殖方面的利用，扬州真武基地存在地热井对生活区进行冬季供暖方面的利用。全省126口地热井中目前使用中有77口。

2. 获得江苏省地温梯度分布情况

对全省的地热钻孔及一些测井资料进行整理，获得了江苏省的地温梯度等值线。在泰州低凸起与

吴堡低凸起及盐城地区地温梯度较大。

3. 获得江苏省地热水水质分布特征

对102个采取的地热水样进行全分析及微量元素分析。结果显示，省内的地热水理疗价值方面主要以偏硅酸水和氟水为主；部分地热水硫化氢含量较高，如汤泉地区；苏州、常州部分地热井铁含量较高；阳山浴室泉存在氡异常，而江都地热井锂含量较高。部分区域地热水矿化度过高，对开发利用有一定的影响，如苏北古近纪地层中的地热水。

4. 首次对江苏省地热资源量及地热流体可开采量进行了定量计算

对全省热储类型及分布进行了归纳，在精细刻画热储分布特征及温度场特征的前提下，对全省的地热资源量及地热流体可开采量进行了定量计算，计算采用了3种不同的方法，并对计算结果进行了对比。

5. 对江苏省地热资源开发利用进行了区划

在详细分析收集的资料及测试数据的基础上，对江苏省地热资源开发利用方案、地热资源温度、开发利用潜力、地热资源勘探价值等进行了区划（图3-77、图3-78）。

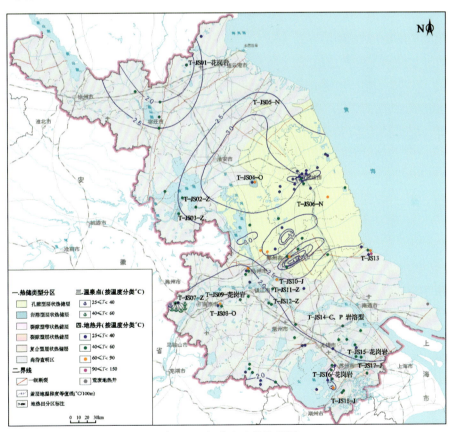

图3-77 江苏省地热地质图

（三）应用成效

项目定量计算了江苏省地热资源量及地热流体可开采量，进行了江苏省地热资源开发利用区划，为地热资源的科学开发、合理利用和有效管理提供了地质依据；项目研究成果为各城市地质、江苏沿海综合地质调查等项目提供了扎实的地热研究基础资料。

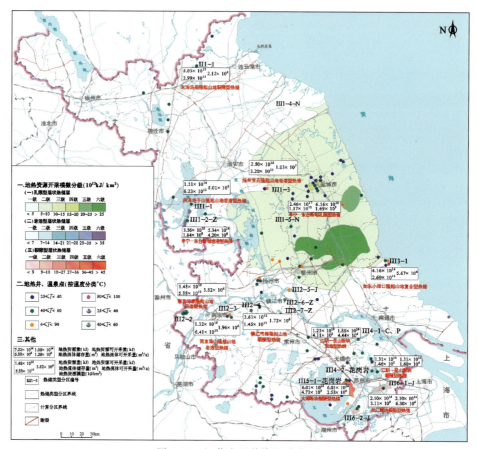

图 3-78 江苏省地热资源分布图

第六节 矿山地质环境调查

一、江苏省矿山地质环境调查评价、江苏省露采矿山地质环境调查研究

(一)项目简介

江苏省矿业发展迅速,矿产资源的开发一方面为江苏省的经济发展做出了巨大贡献,另一方面亦存在矿产资源开发秩序比较混乱、矿产布局不合理、资源浪费、破坏环境等一系列问题,为此省人大于2001 年颁布《关于限制开山采石的决定》。为编制《江苏省矿山环境保护与治理规划》,迫切需要全面了解全省露采矿山地质环境状况。2003 年开展的"江苏省矿山生态地质环境调查评价"和"江苏省露采矿山地质环境调查研究"项目在江苏省是项创新工作,全国也尚无先例。首先是在收集利用以往资料的基础上,开展了全省大中型矿山生态地质环境调查,重点查明徐州和南京等地大中型矿山开发引起的生态地质环境问题,其次是在制定《江苏省露采矿山地质环境调查技术要求》下,由省厅统一部署,组织全省 9 市 45 个县(市、区)的技术人员对每个矿山(宕口)进行实地调查,经汇总分析研究提交的成果。项目以全省 1∶25 万的数字化图为底图,建立全省露采矿山地质环境调查数据库,实现全省露采矿山地质环

境基本数据与全貌影像的图文并览,为全省矿山环境管理提供运作平台。项目分获 2005 年江苏省国土资源科技创新二等奖和 2008 年江苏省国土资源科技创新三等奖。

(二)主要成果及科技创新

1. 基本查明全省矿山地质环境问题的类型,分析了主要影响因素,填补了江苏省露采矿山地质环境调查研究的空白

江苏省矿山地质环境问题主要有环境资源破坏与影响、矿山地质灾害、环境污染三大类。矿山开采造成土地资源、植被资源、地表设施、水资源、矿产资源、自然景观、文化遗迹、地质遗迹等环境资源的破坏与影响;矿山地质灾害主要有滑坡、崩塌、采空区塌陷、岩溶地面塌陷、泥石流、尾矿库坝基渗漏与溃堤、矿坑突水、瓦斯爆炸等;矿山开采主要造成地下水、地表水、土壤、大气环境及放射性的污染;露采矿以地表灾害和大气的污染为主;井采矿以矿井灾害和水污染为主;大中型矿山较小型矿山开采对矿山地质环境的破坏和影响较小。

江苏省露采矿山地质环境调查在全国尚无统一矿山地质环境调查规范的情况下,制定《江苏省露采矿山地质环境调查技术要求》,基于 1∶1 万土地利用现状,通过对全省每一个露采宕口(含闭坑)的地质环境调查,查明全省露采矿山对土地资源、生态环境及地貌景观的破坏状况,依据调查研究成果,将江苏省露采矿山地质环境问题归纳为环境资源破坏与影响、矿山地质灾害、环境污染等 3 类(图 3-79),这是第一次对江苏露采矿山地质环境问题类型的系统划分。查明了全省 3409 个露采矿山占用 95.43km² 土地资源的分布特征,确定 63.78km² 可复垦土地面积及类型(图 3-80),为江苏省提供了土地开发的后备资源。

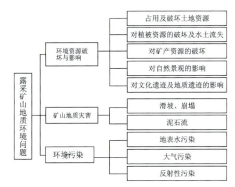

图 3-79 江苏省露采矿山地质环境问题类型划分

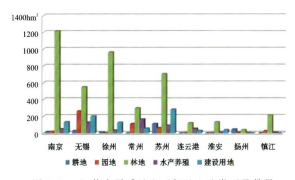

图 3-80 江苏省露采矿山可复垦土地类型及数量

2. 形成省、市、县 3 级露采矿山地质环境调查成果

在省国土资源厅的组织领导下,通过全省 9 市 45 个县(市、区)国土资源局的配合,形成省、市、县(市、区)3 级调查研究成果。①县(市、区)级露采矿山地质环境调查成果包括 1∶1 万露采矿山分布图、3409 个矿山(宕口)露采矿山地质环境调查表及照片在内的全省 45 县(市、区)露采矿山地质环境调查成果;②市级露采矿山地质环境调查成果包括 1∶10 万露采矿山分布图在内的全省 9 市露采矿山地质环境调查数据库和调查报告;③全省露采矿山地质环境调查成果包括江苏省露采矿山地质环境调查数据库、评价图和研究报告。

3. 采用层次分析法评价露采矿山地质环境质量,编制全国首份省级矿山地质环境保护与治理规划

首次将层次分析法引入露采矿山地质环境综合评价中,依据调查的实际数据,遴选 12 个对地质环境具有重要影响的指标,建立由目标层、要素层和指标层构成的评价指标体系(图3-81),以 ArcGIS 作为系统运行平台,进行露采矿山地质环境综合评价。将成果运用于矿业经济区及矿产资源禁采区划定,编制的《江苏省矿山地质环境保护与治理规划(2005—2015年)》,为全国第一个省级规划,成为其他省矿山地质环境保护与治理规划编制的样本。

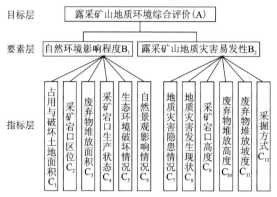

图 3-81 江苏省露采矿山地质环境评价指标体系

4. 提出露采矿山地质环境保护与治理模式

在全面总结全省露采矿山环境保护与治理措施和成效的基础上,提出"生态矿业(科学规划、台阶式机械化开采、皮带廊运输、高品位矿石搭配废石利用等全新矿山环境保护理念)""矿业园(利用小矿合并、大矿兼并等形式,将无序的小型矿山向规模化经营转变,形成园区化管理)"等矿山环境保护模式和"生态保护(采用客土喷播等绿化技术,防止水土流失和消除滑崩灾害隐患,减少视觉污染)""景观再造(利用废弃露采矿山临近城区和风景区的特殊区位条件,进行造景式整治与开发)""资源二次开发(修复开采使残留的余量矿产资源得到利用,而且使废弃闲置的土地资源恢复到所期望的可供利用的状态)""应景改造(针对采矿残留山体的人文景观设计,设计出不同文化内涵的景观)""工程整治(通过工程措施,消除采矿存地的滑坡、崩塌地质灾害隐患)""综合整治(全面规划、分阶段实施矿山环境整治,将多种整治模式融为一体,建立不同开发功能的整治模式)"等矿山地质环境治理模式,为全国首创,可为全省乃至全国露采矿山环境保护与治理提供思路,积累经验。

(三)应用成效

1. 编制矿山环境保护与治理规划

项目建立的全省露采矿山地质环境调查数据库和图像库为全省矿山环境保护与恢复治理规划奠定了基础,以本项目的调查成果为基础完成的规划有《江苏省矿山环境保护与治理规划(2005—2015年)》《镇江市废弃露采矿山环境治理规划(2006—2010年)》《金坛市矿山环境保护与治理规划(2006—2015年)》《南京市栖霞区废弃露采矿山环境治理规划(2006—2010年)》《常州市武进区废弃露采矿山环境治理规划(2006—2010年)》《徐州市矿山环境保护与治理规划(2006—2015年)》《苏州吴中区"十一五"露采矿山环境整治规划》。

2. "百矿整治"项目确定的依据

江苏省国土资源厅以苏国土资发〔2006〕234号《关于开展"百矿环境整治"的实施意见》,计划用2年时间,建成100个左右的废弃矿山生态环境治理示范工程,项目都是从全省露采矿山地质环境调查数据库中精选确定的。研究报告总结出江苏省露采矿山环境保护与治理的不同模式,为全省乃至全国露采矿山环境保护与恢复治理提供了思路、积累了经验,已成为江苏省露采矿山地质环境治理方案编制的依据。

3. 编制第二轮矿产资源总体规划

依据国土资源部《关于开展第二轮矿产资源规划编制工作的通知》(国土资发〔2006〕225号)精神,从2007年起编制《江苏省矿产资源总体规划(2008—2015年)》《南京市矿产资源总体规划(2008—2015年)》《镇江市矿产资源总体规划(2008—2015年)》《常州市矿产资源总体规划(2008—2015年)》《无锡市矿产资源总体规划(2008—2015年)》《苏州市矿产资源总体规划(2008—2015年)》《连云港市矿产资源总体规划(2008—2015年)》等,都将本项目的调查成果作为编制依据。

二、江苏省矿产资源集中开采区矿山地质环境调查

(一)项目简介

江苏矿产资源开发利用强度较高,矿产资源的开采虽有力地保证了江苏国民经济发展对矿物原料的需求,但也给江苏的矿山地质环境带来较严重的负面影响,造成了各类矿山地质环境问题,并诱发了崩塌、滑坡、地面塌陷等一系列矿山地质灾害,威胁人们生命财产的安危。尤其是各类金属、能源等大中型开采矿山及群采相对集中的非金属矿产资源集中开采区,其矿山地质环境已逐步恶化,已严重直接或间接制约矿业和国民经济的可持续发展。2012年启动的江苏省矿产资源集中开采区矿山地质环境调查属于中国地质环境监测院负责实施的灾害预警项目(全国矿山地质环境调查)。本项目全面查明了全省矿产资源集中区矿山地质环境问题及其成因、危害,为加强全省矿山地质环境监督管理提供了基础资料,为矿产资源的合理开发利用、矿山地质环境保护与治理提供了决策依据。

(二)主要成果及科技创新

运用室内遥感解译与现场调查等手段,对全省矿山开展矿山地质环境调查工作,掌握了最新的全省矿山地质环境现状及存在的问题,依据评价结果划分矿山地质环境影响区。重点对部分地下金属矿山开展了水土污染专项调查和研究,摸清了污染现状,取得的主要研究成果如下。

1. 摸清全省矿山地质环境现状

通过矿山地质环境的遥感解译及实地调查,基本摸清了全省矿山地质环境现状,较客观地分析了造成矿山地质环境问题的各种影响因素,在此基础上将江苏矿山地质环境问题归纳为资源损毁、矿山地质灾害和环境污染等三大类。

2. 开展全省矿山地质环境影响评价

运用层次分析法,进行了矿山地质环境影响评价,将全省76个矿区划分为矿山地质环境严重影响区9个,矿山地质环境较严重影响区24个,矿山地质环境轻微影响区43个。

3. 开展典型尾矿库污染研究

运用内梅罗指数法综合评价法,重点开展镇江韦岗铁矿等尾矿库及尾矿渣堆对周边水土污染研究,研

究表明,尾矿库及尾矿渣堆周边地表水与地下水及土壤均受污染,其中,金属矿山尾矿库及尾矿渣堆周边水土污染较重,以重度污染为主,非金属矿山尾矿库及尾矿渣堆周边水土污染较轻,以中度污染为主。

4. 划定全省矿山地质环境保护与治理区

建立了矿山地质环境保护与治理分区评价指标体系,以 MapGIS 空间分析模块为评价平台,运用综合指数模型,进行全省矿山地质环境保护与治理分区,将全省划分为 81 个矿山地质环境保护区、11 个矿山地质环境重点预防区、21 个矿山地质环境一般预防区、12 个矿山地质环境重点治理区、19 个矿山地质环境一般治理区。

(三)应用成效

利用项目研究成果编制矿山地质环境保护与治理规划,为指导废弃露采矿山整治及绿色矿山建设提供有力的数据支持。研究中发现,地下金属矿山的开采已经对矿区及周边形成了一定程度的水土污染,尤其是水土中的重金属污染正逐步影响和危害到了人民的身体健康,研究成果为后期矿山地质环境研究和监测奠定了基础。

项目的实施使人们进一步认识到矿山地质环境对社会经济发展的促进与制约作用,对矿山资源的盲目开采,不仅会造成资源枯竭,而且会引发严重的矿山环境地质问题,更会造成巨大的社会经济损失,只有保护好矿山地质环境,科学利用矿产资源才能从中获得更高更好的社会效益。

三、"苏南现代化示范区"露采矿山地质环境专项调查与治理规划

(一)项目简介

苏南地区经济总量在全国位居前列,矿产资源开发利用曾为苏南五市社会经济发展做出过重要贡献,但由于区域内露采矿山开采历史久远,强度大,分布面广,遗留了大量矿山地质环境问题,矿区地质灾害隐患及生态破坏等问题未能及时解决。2001 年随着江苏省人大常委会《关于限制开山采石的决定》《关于加强环境综合治理推进生态省建设的决定》的相继出台,大多数露采矿山被陆续关闭并开始治理,矿山滥采乱挖现象得到有效遏制。近年来,全省各地市按照《江苏省矿山复绿行动实施方案》开展了一大批露采矿山地质环境治理项目,苏南地区尤其走在前列,但由于治理工作量大,各地市用于关闭露采矿山地质环境治理的资金紧缺,仍有大量关闭矿山未能及时得到治理。根据国家发展改革委关于印发《苏南现代化建设示范区规划》的通知(发改地区〔2013〕814 号)要求,江苏省苏南地区将率先建成自主创新先导区、现代产业集聚区、城乡发展一体化先行区、开放合作引领区、富裕文明宜居区。为配合《苏南现代化建设示范区规划》的顺利实施,全面查清苏南五市露采矿山地质环境现状,明确治理任务,合理安排下一步治理计划,江苏省国土资源厅委托江苏省地质调查研究院承担"苏南现代化建设示范区"露采矿山地质环境专项调查与治理规划项目(2013 年度省级地质勘查基金项目)。

(二)主要成果及科技创新

1. 全面摸清家底,基本掌握苏南五市露采矿山地质环境问题及分布特征

通过 2013 年卫片资料遥感解译,结合野外实地调查核实,按照矿山复绿档案表要求,建立单个矿山

地质环境档案和图片库,并进行内业整理、综合分析研究、资料反馈确认,建立苏南五市露采矿山数据库。调查表明苏南地区露采矿山地质环境问题为露天开采引发的滑坡和崩塌地质灾害隐患、山体资源和土地资源破坏和生态环境污染。以区县为单元,查清了苏南五市已治理和正在治理露采关闭矿山数量、面积和各级财政投入资金;掌握了苏南五市露采矿山土地类型、土地权属和土地规划用途,总结了近年来实施影响较大的项目情况、露采矿山地质环境治理模式;梳理了历年来治理工作中存在的问题。查清了未治理露采矿山底数和分布特征,研究分析了三区两线内未治理露采关闭矿山分布特征,为后期治理分区及规划建议提供了基础数据。

2. 形成苏南五市露采矿山地质环境调查成果

在省国土资源厅的组织领导下,通过苏南五市24个县(市、区)国土资源局的密切配合,形成苏南五市露采矿山地质环境调查成果。①单个矿山地质环境调查成果包括713个露采矿山复绿档案表、复绿统计表、图片库及ArcGIS矢量数据库。②市级露采矿山地质环境调查成果包括南京、无锡、镇江、苏州、常州市1∶10万露采矿山地质环境治理规划图和以区县为单元的统计表。③苏南五市露采矿山地质环境调查成果包括苏南五市露采矿山地质环境调查数据库、1∶25万露采矿山地质环境治理规划图和成果报告。

3. 进行了苏南五市露采关闭矿山地质环境治理分区

根据江苏省人大常委会《关于限制开山采石的决定》《江苏生态省建设规划纲要》《江苏省矿山环境保护与治理规划(2005—2015年)》《江苏省矿山复绿行动实施方案》以及各地市矿产资源总体规划、土地利用总体规划、城市总体规划,按照因地制宜、重点突出、合理可行的原则,结合露采矿山分布情况、地形地貌特征、城市建设和经济发展要求及各地市对辖区内矿山治理的轻重缓急程度要求,对苏南五市露采关闭矿山进行地质环境治理分区,划定23个重点治理区,149个矿山重点治理工程,分布在南京市、无锡市、镇江市、常州市4个市11个区县。

4. 提出露采关闭矿山地质环境治理初步规划建议

以"十三五"为中心时间节点,以区县为单元,在与苏南五市国土主管部门充分沟通反馈的基础上,按照保障发展、突出重点、效益优先、树立典范的工程部署原则,提出苏南五市露采关闭矿山地质环境治理规划建议,明确"十三五"期间和2020年后实施的矿山地质环境治理工程数量、规模,并基于苏南五市已开展治理工程的投资情况和相关工程造价信息,考虑人工、材料、机械等物价上涨因素对规划部署工程进行治理费用估算,为苏南五市各级政府合理部署露采关闭矿山地质环境治理工程提供科学依据。

(三)应用成效

项目成果明确了苏南五市露采矿山地质环境治理的目标和任务,为今后江苏省开展苏南现代化建设示范区山体保护复绿,苏南五市各级政府部门科学合理部署露采矿山地质环境治理工程,突出治理重点,提高治理工作成效,全面综合整治露采矿山采石宕口,实施工矿废弃地矿山地质环境恢复治理工程提供科学依据。

同时,项目成果在健全苏南五市露采关闭矿山地质环境治理的组织体系和监督管理的长效机制、探索治理资金的多渠道筹措途径、全面推动苏南五市露采关闭矿山地质环境治理工作以及苏南现代化建设示范区规划的顺利实施等方面提供了可供借鉴的思路和方法。

四、苏北、苏中地区露采矿山地质环境调查

(一)项目简介

苏北、苏中地区经济总量约占全省的40%,矿产资源开发利用曾为苏北乃至整个华东地区社会经济发展做出过重要贡献,但由于区域内露采矿山开采历史久远,强度大,分布面广,遗留了大量矿山地质环境问题,矿区地质灾害隐患及生态破坏等问题未能及时解决。2001年随着江苏省人大常委会《关于限制开山采石的决定》《关于加强环境综合治理推进生态省建设的决定》的相继出台,大多数露采矿山被陆续关闭并开始治理,矿山滥采乱挖现象得到有效遏制。根据《中共中央国务院关于加快推进生态文明建设的意见》,我国生态文明建设水平仍滞后于经济社会发展,资源约束趋紧,环境污染严重,生态系统退化,发展与人口资源环境之间的矛盾日益突出,已成为经济社会可持续发展的重大瓶颈,意见中明确指出需加速推进矿山地质环境恢复和综合治理。苏北、苏中地区露采矿山地质环境调查项目是延续2013年"苏南现代化示范区"露采矿山地质环境专项调查与治理规划项目,江苏省国土资源厅下达我院承担的2016年度省级地质勘查基金项目,调查范围涉及苏北、苏中地区徐州、连云港、淮安、宿迁、盐城、扬州、泰州、南通等8个省辖市及泰兴、沭阳等2个省直管县行政区域。

(二)主要成果及科技创新

1. 全面摸清家底,基本掌握苏北、苏中地区露采矿山地质环境问题及分布特征

通过2015年卫片资料遥感解译,结合野外实地调查核实,按照矿山复绿档案表要求,建立单个矿山地质环境档案和图片库,并进行内业整理、综合分析研究、资料反馈确认,建立苏北、苏中地区露采矿山数据库。调查表明苏北、苏中地区露采矿山地质环境问题为露天开采引发的滑坡和崩塌地质灾害隐患、山体资源和土地资源破坏和生态环境污染。以区县为单元,查清了苏南五市已治理和正在治理露采关闭矿山数量、面积和各级财政投入资金;掌握了苏南五市露采矿山土地类型、土地权属和土地规划用途,总结了近年来实施影响较大的项目情况、露采矿山地质环境治理模式;梳理了历年来治理工作中存在的问题。查清了未治理露采矿山底数和分布特征,研究分析了三区两线内未治理露采关闭矿山分布特征,为后期治理分区及规划建议提供了基础数据。

2. 形成苏北、苏中地区露采矿山地质环境调查成果

在省国土资源厅的组织领导下,在各市国土资源部门的通力配合下,形成苏北、苏中地区露采矿山地质环境调查成果。①单个矿山地质环境调查成果包括806个露采矿山复绿档案表、复绿统计表、图片库及ArcGIS矢量数据库。②市级露采矿山地质环境调查成果包括徐州、连云港、宿迁、淮安、扬州市1∶10万露采矿山分布图和以区县为单元的统计表。③苏北、苏中地区露采矿山地质环境调查成果包括苏北、苏中地区露采矿山地质环境调查数据库、1∶50万露采矿山分布总图和成果报告。

3. 进行了露采关闭矿山现状地类分析

根据调查掌握的露采矿山相关数据,测算矿山占地总面积、边坡及废弃地面积,套合二调成果资料,以区县为单元,汇总分析露采矿山现状土地类型及地类面积、土地权属和土地规划用途,为各级政府部门制定矿山地质环境治理规划、合理部署矿山治理工程提供基础数据。

4. 提出露采关闭矿山地质环境治理建议

以"十三五"为中心时间节点,以区县为单元,在与苏北、苏中地区国土主管部门充分沟通反馈的基础上,按照保障发展、突出重点、效益优先、树立典范的工程部署原则,提出苏北、苏中地区露采关闭矿山地质环境治理建议,明确"十三五"和2020年后实施的矿山地质环境治理工程数量、规模,并基于苏北、苏中地区已开展治理工程的投资情况和相关工程造价信息,考虑人工、材料、机械等物价上涨因素对规划部署工程进行治理费用估算,为各级政府合理部署露采关闭矿山地质环境治理工程提供科学依据。

(三)应用成效

项目成果明确了苏北、苏中地区露采矿山地质环境治理的目标和任务,为今后江苏省开展山体保护复绿,科学合理部署露采矿山地质环境治理工程,突出治理重点,提高治理工作成效,全面综合整治露采矿山采石宕口,实施工矿废弃地矿山地质环境恢复治理工程提供科学依据。

同时,项目成果在健全苏北、苏中地区露采关闭矿山地质环境治理的组织体系和监督管理的长效机制、探索治理资金的多渠道筹措途径、全面推动露采关闭矿山地质环境治理工作等方面提供了可供借鉴的思路和方法。

五、江苏省矿山地质环境详细调查及规划

(一)项目简介

江苏省矿山地质环境详细调查及规划项目是2016年底江苏省国土资源厅、江苏省经济和信息化委员会、江苏省财政厅、江苏省环保厅、江苏省能源局等五厅局根据《国土资源部、工业和信息化部、财政部、环境保护部、国家能源局关于加强矿山地质环境恢复和综合治理的指导意见》《国土资源部办公厅关于切实做好<关于加强矿山地质环境恢复和综合治理的指导意见>贯彻落实的通知》部署开展的江苏省矿山地质环境恢复和综合治理工作。2017年4月,江苏省国土资源厅下发了《江苏省国土资源厅关于印发<江苏省矿山地质环境详细调查技术要求(试行)>的通知》(苏国土资发〔2017〕139号),明确全省矿山地质环境详细调查分省级工作与市县级工作同时开展,省级工作由江苏省国土资源厅委托江苏省地质调查研究院统一开展,负责完成发证砖瓦用黏土及地下开采矿山地质环境调查。市县级调查工作由市县级国土资源主管部门自行开展,主要是针对露采矿山(不含砖瓦用黏土)、关闭地下开采矿山进行地质环境调查。

项目计划分两个阶段实施:第一,在已完成露采矿山地质环境调查的基础上,开展全省砖瓦用黏土发证矿山及地下开采矿山详细调查,编制江苏省矿山地质环境调查成果报告。第二,按照《江苏省矿山地质环境详细调查技术要求》,全面开展全省露采矿山、无证砖瓦用黏土矿山、关闭无资料或废弃的地下开采矿山详细调查,汇总第一阶段成果,编制江苏省矿山地质环境详细调查报告及矿山地质环境恢复及综合治理规划。该项目为2017年度省级地质勘查专项资金项目。

(二)主要成果及科技创新

1. 编制并发布《江苏省矿山地质环境详细调查技术要求(试行)》

《江苏省矿山地质环境详细调查技术要求(试行)》是根据国土资源部、工业和信息化部、财政部、环

境保护部、国家能源局联合出台的《关于加强矿山地质环境恢复和综合治理的指导意见》及国土资源部办公厅下发的《国土资源部办公厅关于切实做好〈关于加强矿山地质环境恢复和综合治理的指导意见〉贯彻落实工作的通知》要求,结合江苏省实际编制。本技术要求规定了矿山地质环境详细调查总则、内容、程序、方法、手段、数据库建设以及成果表达等内容,是开展全省矿山地质环境详细调查工作的基本准则。其他矿山地质环境专项问题、矿山地质环境保护与土地复垦方案的野外调查工作可参照执行。

2. 全面摸清家底,形成全省矿山地质环境详细调查成果

成果系统查明了全省生产矿山、在建矿山、关闭矿山地质环境问题的类型、规模和危害程度;矿山土地利用现状、土石环境现状;矿山地质环境、土地损毁防治责任主体;矿山地质环境、土地损毁防治现状及效果;矿山地质环境现状及发展趋势、土地现状及利用方向。对单个矿山、各重点县(区)、市及全省的矿山地质环境状况、土地利用现状进行了科学评价,提出了矿山地质环境保护和恢复治理对策、土地复垦综合治理对策;建设完成省、市、重点县(区)矿山地质环境管理数据库。为建立和完善省、市、重点县(区)三级矿山地质环境信息系统,加强全省矿山地质环境保护与监督管理,促进江苏省生态文明建设提供了科学依据。

3. 编制并发布《江苏省、市、县级矿山地质环境恢复和综合治理规划编制指南(试行)》

《江苏省、市、县级矿山地质环境恢复和综合治理规划编制指南(试行)》是根据国土资源部、工业和信息化部、财政部、环境保护部、国家能源局联合出台的《关于加强矿山地质环境恢复和综合治理的指导意见》和国土资源部办公厅下发的《国土资源部办公厅关于切实做好〈关于加强矿山地质环境恢复和综合治理的指导意见〉贯彻落实工作的通知》,结合江苏省实际,在完成全省矿山地质环境详细调查的基础上编制。本指南对全面推进全省各地矿山地质环境保护与治理工作,提高规划的编制水平,规范和指导各市、县(市、区)矿山地质环境恢复和综合治理规划的编制,确保规划具有较强的实用性和可操作性,具有十分重要的意义。

4. 制定《江苏省矿山地质环境恢复和综合治理规划(2017—2025年)》

《江苏省矿山地质环境恢复和综合治理规划(2017—2025年)》是根据江苏省实际情况,在对矿山地质环境进行全面详细调查、认真分析研究已有成果和资料的基础上,结合"十三五"矿产资源规划编制。规划在对矿山地质环境现状及矿山土地损毁进行评价的基础上,结合矿山集中分布情况,提出矿山地质环境保护与治理分区,确定全省矿山地质环境恢复治理各项总体控制指标和"十三五"期间各项控制指标;同时明确生产、在建和关闭矿山地质环境保护与治理责任主体、工作部署、技术手段、任务分解和监督管理措施等,提出矿山地质环境监测与科学研究等基础性工作重点,落实工作任务;对关闭矿山治理的生态恢复要求重点在"三区两线",要点是山水林田湖综合整治,特点是矿地融合、管理创新与科技支撑。

(三)应用成效

《江苏省矿山地质环境详细调查成果》系统查明了全省矿山地质环境现状及问题、土地损毁现状及防治效果、矿山土地利用现状及利用方向;提出了矿山地质环境保护和恢复治理对策、土地复垦综合治理对策;建设完成全省矿山地质环境管理数据库和省、市、重点县(区)三级矿山地质环境信息系统。

《江苏省矿山地质环境恢复和综合治理规划(2017—2025年)》的出台为尽快形成在建、生产矿山和历史遗留等"新老问题"统筹解决的保护与治理新局面,全面提升江苏省各地矿山地质环境恢复和综合治理水平,推进全省各地生态文明建设,为建设美丽江苏提供了新蓝图。

第七节 综合地质调查

一、江苏沿海地区综合地质调查

(一)项目简介

江苏沿海地区地质资源丰富,地质环境相对脆弱,2009年国务院批复的《江苏沿海地区发展规划》提出依据资源环境承载力科学布局,实现江苏沿海可持续发展,该规划的提出为地质工作带来了新的需求。为保障沿海大开发科学、安全、有序推进,江苏省人民政府与国土资源部于2012年共同投资部署了江苏沿海地区综合地质调查工作。经过广泛的需求调研和院士领衔专家组的科学论证,2013年11月,《江苏沿海地区综合地质调查总体实施方案》提出"服务沿海发展空间布局优化与保障重大工程地质安全、调查地质资源禀赋提出合理开发利用建议、构建地质资源环境监测预警体系"三大核心目标,分"查条件、摸家底、探问题、提对策、建系统"五大专项13个课题进行实施。

项目得到了部、省各级国土资源部门的高度重视,组建了以江苏省地质调查研究院和中国地质调查局南京地质调查中心为主体,12家国内外科研院所与地勘队伍共同攻关的联合实施团队,积极开展了以服务保障为导向的经济区地质工作模式创新。项目累计投入近3.45亿元专项经费,经过7年的组织实施,探索实践出一条以"省部联合投入、海陆统筹部署,调查与专题研究、监测预警结合,'产学研用'全链路协同攻关,需求导向应用性成果定制,技术创新与政策创新结合"为特色的海岸带综合地质调查工作路径,为新时期中央地方合作开展地质工作提供了江苏样板。

(二)主要成果及科技创新

经过7年的持续调查及研究,项目在沿海地质结构与形成演化、地质资源家底、地质环境监测预警、地质资源环境承载力评价、地质成果信息服务共享等方面取得了一批基础性、应用性、战略性成果,可为破解江苏沿海发展面临的重大资源环境问题提供可靠的决策支撑。

1. 通过基础、水工环、海岸带综合调查,系统查明了江苏沿海地质条件

实现中尺度(1∶5万比例尺)区域地质环境调查全覆盖。共完成1∶5万区域地质调查43幅,面积11 480 km^2,沿海发展前沿地区全覆盖;完成1∶5万水工环调查33幅,面积12 270 km^2,主要城市港口全覆盖;完成1∶10万潮间带综合调查15 000 km^2,海岸带全覆盖(图3-82)。极大地提高了中比例尺区域地质、水工环地质、海岸带地质调查工作程度,填补了长期以来江苏沿海地区基础性地质资料的空白,为沿海可持续发展提供了坚实的基础地质资料保障。

2. 开展苏北盆地形成与第四纪沉积演化过程研究,支撑水工环应用研究

为查明江苏沿海地区巨厚松散地层结构,支撑水工环等应用研究,项目开展了苏北盆地形成与第四纪沉积演化过程研究。该项研究系统利用482个第四纪及水文地质钻孔,采用年代学及气候学等多重

图 3-82　江苏沿海地区中尺度区域地质环境调查分布图

地层划分方法，建立了江苏沿海地区第四纪标准地层，结合 38 条钻孔联合剖面和 9 个时期岩相古地理图，充分展现了研究区第四纪地层结构。创新性地将盆地沉积速率分析、锆石测年等技术系统结合研究江苏沿海平原的形成演化过程，首次揭示了江苏沿海平原第四纪以来的 4 个重要成陆阶段，其中 1.2Ma 区域构造沉降是研究区形成的重要时期(图 3-83)。项目提出区域成陆过程是青藏高原隆升、区域构造沉降及全球气候变化的耦合，首次提出断裂活动是研究区沉积环境特征及区域成陆速率存在差异的重要控制因素，并对长江贯通时限及其影响范围提出了新的见解。

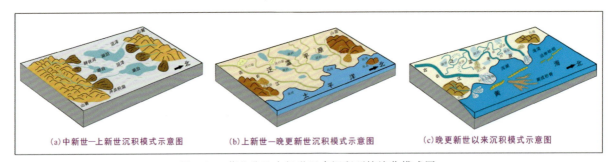

图 3-83　苏北盆地中新世以来沉积环境演化模式图

3. 查明江苏沿海地区地质结构，构建了三维地质模型

通过对地质大数据的综合分析，查明了江苏沿海地区地质结构，构建了反映基岩构造、第四纪松散地层结构、地下水含水系统结构及工程地质结构多层次、高精度的三维地质模型，掌握了各类岩土体空间分布特征和理化特性，相关调查成果为沿海城镇规划及重大工程建设提供了地质依据。

4. 查明了沿海地区工程地质条件、摸清了地下空间资源家底,提出了开发利用建议

江苏沿海地区广泛分布着软土、吹填土、液化砂土、地面沉降、水土腐蚀、海岸侵蚀与淤积六大类工程地质环境问题。项目根据工程建设所面临的这六类环境工程地质问题对沿海地区城乡规划体系提出了地质建议,将全区划分为一至五类用地。

地下空间是支撑城镇化、工业化集约高效发展的战略后备资源,项目评价了南通、盐城、连云港 3 个中心城市不同深度地下空间开发利用潜力,首次发现连云港深部地下空间适宜建设大型能源储备库,圈出建库适宜区 296km^2,具备规划建设总容量超过 9500 万 m^3 地下水封洞库的潜力,可在满足连云港炼化一体产业对原油、化工原料储存需求的同时建设国家战略石油储备基地,对保障国家能源战略安全,提升连云港市新亚欧大陆桥东方桥头堡地位有着重要意义(图 3-84)。

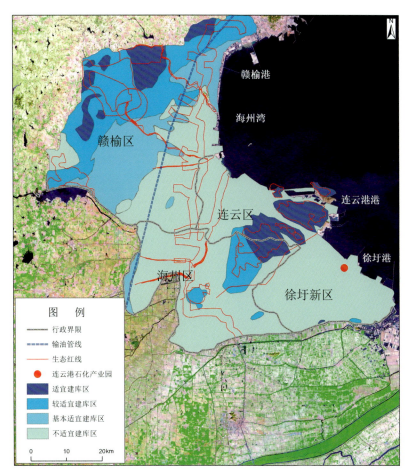

图 3-84 连云港深部地下空间大型能源储备建库适宜性评价图

5. 开展了地下水系统结构与循环演化研究

为系统调查沿海地区地下水资源家底,服务地下水资源保护与利用,开展了沿海地区地下水系统循环演化过程研究(图 3-85),联合运用水文地质钻探、物探、水文地球化学、多种环境同位素示踪与测年等方法,划分了沿海地区地下水系统,明确了沿海地区地下含水系统空间分布与富水性特征;研究了沿海地区地下水流系统循环的机理,建立了三大流域不同级次地下水流系统循环模式,揭示了区域地质构造背景、岩相古地理、水文地质结构、地形地貌、人类活动等因素共同制约下地下水流系统发育特征,尤其是海平面升降严格控制了沿海地区咸淡水的空间分布,而人类活动强烈影响了区域地下水流系统演化特征。

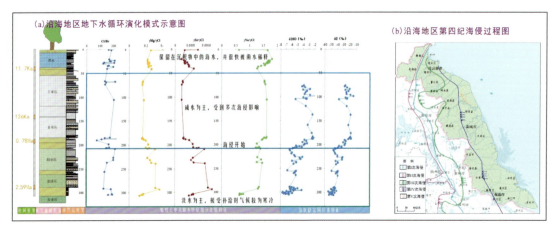

图 3-85　沿海地区地下水循环演化模式及海侵过程图

6. 探明了地下水资源家底,提出了地下水综合利用与管理建议

综合运用多种地面沉降监测技术、土工试验分析、数值模拟等方法,查明了沿海地区不同沉降区土体应力应变特征,摸清沿海地区地面沉降机理,构建了沿海地区三维地下水流——维固结形变耦合模型,评价了地面沉降约束下地下水可采资源量,科学划定了沿海各县市地面沉降、淡水咸化共同约束下的地下水位红线,提出了地下水资源综合管理的对策及建议。创新性的提出多尺度模拟方法(三级嵌套)(图 3-86)实现南通城市规划区地下水流-溶质运移-固结形变多场耦合模拟,预测了不同地下水应急工况开采后可能造成的地面沉降和淡水咸化问题。

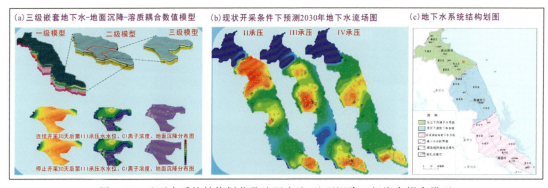

图 3-86　地下水系统结构划分及地下水流-地面沉降三级嵌套耦合模型

7. 全面掌握了滩涂资源数量,评价了资源潜力,服务滩涂围垦规划调整

为精确摸清滩涂资源家底及演变趋势,服务沿海海岸带规划与生态管护,创新运用机载激光雷达(LiDAR)测量技术对沿海滩涂数量进行了全面调查,系统运用激光点云数据解算、地面 DEM 重构叠加系统的潮位验测,精确查明了理论基准面以上滩涂资源面积 3 318.9km^2,主要分布于大丰、东台、如东沿海及离岸沙洲区;77.3%的滩涂生态质量优良,21.8%的滩涂生态质量较好(图 3-87)。

基于最新的海底地形、侵蚀淤积监测、洋流泥沙动力海洋锚系站位实测数据,创新运用地貌演化数值模型等技术手段开展了决定滩涂演变的辐射沙脊群形成演化研究。建立了可验证的区域海洋地貌演化数值模型(图 3-88),分析了大型沙洲-深槽系统迁移演化的机理及演变趋势,总结了人类活动影响下的滩涂剖面演化模式,进一步分析了滩涂地貌变化的生态环境效应,提出以滩涂生态管护理念进行江苏沿海滩涂的保护利用,为辐射沙脊群形成演化和稳定性评价定量研究提供了新的思路,对下阶段海岸带资源环境可持续开发起到重要支撑作用。

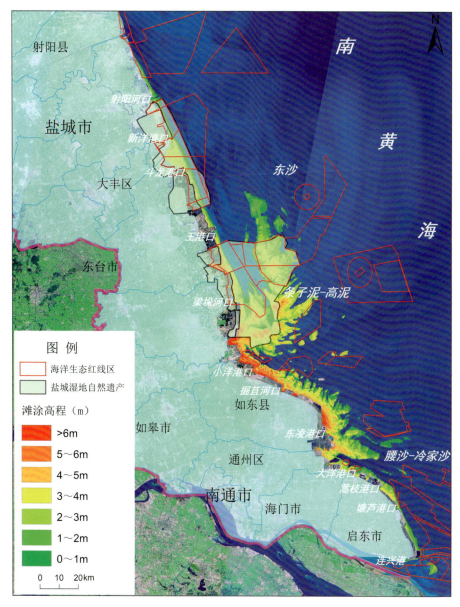

图 3-87 不同高程滩涂资源量分布图

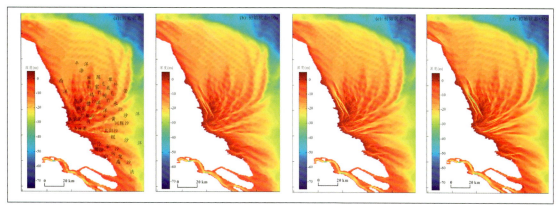

图 3-88 南黄海辐射沙脊群形成演化过程图

8. 查明了江苏沿海重大地质环境问题现状,构建了多要素资源环境综合监测预警网络

针对江苏沿海地区的主要环境地质问题,本次工作运用物联网技术率先构建了覆盖滩涂资源、地下水资源、地面沉降、岸线侵蚀淤积、土壤环境等资源环境多要素的综合监测网络(图3-89),并建立了科学的预警模型,结合江苏省国土资源卫星应用技术中心,为沿海地区自然资源调查监测和生态环境系统治理奠定了坚实基础,实现了沿海地区地质资源合理开发和风险有序防控。

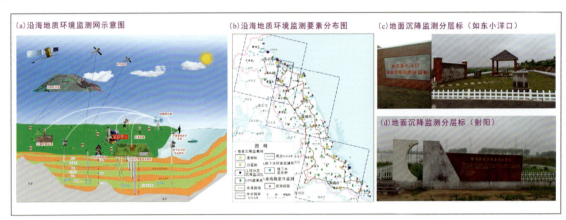

图 3-89　江苏沿海地区地质环境监测网络

地面沉降监测创新采用分层定点式分布式光纤监测技术,将分布式光纤监测技术同传统分层标结合,实现了单点精确沉降监测与垂向连续变形监测的融合,有利于准确捕捉沉降目标层,进而建立更加精确的沉降模型,更加有针对性地提出防控措施。

9. 沿海海陆一体化成果发布与辅助决策系统

本次工作建立了沿海海陆一体化的成果发布与辅助决策系统,实现了地质调查成果支撑政府决策的快速响应。

(三)应用成效

1. 支撑沿海地区新一轮规划编制

本次工作的岸线滩涂资源调查成果已成功运用到江苏沿海地区土地利用总体规划编制、江苏省滩涂围垦规划十三五修编中;地面沉降调查成果运用到全省地面沉降防治规划编制;以控制地面沉降、淡水咸化为约束目标提出的地下水位红线动态管理机制这一成果也在水利厅的地下水资源管理方面得到了应用(图3-90)。以上成果均为支撑省委省政府关于支持新一轮沿海发展规划政策制定提供了基础依据。

2. 海岸带及地下水资源研究支撑地质资源的保护与合理利用

海岸带研究成果为滩涂围垦时序与围垦规模的调整提供了定量判别指标,为滩涂围垦从数量管理向数量、质量并重管理转变起到了推动作用,获得了显著的社会效益和经济效益。地下水资源研究成果在江苏省地下水水位控制红线划定及超采区划分与治理等地下水管理工作中得到了应用,同时利用海域淡水地下水资源也为解决滩涂地区供水问题提供了一种可行的途径(图3-91)。

3. 服务于重大工程建设及国家战略能源储备选址

连云港地下空间资源调查评价成果形成专报上报省厅后,由省厅正式行文报省委省政府,连云港地

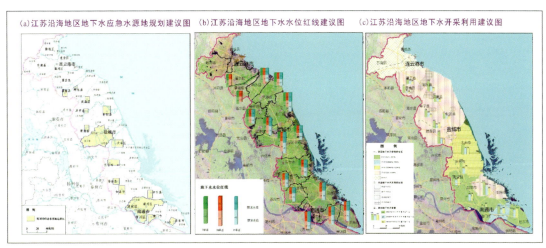

图 3-90　综合地质成果支撑新一轮规划编制

图 3-91　综合地质成果支撑地质资源保护与利用

下能源储备库建设的建议经领导批示,由省发改委推进落实相关后续工作。2017年8月,省发改委向省政府呈送了江苏省发展改革委关于积极推进连云港大型地下能源储备库建设情况报告,提出连云港建设地下能源储备库符合国家总体布局,有利于国土空间资源立体化、集约化利用,有利于国家能源战略储备安全,下一步将进一步论证选址条件,申报纳入国家规划,拓宽储库使用途径,很好地发挥了地质工作作用并扩大了地质行业的影响。

此外,本次工作的地面沉降研究成果也已成功应用于新建盐城要南通高铁地质论证、南通市地下空间开发及地下轨道交通选线地质论证、盐城市区及大丰港区深层地下水资源开发利用方案制定、条子泥滩涂围垦规划布局等。

二、苏南现代化建设示范区综合地质调查

(一)项目简介

2013年国家发改委发布《苏南现代化建设示范区规划》,为充分发挥地质工作的基础性和先导性作

用,2016年9月,中国地质调查局南京地质调查中心和原江苏省国土资源厅共同印发《苏南现代化建设示范区综合地质调查总体实施方案》,合作开展苏南地区综合地质调查,总经费3.273亿元。

(二)主要成果及科技创新

项目系统查明了苏南地区地质资源禀赋与主要地质环境问题,并依托"部-省-市-县"多级合作机制,瞄准服务对象,分级定制、精准服务,不断进行成果转化应用,取得了一批看得懂、用得上的成果,系列地质成果,积极助推苏南地区高质量发展。

1. 探明地质资源禀赋,支撑城镇发展与乡村振兴

经过详细调查,全面评价了苏南现代化建设示范区土地、地下水、地热、地下空间、地质遗迹等资源家底:完成了苏南地区1∶5万土地质量地球化学调查全覆盖,建立了可直接满足地块尺度土地质量管理需求的土地质量档案;首次统筹开展流域尺度地表水与地下水资源评价,查明了区域水资源数量和质量的空间特征;在查明苏南软土、砂土等工程地质问题分布特征的基础上,构建了苏南区域-中心城市-重点规划区的多尺度地质结构模型;探明了深部地热、浅层地热能等清洁能源禀赋和地质遗迹、矿泉水、富硒土壤等可服务乡村振兴的资源(图3-92)。成果显示耕地资源优良,水资源丰富,地下空间开发适宜性好,地热浅层地热能等新型清洁能源开发利用前景好,地质遗迹等可服务乡村振兴的特色地质资源众多,有利于支撑苏南现代化建设示范区城镇发展与乡村振兴。

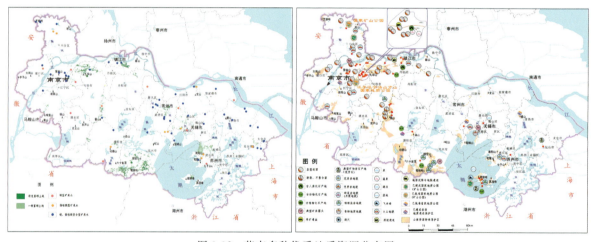

图3-92 苏南多种优质地质资源分布图

2. 查清主要地质环境问题,服务国土空间生态修复与重大工程建设

项目查清了水土污染、矿山环境、地面沉降等重大地质环境问题,探索了土地质量调查与污染修复服务土地分类管控的路径,精确提出了地块的分类管控建议,建设典型土壤污染修复示范基地2处,探索出污染耕地边利用边修复模式;在查明区内露采矿山环境、水土污染等问题基础上充分考虑生态要素空间关联和结构差异,从区域-小流域-地块等多个尺度提出上下游联动的系统修复建议(图3-93);在区域重要工程安全影响因素和多年地面沉降监测成果的基础上,支撑服务高铁、城市轨道交通线路等重大工程建设,发挥生态效益与社会效益。从支撑苏南地区城乡空间优化的角度出发,首次完成苏南地区地质资源环境承载力评价,编制苏南地区耕地适宜性评价图与建设用地限制性评价图等(图3-94),并结集成册《苏南资源环境承载力评价图集》,作为"百年地调"献礼成果。

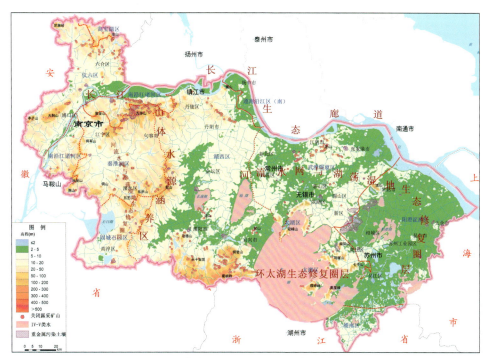

图 3-93　苏南地区国土空间生态修复建议图

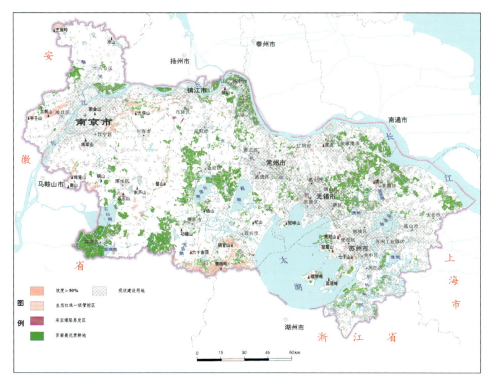

图 3-94　苏南建设用地强限制性评价图

3. 进一步完善地质环境监测网络，发挥长效监测预警作用

整合已有地质环境监测网络，在区域控制的基础上针对新发现的地质环境问题新建地面沉降基岩标分层标、地下水监测井、土壤环境监测点等监测站点，应用星、空、地多种监测技术手段（图 3-95），实现自然资源要素与生态环境质量变化的实时掌握。并积极拓展调查监测内涵，建设系列水土环境综合监

测试验场(图 3-96)。及时向地方自然资源管理部门提交多期次地质环境监测简报,发挥长效监测预警作用,延续地质调查成果生命力。

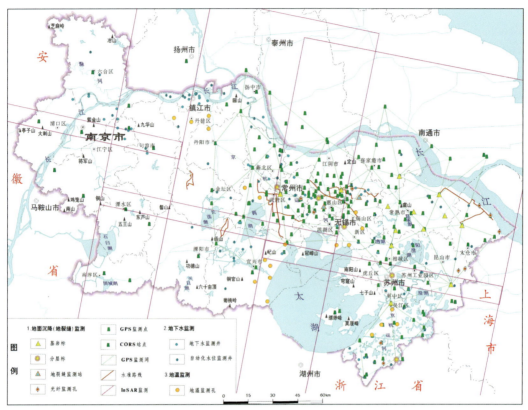

图 3-95　苏南地质资源环境监测网络图

图 3-96　小流域生态监测站

(三)应用成效

1. 支撑服务国土空间规划编制工作

本次工作成果紧密结合土地规划编制,根据精细的地质成果提出了城镇周边永久基本农田划定(图3-97)、中心城区城市开发边界调整(图3-98)等方面的应用建议,在苏州市、县两级土地利用总体规划调整完善及苏州高新区"两规合一"过程中发挥了重要的数据支撑作用;查明了软土、砂土分布特征,总结了地下空间开发需保护的资源和需规避的地质环境问题,针对地方迫切需求,完成常熟城铁新区、张家港康得新未来城工程建设适宜性评价,有力支撑了新区规划编制。

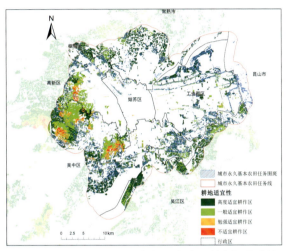

图 3-97 苏州市城镇周边永久基本农田划定调整建议

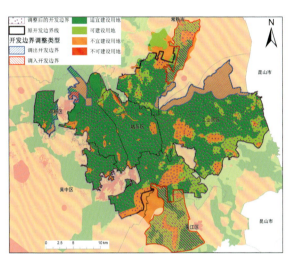

图 3-98 苏州市中心城区城镇开发边界调整建议

2. 多种特色资源支撑服务乡村振兴战略

精细圈定富硒地块,提出了太华镇富硒土壤开发区划,基于此2018年太华镇政府与金丝利药业集团签订了富硒康养小镇项目协议,投资15亿元,带动地方经济发展(图3-99);查明优质地下水资源禀赋,积极对接地方相关企业,在苏南地区多个矿泉水水源地选址论证及资源量评价中提供了业务支撑;提交地质遗迹开发建议,引起溧阳市地方政府重视,助力其申报国家地质文化镇(图3-100)。

3. 地质结构与地质环境监测成果服务重大工程建设

在多年地面沉降调查与监测成果的基础上,结合区域地质条件,得出地面沉降、地裂缝易发性,分析高速铁路、西气东输等

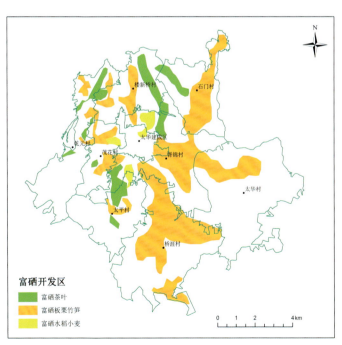

图 3-99 宜兴市太华镇富硒土壤资源开发区划图

重大线性工程受地面沉降、地裂缝的风险,划定风险等级,该项成果在南沿江高铁、通苏嘉甬高铁建设过程中,对线路的选址选线与地质灾害评估提供了技术支撑(图3-101)。

图 3-100　溧阳天目湖梅玲玉地质文化镇规划建设示意图

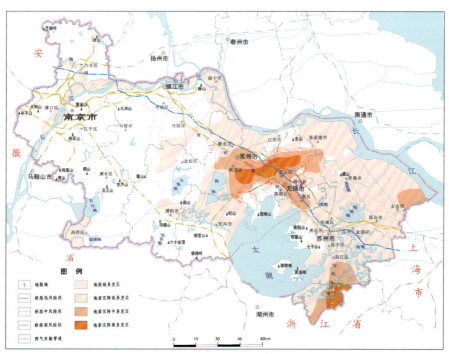

图 3-101　地面沉降发育及高铁沿线地质灾害风险评价图

第四章　地质灾害调查防治

我院地质灾害调查相关工作始于1999年，省内最先部署开展了镇江市区和宜兴市地质灾害调查区划工作，采用1∶10万地质灾害调查精度，查明了地质灾害分布发育特征，划定了地质灾害易发区，调查成果于2001年先后提交；而后无锡、连云港、南京等市陆续开展了地质灾害调查与区划工作，至2010年，我院在全省共完成60个县（市、区）地质灾害调查与区划工作，基本覆盖了江苏省地质灾害易发、多发的地区。在地质灾害调查与区划工作的基础上，我院完成了《江苏省地质灾害防治规划（2006—2020年）》的编制，详细部署了全省"十一五"期间的地质灾害防治任务，同时展望了"十二五"至"十三五"期间地质灾害防治工作，2006年4月，规划经省政府批复正式实施。在开展第一轮地质灾害调查与区划期间，还先后完成了南京市、无锡市、常州市、南通市、连云港市、扬州市等多个设区市级地质灾害防治规划和40余个县（区、市）级地质灾害防治规划，为各级政府科学开展地质灾害防治规划提供了依据。2004年以来，江苏省国土资源厅与省气象局联合开展了江苏省地质灾害气象风险预警项目，作为项目实施单位，我院坚持每年与省气象局联合召开全省地质灾害气象风险预警联席会议，分析研判全省的雨情、水情、汛情以及地质灾害防治形势，不断加强地质灾害监测预警关键技术的科研攻关，不断提高和完善气象地质灾害预报水平，共发布地质灾害气象风险预警90次，成功预报地质灾害险（灾）情220余起，避免人员伤亡2300余人，避免经济损失近2.5亿元。

十八大以来，各级政府对地质灾害防治工作的要求越来越高，为更好地服务于全省地质灾害应急工作，2013年以来，我院持续开展江苏省重要地质灾害隐患点调查评价项目，坚持每年对危险性、危害性大的重要地质灾害隐患点进行全面系统的再核查，形成核查报告、表等详细基础技术资料，并在主汛来临前反馈给各地用于指导防灾，5年来，共核查重要地质灾害隐患点1200余点次，编制核查报告5部，核查简报表60套，各类图件近300幅，为年度地质灾害防治工作提供了强有力的支撑。

第一节　地质灾害防治规划

一、项目简介

近年来，我院先后编制了江苏省地质灾害防治规划以及南京市、无锡市、常州市、南通市、连云港市、扬州市、镇江市、泰州市、宿迁市等多个设区市级地质灾害防治规划，还完成了张家港市、太仓市、宜兴市、兴化市、邳州市等40余个县（区、市）级地质灾害防治规划的编制工作，并如期开展了相关规划的修编工作，为各级国土资源主管部门有针对性地开展规划期内地质灾害防治工作提供了依据。

地质灾害防治规划旨在通过资料收集、地质灾害调查和需求调研，查明工作区内地质灾害现状及其发展趋势，并结合上位规划，提出地质灾害防治原则和目标，划定地质灾害易发区和防治区，在此基础上提出地质灾害重点防治任务和保障措施,为科学开展地质灾害防治工作提供了依据。

二、主要成果及转化应用

(一)主要成果

1. 全面系统阐述了江苏省主要地质灾害发育现状、危害并分析了发展趋势

从江苏省地质灾害发育的严重程度和危害程度出发,明确了滑坡、崩塌、地面塌陷、地面沉降、地裂缝以及特殊类土灾害为重点研究对象,阐明了各类型灾害的现状,预测了其发展趋势,分析了其危害性,为地质灾害易发区的划分打下了坚实的基础。

2. 全面总结了地质灾害防治工作进展及存在问题

全面收集了各级政府多年来地质灾害防治的各方面成果,从地质灾害调查评价、监测预警、综合治理、应急防治和防灾能力建设等5个方面,系统总结分析了历年来地质灾害防治取得的成绩和存在的问题,为后续有针对性地部署地质灾害防治任务奠定了基础。

3. 科学划定了地质灾害易发区

采用定量划分、条件比拟、超前预测、突出主要灾种的原则,分地面沉降、地裂缝、滑坡、崩塌、地面塌陷、特殊类土等灾害类型分别划定了地质灾害易发区(图4-1~图4-4),并明确了高、中、低易发区的防治措施,为科学开展地质灾害防治管理工作提供了依据。

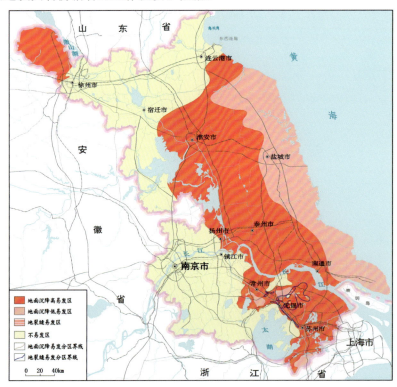

图4-1 江苏省地面沉降与地裂缝灾害易发区分布示意图

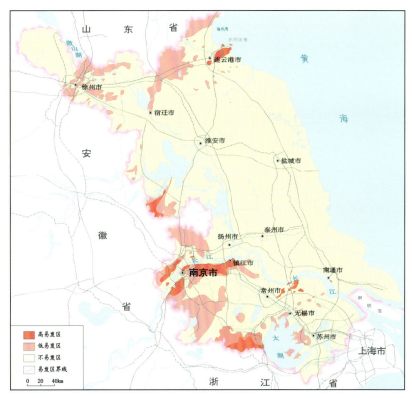

图 4-2 江苏省滑坡与崩塌灾害易发区分布图

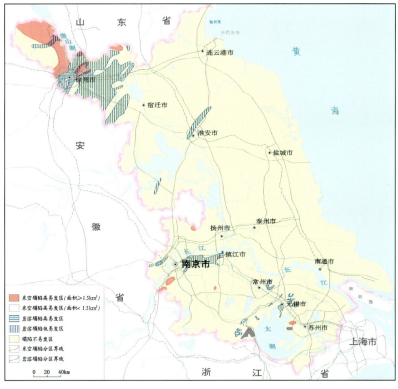

图 4-3 江苏省地面塌陷灾害易发区分布图

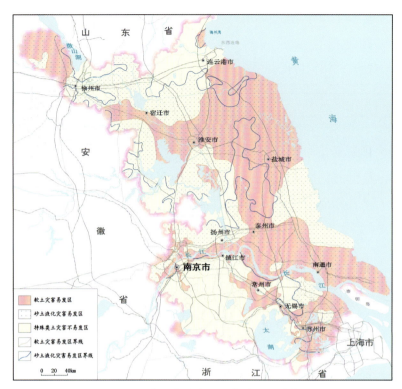

图 4-4　江苏省特殊类土灾害易发区分布图

4. 划定了地质灾害防治区

根据地质灾害现状、易发程度及各行政区内的国民经济发展布局等,划定地质灾害防治重点和一般防治区(图 4-5),并针对每个地质灾害防治区特点,提出切合实际的地质灾害防治工作建议和措施。

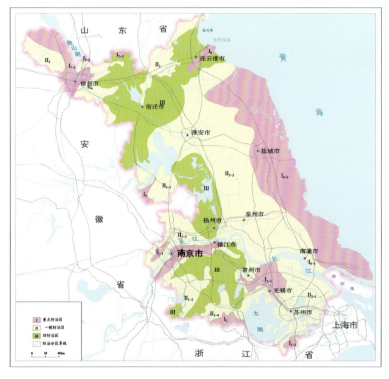

图 4-5　江苏省地质灾害防治区划图

5. 提出了地质灾害防治主要任务和保障措施

结合各地地质灾害分布发育特征和防治重点,从地质灾害防治四大体系建设方面分别提出有针对性并符合地区实际的防治任务,同时配备强有力的保障措施,以确保规划有效落实。

(二)转化应用

省、市、县(区、市)地质灾害防治规划由各级人民政府批准实施,作为所在行政区开展地质灾害防治工作的指导性文件,保障了江苏省地质灾害防治工作科学、有序地开展。

第二节 县(市)地质灾害调查与区划

一、项目简介

根据国土资源部统一部署,自1999年开始,江苏省分期、分批开展了1∶10万县(市)地质灾害调查与区划工作。项目旨在通过开展1∶10万县(市)地质灾害调查,查明各地地质灾害分布发育特征,评价其危害性,划定地质灾害易发区,并评估地质灾害经济损失,提出地质灾害防治措施和建议,为有计划地开展地质灾害防治工作提供依据。至2010年止,全省共部署完成4个地级市、61个县(市、区)地质灾害调查与区划工作,调查工作覆盖面积达69 390 km^2;其中我院完成4个地级市、60个县(市、区)的地质灾害调查与区划任务(图4-6)。

本次县(市)地质灾害调查与区划工作是省内首次全面开展的地质灾害调查工作,基本查明了地质灾害分布发育特征,并分县、市提交了地质灾害调查与区划报告、重要地质灾害隐患点防灾预案建议、地质灾害信息系统建设报告(图4-7);在全面总结各县(市、区)地质灾害调查成果的基础上,完成了《江苏省县(市)地质灾害调查与区划综合研究》,深入研究了全省地质灾害的分布以及特征和成因机理。本次工作中的《江苏省县(市)地质灾害调查与区划综合研究》《无锡市地质灾害防治规划专题研究》《江苏省南京市都市发展区地质灾害调查与区划报告》《无锡市惠山新区地质灾害调查研究报告》等多个项目获得江苏国土资源科技创新奖(图4-8)。

二、主要成果及转化应用

(一)主要成果

1. 深入研究了各县(市、区)地质灾害致灾背景

采用"3S"技术、传统野外调查和综合研究等方法对工作区地形地貌、地层、构造、水文地质、工程地质条件以及人类活动特征进行了深入的分析研究,提高了各县(市、区)地质环境研究程度,为地质灾害发生发展、形成机制的认识提供了翔实、可靠的依据。

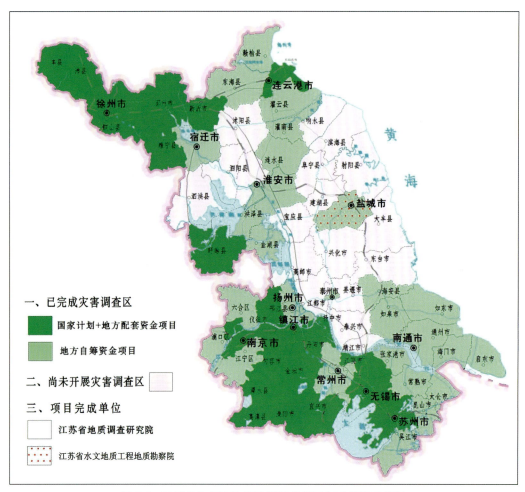

图 4-6 江苏省县(市)地质灾害调查与区划工作完成情况

图 4-7 部分县(市)地质灾害调查与区划成果

2. 首次摸清了各县(市、区)地质灾害家底

根据县(市)地质灾害调查技术要求,首次查清了江苏省地质灾害发育程度相对较高的县(市、区)地质灾害家底,重点对影响较大的崩塌、滑坡、岩溶塌陷、采空塌陷、地面沉降、地裂缝灾害进行了全面调查,查清了各类型地质灾害的分布发育特征。

图 4-8　部分地质灾害调查与区划成果获奖证书

3. 建立了群测群防网，优化了专业监测网络

在全面分析地质灾害调查成果的基础上，把危险性大、稳定性差、成灾率高、灾情严重并威胁人民生命财产、重大基础建设工程安全的灾害点作为群测群防点，以各级政府分级领导为抓手，以防灾避险卡、明白卡为纽带，以专家组为技术骨干，协助各级政府建立了在各级政府组织领导下的地质灾害群测群防网和专业地质灾害监测体系，形成了群专结合的防灾网络。

4. 科学划分地质灾害易发区和重点防治区

通过对影响地质灾害发育分布的众多因子进行分析、分类，略去一般因子，选择重要因子建立科学评价指标体系，在此基础上，对按 1km×1km 的精度将工作区进行剖分，采用地理信息系统空间分析方法对每单元进行评价，划分地质灾害易发区；在地质灾害易发区划分的基础上，把受地质灾害威胁的人类活动聚集地、经济开发区、重大项目建设区和旅游区作为地质灾害防治重点，划分出地质灾害重点防治区、一般防治区和非防治区。

5. 评估了地质灾害造成的经济损失

采用统计分析法和概率预测法首次对各县（市）地质灾害造成的经济损失进行了评估，分别进行了经济损失的现状评估和预测评估，同时结合损失情况，对防灾减灾的经济、社会效益进行了评述。

（二）转化应用

1. 首次建立了突发地质灾害群测群防网

在地质灾害调查基础上，首次建立了各县（市）突发地质灾害群测群防网，经过多年的优化、完善，目前已形成了江苏省群专结合的地质灾害监测网络，最大限度避免和减轻了人员伤亡和经济损失，取得了良好的防灾效果。

2. 在划定的易发区开展地质灾害危险性评估，避免工程建设遭受地质灾害侵害

以划定的各县（市）地质灾害易发区为准绳，部署了相应的地质灾害防治任务，切实避免或减轻了地质灾害可能造成的损失；地质灾害易发区的划定为严格落实地质灾害危险性评估制度提供了条件，通过开展建设项目地质灾害危险性评估，提前发现建设过程中的地质灾害隐患，提出相应的防治措施，有效避免建设项目遭受地质灾害侵害，产生了巨大的社会和经济效益。

3. 强力支撑了第一轮地质灾害防治规划编制，使地质灾害防治工作更为科学有序

地质灾害调查与区划工作首次摸清了各市、县地质灾害家底，基本查明了地质灾害发育较为严重地区的地质灾害分布特征，分析了地质灾害的成因机理，划定了地质灾害易发区和防治区，是第一轮地质灾害防治规划编制的重要技术支撑，保障了地质灾害防治规划的科学性、合理性。

第三节　江苏省重要地质灾害隐患点调查评价

一、项目简介

为全面、准确掌握全省危险性、危害性大的重要地质灾害隐患点动态变化特征，及时核实各重要地质灾害隐患点群测群防和预案体系的建设情况，明确汛期地质灾害防治重点，2013年以来，江苏省财政厅、国土资源厅划拨专项资金每年开展全省重要地质灾害隐患点调查评价工作。

江苏省重要地质灾害隐患点调查评价项目以服务于全省年度地质灾害防治为宗旨，以支撑全省重要地质灾害隐患点"三查"工作任务为目标，以汛前排查结果为基础，在整合已有地质灾害调查成果的基础上，开展多方法、多手段的地质灾害调查评价研究工作，全面查明全省重要地质灾害隐患点的分布发育特征以及地质灾害群测群防网络的建设情况，以及时掌握、更新重要隐患点动态变化信息，助力分析年度地质灾害防治形势，为年度地质灾害防治方案实施和地质灾害防治工作提供了基础资料。

二、主要成果及转化应用

（一）主要成果

（1）在各地地质灾害排查的基础上，核定每年重要地质灾害隐患点数量。2018年全省共有各类地质灾害隐患点 1098 处,经调查,核定重要地质灾害隐患点共 313 处,潜在威胁人数 30 321 人,受威胁财产总计约 29 421 万元。

(2)查明了重要地质灾害隐患点的地质环境条件和地质灾害分布发育特征。采用遥感解译、无人机与野外实地调查相结合的工作方法,对重要地质灾害隐患点逐点进行调查,详细查明隐患点周边地质环境条件、地质灾害分布发育特征、诱发因素,进行危险性、危害性评价,进一步完善防灾预案,并逐点提出切合实际的地质灾害建议。

(3)总结了江苏地质灾害发育分布特征。2018 年度重要地质灾害隐患点 313 处,从地质灾害类型分布上,崩塌 129 处,占 41.21%;滑坡 119 处,占 38.02%;地面塌陷 62 处,占 19.81%;地裂缝 3 处,占 0.96%(表 4-1)。从空间分布上,地质灾害隐患点主要分布于低山丘陵、岗地区域,行政区以南京、镇江、连云港、徐州为地灾隐患集中分布区域;从地域分布上,主要集中分布于宁镇、徐州、连云港等低山丘陵区,其中分布于南京 75 处,占 24.8%;镇江 54 处,占 16.3%;常州 13 处,占 3.2%;无锡 13 处,占 4.4%;苏州 1 处,占 0.3%;扬州 1 处,占 0.3%;泰州 1 处,占 0.3%;南通 3 处,占 2.9%;淮安 16 处,占 7.6%;徐州 106 处,占 30.0%;连云港 34 处,占 9.9%。从稳定性及规模分布上,江苏省重要隐患点中稳定性差的隐患点 172 处,占 54.95%;稳定性较差的 136 处,占 43.45%;稳定性一般的 5 处,占 1.60%;险情等级特大型 5 处,占 1.60%;大型 48 处,占 15.33%;中型 142 处,占 45.37%;小型 118 处,占 37.70%。从诱发因素上,人类工程经济活动是引发江苏省地质灾害的主要因素,其次,降雨是诱发地质灾害的自然因素。

表 4-1 重要地质灾害隐患点险情等级分类统计表

灾害类型	特大型	大型	中型	小型	合计
滑坡(处)		9	49	61	119
崩塌(处)		5	68	56	129
地面塌陷(处)	5	33	23	1	62
地裂缝(处)			1	2	3
合计(处)	5	48	142	118	313
占百分比(%)	1.60	15.33	45.37	37.70	100.00

(4)对危险性、危害性大的重要地质灾害隐患点开展了地质灾害勘查工作。每年选择 3~5 处危险性、危害性大的重要地质灾害隐患点,采用地质灾害调查、物探、钻探、实验测试相结合的手段,对其进行重点剖析,全面查清地质灾害隐患点的地质环境条件、地质灾害分布发育特征以及关键参数,分析成灾机理,并开展重要地质灾害隐患点的稳定性评价,为该点后期开展地质灾害治理提供依据。

(5)落实了重要地质灾害隐患点防灾预案。核实了各地质灾害隐患点群测群防体系建设与落实情况,核查各隐患点防灾明白卡、避险明白卡及应急预案制定及下发情况,以及隐患点警示标志设立情况,并及时将情况反馈地方,为汛期地质灾害防治提供依据。

(6)开展年度地质灾害防治工作总结。根据全年地质灾害防治情况,对每年地质灾害防治工作情况进行全面总结、分析,按年度完成江苏省重要地质灾害调查评价报告。

(二)转化应用

(1)实现了全省重要地质灾害隐患点的动态管理,及时掌握重要地质灾害隐患点的空间分布和发育情况,为制定年度地质灾害防治方案提供支持。

(2)加强了地质灾害群测群防体系的建设和完善。

(3)为危险性、危害性大的地质灾害隐患点地质灾害治理工作提供了技术资料。

第四节 江苏省突发地质灾害气象风险预警与应急防治

一、项目简介

江苏省地质环境脆弱,经济发达,人类工程活动强烈,地质灾害较为发育,为减少或避免地质灾害对人民群众造成生命财产损失,江苏省国土资源厅与气象局自2004年以来联合开展地质灾害气象风险预警工作。项目通过深入研究地质灾害成因机理,分析地质灾害与降雨之间的相关性,建立了适合江苏实际的地质灾害预警模型;同时与气象台共同合作逐步建立了数据共享、数据分析、预警会商、预警发布等地质灾害气象风险预警工作机制,多年来共发布地质灾害气象风险预警90次,成功预报地质灾害险(灾)情220余起,避免人员伤亡2300余人,避免经济损失近2.5亿元。项目子课题"强降水型气象地灾预警预报系统研究"于2006年获得江苏省人民政府科技进步奖三等奖,2017年取得软件著作权两项。

二、主要成果及转化应用

(一)主要成果

1. 确定地质灾害影响因子,以地质灾害发育背景为基础建立预警区

项目整理分析了20世纪80年代以来的地质灾害数据,利用统计分析,逐一分析地质灾害的形成、发展与地质环境背景的关系。统计发现,地质灾害与地形地貌、地面高程、地形坡度、坡面特征、岩土体类型关系密切。地层条件、斜坡类型的不同,地质灾害的分布差异较大。江苏省以土质滑坡为主,土质滑坡占滑坡总数的67.5%;在土质滑坡中又以第四系下蜀土滑坡为主,占土质滑坡的52%。岩质滑坡集中分布在连云港、江阴,以顺层滑坡为主,占岩质滑坡的58%(表4-2,图4-9、图4-10)。

表4-2 地质灾害与地貌类型关系统计表

地貌区		地形特征	主要灾害类型	灾害数量(处)
低山丘陵区	北部连云港、东海、赣榆及徐州一带山地	山地海拔在200~300m,625.3m的云台山玉女峰为本省最高峰。岩石硬度大,山峰较为陡峻。连云港一带山坡自然坡度19°~35°,少数陡崖50°~85°	滑坡、崩塌、采空塌陷、岩溶塌陷	608
	西部盱眙、六合、江浦一带山体	山体地面标高150~200m。山坡坡度较小		
	南部低山丘陵主要由宁镇山脉、茅山山脉、宜溧山脉组成	镇江—南京一带山势较高,海拔高度300~400m,山坡坡度30°左右。南京—小丹阳之间,山势低落,海拔高度一般300m以下,山坡坡度20°~30°。茅山山脉海拔100~300m。宜溧山脉山体海拔高度一般在300m以上,主峰黄塔顶621m,为全省第二高峰		

续表 4-2

地貌区		地形特征	主要灾害类型	灾害数量（处）
山前堆积平原区		系低山丘陵向平原的过渡区，地形由山前向平原区呈倾斜波状起伏，地面标高在 20～60m 之间	岩溶塌陷、采空塌陷	12
堆积平原区	黄淮冲积平原	地面高程在西部丰沛一带 45m 左右，至东南部 2～4m，由西北向东南倾斜	采空塌陷	19

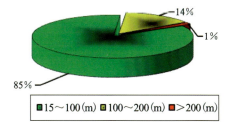

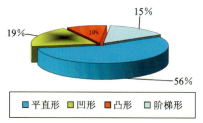

图 4-9 地面高程与滑坡崩塌灾害的对应关系图   图 4-10 坡形与滑坡灾害的对应关系图

采用确定性系数函数（CF）将地质灾害各影响因子量化。按照"潜势度""发育度""易发度"3 度分析思路，运用栅格数据处理方法，以 5km×5km 为评价单位，将全省低山丘陵和岗地划分为 791 个研究单元，根据评价结果，将全省划分为 7 个预警区。

2. 深入研究了影响地质灾害的强降水类型及演变关系

统计表明，气象地质灾害与前期一周降水量的演变有关，地质灾害主要有 5 种降水演变类型。即：①单峰急升型；②单峰缓升型；③双峰型；④"w"型；⑤持续上升型。在这 5 种降水量演变型下，单峰急升型出现的机会最大，同时灾害也最严重的一种类型。

江苏省 95% 以上的滑坡、崩塌都发生在降雨最丰富的 6、7、8 三个月，由于滑坡、崩塌的发生受斜坡体的稳定程度以及降雨多方面因素的控制，因此其发生发展与降雨在时间上既有一致性也有滞后性（图 4-11）。

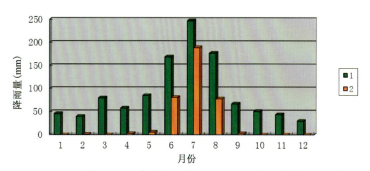

图 4-11 江苏省滑坡、崩塌发生数量与多年月平均降雨量对比图

3. 首次研究发现江苏省滑坡、崩塌地质灾害与冬季雨雪冻融的相关性

建立专业监测点，监测岩体裂缝与温度和降雨的变化，分析之间的相关性，通过对比分析，温度一般在 0℃ 上下波动，冬季降水后，晚上温度下降至 0℃ 以下，岩体裂缝冻胀，裂缝增大，白天温度升高，岩体与母岩之间形成的冰水混合物导致抗滑力下降，加速岩体变形，裂缝增大。这种反复的融冻现象是无锡岩质边坡变形的主要因素（图 4-12）。

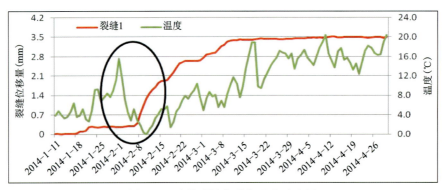

图 4-12　岩体裂缝位移与温度对比图

4. 构建符合江苏实际的地质-气象耦合预警模型,逐步开展精细化预警模型研究

基于滑坡频度-降雨分析关系导出了一种新的计算前期降雨的有效方法,将衰减系数引入地质灾害预警模型中,确定有效降水模型和有效降水系数。基于江苏省丘岗地面积较少,地质灾害隐患点数量不多的特点,本项目提出了区域预警和单点预警嵌套式预警模型,两者互为补充。耦合区域地质与降雨和预报雨量分析,实现地质灾害的时空预警。

5. 研发了地质灾害预警信息平台

研发了地质灾害气象风险预警系统,该系统实现了降水资料自动传输、预警分析、预警会商、预警发布等工作的自动化、信息化。随着无纸化、网络化办公要求的提出,又开发了地质灾害险(灾)信息网络报送模块,同时开发了江苏省地质灾害防治管理平台(Android 版),进一步提高了信息报送的时效性和准确度(图 4-13、图 4-14)。

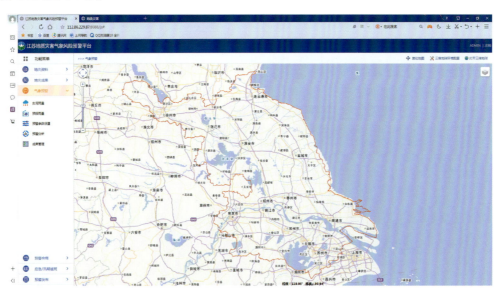

图 4-13　江苏省地质灾害气象风险预警信息系统主界面

6. 建立了符合江苏实际的地质灾害预警工作体系

建立了应急值班、预警会商、预警信息发布、地质灾害信息上报和反馈、年度工作总结分析等工作制度,不断完善预警工作流程和机制。通过多年实践,数据共享机制不断加强,预警工作流程可操作性强。预警发布机制快速、高效,地质灾害信息上报和预警反馈机制可及时准确地获取地质灾害信息,为地质

图 4-14 系统平台（Android 版）

灾害预警模型优化提供依据。年度工作总结机制使得项目研究和工作经验不断积累和深入，有利于地质灾害气象风险预警水平提升。

(二) 转化应用

(1) 该项目为公益性、业务性的常态性工作，其主要成效体现在防灾减灾效果，保障人民群众生命财产安全和对各市地质灾害防治工作、气象风险预警工作的指导性和参考性。

(2) 自开展地质灾害气象风险预警工作以来，共发布地质灾害气象风险预警 90 次，成功预报地质灾害险（灾）情 220 余起，避免人员伤亡 2300 余人，避免经济损失近 2.5 亿元，有效地保障了人民生命和财产安全。

第五章　城市地质调查评价

城市地质调查是城市发展中基础性、公益性的工作，具有社会经济发展的指向性、针对性、前瞻性意义。2017年9月，国土资源部出台了《关于加强城市地质调查工作的指导意见》，要求各省市加强城市地质调查，发挥地质工作在促进城市可持续发展中的新优势，全面部署推进城市地质工作，以上海、北京为代表的国内大型城市已相继开展过此项工作。在中央、省级、地方多方支持下，我院相继完成苏州、镇江、徐州、泰州等城市地质调查工作，相关成果在城市规划、建设、安全、管理中发挥了重要作用。

第一节　苏州城市地质调查

一、项目简介

根据苏国土资函〔2006〕471号"关于开展城市地质调查试点工作的通知"，苏州城市地质调查项目主要有以下4项任务。

(1)查明苏州市城市规划区三维地质结构，以城市发展需求为目的，对包括城市地下空间、水、土等地质资源合理利用进行分析评价，开展城市地质环境监测。

(2)以调查研究城市化、工业化与地质环境的相互作用和影响为主线，查明存在的主要地质灾害和地质环境问题及其对社会经济的影响。

(3)结合数字苏州总体框架，编制城市环境地质系列图件，建立城市地质环境信息平台。

(4)围绕城市发展目标和功能定位，提出对策建议。

2009年5月江苏省国土资源厅与苏州市人民政府签署了合作开展"苏州市城市地质调查"项目协议，项目由江苏省地质调查研究院组织实施。

省厅和市局分别成立了项目领导小组和联合协调小组负责项目的指导实施工作，江苏省地质调查研究院组织了基础地质研究所和环境地质研究所相关技术人员，分解为7个专题研究组开展专题研究，于2009年7月完成了项目设计，2011年1月进行项目野外验收，2012年5月进行专题成果审查，2012年8月进行最终成果审查并移交苏州市人民政府。

二、主要成果及科技创新

(1)完成了中心城市区域范围内的城市地质调查工作，全面系统完整地总结了苏州城市规划区范围内的三维地质结构特征，总结了矿产资源总量和优势矿产类型，提出了矿产资源保护、开发和管理的建议，分析评价了地质遗迹资源的质量，初步评价了区域地壳稳定性，为城市规划发展奠定了较好的基础。

(2)细化建立了第四纪地层精细结构模型,为与城市建设密切相关的工程地质勘查、地下水资源勘查、地质灾害地面沉降防治提供了坚实基础(图5-1)。

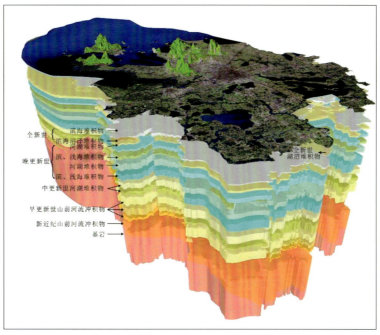

图 5-1　苏州市城市规划区第四纪地层三维结构造模型图

(3)建立了城市区域范围内的标准工程地质层划分方案,构建了精细三维工程地质模型,为城市地下空间开发、应用、管理和应急抢险提供了科学准确方便的管理工具。

(4)查明了苏州城市规划区内各含水层地下水资源量,利用三维水文地质模型建设和精确模拟技术,首次提出苏州市利用地下水为应急水源地的建议对策,为城市水资源安全提供了可靠保障。

(5)系统分析了城市地质灾害的现状和发展趋势,提出了科学的管理、防治方法和措施;对城市范围内的土壤和浅层水地球化学现状进行了全面的分析,提出了土地利用调整建议,分析了浅层水防污性能,为土地管理、开发、利用、保护从数量管理向质量管护转变提供了有效支撑(图5-2)。

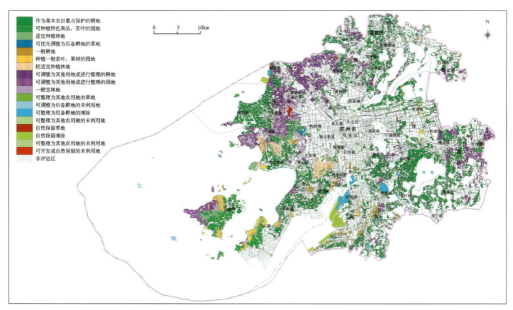

图 5-2　苏州市城市规划区土地合理利用与综合规划建议图

(6)通过信息平台建设,使地质信息的管理实现了与数字城市管理系统的对接,促进了地质资料集约化管理服务的发展。

三、应用成效

苏州市城市地质调查是对苏州城市规划区内的土地、矿产、地下水、工程地质条件、地质环境的一次全面体验,成果信息化程度高、现势性好、延伸服务能力强、可利用程度高,是数字化城市信息管理的重要组成部分。最重要的是项目成果提高了国土资源管理部门在城市规划、建设、管理、应急及决策中的服务能力和手段。

1. 提高了城市地质资源保障程度

苏州城市地质调查对苏州市的"山水地矿热"的量及质进行了较详细的调查,提高了城市地质资源的保障程度。如深层地下水的科学使用、地热资源的引导开发等。

2. 对城市规划和建设起到超前的参考作用

由于对地下结构缺乏全局掌控,地铁在建设中和建设后事故频发,已成为中国特色,通过城市地质信息管理与服务系统可以进行工程建设预可行性研究,优选建设路线和站址,降低建设成本和事故风险。

3. 有助于提升国土资源管理和开发的便捷性及科学性

城市的扩张必然引发土地资源的短缺,利用土壤地球化学评价模块,进行土壤污染修复规划、万顷良田选区、土地用途调整,均可起到快捷的参考作用。利用该系统进行矿山资源环境管理整治、矿产勘查政策的制定也具有明显的指导、引导作用。如地热资源开发优先勘查区段的划分等。

4. 辅助决策功能有助于城市安全的维护

城市地质信息管理系统可以快速地提供城市区域范围内任何区块的已有地球物理、地球化学、钻孔、基岩、水文、工程地质条件、地质灾害分布的情况,构成城市地下结构的忠实可靠的参谋部,实现实时查询、论证和管理,系统开发了多个数学评价模型,在现有资料的基础上可实时进行不同参数标准的综合评价,以应对各种事务性工作和突发性事件,对城市发展可起到辅助决策作用。如通过地下水开采管理数据库和地下水水流模型,可在地表突发性水质型水污染事件中提供地下水应急救援工作,并及时评价地下水应急供水方案可行性、供水量和供水后地下水环境的变化。又如在地下空间开发利用中发生施工或运营事故中,可及时提供事故发生区段工程地质条件、水文地质条件、基底地质条件等相关数据,为事故抢险工作节省了宝贵的时间,对抢险科学决策能发挥重要作用。

第二节 镇江城市地质调查

一、项目简介

该项目紧密围绕镇江城市经济社会发展规划,关注城市规划区建设中的突出环境地质问题,根据地方需求把任务细化为基础地质、地质资源、地质环境以及信息系统4类共8项专题。以信息系统建设为主线,同时开展基础地质调查、地下水资源、地下空间资源、地质景观资源、浅层地温能资源、地质灾害和水土环境调查。最终利用基于GIS的三维空间建模技术和大型数据库技术实现对所有调查成果集成化管理和社会化服务(图5-3)。

图5-3 镇江城市地质签字仪式

二、主要成果及科技创新

(1)从区域地质构造稳定性角度分析城市整体布局的科学性。通过对茅山断裂、大路-姚桥断裂、丹徒-建山断裂等主要构造断裂的勘查和力学分析,从内、外动力条件出发,将城市规划区地壳稳定性划分为4个地表次稳定地带、5个构造次稳定地带、6处安全岛及其他相对稳定区,为重大工程建设选址提供了依据(图5-4)。

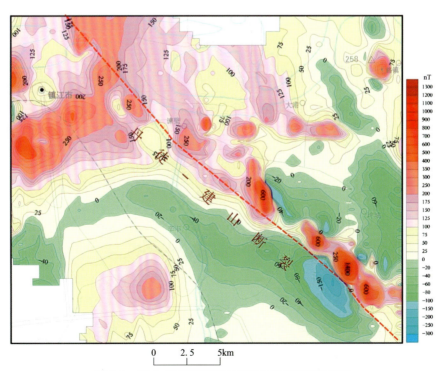

图5-4 丹徒-黄墟断裂所在航磁化极等值线平面图

(2) 为应对突发性危机事件,并且为筹划城市应急供水提供保障。进一步查清地下水资源分布规律、径流条件和水环境状况,以岩溶地下水为重点,划分出9个备选地下水水源地,对地下水资源储存量进行了计算,以极端事件引发供水危机为假设条件,论证了地下水资源保障程度。

(3) 查明了城市规划区内各工程地质层的成因类型、分布规律及其工程地质性质;首次为本市建立了较完整的土体工程地质分层标准,并在此基础上实现了工程地质层三维结构模型的快速生成;采用系统理论及方法对建设用地的地质环境适宜性进行评价,为城市规划建设提供了依据(图5-5、图5-6)。

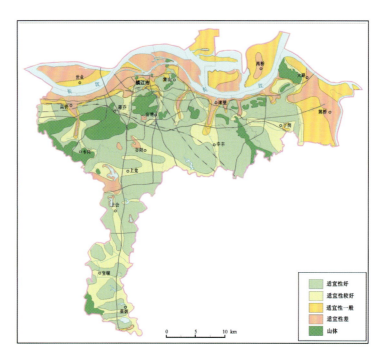

图5-5 天然地基(多层建筑建设)适宜性评价图

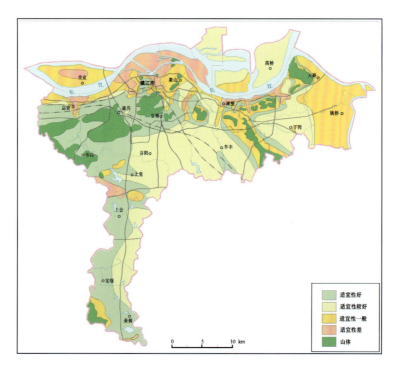

图5-6 居住-公共设施建设用地地质环境适宜性评价图

(4)基本查清城市规划区土壤地球化学特征。农田土壤中重金属元素、养分元素以及酸碱度等化学指标具有明显的空间分布规律:总体呈南低北高态势,南部地区土壤偏酸性,而北部沿江区偏弱碱性。城市区土壤受人类活动和工矿企业排放影响明显,出现重金属在局部区域的富集,以 Cd、Cu、Hg、Pb、Zn 最突出。全区农田土壤环境质量总体良好,清洁、尚清洁土壤面积分别占总调查农田面积的 94.8%、4.9%。农田土壤主要污染因子为 Cd、Hg,局部存在 Pb、Zn、Cu 污染(图 5-7)。

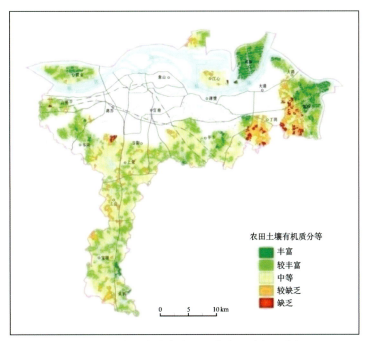

图 5-7 土壤环境综合分级土壤有机质含量分级

(5)基本查清地质景观资源总量和分布情况。提出沉积与构造、地形地貌、变动遗迹、洞穴、河段、湖沼、泉七大类地质景观资源分类;发现 2 处景观石产地,考证了 4 处地层剖面;完成地质景观资源综合质量分级:优秀级资源 7 处,良好级资源 102 处,一般级资源 62 处;依据空间相对集聚、优势资源突出原则,提出七大地质景观区划分方案,为城市旅游规划和景观开发提供了后备资源(图 5-8)。

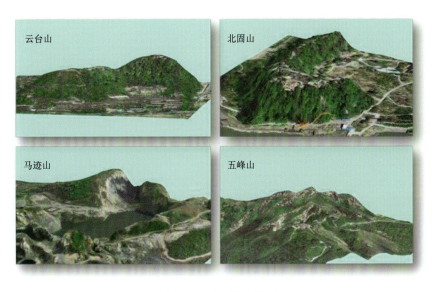

图 5-8 地质景观模型

三、应用成效

1. 韦岗街道新镇区规划选址

以宜居宜建为主要目标,开展韦岗新城镇规划选址环境地质条件评价。韦岗地区地质环境脆弱,过度的人类工程活动(采矿)导致了地质灾害频发,环境污染相对突出。经调查和综合分析得出:区内工程地质条件总体良好,适宜工程建设;区内地质环境空间差异显著,地质灾害隐患集中分布于南部地区,与人类工程活动关系密切,北部、东部地区总体环境良好,适宜居住、建设(图5-9)。

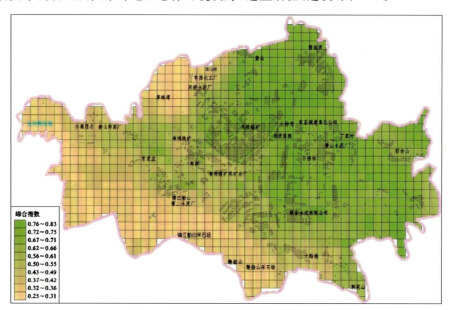

图5-9 韦岗街道地质环境综合评价图

2. 市政工程地质安全保障

本项目具有广阔的社会化服务前景,调查成果已初步应用于镇江新区综合管廊可行性研究、仑山抽水蓄能电站500kV配套送出工程选线、丹徒工业园区规划和大杨林村岩溶塌陷区整体搬迁工程,为地方经济建设和保护群众生命财产安全发挥了积极作用。

第三节 徐州城市地质调查

一、项目简介

徐州是江苏省地质环境最脆弱的城市之一,随着城市化及城乡一体化进程加快,岩溶塌陷、采空塌陷地质灾害及区域稳定性问题对城市建设的影响更加突出。"徐州城市地质调查"以服务于徐州社会与经济可持续发展为宗旨,紧密围绕徐州市面临的或亟待解决的地质资源保障与地质环境安全问题,从基础地质、地质资源、地质环境、综合研究、信息系统等5个层面上展开,系统查明了基岩地质、第四纪地质、水文地质、工程地质、岩溶地质、煤田地质条件,详细论述了城市区域的土地、矿产、地下水、地下空间、山体和地质遗迹等资源禀赋,全面摸清了城市区域岩溶塌陷、采空塌陷和滑坡崩塌地质灾害的空间分布规律及成因机制,查清了农田土壤质量、水土污染状况;划定了工程地质地层层序、岩溶水水位控制红线,计算了岩溶地下水的可采资源量,评价了主要断裂带的活动性、地下空间开发的适宜性、地质灾害的易发性及采空区的稳定性,论证了煤矿采空区地下水库应急供水的可行性;构建了基岩地质、第四纪地质、水文地质、工程地质的三维地质结构模型,建立了三维可视化城市地质信息管理与服务系统,提供快捷、高效和直观的社会化地质信息服务。

"徐州城市地质调查"是徐州建城以来系统性最强、内容最全、精度最高的地质调查成果的总结,成果体系包括9份专题研究报告、5份专项研究成果和1份综合报告及1份图集。成果可作为城市规划、建设以及资源环境保护各政府部门的决策依据。

二、主要成果及科技创新

1. 厘定岩石地层单位,细化第四纪地层划分,评价区域地壳稳定性

徐州城市地质调查成果通过1:2000、1:1000剖面测制、填图及采样分析,取消部分地层组,将其重新厘定或更名,将前第四系由34个组厘定为29个组,首次将区内新元古界新兴组和城山组划归为南华纪和震旦纪。根据第四纪地层岩性特征,划分沉积相,编绘不同时期的岩相古地理图,推演徐州地区古地理沉积环境的演化过程。在地壳活动与岩浆活动研究的基础上,分析徐州规划区5条主要断裂(废黄河断裂、邵楼断裂、幕集-刘集断裂、班井断裂、不老河断裂)的分布与活动特征,研究表明这些断裂在12万年前已基本停止活动,目前处于相对稳定期。制约徐州城市建设安全的活动断裂不复存在。

2. 建立工程地质层序标准,分析工程建设和地下空间开发的制约条件,评价适宜性

以地质年代为主,岩性及工程地质特征为辅,采用"层组—层序—亚层"三级分层方案,将土体划分14个工程地质地层层组和36个工程地质层序;岩体划分3类工程地质岩类、7亚类、17个岩体工程地质岩组。从地质角度判别影响工程建设及地下空间开发适宜性的主要因素有:岩溶、采空、岩土体特征、水文条件、断裂及地震效应。全区不宜建设用地320km²、不可建设用地356km²;适宜性差的区域主要分布在采空区、岩溶发育强的地段及废黄河断裂沿线以及生态保护区;0~15m地下空间适宜性评价总体较好,较差区域主要分布在废黄河沿线两侧110km²,差区域分布在贾汪、马坡、刘集等516km²区域,存在采空区、高易发岩溶塌陷区等;15~30m地下空间适宜性较差与差区域相比有所扩大(图5-10、图5-11)。

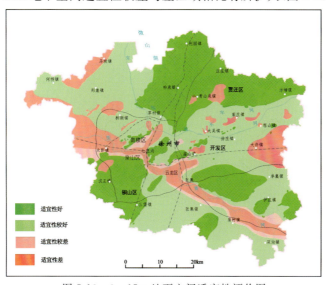

图5-10 0~15m地下空间适宜性评价图

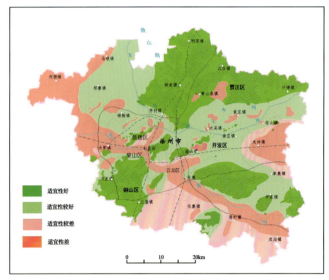

图 5-11　15～30m 地下空间适宜性评价图

3. 重新圈定岩溶水源地,以岩溶塌陷为约束,划定岩溶水位控制红线,评价其资源量

以地下水分水岭及地表水渗漏补给线构成的地下水分流线为边界,重新圈定丁楼—茅村、七里沟、张集、利国、汴塘、青山泉、金山桥、三堡和汉王等 9 个具有相对独立径流特征的富水区段,即岩溶水水源地(图 5-12)。基于渗透变形理论,以不允许土体中发生渗透变形,即不产生岩溶塌陷为约束条件,控制水力梯度小于土体自身的临界水力梯度划定岩溶水水位控制红线。在分析七里沟、丁楼—茅村、张集等主要水源地岩溶水水文地质条件、覆盖层特征、水位降落漏斗演变的基础上,计算了各水源地的临界水力梯度,划定了的水位控制红线,为地下水开采管理提供了依据。将岩溶水概化为非均质各向异性的三维地下水流动模型,首次以避免岩溶塌陷为约束条件,采用 FEFLOW 软件进行地下水的数值模拟,模拟计算得出 9 个岩溶水水源地,每年允许开采量为 $1.68\times10^8\text{m}^3$(表 5-1)。

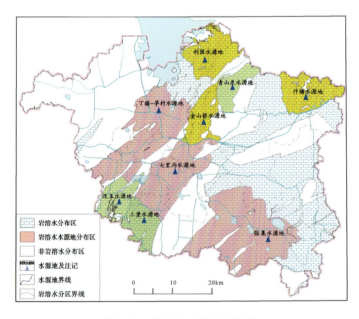

图 5-12　岩溶水水源地划分图

表 5-1 岩溶水水资源计算表

水源地名称	计算面积(km²)	允许开采资源量(10m³/a)
丁楼-茅村水源地	245.64	2 970.3
七里沟水源地	183.04	3912
张集水源地	317.19	4864
利国水源地	114.01	900.32
汴塘水源地	104.37	450.3
青山泉水源地	59.76	765.23
金山桥水源地	76.77	1 173.1
三堡水源地	75.33	956.2
汉王水源地	65.13	813.7
合计	1 241.25	16 805.15

4. 划分岩溶发育程度，总结岩溶塌陷时空分布特征并分析成因模式，评价易发性

基于不同岩溶层组类型的溶蚀试验，结合钻孔遇洞率和线岩溶率，总结平面及垂向上岩溶发育规律，将徐州市岩溶发育程度划分为极强、强、中等和弱 4 个区（图 5-13），岩溶发育极强区主要分布在废黄河断裂带内，是岩溶塌陷主要发育区。徐州岩溶塌陷主要发生在城市中心区，其空间分布具有明显的规律性，一是受废黄河断裂带控制，二是发育于浅部岩溶强烈发育地段，三是集中分布在古河道内，四是发生在岩溶水开采降落漏斗内。将岩溶塌陷地质模式概化为单一透水型（砂性土单层结构）和透-阻型（砂性土-黏性土双层结构）两种类型。岩溶水强径流的天窗补给区、发育有向上开口的溶洞区是岩溶塌陷频繁发生的内因，而超量开采岩溶水引起地下水位剧烈波动是岩溶塌陷的外部诱发因素。基于岩溶发育条件、覆盖层条件、水动力条件，采用基于层次分析的模糊综合评价法，进行岩溶塌陷易发性评价，易发区面积 1360km²，其中，高易发区 11.5km²，中易发区 120.2km²，低易发区 1 228.3km²（图 5-14）。

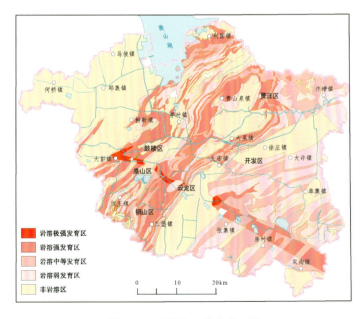

图 5-13 岩溶发育程度分区图

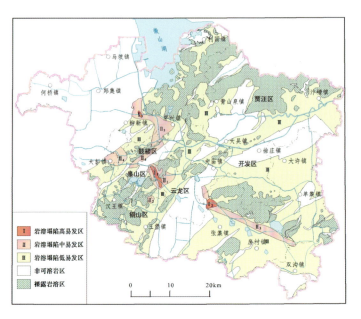

图 5-14　岩溶塌陷易发性分区图

5. 摸清煤矿采空区和塌陷地分布特征，评价采空区稳定性，提出构建采空区地下水库

按岩石地层单位、煤层倾角、开采时间、开采深度、开采层数、开采方式，全面摸清 140km² 的采空区分布特征，按九里山、闸河、贾汪、马坡和利国煤田，摸清 207.47km² 的采煤塌陷地分布特征，按照《煤矿采空区岩土工程勘察规范》，考虑采深采厚比、煤层倾角、开采方式、断裂构造密度、开采层数、松散层厚度和终采时间等因子进行采空区稳定性评价，评价表明采空区稳定区 80.8km²，基本稳定区 35.7km²，不稳定区 23.2km²（图 5-15）。

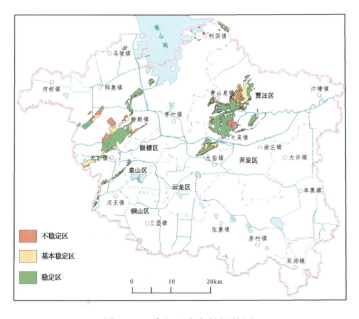

图 5-15　采空区稳定性评价图

全面摸清旗山、韩桥、权台、白集、大黄山、青山泉、九里山、垞城、庞庄、卧牛山、新河、义安、张集等 14 个煤矿采空区的储水条件，储水总量高达 7583 万 m³。从构建采空区地下水库的库址、库容、水源与水质等基本条件着手,分析徐州周边采空区地下水库构建的可行性,遴选出 7 个煤矿采空区地下水库可利用等级高,其中新河、卧牛山、大黄山等为Ⅰ级采空区地下水库,储水量超 1000 万 m³;韩桥、庞庄、权台和青山泉矿等为Ⅱ级采空区地下水库,储水量近 4000 万 m³(图 5-16)。

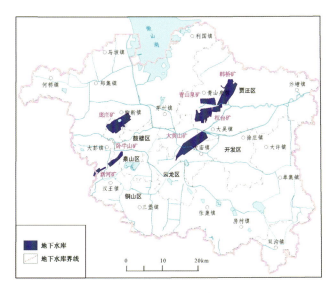

图 5-16　采空区地下水库分布图

6. 查明土壤养分、重金属分布特征和土壤环境、养分丰缺程度,圈定富硒耕地资源

依据地球化学样品分析,全面摸清养分元素空间分布受区域地质、地貌影响明显,湖相冲积平原区为土壤氮高含量分布区,岗地地区含量偏低。土壤重金属元素区域分布受地质地貌影响,局部受人为活动影响明显;湖相冲积平原为土壤 As、Cu、Zn 高含量分布区,局部受采矿活动影响,如利国铁矿开采区周边土壤 As、Cu、Zn 呈现点状高异常。调查发现 1 万 hm² 富硒土壤资源,土壤硒平均值 0.30mg/kg,为全省表层土壤平均含量的 1.5 倍,柳新镇、茅村镇、大吴镇、青山泉镇等地农田土壤硒含量达富硒土壤标准(图 5-17)。针对茅村、柳新等地调查发现的 10 000hm² 的富硒土壤,提出开发富硒特色农业、高效生态农业规划建议。

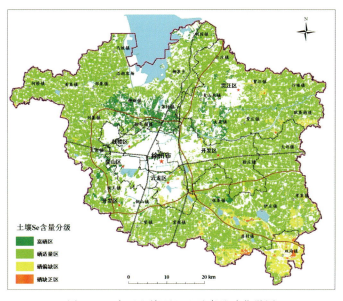

图 5-17　农田土壤硒(Se)元素地球化学图

依据地球化学样品资料评价表明:平原土壤偏碱性,岗地土壤偏酸性,土壤养分丰富,中等水平以上的面积比例超过80%。其中,氮(N)、磷(P)、钾(K)、速效磷(SXP)、速效钾(SXK)以丰富为主,碱解氮(JJN)、硼(B)、钼(Mo)、锰(Mn)以较丰富为主。耕地质量地球化学调查发现除利国等乡镇局部地区存在砷、镉、铅等重金属超标、古黄河沿岸农田土壤硼等养分偏缺外,其余广大地区耕地土壤环境质量较好质量,99%的农田土壤重金属元素含量为清洁或尚清洁(图5-18)。

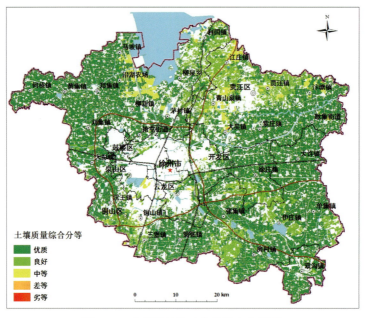

图 5-18 土壤质量地球化学综合分等图

7. 调整永久基本农田、生态保护红线和城市开发边界

从土壤污染、土壤富硒程度及土壤养分角度出发,提出了永久基本农田调整建议。将土壤中度污染的永久基本农田图斑调出,调出面积 7.27 hm²;将土壤富硒且养分丰富的非永久基本农田图斑调入。可调入面积 263.27 hm²,永久基本农田实际调整时,调入与调出面积保持一致。

从增加地质遗迹保护区和调整地下水饮用水水源保护区等方面,提出了生态保护红线调整建议。一是将区内全国罕见的一处具有观赏价值、典型地质学意义的叠层石地质遗迹分布区划入生态保护红线,增加生态保护红线区 2.24 km²;二是将岩溶水防污性能差或较差的易污染区和岩溶水补给区(裸露岩溶区和天窗补给区)划入一级保护区,调整后的生态红线区总面积 909.56 km²,增加生态红线一级管控区 5.26 km²,减少生态红线二级管控区 3.99 km²。

基于总量平衡原则、完整性原则、一致性原则,分步进行城市开发边界的调整,将城市边界线内强限制性的区域调出,将相邻城市规划建设适宜性好的区域调入,调出与调入面积相一致。拾屯采空区块(22.26 km²)、大黄山采空区块(34.04 km²)调出;汉王区块(10.58 km²)、棠张区块(24.42 km²)、徐庄区块(21.62 km²)调入(图5-19)。

三、应用成效

1. 服务地方重大工程建设

徐州城市地质调查以服务地方经济社会建设为目标,积极发挥城市地质调查工作的优势与特色,主动对接徐州地铁1号线、观音机场二期扩建等重大工程,分析重大工程施工过程中存在的工程与环境地

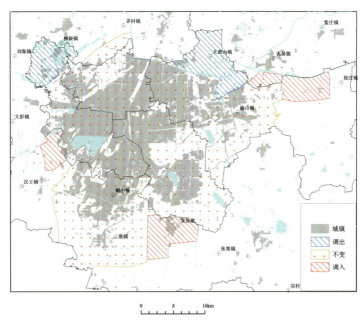

图 5-19 城市规划开发边界调整建议图

质问题并形成专项成果。

"徐州地铁 1 号线沿线工程地质条件评价"专项成果对地铁 1 号线沿线的工程地质条件进行深入分析(图 5-20),构建三维工程地质模型,指出地铁沿线不良地质作用及特殊岩土等地质因素对施工时建设的影响,对地铁施工安全风险性进行了评价预测,对地铁施工过程中可能遇到的工程地质问题与不同站点施工工艺提出了相应对策与建议。

"徐州观音机场二期扩建工程地质环境评价"主要分析机场二期扩建工程场地周边的工程地质、水文地质等特征,构建场地周边的三维工程地质模型(图 5-21),论述了饱和易液化砂土等特殊类土的工程地质特征,深入分析了砂土液化、岩溶对机场建设的影响程度和危害,提出严格控制岩溶水开采、实施区域供水等建议。

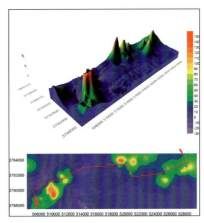

图 5-20 徐州地铁一号线基岩面起伏图

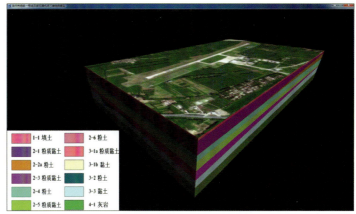

图 5-21 徐州观音机场三维工程地质模型

2. 服务区域地质灾害评估

"徐州经济技术开发区地质灾害危险性区域评估"为江苏省首批地质灾害危险性区域评估 8 个试点单位的其中之一。该专项成果在系统分析徐州市经济开发区的地质、水文地质、工程地质特征的基础上,对徐州经济开发区地质灾害危险性进行现状评估、预测评估和综合评估并提出相应的防治措施。该专项评估工作完成后,徐州经济开发区内一般工程建设土地报批直接可利用区域评估成果,无需再单独进行地质灾害危险性评估,为经济开发区土地利用提供技术支撑,同时减少了开发区相关建设单位土地报批的时间。

第四节 泰州城市地质调查

一、项目简介

2015年1月7日,江苏省国土资源厅和泰州市人民政府就合作开展的"泰州城市地质调查"项目正式签署协议,由此拉开泰州城市地质调查序幕。项目总体目标是为泰州国土资源科学规划和可持续利用提供基础资料,为泰州城市规划、建设和发展提供管理决策依据。

泰州城市地质调查围绕"地质资源保障"和"地质环境安全"两大重点主题,部署基础地质、水文地质、工程地质、环境地质、地热资源、土壤地球化学调查和信息系统建设等七大专题。在城市多要素综合调查的基础上,构建了城市地下三维地质结构模型,全面总结了泰州城市规划区地质资源保障程度与地质环境约束因素,紧密结合城市建设规划,在三维地质结构、地质资源保障、地质环境安全、城市开发建设论证等方面取得了一系列新进展。

二、主要成果

1. 建立多参数三维地质结构

根据第四纪钻孔揭露,建立了第四纪地层、岩性、岩相三维地质模型(图5-22)。在第四纪地层划分基础上,将规划区含水层组划分为Ⅰ、Ⅱ、Ⅲ、Ⅳ承压含水层组,将地表以下100m深度范围划分出14个工程地质层,建立工程地质三维地质结构(图5-23)。

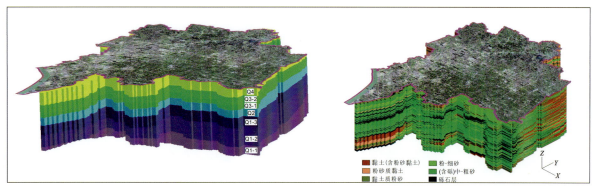

图5-22 第四纪地层和岩性三维模型分布示意图

2. 开发地热资源,促进绿色低碳城市建设

调查成果表明,规划区100m以浅可开发利用浅层地热能资源可以提供2.386亿m^2建筑物的制冷和供暖服务,每年可替代标煤$6919×10^3$t,减少CO_2排放1813万t,减少SO_2排放$59×10^3$t,减少氮氧化物排放$51×10^3$t,减排的效果明显。

泰州市中深层地热资源丰富,地热水水温为32~69℃,根据泰州市地热资源的分布、优势和开发利

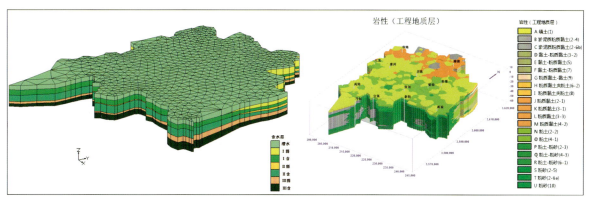

图 5-23　三维含水层水文地质结构与三维工程地质层分布示意图

用现状,将全市划分为 6 大开发利用分区。调查发现,在兴化、姜堰南、泰兴黄桥等 3 个区地热勘查条件较好,海陵—溱潼一线地热勘查条件良好,估算勘查条件较好区和良好区可采地热总资源量为 43.79 万 m^3/d,资源潜力巨大。尤其是海陵—溱潼一线,属盆地中的次级凸起,具有较高的热流值和地温梯度,蕴藏着极其丰富的地热资源,深部勘查结果发现,海陵区、桥头镇、沈高镇、溱潼镇等地推测地热储层顶板埋深约 200m,热储层厚度 1000~1500m,预测水温 54~75℃,建议围绕里下河地区历史文化与自然风光交相辉映的旅游名镇的发展目标,结合溱潼镇、白米镇等生态型、旅游型小城镇建设,综合开发深部地热资源。

3. 综合利用富硒土地资源,提升省现代农业开发区产业定位

调查成果表明泰州土地质量总体优良,绝大多数土地无重金属污染,建议对局部污染土地实施修复治理。在江苏省现代农业开发区内调查发现清洁的富硒土壤约 4000 亩,硒含量>0.4mg/kg,且无重金属污染,符合绿色富硒耕地标准,可以用来种植富硒小麦、玉米等作物,适当发展天然富硒蔬菜种植产业,提升农业开发区的产品价值(图 5-24)。

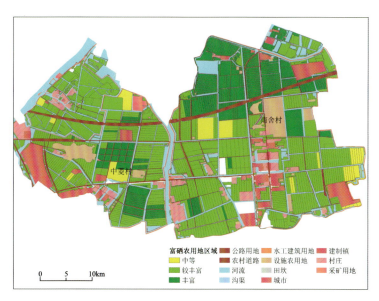

图 5-24　泰州现代农业开发区富硒土地分布

4. 摸清地下水资源,为泰州的发展提供保障

调查发现泰州规划区地下为巨厚松散层,为地下水提供了良好的储存空间,地下水资源丰富。在省

政府批复的水位红线控制条件下,承压水可采资源量为 16 117 万 m³/a。规划区大部分区域的第Ⅱ、第Ⅲ、第Ⅳ承压地下水水质较好,可作为应急供水水源,建议完善现有的应急供水体系,优选海陵西九龙、海陵东苏陈、高新区野徐等 9 块区域实施集中式应急水源地建设,凿建取水井 71 眼,即可满足应急集中取水要求。

调查发现在溱潼—桥头一线,第Ⅳ承压地下水为偏硅酸型和锶型复合型优质矿泉水资源,建议结合特色小镇建设开发利用和保护,同时建议在这些区域优先建设医药产业和食品产业基地。

5. 评价地下空间开发利用适宜性,开展综合管廊建设地质评价

从地质环境角度出发,考虑工程地质条件、水文地质条件、地质灾害 3 个方面的因素,综合评价 0～15m,15～30m,30～50m 深度地下空间资源开发地质环境适宜性,并对综合管廊建设的适宜性进行分析,影响综合管廊建设的主要工程地质要素有软弱土、砂粉土和地下水。结果显示,大致以新通扬运河为界,新通扬运河以北地区综合管廊建设适宜性明显要好于新通扬运河以南地区。

6. 开展国土空间开发适宜性评价,论证城市发展空间布局

国土空间开发适宜性评价结果显示,适宜区总面积 195.56km²,占比 12.48%;较适宜区面积共 450.81km²,占比约 28.77%;较不适宜区面积共 349.21km²,占比约 22.28%;不适宜区面积共 571.55km²,占比约 36.47%(图 5-25)。

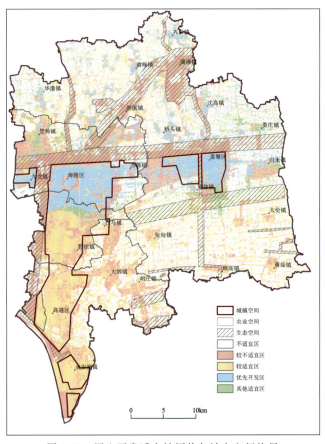

图 5-25 国土开发适宜性评价与城市空间格局

目前城镇、农业、生态 3 类空间格局的分布已经充分考虑了地质资源禀赋和地质环境约束,国土空间开发适宜性评价结果好的区域大部分都划分在城镇发展空间格局内,同样也是目前中心城区所在区域。同时,建议在城镇空间中的开发适宜区优先安排建设空间,适度增加城市居住空间和交通空间,优先发展地热产业,协同开发地下空间资源。较适宜区加大土地后备资源整理和开发力度,为未来发展预留空间。不适宜和较不适宜区以耕地和基本农田保护为首要任务,推动绿色农产品开发,加强建设高标准农田,提高农业现代化水平。

7. 开展海绵城市建设地质条件论证

对海绵城市建设基础条件进行分析,包括海绵基底识别、基于流域划分的排水分区、重点排水区(内涝风险)评价、城市规划新增用地解析以及海绵生态敏感性分析;结合城市土地利用规划对于建设用地、非建设用地的划分,将规划区分为海绵生态保育区、海绵生态涵养区、海绵生态缓冲区、海绵功能提升区、海绵功能强化区和海绵功能优化区等六大功能分区(图5-26)。

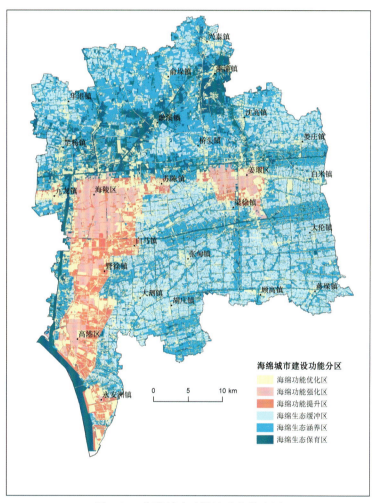

图5-26 海绵城市建设地质条件论证

三、科技创新

(1)运用三维地质建模技术,在三维空间下研究规划区千百万年来的地球演化与气候变迁,揭示地层、工程建设桩基持力层与软弱层、地下含水层与隔水层的地下展布和空间变化特征,为城市布局发展方向、统筹地上地下建设、保护地下水资源、评价城市资源和环境承载等奠定基础。

(2)以地质资源环境成果为基础,开展地质资源、环境、生态、空间的综合评价,根据国土空间属性,以守住基本农田保护红线、生态保护红线为首要原则,以地质资源环境承载为约束条件,开展国土空间开发建设适宜性评价。

(3)以海绵城市专项规划为指导思想,结合规划区海绵城市建设基础条件和自然资源环境条件,开展海绵城市建设功能分区评价。

四、应用成效

(1)地热资源调查成果促进泰州市国土资源局"泰州市地热资源管理办法"的形成,并为其提供重要依据。

(2)土壤重金属污染现状为泰州市土地污染治理、环境保护提供了科学的数据支撑。

(3)国土开发适宜性评价为优化城镇、农业、生态空间格局提供基础支撑,促进生产空间、生活空间、生态空间三大功能空间科学布局。

第六章 土地质量调查评价与污染防治

20年来,江苏省地质调查研究院开展的土地质量调查评价相关工作蓬勃发展,以地球化学勘查为基本手段,从1999年开始,研究方向从地质找矿向多领域服务转型,查家底、找问题、想办法解决问题,期间,获取了大量的成果与资料,为生态农业、土地管理和环境保护提供了宝贵的基础信息和决策依据。

江苏在全国率先完成其陆域的1:25万多目标区域地球化学调查,并率先开展了市、县、乡镇级尺度的土地质量地球化学评价,典型地区重金属污染耕地修复治理及富有特色的科学研究工作。近年来与国民经济发展的需求联系紧密,服务领域不断拓展,启动苏南现代化示范区综合地质调查、江苏耕地质量提高与污染防治研究-典型地区耕地污染修复与防治示范、典型污染耕地生态修复及安全利用示范等与生态文明建设及土地资源管护密切相关的地质服务项目。通过查明耕地质量现状,建立水土环境质量档案库,为永久基本农田划定提供依据;研究耕地水土环境关键影响因素,提出耕地保护对策,开展耕地污染修复治理试点。研究搬迁工矿用地污染特征、运移机制及尺度效应,提出土地转型利用和污染治理建议;开展富硒等特色土地资源评价,提出开发与保护建议。研究方法不断创新,注重人才培养与科研队伍建设,积极与科研机构、地方政府等合作,产学研相结合,推动研究成果不断落地转化应用。下面将从土地质量地球化学调查评价、土地质量地球化学监测预警、土壤污染治理修复探索、综合研究及应用成效5个方面介绍主要成果。

第一节 土地质量地球化学调查评价

一、基础公益性调查工作有序推进

截至目前,全省已实施不同工作尺度的生态地球化学调查评价项目约50余个。①率先完成"江苏省国土1:25万多目标区域地球化学调查",覆盖约10.26万 km^2 区域面积;②开展了"无锡市耕地质量生态地球化学调查与等级评价""江苏省南通市国土生态地球化学调查与评价""扬州市土地质量生态地球化学普查与等级评价"1:10万土地质量生态地球化学调查与评价工作;③开展了"江都市生态地质环境综合评价""江苏省典型市县级土地质量地球化学评估""苏南现代化示范区综合地质调查"的包括南京、无锡、常州、苏州、镇江在内的苏南5市土地质量地球化学调查,另外通过实施城市地质项目完成了徐州、泰州、泰兴、宿迁等市1:5万土地质量生态地球化学评价;④完成了宜兴市丁蜀镇、盱眙县黄花塘镇、惠山区阳山镇、新沂市草桥镇等镇级1:1万土地质量地球化学等级评价研究。

二、服务地方应用的传统地质工作拓展

通过利用地质调查成果,摸清土地资源的家底,实现地质工作与土地管护有效融合,对加强节约用地、推动土地利用方式转变发挥了巨大作用。

1. 服务于城市规划发展

开展的"江苏省徐州地区多目标地球化学调查"为中国地调局土地质量基础地质调查工程下属工作项目,"苏州城市地质调查""镇江城市地质调查""徐州城市地质调查"已完成苏州、镇江、徐州城市土壤地球化学、浅层地下水地球化学、污染现状调查与评价等工作,目前正在实施"苏南现代化示范区综合地质调查"。通过调查成果,划分出土地肥力等级与分区、绿色食品产地适宜性分区等,为转变土地利用方式与土地规划的修编提供了直接信息。江苏省已将扬州、南通、无锡、徐州等地的调查成果应用于土地规划修编工作中,服务了城市规划工作。

2. 服务于国土资源管护

在南通市、扬州市、无锡市3个地级市以及江都、宜兴市丁蜀镇开展了耕地质量生态地球化学调查与评价工作。开展的"江苏沿海滩涂开发利用对生态环境影响评价"项目、"江苏省近岸海域多目标区域地球化学调查"以及"江苏省耕地耕作层土壤剥离利用研究"项目,直接提供了重金属、有机物等信息,为江苏省后备耕地资源的选区提供了必要的技术保障。

3. 服务于特色农业开发

通过实施省地质勘查基金项目"太湖周边优质农业地质资源调查与开发应用示范""宜兴市丁蜀镇土地质量地球化学等级评价"等项目实施推进太湖周边富硒茶、富硒米开发。"新沂市万顷良田土地质量地球化学评价"项目实施,为万顷良田科学种植、增产增收、产业升级等提供技术支撑,推进绿色食品生产。

三、重点项目"苏南现代化示范区综合地质调查"介绍

依托"苏南现代化示范区综合地质调查"项目开展,基本完成了包括南京、无锡、常州、苏州、镇江在内的苏南五市土地质量地球化学调查工作,取得了部分研究成果,在基本农田保护与划定工作、相关地区开发利用特殊农业地质环境资源、土地利用规划与编制、生态环境保护等相关工作的开展与深入方面得到应用。

1. 建立了地球化学调查成果与图斑对接方法技术体系

在土地质量地球化学调查基础上,创新成果表达方式,建立了地球化学调查成果与图斑对接方法技术体系。在土地利用图斑上叠加地球化学调查结果,实现了地形地物信息与专业图件的有机整合,并可叠加高精度遥感影像图及数字高程信息,易于与地籍管理及城市规划类图件对接(图6-1)。

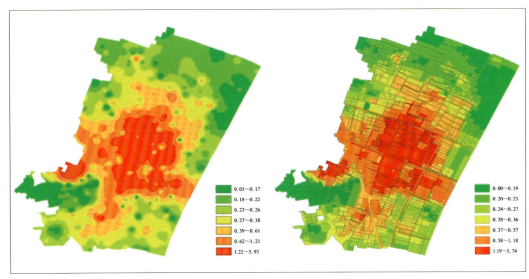

图 6-1 传统地球化学成果图件与基于土地利用图斑的地球化学成果图件

2. 有效支撑耕地保护-永久基本农田划定与保护工作

在永久基本农田划定工作中,引入土地质量地球化学成果,作为耕地环境质量评价的基本数据,与耕地质量等别和地力等级进行整合,综合评价耕地质量,是科学划定永久基本农田工作的重要技术支撑;利用地化成果为划定永久基本农田提供污染信息,为开展耕地环境质量动态监管、建立耕地长效保护机制、落实严格耕地保护制度提供依据。在宜兴市开展了试点工作,提出了永久基本农田划定调整的合理建议图(图 6-2)。

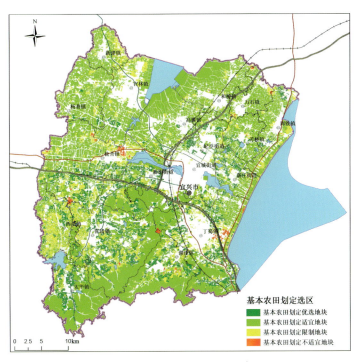

图 6-2 宜兴市永久基本农田划定建议图

3. 推进富硒农产品开发基地建设

"江苏省1∶25万多目标区域地球化学调查"发现全省2.16%的表层土壤硒含量相对较丰富,主要分布在宜溧南部、徐州、无锡等局部地区(图6-3),后续组织实施"无锡市耕地质量生态地球化学调查与等级评价""太湖周边优势农业地质资源调查"等发现宜兴市4%的农用地土壤硒含量介于0.4~3.0mg/kg之间,属于富硒土壤,全市拥有20 000hm²以上的天然富硒土壤,调查发现的天然富硒茶叶、天然富硒大米等信息,其富硒土地的开发价值每年超过数千万元,为当地合理利用特色资源,走生态效益型循环经济发展模式提供关键线索。在宜兴市成功建成江苏首例天然富硒稻米生产示范基地(图6-4、图6-5),开发利用天然富硒土地资源上千亩,以富硒稻米、茶叶、蔬菜等特色产品为引领,促成了当地生态农业暨绿水青山转化为金山银山示范工程的及时动工。利用局部土壤环境富集Se、Fe、Mn、Zn等有益元素的线索,开发出更多有地方特色的优质农产品,促进江苏省特色高效农业的健康有序发展。

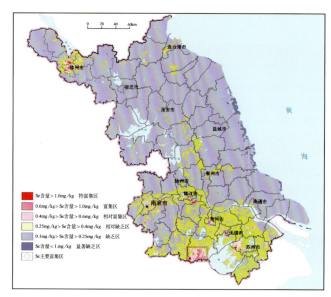

图6-3 江苏省表层土壤硒(Se)元素含量分级图

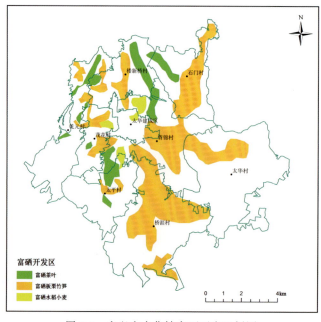

图6-4 宜兴市太华镇富硒开发区划图

 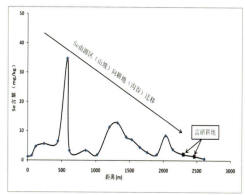

(a) 富硒稻米示范基地概貌　　　　　　(b) 天然富硒耕地形成过程

图 6-5　江苏省首例天然富硒稻米生产示范基地建设概况

第二节　土地质量地球化学监测预警

目前正在开展的"江苏省国土(耕地)生态地质环境监测"自 2014 年起连续被纳入省委常委重点工作,旨在监测耕地质量变化,针对全省耕地的监测技术与环境质量监测网建设探索,建立动态监测网络。第一年度的监测年报直接上报江苏省委省政府。"连云港示范区水土地质环境监测预警""江苏黄淮海平原水-土系统地球化学环境风险评估"、国土资源部公益性行业专项"长江三角洲典型地面沉降区水土污染监测与防治技术研发与示范"项目推动了监测技术发展。

一、重点项目"江苏省国土(耕地)生态地质环境监测"介绍

项目目前基本建成了动态监测网,监测网包括 4 类监测点,共计 1978 个点,分别为一类监测点(基础监测点)、二类监测点(污染监测点)、三类监测点(污染源监测点)和四类监测点(立体监测点),按类型设定不同监测频次,其中一类监测点 2 年监测 1 次,二类、三类、四类监测点 1 年监测 1 次。分析指标包括无机监测指标 27 项,有机监测指标 5 类 67 项(图 6-6)。

二、重点项目"长江三角洲典型地面沉降区水土污染监测与防治技术研发与示范"介绍

针对地面沉降区的水土污染、土地资源质量下降等地质环境问题,选择苏锡常地区通过 3 年多的试点研究,完成了典型地面沉降区水土污染发生与演变特征调查研究、苏锡常水土污染监测网构建、典型区水土污染植物修复试验研究及工程示范等 7 项研究工作,收集了水、土地质环境同步监测及其他相关生态地质环境资料,归纳总结了苏锡常地区近 10 年来的水土环境质量及其元素含量变化特点,研发了在我国东部平原地区开展水土地质环境持续监测的技术标准,探索了典型重金属污染形成机理及其生态安全评价预警方法,为类似长三角及其相关地区的重金属污染防治、生态地质环境保护、土地安全利用等提供了关键技术支撑与科学依据。

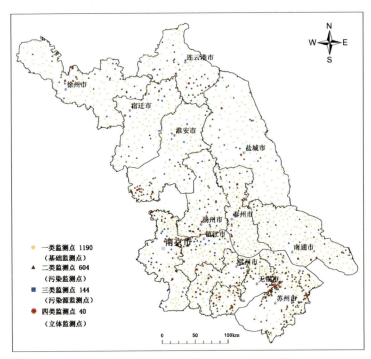

图 6-6　江苏省(国土)耕地生态地质监测网

1. 研发了基于便携式快速分析仪、同位素示踪等手段的快速调查方法

鉴于国内目前对农田土壤重金属快速检测或调查方法技术奇缺,运用 ICP-MS、DGT 分析、同位素示踪、便携式 X 射线荧光光谱仪等先进手段,研制了快速调查重金属污染程度的使用方法。利用便携式 X 射线荧光光谱仪测定农田土壤中 Pb 含量随着污染源距离增加,浓度降低,针对类似的局地农田土壤重金属分布不均匀属性,可快速锁定污染源头,大幅度提高了耕地重金属污染面积测定和样品采集的准确性(图 6-7)。利用便携式 X 射线荧光光谱仪测定出的土壤中重金属的含量值与实际值具有很好的相关性,可以快速准确定量筛选出污染的区域,评判污染风险,拟定治理方案(图 6-8)。利用该方法为科学划定江苏省耕地重金属重、中、轻度污染区和研发快速检测设备奠定了基础。

图 6-7　便携式快速分析仪快速锁定污染源

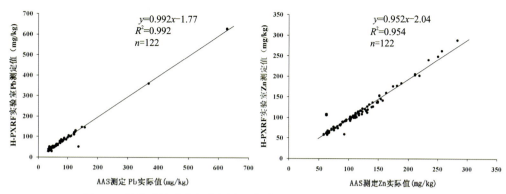

图 6-8 便携式快速分析仪测定土壤中重金属测定值与实际值相关性

2. 研制了基于"污染分异—逐级加密—梯度取样"的耕地重金属污染溯源新方法

通过对耕地土壤重金属空间分异规律的总体把握，查实了耕地重金属污染的初始来源及输送路径，提出了宏观网格化布点—中观图斑布点—微观差异化田块布点的重金属污染田块精准锁定方法，结合土壤-河流沉积物地球化学剖面测量手段，初步掌握了野外现场快速测定污染物的方法，大幅度提高了耕地重金属污染面积测定和样品采集的准确性。利用该方法泰州市国土资源局在沿江地区将土地整治与生态环境保护有机结合起来，大大提高了沿江地区土地开发的成效。排查了一批涉重污染源，探明了重金属污染的扩散范围与输运路径、生态效应等，为进一步保障沿江地区国土生态环境、提升土地整治与耕地利用整体效益提供了依据（图 6-9）。

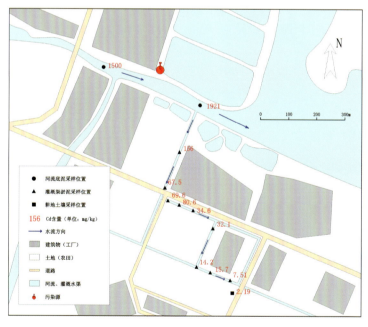

图 6-9 河流沉积物地球化学剖面测量追溯稻田镉污染源头的示意图

3. 研发水土污染同步监测技术，构建长三角典型区水土环境立体监测网

采用负压真空抽提＋表层土壤昼夜渗透等方法解决了现场收集土壤溶液的关键问题，获取了土壤溶液与土壤样品之间重金属等存在显著正相关性的直接证据，深入研究总结了水土污染同步监测的系列实用新技术，运用新研制的实用监测技术，构建针对地面沉降区水土污染同步监测的生态地质环境立体监测网(图6-10、图6-11)。依据该监测网所获数据得到的苏锡常农田土壤Cd、Hg等均量呈逐年增长趋势的结果已经引起省委省政府的高度关注。

图6-10　研制的水土污染同步监测采样方法

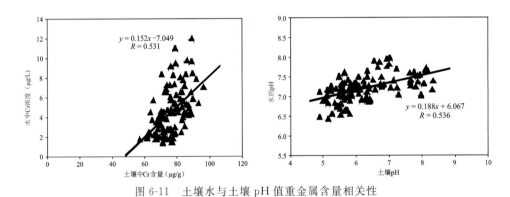

图6-11　土壤水与土壤pH值重金属含量相关性

4. 建成了覆盖苏锡常全部陆地面积的区域性水土污染监测网

完善了水土污染同步监测技术，建成了覆盖苏锡常全部陆地面积的区域性水土污染监测网(由监测点与监测标志构成，如图6-12、图6-13所示)，研制了《长江三角洲水土地质环境监测规范》，新建了苏锡常地区水土地质环境监测数据库，并设计出国内首个水土地质环境监测数据持续开发利用与标准化管理信息平台。

图6-12　新建的水土地质环境监测点标志示意图

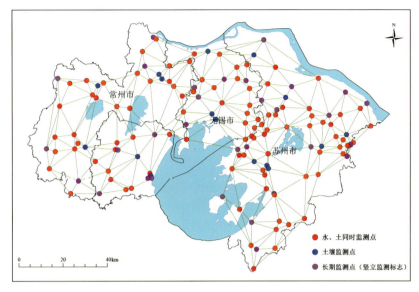

图 6-13 新建的苏锡常水土污染监测网分布示意图

第三节 土壤污染治理修复探索

以技术研发为先导,依托项目实施,江苏投入大量资金、开设专项,率先开展土壤污染修复与治理工作。目前已结题的国土资源部行业专项"长江三角洲典型地面沉降区水土污染监测与防治技术研发与示范"、省科技厅研究项目"土壤污染控制及生态修复新技术探索与应用研究"等项目,在黏土矿物修复重金属污染农田、高生物量植物去除农田重金属等方面取得重大技术突破。目前正在实施的江苏省科技示范工程"江苏耕地污染防治科技示范工程"、省土地开发整理专项"江苏耕地质量提高与污染防治研究——典型地区耕地污染修复与防治示范"和"典型污染耕地生态修复及安全利用示范"项目,旨在探明耕地污染成因和机制的基础上,研发耕地污染实用修复技术,建立污染修复与防治示范工程,拟定耕地重金属污染防治对策,落实耕地数量、质量、生态"三位一体"的要求,探索有效的耕地质量保护新途径,改革创新土地质量整治新模式。

重点项目"江苏耕地质量提高与污染防治研究——典型地区耕地污染修复与防治示范"介绍

为了探索有效的耕地质量保护新途径,改革创新土地质量整治新模式,于2015年12月组织实施了该项目,这是第一个做土壤修复的土地整治项目,工作周期3年。设计工作经费1 830.97万元。该项目在查明全省典型区耕地重金属污染范围及其强度、污染物来源及风险的基础上,研发重金属污染耕地实用修复技术及相关污染治理技术,建立污染修复与防治示范工程,最后拟定耕地重金属污染防治对策。

1. 研发了针对耕地镉污染实用的钝化修复技术,已成功申请专利

针对精确锁定的重金属镉污染田块开展了连续3年的大田修复试验,成功研制了施用改性凹凸棒石、改性沸石、改性蒙脱土及生物炭等环境修复材料治理酸性、中性及碱性镉污染耕地的实用钝化技术，修复成本低廉、周期短，且修复效果显著，技术研发取得突破性进展，已成功修复轻微-重度镉污染耕地 200 余亩，在苏南、苏中建立了修复示范区（图 6-14）。在探索修复技术的同时，致力于修复材料研发。将低品位凹凸棒石类矿产资源变废为宝，研制了可批量生产的高效钝化修复材料，用于污染耕地修复，提升矿产资源开采与综合利用水平，实现资源循环利用，探索了矿地融合新途径。相关技术已获得发明专利一项。

图 6-14　钝化修复工程实施示意图

2. 研发了针对耕地镉污染实用的植物修复技术，提升耕地生态功能

在前期试验的基础上，优选出了苏柳 795、172 等能够吸收土壤残留 Cd 等重金属的大生物量植物，通过大面积实地栽种并辅以配套的管护措施，每隔两年重栽 1 次，植物吸收对污染耕地土壤中残留 Cd 的年清除率最高达到 23%，5～6 年后能基本使得重度镉等污染耕地恢复到正常农田土壤 Cd 含量水平，采取籽粒苋-油菜轮种的方式，也能部分达到上述植物修复效果，且不改变耕地的利用方式，提升耕地其他生态功能。植物修复工程实施如图 6-15 所示。目前已经在江苏累计修复污染耕地近 100 亩，收割后植物经过晒干送至生物炭制备厂，进行无害化处理后，可加工成钝化修复材料，循环利用。相关技术已提交两项发明专利申请且在苏南地区建立了修复示范区。

图 6-15　植物修复工程实施示意图

第四节　综合研究

结合已有的工作基础，主动开展政府决策咨询服务，承担了省政府决策咨询研究重点课题"江苏土壤环境保护和综合治理对策研究"，课题目标任务是从提升江苏省土壤环境保护与综合治理对策研究的相关软实力入手，围绕土壤环境保护即污染防治驱动力分析、管控对策拟定这两个抓手，通过案例分析及证据收集，提出治理全省土壤污染、保护土壤环境生态安全的合理方案与建议。包括建立"预防-控制-治理-监管"系统的土壤环境保护管理体系、构建具有地方特色的"水-土-气-生-人"一体化的土壤环境保护研究体系，要以改善土壤环境质量、保障农产品质量安全和建设良好人居环境为总体目标，以农用地和建设用地土壤环境保护监管为重点。提出了落实控源头、管过程、治末端和强保障4项对策9条举措的建议。课题的成果报告得到了专家和省政府政策研究室领导的高度评价，被省政府决策咨询研究重点课题成果汇编收入，已由江苏人民出版社出版。课题凝练的决策咨询建议得到了省政府主要领导的亲笔批示。

第五节　应用成效

一、为优势土地资源开发利用提供示范

江苏省面临着人多地少、土地后备资源匮乏、人地矛盾较为突出的情况，发掘优势耕地资源、提高耕地质量显得尤为重要。该项研究工作首先发掘了最有开发利用潜力的优势土地资源（天然富硒），通过土地详查、编制规划、建设示范工程，积累试点示范经验，为全省其他优势土地资源开发利用提供科技支撑与决策依据。

二、服务于乡村振兴战略

将富硒土壤资源开发利用作为当地"现代农业的突破点、农民增收的支撑点、新农村建设产业发展的新亮点"，因地制宜，合理规划开发利用富硒土壤资源，大力种植富硒农作物，发展特色农业产业，提升农产品的经济产值，提高农民的经济收入水平，是实施振兴乡村战略的有效途径。与太华镇政府合作建立生产示范基地已通过生产富硒稻米、富硒茶叶提高了产品附加值，迈开了当地富硒农业发展的第一步。通过多样化开发，形成富硒产业链，打造生态绿色高效农业品牌，打造集文化、旅游一体的经济优势。

三、拓宽了公益性地质调查成果服务生态文明建设的新路径，助推江苏生态环境保护暨土壤污染防治行动计划及污染详查布局方案顺利出台

基于对局部农用地土壤 Cd、Hg 等均量不降反升的监测结果的认同及新研制的水土污染监测行业技术标准，启动了全省耕地污染监测，监测年报深受省委、省政府的肯定与赞赏，并借此推进了江苏国土

资源领域的矿地融合创新工作。基于对典型耕地污染源解析及其风险评价结果的认可,依托项目提供的相关资料及从其他途径获取的信息,由省环境保护厅组织制定了《江苏省土壤污染防治工作方案》,并顺势启动了全省农用地土壤污染详查工作。

四、应用土地质量调查与污染防治方面的成果资料、攻关经验及新研发的核心技术,产学研相结合,多家地勘单位、国土局及企业单位取得了显著的社会经济效益

开辟了所在单位的生态地质环境监测与成果资料深层次开发利用的新领域,扩大了地质环境调查研究成果的社会影响;提升了耕地资源生态管护层次,解决了当前各地所关切的土地资源合理利用等具体问题;拓展了水土污染防治领域的技术服务新渠道,为多家单位(公司等)赢得了新的市场,并产生显著的经济效益。

第七章 地质环境监测预警

地质环境监测是我院支撑地质环境保护管理职责的重要基础性、公益性工作,也是生态文明建设的重要内容。我院地质环境监测工作可以追溯至20世纪70年代,建院以来,我院深入贯彻国家和省对地质环境监测的有关要求,以地质环境问题为导向,扎实推进地质环境监测工作,在监测网络布局和成果转化服务等方面取得了显著成绩。

第一节 地下水监测

一、项目简介

长期开展全省地下水地质环境监测工作,坚定不移地支持国家地下水监测工程实施,并协助做好全省地下水质量监测评价工作,服务全省地下水污染和地面沉降防治。

二、主要成果

1. 完成国家地下水监测工程建设工作

在全国范围内率先完成第一眼国家地下水监测井的建设工作。国家地下水监测工程(江苏省部分)在全国范围内首批全面完成国家标段验收,所有的监测井均经专家实地验收,均评为优秀工程;全面完成国家级地下水监测站点运行维护,获取了准确、全面的地下水动态信息,保证了国家级地下水监测网的正常运行。

2. 建成覆盖全省的地下水监测网

依托国家地下水监测工程和全省地下水监测工作,建成覆盖全省的地下水监测网。江苏省现有省级以上地下水监测点651个,其中水位监测点543个(国家级400个、省级143个),水质监测点154个(国家级15个、省级139个),水质水位共用监测点46个(表7-1)。自动水位监测站点336个,监测频率每日1次;人工水位监测点207个,监测频率每月3~6次;水质监测点154个,监测频率每年1次。目前的江苏省地下水监测网覆盖全省各地区主要含水层,监控区内长江三角洲平原及黄淮海平原两大水文地质单元,涵盖江苏省内地面沉降区、重要水源地、特殊工业用水地区等。

表 7-1　江苏省地下水水位监测点基本情况表

名称	监测点总数	监测点级别		监测手段		监测频率
		国家级	省级	自动监测	人工监测	
水位动态监测点	543	400	143	336	207	自动监测 1 次/天；人工监测 3～6 次/月；水质监测 1 次/年
水质动态监测点	154	15	139	0	154	

3. 积累了大量的地下水水位、水质动态监测数据

自 20 世纪 80 年代以来，已经积累了海量的地下水监测数据。对地下水水位动态监测数据资料及时整理、统计分析，录入监测数据库，定期出版地下水年鉴，为编制地质环境监测年报等提供基础资料。监测成果为地面沉降防治、地下水资源环境开发与保护、水污染防治提供了强有力的基础支撑。

三、应用成效

1. 支撑地面沉降防治

地下水动态监测数据及江苏省地下水监测网络的部署充分考虑区域环境地质问题，控制住了主要地下水降落漏斗区、地面沉降区，通过将地下水位动态数据与地面沉降监测数据的有机结合，对识别地面沉降迹象、判断地面沉降趋势提供了重要的数据支撑。为京沪高铁、西气东输、江苏沿海高铁等重大工程建设提供了翔实的沉降数据，间接保障了重大工程建设和运营。

2. 支撑地下水污染防治

地下水水质监测数据为国家、省地下水质量考核和污染防治提供了重要依据。以地下水监测数据为核心依据的《江苏省地下水污染防治方案》成为了全省地下水污染防治的纲领性文件。为支撑江苏省水污染防治，启动实施省级地下水地质环境监测评价工作，水质监测数据为"水十条"地下水质量考核提供了重要依据。

3. 推动地下水监测工作向市县延伸

江苏省各市及部分县、区与我院合作，共同推进辖区内的地下水监测工作，相继开展了地下水监测网络建设、优化与动态监测等工作，为地方地下水环境保护、水污染防治提供了重要的技术支撑。

第二节　地面沉降监测

江苏地区目前已建成由 16 组分层标、22 座基岩标、2 座地裂缝自动化监测站和 279 个 GPS 标石（含国家一级监测网点 CORS 站 77 个）构成的地面沉降监测网络，并实现了 13 组分层标，6 组基岩标的野外适时自动化数据采集（图 7-1，表 7-2）。同时依托国家 I 级水准网，在江苏沿海地区构建了 750km 水准监测线路，在苏锡常地区布置有 250km 的水准路线，共计 1000km 水准路线，进行每年 1 次的 I 等水准测量。淮安地区还建成了针对盐矿开采区的局部地面沉降监测网。目前水准测量 1 年 1 次，基岩标分层标测量 1 年 2 次，而 GPS 测量由于测量成本等方面的问题，2～3 年一次。

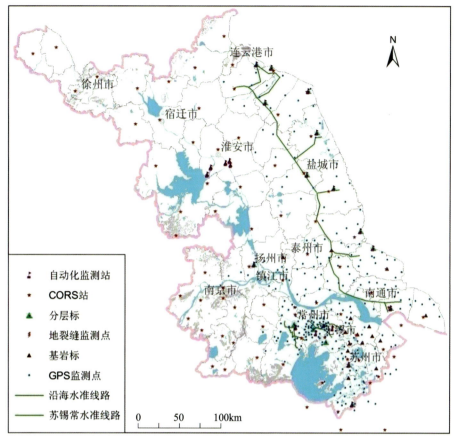

图 7-1　江苏省地面沉降监测网络图

表 7-2　江苏省地面沉降主要监测设施分布情况表

序号	编号	地区	监测点地址	类型	是否自动化
1	JB32020001	无锡	江阴市璜塘镇	基岩标	否
2	JB32040001	常州	武进市马杭镇城东小学	基岩标	是
3	JB32050001	苏州	张家港妙桥中学	基岩标	否
4	JB32050003	苏州	常熟市碧溪镇碧溪中学	基岩标	否
5	JB32050002	苏州	太仓沙溪国土所	基岩标	否
6	JB32050004	苏州	相城区渭塘国土所	基岩标	否
7	JB32050006	苏州	昆山千灯国土所	基岩标	否
8	JB32050005	苏州	苏州吴江市松陵镇吴江高级中学	基岩标	否
9	CS01	苏州	沙家浜国土分局园内	基岩标	否
10	CS02	苏州	虞山国土分局园内	基岩标	否
11	CS03	苏州	支塘国土分局园内	基岩标	否
12	CS04	苏州	虞山国土分局园内	基岩标	否
13	CS05	苏州	辛庄国土分局园内	基岩标	否
14	JB32060003	南通	启东汇龙中学	基岩标	否

续表 7-2

序号	编号	地区	监测点地址	类型	是否自动化
15	JB32060002	南通	如东县掘港小学	基岩标	否
16	JB32060001	南通	海安国土局东侧广场	基岩标	否
17	WJ3	淮安	洪泽县西顺河集镇江苏南风化工有限公司院址内	基岩标	是
18	WJ4	淮安	淮阴区南陈集镇孙庄村委院内	基岩标	是
19	WJ1	淮安	淮安区井神盐业一分公司采卤分厂围墙外	基岩标	是
20	WJ2	淮安	淮海盐化厂厂区东北隅围墙内	基岩标	是
21	WJ5	淮安	淮安区建淮乡张兴盐矿采卤基地以南约500m	基岩标	是
22	JB32120001	泰州	泰州九龙中学校门外河边	基岩标	否
23	FB32020001	无锡	无锡市南站华丰村	分层标	否
24	FB32020002	无锡	锡山市前洲镇（沪宁高速南侧）	分层标	否
25	FB32040001	常州	常州市清凉小学	分层标	否
26	FB32050001	苏州	苏州飘逸路	分层标	是
27	FB32050002	苏州	吴江盛泽中学	分层标	是
28	FB32060001	南通	海门江滨经济开发区小学北侧	分层标	是
29	FB32100001	扬州	扬州新星小学	分层标	是
30	YH01	盐城	裕华国土所院内	分层标	是
31	YH02	连云港	徐圩污水处理厂	分层标	是
32	YH03	盐城	射阳县海通镇	分层标	是
33	YH04	连云港	灌云县临港产业区管委会对面	分层标	是
34	YH05	南通	南通林克斯温泉酒店马路对面	分层标	是
35	YH06	盐城	盐城市国土局开发区分局院里	分层标	是
36	YH07	盐城	小尖镇国土所后院	分层标	是
37	YH08	盐城	滨海港	分层标	是
38	YH09	盐城	东台弶港	分层标	是
39	DL32020001	无锡	无锡市惠山区洛社镇石塘湾村	地裂缝监测点	是
40	DL32020002	无锡	无锡市锡山区锡北镇光明村地裂缝	地裂缝监测点	是

第三节　突发地质灾害监测预警

一、项目简介

江苏省地质环境脆弱，地质灾害较为发育，加之经济发达，人类工程活动强烈，地质灾害造成的损失较大。为减少或避免地质灾害对人民群众造成生命财产损失，在江苏省国土资源厅与省气象局的共同指导下,我院与省气象台自2004年以来联合开展地质灾害气象风险预警工作。研究地质灾害成因机理,分析地质灾害与降雨之间的相关性,建立了适合江苏实际的地质灾害预警模型,并在实际运用中不断创新。逐步建立了数据共享、数据分析、预警会商、预警发布等地质灾害气象风险预警工作机制。该项目于2006年获强降水型气象地质灾害预警预报系统应用研究三等奖证书,2017年取得软件著作权两项。

二、主要成果及转化应用

(一)主要成果

1. 建立突发地质灾害监测网络

截至2008年,我院完成了全省低山丘陵地区的突发地质灾害调查,共调查各类地质灾害4391处,其中突发性地质灾害687处。在此基础上,初步建立了突发地质灾害群测群防监测网络。每年汛前,在全省范围内展开拉网式排查,实施更新群测群防网络。为进一步研究地质灾害成因机理和开展单点式监测预警,选择部分典型隐患点布设专业监测设备,逐步建立完善群专结合的地质灾害监测网络。2018年,全省共有群测群防监测点1098处,专业监测点41处,其中省级群测群防监测点334处,专业监测点8处(表7-3)。

表7-3 开展突发性地质灾害专业监测工作情况一览表

区域	位置	地质灾害类型	专业监测方法
无锡	江阴市秦望山隧道口上方	岩质滑坡	表面位移、锚索应力监测
	滨湖区雪浪山横山寺	岩质滑坡	表面位移监测
苏州	吴中区清明山	岩质滑坡	表面位移监测
连云港	海州区凤凰东山东坡	岩质滑坡、崩塌	表面位移监测
	海州区凤凰东山东南坡	岩质滑坡、崩塌	
	海州区孔望山索道	土质滑坡	深部位移监测
	云台山景区西山桃园	土质滑坡	深部位移监测、雨量监测、表面位移监测
	连云区刘沟小区	岩质滑坡、崩塌	表面位移监测

2. 建立江苏特色突发地质灾害预警模型

对20世纪80年代以来发生的历史地质灾害和降水资料,利用数学模糊统计方法分析研究两者之间的关系。逐个分析地质灾害与地形条件、地层条件、地质构造、植被等地质环境背景因素的关系,确定影响因子。以突发地质灾害孕育背景为基础建立预警区,采用确定性系数函数(CF)将地质灾害各影响因子量化。按照"潜势度""发育度""易发度"3度分析思路,划分预警区。建立了相应的临界降雨量预警判据,地质和气象数据耦合分析实现地质灾害的时空预警。不断完善预警模型,基于滑坡频度-降雨分析关系导出了一种新的计算前期降雨的有效方法,将衰减系数引入地质灾害预警模型中,确定有效降水模型和有效降水系数。

3. 系统研发

研发了江苏省地质灾害气象风险预警系统,该系统实现了降水资料自动传输、预警分析、会商、发布的自动化(图 7-2)。随着无纸化、网络化办公要求的提出,系统增加了地质灾害险(灾)情信息网络报送模块,同时开发了江苏省地质灾害防治管理平台(Android 版),进一步提高了信息报送的时效性和准确性。

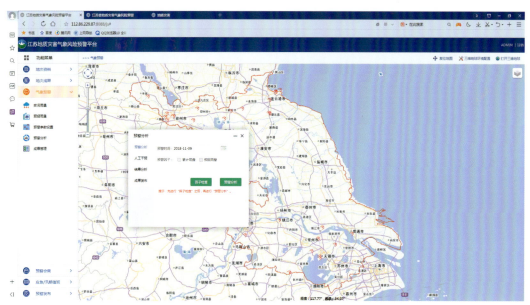

图 7-2　江苏省地质灾害气象风险预警信息系统主界面

4. 体系构建

建立了应急值班、预警会商、预警信息发布、地质灾害信息上报和反馈、年度工作分析总结等各工作制度,不断完善预警工作流程和工作机制。

(二)转化应用

自开展地质灾害气象风险预警工作以来,共发布地质灾害气象风险预警 90 次,成功预报地质灾害险(灾)情 220 余起,避免人员伤亡 2300 余人,避免经济损失近 2.5 亿元,保持了地质灾害零伤亡记录,有效地保障了人民生命和财产安全。

第四节　国土(耕地)生态地质环境监测

为掌握土壤污染问题,关注土壤环境质量变化,2014 年正式启动了"江苏省国土(耕地)生态地质环境监测"项目,并连续多年纳入省委常委重点工作。旨在监测耕地质量变化,针对全省耕地的监测技术与环境质量监测网建设探索,建立动态监测网络。

项目目前基本建成了动态监测网,监测网包括 4 类监测点,共计 1978 个点,分别为一类监测点(基础监测点)、二类监测点(污染监测点)、三类监测点(污染源监测点)和四类监测点(立体监测点),按类型设定不同监测频次,其中一类监测点 2 年监测 1 次,二类、三类、四类监测点 1 年监测 1 次。分析指标包括无机监测指标 27 项,有机监测指标 5 类 67 项(图 7-3)。

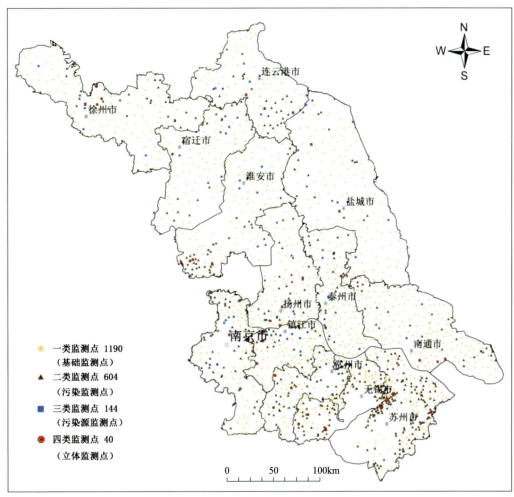

图 7-3　江苏省(国土)耕地生态地质监测网

第八章 遥感地质调查与地质调查信息化

经过20年来的努力,我院遥感地质调查与地质调查信息化水平得到了很大提高,取得了丰硕的成果。

遥感地质调查方面,根据国家和江苏省国民经济建设与社会发展需要,基于高空间分辨率遥感、微波遥感、热红外遥感、高光谱分辨率遥感等先进技术,在基础地质遥感调查、生态地质环境遥感调查、自然资源遥感调查、矿山开发状况及环境遥感调查、地质灾害遥感调查、InSAR地面沉降与地裂缝监测等方面取得了一系列重要成果,为国民经济和社会发展做出了重要贡献。

地质调查信息化方面,建成了一批高质量的地学数据库和数据管理系统,包括地质图空间数据库、基础地质专业数据库、地质调查专题应用信息系统等,基本完成了全省基础地质数据库以及相关专业地质图空间数据库建设,解决了江苏省地学数据分散、保存方法落后、查询困难、利用率低等问题,推动了江苏地质信息化建设进程。

1999—2018年,我院承担并完成遥感地质调查与监测类项目24个,其中中国地质调查局出资项目18个,地方政府出资项目6个,工作区涵盖了江苏、福建、浙江、甘肃、新疆、内蒙古、黑龙江、吉林、辽宁等地区;承担并完成了国家和地方政府出资的各类地质调查信息化项目42个。

第一节 卫星遥感调查与监测

一、海岸带地质环境遥感综合调查

(一)项目简介

2005年根据江苏省财政厅、江苏省国土资源厅苏财建〔2004〕79号文,"江苏省海岸带地质环境遥感综合调查"由江苏省地质调查研究院承担。总体目标是通过遥感手段,对江苏海岸带地貌与第四纪地质、生态地质环境、海岸线变迁、沿海辐射状沙洲进行遥感调查,对海岸带滩涂资源开发利用程度进行调查,建立海岸带地质环境数据库,为江苏省实现沿海经济战略规划提供了科学依据(图8-1)。

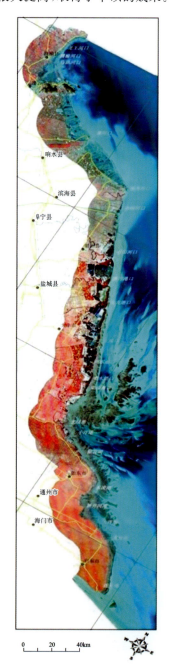

图8-1 江苏海岸带卫星影像图

(二)主要成果及科技创新

1. 江苏海岸线演变趋势分析

结合3期(1987TM、1997TM、2004ETM)卫星遥感影像对江苏海岸滩涂、岸线侵蚀与淤积进行了分析,得出江苏海岸线仍基本沿袭着历史海岸线的演变趋势的结论。北部海州湾岸线,维持着弱淤长状态,但墟沟—港区码头之间有局部淤长;运盐河口—射阳河口北侧海岸一直处于强烈侵蚀后退的环境,以废黄河北部岸线"肘"状拐折部位、灌河口南侧、和奤套河口岸段侵蚀作用最强;射阳河口—大洋港段海岸,继续沿袭着历史时期向海淤进的趋势,且推进距离较大;长沙港—连兴港段,处于弱淤长状态,海岸线基本是在沿海堤位置延伸。

2. 近岸浅海区辐射状沙洲群变化分析

对位于大丰至如东一带的近岸浅海区辐射状沙洲群的变化情况结合历史资料及多期卫星影像进行了综合整理与分析,指出了近代辐射状沙洲群在向南移动的同时,还向东移动;"脊""槽"结构特点趋于宽"槽"窄"脊",水下潜脊也在向南退缩;潮汐水道西洋槽在逐年增宽,水动力作用在加强(图8-2)。

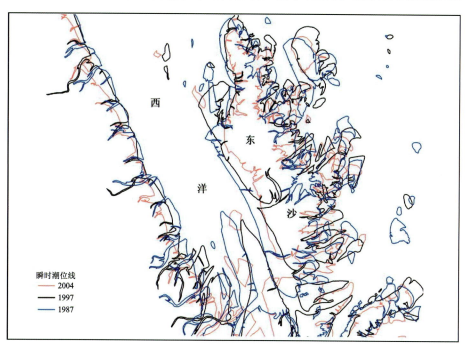

图8-2 西洋扩展演变解译图

3. 江苏省海岸带遥感综合调查数据库及信息查询系统

基于MO软件建立了江苏省海岸带遥感综合调查数据库及信息查询系统,建有中比例尺的基础地理图库和各专业数据库,能为国家与江苏海岸带经济建设与社会发展提供信息咨询与服务(图8-3)。

4. 浅海水下地形遥感提取方法研究

在综合分析国内外研究水下地形遥感反演与制图的基础上,针对江苏海岸带的实际情况,选择典型研究区进行野外水深观测和光谱数据采集。分别基于实测水体光谱和遥感影像研究浅海水下地形遥感提取方法与关键技术,建立浅海水下地形的遥感成图模式,在利用多光谱影像进行水下地形测量方面取得有益地进展(图8-4)。

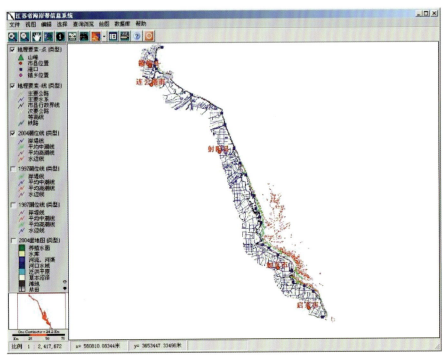

图8-3　江苏海岸带地质环境信息系统界面

图8-4　江苏海岸带滩涂资源影像解译标志

二、长三角经济区基础地质环境遥感调查

(一) 项目简介

2005年11月,我院承担了中国地质调查局下达的"长三角经济区基础地质环境遥感调查"项目,工作范围涵盖江苏、浙江、福建三省及上海市。其主要目的任务是结合以往研究成果,利用航天航空遥感数据,进行与经济区相关的基础地质环境遥感解译,重点进行第四纪地层的空间分布与成因类型、断裂构造和地貌遥感解译,为区域城市建设与规划、交通发展建设、重大工程建设以及地质环境保护提供基础性资料和科学依据。

(二) 主要成果及科技创新

1. 地貌遥感解译编图

结合以往调查资料,建立地貌影像解译标志,按地貌形态及区域分布特征,进行山地、丘陵台地、平原地貌分区,共解译19种地貌类型。

2. 基础地质遥感解译编图

根据影像特征,建立识别地质体的图像解译标志系统,结合解译标志和地质、自然地理、人文经济地理资料反复对照、比较、评价和分析,编制了以第四纪、前第四纪地层和岩浆岩为主要内容的基础地质图。

3. 断裂构造遥感解译

根据断裂构造遥感解译标志,共解译出深大断裂(带)16条、区域性大断裂(带)54条,确定第四纪具有复活活动的深、大断裂(带)30余条;初步总结了工作区新构造活动东西分带,南北分块,东强西弱,南强北弱,海域强,内陆弱的基本特征,编制了全区断裂构造遥感解译图(图8-5)。

三、江苏省地面沉降 InSAR 监测

(一) 项目简介

地面沉降灾害危及社会、经济等方面的问题,引起了江苏省各级政府的广泛重视。自1999年以来,江苏省地质调查研究院在省国土厅和国土资源部共同关心支持下,开展了苏锡常地区地面沉降研究工作。2007年,江苏省地质调查研究院在总结水准、GPS测量经验的基础上,为实现地面沉降大范围、低成本、高精度的有效监测,引进了InSAR测量技术,与国内外相关科研高校、单位合作分别开展了对常州—无锡、苏州、盐城地面沉降地区InSAR测量试验工作,取得了较好效果。

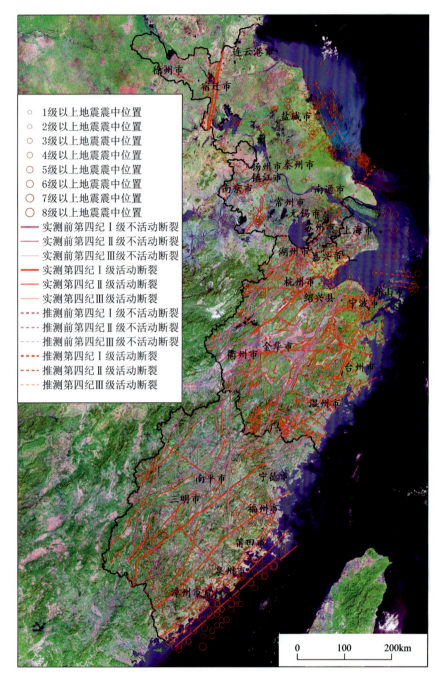

图 8-5 长三角经济区断裂构造遥感解译图

(二)主要成果及科技创新

1. 常州—无锡地区地面沉降 InSAR 监测

针对测区具体环境和数据条件,设计并实施 InSAR 集成 GPS 和时序分析技术地面沉降监测技术方案,完成 1992—2008 年江苏省常州—无锡地区地面沉降 InSAR 监测。

利用 InSAR 时序分析技术监测出江苏省常州—无锡地区在 1992 年 5 月—2008 年 10 月 3 个时期的沉降区域。项目使用自主开发的 InSAR 时序分析软件性,采用 SNAPHU4 软件解缠干涉相位,利用精密水准和GPS数据,评定了InSAR时序分析得到的形变量和大气影响的精度:InSAR时序分析地表沉降平均速率精度:3.7mm/a(水准);InSAR时序分析地表沉降形变量精度:2.4～4.4mm(水准),6.7mm(GPS);InSAR时序分析大气延迟估值精度:6.5mm(GPS)(图8-6)。

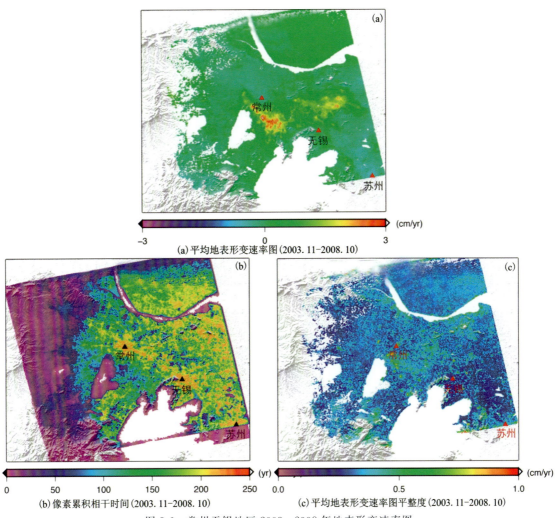

图8-6 常州无锡地区2003—2008年地表形变速率图

2. 苏州地区地面沉降 D-InSAR/PS-InSAR 监测

对以苏州为中心100km×100km的区域(主要包含苏州、无锡两市及周边的乡镇),与中国地震局地壳应力研究所合作完成。充分收集了1992—2008年间的SAR图像,通过对SAR图像进行PS-InSAR处理,分别获取了1992—1998年和2004—2008年间苏州—无锡地区大范围的地面沉降分布特征,较为全面地从空间和时间两种尺度上对上述地区地面沉降特征进行了反演。

本项目采用基于永久散射体的D-InSAR/PS-InSAR处理技术,通过筛选在时间上后向散射保持稳定的点(PS),在这些点上处理可以很大程度上消除时间相关和大气异质的影响,获取形变及其变化速率,从而内插得到区域内的形变及其变化速率。通过与实际水准测量资料对比,其精度可达到＋/－3mm至＋/－7mm,非常有助于沉降成因分析及趋势预测。

3. 盐城地区地面沉降 InSAR 监测

采用基于相干目标的合成孔径雷达差分干涉测量技术(Coherent Target D-InSAR——CT-D-InSAR),对江苏省盐城1992—2007年地面的沉降监测进行动态监测,并进行精度的验证分析。利用

D-InSAR技术还对城区不同历史时期的地面沉降进行动态反演,得到不同时期的沉降信息,如盐城市区:2003年以前的沉降中心主要集中在老城区和城北的亭湖经济开发区,而2003年以后,沉降中心开始向南迁移,盐城新市区和经济开发区的沉降速率逐渐加大。通过长时间序列的地面沉降反演,为当地管理部门动态监测和防治提供了可靠信息(图8-7)。

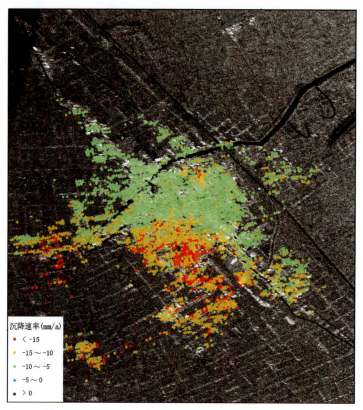

图8-7　2003—2007年盐城地区地面沉降PS点分析图

四、连云港市云台山地区露采矿山开发状况遥感监测

(一)项目简介

自2006年起,在国土资源部规划司、开发司、环境司和中国地质调查局联合主持下,开展了全国性"矿产资源开发多目标遥感调查与监测"工作。为了维护江苏省矿产资源开采秩序,强化省国土资源厅对露采矿山的监督管理,江苏省于2008年开展了连云港市云台山地区露采矿山开采状况遥感监测试点工作。主要目标是监督该区域内露采矿山开采活动及其是否存在无证开采等违法问题,为国土资源管理部门提供及时、准确的监测信息,并为进一步开展大范围监测工作积累经验,总结思路。

(二)主要成果及科技创新

在省内首次采用卫星遥感手段,经过4年(轮)6期的系统监测,全面地监测了2005—2008年4年间云台山地区的露天矿山开采情况,监测结果准确、真实可靠,所有矿山图斑特征明显,边界及位置清晰,为省厅矿政管理工作提供了有力的技术支撑(图8-8)。

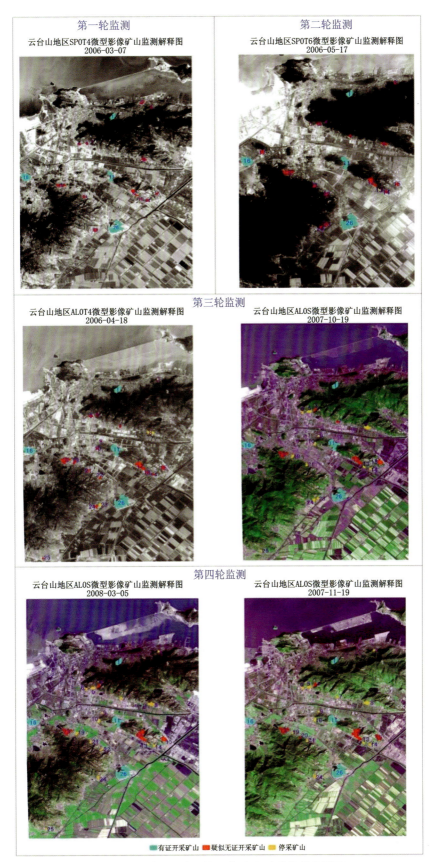

图 8-8 云台山 4 年(轮)6 期矿山开采状况监测图

五、江苏省矿产资源开发环境遥感监测

(一)项目简介

2011—2015年,利用高分辨率遥感卫星数据,对江苏全省10.26万km^2范围开展了矿产资源开发状况、矿山环境、矿产资源规划遥感调查与监测工作,以灵山—桂山—龙王山、青龙山矿山环境问题区为研究区,开展了80km^2范围的1∶5万环境地质调查工作;利用土地变更调查与监测遥感数据,开展了江苏省矿产卫片解译工作。通过上述工作,基本摸清了江苏省第二轮矿产资源规划执行情况、矿产资源开发现状与发展趋势,查明了江苏省矿产资源开发状况及引发的矿山地质环境问题,总结了其变化发展趋势和规律;同时,根据调查与监测结果,开展了全省矿山地质环境评价工作,圈定了环境影响严重区、较严重区、一般区和无影响区,并对江苏省的矿业开发与环境保护关系进行了简要分析,提出了相应的对策、建议。项目成果为保持矿产资源的可持续开发与利用、维护矿业秩序及综合整治矿区环境等提供了基础数据与决策依据。

(二)主要成果及科技创新

1. 矿山地质环境评价体系研究

项目在遥感调查与监测成果的基础上,建立了一套矿山地质环境评价体系。该体系采用了矿山占地、地质灾害、年均降雨量、植被覆盖度(%)等8个评价指标,获取各评价单元矿山地质环境权值。该评价方法能科学合理地反映工作区矿山地质环境实际状况,为国土资源部规划矿产资源合理开发利用、矿山地质环境保护和矿山生态环境综合整治工作提供了信息支撑(图8-9)。

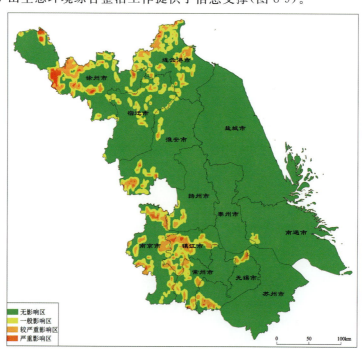

图8-9 江苏省矿山环境评价示意图

2. 矿山环境问题区监测成果应用研究

采用矿山遥感监测与传统矿山地质环境调查技术相结合的方法，开展了环境问题区1：5万矿山环境监测工作，完成了矿区地质环境综合研究。

根据任务书要求，2015年选择了宁镇环境问题区开展1：5万矿山环境监测工作，项目基于矿山遥感监测技术，对该矿区矿山损毁土地、地质灾害、恢复治理、环境污染、尾矿资源等地物类型进行了调查与监测，基于传统矿山地质环境调查方法，针对矿区内主要存在的土地占用与破坏、景观影响与破坏、矿山恢复治理成效等开展了评价划分，形成了相对完整的矿山环境成果信息。

（三）应用成效

1. 服务于部司局管理工作

向部执法监察局提交的江苏省矿产疑似违法图斑相关成果，为矿产卫片执法监督检查等提供了决策依据。向部环境司提交了江苏省矿山地质环境遥感监测成果报告和成果数据，并向社会发布，成为矿山地质环境恢复治理、矿山环境管护工作的依据。向部规划司提交的全省禁止开采区规划执行情况监测成果，成为全国禁止开采区矿业秩序整顿及下一轮规划制订的重要依据。"矿山复绿行动"进展状况的监测成果，为部环境司等部门及时掌握治理进度提供了支持。

2. 为全省地质环境治理规划提供支持

本项目监测成果丰富，包括了矿山开发过程中形成的各类要素，翔实的资料为"江苏省露采矿山地质环境专项治理规划"提供了客观的数据支持。

六、千山成矿带矿山遥感解译与外业查证

（一）项目简介

2016—2017年，利用高分辨率遥感卫星数据，对千山成矿带44.48万 km^2 范围开展了矿山地质环境、矿产资源规划和矿产资源开发状况遥感解译与外业查证工作。通过上述工作，基本摸清了千山成矿带范围二轮矿产资源规划执行情况、矿产资源开发现状与发展趋势、矿山地质环境问题及其发展趋势等；与此同时，根据调查与监测结果，开展了全区矿山地质环境评价工作，圈定了矿山地质环境影响严重区、矿山地质环境影响较严重区、矿山地质环境影响一般区和矿山地质环境影响无影响区，并对千山成矿带范围的矿业开发与矿山地质环境进行了简要分析，提出了相应的对策、建议。项目的开展为保持矿产资源的可持续开发与利用、维护矿业秩序及综合整治矿区环境等提供了基础数据与决策依据。

（二）主要成果及科技创新

1. 矿产资源开发规划执行情况成果

结合工作区开发状况调查成果及最新有效采矿权资料，依据规划指标对规划区进行了评价，总结分

析了规划区规划执行现状及存在的问题,为政府部门整顿规划区内矿业开发秩序提供了数据支持。

2. 矿山生态环境恢复治理情况成果

结合工作区矿山恢复治理工程遥感调查成果,依据规划指标对重点工程规划内矿山生态环境恢复治理情况进行了评价,统计分析了规划内指标完成情况,为政府部门了解掌握重点治理工程规划执行情况提供了数据支持。

3. 矿山地质环境成果

完成了千山成矿带范围的2014—2015年度矿山环境遥感监测动态数据(图8-10),为国家政府掌握千山成矿带矿山开发环境现状,制定矿山保护规划措施,分析矿山开发环境变化趋势提供了客观数据。查明了千山成矿带矿山地质环境现状及主要矿山地质环境问题,通过评价圈定了四级矿山地质环境影响区。完成了"矿山复绿"行动遥感监测,查明了"矿山复绿"行动的进展情况及存在问题。

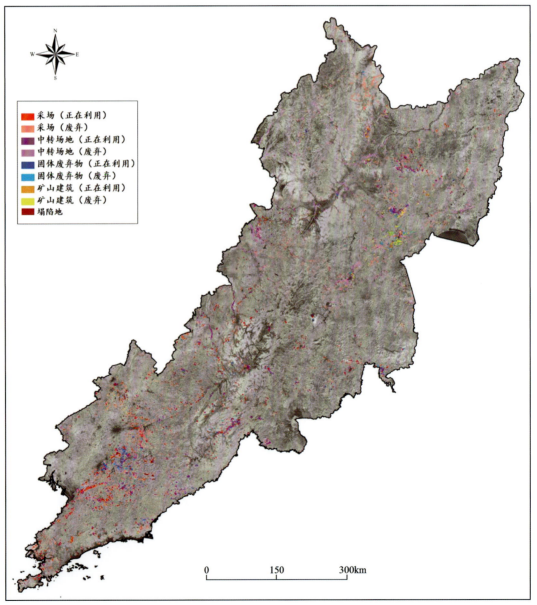

图8-10 千山成矿带矿山开发占地现状遥感调查图

（三）应用成效

向部执法监察局提交的千山成矿带（黑龙江、吉林、辽宁）矿产疑似违法图斑相关成果，为各省矿产卫片执法监督检查等提供了决策依据。向部环境司提交千山成矿带辽宁省矿山地质环境遥感监测成果报告和成果数据，并向社会发布，成为矿山地质环境恢复治理、矿山环境管护工作的依据。向部规划司提交千山成矿带禁止开采区规划执行情况监测成果，成为全国禁止开采区矿业秩序整顿及下一轮规划制定的重要依据。"矿山复绿行动"进展状况监测成果，为部环境司等部门及时掌握治理进度提供了支持。千山成矿带矿山开发占地的监测成果，为"矿山地质环境专项治理规划"提供了客观直观可靠的调查资料。

七、全国地表形变遥感地质调查

（一）项目简介

本项目利用干涉雷达测量为主要技术手段开展了吉林黑龙江松嫩平原地表形变遥感调查工作，编程获取覆盖黑龙江、吉林工作区覆盖 10 万 km^2 的干涉雷达数据，并完成了相应的干涉雷达数据处理，查明吉林黑龙江松嫩平原的地表形变区域分布及发展态势，为有效行使国土资源环境管理职能、合理制定社会经济发展规划、减灾防灾、相关科学研究提供了基础数据、科学依据和技术支持。

（二）主要成果及科技创新

经过本项目的开展，取得的成果主要有以下几个方面：

（1）工作区 10.4 万 km^2 的面积中，共有地表形变体的面积 $3733km^2$，其中较严重地表形变体分别为大庆油田一处沉降体和九台营城煤矿塌陷区，面积共计 $0.25km^2$；地表形变一般区面积 $427km^2$；地表形变轻微区面积 $3305km^2$。地表形变一般程度区以大庆市的面积最大（$136km^2$），其次为长春和松原。

（2）松嫩平原的工作区共有大大小小的形变体 467 个，其中沉降类别形变体 415 个，面积共计 $3170km^2$；抬升类别的形变体 52 个，面积约 $563km^2$。大庆油田区域有 1 处大型的地表形变抬升体，面积约 $117km^2$（图 8-11）。中型地表形变体分布于工作区各处，面积约 $2536km^2$，其中抬升类型的中型形变体主要分布于大庆和松原油田区。小型的地表形变体零散分布于工作区各处，面积约 $1080km^2$。

（3）工作区总体上表现为地下水开采、石油开采、建筑物基坑排地下水等导致的地面沉降，局部地区为地下矿产开采导致的地面沉陷。地下水的开采一般与当地的社会经济规模有直接联系，在哈尔滨松北区，齐齐哈尔城区等大中城市表现为较大范围的地面沉降；在巴彦县、兰西县等小城市等表现为一定范围的沉降；由于松嫩平原大部分地区的生活生产用水基本上都来自地下水，所以在一些城镇农村等地区表现为局部的小范围的地面沉降。在吉林九台地区和辽源市北侧地区存在地下矿山采空区导致的地面沉陷。在大庆油田、松原油田等地区由于注水开采石油的原因，地表形变表现为高强度注水采油所导致的地面抬升（0~25mm/a）及石油开采、地下水开采所导致的地面沉降（0~35mm/a）。

（三）应用成效

本项目利用干涉雷达测量为主要技术手段，查明我国吉林、黑龙江两省境内松嫩平原工作区地表形

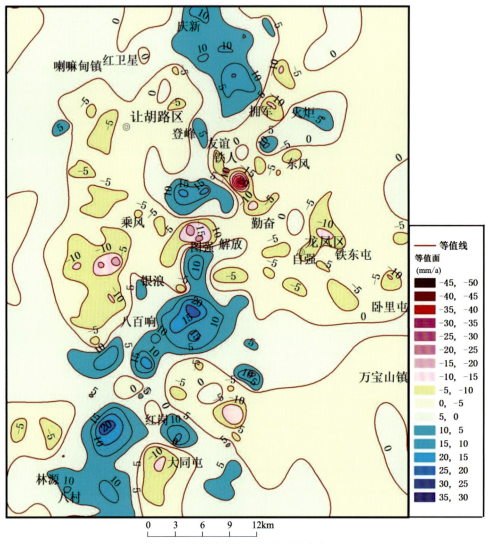

图 8-11 大庆主采油区地表形变分布图

变的区域分布及发展态势,为有效行使国土资源环境管理职能、合理制定社会经济发展规划、减灾防灾、相关科学研究提供了基础数据、科学依据和技术支持。

八、苏沪浙区自然资源更新调查

(一)项目简介

2015—2017年,项目围绕新时期自然资源管理与生态保护的重大需求,依托现有工作基础,利用国产卫星遥感数据,采取区域综合遥感调查监测与重点解剖相结合的方式,集成应用3S技术及人机交互式解译、计算机自动分类、综合分析研究、野外地质调查等方法开展东部沿海地区(江苏省、上海市)自然资源、生态环境遥感调查与监测,获取本底数据与动态变化信息,研究提出自然资源管理和生态地质环境保护的对策建议,为国家、地方管理部门及社会公众提供了科学数据。

(二)主要成果及科技创新

1. 查明自然资源与生态环境的数量分布及动态变化

查明了苏沪工作区耕地、林地、草地、地表水、湿地、荒漠化、海岸带、园地等自然资源与生态环境的现状分布及数量、2015—2016年的动态变化信息。苏沪浙区各因子现状分布主要以耕地、湿地、地表水、海岸带、林地为主,而园地、草地、荒漠化分布较少(图8-12)。2015—2017年工作区自然资源与生态环境各因子中林地、草地、荒漠化、海岸线的变化相对较小,而耕地、建设用地、湿地、地表水的变化相对较大,各因子的变化主要是由于人类活动的影响。调查了苏沪区崩滑流地质灾害的数量、规模及分布,并结合崩滑流地质灾害本底数据,分析了苏沪区滑坡、崩塌等突发性地质灾害的分布规律与成因。

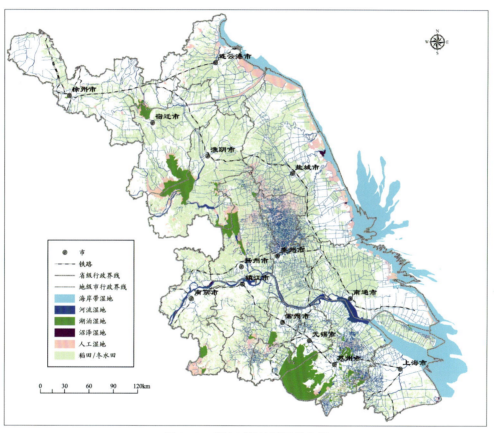

图8-12 苏沪区湿地因子分布图

2. 综合研究

开展了自然资源分布规律及覆盖度分析、地理地质背景对各因子分布控制作用及人类活动的影响、自然资源各因子2007—2014年动态变化规律研究、海岸带综合研究、长江沿岸综合研究。

3. 图件缩编方法的创新

通过将各个因子矢量数据转换为图像数据,采用MATLAB、ERDAS、ENVI的骨架提取方法、图像形态学方法、图像像素的聚合技术等多种方法进行图像图形处理,从而自动实现图件的自动缩编。

(三)应用成效

1. 解决资源环境和基础地质问题

调查了东部沿海地区主要自然资源和生态地质环境因子类型与空间分布状况,形成东部沿海地区自然资源与生态地质环境本底数据;研究东部沿海地区自然资源和生态地质环境分布与变化规律;与以往数据进行对比,获取动态变化信息;研究提出自然资源管理和生态地质环境保护的对策建议,为国家、地方管理部门及社会公众提供科学数据。

2. 成果转化应用和有效服务

为国家、地方管理部门及社会公众提供科学数据。为形成全国整装性成果、建立自然资源与生态环境全天候全要素遥感监测技术体系和国土空间管护提供依据。服务于江苏省与上海市各级国土相关部门,项目查清了苏沪区自然资源与生态环境的现状及分布规律,为苏沪区各级国土相关部门的自然资源管理和生态地质环境保护提供了数据支撑和科学依据,并为地方相关管理部门提供了对策建议。服务于中国地质调查局及江苏省国土资源厅,为"江苏沿海地区综合地质调查""苏南现代化建设示范区综合地质调查"等重大地质调查工程提供专题数据分析,编制专题报告,进行专题交流。

第二节 地质调查信息化

一、地质图类空间数据库建设

(一)项目简介

地质图类空间数据库建设是地质调查数据库主体之一,是对以往成果图件资料的抢救性的数字化工作,属原创性成果;侧重空间数据的描述,依托现代信息技术和GIS技术及其专业特点,采集江苏省已有的区域地质调查成果资料,对传统的纸介质进行矢量化,采集属性,建立空间数据库。已经建立的地质图类空间数据库主要包括7类:1∶50万地质图空间数据库、1∶25万地质图空间数据库、1∶20地质图空间数据库、1∶20万水文地质图空间数据库、1∶5万重点城市经济区水工环综合空间数据库、1∶5万地质图空间数据库、1∶50万环境地质调查成果空间数据库。

(二)主要成果及科技创新

成图过程全部采用计算机软件(MapGIS软件)辅助制图,空间数据以点元、线元、面元数据表示,按照地质实体本身的地质意义划分为若干专题图层,以图层文件的方式实行数据的操作和管理。提交的空间数据通常包括水系图层、交通图层、居民地图层、境界图层、地形图层、地层图层、火山岩岩性图层、非正式地层单位图层、侵入岩图层、脉岩图层、围岩蚀变图层、混合岩化带、变质相带图层、断层图层、构造变形带图层、矿产图层、产状符号图层、化石采样点图层、同位素年龄采样点图层、钻孔点图层、各类火山口图层、泉点图层、剖面线图层等专题图层。成果数据库包括经纬度和高斯投影数据格式。

地质图空间数据库专题图层的划分和属性数据库的建立方便了专题信息的提取。

(三)应用成效

地质图类空间数据库作为基础性成果已在江苏省多个项目中得到广泛应用,在江苏省开展的重要矿产勘查和地质调查综合研究等方面提供了有效的基础数据资源,特别是在江苏省矿产资源潜力评价项目中全面应用了地质图类空间数据库作为基础数据编制各类专题底图,大大方便了地质工作人员对最新资料的使用,减少了编图工作量。

二、基础地质专业数据库建设

(一)项目简介

基础地质专业数据库建设是地质调查信息化建设的又一重要支撑数据,与地质图空间数据库类似,属原创性成果,以地质调查信息化技术标准为依托,将以往工作所积累的各种地质调查专业数据、成果资料,应用现代信息技术和 GIS 技术,依据其专业特点,构建基础地学数据库体系。以中国地质调查局和江苏省国土资源厅科研项目为依托,江苏省地质调查研究院陆续开展并完成了相关地质专业数据库建设,基本包含了原江苏省地矿系统完成的基础性、公益性地质成果专题数据库建设。已经完成的基础地质专业数据库包括 5 类:1∶20 万岩石数据库(试点)、同位素地质年龄数据库、1∶20 万自然重砂数据库、地质工作程度数据库、矿产地数据库。

(二)主要成果及科技创新

1. 1∶20 万岩石数据库

试点完成了 1∶20 万苏州、无锡、盱眙 3 幅区域地质调查中所做的岩类及矿物原始样品分析测试数据、鉴定报告数据,分析测试方法共 6 种:岩石薄片鉴定、微量元素分析、简项分析、人工重砂鉴定、粒度分析、常量元素分析。整理岩石点位基本信息数据 5000 余件,完整入库基本信息数据 3300 个,6 种分析方法合计 9192 个分析记录。

按照岩石数据库结构,运用 Microsoft Access 2000 软件建立数据库表;形成 Microsoft Access 2000 和 DBF 格式两套数据库文件。利用样品基本信息的坐标数据项投影,制作了江苏省 1∶20 万岩石数据库数据点位图,使岩石数据点位信息可以直观地反映,也可以在其他研究工作中,与相关地理、地质信息套合,进行综合分析研究,发挥其应有的作用。成果资料还包括 MapGIS 和 ArcInfo 两种格式空间图形数据。

2. 同位素地质年龄数据库

对已有江苏省同位素地质年龄数据测试资料,经过全面收集、认真整理、科学筛选,填写属性采集卡。成果数据分 DBF 格式和 MS Access 格式两种,形成以地理底图为背景的 1∶50 万江苏省同位素地质年龄数据点位图。总计采集 11 种测试方法的 503 个数据。

在数据库建设的工作实践过程中,参与修改建库指标体系和工作方法,最终形成全国同位素样品数据库工作指南及标准,探索出一套科学的同位素地质年龄数据库建设工作方法。

3. 1:20万自然重砂数据库

在整理1:20万区域地质调查填图工作中的野外草图、野外记录本、自然重砂原始分析报告、送样单、自然重砂成果图等资料的基础上,按照中国地质调查局《1:20万自然重砂数据库》工作指南,建立了江苏省1:20万自然重砂数据库,共完成9个1:20万图幅的自然重砂资料的建库。

重砂数据库内容主要包括图幅基本信息、样品基本信息、重砂鉴定结果数据、鉴定结果不定量值的表示方法和量化值的数据表。属性数据格式分DBF和MS Access两种,图形数据格式为MapGIS和ArcInfo两种。

4. 矿产地数据库

在已有资料和原矿产地数据库的基础上,建成江苏省矿产地数据库。建库工作中执行中国地质调查局新修订的《矿产地数据库工作指南》,在原已录入的大中型矿产地的基础上,加入位于重要成矿区(带)内的矿点数据。提交成果为MS Access格式。

根据江苏省实际情况,参照相关建库标准,用MapInfo软件对大比例尺矿床地质图进行数字化、重要剖面图等图件采用扫描方式获取。完成入库大、中、小型矿床、矿点、矿化点,共37个矿种、453个矿产地数据。为江苏省找矿预测提供了基础数据。

5. 地质工作程度数据库

收集江苏省境内地质调查(勘查)工作程度资料,按照区域地质调查、矿产勘查、地球物理勘查、地球化学勘查、遥感地质调查、水文地质调查、环境地质调查、工程地质调查、海洋地质调查等专业分类,建立专业工作谱系及其属性数据库;共录入符合建库要求的资料1865份,矿区2004个,矿产地1036处。划分图层87个,形成MS Access和MapGIS格式的江苏地质工作程度数据库。数据库的建设为江苏省区域地质调查工作部署提供了参考依据。

(三)应用成效

完成的基础地质数据库成果已服务于江苏省多个重大项目建设,在江苏省矿产资源潜力评价项目中,自然重砂和矿产地成果数据作为矿产预测基础数据,为江苏省矿产预测提供了有力的数据支撑。

三、全国同位素地质年龄数据库应用系统

(一)项目简介

项目全称为"全国同位素地质年龄数据库数据汇总与管理系统开发",由中国地质调查局发展研究中心项目办委托,江苏省地质调查研究院具体实施。旨在对全国各省级已建成的同位素地质年龄数据库数据进行综合整理汇总,形成完整的全国同位素地质年龄数据库;在此基础上,研制开发全国同位素地质年龄数据库应用系统,建立GIS平台上的全国同位素地质年龄空间数据库管理系统,具有数据查询检索、编辑、输入、输出等基本功能,将全国同位素地质年龄数据的更新、维护、管理、使用纳入规范、系

统、科学的体制,更好地为数字国土、地质调查、矿产预测、资源开发与环境评价服务。

全国同位素数据库应用系统(CIGAS 1.0)软件,具有同位素数据管理、多条件的空间数据检索查询以及基本图件输出等功能。实现数据管理、数据检查、数据查询、点位图形浏览、多种方式检索、数据输出及数据维护等。系统开发环境为 Windows 2000/XP 操作系统,采用了以 ESRI MO 构件为基础的开发模式,集数据源和应用为一体、空间数据与非空间数据库共存,具有地质专业特色。

系统采用两种格式的数据:一是汇总后的 Access 2000 格式全国同位素数据库数据,二是 ESRI Shape 格式的数据。数据查询结果格式同样为此两种格式。系统主界面为 MS Windows 的单文档界面风格,由标题条、主菜单条、工具条、图层列表区、图形显示区等对象组成,对象拥有完全的 Windows 属性(图8-13)。系统采用地理信息系统作为图形工具平台,功能分为 6 个方面:文件管理、视图、数据检查、数据查询、系统工具、系统帮助。

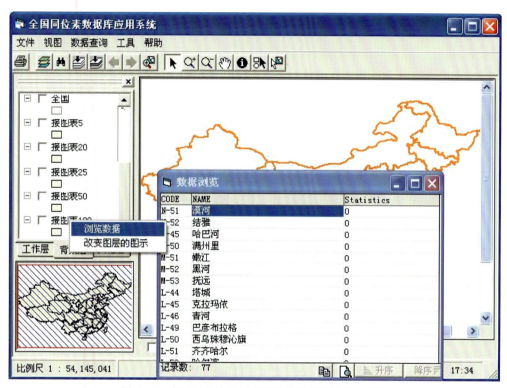

图 8-13　全国同位素数据库管理系统(CIGAS)主界面

(二)主要成果及科技创新

1. 在国内率先建立全国同位素数据库管理系统

《全国同位素数据库应用系统(CIGAS1.0)》软件,具同位素数据管理功能、多条件的空间数据检索查询功能、基本图件输出等功能。在系统研制过程中,在两方面做了大量的开发研究工作:一是系统提供的各种图形插件,使系统输出图形美观实用;二是利用空间数据与非空间数据共存的方法,解决了一对多关系表的空间数据属性查询表达问题。

方便灵活地绘制各种国际分幅经纬度间隔的图框:利用绘制图框插件可以方便地绘制1∶1万、1∶5万、1∶10万、1∶20万、1∶25万、1∶50万及1∶100万国际分幅经纬度间隔的图框。

2. 实现了一对多关系的属性数据查询

空间数据库中每个特征(点、线、面)均仅具有一种属性数据,用空间数据库方法表达的同位素数据库,存在多个一对多的关系。为解决空间数据库中表达一对多的属性,本系统采用了非空间数据库与空间数据库共存的方法,使该问题得以解决。为实现一对多关系的同位素空间数据库属性数据查询,系统首先查询同位素空间数据库中的同位素属性,然后根据查询到的同位素属性中的同位素编号,查询非空间 Access 2000 格式的同位素数据库,提取对应该编号的数据。

四、江苏省地质工作程度信息服务系统

(一)项目简介

本项目任务来源于江苏省国土资源厅。一是通过收集已有地质调查(勘查)工作程度的资料,按照区域地质调查、矿产勘查、地球物理勘查、地球化学勘查、遥感地质调查、水文地质调查、环境地质调查、工程地质调查、海洋地质调查等专业系列,参照相应的工作标准,建立地质工作程度空间数据库;二是开发江苏省地质工作程度信息服务系统,对地质工作程度空间数据库进行管理和维护,并通过互联网向社会提供江苏省地质工作程度信息查询服务。

(二)主要成果及科技创新

1. 在国内率先建立地质工作程度数据网络查询系统

江苏省地质工作程度信息服务系统基于 WebGIS 技术,融合了数据库技术、GIS 技术、WebGIS 技术、ASP 等网站建设技术,一方面能对地质工作程度信息进行管理和维护,同时又能保证地质工作程度信息能及时提供给用户进行查询和分析。系统在逻辑上分为信息管理子系统和信息发布子系统,工作模式将被设计为 B/S 模式,管理员和用户均通过 IE 浏览器以标准的 TCP/IP 通讯协议进行系统数据的管理和查询。系统数据由地理底图数据、地质工作程度信息数据、词典、系统管理数据 4 部分组成。数据存放于 SQL2000 的 JSGWD 和 SDE 两个数据库中,其中地理底图数据存放在 SDE 数据库中。系统通过 ARCSDE 读取地理底图数据,地质工作程度信息数据、词典、系统管理数据存放在 JSGWD 数据库中,系统直接对这些数据进行读写操作。

2. 系统的 B/S 模式方便用户快捷获取信息

系统采用 B/S 模式开发,在空间数据网络发布上采用 ARCSDE、ARCIMS、SQL2000 相结合的信息存储、查询、分析和发布。程序开发中主要采用 ASP+ADO 进行,同时利用 JS 技术进行了界面处理,尤其在 ARCIMS 查询界面上利用 JS 技术开发了动态图形显示模块,对 ARCIMS 进行了优化和补充。

江苏省地质工作程度信息服务系统为江苏省地质工作的规划与部署提供服务,通过互联网查询和获得所需要的江苏省地质工作程度方面的信息,也可以为国内外其他从事基础性、公益性、战略性地质工作的国家机构、事业单位和有意于投资江苏省地质勘查事业的企业和个人提供信息服务。

五、全国实物地质资料管理现状调查数据采集系统

(一)项目简介

全国实物地质资料调查数据采集系统开发由国土资源实物地质资料中心委托给江苏省地质调查研究院,进行"全国实物地质资料管理现状调查数据采集系统"研究开发,供全国实物地质资料现状调查工作使用。

(二)主要成果及科技创新

一是数据采集录入,实现保管单位信息、库房基本信息、库房内所保存的岩芯岩屑、副样、标本、光薄片及其他实物地质资料数据、露天存放点数据信息、埋藏点数据信息数据采集与建库管理。

二是数据查询检索,系统提供图形检索、目录树检索和实物类别检索3种方式。

三是数据报表生成,利用主菜单报表生成功能,可实现各实物资料按不同方式的统计、统计结果快速打印、上报,通过行政区代码的选择,可实现实物资料按行政区统计上报,也可选择保管单位名称或库房名称,实现实物资料按保管单位或保管库房进行统计上报。

四是数据操作方式:数据备份、数据恢复、数据报盘和数据追加。调查数据整理录入后,经相关检查,通过系统"生成上报数据库"命令,系统按照统一格式、统一路径、统一命名格式,自动生成上报数据库,形成统一上报的数据光盘,以便数据统一备份及全国实物地质资料调查数据汇总、分析和应用。

六、江苏省矿产资源潜力评价综合信息集成

(一)项目简介

全国矿产资源潜力评价是国土资源部在矿产资源领域部署的一次重要的国情调查,其目的是通过系统总结我国基础地质调查和矿产勘查工作成果资料,全面掌握矿产资源现状,充分应用现代矿产资源预测评价的理论方法和GIS评价技术,科学评价未查明矿产资源潜力,建立真实准确的矿产资源数据库,满足矿产资源规划、管理、保护和合理利用的需要,为实现找矿重大新突破提供资源勘查依据。江苏省矿产资源潜力评价是全国矿产资源潜力评价项目之一,江苏省矿产资源潜力评价综合信息集成专题是江苏省矿产资源潜力评价项目的9个专题之一。该项目自2007年正式启动,至2013年底结束。

综合信息集成专题的主要工作内容:全面完成省内各类基础地学数据库更新和维护;严格按照全国矿产资源潜力评价数据模型及专业技术要求,为各专题组潜力评价工作提供GIS技术支持,支撑地质背景研究、成矿规律、矿产预测、物化遥自然重砂专题组完成专题成果图件编制及属性数据库、元数据库的建设;完成江苏省矿产资源潜力评价成果数据库集成建库;为充分应用矿产资源潜力评价成果提供信息专业技术支撑。

(二) 主要成果及科技创新

1. 全面完成基础地学数据库的维护和更新

系统整理和总结了江苏省地质工作程度数据库、矿产地数据库等9类基础地学数据库的现状,为江苏省矿产资源潜力评价工作的开展奠定了基础。通过数据库维护工作,形成了江苏省基础地学数据库维护成果,为今后地质矿产工作提供了基础数据。

通过支撑江苏省矿产资源潜力评价专题图件及属性库建设,探索了一套适合本省的专题数据库编图和建库的技术方法和流程,为专题数据库的建设提供了技术支撑。

2. 应用GIS技术实现矿产资源潜力评价和预测

全面、全过程应用GIS信息技术进行数据处理、空间分析、人机交互操作建立多元信息数据库,实现全过程可视化表达和结果输出。在多源地学数据基础上,进行专题信息的提取,形成适合矿产资源潜力评价的专题图层和专题属性,并建立综合信息评价模型,为矿产资源潜力评价提供了全新的思路和手段;实现矿产资源潜力评价方法与GIS功能的有机结合,是矿产资源潜力评价发展史上一次大的飞跃。

3. 应用GIS技术实现海量成果资料集成建库和规范化管理

应用矿产资源潜力评价成果汇总建库管理系统,将矿产资源潜力评价完成的成果资料进行了有效的集成和管理,将资料性成果做一个阶段性汇总打包;并能按专题、矿种、空间范围(省行政区范围、预测工作区、典型矿床研究区,或任意指定空间范围),或属性条件检索已入库资料性成果,辅助相关专业开展综合编图研究工作。

(三) 应用成效

应用GIS技术进行空间数据处理、信息提取和矿产资源潜力评价空间数据库建设,形成了大量的地质背景、成矿规律及矿产预测、重力、磁测、遥感、化探及重砂成果资料,包括文字资料和图件数据库资料,对今后江苏省矿产资源潜力评价工作常态化、矿产资源调查及其工作部署、矿产勘查等工作均具有十分重要的战略意义。其成果资料目前已在一些相关项目中得到应用,使得项目成果取得了很好的效果。

在江苏省矿业权设置方案中应用了该项目的相关地质、矿产内容。其成果资料为科学编制江苏省矿业权设置方案奠定了坚实的基础,大大提高了矿业权设置的科学性。

在江苏省宜溧铁铜矿远景调查项目中,地球化学综合异常应用于远景调查工区的选择。

在江苏省全省矿产资源规划项目中,参考了江苏省矿产资源潜力评价中成矿区带的划分,使得江苏省矿产资源规划依据充分。

第九章　地质科普

第一节　百年地博

一、悠久历史

(一) 地博简介

南京市珠江路700号,原中央地质调查所旧址之一,是我国近现代绝大多数地质前辈都工作过的地方。她是中国地质科学的发源地,也是培养中国地质工作者的摇篮。

原中央地质调查所由中国近现代地质学的创始人章鸿钊、丁文江、翁文灏创立,是中国近代史上成立最早、规模最大、成果最多、组织最为健全的一个全国性地质机构。从1913年成立到1950年全国地质机构改组时撤销,经历了37年曲折和坎坷的历史,历经北京、南京和重庆三地,几度迁徙。在这期间,地质调查所的前辈们踏遍了祖国的山山水水,取得了众多的研究成果,积累了丰富的工作经验,树立了良好的工作作风,在地球科学各研究领域独树一帜,在当时国际地质科学界占有重要的地位。更是涌现了以48位中国科学院和中国工程院院士为代表的新中国杰出地学人才队伍,在新中国地学和有关领域发挥了重要作用。老一辈地质学家怀着无私奉献地质科学事业的精神,在战乱和动乱之中艰难地从事地质探索,推动着中国地质科学事业在千难万险中奠基、发展,也奠定了新中国宏伟地质事业的坚实基础。

南京地质博物馆(简称"地博")是原中央地质调查所的重要组成部分,是我国历史最悠久的自然科学博物馆,也是中国近现代成立最早的地质专业博物馆,迄今已超过百年历史。

南京地质博物馆面向社会公众、尤其是广大青少年,以地球科学知识为基础,以地学科普为宗旨,以宣传科学方法、科学精神为目的,兼顾地球科学研究,是一个内容相对完整、国内一流的综合性地质博物馆展示体系,它涵盖中国近现代地质发展历史、地球和生命的起源、岩石与矿物赏析、矿产资源与环境保护宣传,以及恐龙世界复原等内容,构成生动有趣、富于科普教育意义和地学知识宣教的综合性地学博物馆。

(二) 历史沿革

南京地质博物馆的前身是成立于1913年中华民国临时政府农商部地质调查所的地质矿产陈列馆,

原址北京丰盛胡同3号。1935年由翁文灏筹划、募捐赞助,在南京珠江路942号(现珠江路700号)的大楼竣工,陈列馆随地质调查所由北京迁于此(图9-1)。当时,陈列馆建有:地质构造、矿物、岩石、矿产、燃料、土壤、地史古生物、北京猿人与史前文化、本馆出版物等12个陈列室。抗战期间,地质调查所及陈列馆于1937年11月内迁湖南长沙,后辗转至重庆北碚文星湾。1946年返回南京现址。1950年地质矿产陈列馆属全国地质工作指导委员会领导。1952年地质部成立,改名为地质部地质陈列馆,陈列馆工作仍以南京为中心称总馆,北京为分馆。1954年以后,地质工作中心北移,南京为分馆。1956年国家决定在北京建立全国性的地质博物馆,主要人员及部分标本随之北上。从1957年至1979年南京馆先后由华东地质局、江苏省地质局、华东地质研究所、江苏省地矿局管理。1992年更名为南京地质博物馆。1998年江苏省地质调查研究院成立以后,南京地质博物馆作为二级部门,继承和延续着地学科研和科普的重要使命。

南京地質礦產陳列館側面攝影

刊印在《中國博物館協會會報》第二卷第二期　　中華民國二十五季十一月

图9-1　1935年建成的南京地质矿产陈列馆

二、建设成果

(一)改扩建工程

2002年的南京地质博物馆,已走过90多年风风雨雨,因年久失修、展览手段落后、场地限制,致使很多庞大的库存标本无法清理和展出,老馆改造迫在眉睫,江苏省地质调查研究院作为主管单位,认为亟须建设一个相对完整的、具有国内一流水平的综合性地质博物馆,向社会和公众更好地宣传地学科普知识。

2002年中国地质学会成立80周年庆典期间,曾在"原中央地质调查所"工作过的23位院士共同呼吁江苏省人民政府关注南京地质博物馆改造扩建,并吁请给予经费上的支持。

江苏省地质调查研究院同时积极抓住"落实国家《科学普及法》、建设江苏文化大省"这一重大发展机遇,先后获得江苏省政府拨款1.68亿元,实施南京地质博物馆的改造和扩建工程。

2006年10月和2009年12月底,南京地质博物馆改、扩建工程先后完工,对外开放,近百年历史的老馆焕发出崭新的面貌。

1. 老馆改造工程

2006年10月28日上午,江苏省国土资源厅在南京珠江路700号隆重举行南京地质博物馆重新开放暨省地质调查研究院博士后科研工作站揭牌仪式(图9-2)。

省政府李全林副省长、张敬华副秘书长,国际地科联主席张宏仁和李星学院士、薛禹群院士、汪集旸院士,省政府办公厅、省发改委、省财政厅、省人事厅、省科技厅、省教育厅、省地勘局、省科协、省测绘局、省有色地勘局、南京地矿所、省文物局、省旅游局、南京大学地科系、东南大学人文学院、中科院南京地质古生物研究所、江苏省地质资料馆、南京市规划局等单位领导,在宁新闻媒体记者,以及部分老院士家属出席了仪式。省国土资源厅有关处室领导也参加了仪式。

仪式由原江苏省国土资源厅刘聪副厅长主持,陶培荣厅长致辞,他回顾了博物馆改扩建工程由来,以及一期改造工程的进程情况,介绍了修葺一新的博物馆展厅布置。李全林副省长、张敬华副秘书长、陶培荣厅长和李星学院士为南京地质博物馆重新开放剪彩;李全林副省长和省人事厅徐文宝副厅长为江苏地调院博士后科研工作站揭牌,然后,李全林副省长等嘉宾在陶培荣厅长的陪同下,兴致勃勃地参观了改造一新的南京地质博物馆,李副省长对博物馆的改造工程给予了较高的评价。

图9-2　2006年10月28日改造后的博物馆老馆暨博士后科研工作站揭牌仪式

2. 新馆扩建工程

为彻底改变地质博物馆功能不全、设施陈旧的面貌,改善科研和工作条件,更好地发挥其作为教育、科普和科技交流阵地的作用,南京地质博物馆申请进行二期改造工程。2006年3月14日,江苏省发改委批复了"关于南京地质博物馆扩建工程项目建议书"。

2007年9月28日上午,江苏省国土资源厅、江苏省地质调查研究院隆重举行南京地质博物馆扩建工程开工典礼,标志着南京地质博物馆扩建工程迈入了实质性阶段。原江苏省副省长李全林应邀出席开工典礼并为扩建工程奠基(图9-3)。原江苏省国土资源厅厅长陶培荣出席开工典礼并致辞。

经过3年多的建设,2010年4月22日,南京地质博物馆新馆正式开放。原国土资源部副部长汪民、原江苏省副省长李小敏出席新馆落成典礼并致辞,与原江苏省国土资源厅厅长夏鸣、中国地质博物馆贾跃明馆长一同按下新馆落成彩球(图9-4~图9-12)。

图9-3 原江苏省副省长李全林为南京地质博物馆扩建工程奠基

图9-4 原江苏省国土资源厅厅长夏鸣在新馆落成典礼上致辞

图 9-5　原国土资源部副部长汪民讲话

图 9-6　原江苏省副省长李小敏讲话

图 9-7　中国地质博物馆贾跃明馆长、汪民副部长、李小敏副省长、夏鸣厅长（自左至右）按下彩球

图 9-8　南京地质博物馆新馆落成典礼嘉宾

图 9-9　嘉宾参观恐龙厅

图 9-10　汪民副部长亲自操作《行星地球厅》板块漂移模型

图 9-11　嘉宾参观《生命演化》展厅

图 9-12　2010 年 10 月 12 日 中国地学创始人雕像揭幕仪式

(二)信息化建设(智慧博物馆)

改扩建后的南京地质博物馆馆内配套设施齐全。展厅内设有消防安全系统、广播寻呼系统、闭路监视系统与防盗装置、空调系统等。

随着移动互联网的快速发展,"互联网+"时代已经到来,博物馆信息化建设工作的重要性和迫切性日益凸显。为了提升馆方的管理效能,提高用户游览体验,满足群众的科普需求,更好地发挥公益性地学科普阵地的作用,南京地质博物馆于2017年启动了智慧博物馆建设项目,计划实现智慧导览、人流监控、数字博物馆、互动交流等功能应用。

2017年南京地质博物馆在保证定期维护更新展板和标本的基础上,将展厅内灯光全部更换为节能感应系统,并根据参观者意见和建议调试灯光效果。同时在馆内架设了无线网络设备,新、老两馆实现无线网络全覆盖,游客可以通过关注博物馆微信公众号免费使用。馆内多媒体设备全面升级,视频播放清晰度和效果大大提高,恐龙世界展厅还增设裸眼3D视频、互动游戏等设备,进一步强化了科普基础设施建设。

2018年8月,智慧博物馆项目进入验收阶段,通过硬件设备升级和软件功能研发,实现了基于游客位置的手机端多媒体信息自动呈现,提供更多优质的、多样化的数字化展示内容,为游客提供个性化、智能化的博物馆游览体验。

游客可以通过南京地质博物馆网站(www.njgeologicalmuseum.com)和微信公众号"南京地质博物馆"等平台,获得"全景漫游""智慧导览""馆藏精品""精彩视频""参观指南""在线预约"等更多资源和多项免费参观服务,在馆内还可以享受免费Wi-Fi,实时获取智慧导览信息,体验恐龙影院、裸眼3D视频、互动游戏等展陈设备(图9-13~图9-16)。

作为全国科普教育基地,南京地质博物馆一直积极参与、配合支持中国科协各项信息化建设工作,如科普中国"科学大观园"项目建设和科普推广,配合采集场馆影像和信息。积极参与南京市科协"热点科普问答"等中国科协信息化综合应用试点单位科普产品的创作,结合本单位特色和公众需求,就老百姓关心的热点问题,提供科学认识及收藏宝玉石等方面的科普素材,以浅显的语言和问答的形式,通过"南京科普"公众号和APP等互联网平台宣传推广。首批创作的内容有《科学认识"玉石之王"翡翠》《中国的"国石"——和田玉》等。

图9-13　南京地质博物馆全新网站(www.njgeologicalmuseum.com)

第九章 地质科普

图 9-14　手机端全景漫游南京地质博物馆

图 9-15　三维演示南京地质博物馆馆藏精品

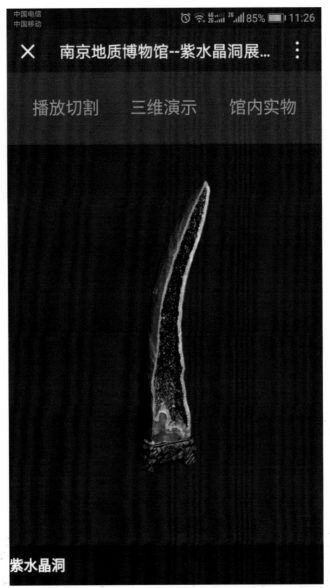

图 9-16 三维演示南京地质博物馆馆藏精品

三、崭新面貌

南京地质博物馆现由新、老馆组成,总建筑面积为 9700m²。老馆始建于 1935 年,是一幢德式风格的红色三层建筑物,建筑面积 2500m²,现为江苏省文物保护单位;新馆建成于 2010 年,是一幢现代风格的四层建筑物,建筑面积 7200m²。

南京地质博物馆馆外绿地面积约 3000m²、内外广场约 2000m²。室外环境由草地、塑像、文保碑、巨型化石、观赏石、建筑小品等组成。反映了南京地质博物馆的专业性质,与馆内展陈形成了很好的烘托和呼应关系。

(一)常设展厅

1. 老馆展陈

改造后的南京地质博物馆老馆共分4个展厅：一楼"地学摇篮"(西)；二楼"中国石文化"；三楼"矿产资源厅"(东)，"地质环境"(西)(图9-17、图9-18)。

图9-17　南京地质博物馆老馆外貌

一楼"地学摇篮"展厅形象、直观地展现了中国古代地质学思想和中国近现代地质科学发展历程。它展现了原中央地质调查所的诞生、成长和取得的卓越贡献，重点介绍了新中国48位两院地学院士的风采。《地学摇篮》展厅也是国内唯一的再现原中央地质调查所发展历史的展厅。

二楼"中国石文化"展厅，观众可以领略源远流长的中国石文化历史，感悟到"石人合一"的无我境界，其中宝玉石文化、文房石文化、园林和观赏石文化，陈设形式新颖独特、展品内涵丰富。

三楼"矿产资源"展厅布设了世界矿产资源、中国矿产资源、江苏省矿产资源、中国古代采矿技术、矿产资源开发利用等几个展区。采用互动形式展示了世界、中国、江苏的矿产资源分布。用先进的真人幻象技术和实景模型生动再现了古代铜矿开采场景，使观众不得不惊叹于古人的聪明才智。

三楼"地质环境"展厅主要展示和演示地质灾害与防治、矿山环境与治理、保护地质遗迹等内容。观众可以身临其境地感受地震爆发时的振荡、海啸、滑坡、泥石流等自然灾害发生时人类的无助，还可了解到地质灾害发生的根源、预防及治理等专业知识。

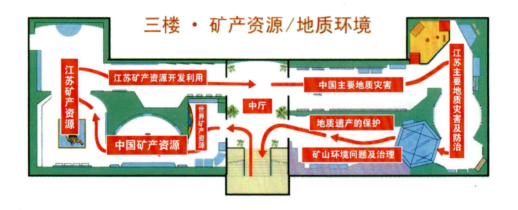
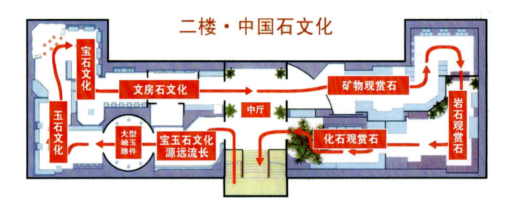
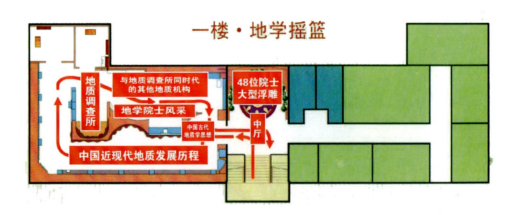

图 9-18 南京地质博物馆老馆展厅平面图

2. 新馆展陈

南京地质博物馆新馆设置了"恐龙世界""行星地球""生命演化"和"水晶台"4个展厅（图9-19～图9-23）。一楼的"水晶台"展厅，以场景为展陈单元，集中展出国内外罕见的矿物标本、观赏石、古生物化石，以及矿物岩石的工艺品等精品。

二楼的"恐龙世界"展厅，陈列有世界上保存最完整、亚洲最大的恐龙——炳灵大夏巨龙（高8m、长28m）装架模型与其真骨化石（10枚颈椎、10枚背椎、2枚近端尾椎、部分颈肋和背肋、1枚脉弓、右肩胛骨、右乌喙骨和右股骨），首次装架展出了杨钟健先生在国内最早发现的3具恐龙真骨化石，还配有恐龙3D影院、互动模型、恐龙常识介绍与知识查询展区。

三楼的"行星地球"展厅，通过实物标本、仿真场景、模型、视频、图版等形式，揭示了宇宙和恒星的起源与演化，太阳系的形成，地球的诞生与各种地质运动，三大岩类，矿物及矿物应用等。陈列有江苏新沂发现的球粒陨石和极富科学意义的"四极石"等珍贵标本。

四楼的"生命演化"展厅，采用丰富的实物标本陈列，逼真的模拟场景展示、演化长廊表现等形式，展现生物进化与演变、生命发展历程、人类之旅等。陈列有国内最为完整的周口店哺乳动物化石群标本和一套北京直立人头盖骨第一手复制品。

2011年9月南京地质博物馆荣获"第二届江苏省博物馆精品陈列展览"奖牌，是所有获奖单位中唯一的行业博物馆。

图9-19 南京地质博物馆新馆外貌

一楼 水晶台展厅

二楼 恐龙世界

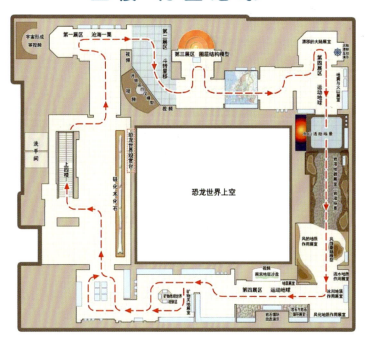

图 9-20　南京地质博物馆新馆展厅平面图

图 9-21　南京地质博物馆新馆　生命演化展厅

图 9-22　南京地质博物馆新馆　行星地球展厅

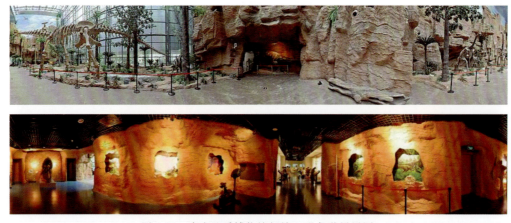

图 9-23　南京地质博物馆新馆　恐龙世界展厅

(二)荣誉资质

南京地质博物馆是首批"国家二级博物馆"(2009年,国家文物局命名)、首批"全国科普教育基地"(1999年,中国科协命名)、首批"国土资源科普基地"(2009年,国土资源部命名)和首批"国家国土资源科普基地"(2017年,国土资源部、科技部联合命名)。

1998年至2018年期间,南京地质博物馆还多次获得国家二级博物馆、全国科普教育基地、全国青少年科技教育基地、国土资源部科普教育基地、江苏省科普教育基地、江苏省国土资源科普基地、江苏省青少年科技教育基地、江苏省文物保护单位(老馆)、南京重要近现代建筑(老馆)、南京市科技教育基地、南京市中小学课外科技教育基地和南京市社区科普教育基地等各类荣誉称号(表9-1,图9-24)。

表9-1 所获荣誉称号一览表

命名时间	所获称号	命名单位
1999年12月	全国青少年科技教育基地	中国科学技术部、中共中央宣传部、中华人民共和国教育部、中国科学技术协会
2002年10月	江苏省文物保护单位	江苏省人民政府
2009年5月	国家二级博物馆	国家文物局
2009年5月	第一批国土资源科普基地	国土资源部
2010年3月	全国科普教育基地	中国科学技术协会
2012年12月	中国自然科学博物馆协会2012年度优秀集体	中国自然科学博物馆协会
2013年2月	第一批国土资源科普基地评估优秀单位	国土资源部
2013年6月	青年文明号	共青团江苏省委、中共江苏省级机关工委
2014年6月	江苏省第二十六届科普宣传周活动优秀特色活动	江苏省科学技术协会
2014年8月5日	2014年江苏省第二十六届科普宣传周活动先进集体、先进个人	江苏省科普场馆协会
2015年4月20日	2015年全国国土资源优秀科普图书	国土资源部
2015年5月20日	省级机关江苏省青年文明号	中共江苏省委省级机关工作委员会
2015年6月23日	2015—2019年全国科普教育基地	中国科学技术协会
2015年6月25日	2015年全国科技活动周暨江苏省第二十七届科普宣传周活动先进集体	江苏省科普场馆协会
2015年12月22日	2015年全国科普日活动先进集体、个人	江苏省科普场馆协会
2016年1月11日	2015年梅园地区文化教育合作联盟最佳合作单位	中共玄武区梅园新村街道工委
2016年3月6日	玄武区"巾帼文明岗"	南京市玄武区妇女联合会
2016年8月1日	江苏省《全民科学素质行动计划纲要》"十二五"实施工作先进集体、先进个人	江苏省科学技术协会、中共江苏省委组织部、中共江苏省委宣传部、江苏省发展和改革委员会、江苏省教育厅、江苏省科学技术厅、江苏省财政厅、江苏省人力资源和社会保障厅、江苏省农业委员会
2017年4月7日	2017年国土资源优秀科普图书	国土资源部
2017年8月16日	2015—2016年度省级青年文明号	共青团江苏省省级机关工作委员会
2017年9月4日	国家国土资源科普基地	国土资源部、中华人民共和国科学技术部
2018年4月18日	2018年国土资源优秀科普图书	自然资源部

图 9-24　所获各类荣誉

第二节　地学科普

一、免费开放

2002年9月30日，南京地质博物馆向社会免费开放仪式在珠江路700号举行，原江苏省国土资源厅厅长杨任远宣布，自10月1日起，南京地质博物馆正式向社会免费开放。这是江苏省第一家正式面向社会、常年免费开放的博物馆（图9-25）。

南京地质博物馆每年开放天数约300天，年接待观众约12万余人次。

图 9-25　免费开放的南京地质博物馆

二、科普活动

南京地质博物馆是国土资源部评选的国土资源科普基地中科技场馆类的先进典型,已经成为江苏省国土资源系统面向公众特别是青少年实施全民科学素质工作的重要平台。多年来,南京地质博物馆在江苏省国土资源厅和江苏省地质调查研究院的指导下,广泛开展特色科普活动,充分发挥国土资源行业特点和特色资源,普及了国土资源知识,增强了公众节约集约利用资源、保护资源的意识,打响了江苏地学科普的品牌。

南京地质博物馆根据受众的不同需求策划了各类科普教育活动,以馆内教学、野外考察、"科普进校园"和"科普进社区"等为主要形式。其中青少年活动以科学讲解、互动体验、手工创作为主,针对社区居民的活动则以专家咨询、政策解答、科普资料发放、宝玉石鉴定等便民服务为主。

(一)科普进校园

1. 科普讲座

为响应省科协"百名首席科技传播专家进百校"、市科协"南京科普报告进校园"等活动,南京地质博物馆与江苏省地质学会科普委联合创建地学科普专家库,邀请行业内科普专家加入公益地学科普讲座团队,与江苏省内各所大专院校、中小学联系,联合举办科普讲座,共同推进江苏省地学科普教育工作,提高江苏省公民国土资源科学素质。

多年来,每年组织讲座10余场,根据不同年龄段的学生设计了"气候变化与人类文明兴衰""学会与地震灾害共存""认识地球""身边的矿物""远古生物——恐龙(南京地质博物馆珍藏恐龙化石)"等系列"地学科普知识讲座",并根据学校教学要求,不断扩充了陨石、地震、江苏地质环境问题、江苏地质遗迹和地质公园、地面沉降与地下水资源、地热能、南京雨花石等学生感兴趣的主题(图9-26)。

图9-26 科普讲座进校园

2. 教学活动

接待省内外各所学校定期组织的参观、实习团队,协助校方在馆内开展现场教学活动。

向学校推荐优秀科普作品和科普讲座等科普资源,根据学校教学目标、课程安排等,开展有针对性的科普教学活动。例如受邀承办南京师大附中科技文化节"宝石鉴赏"分会场,展示精美矿物、化石标本,现场解答和鉴定,深受同学们的欢迎。

针对不同年龄段学生征集和开发科普资料,在馆校合作的活动中向师生赠送地学科普书籍、科普资料、专题折页和教学用具等。

3. 教师培训

协助教育部门开展教师培训,为教师进修学校团队提供科学讲解和专家答疑,组织专家带领教师团队开展野外考察,为地理等学科开展实践教学提供技术支持。

(二)科普进社区

响应省科协"百名科普志愿者服务团进社区"活动,与玄武区科协、梅园新村街道联合开展面向社区居民的社会化科普活动,为残障人士、留守儿童等特殊群体组织专题科普活动,服务于社区、街道居民终身学习(图 9-27)。

图 9-27 特殊群体专场科普活动

联合江苏省珠宝首饰产品质量检测站,邀请专家携带专业珠宝检测仪器走进社区,现场向市民提供科普咨询、免费鉴定服务,介绍珠宝鉴赏相关知识(图 9-28)。

加入梅园地区文化教育合作联盟,并于 2015 年被玄武区梅园新村街道工委评为梅园地区文化教育合作联盟最佳合作单位,每年均有一名科普工作者获得梅园新村优秀志愿辅导员称号。

图 9-28　社区专场珠宝鉴赏活动

（三）重大科普活动

1. 国土资源重大科普活动

1999—2018 年，南京地质博物馆积极配合江苏省国土资源厅，围绕"节约能源资源、保护生态环境、保障安全健康、促进创新创造"等主题，通过组织参观、广场展览、专家咨询、科普讲座、野外考察、少儿绘画、摄影大赛、联合教学、发放科普宣传册和媒体网站宣传等方式，举办了数十场"世界地球日""全国土地日""科技活动周""防灾减灾日""国际博物馆日""全国科普日"等国土资源重大科普活动（图 9-29）。

图 9-29　世界地球日主题宣传活动

2004—2007年南京地质博物馆连续4年配合江苏省国土资源厅举办了江苏省青少年国土资源知识培训班(图9-30),并配合江苏省地质学会组织和带领学生参加两年一次的全国青少年地学夏令营。

图9-30　2004年7月第一期青少年国土资源科普培训班

2. 国土资源调查评价成果展

2011年南京地质博物馆受江苏省国土资源厅委托,主办并派员赴北京参加国土资源调查评价成果展,中央领导人参观江苏展区后对于江苏在地面沉降方面所做的工作给予了高度肯定(图9-31～图9-33)。

图9-31　徐绍史部长等陪同马凯秘书长(前中)在江苏展区详细询问苏锡常地面沉降工作

图 9-32　原国土资源部部长徐绍史(左三)等陪同部退休干部参观江苏展区

图 9-33　新闻联播播出江苏展区片段

3. 地学科普巡展

1999—2004 年,南京地质博物馆与地方联合举办地学科普展览,并参加了由江苏省科技厅组织的江苏省科普协作网的大型科普联展活动:

1999年与江宁县博物馆联合举办《地球奥秘与生命演化》科普展；

2000年与盱眙县举办联合"地球奥秘与生命演化"科普展（图9-34）；

图9-34　盱眙县"地球奥秘与生命演化"科普展

2002年参加江苏省科普协作网的"科普苏北行"；

2003年参加江苏省科普协作网的"科普苏中行"（图9-35）。

图9-35　科普苏中行

（四）科普基地建设

2001—2011年，南京地质博物馆加强与地方政府、社区特别是学校的交流，共建地学科普教育基地。共建成常州城东小学地学科普基地(2003年)、苏州盛泽中学地学科普基地(2004年)、金坛市地学科普展厅(2005年)、华东有色地质勘查局地质陈列馆(2006—2007年)、徐州市国土资源局矿物与观赏石陈列大厅(2007年)、镇江市中山路小学地学科普馆(2008年)、江阴国土资源科普馆(2008年)、扬州地学科普教育基地(2010年)、高淳青少年活动中心地质科普馆(2011年)、西山地质博物馆(2005—2010年)等10个地学科普教育基地(馆)(图9-36～图9-40)。

图9-36　常州城东小学地学科普馆

图9-37　金坛市地学科普展厅

图 9-38 镇江市中山路小学地学科普馆

图 9-39 江阴国土资源科普馆

图 9-40　西山地质博物馆

三、科普作品

（一）科普视频

2004—2005 年，南京地质博物馆与南京电视台合作，创作并拍摄了《地学摇篮——走出 48 位院士的地质调查所》、《不可多得的南京地层》等影像作品，在展厅内免费播放。其中，《金陵科技——南京地质博物馆》于 2005 年在南京电视台滚动式播放。

《地学摇篮——走出 48 位院士的地质调查所》是国内第一部以反映中国近代史上成立最早、规模最大、成果最多、组织最为健全的全国性地质机构——地质调查所为创作主题，以曾在地质调查所工作过、新中国 48 位两院院士为基本素材，以当时健在的院士等访谈的形式，栩栩如生地再现了老一辈地质学家的风采而精心制作的一部科教访谈专题片。

这部由江苏省地质学会、江苏省地质调查研究院、南京地质博物馆和南京电视总台联合制作的科教影片，在收集大量史料的基础上，通过当时健在的新中国的部分地学老院士（现仅有 1 位健在）的现场访谈，回顾了中国地质事业创业之艰难、成果之丰富、组织机构之健全、科学精神之伟大的难忘经历，宣传了老一辈地质学家的探索和科学精神，是一部记录中国地质事业发展、地质人才培养、展现地质院士风采的科教文献教育片，具有厚重的历史感和严谨的科学精神，是帮助公众特别是青少年了解我国地质学历史、继承老一辈地学家科学精神的科普教材。

《地学摇篮——走出 48 位院士的地质调查所》承载史料丰富，今昔对比得当，叙事脉络清晰，场面音效真实，作为我国第一部以反映地质调查所及其老一辈地质学家探索国家地质矿产资源、弘扬科学务实精神的史料性、纪实性、科教性的专题片，进行了地学科普教育的创新性积极尝试。

该片不仅在地质博物馆循环放映，还可以作为科普教材，让更多的人了解地质调查所历史，教育年轻一代发扬不怕吃苦、甘于奉献的老一辈地质学家的崇高精神，其有着重要的现实意义。

(二)科普图书

多年来,南京地质博物馆创作了《认识矿物》《钻石 4c 分级》《多彩的石英》《中央地质调查所在南京》《玛瑙雨花石、矿物雨花石》系列和《南京地质博物馆馆藏矿物标本》系列明信片等适合不同年龄段受众的科普折页和宣传品;主创或参与编写了多种地学科普图书,均获得读者的喜爱和行业主管部门的好评,其中共有 5 种图书获得部级优秀科普图书。

《远古的奇观——南京雨花石》获 2013 年江苏省第四届优秀科普作品三等奖和第二十六届华东地区科技出版社科技图书二等奖,被评为国土资源部"2015 年全国国土资源优秀科普图书"(图 9-41)。该书英文版《Prehistorical Wonders—Nanjing Yuhua Pebble》于 2014 年在英国正式出版,并参加 2014 年 4 月英国伦敦书展,现收藏在英国伦敦图书馆和香港大学图书馆。

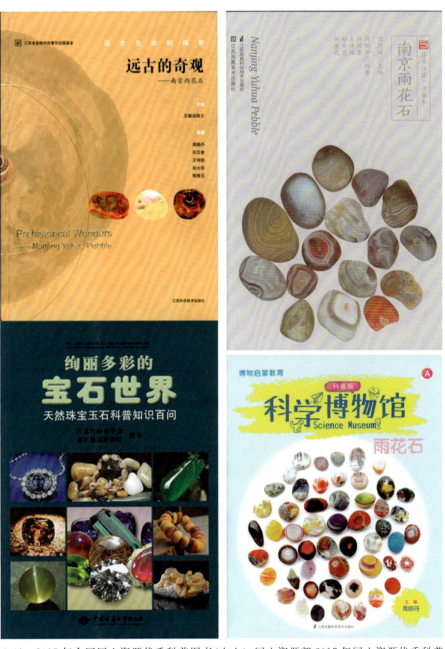

图 9-41　2015 年全国国土资源优秀科普图书(左上)、国土资源部 2017 年国土资源优秀科普图书

《远古的遗迹——南京国家地质公园》一书荣获2016年江苏省优秀科普作品图书类一等奖、第29届华东地区科技出版社优秀科技图书二等奖。

2016年出版的《科学博物馆——雨花石》《南京雨花石》《绚丽多彩的宝石世界:天然珠宝玉石科普知识百问》3本图书同时入选"国土资源部2017年国土资源优秀科普图书"(图9-41)。

2017年出版的《科学博物馆——矿物》一书入选自然资源部"2018年优秀科普图书"(图9-42)。

图9-42 自然资源部2018年优秀科普图书

第二篇
地质技术服务成果

第十章　地质实验测试

第一节　地质实验科学研究与标准化建设

一、概述

江苏省地质调查研究院所属的测试研究所，2004年经国土资源部授权成立"国土资源部南京矿产资源监督检测中心"，2006年由江苏省科技厅授权挂牌"江苏省无机材料专业测试服务中心"，是为地质勘查、环境地质评价、矿业开发利用和矿政执法监督以及江苏省科学技术和经济发展提供技术支撑服务的综合性实验室。

实验室始建于1948年，是一个具有70年深厚技术积淀的检测机构，曾经为我国地质实验测试事业培养和输送了大量的技术人才，是地质实验测试工作的摇篮之一，在全国地质实验测试领域享有盛誉。多年以来，实验室技术人员紧密围绕国土资源行业和江苏省各类科学研究计划、工程及项目，以地质实验测试技术需求为导向，致力于地质实验测试科学研究和标准化建设工作，取得了一系列成果。

近20年来，累计承担了地质实验科研项目和标准化建设项目26项。其中，国土资源公益性行业科研专项项目3项：铜矿石化学物相分析标准物质研制及分析方法研究，凹凸棒石黏土等12种非金属矿物化性能测试方法研究，岩土工程仪器设备的使用与维护技术方法研究；中国地质调查局项目9项：地球化学调查元素有效态分析方法研究，重金属形态偏提取分析技术研究，江苏含氟浅层地下水处理技术研究，全国分析测试体系的建立与完善（环境资源领域—土壤、海洋地质调查、同位素地质和非金属矿石分析、土工试验、岩石试验），《钨矿石、钼矿石化学分析方法》（GB/T 14352）（第1~24部分）制修订，膨润土、高岭土和凹凸棒石黏土物化性能和成分分析标准物质研制，《地质矿产实验室测试质量管理规范》（DZ/T 0130—2006）（第10~12部分）修订，《土工试验规程》（DT-92）修订（第1~29部分）和土壤界限含水率标准物质研制；科技部国家重点研发计划"国家质量基础的共性技术研究与应用"重点专项（NQI）中的课题3个：长江三角洲重金属污染土壤成分分析标准物质研制和黏土矿可塑性标准物质研制，土地生态恢复评价检验检测及质量控制标准研究——复垦土地样品交换性总量及分量测定和复垦土地样品有效硅、有效硼测定（国家标准），电感耦合等离子体质谱法分别测定钨矿石、钼矿石中铼和锗的方法研制（国家标准）；江苏省科学技术厅计划项目5项：藻类固定化复合载体的研究，江苏省大型科学仪器设备共享服务平台建设——江苏省无机材料专业测试服务中心建设，江苏省电子电气产品企业应对欧盟ROHS新指令的检测需求情况的调研、对策及实施，摩擦材料中微量石棉的检测方法研究，基于核酸适体的重金属汞快速检测试剂盒/试纸条研发；江苏省地质勘查基金项目1项：沸石矿物量分析方法研究；国土资源部（现自然资源部）地裂缝地质灾害重点实验室开放课题1个：土的抗拉强度测试方法研究；江苏省凹凸棒石黏土资源利用重点实验室开放课题4个：纳米凹凸棒石产品标准和检测方法的

图 10-1 《钨矿石、钼矿石化学分析方法》

研究制定,凹凸棒石矿物成分和凹凸棒石矿物定量分析的红外吸收光谱快速检测方法研究,凹凸棒石/不饱和聚酯纳米复合材料的制备及其热性能研究,凹凸棒石黏土成因与应用研究。此外,实验室还牵头编制了《食品安全国家标准 食品添加剂 凹凸棒石黏土》(GB 29225—2012),参与编制了《江苏省地方标准 凹凸棒石黏土测试方法》(DB32/T 1220—2008)和《岩石矿物分析(第四版)》,承担完成了《中国大百科全书》(第三版)地质学/地质资源与地质工程卷总论分支条目——"测试分析"中"岩土力学试验"系列词条编纂。

近十多年来,测试所接受中国地质科学院物化探研究所、国家地质实验测试中心等15个标准物质研制单位的委托,完成了包括土壤、生物样、水系沉积物、海洋沉积物、金属矿和非金属矿等多种样品类型210个标准物质的协作定值工作。协助青岛海洋地质研究所、国家地质实验测试中心等12个国家标准和行业标准研制单位,完成了100多项标准研制的分析方法精密度协作试验,累计样品800余件。

近十余年来,测试所获得各级科技奖励9项,国家实用新型专利1个。其中,国土资源部科学技术奖二等奖2项,国家质检总局"科技兴检"二等奖1项,江苏省科学技术进步奖三等奖1项,江苏省国土资源科技创新奖一等奖2项、二等奖3项。

二、重金属形态偏提取分析技术研究

(一)项目简介

重金属形态偏提取分析技术就是通常所说的重金属形态分析,是现代分析化学特别是环境分析化学领域的一个热门研究方向。随着经济、社会的发展,环境问题日显突出,环境中的重金属一般有两个来源:自然源和人为源。人们之所以极大地关注环境中的重金属污染就在于重金属的毒害性。环境中重金属元素的迁移、转化及其给植物的毒害和对环境的影响程度,除了与重金属的含量有关外,还与重金属元素的存在形态有很大关系,重金属存在的形态不同,其活性、生物毒性及迁移特征也不同。

按照IUPAC的定义,"形态(speciation)分析指分析物质的原子和分子组成形式的过程",即指元素的各种存在形式,包括游离态、价态、化合态、结合态和结构状态,如金属的离子态、络合态、溶解态和颗粒态等。

就形态分析而言,至今尚无形态的合理分类,有关的理论和应用还需要不断地研究改进。近年来有人用合成模拟法证实了有选择性萃取法来区分实际沉积物中的金属结合态,但存在着萃取剂的非选择性与萃取过程中微量元素在相间的再分配问题。因此,选择性的相分离研究工作尚不能令人满意。也无公认较好的形态分析方法可用来研究金属形态与生物有效性之间的关系,急需发展专一性的提取剂和分析技术来区分和估计微量重金属的不同形态。

本项目是中国地质调查局计划项目"地质调查测试新技术新方法"之工作项目"多目标地球化学填图中分析测试技术应用研究"子项目之一。

(二)主要成果及科技创新

(1)系统研究了Cd、Cu、Pb、Zn、Co、Ni、Cr等重金属元素的形态分析方案,在国内首次提出了重金属元素的形态可以归结为弱酸可溶态(包括离子交换态和碳酸盐结合态)、可还原态(铁锰结合态)、可氧化态(有机结合态)和残渣态的观点。

(2)在欧盟研究方法的基础上首次增加了Mn、Mo、Co、As、Hg、Se等元素的形态分析方法的系统研究,并增加了水溶态、残渣态及全量测定,首次提出了某元素各形态之和在全量的85%以上的分析质量监控方案。

(3)研究的土壤中$AsⅢ/AsV$价态分析方案,检出限低、稳定性好。

(4)使用非金属盐提取剂。这一成果最大的优点是,方法简捷易行、稳定,并且微量元素的分析没有金属盐的干扰,可以使用高灵敏度的ICP-MS测定,分析数据重现性好,检出限大大降低。

(5)提出了土壤胶体提取方案,为研究重金属污染物的地球化学循环提供了重要的手段,具有较好的可行性。

(6)通过胶体对重金属Cd吸附/解吸性质研究,为长江沿岸Cd的地球化学分布特征的解释提供了新的依据。

(三)应用成效

通过对欧盟标准样品(CRM701)的实验数据分析,该形态分析方案更具环境意义,且操作简单,条件易于控制,分析结果相对稳定可靠。

该形态分析方案进行了多次有20多家欧盟著名实验室参加的比对实验,证明是比较成熟的土壤及沉积物元素形态分析顺序提取方案。在江苏省生态地球化学调查中得到成功应用,解释了沿江潮间带Cd元素富集机制。

三、摩擦材料中微量石棉含量测试技术研究

(一)项目简介

石棉具有耐高温和耐磨的特性,是一种优良的增强填料,自行车车闸中常使用微量石棉作为摩擦材

料。石棉在车闸制动时因摩擦高温,会分裂极为纤细的粉尘,是WHO等国际组织认定的易致癌物质。国际上主要自行车进口国自行车和电动车车闸中石棉的限量一般为0.1%,含量低于0.1%的微量石棉检测技术是一世界性难题。

本项目针对自行车车闸中低含量石棉,建立了显微镜和X射线衍射仪联合测定的一体化技术方法:首先采用光学显微镜和X射线衍射仪进行定性分析,确定样品中有无石棉,对含有石棉的样品通过X射线衍射的基底标准吸收修正法制作的标准曲线,求得试样中石棉含量。方法检出限达到了0.1%,填补了国内空白。

本项目是江苏省2007年国际科技合作项目。项目成果获得了2009年度国家质检总局"科技兴检奖"二等奖。

(二)主要成果及科技创新

(1)在国内首次采用了偏光显微镜、相差显微镜染色法、扫描电镜形貌图与X衍射光谱仪联用技术对车闸中石棉进行定性分析。

(2)采用了基体标准吸收修正法(Zn标准物质)对车闸中低含量石棉进行定量分析,分析检出限从2%降低到0.1%,标准曲线相关系数达到了0.9996,达到了国际先进水平。

(3)将样品用甲酸、水稀释,超声波分散后,再利用微孔滤膜进行过滤,将样品连同滤膜一起放置在旋转试样台上进行检测。这种前处理方法极大地提高了样品的均匀性及检测精度。

(4)研究了温石棉、铁石棉、青石棉基底修正法的工作标准曲线。建立了6种石棉的相差显微镜下染色后的标准图谱和XRD标准图谱。

(三)应用成效

项目参加单位之一的江苏省检验检疫局采用项目成果检测方法,分别对德国UN公司、法国欧莱雅公司、日本资生堂公司、美国美宝莲公司等多家化妆品公司的产品以及国内出口的自行车车闸材料进行了检测,及时对不合格的产品进行了处理,为国家和国内企业挽回了巨额的经济损失。项目成果的成功应用,对推动我国降低相关产品的石棉限量标准,改善人民身体健康和保护环境有着十分重要的意义。

四、凹凸棒石黏土等12种非金属矿物化性能测试方法研究

(一)项目简介

非金属矿产能否作为资源利用,关键就在于该类矿产的一些结构特征、物化性能等参数是否符合工业上的要求。只有在系统了解矿物的基本特性和物化性能的基础上,取得相应的特征技术参数,才能为非金属矿的开发、利用创造条件和奠定技术基础。

非金属矿的物化性能测试,主要是应用物理、化学和物理化学等实验测试技术,对非金属矿进行特定物理化学性能的研究,这种测试研究直接关系到工业应用。非金属矿物化性能测试的主要内容约有17个方面,用于反映非金属矿的物化性能和产品的质量标准。如:密度特性、力学强度特性、变形特性、硬度特性、水力学特性、热学特性、热工特性、酸碱特性、交换特性、耐腐蚀特性、电学特性、光学特性、声学特性、可塑性和黏结特性、分散特性、胶体特性、吸附特性等。其他还有微波行性能、红外性能等许多

特种性能测试和综合性能测试。

课题组系统地总结了二十余年来地矿部门在非金属矿物化测试方面的经验，研究制定凹凸棒石黏土、累托石、高岭土、硅藻土、蓝晶石、红柱石、矽线石、珍珠岩、松脂岩、蛭石、透辉石、电气石12种非金属矿物化性能测试的相关技术方法标准和测试质量检查方法。试验方法验证和精密度协作试验结果表明，方法的准确度、精密度数据符合要求。

本项目是国土资源公益性行业科研专项"21种典型非金属矿物化性能及检测新技术研究"项目的课题之一。

（二）主要成果及科技创新

（1）完成了凹凸棒石、累托石、透辉石、蓝晶石、红柱石、矽线石、硅藻土、珍珠岩、松脂岩、电气石、蛭石、高岭土等12种非金属矿共计90项物化性能指标的测试方法研究。

（2）制定了国土资源行业标准《凹凸棒石黏土物化性能测试方法》《累托石物化性能测试方法》《高岭土物化性能测试方法》《硅藻土物化性能测试方法》《蓝晶石、红柱石、矽线石物化性能测试方法》《珍珠岩、松脂岩物化性能测试方法》《蛭石物化性能测试方法》《透辉石物化性能测试方法》《电气石物化性能测试方法》（送审稿）及编制说明。其中《透辉石物化性能测试方法》和《电气石物化性能测试方法》填补了国土资源行业的空白。

（3）完成了海泡石、皂石、膨润土、硅灰石、重晶石、叶蜡石、伊利石、沸石、石灰岩等21种非金属矿物化性能测试质量检查方法的制定，形成了行业标准《非金属矿物化性能质量检查方法》（送审稿）。

（三）应用成效

该系列标准的制定完成，进一步完善了国土资源行业非金属矿物化性能测试方法标准体系。多家实验室方法试用后证明，标准采用的试验方法成熟可靠。

目前，该系列标准已列入全国国土资源标准化技术委员会标准申报名录中，待完成申报工作后发布实施。

五、岩土工程仪器设备的使用与维护技术方法研究

（一）项目简介

岩石物理力学、土工、非金属试验测试技术是为地质资源勘查及开发利用、地质灾害调查与评估及治理、水文工程地质调查、岩土工程等领域提供基础数据的应用性技术。随着国家地质工作的繁荣，地矿行业的岩石、土工、非金属实验室工作领域不断拓宽，技术能力不断加强，实验室承担的检测任务越来越多，对样品加工技术要求不断提高，中央和地方财政支持购置了多种大型试验测试仪器及样品粉碎专用设备。

近年来，地矿行业岩石、土工和非金属实验室加强人员培训，大力开展新技术、新方法研究和技术标准制定，强化对合格供应商的管理，但尚未开展对仪器设备使用与维护的技术方法研究。仪器的期间核查和日常维护等技术活动均没有相关技术依据。仪器的校准，有的要求强制检定，有的没有或只有行业规定的校验规程，且版本过时，与仪器发展不相适应。不同实验室采用的仪器设备不尽相同，导致对相

同测试项目的测试结果准确性和精密度都存在一定差异。各实验室仪器设备的使用和维护水平因其实验室技术能力的不同而参差不齐。因此,开展此项研究,对规范地矿行业岩石、土工、非金属试验仪器及样品粉碎专用设备的技术质量管理是十分必要和紧迫的。

通过该项目的实施,建立了地矿行业岩石、土工、非金属试验测试仪器及样品粉碎专用设备使用指南,指导实验室正确配置和使用各类仪器设备;建立了仪器设备校准、期间核查和日常维护技术方法,规范实验室仪器维护。有力提升了地矿实验室仪器设备使用与维护的技术水平,提高了实验结果的科学性和准确性。

本项目是国土资源公益性行业科研专项"地矿实验测试仪器设备的使用与维护技术方法"项目的课题之一。

(二)主要成果及科技创新

(1)编制完成了《岩土工程仪器设备使用指南》。

《岩土工程仪器设备使用指南》含有 38 种仪器设备。其中,岩石物理力学试验仪器设备 10 种,土工试验仪器设备 11 种,非金属矿物化性能试验仪器设备 11 种,地质矿产样品加工专用设备 6 种。

《岩土工程仪器设备使用指南》中,吸收了大量的岩土工程仪器技术发展的最新内容,广泛征求目标使用者和仪器制造专家的意见,集思广益;内容包括仪器设备的发展历史、现状和趋势、分类和综合评价、基本原理、仪器结构及主要技术指标、地质试验应用、使用注意事项及日常维护等,结构合理规范、内容完整适用。

(2)编制完成了 28 种岩土工程试验仪器设备的校准规范和 35 种岩土工程试验仪器设备的核查方法。

仪器校准规范中,包含岩石物理力学试验仪器设备 10 种,土工试验仪器设备 9 种,非金属矿物化性能试验仪器设备 9 种。

仪器设备的核查方法中,包含岩石物理力学试验仪器设备 10 种,土工试验仪器设备 10 种,非金属矿物化性能试验仪器设备 9 种,地质矿产样品加工专用设备 6 种。

岩土工程试验仪器设备校准规范和核查方法的编制符合标准的研制原则和要求,充分考虑和体现了地矿实验室特点。校准规范的主体内容包括前言、范围、引用文件、概述、计量特性、校准条件及设备、校准项目和校准方法、校准结果表达、复校时间间隔等,核查方法的主体内容包括前言、引言、范围、引用文件、概述、核查条件及设备、核查项目和校准方法、核查结果表达、核查周期等,结构合理规范,具有很强的适用性。

(三)应用成效

项目研究成果目前已在各个协作单位试用。成果之一《岩土工程试验仪器设备使用指南》已提交地质出版社签订图书出版合同等待发行。编制完成的岩土工程仪器设备校准规范(28 个)和岩土工程仪器设备核查方法(35 个)正在申报国土资源行业标准。

研究成果正在逐步推广至国土资源行业甚至全国有关实验室。有利于指导各个实验室正确配置和使用各类仪器设备,规范实验室仪器维护,全面提升地矿实验室对岩土工程仪器设备使用与维护的技术水平,提高仪器设备使用效率,提高实验结果的科学性和准确性。

六、《地质矿产实验室测试质量管理规范》(DZ/T 0130—2006)(第10~12部分)修订

(一)项目简介

《地质矿产实验室测试质量管理规范》(DZ/T 0130—2006)实施十余年来,在规范地质矿产实验测试质量管理,提升和评价实验室技术能力等诸多方面发挥了重要作用。伴随着国土资源工作对实验室的新需求、分析技术的进步和相关国际、国内标准的相继更新,质量管理要求已发生了深刻变化,为此,国家地质试验测试中心组织12个相关单位对该标准开展了修订工作。

遵循继承性、先进性和前瞻性等原则,按照标准制修订的程序和一般工作方法,在广泛调研的基础上,项目组对相关质量控制方法和评价技术方法进行了大量的研究和验证,保留了经长期使用验证、可操作性强且仍然适用的内容,吸收了相关更新后的国际、国内标准中的有关内容,对已不再适用现代实验室质量管理和技术要求的内容进行了调整。建立起了符合国情并与国际接轨的地质矿产测试质量评价体系,对实现我国地质实验测试结果的量值溯源、准确可靠和可比有效、提升地质矿产实验室测试质量管理水平具有重要意义,为国土资源和地质工作提供了有效的技术支撑。

修订后的标准由16个部分组成,江苏省地质调查研究院负责完成了其中的第10部分、第11部分和第12部分。

(二)主要成果及科技创新

(1)编制完成了《地质矿产实验室测试质量管理规范 第10部分:非金属矿物化性能测试》(DZ/T 0130.10—2006)、《地质矿产实验室测试质量管理规范 第11部分:岩石物理力学性质试验》(DZ/T 0130.11—2006)和《地质矿产实验室测试质量管理规范 第12部分:土工试验》(DZ/T 0130.12—2006)(送审稿)及编制说明。

(2)检测质量控制覆盖了样品检测的全部生命周期。对样品验收、试样制备、流转、方法选择、检测过程、检测记录、检测报告生成和管理、质量检查和评估、副样管理等整个检测活动中各环节的质量控制要素进行了识别,提出了质量控制措施和方法。

(3)研究制定了29个非金属矿种(232个试验参数)、27个岩石物理力学试验项目(40个试验参数)和26个土工试验项目(50个试验参数)的测试偏差允许限和/或质量控制说明。

(4)提出了运用计量学、统计学和相关专业理论知识(如土力学、岩石力学等)并与实践经验相结合的检测质量检查和评估方法。

(三)应用成效

修订后的《地质矿产实验室测试质量管理规范》第10部分、第11部分和第12部分发布实施后,可以作为地质矿产实验室对其非金属矿物化性能测试、岩石物理力学性质试验和土工试验的质量控制和质量检查评估的依据,也可作为非金属矿产勘查报告和科学研究报告以及各类岩土工程勘察报告中实验室样品测试质量检查和验收的依据,还可以用于实验室客户、上级或法定管理机构对实验室的测试质量的确认工作,其他行业或部门在进行有关的工作时也可以参考使用。

七、《钨矿石、钼矿石化学分析方法》(GB/T 14352)(第 1～24 部分)制修订

(一)项目简介

国家标准《钨矿石、钼矿石化学分析》(GB/T 14352)共有 24 个部分,研制定工作分为 4 个项目完成。从 2008 年开始,在科技部和中国地质调查局项目的支持下,系统地针对我国丰富的优势矿种钨矿石、钼矿石中特色元素、有益伴生元素及有害杂质元素,开展了钨矿石、钼矿石化学分析的系列国家标准方法的研制定工作,先后建立了 34 个元素的 27 项(国家标准)化学分析方法。其中第 1～18 部分共 21 个标准方法已于 2010 年由中华人民共和国国家质量监督检验检疫总局、中国国家标准化管理委员会正式联合发布实施;第 19 部分至第 22 部分 4 个标准方法,已经通过国家标准化委员会审核,即将正式向社会发布;第 23 部分至第 24 部分 2 个标准方法的研制工作,目前已经完成送审稿,通过了自然资源部(原国土资源部)标准化技术委员会的立项。通过制定钨矿石、钼矿石化学分析国家系列标准,把具有先进性的测试技术方法标准化,为自然资源调查、评价、开发、利用、规划和管理工作提供了技术支撑,提升了我国标准化质量在国际中的地位。

(二)主要成果及科技创新

1.《钨矿石、钼矿石化学分析》(GB/T 14352.1—2010～GB/T 14352.18—2010)(下同)已经发布实施

制订的《钨矿石、钼矿石化学分析》(图 10-1)于 2010 年发布,包括钨量的测定(硫氰酸盐光度法);钼量的测定(硫氰酸盐光度法);铜量的测定(火焰原子吸收分光光度法);铅量的测定(火焰原子吸收分光光度法);锌量的测定(火焰原子吸收分光光度法);镉量的测定(火焰原子吸收分光光度法);钴量的测定(丁二肟-磺基水杨酸-氢氧化铵-氯化铵底液极谱法和火焰原子吸收分光光度法);镍量的测定(丁二肟-磺基水杨酸-氢氧化铵-氯化铵底液极谱法和火焰原子吸收分光光度法);硫量的测定(高温燃烧碘量法);砷量的测定(二乙基二硫代氨基甲酸银光度法);铋量的测定(火焰原子吸收分光光度法);银量的测定(甲基异丁基甲酮萃取火焰原子吸收分光光度法);锡量的测定(盐酸-氯化铵底液极谱法和氢化物原子荧光光谱法);镓量的测定(乙酸丁酯萃取分离-罗丹明 B 光度法);锗量的测定(蒸馏分离-苯芴酮-十六烷基三甲基溴化铵光度法);硒量的测定(3,3′-二氨基联苯光度法);碲量的测定(丁基罗丹明 B 光度法);铼量的测定(硫氰酸盐光度法)。在 1993 版本的基础上增加了钴火焰原子吸收分光光度法、镍量火焰原子吸收分光光度法、锡量氢化物原子荧光光谱法 3 个方法,把经典的比较先进的实验室常用的原子吸收光谱仪运用到钴和镍的测定标准化中,首次把氢化物原子荧光光谱仪测定锡进行标准化研究,通过检出限试验、准确度试验、精密度试验验证方法的可靠性和准确性。

2.《钨矿石、钼矿石化学分析》(GB/T 14352.19～GB/T 14352.22)即将发布

采用电感耦合等离子体原子发射光谱法(ICP-AES)同时测定钨矿石、钼矿石中铋、镉、钴、铜、铁、锂、镍、磷、铅、锶、钒、锌等元素标准化工作,增加了已经发布的标准方法中没有包含元素,同时扩展了元素测定的方法多种选择性,利用大型仪器 ICP-AES 一次性测定多元素、高灵敏度、高精度、干扰相对少、检出限低、精密度好,动态范围宽,基体效应小,无电极污染等特点,特别适合元素常量和微量的测定,填

补国内外钨钼矿石 ICP-AES 测定标准方法的空白。

采用电感耦合等离子体质谱法(ICP-MS)同时测定钨矿石、钼矿石中铌、钽、锆、铪以及 15 个稀土元素(钇、镧、铈、镨、钕、钐、铕、钆、铽、镝、钬、铒、铥、镱、镥)含量,拓展了钨、钼矿石中有益元素的分析测试标准方法,同时解决了低含量元素精确测定的困难,增加了多元素同时测定的便利,填补了国内外钨钼矿石 ICP-MS 测定标准方法的空白。

通过建立氢化物发生-原子荧光光谱法(AFS)测定钨矿石、钼矿石中 As 和 Sb 标准方法,不仅把我国特有研制的氢化物发生-原子荧光光谱仪向世界推广,增加 Sb 元素标准方法,增加 As 元素测定方法,降低了方法检出限,通过加入掩蔽剂消除主量多金属元素的干扰不用分离直接测定,填补了国内外钨、钼矿石采用 AFS 测定的标准方法空白。

3.《钨矿石、钼矿石化学分析》(GB/T 14352.23、GB/T 14352.24)送审稿

电感耦合等离子体质谱法测定 Re,电感耦合等离子体质谱法测定锗,2 个标准方法的研制已经完成送审稿,并且经全国国土资源标准化技术委员会地质勘查实验测试分技术委员会审查通过。

两个研制的标准方法顺应大型仪器的发展,与国际接轨,拓展大型仪器在钨矿石、钼矿石化学分析中标准方法;增加标准方法,增添选择空间,增补比对手段,不同的分析技术人员可以根据各自实验室的仪器配置情况,选择适合的分析方法;运用大型仪器,方法简便快捷,大大提高效率,创造经济效益;减少试剂品种,降低危害程度,实现环境友好;降低检测下限,提供精确数据,对钨矿石、钼矿石伴生矿的形式存在的稀散元素铼和锗的分析、研究、综合利用是有益的。

(三)应用成效

1. 经济社会效益

标准是监督管理的重要技术法规,是组织现代化生产保证检测质量的法定依据。矿产资源成分分析的新分析技术、新分析方法应尽快地反映到标准分析方法的制订和修订中,这对标准分析方法的改进与提升,对矿产及二次资源的综合利用也将起到积极的作用。因此,随着地质实验测试的新技术、新方法的不断进步和更新,需要修订完善原有的技术标准;随着国家地质工作领域的拓展和地质测试工作的发展,需要不断研制新的技术方法标准。

标准分析方法的水平体现了科学技术的发展水平,当今融合最新技术的大型自动化分析设备、样品前处理设备层出不穷,这些设备大大缩短了样品分析流程,降低了检测限,测定范围囊括大部分元素,弥补了传统分析方法的短板。其中电Ⅰ感耦合等离子体发射光谱仪(ICP-AES)、电感耦合等离子质谱仪(ICP-MS)等具有高灵敏度、线性范围宽、干扰少、分析速度快等特点,提高了分析效率,节省了大量的人力物力,具有很高的经济效益。已成功用于地质矿产、冶金、建材等众多行业,衍生出一批以 ICP-AES、ICP-MS 为主的简便、可靠、适用面广的分析方法,然而这些方法迟迟未能形成标准。

1993 版钨矿石、钼矿石国家标准方法除去保留了 18 个标准方法外,新研制了 9 个标准方法,新增的标准方法是根据生产发展的需要和科学技术发展的需要及其水平来制定,是市场和企业急需,符合国家产业发展政策,对提高经济效益和社会效益有推动作用。通过发展和完善新的分析方法,推动更多更好的分析方法成为标准分析方法,进一步完善我国矿产资源的标准分析方法体系,特别是加紧建立适应生产实践、市场、循环经济产业链急需的矿石、矿产品及二次资源的标准分析方法以满足市场需求,使我国的地质标准分析方法水平达到新的高度,全面提高地质实验测试在国内外的影响力和竞争力。

新增的标准方法补充完善原现有钨矿石、钼矿石的化学分析方法,同时与现行国家标准没有交叉,对规范、指导检测工作具有推动作用。

通过制定的标准方法通过该任务的组织实施,培养一批科研技术人员,为国家和单位储备科研和标准方法制修订后备力量。

通过标准试点应用,反应普遍良好,认为方法准确度和精密度均能满足要求,检出限也低,所用的试剂少,基本不用对人体和环境有害的试剂,分析流程短,所用仪器符合当今实验测试的潮流,方法比较先进。

2. 环境效益

近年来,国家一系列产业政策逐渐倾向于环境保护和资源循环利用。新研制的9个化学分析标准方法在分析流程中减少三氯甲烷、氯化四苯胂、苯芴酮、十六烷基三甲基溴化铵等有机试剂的大量使用,降低可致癌的有机试剂对环境和人体的危害,是减轻环境影响和对人体健康提高的改进措施,通过推广新技术、新方法的应用,有利于实现环境友好。

八、膨润土、高岭土和凹凸棒石黏土物化性能和成分分析标准物质研制

(一)项目简介

标准物质是具有一种或多种准确特性量值且足够均匀的测量标准,可用于检测仪器溯源、评价分析方法准确度、给材料赋值以及对分析过程的质量控制和评价等诸方面。目前,国家一级标准物质中尚没有相关的非金属矿物化性能标准物质,制约了我国非金属矿产勘查、开发利用和科学研究等工作。在中国地质调查局"地质调查标准修订与升级推广项目"支持下,项目组选择了在我国具有优势的、典型和代表性意义的膨润土、高岭土和凹凸棒石黏土非金属黏土矿产,进行有关的物化性能和成分分析标准物质研制。

按照标准物质研制的一般工作方法和技术路线,在前期充分调研、初试的基础上,项目组在全国有代表性的矿区采集了4个膨润土(2个钙基,2个钠基)、2个凹凸棒石黏土和2个高岭土共8个标准物质候选物样品,经加工制备、均匀性检验、稳定性检验、定值方法研究和协作定值等研制过程,获得了8个各500kg的标准物质候选物,其均匀性、稳定性和特性指标值不确定度均符合国家一级标准物质技术要求。项目成果经中国地质调查局专家组验收,获优秀等级。

(二)主要成果及科技创新

1. 主要成果

(1)2个钙基膨润土(26个指标)物化性能和成分分析标准物质,各500kg。

(2)2个钠基膨润土(26个指标)物化性能和成分分析标准物质,各500kg。

(3)2个凹凸棒石黏土(24个指标)物化性能和成分分析标准物质,各500kg。

(4)2个高岭土(21个指标)物化性能和成分分析标准物质,各500kg。

2. 主要科技创新点

(1)在国内率先开展非金属黏土矿物化性能国家一级标准物质研制工作,成果填补了该领域空白。

(2)充分考虑研究对象的主要矿物成分的类型和含量高低以及成因类型,成果具有较好的系列性和

代表性。4个膨润土标准物质候选物有钙基和钠基两类,蒙脱石含量从90%到24%;2个凹凸棒石黏土标准物质候选物分别代表了吸附型和高黏型两类凹土矿;2个高岭土标准物质候选物分别采自热液蚀变型和沉积岩风化残积型(砂岩)高岭土矿。

(3)定值指标覆盖面广,成果具有较好的适用性。膨润土、凹凸棒石黏土和高岭土标准物质候选物的多项物化性能指标中,多为相应黏土矿产的工业评价指标或矿产品质量评价指标,成果可以为非金属矿产勘查评价和工业利用提供有效的技术支撑服务。

(三)应用成效

所研制的8个标准物质经国家标准物质管理委员会批准发布后,由研制单位自行发售和管理,用于从事非金属矿的测试实验室、研究机构和工业部门的能力验证、仪器校准、质量控制和产品开发等技术活动。目前已在国内从事非金属矿物化性能测试和研究的多个实验室进行试用,效果良好。

九、铜矿石化学物相分析标准物质研制及分析方法研究

(一)项目简介

为了更有效地综合利用铜矿资源,查明铜在各类型矿石中的赋存状态,为我国铜矿地质勘探、矿床评价提供有效的技术支持,需进行铜的化学物相分析(即赋存状态分析)。地矿行业标准《铜矿地质勘探规范》(DZ/T 0214—2002)中明确规定要选用合理的方法,对铜矿石进行铜的物相分析。

在已有的国家标准物质中,铜矿石化学物相分析标准物质尚属空白。随着我国铜矿地质资源评价工作的不断深入和铜综合利用技术水平的日益提高,采用标准物质对铜矿化学物相分析质量实施统一监控愈显重要。

本项目通过采集我国有代表性的主要铜矿床类型大样,经过粉碎加工、粒度均匀性、稳定性检验、对铜矿石中的硫酸铜、自由氧化铜、结合氧化铜、次生硫化铜和原生硫化铜进行定值分析,研制了一套6个铜矿石化学物相标准物质,为广大的地质测试、矿山、冶金分析实验室、矿山冶炼厂等传送测量系统的准确度、评价分析方法的准确度、满足监控分析质量要求、指导选择选冶技术方案等提供一系列的指导作用。

本项目是国土资源公益性行业科研专项经费项目"电气石、金红石等六类标准物质研制项目"的课题之一。

(二)主要成果及科技创新

(1)研制完成了《铜矿石化学物相分析方法》报告。

(2)研制完成了6个铜矿石化学物相分析国家标准物质。这6个标准物质基本覆盖了我国主要铜矿床类型,定值项目为硫酸铜、自由氧化铜、结合氧化铜、次生氧化铜和原生氧化铜,基本涵盖了铜矿物相主要类别,填补了国内标准物质空白。

(3)实现了铜矿物之间的相互定量分离。

(三)应用成效

本项目实施完成的标准物质,经过广泛的推广应用,可以提高铜矿物相分析结果的准确性和可靠性,为基础地质研究、地质矿产勘查的储量计算、综合利用研究、矿产开发、选冶及冶金和地球化学调查评价等方面提供可靠的技术支持,社会、经济效益巨大。

十、《土工试验规程》(DT-92)(第1～29部分)制修订和土壤界限含水率标准物质研制

(一)项目简介

《土工试验规程》(DT-92)颁布实施20多年以来,国土资源系统土工试验从业人员为我国水文地质、工程地质、环境地质等地质工作和地方各类工程建设提供了大量的试验数据,技术人员具有丰富的经验和深厚的技术基础。与20年前相比,土工试验仪器研制和土工试验技术已有了显著的进步,相关国际、国内标准的相继更新,当前的地质环境调查评价、地热能源调查评价、地质灾害评估和治理等地质工作急需土工试验技术创新提供保障。为此,国家地质试验测试中心组织相关单位对《土工试验规程》(DT-92)开展修订工作,同时研制土工试验相关的系列标准物质。

江苏省地质调查研究院承担了《土工试验规程》(DT-92)中第1～29部分的制修订和土壤界限含水率标准物质研制工作。项目组以当前国土资源工作需求为导向,结合地矿实验室现状和需要,经过充分调研,在标准修订中新增了"土的热物性试验"、"土的大面积原位直剪试验"等新的试验方法,研制了3个不同液限水平的土壤界限含水率标准物质。

(二)主要成果及科技创新

1.《土工试验规程》(第1～29部分)修订(送审稿)

修订后的《土工试验规程》,既继承了原规程的经典,又吸收和借鉴了国内外其他行业现行有效的土工试验相关标准。技术内容先进,同时又具备国土资源行业自己的特色。新增土的热物理试验、土的大面积原位直剪试验、土的粒度仪器分析试验等方法,解决诸如浅层地温能调查、大型地质灾害治理等重大地质工作中有试验需求而无标准可依的矛盾。

2.3个土壤界限含水率标准物质的研制

3个土壤界限含水率标准物质涵盖了高液限、中液限、低液限的三种土类。成果填补了国内空白,有利于提升土工试验中界限含水率试验的准确性,保证不同试验室间数据的可比有效。

(三)应用成效

修订后的《土工试验规程》将申报国土资源行业标准,研制的3个土壤界限含水率标准物质将申报国家二级标准物质。

成果推广至国土资源及其他行业土工试验室应用,将利于提升国土资源行业土工试验技术水平,为地质矿产勘查、水文地质与工程地质调查、环境地质调查、地质灾害评估和治理等地质工作提供技术支撑;研制的 3 个不同液限水平的界限含水率标准物质将广泛用于实验室间的比对、能力验证、仪器自校、质量控制等技术活动。

十一、复垦土地样品交换性总量及分量测定和复垦土地样品有效硅、有效硼测定

(一)项目简介

本项目是 2017 年科技部国家重点研发计划项目"国家质量基础的共性技术研究与应用"重点专项(NQI)中"土地复垦与生态修复通用技术标准研究"项目下的"土地生态恢复评价检验检测及质量控制标准研究"项目课题任务之一。

土地质量检测技术是土地质量评价的所必需的技术支撑和评价依据。土地生产潜力评价是土地质量评价的重要类型,其中,土壤阳离子交换性能、土壤有效硅、土壤有效硼是土地生产潜力评价的重要指标,针对目前我国土地质量评价中土壤阳离子交换性能、土壤有效硅、土壤有效硼检测方法没有国家标准的情况,本项目拟在国土行业多年生态地球化学评价分析测试工作的基础上,结合现有的其他行业土壤检测的行业标准,制定复垦土地样品交换性总量及分量测定、复垦土地样品有效硅测定、有效硼测定 3 项国家标准方法。

(二)主要成果及科技创新

1. 制定复垦土地样品中交换性总量及分量测定国家标准方法

项目完成后,制定复垦土地样品中有效硅、有效硼测定国家标准方法 3 项:《复垦土地样品 交换性总量及分量测定》《复垦土地样品 有效硅测定》和《复垦土地样品 有效硼测定》国家标准报批稿和编制说明。

2. 适用范围广,针对性强

本项目是针对复垦土地的生态环境指标制定相关的检测标准,复垦土地来源于采矿挖掘损毁、固废堆放压占、基础设施建设临时占用损毁、自然灾害损毁及其他生产建设活动损毁的土地。损毁类型不同、程度不同,其土壤的物理化学性能与长期用作农用地、林用地的土壤有极大不同。因此与国内的农业、林业、水利等行业和国外的不分行业的标准在适用对象上有很大的区别。且此类损毁土地复垦后的使用用途广泛,包括耕地、林地、草地、渔业、公园或新的建设用地。因此复垦土地的生态环境质量控制要求有其特殊性和针对性,质量控制指标相应的检测方法也有很强的针对性和适用性,因此该系列检测方法的制定在应用的适用性方面具有充分的必要性和创新性。

3. 填补了土地复垦与生态修复通用技术标准中的重要一环

本标准属于土地复垦与生态修复通用技术标准中的复垦土地生态恢复评价检验检测系列标准中的

内容之一。是"土地整治—土地复垦—土地生态修复—恢复评价"这一全过程中涉及的标准链中的环节之一,整个技术标准链形成一体化格局,整个体系中的所有标准缺一不可。只有形成全过程体系化的通用技术标准,才能切实有效的针对复垦土地的生态修复全过程进行质量控制。无论是国外的标准,还是国内行业标准,仅仅是针对土壤本身性能制定的检测标准,目的仅在于给出土地相关指标检测结果,在前没有针对性的明确此检测行为目的,在后也不对检测结果做判定和评价,对结果的应用没有进一步的要求。只是独立的、单纯的检验检测标准,没有前后延伸形成一个完整体系。

因此,此项目系列技术标准的制定,无论是在国内,还是在国际上,都是对于标准体系化建设方面的一个极大的创新。

十二、长江三角洲重金属污染土壤成分分析标准物质研制和黏土矿可塑性标准物质研制

（一）项目简介

本项目是2016年科技部国家重点研发计划项目"国家质量基础的共性技术研究与应用"重点专项（NQI）中"重点领域急需化学成分量标准物质研究"项目下的"典型矿产标准物质研制"项目课题任务之一。

课题的主要任务是:围绕土地资源调查,土地质量评价工作的需求,针对长江三角洲地区重金属污染土地质量调查分析测试工作的需要,反映长江三角洲地区复杂工业利用土地土壤质量现状,及时补充增加长江三角洲地区土壤标准物质库存,研制3个长江三角洲地区砷、汞、镉重金属污染土壤成分分析标准物质。针对地质矿产勘查、评价和矿产品开发及地质实验测试工作的需求,依据相关的国际和国家标准技术要求,研制2个黏土矿可塑性标准物质,保证我国地质矿产资源测试结果的可比有效,提升黏土矿勘查开发利用水平。

（二）主要成果及科技创新

研制3个长江三角洲地区砷、汞、镉重金属污染土壤成分分析标准物质,53个定值指标：Ag、As、B、Ba、Be、Bi、Br、Cd、Ce、Cl、Co、Cr、Cu、F、Ga、Ge、Hg、I、La、Li、Mn、Mo、N、Nb、Ni、P、Pb、Rb、S、Sb、Sc、Se、Sn、Sr、Th、Ti、Tl、U、V、W、Y、Zn、Zr、SiO_2、Al_2O_3、TFe_2O_3、MgO、CaO、Na_2O、K_2O、TC、pH、Corg.;研制2个黏土矿可塑性标准物质,3个定值指标：液限、塑限、塑性指数3项。

研制的标准物质填补了我国土壤污染重金属成分分析标准物质和黏土矿可塑性标准物质空白;丰富了我国土壤标准物质的种类,契合了全国土壤污染状况详查大项目的需要,为土壤污染详查工作提供了坚实的技术支撑。

（三）应用成效

标准物质是各行各业检测工作的重要数据参考和溯源依据。土壤标准物质则是土地资源检测工作必不可少的工具资源。现阶段土地环境状况检测需求大,未来检测工作量巨大,及时补充标准物质资源储备十分重要。目前国家对环境污染问题十分重视,全国在开展农用地污染状况详查项目,本课题在原有的几十种土壤标准物质基础上增加了具有代表性的长江三角洲地区重金属污染的农用地土壤标准物

质候选物,为当前及将来国土资源检测部门在进行土地生态调查、评价、资源评估方面提供有力的技术支撑。

创新研制的黏土矿可塑性标准物质可用于地质矿产实验室、科研院所以及相关非金属矿产资源勘查开发利用单位,用于规范或监控相关地质矿产样品的分析测试工作,保证分析测试结果的准确可靠。研究成果为相关非金属矿产资源勘查、开发、利用等工作提供了有效的技术支撑,促进相关非金属矿产资源勘查、开发、利用的研究力度,促进国民经济的发展,具有显著的社会效益和经济效益。

第二节 实验测试技术服务

一、资质与能力建设

近20年,是测试所全面快速发展的时期。检测能力有了质的飞跃,实验测试技术服务水平得到了显著提升,实验测试技术服务的经济和社会效益显著,成果丰硕。经过多年的建设和发展,测试所已经成为既具有深厚历史文化底蕴,又具有信息化、现代化和多学科检测技术能力的综合性实验室。

全所现有职工76人,其中研究员级高级工程师4人,高级工程师36人,工程师20人;博士研究生2人,硕士研究生19人,本科生28人,专业技术人员占比超过80%,是一支层次结构合理、高素质的实验测试技术队伍;拥有各类检测设备400多台套,总值4000多万元,其中具有当今国际和国内先进水平的大型仪器设备30多台(套),如电感耦合等离子体质谱仪、电感耦合等离子发射光谱仪、X射线荧光能谱分析仪、波长色散型X射线荧光光谱仪、原子吸收分光光度计、原子荧光光度计、流动注射仪、离子色谱仪、元素分析仪、气相色谱仪、气相色谱-质谱联用仪、高效液相色谱仪、三重四级杆质谱仪、多功能X射线衍射仪、研究级正立数字偏光显微镜、红外光谱仪、干湿二合一激光粒度仪、岩石三轴试验机、热物性常数分析仪、应力控制式三轴仪、全自动固结仪等;自行研制建立了符合当今实验室质量管理体系要求的地矿实验室信息管理系统(GM-LIMS)(图10-2),实现了人员和设备管理、样品管理、数据采集、质量监控和质量管理全过程的信息化(该项成果获2014年度江苏省国土资源科技创新奖二等奖)。

实验室1989年首次通过经国家级计量认证(CMA),2005年首次通过中国实验室合格评定国家认可委员会(CNAS)认可,建立并运行有完善的实验室质量管理体系。现有计量认证产品163个,共计2591个参数,检测对象涉及岩石、矿物、水、土壤、生物、金属及非金属材料、岩土物理力学试验、建设工程质量检测、非金属矿物化性能测试、耐火保温材料检测等多个方面,具有为自然资源、环境保护、工程建设、农业和化工等多个行业提供高质量检测技术服务的资格和能力。

根据能力验证规则和有关行业主管部门的要求以及自身能力建设的需要,实验室每年都会积极参加相关能力验证机构和行业主管部门组织的多项能力验证活动。近十年来,累积参加了各类能力验证活动50多次,涉及各类矿石、土壤、水、环境空气、水泥、钢材等多种样品和多个参数,均获得满意结果。充分表明实验室的检测能力始终保持了较高水平。

经有关行业考核、认定、授权或核准,实验室还具有以下检测服务资质或资格:国土资源部地质实验测试甲级资质(岩矿分析、岩矿鉴定、岩土试验),江苏省建设工程质量检测机构(见证取样类、专项类和备案类),江苏省饮用天然矿泉水水源水质全分析技术检验机构,国土资源部多目标地球化学调查样品(52种元素)测试资格,国土资源部地下水有机污染物分析资格,全国土壤污染状况详查检测实验室(无

电子伺服万能材料试验机　　　　　应变控制式全自动三轴仪（系统）

全自动固结仪（系统）　　　　　地矿实验室信息管理系统（GM-LIMS）界面

图10-2　地质实验测试部分仪器

机分析和有机污染物分析），"江苏省农产品产地土壤重金属污染普查"样品检测资格，南京市一类土工实验室。

实验室是华东地区地质实验测试专业的权威机构。是江苏省分析测试协会副理事长单位、江苏省地质学会测试专业委员会和江苏省分析测试协会光谱专业委员会的主任单位和全国国土资源标准化技术委员会地质矿产实验测试标准化分技术委员会、中国计量测试学会地质矿产实验测试专业委员会的会员单位。

二、履行地质实验测试主力军职责　致力于公益性地质工作

进入本世纪以来，实验室积极配合各级国土资源行政管理部门，为矿业权审批、储量评审、矿政执法等提供了大量的公正数据，向地质勘查、地球化学调查、环境地质调查、城市综合地质调查、土地质量调查、土壤污染详查、地下水监测等多个项目提交了海量的高质量测试数据。出具的数据准确可靠，深受客户、专家和有关部门的好评。

针对每一个地质调查项目，实验室都要根据项目测试要求和样品特点，组织开展方法验证、流程优化和人员、设备等要素配置优化等分析技术方案研究，建立起既具有较高的测试生产效率、又能满足分析质量控制要求的样品分析配套方案。十多年以来，测试所承担分析测试任务的各类地质调查项目，分析测试专项质量验收全部获得优秀，测试技术能力名列全国前茅，为各项目组能够按时高质量地完成项

目打下了坚实的技术基础。

近20年来,累计承担完成了江苏、上海、山西、贵州、青海、广西等省区市的区域地球化学调查、生态地球化学调查和土地质量调查评估等多个项目50多万件土壤和生物样品检测任务,完成了江苏省及周边地区各类矿产勘查项目3万余件样品检测,完成了江苏及邻近省份环境地质调查、地热(温)能调查和城市地质调查等多个项目5万多组(件)岩土样品的物理力学试验,完成了全国土壤污染调查项目(江苏和宁夏两省区)5000多件样品检测以及江苏省农产品产地土壤污染普查和详查项目4万多件土壤和3000多件农产品样品检测。2006年取得国土资源部第一批地下水污染调查有机分析检测资质,在2008年全国地下水污染调查项目检测考核评比中获得第一名。迄今为止,完成了江苏地区地下水污染调查评价(长江三角洲和淮河流域)两个项目2400多组水样、江苏省国土(耕地)生态监测项目2000余件土壤样和上海市地面沉降监测及地质环境调查1000多件水、土样品的有机污染物检测。2017年,测试所获得了全国土壤污染状况详查检测实验室的资质,承担了南京市、苏州市、常州市等地区的样品检测工作,样品总量48 000余件,其中土壤有机样4000余件、农产品7000余件、土壤无机样品30 000多件,所承担的样品总数占全省样品总量的六成多。

三、发挥技术优势　助推科技、经济和社会事业发展

(一)概况

在努力做好公益性地质项目测试工作的同时,测试所充分发挥技术和区位优势,积极开展对外宣传,努力开拓检测市场,坚持"科学严谨　公正准确"的质量方针和"质量第一,客户第一"的服务理念,在新材料、工程建设、医疗卫生、石化、能源电力等行业拥有一批长期稳定的客户群,取得了良好的经济和社会效益,为社会科技和经济发展做出了贡献。

(二)为无机材料产业的产品质量问诊把脉

测试所是江苏省无机材料专业测试服务中心建设和依托单位,十余年以来,为新材料行业做了大量的测试技术服务工作。如,与江苏省某特种合金有限公司长期合作,为准确测定其产品硅铁稀土合金中的杂质Mg、Mn、Ca、Ba、Al单独建立了一套分析方案,为该公司的产品质量控制提供了保障;天津某公司根据我们对其含锆陶瓷纤维中锆含量多次精准的检测数据,不断调整配方,最终获得了质量满意的产品;为解决江苏单晶硅生产企业出口产品中微量硼和磷的技术难题,测试人员研制了适宜的前处理和测试方案,测试结果得到了外方的认可;为中国兵器工业集团某研究所准确测定了其纳米材料样品的纳米粒径,得到了客户的高度赞赏;为新疆进出口检验检疫局找出了进口于中亚某国钨矿和钼矿的检测技术问题,避免了外贸纠纷。

(三)为民生健康和安居环境把关

血液透析是慢性肾衰竭患者赖以生存的肾脏替代治疗手段之一,也为急性肾衰竭患者完全或部分恢复肾功能创造了条件。如果透析液(反渗水)的质量得不到有效控制,化学物质和微生物污染可通过透析膜进入血液,造成各种急慢性并发症。我国医药行业标准YY 0572—2015《血液透析及其相关治疗

用水》规定,透析液(反渗水)需定期检验的指标有:细菌总量、内毒素含量(微生物与内毒素指标)、铝、总氯、铜、氟化物、铅、盐酸盐(氮)、硫酸盐、锌(有毒化学物指标)、钙、镁、钾、钠(电解质指标)、锑、砷、钡、铍、镉、铬、汞、硒、银、铊(微量元素指标)。实验室从20世纪90年代介入反渗水的有毒化学物指标、电解质指标和微量元素指标检验工作。随着大型仪器设备的引进,检测方案不断改进,目前各项检验指标的检测限远低于安全限量,检测数据准确可靠,检验效率也大大提高。近几年,实验室每年都承担着江苏省内七十多家医院和机构的透析用水定期检验任务,对水质异常情况进行分析,并及时与送检单位沟通联系。实验室检验反渗水能力在江苏省卫生行业中已经得到公认。

实验室与金陵微量元素研究所等机构长期合作,开展对人体头发中微量元素的检测工作已逾20年。多年以来,实验室还为数百个家庭提供了家居环境空气质量检测和放射性检测服务,得到了良好的社会反响。

(四)为国家重点工程提供服务

目前,我国高速铁路建设总里程已接近3万千米,高速铁路已成为我国走向世界的名片和大国重器之一。测试所参与高速铁路试验始于2002年,与铁道第四勘察设计院合作开展宁合高速铁路膨胀土试验研究。由于提交报告严谨翔实,数据准确可靠,获得了委托方和铁道部工程管理中心的赞誉。自京沪高铁项目初步设计伊始,来自设计单位铁道第四勘察设计院和监理单位铁道第一勘察设计院、铁道第三勘察设计院的专家组对沿线数十家实验室进行考察,通过对测试所质量管理体系、人员素质、设备配置等要素的核查,专家组充分肯定我们的技术能力,同意测试所作为外包实验室参与铁路工程试验。十余年来,承担完成了京沪高速铁路及相关工程、沪宁城际铁路和宁杭城际铁路、宁安城际铁路、杭长城际铁路、沪杭甬城际铁路、沪汉蓉和郑徐城际铁路等多条高速铁路工程勘察设计和建设的岩石、土和水等样品检测任务,累计样品总数十多万组(件),多次受到委托方的好评,取得了良好的经济效益和社会效益。

凭借强大的检测能力和良好的服务水平,测试所十多年以来还陆续承接了南京地铁各线和郑州、杭州、无锡等城市地铁工程,南京多个过江隧道工程,江海特大桥工程(如南京三桥、四桥、五桥、杭州湾跨海大桥、青岛海湾大桥、港珠澳大桥等),西气东输和川气东送及相关工程、核电工程等多个大型项目的岩土试验任务,累计8万多组(件)样品。

此外,实验室每年还为中石化南京化学集团公司、扬子石化、金陵石化、仪征化纤、南钢集团等大型企业和中国能建集团电力建设企业,提供产品检测和保温耐火材料性能检测服务数百批次。常年为周边省份的矿山勘察设计和矿山建设提供岩石力学试验服务。

(五)为空军南京新机场建设保驾护航

空军南京新机场是重要的国防工程。2010年6月,测试所与南京军区空军后勤部签订了《XX机场工程共建实验室合作协议书》,负责筹建现场实验室,承担新机场建设工程质量检测工作。为此,测试所在人才培养、技术储备、仪器设备、管理制度完善等多方面做了大量筹备工作。

"空军南京新机场建设现场检测中心"于2012年9月正式挂牌成立(图10-3)。测试所的现场检测人员树立以服务于新机场建设为荣的思想,克服了野外条件艰苦、工作任务重等一系列困难,为保证机场建设工程进度和质量,经常加班工作到深夜。机场建设期间,累计完成各种检测样品2万多件。现场技术人员针对场站建设过程中不断出现的新问题,刻苦钻研,解决了许多技术难题,特别是在发现和处理场区存在膨胀土危害问题的过程中,通过多种技术手段,证实了场区确实存在膨胀土危害,引起了现场指挥部的高度重视,及时对这一建设工程"毒瘤"提前进行了科学处置,把可能的工程隐患消灭在萌芽状态。现场检测中心的工作得到了现场指挥部、监理部及施工方一致认可和赞扬。

2013年6月,江苏省科协授予南京空军新机场现场实验室"江苏省科协科技服务站"称号。

图10-3 军地领导为现场检测中心揭牌

第三节 珠宝首饰检验检测

一、概述

江苏省质量技术监督珠宝首饰产品质量检验站(以下简称"珠宝检测站"),1994年6月在测试所岩矿研究室的基础上筹建,经江苏省质量技术监督局授权,是专门从事贵金属、珠宝玉石、钻石产品检验的专业检验检测机构;是江苏省质量技术监督局珠宝首饰产品打假举报工作站和江苏省消费者协会黄金珠宝检测鉴定定点单位。连续5年经国家质检总局分类评价考核评定为Ⅱ类检验检测机构。20多年来,珠宝检测站为江苏省珠宝首饰行业的规范发展,保护生产、经营、消费者的合法权益做出了重要贡献,社会效益显著(图10-4)。

图10-4 珠宝检测站

二、检验检测能力建设

(一)体系管理

珠宝检测站经江苏省质量技术监督局资质认定(计量认证:CMA 151016110420、授权认可:CAL 2015苏质监认字420号)和中国合格评定国家认可委员会实验室认可(CNAS L1169),按照《检验检测机构资质认定评审准则》《检测和校准实验室能力认可准则》和《检测和校准实验室能力认可准则在珠宝玉石、贵金属 检测领域的应用说明》的要求建立、运行和改进管理体系,实现"科学、公正、准确,热情、周到、及时"的质量方针。

(二)设备配置

珠宝检测站主要检测设备先进,有能力确保检验检测工作准确、高效开展。主要设备包括:ARL QuanT'X型X射线荧光能谱仪(美国热电),用于贵金属含量检测,速度快、精度高;Nicolet iS50 红外光谱仪(美国热电),用于珠宝玉石品种、天然与合成品种及优化处理方法的鉴定,谱带宽、分辨率高;OGI 钻石切工分析仪(以色列),用于钻石切工比率与对称性参数测量,精度高、重复性好;UV 冷激光钻石刻字机(比利时),用于钻石产品激光刻字。为保证合成钻石产品的准确检验,自2012年以来,珠宝检测站先后配置了GI-CLB宝石阴极发光仪、GI-UVV光纤光谱仪、UV5000紫外-可见宝玉石光谱快速测试仪、GV5000宽频诱导发光测试仪等专用检测设备。

(三)人才培养

珠宝检测站高度重视珠宝鉴定人才培养,采用定期内部培训,通过传、帮、带,不断提升检验人员的珠宝鉴定能力;通过参加外部培训、学术交流等活动掌握最新检测技术动态。20年来考取国家珠宝玉石注册质量检验师执业资格(CGC)12名,美国GIA、比利时HRD等钻石分级师4名。

(四)信息化建设

2002年珠宝检测站与南京大学计算机科学与技术系合作开发出了第一代珠宝检测管理系统,又在2005年与浙江财大软件公司合作进行了系统升级。珠宝检测软件管理系统将人员、设备、标准纳入系统管理,实现了称量、摄像、切工等检测项目的自动录入和误操作识别;证书(报告)自动生成与打印;检测数据导入与导出、电子证书生成等。极大提升了工作效率与服务质量。

2007年珠宝检测站建立了自己的网站(www.jszbz.com),通过网站宣传法律法规、介绍珠宝知识、建立消费提醒,实现了检测证书查询和在线咨询。

(五)检验检测水平

珠宝检测站在国内省级检验检测机构中检测水平领先。1999年国内首家检测出钻石高仿品合成碳硅石(新型钻石仿制品合成碳化硅的发现及其鉴定特征,《珠宝科技》1999年02期)。十年以来,参加CNCA、CNAS等组织的检测水平能力验证12次,51件样品、91个项目的检测结果评价全部为"满意"。采用国家标准物质、自研参考样品,开发出金、银、铂等贵金属含量无损检测方法9个,采用这些方法参加了 2010 年中国合格评定国家认可委员会组织的贵金属含量检测能力验证（CNAS T0556），据公布的数据统计，珠宝检测站全部 6 个样品无损检测结果与化学分析结果总误差仅 18.1‰，结果准确度位列 82 家参检机构首位。

三、检测技术服务

（一）服务政府

1. 产品监督检验

执行江苏省质量技术监督局下达的监督抽查任务是珠宝检测站的一项重要工作。2003 年以来，珠宝检测站共完成监督抽查 16 次 630 批次，查出不合格产品 67 批次，为规范江苏省珠宝首饰企业生产、提升产品质量做出了重要贡献。2014 年以来，珠宝检测站作为牵头单位完成了碧玺、翡翠、和田玉及琥珀等有机宝石专项监督抽查 4 次，分别从企业及实体店（商超、景点、宾馆）、网店等销售渠道采集各类样品，分析对比不同渠道的产品质量，撰写的质量分析报告经新闻发布和媒体（电视、电台、报纸、网络）广泛报道，社会反响强烈，效果良好（图 10-5）。

（a）2016 年监督抽查新闻发布会

（b）省质监局领导参观抽查成果展

（c）2017 年监督抽查新闻发布会

（d）省质监局领导参观不合格品展示

图 10-5　监督检验

2. 商品质量监测

接受江苏省工商行政管理部门的委托,开展商品质量监测,协助政府部门规范珠宝首饰市场同样是珠宝检测站的一项重要工作。江苏省是我国的珠宝首饰消费大省,消费者对珠宝首饰商品质量高度关注。目前主流珠宝首饰市场质量良好,然而20世纪90年代市场珠宝质量不佳,注胶、染色翡翠冒充天然翡翠、虚高钻石重量及等级等情况比比皆是。

从2003年开始,珠宝检测站接受江苏省工商行政管理局的委托,参与珠宝首饰商品质量监测工作。16年来,珠宝检测站共参与监测23次1580批次,监测出不合格商品862批次,监测合格率从初期的不足20%提升到目前70%左右,为规范、净化江苏省珠宝首饰市场做出了重要贡献。

3. 涉案样品检测

随着生活水平的提高,珠宝首饰作为一种高档消费品不断进入寻常百姓家庭,有关珠宝首饰盗窃、抢劫、行贿、收贿及损毁等涉案、涉纪样品的检测也在逐年增加。珠宝检测站是江苏省价格认定局珠宝首饰定点检测单位,近5年来,接收公安、纪检、法院等政府部门珠宝首饰检测样品2542件;同时受价格认定部门委托,组织行业相关专家及时提供了价格意见。

(二)服务行业

1. 组织或参与起草相关行业标准,规范行业行为

①江苏省地方标准,《黄金首饰含金量无损检验方法》(DB32/T 55—2000),组织起草;②苏质技监量发〔2006〕76号,《关于规范江苏省钻石计量称重及其计量监督管理工作的通知》,组织起草;③江苏省团体标准,《高含量贵金属首饰》(T/HJZB 001—2017),参与起草;④江苏省团体标准,《CVD合成钻石鉴定与分级》(T/HJZB 002—2017),参与起草;⑤江苏省团体标准,《贵金属及珠宝玉石流通领域经营服务规范》(T/HJZB 003—2017),参与起草。

2. 接收学生实习,助力人才培养

珠宝检测站先后与金陵科技学院、南京大学金陵学院、南京工程高等职业学校等高校签订合作协议,作为教学实习基地,接收学生参观、实习,安排专人介绍、指导,增强学生实践能力,助力江苏珠宝科学人才的培养(图10-6)。

3. 协调处理产品质量纠纷

珠宝检测站利用自身技术优势、行业信誉,通过质量分析、检验检测协助省内各级消协处理珠宝首饰生产、经营及消费过程中产生的各种质量纠纷,每年平均十多起,保护了各方利益。典型案例如下。

(1)2001年,南京一消费者在某商场购买了100多克的黄金手链1条,一年后发现质量严重不足产生纠纷。经了解和分析,原因为长期麻将洗牌磨损,双方均接受。

(2)2008年,无锡一消费者因所购银饰含量不足与销售方产生纠纷。分析原因为镀层过厚。样品经现场处理后再测,得到证实,双方认可。

(3)2011年,南通某商场、消费者、出证机构3方,因钻石颜色等级差异产生纠纷。经拆石后仲裁检测,当事各方均认可结果。

(4)2013年,一次咨询检测中发现某消费者从商场购买的白玉手镯实为玻璃,本站主动协调处理,消费者得到了及时更换和补偿,保护了其合法权益。

(5)2017年,受盐城市某区消协委托,协调处理黄金手链变白消费纠纷。分析原因为化妆品中的汞附着首饰表面。经处理后复原,争议双方满意。

图 10-6　实习基地

(三)服务百姓

1. 消费检测

消费者的珠宝检测具有数量少、样品杂、难度大、效率低的特点,某些检测机构往往不愿提供此类服务。但本站作为政府授权的检验检测机构,有义务为保护消费者的合法权益做出自己的贡献。每年接待消费检测均在5000件以上,检测出大量的假冒伪劣产品,为消费者维权提供了有效依据。

2. 咨询服务

珠宝检测站每年参加社会各方组织的活动,为百姓提供免费珠宝首饰检测与咨询,养护知识介绍、标准法规宣传等。20年来参加各类活动近80次,将珠宝玉石相关知识推向广大群众,提升了珠宝首饰消费群体的认知水平、鉴别能力。活动主要包括以下内容(图10-7)。

(1)"帮忙进社区"活动,江苏省广电总台主办。

(2)"3·15"大型广场活动,江苏省消费者协会主办。

(3)"地球日""土地日""防灾减灾日"宣传活动,江苏省国土资源厅主办。

(4)"科普日"宣传活动,江苏省科协主办。

2017年第48个世界地球日活动现场

2017年第9个全国防灾减灾日活动现场

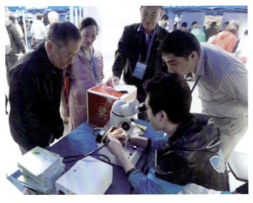
2018年全国科普日活动现场

2018年第28个全国土地日活动现场

图 10-7　主要活动现场

第十一章 地质灾害危险性评估与防治工程勘查设计

第一节 重大工程建设项目地质灾害危险性评估

一、简介

自 2000 年以来，我院积极开展地质灾害危险性评估工作，共完成各类地质灾害危险性评估项目逾 12 000 项，其中一级评估项目逾 1000 项，项目类型涵盖核电站选址、规划新城、机场、轨道交通工程、铁路、地铁、重要公路干线、过江隧道、人防工程、工民建等，为城市规划、项目建设提供了强有力的地质技术支撑。在开展地质灾害危险性评估过程中，不断创新工作方法，提升成果质量，西气东输工程建设用地地质灾害危险性评估获国土资源部科学技术二等奖，苏通长江公路大桥地层沉降影响研究获国土资源厅科技创新一等奖；江苏成品油管道工程（江南部分）地质灾害危险性评估获江苏省地质灾害危险性评估优秀报告一等奖，徐州市贾汪区新城区（东区）建设项目、连云港港疏港航道整治工程等 8 个地质灾害危险性评估报告分别获江苏省地质灾害危险性评估优秀报告二、三等奖（图 11-1）。

二、主要成果及转化应用

（一）主要成果

1. 重大建设工程项目地质灾害危险性评估

多年来，完成国家、省部级重大建设工程地质灾害危险性评估项目百余项，包括江苏省第二核电厂，贾汪城市总体规划区，南京土山（陆航）机场迁建，禄口国际机场二期，无锡硕放机场，宜兴桃花水库，油车水库，苏南沿江城际铁路，上海至南京城际轨道交通工程，南京至安庆铁路工程（江苏段），郑州至徐州客运专线，徐连客运专线，宁启铁路复线，宿迁至新沂高速公路，京福高速二期，南京城西干道工程，五峰山过江通道，苏锡常南部高速公路常州—无锡段工程，上海轨道交通 11 号线北段工程（安亭站—花桥站），锡盟—南京 1000kV 特高压输变电工程，无锡地铁一、二号线工程，常州地铁线网规划以及南京地铁三号线，四号线，五号线，宁和城际，宁高城际，宁溧城际，宁句城际等项目，采用多种手段全面查清了重大建设项目周边地质灾害分布发育特征，系统分析了成灾机理，评估了工程沿线地质灾害危险性，提

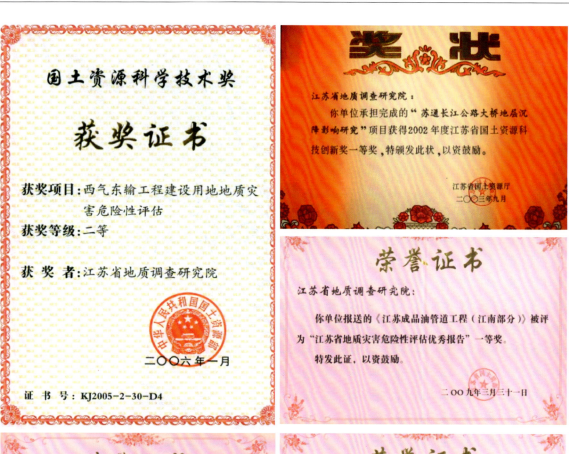
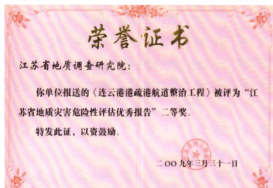
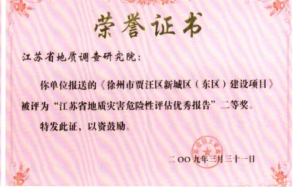

图 11-1　部分地质灾害危险性评估成果获奖证书

出了防治措施,为项目选址和工程建设提供了有力的地质保障。

2. 重大地质灾害隐患周边建设项目地质灾害危险性评估

在人类工程活动的强烈影响下,省内多地发生过采空塌陷、地裂缝等重大地质灾害隐患,随着城市规模的不断扩大,重大地质灾害隐患周边工程建设活动也不断加强,为减少地质灾害对项目建设造成的损失,多年来,我院相继完成了连云港新浦磷矿、锦屏磷矿、南京钟山煤矿、灵山煤矿、宜兴川埠煤矿、砺山煤矿、镇江韦岗铁矿采空区及横林、光明村地裂缝等重大地质灾害隐患的勘查工作,并在此基础上为周边建设项目开展了地质灾害危险性评估,全面查明了采空塌陷、地裂缝等重大地质灾害隐患的分布发育特征,根据相关规范和技术要求,划定了地质灾害危险性大、中、小区段,评价了建设土地适宜性,并分区段提出地质灾害防治措施,为土地综合利用和项目建设提供了保障(图 11-2～图 11-5)。

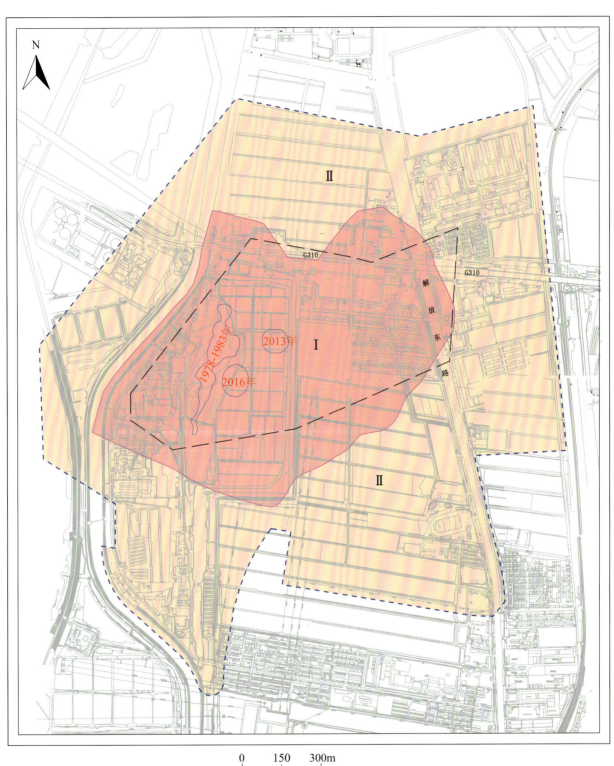

图 11-2 连云港新浦磷矿周边地质灾害危险性分区图

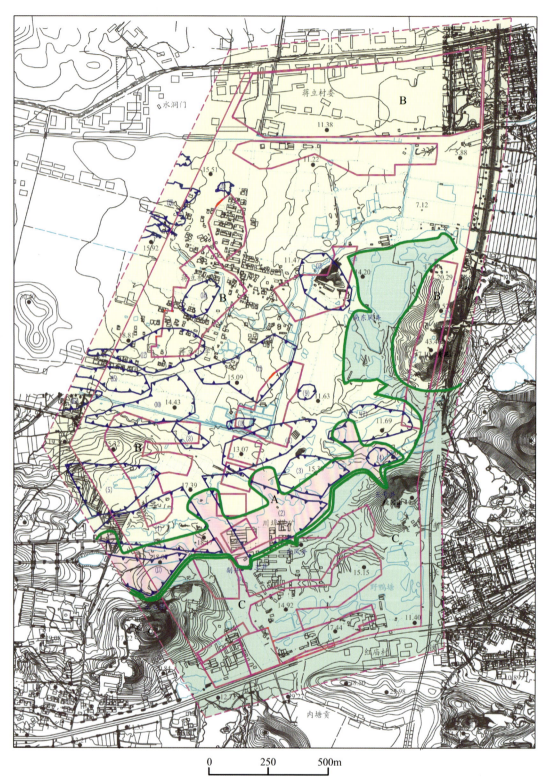

图 11-3　宜兴川埠煤矿周边地质灾害危险性分区图

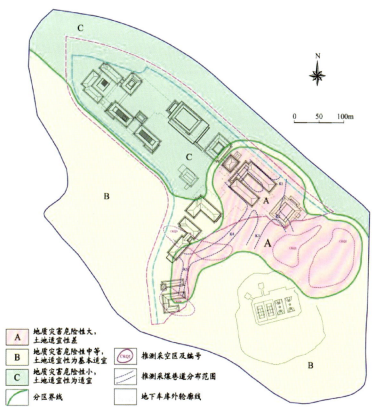

图 11-4　南京市灵山煤矿周边地质灾害危险性分区图

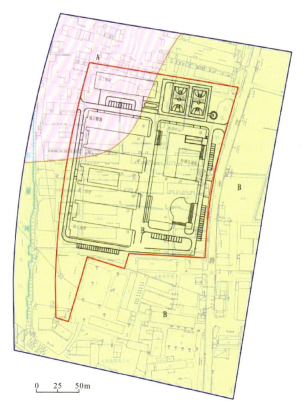

图 11-5　常州横林地裂缝周边地质灾害危险性分区图

3. 重要交通干线工程地面沉降专题研究

高速铁路以高速度、高舒适性为主要特征，对沉降有较高要求，近年江苏省相继开展了多条高速铁路的建设，大多数经过地面沉降发生区，亟须开展地面沉降的专题研究来支撑项目设计和建设。我院相继完成了京沪高速铁路丹阳—上海段、沪宁城际轨道交通工程丹阳—昆山段、苏通长江公路大桥、盐通铁路等重大干线工程地面沉降专题研究，通过资料收集和地面沉降调查，查清研究区地面沉降历史和现状，全面掌握了工程沿线水文地质条件和地下水开采历史、现状，深入研究区域地面沉降的机理以及影响沉降发展的主要因素，进一步明确地面沉降的主要压缩层位，并建立地面沉降耦合模型，在多年监测数据的基础上，预测地面沉降发展变化趋势，评价地面沉降对工程建设的影响；同时结合高速铁路的建设要求，提出地面沉降防治措施，为铁路建设提供了地质技术支撑（图11-6、图11-7）。

图 11-6　京沪高速高铁沿线沉降预测点沉降量分布图

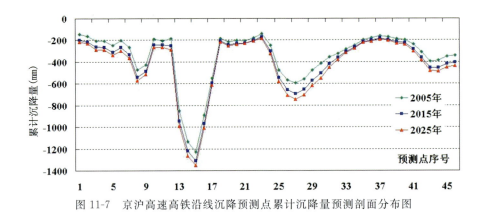

图 11-7　京沪高速高铁沿线沉降预测点累计沉降量预测剖面分布图

（二）转化应用

建设项目地质灾害危险性评估报告是建设单位开展建设项目地质灾害治理的依据，通过开展多个项目的地质灾害危险性评估工作,进一步提升了江苏省地质灾害的认识水平,同时地质灾害危险性评估成果直接服务于项目建设,在项目规划选址阶段提供决策支持,在项目设计和施工阶段提供地质灾害防治建议和数据支撑,有效避免了建设项目遭受地质灾害的侵害,社会、经济效益巨大。

第二节　地质灾害危险性区域评估

一、项目简介

为贯彻省委、省政府简化行政审批程序、推进省内开发园区地质灾害危险性区域评估的有关精神,在省厅的统一部署下,我院编制了《江苏省地质灾害危险性区域评估技术要求(试行)》,并通过实施多个开发园区地质灾害危险性区域评估试点,对技术要求进行了修编,为全面开展地质灾害危险性区域评估提供了技术保障。自2016年全省推进地质灾害区域评估试点工作以来,我院积极争取,先后承担完成了泰兴经济开发区、如皋港区、徐州经济技术开发区、连云港徐圩经济开发区等、连云港海州经济开发区、连云港高新区、靖江经济开发区、宝应经济技术开发区、宿迁经济开发区等10余个开发园区的地质灾害危险性区域评估项目。每个区域评估项目均严格按技术要求开展资料收集、地质灾害调查、水文地质、工程地质钻探等工作,并在此基础上进行综合分析,创新地开展不同开挖工况下的地质灾害危险性评估,使评估结论更切合园区实际;并探索建立地质灾害危险性评估成果查询和服务方式,开发了多个平台的地质灾害危险性区域评估成果查询服务系统,使地质灾害危险性区域评估成果更好地服务于建设项目地质灾害审批。

二、主要成果及转化应用

(一)主要成果

1. 制定了江苏省开发园区地质灾害危险性区域评估的技术标准

在综合分析地质灾害危险性评估相关规范、技术要求的基础上,编制了《江苏省地质灾害危险性区域评估技术要求(试行)》。通过泰兴经济开发区、如皋港区等地质灾害危险性区域评估试点项目的分析、总结,对技术要求进行了修编,提交了最终的地质灾害危险性区域评估技术要求,目前技术要求已完成了征求意见,并已修改定稿,为江苏省全面深入推进地质灾害危险性区域评估工作提供了保障。

2. 创新地开展了不同开挖工况下的地质灾害危险性评估

结合开发园区现状、产业及土地使用规划、工程建设类型未定的客观实际,根据各开发园区工程活动确定不同的开挖工况,创新地研究了不同预设工况(不同开挖情况)下对不同地质灾害的影响,进而分析了不同工况下、不同地质灾害类型的地质灾害危险性预测和综合评估(图11-8),使地质灾害危险性评估结论能更切合实际工程建设活动,最后还针对不同工况分别提出了针对性的地质灾害防治措施,使地质灾害防治有的放矢,确保地质灾害危险性区域评估成果更好地服务于建设项目地质灾害防治。

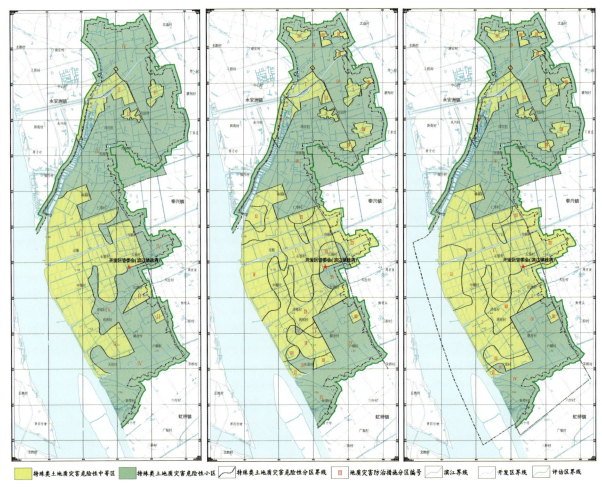

图 11-8　泰兴经济开发区不同开挖工况下地质灾害危险性综合评估分区图

3. 探索建立了地质灾害危险性区域评估成果查询与应用机制

为提高区域评估成果应用的便利性,在试点开展泰兴经济开发区地质灾害危险性区域评估项目过程中,建立了全省首个基于国土资源一张图平台的"地质灾害危险性区域评估成果查询服务系统"(图11-9),并配合当地主管部门制定了成果应用查询制度,明确了地质灾害危险性区域评估成果的查询流程(图11-10),极大地简化了审批程序,便利了用地单位。地质灾害危险性区域评估成果查询的"泰兴模式"也得到了各级管理部门的肯定,目前已在省内多个园区推广使用;另外我院还根据不同需求,开发了相对独立的网络版"地质灾害危险性区域评估成果查询服务系统",使查询系统能在国土资源一张图平台以外独立运行,实现了地质灾害危险性区域评估成果查询服务的网络化、远程化,大大方便了建设项目主体查询地质灾害危险性区域评估成果。

（二）转化应用

开发园区地质灾害危险性区域评估成果及查询服务系统的应用有效缩短了评估工作时间、简化了评估程序、降低了建设单位评估成本、节约了用地审批时间,提高了用地审批服务的质量和效率,充分落实了国家和省行政审批制度改革和简政放权要求,是贯彻落实"不见面审批(服务)"的重要举措。

第十一章 地质灾害危险性评估与防治工程勘查设计

图 11-9 泰兴经济开发区地质灾害危险性区域评估成果查询系统

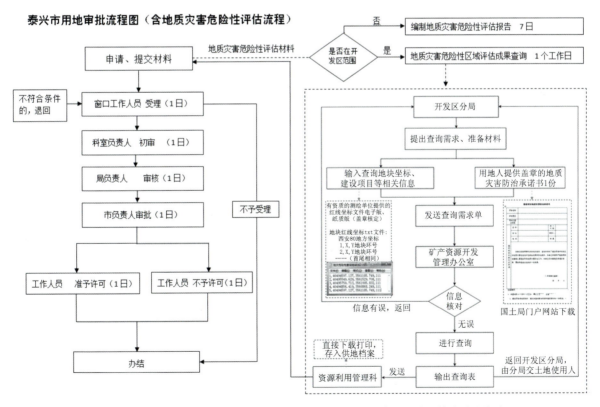

图 11-10 泰兴经济开发区用地审批流程图（含地质灾害危险性区域评估成果查询流程）

第三节　地质灾害治理工程勘查设计

一、项目简介

目前江苏省仍有大量崩塌、滑坡、地面塌陷等地质灾害隐患点，不断威胁着人民生命财产的安全，各级政府相继安排资金开展地质灾害隐患点的治理工作。作为地质灾害技术支撑单位，多年来，我院相继完成地质灾害治理工程勘查设计100余项，其中包括苏州阳山道碴矿、靖江市孤山崩塌滑坡、无锡雪浪山崩塌、滑坡等大中型地质灾害治理工程的勘查设计，有效指导了地质灾害治理工程的实施，消除了突发地质灾害隐患。地质灾害治理工程勘查设计是通过高精度的地形测绘和地质灾害调查，并辅以钻探、物探、测试等手段，全面查清地质灾害隐患点的分布发育特征和关键参数，分析地质灾害形成机理、影响因素，开展稳定性分析与评价计算，在此基础上综合考虑各方面因素，选择技术可行、经济合理、安全可靠的地质灾害治理方案来消除地质灾害隐患。

二、主要成果及转化应用

1. 消除了地质灾害隐患，保障了人民群众生命财产安全

通过开展地质灾害治理工程勘查设计，全面指导地质灾害治理工程的实施，消除了地质灾害隐患，保障了地质灾害危险区周边人民群众生命和财产的安全，恢复了生态景观，改善了人居环境（图11-11～图11-15）。

2. 提升了江苏省突发地质灾害的认识水平

通过开展高精度的地质灾害勘查和研究工作，更全面地查明了崩塌、滑坡等突发地质灾害的成因机理和成灾模式，更全面地掌握了各类地质灾害的总体特征、关键参数取值范围，有效提升了突发地质灾害的认识水平；同时通过治理效果对比，更深入地了解了不同成因类型地质灾害的有效治理措施，为今后开展类似地质灾害应急处置和综合治理提供了重要参考和借鉴。

图11-11　宜兴市太华镇华东路西入口滑坡地质灾害治理前后效果对比

图 11-12　南京市栖霞区丁家山滑坡地质灾害治理前后效果对比

图 11-13　无锡市滨湖区雪浪山崩塌滑坡地质灾害治理前后效果对比

图 11-14　连云港市连云区西墅花园滑坡治理工程前后效果对比

图 11-15　靖江市孤山崩塌地质灾害治理工程前后效果对比

第十二章 地热资源勘查与浅层地热能应用成果

第一节 地热资源勘查

我院地热资源勘查始于2000年,2002年在高邮地区进行了探索性研究,完成了第一份地热钻井选址调查报告,确定了地热井井位。2004年在张家港西张地区率先勘查成功了苏南平原区第一口地热深井,取得了地热勘查的重大突破。之后,随着社会经济发展和人们对地热清洁能源的逐步了解,地热资源开发利用的需求日渐旺盛,地热勘查开发活动日益活跃,相继在全省13个地级市开展了地热资源勘查工作。到目前为止,共完成地热资源勘查项目180多个,实施钻探地热井90多口,成功出水的地热井85口,出水成功率达92%。2000年以来,全省新增地热井95口,由我院施工的地热井占90%。苏州吴中缥缈峰地热井出水量达3486m^3/d,水温45℃,创造了苏南地区地热深井最大单井涌水量记录,如东小洋口2号地热井出水量2480m^3/d,水温92℃;宝应地热井出水量1506m^3/d,水温93℃,创造了江苏地热井出水温度最高纪录,也是目前中国大陆东部沿海地区出水温度最高的地热深井。2017年,灌云县大伊山地热井成功出水,水温46℃,出水量1019m^3/d,实现了变质岩地区寻找优质地热资源的重大突破。本章选取如东县洋口镇地区地热资源勘查和江苏省灌云县大伊山地区地热资源勘查两个典型项目进行介绍。

一、如东县洋口镇地区地热资源勘查

(一)项目简介

南通洋口地区位于长三角经济区北翼的黄海之滨,是如东县的天然深水港口,依托江苏省沿海大开发的机遇,开发利用清洁可再生地热资源,发展生态旅游是南通洋口地区建设的重要内容。近几年来,南通洋口地区相继开展了多个地热勘查项目,取得了丰硕的成果。勘查结果表明:该地区地热资源丰富,存在明显的地热异常,开发潜力巨大。随着勘探力度的不断加大,勘探手段的不断增强,逐步掌握地热资源的分布规律与形成原因,寻找温度更高的中温地热资源,对于转变地热资源开发利用方式,优化能源结构,促进节能减排,推动江苏省沿海大开发的生态环境建设具有十分重要的意义。

江苏洋通开发投资有限公司拟规划建设地热综合利用示范区,实现梯级开发、综合利用地热资源。2012年7月,委托江苏省地质调查研究院在该地区寻找温度更高的地热资源。我院在充分收集分析已有资料的基础上,采用40m深钻孔测温、高精度重力剖面测量、微动测深、可控源音频大地电磁测深等多种勘探方法,查明深部地热地质条件,确定了钻井井位(编号RRY-1井),并进行钻探,2013年成功出

水,井深2 803.68m,最大出水量为2 480.70m³/d,最高出水温度达92℃,成为江苏省第一口中温地热井。

(二) 主要成果

(1) 40m深钻孔地温测量客观地反映了区域地温场特征,地热异常明显且沿呈北西断裂走向分布,地热井均位于地温异常中心。

金蛤岛地热井井深418m,水温约42℃,与金蛤岛地热井相距不足2km的RYK1地热井,井深1073m,出水温度76℃,地温梯度达5.73℃/100m,地热2井(编号RRY-1井)孔深2 803.68m,孔底温度为94.7℃,800~1000m处两钻孔的地温变化曲线存在明显的地热异常。40m深钻孔地温测量结果也显示出明显的地热异常,异常呈北西走向,沿断裂走向分布,施工的地热井均位于地温异常中心(图12-1)。

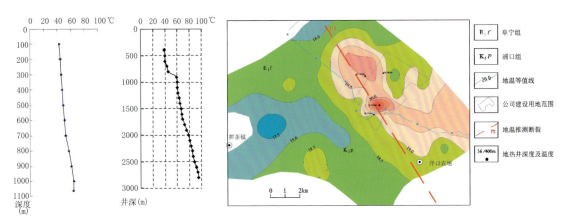

图12-1　洋口镇地热1、2井不同深度地温分布图及40m地温异常分布及构造解释图

(2) 采用多种物探方法综合解译,相互印证,明显提高地热资源勘探精度,效果显著。

为了避免单一物探方法解译的多解性,在研究地球物理异常特征及地热地质条件的基础上,采用多种物探方法综合解译可以明显提高地热资源勘探精度,降低勘查风险。采用40m深孔地温测量、高精度重力剖面测量、微动测深、可控源音频大地电磁测深等综合物探方法进行地热资源勘查,基本查明区内深部地层结构及断裂位置,合理确定井位(图12-2、图12-3)。

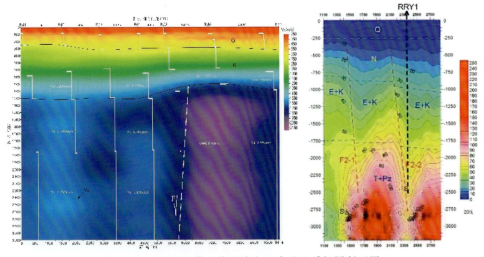

图12-2　CSAMT勘查线反演电阻率及地质解译断面图

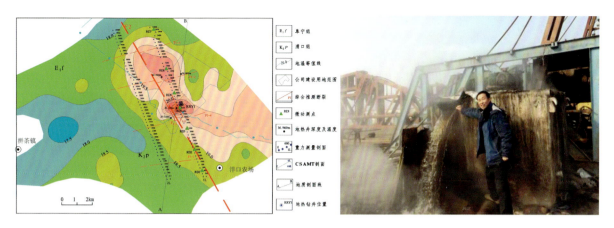

图 12-3　地热综合勘查断裂构造推断图及地热井出水照片

(3) 科学论证、规范施工,地热井成功出水,水温 92℃,水质优,实现江苏中温地热资源零的突破。

小洋口地热 2 井最大出水量为 2 480.70 m³/d,最高出水温度达 92℃,成为江苏省第一个中温地热资源地热井,实现中温地热资源零的突破,勘查效果显著。地热水中富含偏硅酸、氟、偏硼酸等多种元素,可用于发电、供暖、洗浴、温室、养殖等行业。据抽水试验结果进行初步计算,地热井年可采热量 2.16×10^{14} J,折合标煤 7410 t,节省了大量煤、电消耗,其开发利用将产生良好的经济效益、环境效益和社会效益。

(4) 结合区域地层构造,重力、航磁及多种物探方法综合解释结果,综合分析小洋口地区地热资源成因。

综合分析认为:金坛-如皋断裂带是海安凹陷和南通隆起的分界断裂,断裂规模大、切割深。北北西向断裂与区域性深大断裂在区内交会,交汇处岩石破碎,为地热水的赋存与运移提供了通道和空间,深部的热水沿断裂上涌,赋存于断裂破碎带中,钻孔揭露断裂后,热水上涌。RYK1 地热井和 RRY-1 地热井皆位于金坛-如皋断裂带与北西向断裂的交会带附近,受该断裂控制明显,是属对流型地热资源。金蛤岛地热井热储层为盐城组松散层砂层,富含丰富的地下水,该地热水静态地分布于盐城组地层中,受下部蓄积的对流型地热水的温度"烘烤"产生地温异常,形成传导型地热资源(图 12-4)。

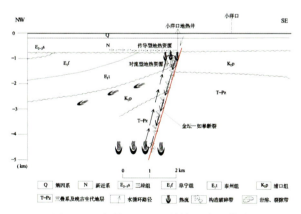

图 12-4　小洋口地区地热资源成因模式

(三) 应用效果

(1) 勘查方法为同类型地区地热资源勘查提供了有意义的借鉴,宝应地热井成功出水(图 12-5),水温达 93℃。

地球物理数据处理与地质解译、可控源音频大地电磁测深、地温测量、高精度重力测量、微动测量等多种物探方法相结合的勘查方法,较好地查明深部地层结构及断裂位置,2014年,由我院负责勘查的宝应七里村地热井成功出水,井深3028m,出水量1505m³/d,温度93℃,成为江苏省第二口中温地热井,是目前中国大陆东部沿海地区出水温度最高的地热深井。

图12-5　宝应七里村地热井出水照片

(2)依托丰富的地热资源,建立地热综合利用示范能源站,创建中国地热资源综合利用新模式。

江苏洋通开发投资有限公司拟规划建设地热综合利用示范能源站,将地热资源用于发电、制冷、干燥、供暖、生活热水、医疗保健、种植养殖等用途,实现梯级开发、综合利用地热资源,创建中国地热资源综合利用新模式——江苏小洋口模式。

二、江苏省灌云县大伊山地区地热资源勘查

(一)项目简介

江苏省灌云县大伊山地区地热资源勘查是2016年12月由连云港弘大旅游发展有限公司委托我院进行的地热资源勘查项目。2016年12月下旬开始调查工作,通过分析地层、构造及"源、通、储、盖"等地热地质条件,布置了地球物理探测工作,对勘查区深部地热地质条件进行综合研究,确定探采结合地热井井位,2016年2月中旬提交地热钻井选址调查报告,2017年6月进行钻井(编号RGD1)施工,终孔深度2501.66m,最大出水量1019m³/d,出水温度46℃。

(二)主要成果及转化应用

(1)勘查区所处变质岩地区,富水性相对较差,本项目选择有效的地热勘查方法,把确定断裂位置作为基岩裂隙型地热资源的勘查目标。

勘查区位于高压变质带与超高压变质带的过渡带,属于云台山山前盆地,受北东向猴咀镇-南城镇断裂控制,在变质岩地区,地下水富水性较差,寻找张性断裂成为寻找地热资源的主要目标。在系统分析已有地质资料的基础上,结合重、磁解释结果,确定主要构造位置,通过合理布置测线,进行可控源音频大地电磁测深,查明区内深部地层结构、热储类型及断裂位置(图12-6)。

(2)可控源音频大地电磁测深采用GDP-32^{II}和V8两种仪器,同发射源、同测量点进行测量,异常相互印证,提高地质解译的准确性。

首先采用GDP-32^{II}进行40、50、60线的测深,在发现异常的基础上,同发射源、同测量点进行V8复测,解译结果显示两种异常较为一致,相互印证。解译推断的F1断裂是猴咀—南城断裂的南延部分,呈南北向展布,倾向东,断裂带低阻特征明显,为张性蓄水断裂(图12-7)。

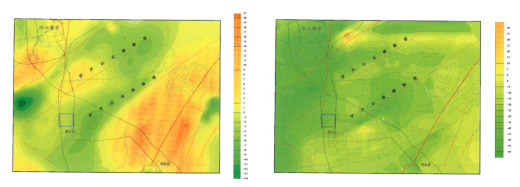

图 12-6　重力航磁解译图

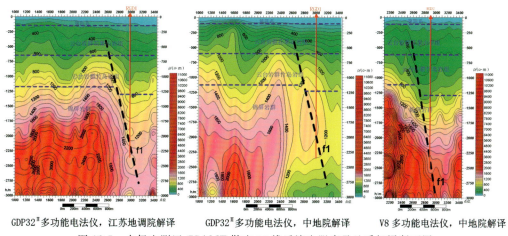

　GDP32^{II}多功能电法仪，江苏地调院解译　　　GDP32^{II}多功能电法仪，中地院解译　　　V8多功能电法仪，中地院解译

图 12-7　大伊山测区 CSAMT 勘查 60 线反演电阻率及地质解译断面图

(3)地热井的勘查成功,实现了变质岩地区地热勘查的新突破,为同类型地热勘查指明了方向。

2017 年,连云港大伊山地热井成功出水,水温 46℃,出水量 1019m³/d,打破了变质岩地层不含水或含水量少的传统理念,实现了变质岩地区寻找优质地热资源的重大突破。该地热井的勘查成功,也为省内外同类型地热资源的勘查指明了方向,积累了经验。

(4)创新地热勘查理念,在火山岩、变质岩、碎屑岩地层寻找到优质地热资源。

通过十多年的探索,改变以往地热勘查以寻找灰岩热储为主的思路,认为在大规模的张性断裂带附近,泥质含量较少,刚性较大的火山岩、变质岩、碎屑岩地层由于裂隙发育,也能成为较好的地热储层,相继在火山岩、变质岩、碎屑岩地层成功勘查出优质地热资源。2013 年,扬中江之源地热井勘查成功,出水层位为侏罗系火山岩,水温 62℃,最大出水量 1506m³/d。2013 年,勘查成功的苏州吴中缥缈峰地热井,热储层为茅山组砂岩,水温 45℃,出水量 3486m³/d(图 12-8)。2014 年,溧阳南山花园地热成功出水,出水层位为中生代花岗闪长岩,水温 48℃,出水量 508m³/d。

图 12-8　连云港大伊山、吴中缥缈峰地热井出水照片

第二节　地热资源综合研究与开发利用规划

江苏省地热资源丰富,开发潜力巨大,近年来,全省地热资源的开发利用得到了快速发展,先后开展了多个地区的地热资源勘查,成功出水的地热井90余口,有的已被开发利用,取得了显著的成果,但同时也存在勘查程度低,缺乏统一有效管理,勘查开发盲目、投资风险大等问题,在一定程度上影响和制约了地热资源的开发利用。为加强地热资源的管理,降低地热勘探风险,推动地热资源的科学勘查、有序开发、合理利用和有效保护,2007年以后,地热中心的工作由较为单一的地热资源选址、勘查、施工逐渐转向地热资源勘查与区域性地热资源调查评价、开发利用规划相结合。结合地方需求,先后开展了苏北盆地建湖隆起岩溶裂隙型地热资源研究、南京汤山地区地热资源调查评价、扬州市地热资源调查评价及苏州、镇江、扬州、泰州4个地级市和苏州吴中区、金坛市、常熟市3个县级市地热资源勘查与开发利用规划,编制江苏省地热能开发利用规划,实现地热资源勘查开发的统一管理。本节选取"苏北盆地建湖隆起岩溶裂隙型地热资源研究"和"苏州市地热资源勘查与开发利用规划"两个典型项目进行介绍。

一、苏北盆地建湖隆起岩溶裂隙型地热资源研究

(一)项目简介

苏北盆地建湖隆起位于中国东部沿海高热流地热异常带、地热地质条件好且资源丰富,20世纪90年代初,江苏省开展了全省地热资源分布规律和远景预测研究,初步总结了区域地温场特征和地热异常的分布规律,探讨了构造体系的控热作用。2000年以后,相继在建湖隆起区的洪泽县老子山、宝应县钱沟—黄荡、泰州、洪泽县蒋坝、盱眙县东部等地区开展过地热普查工作,多眼温度高、水量大的地热井相继出水。但由于勘查工作多零星分布,整个建湖隆起区地热资源勘查工作未进行过归纳总结,该区地热成因、形成机理缺乏较为深入的研究,可供开发利用的资源不明,在一定程度上影响了地热资源的勘查与开发利用。依据地方经济建设发展需求,2010年江苏省地质调查研究院在苏北盆地建湖隆起区开展岩溶裂隙型地热资源研究工作。

项目采用综合地球物理勘查技术,对建湖隆起区地热资源条件进行系统研究。研究了区域地温场形成机制和地温分布格局,分析了地热资源成因,计算了整个隆起区岩溶裂隙型地热资源量,评估了地热资源潜力,为全省地热资源评价与区划提供了科学支持和技术示范。研究成果对于指导苏中地区地热资源的合理勘查与开发,促进当地温泉经济发展具有十分重要的意义,该项目获得2013年度省国土资源科技创新一等奖。

(二)主要成果

(1)筛选出适合建湖隆起区地质背景条件及地热资源类型的物探、化探勘查方法的最优组合,取得较好的勘查效果。

采用地表浅孔测温、可控源音频大地电磁测深、微动测深、钻井验证等技术方法,开展地热资源勘查工作,查明苏北盆地建湖隆起区地热地质条件,揭示了岩溶裂隙型地热资源的分布规律。建湖隆起为一隐伏于新生界之下的弧形断褶带,地球物理场上为一重力高异常地区,断裂发育,碳酸盐岩热储埋藏适中,有良好的开发利用前景。

(2)采用 Tough2 数值模拟软件对地热异常区的地温场与大地热流进行了研究,揭示了地温分布的区域性规律。

建湖隆起区存在明显的地温异常,平均地温梯度 4.5℃/100m,热流值达 88.0mW/m²。老子山 T4 地热井地温梯度达 22.4℃/100m(图 12-9),宝热 1 井 500m 以浅地温梯度达 7.5℃/100m(图 12-10)。基于已有数据,采用 Tough2 数值模拟软件对典型地质剖面进行二维地温场模拟,结果表明:在隆起区,由于高热导率的灰岩地层的相对抬升,热流更容易传导到浅层,热量在盖层下聚集,形成温度高值区(图 12-11)。

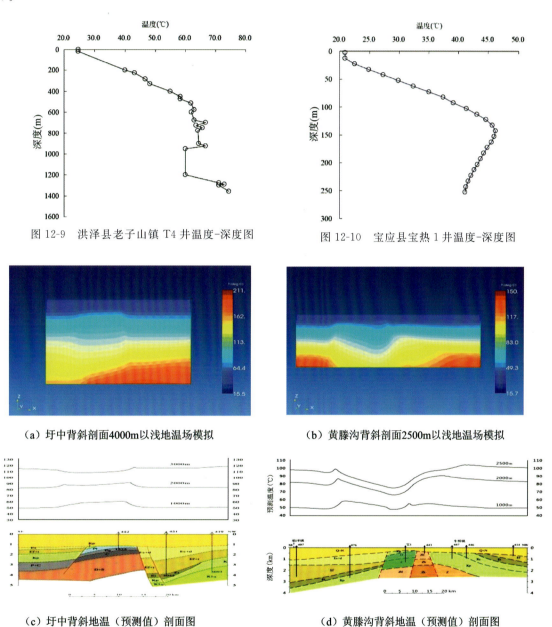

图 12-9 洪泽县老子山镇 T4 井温度-深度图

图 12-10 宝应县宝热 1 井温度-深度图

(a)圩中背斜剖面4000m以浅地温场模拟

(b)黄滕沟背斜剖面2500m以浅地温场模拟

(c)圩中背斜地温(预测值)剖面图

(d)黄滕沟背斜地温(预测值)剖面图

图 12-11 模拟及预测剖面

(3)深入研究地热成因及形成机理,建立老子山地热田的概念模型,为该类型地热资源成因分析提供了研究思路和方向。

结合老子山地区地热地质条件,采用同位素(图 12-12)及水化学方法,基本查明典型地热田地热资源成因,阐明热水的补给来源、径流途径和循环深度、热水年龄及排泄途径,预测了深部热储温度。分析认为:老子山地热系统属于中低温对流型,补给区位于距地热田南部约 60km 处的盱眙至张八岭一带的丘陵地区,热储温度约为 73~120℃,循环深度约为 2350~4200m,循环周期约为 2900~7800 年,热水在区内 NNE—SSW 向与 NW—SE 向断裂的交汇处上涌,形成地热田,研究成果为该类型地热资源成因分析提供了研究思路和方向(图 12-13)。

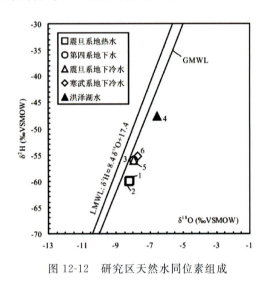

图 12-12 研究区天然水同位素组成

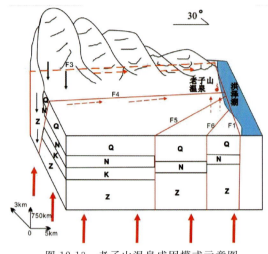

图 12-13 老子山温泉成因模式示意图

(4)实现较大区域内地热资源储量的计算及评价,计算结果揭示了建湖隆起区岩溶裂隙型地热资源的巨大潜力和良好的开发前景。

采用热储法对研究区震旦系和古生界岩溶-裂隙型热储地热资源量进行分区计算,总热储存量为 $3.147×10^{20}$ J,折合标准煤 107.5 亿 t,热水总资源储量为 $4.409×10^{10}$ m³,可采资源储总量为 $6.747×10^{4}$ m³/d,可采热能 129MW,为大型地热田,地热资源潜力巨大。

(三)应用成效

(1)为研究区地热资源的勘探指明了方向,较大降低了地热勘探的投资风险,加快了研究区及周边地区开发地热资源的步伐。

项目成果成功地为盱眙、洪泽、宝应等地热井施工提供了重要指导。区内已施工的多口地热井成功出水,水温高,水量大,展示了苏北盆地建湖隆起区岩溶裂隙型地热资源良好的开发前景。施工的地热井成功出水。盱眙地热井水量达 3615m³/d,宝应七里村地热井温度达 93℃,成为迄今为止,江苏省内单井涌水量最大、温度最高的地热井(表 12-1)。

表 12-1 建湖隆起区施工地热井一览表

井名	井深(m)	水温(℃)	水量(m³/d)
盱眙盱城地热井	2 001.8	53	3615
洪泽蒋坝地热井	1 676.23	43.5	737
宝应七里村地热井	3028	93	1505

(2)为扬州市"中国温泉之城"的成功申报提供了丰富、可靠的基础数据和技术支撑。

项目成果为扬州市地热资源的勘查与开发管理,保障地热资源的可持续利用,提供了科学依据与技术支撑;也为扬州市 2012 年"中国温泉之城"的成功申报提供了大量、可靠的基础数据。

二、苏州市地热资源勘查与开发利用规划

(一)项目简介

为加强地热资源的管理,2012年,苏州市国土资源局委托江苏省地质调查研究院开展"苏州市地热资源勘查与开发利用规划研究"工作。规划研究从源、通、储、盖4个要素入手,分析区域地热地质条件,查明地热储层的空间分布规律与区内断裂构造展布规律,划分了重点勘查区和一般勘查区,结合国民经济发展规划和旅游规划,对地热资源的开发利用进行布局,提出产业发展引导方向。通过地热资源勘查与开发利用规划,为地热资源的科学合理开发利用提供了依据,也为政府地热资源开发管理提供了技术平台。推动苏州市地热资源的科学勘查、有序开发、合理利用和有效保护,实现对全市地热资源勘查开发的统一管理。

(二)主要成果

(1) 从源、通、储、盖4个要素入手,全面分析苏州市地热地质条件。

考虑到地热资源埋藏深、研究程度低、资源分布不清、勘查投入大、时间长、高风险等特点,对其进行规划不能简单照搬其他矿产资源规划的形式,必须以地热资源科学的勘查评价为前提,对苏州地区源、通、储、盖4个要素入手,查明地热储层的空间分布规律与区内断裂构造展布规律,为地热资源勘查条件分区与开发利用规划提供科学依据。

研究结果显示:苏州地区位于中国东部沿海高热流地热带,中低温地热资源丰富。地温梯度平均为2.1℃/100m,热储类型主要有碳酸盐岩类岩溶裂隙型热储(图12-14)、碎屑岩类裂隙型热储和岩浆岩类裂隙型热储三大类,裂隙发育,渗透性和富水性良好,地热井出水温度一般在40℃,最高达65℃;区内多以有利于地热水聚集的隆凹构造为主,断裂构造发育,具备地热资源形成的区域构造前提。总体来看,苏州市地热地质条件较好。

(2) 厘定出影响地热资源勘查的多个因素,圈定地热资源勘查靶区。

选择区域研究程度、地热储层埋藏深度、地质构造、岩浆岩分布、地热资源勘查的技术经济条件作为影响因子,对地热资源勘查条件进行划分,圈定地热资源勘查靶区,共划分7个良好区、2个较好区,分区面积占全区面积的22%(图12-15)。分区结果为政府部门地热勘查与开发利用规划提供了科学依据,降低地热勘探风险,取得了较好的效果。

(3) 合理选择参数,计算苏州市地热资源量,并进行潜力评价,展示了苏州地区地热资源潜力和良好的开发前景。

选择地热地质条件较好的凤凰地区作为典型地区,先进行地热资源量计算及潜力评价,继而推广至地热资源勘查开发条件良好区进行计算。采用平均布井法与开采模数法,通过合理选取参数进行估算,良好区的地热资源总热储量为 3.95×10^{19} J,总资源量为 2.57×10^{10} m³。可采资源总量为81 196.2 m³/d,展示了苏州地区地热资源潜力和良好的开发前景。

(4) 结合国民经济与社会经济发展规划,对全市地热资源的勘查与开发利用进行规划,推进地热资源勘查与开发利用的规范有序和可持续利用。

依据苏州市地热资源条件及国民经济发展规划,划出16个地热资源重点勘查开发区(图12-16)。结合经济建设拟设地热探矿权,并相应提出了地热开采总量调控目标。对地热资源的开发利用进行布局,提出产业发展引导方向,划分出温泉商务休闲区、温泉农业生态旅游区、温泉旅游度假区、中心镇温泉利用引导区、温泉综合开发利用示范区,为地热资源的科学合理开发利用提供了依据,也为政府地热资源开发管理提供了技术平台(图12-17)。

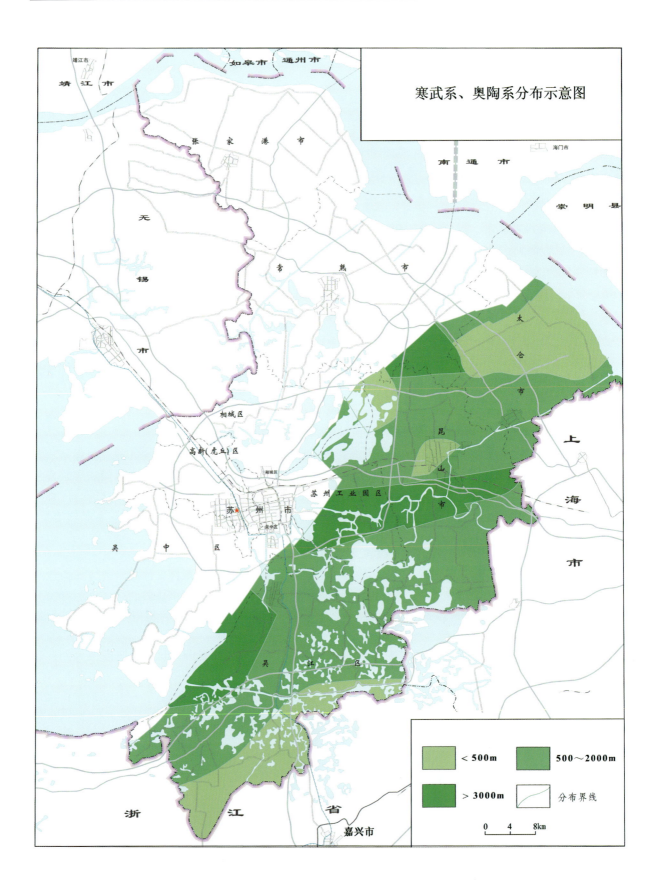

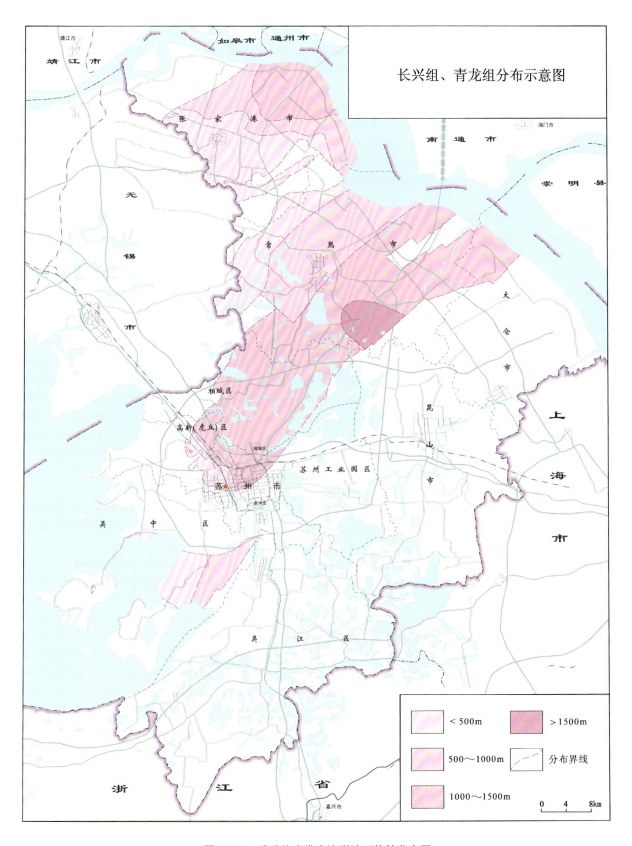

图 12-14　碳酸盐岩类岩溶裂隙型热储分布图

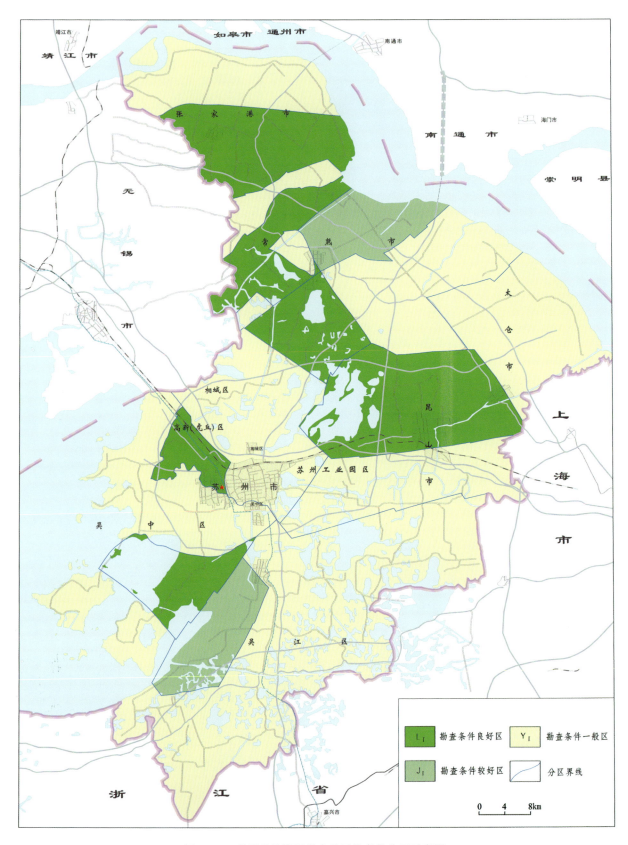

图 12-15 苏州地热资源勘查及开发条件分区示意图

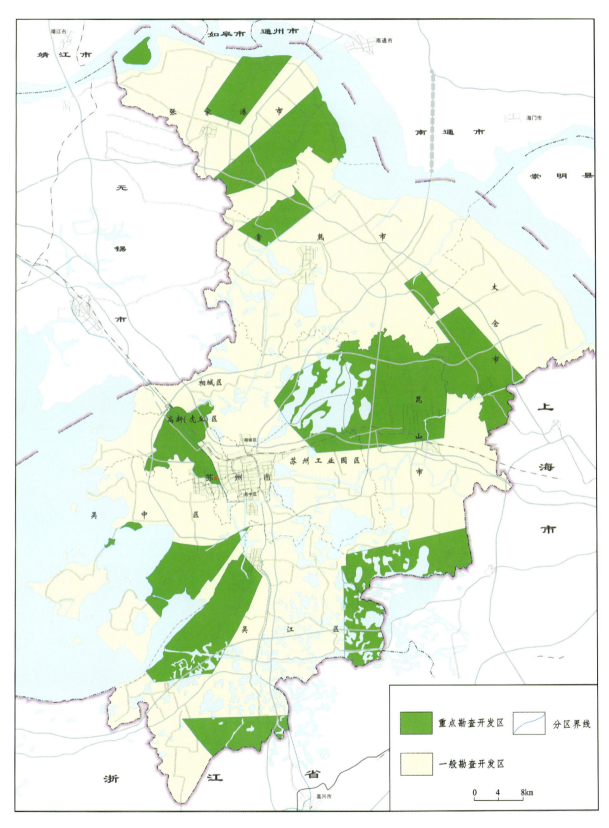

图 12-16 苏州地热资源重点勘查区分布示意图

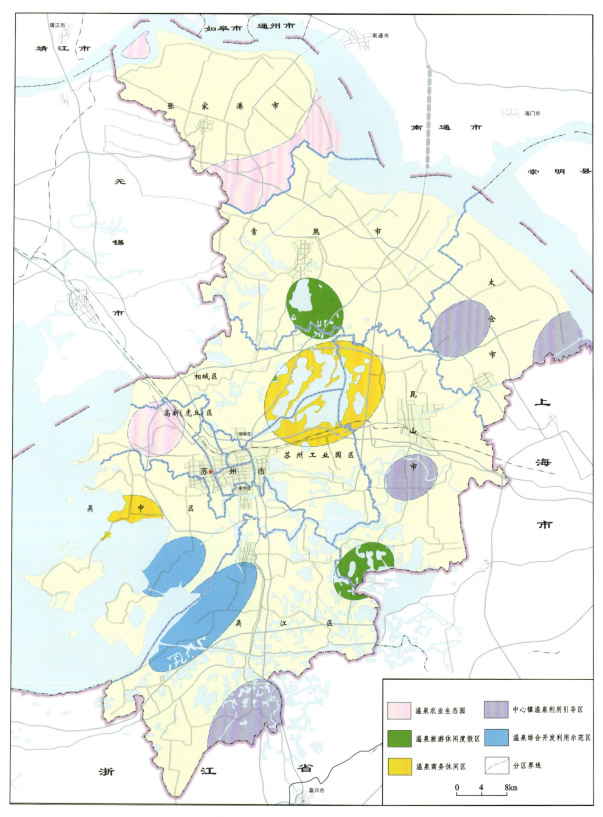

图 12-17 开发利用功能分区示意图

(三)应用成效

(1)规划的正式实施有力地助推了全市生态资源与绿色经济的可持续发展。

2013年9月13日,苏州市人民政府批复《苏州市地热资源勘查与开发利用规划(2013—2020年)》(以下简称《规划》)正式实施。两年来,《规划》成果使得苏州市的地热资源勘查开发管理得到规范,"科学勘查、有序开发、合理利用、有效保护"地热资源开发与利用管理模式已形成推进当地地热资源勘查与开发利用的规范有序和可持续利用。

(2)研究内容与方法为其他地区开展地热资源勘查与开发利用规划提供示范。

研究成果是江苏省第一个地级市的地热资源专项规划,首次将地热资源作为主要矿产资源进行专题规划研究,实现了江苏省地级市地热资源规划零的突破,创建了在地热资源研究程度较低地区,进行地热资源勘查与开发利用规划的新思路、新模式,为江苏省其他地区地资源勘查开发规划提供了严密的技术支撑和方法示范。之后,我院相继开展了苏州、扬州、镇江地热资源勘查开发规划,规划已以政府文件下发,成为当地地热资源管理的依据(图12-18)。

图12-18 苏州、扬州、镇江地热资源勘查与开发利用规划批复

(3)地热勘查靶区分区结果指导地热资源的勘查开发取得了较好的效果。

《规划》划分了地热资源勘查重点区,已成为当地国土部门指导地热勘查开发的重要依据,成果的指导意义显现。当前,吴江桃园、张家港鸷山等地地热资源的勘查工作正在有序推进,2014年国土资源局合理指导张家港香山地热井的选址与施工,该地热井成功出水,出水量870m^3/d,水温35℃,水质良好。2017年,张家港双山岛地热井成功出水,出水量422m^3/d,水温53℃,水质良好。张家港香山地热井和双山岛地热井的成功勘查,为张家港地区旅游开发及招商引资提供了资源保障,对地方经济发展具有拉动作用,潜在经济价值巨大(图12-19)。

图12-19 张家港西张地热井出水及建成的金凤凰温泉度假中心

第三节　浅层地热能场地勘查

近几年来,江苏省浅层地热能的开发利用发展迅速,已成为节能减排大军中一股不可忽视的力量。但由于地源热泵技术的应用时间还不长,人们对它的认识和一些规程规范的不尽完善,使得地源热泵技术的全面推广与应用存在不同程度的问题,包括浅层地热能开发利用工程与资源勘查评价工作脱节,忽视了地质条件对浅层地热能的开发利用方式和规模的决定作用,缺乏科学依据进行盲目选择,导致部分工程效益不高,工程成功率降低等。因此,开展浅层地热能的场地勘查、评价及设计工作逐渐得以重视,我院先后承担了南京百家湖商务会馆地源热泵工程的设计和施工、江苏沙家浜温泉国际度假中心垂直地埋管现场热响应试验、苏州大阳山森林保护区岩土热响应试验、如东小洋口国际温泉度假城浅层地热能勘查等工作,通过浅层地热能勘查评价工作,确定热物性参数,查明浅层地热能资源量,提出合理性的开发利用方案,确定为后期的工程建设提供参考依据。

下面以"如东小洋口国际温泉度假城浅层地热能勘查"为典型项目进行详细介绍。

一、项目简介

2015年,江苏洋通开发投资有限公司委托江苏省地质调查研究院进行该地区的浅层地热能勘查评价工作。项目组在全面调查及资料收集分析的基础上,对调查区第四纪岩土体地质结构及热物性特征、水文地质条件、地温场背景等进行了深入研究,基本查明了调查区浅层地热能分布特点、赋存条件。利用3个现场热响应测试孔的测试,获取了不同区域岩土体的热物性参数。对浅层地热能开发利用时的运行工况进行了模拟研究,对浅层地热能开发利用引起的地温场变化进行深入分析,提出了可行的浅层地热能开发利用方案,查明了区块内浅层地热能资源量及可开发利用的浅层地热能资源量,为后期地源热泵工程项目可行性研究及设计提供了基础依据。

二、主要成果及转化应用

(1)通过资料收集与换热孔施工,对勘查区第四纪岩土体地质结构、水文地质条件、地温场背景等进行研究,基本查明浅层地热能分布特点、赋存条件,为浅层地热能开发利用提供基础资料。

勘查区100m以浅分布的地层为第四系,岩性以粉质黏土、粉土、粉砂、粉细砂、中砂及中-粗砂为主,岩性变化不大,岩土中含有丰富的地下水,热导率较高,热容量较大,具有较好的浅层地热能开发利用条件(图12-20)。且地层可钻性强,钻探成本相对较低,适合采用垂直地埋管型地源热泵系统进行浅层地热能的开发利用。

图12-20　A-1孔岩芯及所取的10组样品

（2）利用3个现场热响应测试孔的测试（图12-21），获取了调查区岩土体的热交换参数，对浅层地热能开发利用引起的地温场变化进行了深入分析，并通过不同埋管类型的对比试验，提出合理性的开发利用方案。

勘查区100m以浅平均导热系数较大，综合换热能力较强，适合使用地埋管型地源热泵空调系统，初始平均温度较高，具有较好的夏季排热和冬季取热效果（图2-22）。通过32mm双U型埋管和25mm双U型埋管对比试验，显示不同的埋管类型换热能力有一定差异，DN32双U型埋管方式较DN25双U型埋管方式的每延米换热量大15%左右，通过计算，确定换热孔的合理间距为5m。

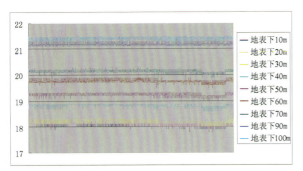 

图12-21　A-1孔不同深度地温场变化曲线（A-1孔热响应试验时）

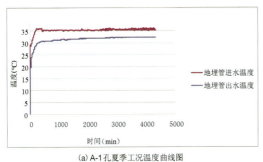 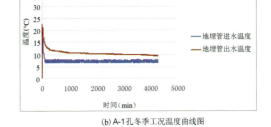

(a) A-1孔夏季工况温度曲线图　　　　　　　(b) A-1孔冬季工况温度曲线图

图12-22　A-1孔夏季和冬季工况温度曲线

（3）查明了勘查区浅层地热能资源量及可开发利用的浅层地热能资源量，进行了浅层地热能开发利用环境影响预测和经济成本评估。

按勘查区面积12km^{2}计算，区内100m以浅赋存的浅层地热能热容量为3.0438×10^{12}kJ/℃。勘查区100m以浅浅层地热能夏季可开发利用功率1.586×10^5kW，冬季可开发利用功率1.430×10^5kW，浅层地热能可提供158.6万m^{2}建筑物的制冷和供暖。垂直地埋管地源热泵进行浅层地热能的开发利用时不开采地下水，合理的设计和施工不会引发地质灾害，建议设计时应充分考虑冷热平衡，采用合理井距，不会对生态环境造成影响。

（4）项目成果对浅层地热能的开发利用起到了一定的促进和指导作用。

项目提出了可行的浅层地热能开发利用方案，为后期地源热泵工程项目的可行性研究及设计提供了基础数据，项目成果对指导小洋口地区浅层地热能的合理开发利用，促进节能减排和保护生态环境具有重要的现实意义。

第十三章　水文地质工程地质勘查与应用

水是生命之源，生产之基，生态之要。地下水作为水资源的重要组成部分，在保障经济社会发展、维系良好生态环境方面发挥着重要作用。自1998年建院以来，我院水文地质工程地质技术服务工作以地下水资源科学利用和保护为出发点和立足点，在地下水资源调查评价及开发利用规划、地下水应急备用水源地勘察与规划、水资源论证、地下水环境保护、地下水基础研究等方面取得了丰硕成果，完成各类报告数百份，为江苏省自然资源、水利、环境生态等部门开展地下水环境和地质环境保护提供了重要的技术依据，也为广大企事业单位依法取水、推动地方经济发展提供了重要的技术保障。

建院20年间，荣获各等级科技成果奖励8项，其中江苏省科学技术三等奖1项，江苏省国土资源科技创新奖一等奖和三等级各1项，江苏省水利科技优秀成果一等奖、二等奖、三等奖各1项，江苏省城乡建设系统优秀勘察设计一等奖1项，南京市优秀工程勘察一等奖1项。

第一节　地下水资源调查评价与开发利用规划

一、综述

1998年以来，我院先后接受省、市、县各级水行政主管部门委托，开展了全省及苏锡常地区、泰州市、宿迁市、盐城市、常州市、姜堰市、吴江市、常熟市、昆山市、江阴市、东海县、盱眙县等多地不同比例尺的地下水资源调查评价与开发利用规划工作十多项（其中省级地下水资源开发利用规划一项，地市级地下水资源开发利用规划5项，县市级地下水资源开发利用规划近十项），评价与规划的地下水类型涉及孔隙承压水、浅层地下水、基岩裂隙水、岩溶水等多种水源。

各地地下水资源调查评价视工作精度要求，通过收集已有水工环地质资料、水文地质测绘、水文地质钻探、水文地质物探、野外水文地质试验、地下水动态监测、水样采集与测试等多种工作手段有机结合，在(基本)查明工作区地下水资源赋存分布特征的基础上，因地制宜地选用数值模拟法、水文地质比拟法、开采试验法、相关分析法、水动力学法、水均衡法等方法开展地下水资源评价，并结合地方用水需求和最新的水资源管理政策，编制地下水资源开发利用规划，为进一步强化江苏省地下水资源的开发利用和节约保护提供了重要依据，也为我院在江苏省水利系统赢得了良好声誉。

二、典型项目

（一）江苏省地下水资源开发利用规划

1. 项目简介

20世纪70年代以来，为缓解日益紧张的供水矛盾，江苏省各地相继开始大规模开发利用深层地下水资源，部分地区由于长期超量开采，引发了地面沉降、地裂缝、岩溶地面塌陷等一系列严重的环境地质问题，严重影响了区内的生态环境、建设环境、投资环境。新世纪初，为实现党中央提出了"人口、资源、环境"这一奋斗目标，在保护人类赖以生存和发展的环境的前提下合理开发利用地下水资源，充分发挥地下水资源在经济建设中的作用和地位，江苏省水利厅委托江苏省地质调查研究院在全省范围内开展地下水资源开发利用规划工作。

项目打破以往以行政区划为单元开展地下水开发利用规划的传统理念，提出了先从水文地质分区入手科学核定各区地下水可采资源量，继而分析各地用水需求、区域供水条件等社会因素，最后制订科学的、全面的、综合的地下水资源开发利用规划的工作思路。通过对全省的地下水资源进行统一管理，统筹规划地下水资源的开发、节约、保护等，真正实现在保护中开发、在开发中保护的理念，为进一步强化全省地下水资源的开发利用和节约保护提供了重要依据。

2. 主要成果

1）基本查明了江苏省区域水文地质条件

根据区域内地层沉积分布特征、含水砂层的空间分布规律、地下水流场及地下水循环中的补径排条件等，全省可划分为四个水文地质区（一级区）及十九个水文地质亚区（二级区）。其中平原区主要赋存松散岩类孔隙水，具有含水层次多、厚度变化大、水质复杂、富水性较好等特点。基岩地下水主要分布于省域北、西、南三片低山丘陵区，其中徐州铜山、南京东郊仙鹤门、镇江谏壁等地，蕴藏有较丰富的岩溶裂隙地下水源，其他低山丘陵区赋存的地下水类型主要为碎屑岩类构造裂隙水，富水性较差，仅在有利构造部位蕴藏有较丰富的地下水。由于成井条件复杂，一般视为贫水地区。

2）首次从水文地质分区角度核定了全省地下水可采资源量

在系统分析江苏省水文地质条件及以往各市地下水资源评价成果的基础上，以水文地质区为单元，通过对比分析以往数值法计算的边界条件、水位控制目标以及近几年来地下水开采量、水位变化、水质情况等，结合各地区生态环境和地质环境的保护条件，采用数值法、类比分析等方法核定了全省地下水可采资源量。全省总计地下水可采资源量为176 006万m^3/a，其中孔隙承压水可采资源量为139 222万m^3/a，岩溶水可采资源量为36 784万m^3/a。

3）首次开展了全省地下水超采区划分

超采区划分主要依据地质环境条件、地下水水位及地下水开采潜力指数，不同类型地下水（松散岩类孔隙水、岩溶裂隙水）采用不同的划分标准。结果显示，江苏省共计有25个规模不等的地下水超采区。主要分布在苏锡常地区、南通地区、盐城地区及徐州地区，总面积约17 429km^2，其中一般超采区面积约7476km^2（主要位于南通地区及盐城地区），严重超采面积约9953km^2（主要位于徐州市区七里沟、盐城市区、大丰、丰沛县城及苏锡常地区）。全省25个超采区合计超采地下水16 839万m^3，其中苏锡常地区超采量达7044万m^3，占全省总超采量的41.8%。

4)首次实现了全省地下水资源开发利用统一规划

本次全省地下水资源开发利用规划从水文地质条件、地质环境背景条件出发,以地下水可采资源量为前提,以区域供水条件为基础,以满足区域供水盲区乡镇居民生活用水量及市属、县(市)属水厂的地下水取水量为核心,以改善地下水超采引发的环境地质问题、实现涵养水源为最终目标,充分考虑不同地区经济发展的差异以及社会经济发展中的需水要求、地表水资源的丰富程度、区域供水条件等因素展开规划,提出了不同规划水平年地下水规划开采量以及优先使用地下水的区域和行业,首次实现了全省地下水资源开发利用统一规划。

3. 应用成效

1)统筹规划了江苏省地下水资源的开发利用及节约保护

本次地下水资源开发利用规划在查清全省水文地质条件和开发利用状况的基础上,开展了地下水超采区划分,并根据不同地区社会经济发展的需水要求和生态环境保护特点,制定了2010年、2020年及2030年地下水资源开发利用规划,提出了不同分区地下水功能定位,以及不同规划期地下水资源开发利用和节约保护措施,实现了资源开发与环境保护双赢。自本规划实施以来,江苏省地下水年开采量已由12.4亿m^3降至9亿m^3以下。

2)相关规划成果应用于江苏省各级政府地下水资源管理

《江苏省地下水资源开发利用规划》作为江苏省水资源综合规划的重要内容之一,经省政府批复同意(苏政复〔2011〕29号)下发各地执行,作为各级政府地下水资源管理的重要依据,产生了显著的经济效益、社会效益和生态效益(图13-1)。

图13-1 批复文件

(二)宿迁市区地下水开发利用及保护规划

1. 项目简介

宿迁市区地处沂沭河下游水文地质区,松散层厚度多在90~180m,地下水资源较为丰富。由于郯庐断裂构造影响,含水层顶板埋深及厚度变化较大,水文地质条件复杂。自20世纪80年代以来,宿迁市承压地下水开采规模不断增大,一度作为白酒生产、农村改水的主要水源,对推动当地社会经济发展、提高人民生活水平发挥了重要作用。但由于开采布局不尽合理,洋河等局部地区由于超量开采,产生了水位埋深超过30m的地下水降落漏斗,对地下水环境造成了一定的影响。为进一步加强地下水管理,促进地下水资源的可持续利用,实行最严格水资源管理制度,宿迁市水利局委托我院开展宿迁市区地下水开发利用及保护规划编制工作。项目组在充分收集区内已有地质、水工环地质成果资料的基础上,采用水文地质调查、地下水动态监测、钻探成井及抽水试验、水样采集分析等工作方法,深入研究了地下水资源分布特征及地下水动态变化,评价了地下水可采资源量及质量现状,从地下水开发利用和地下水保护两个层面编制了规划方案,提出了地下水超采区综合治理措施,为宿迁市区水行政主管部门今后进一步加强地下水资源管理,合理开发与保护地下水资源提供了决策依据。

2. 主要成果

1)深化认识了宿迁市区区域水文地质条件

由于郯庐断裂带贯穿宿迁市区南北,在北北东向主干断裂及北西向断裂共同作用下,呈现"米"字型构造格局,改造和限制了含水层的展布,重塑了地下水补径排条件,水文地质条件错综复杂。西部新沂—泗洪波状平原水文地质亚区多处于郯庐断陷盆地,松散堆积物厚度大,地下水资源丰富;东部淮泗连平原水文地质亚区含水层发育程度总体上次于新沂—泗洪波状平原水文地质亚区。由于断裂切割作用,一定程度上削弱了东西两个水文地质分区地下水水力联系,而上部浅层地下水与下部承压地下水的水力联系更密切(图13-2)。

图13-2 宿迁洋河水文地质勘探孔

2)科学评价了宿迁市区地下水资源数量及质量

在详细分析宿迁市区水文地质条件、地下水开发利用状况及水位动态的基础上,通过建立研究区水文地质概念模型和地下水流数学模型,采用GMS中的MODFLOW模块,科学评价了宿迁市区地下水可采资源量;通过采样化验对宿迁市区浅层地下水及深层承压水开展地下水质量评价及生活饮用水评价,并分析研究了耿车地区浅层地下水污染状况。

3) 从地下水开发利用和地下水保护两个层面编制了规划方案

根据宿迁市区地下水资源开发利用现状、水文地质条件,结合区域供水状况、社会需求、地下水超采区分布等因素,以乡镇为单元,对浅层地下水及深层承压水分别编制地下水资源开发利用规划方案;根据地质环境背景条件及污染源分布特征,结合地下水开发利用及社会经济发展状况等,从污染的危险性、污染的危害性两个方面(突出污染的危险性)综合分析,开展地下水水质保护分区,编制地下水资源保护规划方案,从工程、管理、经济等方面提出了地下水资源保护对策与措施,实用性强。

3. 应用成效

1)该规划成果广泛应用于宿迁市区地下水资源管理和保护领域

2018年1月,宿迁市人民政府批复同意《宿迁市区地下水开发利用和保护规划》(宿政复〔2018〕7号)(图13-3)。该规划成果作为宿迁市水务局开展地下水资源管理和保护工作的重要依据,广泛应用于建设项目取水许可审批、地下水环境监测网络建设、最严格水资源管理制度考核等地下水资源管理和保护领域。

图 13-3 批复文件

2)为洋河地下水超采区治理提供了技术支撑

项目在深入分析洋河地下水超采区形成原因及发展历史的基础上,从工程措施、管理措施、经济措施3个方面入手,提出了加强替代水源建设、实施封井压采、完善地下水监测网络、开展应急备用水源规范化建设、进一步加强取水许可管理、逐步实现水量水位双控管理、全面推进节水型社会建设、加强污染源控制、建立激励性水价政策等一系列措施,为洋河地下水超采区治理,保障地下水资源的可持续利用,提供了科学依据与技术支撑。

第二节　地下水应急备用水源地勘察

一、综述

2000年以来江苏省在全省范围内有序推进区域供水规划,长江水作为区域供水主要水源,水资源丰富、水质良好，供水保障程度较高。但自松花江、黄河特大水污染事件以及无锡太湖蓝藻事件后，各级政府纷纷意识到，未雨绸缪，建立应急备用水源地，对有效预防水污染等突发事件引发的供水危机，保障饮用水安全，维护社会稳定，确保经济建设可持续发展具有重大意义。

地下水是水资源的重要组成部分，它具有不同于地表水的特点，如多年水量丰枯调节能力、上覆松散地层天然渗滤保护作用，使地下水在水质和水量方面具有更好的稳定性和优越性。国外发达国家的普遍做法就是利用地下水的优势，建立地下水应急备用水源地。2009年省政府办公厅出台了《省政府办公厅关于切实加强饮用水安全监管工作的通知》（苏政办发〔2009〕54号），明确要求各市、县人民政府要按照"原水互备、清水联通、井水应急"的原则进一步加强饮用水设施建设。为进一步保障饮用水安全，维护人民生命健康，促进社会和谐发展，无锡市、江阴市、太仓市、昆山市、吴江区、扬中市等多地水行政主管部门相继委托我院开展地下水应急备用水源地勘察工作，为下一步地下水应急供水水源地建设提供了科学依据。

我院在接受水行政主管部门委托后，按照普查—详查—勘探3个阶段有序开展应急备用水源地勘察工作，如果在普查阶段发现不具备建设应急备用水源地可能性，则不再开展详查工作，以最大限度的节约工作经费。自2008年我院首次在无锡江阴开展地下水应急备用水源地勘察以来，共完成6个市（县）地下水应急备用水源地普查、详查或勘探工作，并成功建设地下水应急集中供水水源地一处（无锡江阴），地下水应急分散供水水源三处（无锡、昆山及吴江）。其中《江阴市地下水应急备用水源地勘察设计》获得2015年度南京市优秀工程勘察一等奖、2015年江苏省城乡建设系统优秀勘察设计一等奖。

二、典型项目

（一）江阴市地下水应急备用水源地勘察

1. 项目简介

自2007年太湖蓝藻引发公共饮用水危机后，无锡市加快了长江供水工程建设，于2008年实现了"江湖并举、双源互补"的供水格局。2009年《省政府办公厅关于切实加强饮用水安全监管工作的通知》（苏政办发〔2009〕54号）下发后，为进一步保障饮用水安全，维护人民生命健康，促进社会和谐发展，江阴市水行政主管部门认识到应充分利用区域面上分布较广、水量较丰富、水质优良、安全卫生的地下水源作为应急备用水源，于2008年委托我院开展地下水应急备用水源地勘察工作。

该项目前后历经4年，首先在查明江阴市水文地质条件及区域供水现状的基础上，分析地下水作为应急备用水源的可能性，筛选出可供集中取水的应急备用水源地靶区；继而对应急备用水源地靶区开展详查，从水量水质角度论证建设地下水应急备用水源地的可行性，并据此编制《江阴市饮用水安全保障规划》；最后根据规划内容，对拟建集中取水的应急备用水源地开展水文地质勘探，查明水文地质条件，评价应急供水能力，开展应急备用水源地取水工程设计，为下一步水源地建设，建立完善的供水安全保障体系，确保城乡居民生活供水安全提供技术支撑（图3-14）。

2. 主要成果

1）定量评价了水源地应急供水能力

在分析区域环境地质背景的基础上，运用钻探、群孔抽水试验、水化学等技术方法，系统研究了拟建水源地含水层的埋藏分布、富水性、水质及补给条件等水文地质条件，并利用数值模型评价了江阴地下水应急备用水源地的应急供水能力，为合理确定水源地建设规模提供了科学依据。

图 13-4　应急备用水源地勘察试验场

2）全面分析了应急取水后的环境影响

从地下水环境、地质环境两个角度全面分析了不同应急取水方案对环境的影响。在查明地下水应急备用水源地水文地质条件的基础上，采用数值法预测了不同应急取水方案下地下水流场变化；从地面沉降、地裂缝的形成机理、影响因素入手，采用相关分析、类比等方法分析了不同取水规模对地质环境的影响，提出了 $12\times10^4\,\mathrm{m}^3/\mathrm{d}$ 的水源地建设规模。

3）合理设计了应急备用水源地建设方案

根据前期水源地勘察结果，结合水源地场地特征，因地制宜地提出了Ⅱ、Ⅲ承压井相间布置的建设方案，在满足应急取水要求的前提下最大限度地节约了宝贵的土地资源，为下一步水源地施工设计提供了依据（图 13-5、图 13-6）。

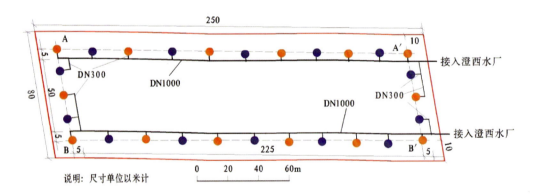

图 13-5　应急备用水源井与集水管网平面布置图

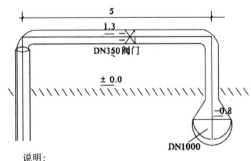 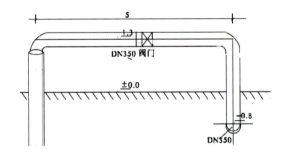

图 13-6　取水井与集水管网连接剖面图

3. 应用成效

1）极大地提升了江阴市饮用水安全保障水平

为保障全市居民饮用水源安全，江阴市政府将地下水应急备用水源地项目作为市政府 2013 年重大民生项目开工建设，现已在江阴利港建成全省首个地下水应急备用水源地，为水污染突发事件提供了可靠的应急手段，极大地提升了江阴市饮用水安全保障水平，有力支撑了现代化滨江花园城市建设。

2）为江苏省其他类似地区提供了示范和指导

江阴地下水应急备用水源地是江苏省首个成功建成的傍河地下水应急备用水源地，勘察设计思路和方法为江苏省其他类似地区提供了示范和指导作用。继江阴之后，江苏省太仓市、扬中市等地又相继委托我院开展地下水应急备用水源地勘察。

第三节　地下水环境保护

一、综述

地下水具有资源、生态、环境等多重属性功能。保护地下水资源作为水环境保护和饮水安全保障体系建设的重要组成部分，对于社会经济的可持续发展和构建环境友好社会具有至关重要的作用。近 40 多年来，江苏省社会经济快速发展，如同一把双刃利剑，既带来社会经济的繁荣和进步，又由于水资源利用率低、污染排放量大，导致江苏省生态与水环境形势日益严峻，带来深刻的环境与生态危机。江苏省有关部门早就认识到地下水环境保护的重要性，在地下水污染防治、地下水资源量保护等方面开展了一系列工作。

我院在地下水环境保护方面的技术服务工作主要来自两个方面：一是受托于江苏省环境保护及水行政主管部门。先后完成了《江苏省地下水污染防治规划》《江苏省地下水超采区划分与评价报告》《2013 年度江苏省地下水基础环境状况调查评估》《2016 年地下水压采效果评估》《苏州市区地下水动态监测井网点建设方案》以及建院以来持续 20 年的苏州市部分市县地下水动态监测报告；二是受托于广大企业，先后在连云港灌南、扬州江都等地完成了江苏迪安化工有限公司、江苏景宏生物科技有限公司等一系列企业的建设项目地下水环境影响评价。

二、典型项目

（一）江苏省地下水污染防治规划

1. 项目简介

由于地下水赋存条件的隐蔽性和复杂性，受经费及条件限制，2010 年以前我国对地下水污染问题缺乏应有关注。在本项目启动之前，江苏省乃至我国尚未开展过省级地下水污染防治规划。随着社会经济的迅速发展，江苏省长江三角洲等部分地区地表水环境污染问题日益突出，与地表水联系密切的浅层地下水污染状况也不容乐观,三氮污染较为普遍。为全面遏制江苏省地下水污染趋势,保护地下水资源,推进江苏生态省建设,江苏省环保厅率先在我国开展省级地下水污染防治规划工作。通过系统评价全省地下水污染状况及地下水脆弱性,深入分析地质环境及污染源分布特征,结合地下水开发利用及社会经济发展状况等,开展了全省地下水污染防治规划。相关成果获得江苏省国土资源科技创新奖三等奖。

2. 主要成果

1)首次实现了全省地下水天然防污性能评价

项目汲取国内外地下水天然防污性能方面的最新研究成果,在参考DRASTIC评价方法的基础上,根据江苏省地下水资源分布及开发利用特点,建立了适合江苏省的地下水天然防污性能评价体系(按松散岩类孔隙水及岩溶水等不同的地下水类型建立了不同的点评分指数模型),利用GIS技术评价了地下水天然防污性能,为政府部门在土地利用和地下水保护等方面提供了科学依据。

2)首次开展了全省地下水污染防治分区

采用定性分析和定量计算相结合的方法,从地下水污染的危险性及危害性两方面出发,充分考虑了地下水天然防污性能、污染荷载、水文地质条件、开发利用及社会经济发展状况等多种因素,对全省地下水污染防治进行分区,划出了重点防治区、次重点防治区和一般防治区,并分区提出了地下水污染防治对策措施,对于指导江苏省地下水污染防治,保护地下水环境具有重要意义。

3. 应用成效

项目本着"预防为主,保护优先"的原则,从污染源控制、合理开发利用地下水资源、地下水污染防治工程、地下水污染调查与区划、地下水环境质量监测、信息系统建设、预测预警与应急预案等方面分区分期提出了地下水污染防治的对策措施和工作建议,填补了江苏省在地下水污染防治规划方面的空白。相关规划成果为当时省环保厅污控处开展下一步地下水污染防治工作提供了重要技术依据,对有效保护江苏省地下水资源、改善生态环境、促进人与自然和谐发展具有重大意义。

(二)江苏省地下水超采区划分与评价报告

1. 项目简介

自20世纪70年代以来,伴随着经济社会的快速发展,江苏省各地相继开始大规模开发利用地下水资源。由于长期过量开采地下水,苏锡常等部分地区诱发了地面沉降、地裂缝等地质灾害。对此,省政府和有关部门高度重视,采取了一系列措施加强地下水管理,逐步使地下水的开发利用纳入规范化轨道。但地下水作为一种流体资源,随着全省地下水资源管理力度的加大,地下水取水规模、地下水流场、地下水超采状况发生了较大变化。为落实最严格的水资源管理制度,实施"三条红线"管理,促进地下水资源可持续利用,根据水利部和省政府有关规定,江苏省水利厅于2005年、2011年两次委托我院开展全省地下水超采区评价。通过收集资料、补充调查、综合分析和专家咨询等方式,查清了地下水超采现状及地下水超采引发的环境地质问题,掌握了地下水超采区变化趋势,完成了地下水超采区划分和评价,提出了加强地下水超采区管理的对策措施,有力地支撑了江苏省地下水资源管理决策。

2. 主要成果

1)建立了江苏省地下水超采区划分标准

基于水利部《地下水超采区评价导则》和《全国地下水超采区评价技术大纲》,结合江苏省地下水开采引发的地面沉降、地裂缝、岩溶地面塌陷等环境地质问题形成的特殊地质背景条件分析,对不同类型地下水(松散岩类孔隙水、岩溶裂隙水)采用水位埋深动态法、引发问题法、开采系数法等不同方法开展地下水超采区划分,建立了江苏省地下水超采区划分标准。

2)评价了江苏省地下水超采现状

针对每个超采区,从超采区面积与分布、超采量、地下水水位动态、地下水开采引发的生态与环境地质问题等方面进行系统评价,并分析了江苏省地下水超采区变化趋势,提出了地下水超采区治理措施。全省共计有 22 个地下水超采区,总面积约 16 597km²,年均超采地下水 4122 万 m³。和 2005 年省政府批复公布的超采区相比总面积减少了 832km²。其中苏锡常超采区面积减小了 903km²,苏北超采区面积变化不大,但分布格局明显变化,原来分散分布在盐城、淮安、连云港等地的多个中小型超采区连成一片,形成一个大型地下水超采区。

3. 应用成效

项目成果经省政府同意,以"省政府关于《江苏省地下水超采区划分方案》的批复"(苏政复〔2013〕59号)下发各地执行,在省、市、县(市、区)水利、发改、国土等相关部门得到了广泛应用,为江苏省实施地下水取水总量和水位"双控"管理、地下水资源论证、取水许可审批、计划用水等管理,加强地下水超采区治理,压缩地下水开采量,科学编制地下水压采方案等地下水管理工作提供了重要的参考依据(图 13-7)。

江 苏 省 人 民 政 府

苏政复〔2013〕59号

省政府关于《江苏省地下水超采区划分方案》的批复

省水利厅、省发展改革委、省国土资源厅:

你们《关于报请批准〈江苏省地下水超采区划分方案〉的请示》(苏水资〔2013〕28号)悉。经研究,批复如下:

一、原则同意《江苏省地下水超采区划分方案》(以下简称《方案》),望进行修改完善后,印发各地实施。

二、地下水是水资源的重要组成部分,20世纪80年代以来,由于大规模开发利用,我省部分地区地下水水位大幅下降,形成区域性地下水降落漏斗,诱发了地面沉降、裂缝等地质灾害。加强地下水管理,是落实最严格水资源管理制度的重要举措。各地、各有关部门要切实增强紧迫感和责任感,加强组织领导,加大投入力度,强化工作举措,全面推进地下水超采区综合治理,促进经济社会可持续发展。

三、科学编制地下水禁采、限采方案。要指导各地根据《方案》要求,制定实施细则,明确目标任务,统筹配置地表水、地下水和非传统水源,大力推进城乡区域供水,加强节水型社会建设,注重地下水管理能力建设,积极发挥水资源价格杠杆调节作用,提升地下水管理水平。严格地下水取水总量和水位双控制度,全面压缩地下水开采量,严守地下水水位控制红线。省水利厅每年要向各市、县(市、区)人民政府通报地下水水位动态变化情况,提出地下水水位控制和开采管理要求。

四、加强地下水超采区治理工作的组织协调。各市、县(市、区)人民政府是地下水超采区治理工作的责任主体,要切实加强领导,层层落实责任,健全工作机制,保障顺利推进。逐级分解下达年度封井、水源替代、地下水压缩、企业节水改水等工作目标,做到措施到位、责任到人。各有关部门要根据《方案》,按照职能分工,各司其职,各负其责,保证地下水超采区治理工作顺利开展。

五、加强督促检查和宣传引导。坚持依法行政,强化执法检查,严肃查处水事违法行为,维护正常的地下水管理秩序。加大督查考核力度,对地下水管理不力的地区、部门和单位,视情予以通报、约谈,督促抓好落实。完善公众参与机制,开展多层次、多形式的地下水水情宣传教育,增强全社会水忧患意识和水资源节约保护意识,形成节约用水、合理用水的良好风尚。

江苏省人民政府
2013年7月1日

— 2 —

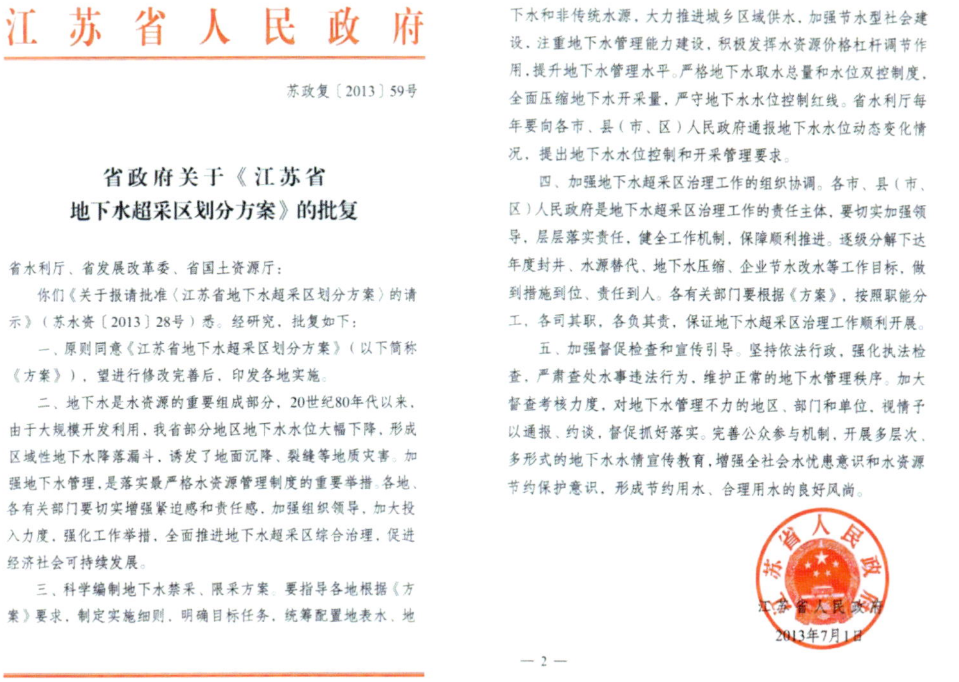

图 13-7　批复文件

第四节　水资源论证

一、综述

2002 年,水利部及国家发展计划委员会联合颁布了《建设项目水资源论证管理办法》,拉开了我国水资源论证工作的序幕。我院自2003年9月取得建设项目水资源论证甲级资质后,开始在江苏省范围内开展水资源论证工作,至此已完成近百份建设项目水资源论证报告和1份规划水资源论证。论证水源包括浅层地下水、深层承压水、地热水,涉及行业有服务业、商饮业、农业、纺织业、石化、食品等。

我院在开展水资源论证工作中,除严格按照《建设项目水资源论证导则》(SL322)(现被 GB/T 35580—2017代替)、《江苏省地下水利用规程》(DB 32/791—2005)(现被《地下水利用和保护规程》DB32/T 791—2018代替)等有关规范要求外,还制定了一套严格的质量管理程序。一般在接受业主单位委托后,立即组建项目组,由项目负责带领有关技术人员对建设场地开展实地调查,到有关部门收集资料,并根据取水水源类型及已有资料丰富程度编制工作方案。对一些研究程度较低的水源,如地热水和浅层地下水,投入一定的物探、钻探等实物工作,以确保基础资料的真实可靠,提高取水水源论证的可靠性。对于一级水资源论证,在编制水资源论证报告书前先编制水资源论证报告书工作大纲,并经专家咨询确认后,作为编制报告书的依据。所有报告编制完成后,先经单位内部二级审核后方能送审,正式报告必须严格按照专家组意见修改后提交业主单位使用。上述各项措施确保了成果质量,我院提交的水资源论证报告书深受水行政主管部门好评。

另外,我院受省水利厅委托,作为全国试点完成了江苏省第一份建设项目水资源论证后评估报告"江苏红蜻蜓油脂有限责任公司建设项目水资源论证后评估报告",对全面落实和深化水资源论证工作进行了有益探索。

二、典型项目

(一)大丰港规划水资源论证

1. 项目简介

为落实科学发展观,建设资源节约型、环境友好型社会,促进水资源优化配置和可持续利用,从源头上把好水资源开发利用关,增强水资源管理在宏观决策中的主动性和有效性,不走以牺牲资源、破坏生态与环境换取经济增长的老路,促进经济、社会和环境的全面协调可持续发展。大丰港经济区管委会规划局委托我院和河海大学共同完成江苏省第一份规划水资源论证报告,其中我院负责地下水部分,河海大学负责地表水部分。

《大丰港经济区规划水资源论证》以促进水资源的优化配置和可持续利用,保障规划区合理用水要求为总体目标,按照"安全、资源、环境"三位一体的总体思想,重点围绕规划区取用水的合理性、取水水源论证、取水和退水对水环境的影响等方面,提出预防或减缓规划实施后产生不良环境影响的对策措施,为大丰港经济区规划审批提供了技术依据。

2. 主要成果

1)在全面分析水资源、水环境承载能力的基础上,优化了大丰港规划区水资源配置

通过查明大丰港规划区水资源分布、开发利用及供水现状,结合用水需求合理性分析,全面分析大丰港规划区水资源、水环境承载能力。在此基础上,本着公平、高效和可持续原则,从合理抑制需求、有效增加供水、积极保护水资源等角度,通过工程和非工程措施,对规划区内水资源进行统筹调配,优化了大丰港规划区水资源配置。

2)多角度分析了规划实施后的影响,提出了预防和减轻不良影响的对策与措施

从取水和退水两个角度、从"量"和"质"两个方面分析规划实施后对水资源的影响。取水影响分析

重点是规划取水后引发区域地下水水位持续下降、地面沉降、海水入侵、水质咸化等地质环境问题发生的可能性，以及对周边其他用水户的影响。退水影响主要分析对区域水环境承载能力的影响，并综合分析规划实施后对生态需水、水功能区的影响以及对区域水资源可持续发展的影响，提出了预防和减轻不良影响的对策与措施。

3. 应用成效

1）论证结果为大丰港经济区规划审批提供了技术依据

《大丰港经济区规划水资源论证》从宏观上论证了水资源承载能力对规划的支撑与约束条件，提出了完善规划的意见以及保障合理用水、预防或者减轻对水资源可持续利用不良影响的对策与措施，对实现以有限的水资源长期持续支撑经济社会的发展，确保区域和流域生态平衡，建设资源节约型、环境友好型社会具有重要意义，为大丰港经济区规划审批提供了技术依据。

2）对江苏省规划水资源论证具有指导意义

《大丰港经济区规划水资源论证》是作为全国试点完成的江苏省第一份规划水资源论证报告，论证采用的技术路线、工作方法对江苏省其他地区今后开展规划水资源论证工作具有指导意义。

第五节　地下水相关研究

一、综述

江苏省地处黄海之滨，长江、淮河下游，地势平坦开阔，土地肥沃，地表水系极为发育，自然环境条件优越，为江苏国民经济建设发展奠定了良好基础。但自20世纪80年代以来，伴随着工业化、城市化进程的加快推进，地表水受到污染，出现了水质型缺水。为缓解日益紧张的供水矛盾，各地相继开始大规模开发利用深层地下水资源，由此引发了地下水资源日趋枯竭、地面沉降、地裂缝、地面塌陷等一系列环境地质问题，直接或间接制约江苏国民经济的可持续发展。新世纪初，党中央提出了"人口、资源、环境"作为我国21世纪的奋斗目标，如何在保护人类赖以生存和发展的环境的前提下合理开发利用地下水资源，充分发挥地下水资源在经济建设中的作用和地位，是摆在江苏省水行政主管部门面前一项刻不容缓的任务。在此背景下，我院先后多次受省水利厅、盐城市水利局、吴江区水利局等各级水行政主管部门委托，在地下水资源科学利用与保护方面开展了"江苏省地下水现代化管理关键技术研究""江苏省地下水水位红线控制管理研究""江苏省地下水压采评估方法研究""苏锡常地区地下水禁采效果评价与研究""盐城市区第Ⅴ承压地下水资源开发利用研究""吴江盛泽地区地面沉降机理分析研究"等多项研究，为江苏省各级水行政主管部门进一步强化地下水资源管理、改善和保护地下水环境提供了重要的技术支撑。

此外受江苏省交通厅委托，在苏通长江公路大桥初步设计阶段开展了"苏通长江公路大桥地层沉降影响研究"，查明了桥位区地层沉降现状及其发生的地质环境背景条件和人为影响因素，提出了大桥南、北区各自的地层沉降模式，预测了不同地下水开采方案条件下桥位区南、北区的地层沉降量，分析了桥位区地层沉降的可能性以及地层沉降对桥梁基础及斜拉桥主塔墩基础的影响，提出了桥位区地下水控采范围等工程对策与建议，为大桥设计和后期安全运营提供了强有力的技术支持。

其中""江苏省地下水现代化管理关键技术及其应用"荣获2015年度江苏省科学技术三等奖，"苏锡常地区地下水禁采效果评价与研究"获得2011年江苏省水利科技优秀成果一等奖，"江苏省地下水水位红线控制管理研究"获得2014年江苏省水利科技优秀成果二等奖，"盐城市区第Ⅴ承压地下水资源开发利用研究"获得2014年江苏省水利科技优秀成果三等奖,"苏通长江公路大桥地层沉降影响研究"获得2003年江苏省国土资源科技创新奖一等奖。

二、典型项目

(一)江苏省地下水现代化管理关键技术及其研究

1. 项目简介

为落实最严格水资源管理制度以及习近平总书记提出的"节水优先、空间均衡、系统治理、两手乏力"的治水新思路,合理开发利用和有效保护地下水资源,改善和保护生态环境,保障经济社会可持续发展,江苏省水利厅联合南京大学及我院开展"江苏省地下水现代化管理关键技术及其应用研究",解决了区域地下水现代化管理中水位水量双控、地下水超采区治理、地下水资源预测预警、地下水污染防治等一系列关键技术难题,同时创新和拓宽地下水管理实践,完成了《江苏省地下水水位红线控制管理研究》《江苏省地下水超采区综合治理研究》《江苏省地下水控制红线方案》《江苏省地下水压采方案》,并出版了《江苏省地下水现代化管理研究》专著,在全省地下水开发利用管理、污染防治与环境保护等多方面的工程实践中取得了显著的经济、环境和社会效益,大大提升了地下水现代化管理的基础保障和社会服务能力。

2. 主要成果

1)评价了江苏省地下水资源数量及质量

在系统分析江苏省区域水文地质条件的基础上,根据水均衡原理计算了全省地下水天然资源补给量,采用径流模数法、水文地质比拟法、数值法等方法计算了全省浅层地下水及深层承压水可采资源量;在深入分析地下水环境背景及成因的基础上,对不同水文地质区不同含水层开展了地下水质量评价;结合地下水开发利用状况,对全省各县市开展了地下水资源潜力分析,摸清了全省地下水资源禀赋条件及开采潜力。

2)确立了水量水位双控管理目标

在全面分析江苏省地下水资源赋存特征、社会经济发展状况、区域供水条件、现状地下水开采格局等因素的基础上,提出了不同阶段地下水开采总量控制目标;针对区域内不同的地下水赋存特点及环境地质问题,首次提出符合管理要求的地下水水位红线控制管理分区和管理目标层;在分析比较多约束条件的基础上,提出控制岩溶地面塌陷、控制地面沉降、防止疏干开采作为江苏省地下水水位红线控制的约束条件,并据此开展地下水水位红线控制研究。选取定性分析、相关分析、类比分析、模型计算等不同方法分区分层划分了地下水水位红线,科学确立了江苏省地下水水量水位双控管理目标。

3)研究了地下水超采区治理措施

在继承全国地下水超采区现有分类分级体系的基础上,从超采区治理的角度及江苏省地下水超采区发生、发展的实际情况,按超采原因、超采后果对地下水超采区进一步细分,完善了江苏省地下水超采区分类体系。并根据地下水超采区类型及地质环境、开发利用特征,全国首次提出了以禁止开采为主导型、以压缩开采为主导型、以禁止开采-压缩开采混合为主导型、以维持现状开采为主导型4种超采区治理模式,以及各种模式的适用条件,并分类提出了地下水超采区综合治理措施。

4）提出了切实可行的地下水水位红线控制管理评价考核方法

在深入研究江苏省地下水资源分布及开发利用特征的基础上，系统分析了不同层面水位红线控制的上位要求及江苏省水位控制管理现状，构建了由1个总目标、2个控制层、5个具体指标构成的地下水水位红线控制水平评估标准，提出了切实可行的水位红线控制管理的评价考核方法，并选择徐州丰县、南通市区2个典型城市进行了实证应用研究。

5）探索了地下水污染防治及地质灾害防治管理措施

在基本查明江苏省地质环境及污染源分布特征的基础上，结合地下水开发利用规划及社会经济发展状况等，通过分析地下水污染的危险性、危害性，对地下水污染防治进行分区，提出了地下水污染防治措施和建议；通过深入分析地面沉降、地裂缝等地下水开采引发的环境地质灾害的成因机理、预测评价其发展趋势，提出了地面沉降等地质灾害防治及下一步地下水资源合理开发利用建议。

6）完善了覆盖全省的地下水管理空间辅助决策系统

地下水管理空间辅助决策系统主要由地下水基础数据库和水文地质数据管理子系统、地下水系统可视化子系统、地下水资源预测预警子系统3个子系统组成（图13-8）。该系统实现了地下水开采量、水位动态变化过程及赋存介质的可视化表达，使地下水开采—地下水位下降—地下水位降落漏斗形成的时间过程和赋存地下水的地质体生动地展现在地下水资源管理工作者眼前，为管理提供辅助决策支持，对地下水资源的合理开发利用和保护具有重要意义。

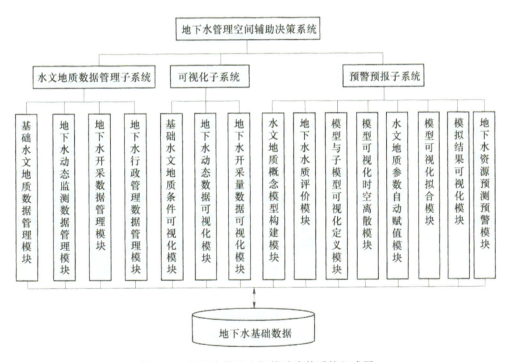

图13-8　地下水管理空间辅助决策系统组成图

3. 应用成效

1）相关成果广泛应用于江苏省地下水资源管理及环境保护工作

研究确立的地下水水量水位双控管理目标、提出的地下水水位红线控制管理评价考核方法、地下水超采区治理措施及地下水污染防治、环境地质灾害防治管理措施、全省地下水管理空间辅助决策系统等相关成果广泛应用于江苏省有关部门地下水资源管理及环境保护工作。其中确立的水位红线以"省政府关于《江苏省地下水超采区划分方案》的批复"（苏政复〔2013〕59号）下发各地执行，地下水压采方案以"省政府关于江苏省地下水压采方案（2014—2020年）的批复"（苏政复〔2015〕19号）下发各地执行（图

13-9),为江苏省各级水行政主管部门实施地下水取水总量和水位"双控"管理、地下水资源论证、取水许可审批、计划用水等管理,加强地下水超采区治理,压缩地下水开采量,科学编制地下水禁采、限采方案,制定实施细则提供依据,也为江苏省发改、环保、住建、农业等部门进行相关规划、管理提供重要的基础数据和科技支撑。

2)作为江苏省首份有关地下水现代化管理专著,为全国和相关省市地下水管理和考核提供借鉴

《江苏省地下水现代化管理研究》系统总结了江苏省围绕地下水现代化管理解决的一些关键技术难题和取得的经验与成就,突出介绍了江苏省地下水管理的先进举措。可供水文地质、水利、环保、城市规划与供水等部门科技人员及水资源科研院所师生研究使用,也可为全国及相关省市水行政主管部门地下水管理和考核提供借鉴。

图 13-9 批复文件

(二)江苏省地下水压采评估方法研究

1. 项目简介

江苏作为我国经济较为发达的省份之一,用水需求量大,曾长期存在地下水超采问题,导致一些地区主采层地下水位大幅下降,形成区域性地下水降落漏斗,并诱发地面沉降、地裂缝、地面塌陷等环境地质问题。对此,省水行政主管部门高度重视,先后4次开展地下水超采区划分工作,并从2013年起开展地下水封井压采工作,实行地下水取水总量与地下水水位红线双重控制。3年来,各地按照省水利厅部署并结合自身实际情况不断推进地下水压采工作。为定量评估压采成效,省水利厅委托我院开展江苏省地下水压采评估方法研究,为地下水压采评估构建一个指标体系和一套评价方法,并将其应用于江苏省地下水压采评价工作。通过对各指标任务完成情况进行定量分析,找出各地压采工作中存在的实际问题,提出有针对性的建议措施,推进压采工作更加科学有效地开展,为超采区地下水环境修复治理和水资源优化配置提供重要依据。

2. 主要成果

1) 首次构建了江苏省地下水压采评估层次结构模型

在全面分析国内外最新研究进展和江苏省地下水情实际情况的基础上,筛选出地下水监测能力、地下水位红线控制、地下水位变化速率、地下水压采任务完成情况、地面沉降情况、地下水水质情况等6个评价指标,建立了江苏省地下水压采评估层次结构模型(图13-10)。

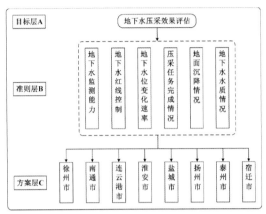

图13-10　地下水压采效果评价层次结构模型图

2) 创建了一套合适江苏省实际情况的地下水压采评估方法

全国首次提出了层次分析法、ArcGIS空间分析、MATLAB矩阵计算等多种方法相结合的地下水压采评估方法,明确了单项指标的评估标准和综合评估各指标权重,为今后江苏省地下水压采评估提供了技术依据,对江苏省地下水压采方案实施、地下水超采区治理及地下水水位、水量双控管理具有重要的指导意义。

3. 应用成效

1) 研究提出的评估方法直接应用于省水利厅2017年、2018年地下水压采评估

自2017年始,江苏省水利厅将地下水压采效果作为最严格水资源管理制度考核的重要内容之一。为科学合理地评估全省地下水压采效果,省水利厅将研究创建的地下水压采评估体系及评估方法成果直接应用于2017年、2018年全省地下水压采效果评估,其结果作为江苏省实行最严格水资源管理制度考核的重要依据之一。

2) 相关成果有力促进了江苏省地下水封井压采工作的顺利实施

2015年江苏省人民政府批复同意《江苏省地下水压采方案(2014—2020年)》(苏政复〔2015〕19号),同时要求逐级分解落实压采任务,到2020年超采区全面达到用水总量控制和水位红线控制要求。2017年、2018年省水利厅在开展全省地下水压采评估工作中,根据研究提出的压采评估体系及评估方法,及时总结了上年度地下水压采工作成效及存在问题,为下一年度地下水封井压采工作指明了重点和方向,从而有力促进了全省地下水超采区封井压采工作的顺利开展。

第十四章　矿山环境保护治理

第一节　矿山地质环境、地质灾害治理可行性研究

矿山地质环境、地质灾害治理可行性研究是各级地方政府向上级争取各类专项补助资金而必须编制的申请材料，报告必须严格按照部、省下达立项文件规定的各项要求编制，所选项目必须符合文件规定的支持范围和申报条件，符合国家、省有关政策和支持方向，以及省级地质灾害防治规划、矿山地质环境保护与治理规划、地质遗迹保护规划等地质环境保护专项规划，项目实施的各项保障措施在申报前必须基本落实。

多年来，我院为各级地方政府编制矿山地质环境、地质灾害治理可行性研究报告40余份，共争取中央财政补助资金5亿多元，争取省级地质勘查专项补助资金近6000万元，为符合国家、省级相关政策的矿山地质环境、地质灾害治理项目优先开展和顺利实施提供了资金保障，有力促进了全省生态文明建设工作的全面开展。

一、江苏省南京麒麟科创园青龙山沿线矿山地质环境治理示范工程

（一）项目简介

江苏省南京麒麟科创园青龙山沿线矿山地质环境治理示范工程项目位于南京市"十二五"重点建设园区——南京麒麟科创园的核心区域，是南京历史上最大的关停矿山地质环境治理项目，也是南京首个国家级矿山地质环境治理示范工程，被列为2012年中央财政矿山地质环境治理示范工程项目，项目总投资6.9亿元，获得中央财政专项补助3.5亿元，其余资金由南京市地方政府分级配套解决。我院承担该项目前期可行性研究和实施方案编制工作。

项目区位于南京市主城区东侧麒麟科创园和东郊风景区范围内，区位优势明显，周边分布多个科学园区和大学城，交通干线密集，包括京沪高铁、南京绕城高速、南京绕越高速、沪宁高速、宁杭高速等。共划分4个治理分区、18个治理段，治理总面积10.33km²（图14-1、图14-2）。

示范工程治理区露采坡面规模大，坡度陡，滑坡、崩塌等地质灾害发育，对青龙山沿线交通干道、麒麟科创园等重要节点的视觉污染极为严重。根据南京市城市发展总体规划、南京市土地利用规划等，结合区内及周边环境，确定主要治理技术措施：一是对地质灾害隐患的治理，二是对裸露边坡的综合治理，三是对废弃地平面的整治，四是对治理区进行辅助工程设计，提升治理区总体环境条件。

图 14-1 南京示范工程区位图

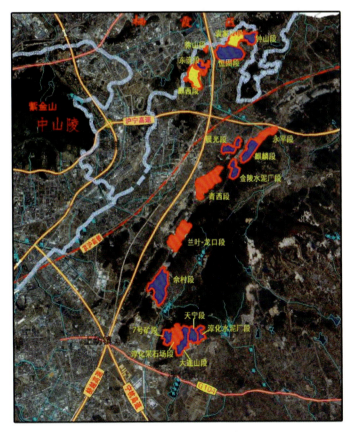

图 14-2 南京示范工程治理分区图

(二)主要成果及转化应用

南京示范工程根据项目所在地实际隶属关系,治理工作由江宁区政府、麒麟科创园管委会、江苏省监狱管理局三家单位具体组织实施。我院根据各实施单位要求,按各自权属界线在原设计18个治理段的基础上重新进行了标段拆分,并紧密结合《废弃露采矿山治理修复规划引导》(宁政复〔2013〕18号)进一步调整优化原设计方案。通过规划引导明确宕口治理后土地的利用方向和宕口的治理类型及思路,切实使矿山环境治理与生态修复相结合,与土地开发利用相结合,与复垦耕地、增加建设用地指标相结合,与特色建筑景观打造相结合,达到既恢复生态、优化环境,又盘活土地、创造效益的目的。经测算,示范工程完成后可新增建设用地548hm^2,占总面积的58.31%;新增林地337hm^2,占总面积的32.58%;新增耕地33hm^2,占总面积的3.22%。

示范工程实施治理成效十分显著,极大改善了南京市东郊风景区及周边多条高速公路的生态环境,大幅度提升了青龙山生态走廊投资的软环境,对促进"绿色南京、人文绿都"建设具有重要而深远的意义。截至目前,南京示范工程10.33km^{2}区域范围内已完成总体工程量的70%。北部治理分区全面完成治理工作,彻底消除青龙山沿线废弃矿山露采边坡危岩、崩塌和滑坡等地质灾害,与仙林大学城无缝对接,麒西、袁家边等治理区宕底废弃地经治理后作为建设用地纳入土地储备。中一、中二治理分区矿山边坡地质灾害全面消除,从根本上扭转目前矿山边坡残壁、宕底坑坑洼洼的破败景象,宕底废弃地连成一片,为麒麟科创园的后续发展奠定了坚实基础。南部治理分区正在紧锣密鼓组织治理施工,效果初显(图14-3)。

图14-3 南京示范工程麒西段治理前后对比图

二、江苏省南京市栖霞区灵山、桂山、龙王山建材矿区关闭矿山地质环境治理项目

(一)项目简介

灵山、桂山、龙王山建材矿区关闭矿山地质环境治理工程是《全国矿产资源规划(2008—2015年)》《全国矿山地质环境保护与治理规划(2009—2015年)》确定的国家级矿山地质环境重点治理工程,也是江苏省矿产资源总体规划(2008—2015年)确定的矿山地质环境保护与治理重点工程,项目设计治理总投资约1.32亿元,该项目列为2010年度探矿权采矿权使用费及价款项目,获得中央财政专项补助资金3150万元,其余治理资金由仙林大学城管委会自筹解决。我院承担项目前期可行性研究、工程设计和灵山治理分区工程监理工作。

项目区位于南京市仙林大学城灵山-桂山-龙王山东西向生态廊道低山丘陵区,紧临仙林大学城高校集中区,处于仙林大道、南京地铁二号线东延线、绕越高速公路、沪宁城际铁路、沪宁铁路和312国道等重要交通干线可视范围内,包括灵山、桂山、龙王山3个治理区,由20余个大小不等的废弃露采矿山宕口组成,总治理面积约118.63万 m^2。20世纪50年代,当地大量开采建筑石料用灰岩,由于没有制定合理的开发利用规划,及时采取环境保护措施,经过几十年的开采,宕口越来越大,导致滑坡、崩塌地质灾害频发,矿区植被破坏、土地侵占、水土流失等生态环境问题十分突出,在卫星影像图上能清楚地看到斑驳凌乱的采石宕口,对仙林大学城周边生态环境造成负面影响,也给后续城市开发建设造成极大阻碍(图14-4)。

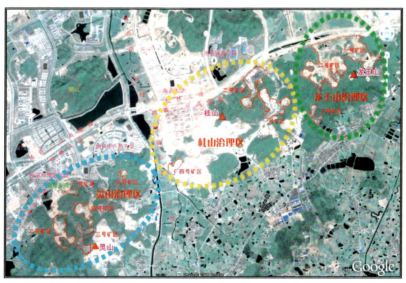

图14-4 项目区卫星影像图

根据治理工程量和地形现状,为便于组织施工和实施招投标,整个治理区划分为灵山北部、灵山中部、灵山南部、桂山东部、桂山中部、桂山西部、龙王山东部、龙王山中部、龙王山西部共9个治理分区。采取的主要治理措施包括削坡减载、人工清坡、修建挡土墙、回填压脚、锚杆加固、修建截排水系统、宕底废弃地挖高填低平整、挂网客土喷播复绿、平台种植、普通喷播、撒播草种等。

(二)主要成果及转化应用

该项目各施工标段2011年7月陆续正式开工,至2014年5月龙王山3个标段通过省国土资源厅最终竣工验收,工程评级获得优良。我院作为项目工程设计、监理单位,对该治理工程进行了全面的技术跟踪服务和全过程监理服务,根据项目进展情况积极参加多方会商,及时进行设计优化、调整,全面服务动态信息化施工,确保工程保质保量高效完成。

通过对灵山、桂山、龙王山建材矿区关闭矿山地质环境的治理,彻底消除崩塌等地质灾害隐患,还周边师生、居民安全的学习环境和安宁的生活环境;治理后新增绿化面积91万 m^2,净化区域空气质量,消除视觉污染,废弃矿山与周边优美环境融为一体,灵山、桂山、龙王山生态廊道的自然生态环境和秀丽风光得到恢复重建;宕底废弃地综合整治成为可开发利用的新增土地资源,大大缓解仙林大学城土地供需紧张的矛盾,改善南京仙林大学城的发展环境和投资环境,其长远效益是不言而喻的(图14-5)。

图14-5 桂山段(一号矿区)治理前后对比照

三、江苏省苏州市阳山建材矿区关闭矿山地质环境治理项目

(一)项目简介

江苏省苏州市阳山东建材矿区关闭矿山地质环境治理工程是《全国矿产资源规划(2008—2015年)》《全国矿山地质环境保护与治理规划(2009—2015年)》确定的矿山重点治理区,项目设计治理总投资约6840万元,该项目列为2011年度探矿权采矿权使用费及价款项目,获得中央财政专项补助资金1500万元,其余治理资金由苏州高新区管委会自筹解决。我院承担项目前期可行性研究、工程设计、工程监理工作。

项目区位于苏州高新区城市规划区范围内,太湖东面,大阳山东坡,周边交通干线包括沪宁高速公路、苏州西南绕城高速公路及312国道。区内矿山始采于20世纪六七十年代,主要开采建筑用石英砂岩、建筑用花岗岩，2003年底前全部停采关闭。项目区包括14个废弃矿山，部分矿山边坡已发生滑坡、崩塌地质灾害，裸露边坡总面积达40万 m²，宕底废弃地总面积约49万 m²，植被破坏、土地退化等生态环境问题十分突出，与江苏大阳山国家森林公园、太湖国家风景名胜区建设以及当地社会经济发展规划极不适应（图14-6）。

图14-6 项目区卫星影像图

阳山东建材矿区14个关闭矿山最大矿山治理面积20余万平方米，最小矿山治理面积0.7万 m²，最大坡高108m，最小坡高35m，采取的主要治理措施包括：削坡减载、人工清坡、修筑台阶、开凿马道、回填压脚、砌筑坡脚挡土墙、挂网客土喷播、普通喷播、鱼鳞坑绿化、平台种植、挖高填低等。

（二）主要成果及转化应用

治理区包括白鹤山、象山、天狗庙、凤凰寺、道士山、狗墅岭、蒸山等14个治理宕口，分为5个标段施工。项目施工工期2010年8月11日正式开工至2011年7月14日通过省国土资源厅最终竣工验收，工程评级获得优良。我院作为设计、监理单位，对该治理工程进行了全面的技术跟踪服务，根据项目进展情况积极参加多方会商，及时进行设计优化、调整，全面服务动态信息化施工，确保工程（各标段）保质保量高效完成。

通过治理，彻底消除阳山东建材矿区矿山地质灾害隐患，14个矿山近40万 m² 高陡裸露边坡得到全面绿化，曾经严重破损的大阳山重现绿色生态，彻底消除了粉尘污染、水土流失，改善了周边多条交通干道的视觉效果。原来占用和受影响的约732亩矿山废弃地经过综合治理，将作为建设用地、农林用地和园林绿地使用，不仅缓解苏州地区用地紧张矛盾，还可创造更多的财政收入，项目的实施创造了良好的直接经济效益，同时破损山体经过绿化、美化，原有矿山破烂不堪的面貌彻底改变，为宕底闲置土地资源提供了安全的场地条件，为周边居民及游人提供了一处休闲憩息的场所，促进了项目所在地人民生活质量的提高，提高社会的和谐程度等，具有极大的社会效益。而且，矿山的生态环境与周边自然生态环境融为一体,有效改善苏州高新区的投资环境和江苏大阳山国家森林公园的生态环境,带动周边土地升值获益,吸引众多的商贾游客来此投资、旅游,极大提高了当地的居民就业率及收入水平(图14-7)。

图14-7 阳山东建材矿区(凤凰寺)治理前后对比照

第二节 矿山地质灾害治理工程勘查

矿山地质灾害治理工程勘查旨在查明矿山边坡地质环境条件,地质灾害分布发育特点,分析其成灾的原因、成灾的条件,调查其危害范围,对边坡的稳定性进行分析与计算,并做出综合评价,为矿山地质环境治理工程设计提供工程地质依据。具体任务包括:①查明区内地质环境条件,包括地层岩性、地形地貌、地质构造、水文地质、外动力地质现象及所在斜坡的坡体结构、斜坡组合类型等;②查明地质灾害规模及其特征,分析灾害产生的原因;③调查地质灾害的影响范围及其危害;④进行坡体稳定性评价,计算评价滑坡体在不同工况下的稳定性,为防治工程提出准确的地质资料;⑤提出地质灾害治理工程设计所需的岩土工程参数,提出预防与综合治理建议。

一、苏州浒墅关经济开发区阳山道碴矿地质灾害勘查

(一)项目简介

苏州浒墅关经济开发区阳山道碴矿位于高新区浒墅关经济开发区阳山西侧,地处苏州高新区西部构造-剥蚀丘陵区,原始山体地形约在30°,坡面面积12.2万 m^2,宕底废弃地面积12.5万 m^2。受开采

影响,地形总体较陡立,坡面岩石裸露,岩体破碎,最大高差260m,坡度一般大于45°,坡体具有明显的错动变形痕迹,且常发生落石、小型崩落现象,坡脚已形成多处废石堆。坡体上部发育一切层基岩滑坡,其后缘陡壁及两侧剪切裂缝发育明显,前缘宽约260m,平均坡度32°;边坡中下部为一近似平直坡面,平均坡度45°～50°,受构造及差异风化影响,坡面局部凹凸不平,该区顶部与其上滑坡区交界带为整个边坡的坡型转折,使边坡整体呈现出上缓下陡的态势;边坡北部靠近山体鞍部,高差相对较小,但坡度较陡,平均坡度约65°。山坡脚下曾进行过高岭土矿开采,地下存在采空区。矿区地质灾害较为严重,严重影响开发区地质环境(图14-8)。

图14-8 勘查区全貌

(二)主要成果及转化应用

根据国家及行业相关规范,结合勘查区地质灾害分布发育特征及后期治理要求等,本项目勘查工作采用的方法手段主要有资料收集、工程测量、工程地质测绘、工程勘探(含物探、钻探、井探和槽探)、形变监测、样品测试分析及稳定性计算评价等。

1. 查明了勘查区地质灾害类型及分布特征

区内灾害主要为滑坡和崩塌地质灾害,不同区域其破坏型式不一。整个勘查区边坡分为Ⅰ、Ⅱ、Ⅲ 3个大的坡区段,依据灾害种类以及破坏方式的不同将Ⅱ区定义为"楔形体破坏区",Ⅲ区定义为"错落崩塌区";Ⅰ区则再划分为3个亚区,分别定义为"Ⅰ-1自然斜坡区、Ⅰ-2滑坡区、Ⅰ-3松散堆积体溜滑区"(图14-9)。

Ⅰ-2区(滑坡区):发育于志留系茅山组的逆向坡中,为中深层切层基岩滑坡。平面上呈不规则椭圆形,纵向长140m,平均宽度160m,平面面积2.2万m²,滑体厚度约20～30m,滑坡体积约55万m³。滑坡主滑方向285°,滑坡前后沿之间出口倾角30.6°,最大高差约100m。调查表明,坡面前缘每到雨季,均有一定的碎石、块石崩落,且坡面上存在大量松动悬石,在一定的诱发条件下,滑坡体极有可能再次复活,不但直接影响到坡下过往行人、果树养护人员的人身安全,而且对坡体下方不远处的学校(学生人数近2000人)、厂房(阳山矿泉水厂)及正在建设中的休闲度假区构成严重威胁,其影响不可估量。

Ⅰ-3区(松散堆积体溜滑区):自然条件下暂无整体滑移趋势。但在降雨作用下,易导致碎裂岩体崩解、破坏或坡表崩坡积物在降雨作用下失稳继续向坡脚溜滑。

Ⅱ区(楔形体破坏区),两组优势结构面产状分别为6°∠82°、183°∠60°,为楔形体的形成及破坏提供了良好的空间条件,但结构面多呈闭合状,抗滑性能较好。

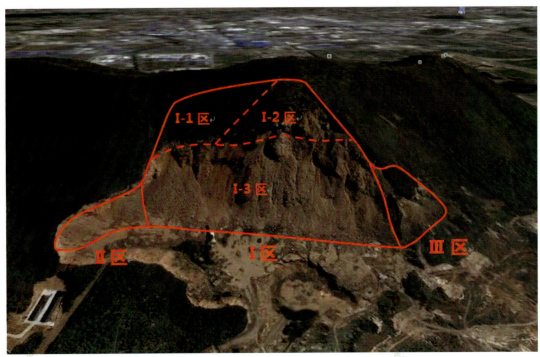

图 14-9 勘查区边坡灾害类型及分区示意图

Ⅲ区(错落崩塌区)内,错落体基本无向临空面移动的空间条件,现暂时处于相对稳定状态。但在降雨条件下,易使其裂缝因静水压力的存在而产生额外的水平推力,从而极易导致整个岩体脱离母岩以倾倒或滑移崩塌的方式破坏。

2. 开展了边坡区裂隙统计及结构面网络模拟分析

为了解滑坡区边坡岩体结构面发育的宏观规律性,揭示岩体裂隙网络系统及结构特征,本次勘查在野外大量采集岩体裂隙产状资料的基础上,采用 Monte-Carlo 模拟方法进行岩体结构面网络模拟,有效的统计并分析出了边坡区岩体及其破碎特征,岩体结构面的发育程度及基本特征,为勘查区边坡各类灾害的成灾机理及稳定性评价奠定了坚实的数据基础(图 14-10)。

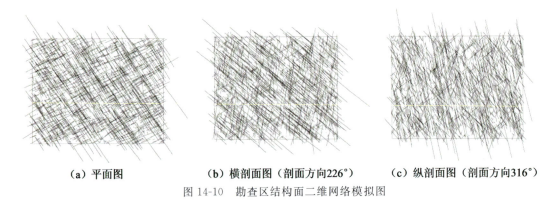

(a) 平面图　　　　　(b) 横剖面图(剖面方向226°)　　　　　(c) 纵剖面图(剖面方向316°)

图 14-10 勘查区结构面二维网络模拟图

3. 查明了地下采空区

勘查表明采空塌陷区原始塌陷现象由于采石影响已不复存在,根据高密度电阻率法和浅层地震法的物探勘查结果,探测到宕底以下局部区域仍有残留空区存在,由于开采结束多年(近52年),且空区范围较小,可以判断区内采空地面塌陷已处于基本稳定的状态,再次发生明显塌陷的可能性不大(图14-11)。

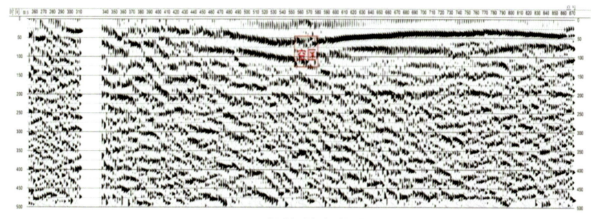

(a)浅层地震法时距剖面图

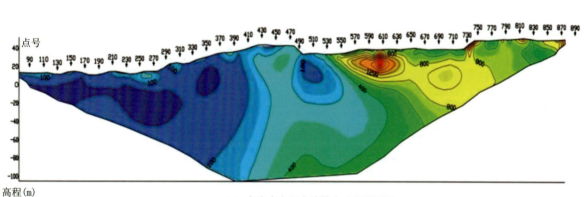

(b)高密度电阻率法勘查反演断面图

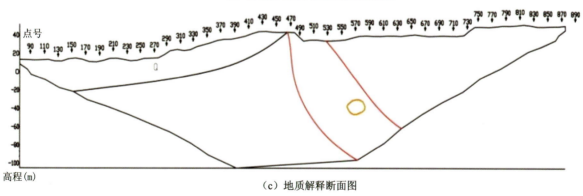

(c)地质解释断面图

图 14-11　勘查区物探 60 线综合剖面图

4. 进行了边坡稳定评价及三维数值模拟

利用 SMR 评价方法,对勘查区边坡总体稳定性进行了评价,评价结果为不稳定。同时根据勘查区地质灾害分布特征,对各个亚区采用圆弧法搜索其最危险潜在滑坡,并用传递系数法对其稳定性系数进行计算,并对其稳定性进行了评判(表14-1)。

表 14-1　边坡各亚区稳定性评判总表

边坡亚区编号		稳定性评判
Ⅰ区	Ⅰ区整体边坡	稳定性系数 5.545,边坡整体稳定性较好
	Ⅰ-1 亚区	稳定性系数 11.876,自然斜坡整体稳定性较好
	Ⅰ-2 亚区	稳定性系数 1.05,滑坡整体处于欠稳定状态
	Ⅰ-3 亚区	边坡无整体滑移趋势,但局部有岩块溜滑崩落趋势,危险性中等
Ⅱ区		边坡整体稳定性较好,局部有小规模楔形体破坏趋势,危险性中等
Ⅲ区		边坡整体暂时处于相对稳定状态,但前缘有崩塌趋势,危险性中等

利用世界工程地质领域著名的 3DEC 离散元软件对区内主滑体(Ⅰ-2 区)的滑坡滑动过程进行了三维数值模拟和模拟结果分析,得出现状条件下,滑坡区整体处于"暂时稳定—变形状态",在将来极端降雨量或人工扰动条件下,滑坡体亦有可能出现整体的再次滑移(图 14-12、图 14-13)。

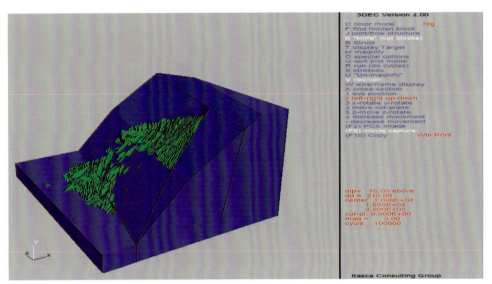

图 14-12　100 000 步迭代后滑坡整体状态模拟图

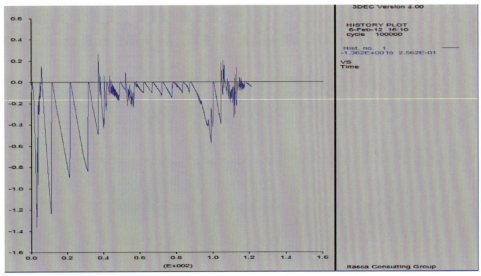

图 14-13　100 000 步迭代后滑体内 y 方向应力曲线

5. 提出防治建议措施及治理设计相关参数

针对勘查区各（亚）区的灾害特征，提出了边坡防治工程的具体措施和监测方案，防治措施主要有清坡、削坡减载、喷浆、格构锚杆等，监测方案主要有深层位移监测、变形裂缝区动态观测、关键区域的水平位移、垂直位移及变化速率监测。

二、镇江市西南片区凤凰山治理工程勘查

（一）项目简介

镇江市西南片区凤凰山治理工程勘查区位于镇江市生态绿色廊道—十里长山的北坡（图4-14），该区历史上为建筑石料集中开采区，从东往西呈串珠状分布有四个采石关闭宕口，原开采层位主要为五通组石英砂岩，地貌类型为构造-剥蚀丘陵，原始山体坡度在25°~30°之间。2010年前后，该区开发为驴养殖基地，受场地拓展及平整的需要，对该区原始坡体基本都进行了人工切坡，临空面倾角大于70°，临空面高差约3~5m，临空面出露岩性主要为粉质黏土夹石英砂岩、泥质粉砂岩碎块。建设方在东侧未对坡面进行任何处理即在坡脚处修建了职工宿舍，西侧边坡采用浆砌块石护坡后紧贴坡脚修建了驴舍。2011年汛期，该区东侧坡体在坡脚处发生了蠕动，并冲毁了距离坡脚不远处的围墙，发生滑塌的体积约2100m³，滑动方向为354°，滑动深度约6m，在该处坡体后缘20m处出现数条张拉裂缝，裂缝的走向基本呈东西向与临空面走向一致，其中东侧裂缝落距近1m，水平位移约50cm，西侧裂缝宽约10cm，未见明显的垂直位移。

图14-14 勘查区位置示意图

(二)主要成果及转化应用

根据国家及行业相关规范,结合勘查区地质灾害分布发育特征及后期治理要求等,本项目勘查工作采用的方法手段主要有资料收集、工程测量、工程地质测绘、工程勘探(含物探、钻探、井探)、形变监测、样品测试分析及稳定性计算评价等。

1. 查明了勘查区地质灾害类型及分布特征

经勘查,区内发育地质灾害区域共两处(Ⅰ区和Ⅱ区)。Ⅰ区分布于凤凰山三号、四号宕口中间原始坡体的中下部区域,主要发育滑坡地质灾害;Ⅱ区分布于凤凰山四号宕口南侧和西侧裸露边坡,主要发育崩塌地质灾害。

Ⅰ区分布于凤凰山三号、四号宕口中间原始坡体的中下部。Ⅱ区分布于凤凰山四号宕口南侧和西侧裸露边坡。其中南侧边坡受开采切坡的影响,使得原本覆盖于地表的残破积层出露于临空面,厚度约3～5m不等,块径一般20～60cm,在雨水等作用下极易产生崩塌;根据现场的测量统计,西侧边坡岩层产状为345°∠25°～30°,坡面倾向96°,坡面角约78°,主要发育四组陡倾状节理(165°∠70°、75°∠80°、305°∠67°、120°∠73°),受多组高倾角结构面与层面的组合切割作用,存在大量的不稳定破碎岩体,极易发生崩塌破坏。

2. 选取典型剖面进行工程勘探验证

1—1'工程地质剖面(图14-15)是由ZK02、ZK05、ZK07、ZK08控制,残坡积层最厚处达16m,残坡积层发育的厚度及位置与物探解译的结果基本一致(图14-16),钻孔编录资料表明该坡积层岩性主要为含角砾粉质黏土,灰黄、褐黄、灰黄夹灰白色,稍湿,可一硬塑,以粉质黏土为主,夹较多的石英砂岩角砾,次棱状,大小混杂,分布不均,局部富集,干强度低,刀切面稍粗糙。

3. 进行了坡体稳定性评价

由于粉质黏土夹较多量的石英砂岩碎块,使得岩土体中存在大量的软硬接触结构面,这些结构面为雨水的下渗提供了良好的通道,雨水的下渗在增加岩土体容重的同时也增加了结合水膜的厚度,导致岩土体抗剪强度衰减严重。加上坡脚处的人为切坡,减小了坡体的抗滑段的阻滑力,破坏了坡体的自然平衡状态,导致坡体前缘首先发生失稳,前缘的失稳导致后缘失去支撑,进而影响到边坡体的总体稳定性(表14-2,图14-17、图14-18)。

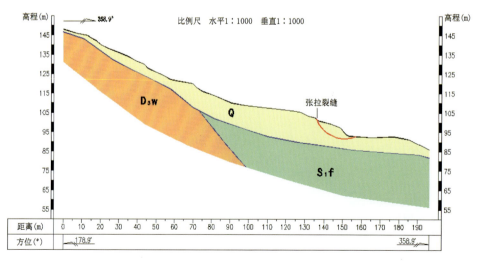

图14-15 工程地质剖面图1—1'

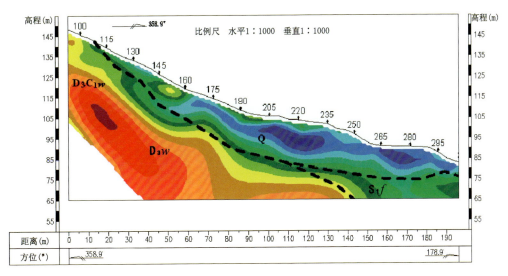

图 14-16　1—1′剖面物探解译图

表 14-2　边坡稳定性评价参数一览表

γ_m(kN/m³)	γ_{satm}(kN/m³)	黏聚力 C_k(kPa)	内摩擦角 Φ_k(°)	水平地震影响系数
19.7	20.0	24.83	8.53	0.10

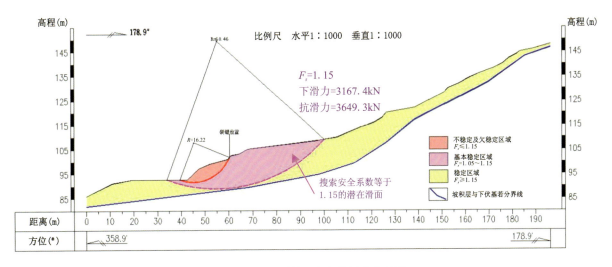

图 14-17　1—1′剖面稳定性评价分区图

4. 提出防治建议措施及治理设计参数

　　由于坡体下方规划为建设用地，为保证用地安全及后期治理效果，项目组在查明勘查区地质环境条件、灾害分布的范围、特点后，分析了致灾成因，并提出削坡减载、抗滑桩、主动防护网、重力式挡墙、截排水系统、加强位移监测等综合防治建议，为后期矿山地质环境治理设计提供了地质依据。

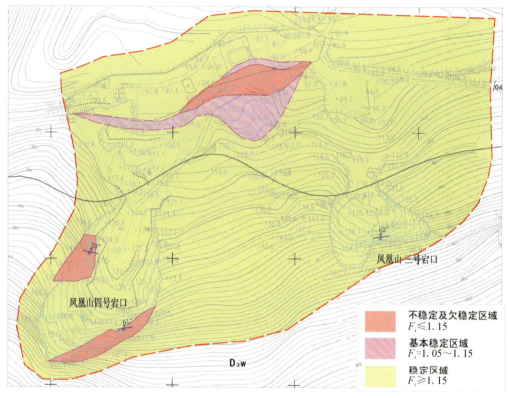

图 14-18 勘查区稳定性评价分区图

第三节 矿山地质环境、地质灾害治理工程设计

矿山地质环境、地质灾害治理工程设计是指导矿山地质环境、地质灾害治理工程施工的技术依据，工程设计是否科学合理是决定工程能否顺利实施的先决条件。我院历年来共编制矿山地质环境、地质灾害治理工程设计300余份，设计工程规模总计达数十亿元，在全省矿山地质环境、地质灾害治理工程设计领域确立了龙头标杆地位，也为全省各地生态文明建设提供了全面技术服务支撑，获得了行业内专家、领导一致肯定与好评。

一、苏州高新区阳山西滑坡地质灾害（特大型）治理工程

（一）项目简介

苏州高新区阳山西滑坡地质灾害（特大型）治理工程是迄今为止全省最大的单体矿山地质灾害治理项目，项目设计治理总投资约1.08亿元，获得2012年特大型地质灾害防治项目中央财政补助750万元和2012年省级地质勘查基金项目（地质灾害防治类）省财政补助750万元。

项目区位于苏州高新区西部南阳山的西坡，治理区边坡呈一面墙式，总体倾向西，垂直高差最大约为260m，边坡中段坡度约45°，两侧坡度在65°～70°之间（图14-19、图14-20）。岩石节理裂隙极为发育，总体较破碎。治理区总面积约26万 m^2。边坡灾害类型主要为滑坡、崩塌灾害（属特大型），近年来共造

成直接经济损失2810万元(居民搬迁避让,果园损毁房屋及果苗赔偿),潜在经济损失近1.21亿元(居民房屋、工厂固定资产、学校及相关单位的财产、公路及通信设施等),威胁近2000人民群众的生命安全。

图14-19 治理项目区位图

图14-20 项目区卫星影像图

(二)主要成果及转化应用

根据项目勘查报告查明的灾害体发育特征,结合大阳山森林公园绿化美化要求,设计治理措施主要包括:削坡减载、格构锚杆加固、截排水、挡土墙、挂网客土喷播、普通喷播等。削坡坡度一般不大于50°,并按20m一级形成宽度不小于4m的安全平台;根据区内淋滤层发育情况,利用格构锚杆对最终边坡后缘进行全面加固,锚杆布设每层台阶6排、长度4~14m不等,格构为钢筋混凝土;坡面绿化采用挂网客土喷播、平台绿化采用普通喷播。

该项目于2012年9月17日正式开工,2015年10月30日通过省国土资源厅最终竣工验收,工程评级获得优良。我院作为项目勘查、设计、监理单位,对该治理工程进行了全面的技术跟踪服务和全过程监理服务,根据项目进展情况积极参加多方会商,及时进行设计优化、调整,全面服务动态信息化施工,确保工程保质保量高效完成。

该项目是建设和谐社会、功在当代、利在千秋的民心工程,具有十分显著的环境效益、经济效益和社会效益。工程实施后,彻底消除了边坡地质灾害隐患,避免学校、居民房屋、厂房、道路等公共基础设施遭受滑坡破坏,19万 m^2 的可视裸露边坡得到全面绿化,山体与周边环境自然的融为一体,自然风貌得以再现,水土得以保持,彻底改善了阳山国家森林公园的总体形象。区内约12.4万 m^2 宕底废弃地成为可利用土地资源,为当地居民提供了一个新的休闲度假场所,提高了苏州高新区的地区品位,提升了当地的投资环境,极大地促进了当地的经济发展(图14-21)。

图14-21 苏州道碴矿地灾项目治理前后对比

二、江苏省江阴市秦望山建材矿区（东段）关闭矿山地质环境治理工程

（一）项目简介

江苏省江阴市秦望山建材矿区（东段）关闭矿山地质环境治理工程是《全国矿产资源规划（2008—2015年）》《全国矿山地质环境保护与治理规划（2009—2015年）》确定的国家级矿山地质环境重点治理工程，设计治理总投资约3814万元，列为2011年度探矿权采矿权使用费及价款项目，获得中央财政专项补助资金1000万元。我院承担项目前期可行性研究、工程设计、工程监理工作。

项目区位于江阴市城市规划区范围内（图14-22），月城镇西北约3km，秦望山建材矿区东段，距江阴市区约5.5km。项目区南临沿江高速公路，东临208省道及锡澄高速公路，均处于可视范围内。区内矿山始采于20世纪70年代，主要开采建筑石料用石英砂岩，开采方式为斜坡式开采，1999年底关闭。停采后高陡裸露边坡存在多处崩塌、滑坡地质灾害隐患，对坡下厂区和工人的生命财产造成极大的威胁，大风扬尘更是造成周边建筑物及村庄无法开窗通风，环境影响十分严重。开山采石使秦望山山体植被遭到强烈破坏，满目疮痍，对过往游客、外来投资者造成视觉污染，严重影响了江阴市"国家级园林城市""国家级环保模范城市"的城市形象。

图14-22 项目区卫星影像图

治理区地处秦望山东南坡，由烧香桥和西泾浜两个宕口组成，治理区总面积20.4万m^2，边坡最大高度116m，坡度一般在60°以上。大部分为顺层坡面，且石英砂岩中夹有泥质粉砂岩等软弱岩层，边坡的稳定性较差，小型崩塌、滑坡灾害时有发生。

(二)主要成果及转化应用

根据治理区现状地质环境条件,设计采取削坡减载、人工清坡、锚杆加固、修建被动防护网、挂网客土喷播、鱼鳞坑种植、截排水系统、喷灌养护系统等综合治理措施全面消除边坡地质灾害隐患、复绿美化消除裸露边坡视觉污染。

该项目分为2个施工标段,2015年4月1日开工,2017年1月5日通过省国土资源厅最终竣工验收,工程评级获得优良。我院作为设计、监理单位,对该治理工程进行了全面的技术跟踪服务,根据项目进展情况积极参加多方会商,及时进行设计优化、调整,全面服务动态信息化施工,确保工程保质保量高效完成。

通过治理,彻底消除秦望山建材矿区东段(烧香桥)高陡坡地质灾害隐患,12万余平方米高陡裸露边坡和11万余平方米的宕底废弃地得到全面绿化,消除了沿江高速公路等周边交通干线视觉污染,宕底厂区环境和居民人居环境彻底改善,工人的生命财产安全得到保证,为周边居民提供了安全舒心的生活、工作条件,促进了项目所在地人民生活质量的提高,社会的和谐程度进一步提高等,维护了江阴市城市整体形象(图14-23)。

图14-23 秦望山建材矿区东段(烧香桥)治理前后对比

三、京沪高铁沿线(南京市江宁段)矿山地质环境治理工程

(一)项目简介

京沪高铁沿线(南京市江宁段)矿山地质环境治理工程是南京市根据国家、省政府统一部署,为全面提升京沪高铁沿线视觉和景观效果而组织开展的矿山环境治理工程。项目共包括16个治理区,其中的8个治理区同时属于江苏省南京麒麟科创园青龙山沿线矿山地质环境治理示范工程项目,湖山、贵山、银佳、孟塘、孟北五号、孟北六号治理工程列为江苏省2012年度特大型地质灾害防治专项资金项目和2012年省级地质勘查基金项目,共获得省财政专项补助800万元(图14-24)。我院承担项目前期可行性研究和工程设计工作。

项目区地貌类型属低山丘陵,属于宁镇山脉南京段,山丘、岗地和谷地平原相间分布,地势高差较大,高铁即从山体北侧的山间洼地可视露采面)通过,山体总体走向近东西,一般山顶标高在100~200m间,孔山为区内制高点,海拔高程344.23m。项目区治理总面积约580万 m^2。

图14-24 项目区交通位置图

(二)主要成果及转化应用

根据各治理区存在的矿山地质环境问题,设计采取的主要治理措施包括:削坡减载、人工清坡、格构锚杆加固、截排水系统、挖高填低平整、挂网客土喷播复绿、平台种植、普通喷播、撒播草种、修筑鱼鳞坑、修建种植槽、铺设助生网(伪装网)等。

该项目中新增项目区除孔山为在采矿山,其余矿山分为5个施工标段,2013年7月陆续正式开工,2015年6月30日通过省国土资源厅最终竣工验收。我院作为设计单位,对该治理工程进行了全面的技术跟踪服务,根据项目进展情况积极参加多方会商,及时进行设计优化、调整,全面服务动态信息化施工,确保工程(各标段)保质保量高效完成。目前,上述项目3年工程养护期已满,且通过建设单位的交付验收。

通过治理,彻底消除京沪高铁沿线(南京市江宁段)矿山崩塌、滑坡隐患和环境污染,对裸露的岩石边坡进行复绿,平整和绿化宕底废弃地,重塑高铁沿线"蓝天、青山、碧水"的良好生态环境,把京沪高铁打造成一条绿色通道和景观走廊,提高南京市江宁区的环境水平及城市功能品质(图14-25)。

图14-25 孟塘治理前后对比

四、镇江市狮子山滑坡地质灾害治理工程

(一)项目简介

镇江市狮子山滑坡地质灾害治理工程是镇江市2009—2010年度地质灾害重点治理工程(图

14-26),项目设计治理总投资约 1 287.6 万元,该项目列为 2009 年财政部、国土资源部特大型地质灾害防治专项资金扶持项目。我院承担项目工程设计、工程监理工作。

图 14-26　项目区卫星影像图

狮子山为镇江主城区 26 座山体之一,是《镇江主城区"青山绿水"两年行动方案》集中整治的 11 座山体之一(图 14-27),呈低丘陵地貌,上覆土层较厚,平均约 10m。由于地处城市中心地带,人居密度较大,加之狮子山山体特殊的地质环境背景条件,在近年来的雨水等因素影响下,狮子山山体边坡地质灾害频发,历年来已产生了十几次滑坡地质灾害,造成区内直接经济损失 2500 余万元,潜在经济损失初步估算近亿元。威胁区内 669 户居民与镇江市开关厂、镇江市第二建筑工程公司、镇江市电磁设备厂等四家企业近 2000 居民的生命财产安全,另外狮子山山体东北侧产生的滑坡也对镇江市最繁忙的交通干道——中山西路的行人车辆安全构成严重威胁。治理区总面积约 3.4 万 m²。

图 14-27　镇江"青山绿水"两年行动 11 座整治山体分布示意图

(二)主要成果及转化应用

根据治理区存在的地质灾害隐患类型及矿山地质环境现状,设计采取的主要治理措施包括:削坡降坡、局部形成安全平台、重力挡土墙、抗滑桩、截排水系统等。

该项目分为 2 个施工标段,施工工期 2010 年 2 月 1 日至 2010 年 5 月 30 日。我院对该治理工程进行了全面的技术跟踪服务,根据项目进展情况积极参加多方会商,及时进行设计优化、调整,全面服务动态信息化施工,确保工程(各标段)保质保量高效完成。

通过对狮子山滑坡地质灾害的治理,彻底消除了地质灾害对区内建筑物与当地居民、过往行人的生命财产安全的威胁。退房还山,促进狮子山综合开发,恢复山体生态环境,建设成为市民休闲健身的开放式公园,为当地人民群众提供了一处优良的休闲、娱乐场所,有效改善了人居环境条件,提升了狮子山周边生态环境质量,落实以人为本,全面、协调、可持续的科学发展观,促进镇江市地方经济可持续发展(图14-28)。

图14-28 狮子山滑坡灾害治理前后对比

五、南京市仙林新市区桂山关闭矿山三号矿区地质环境治理工程

(一)项目简介

南京市仙林新市区桂山关闭矿山三号矿区地质环境治理工程是南京市仙林大学城管委会为加快仙林新市区生态廊道建设,彻底改善区域内生态环境质量和投资环境,于2010年初根据《仙林新市区东西向(灵山—龙王山)生态廊道保护与利用规划》确定实施的矿山地质环境治理重点工程。灵山—龙王山生态廊道共规划治理灵山、桂山、龙王山废弃露采矿山宕口30个,桂山关闭矿山三号矿区地质环境治理项目包括其中7个废弃宕口(图14-29)。

项目区位于仙林大学城南京大学教师公寓楼(在建)南面,总治理面积37.4万 m^2,山坡最大高差约95m,存在众多崩塌、滑坡地质灾害隐患。该项目治理总投资约5598万元,由仙林大学城管委会出资治理,我院承担工程设计和工程监理。

图14-29 桂山三号矿区现状图

(二)主要成果及转化应用

根据治理区地质环境现状,采取的主要治理措施包括:削坡降坡、修筑台阶、砌筑重力式挡土墙、截排水沟、挂网客土喷播、平台种植、宕底回填平整压实、修建登山台阶等。

工程于2010年5月正式开工,2011年12月完工,项目通过南京市国土资源局组织的最终竣工验收。我院作为工程设计和监理单位,对该工程进行了全面的技术跟踪服务和监管,根据项目进展情况积极参加多方会商,及时进行设计优化、调整,全面服务动态信息化施工,确保工程保质保量高效完成。

通过治理,彻底消除矿山原有崩塌地质灾害隐患和环境污染,裸露山体重现绿色青山,宕底废弃地平整后作为可利用建设用地,为南大教师公寓及附近人民群众营造了一处优良的旅游休闲场所,改善了区域生态环境和景观质量,带动了南大教师公寓等周边地价提升和房价的快速上涨,矿山治理综合效益十分显著(图14-30)。

第四节 矿山地质环境、地质灾害治理工程监理

矿山地质环境、地质灾害治理工程监理是具有地质灾害监理相关资质单位受建设单位委托,根据法律法规、勘查设计文件及监理合同,在施工阶段对矿山地质环境、地质灾害治理工程质量、造价、进度进行控制,对合同、信息进行管理,对建设相关方的关系进行协调,并履行建设工程安全生产管理法定职责

图 14-30 桂山 C 区块治理前后对比

的服务活动。我院多年来共承担矿山地质环境、地质灾害治理工程监理项目 100 余个,监理工程规模总计达 20 余亿元,秉持严谨、诚实、团结、高效的工作作风,在全省矿山地质环境、地质灾害治理工程监理行业树立了良好的口碑。

一、苏州浒墅关经济开发区阳山道碴矿地质灾害治理工程

(一)项目简介

项目名称:苏州高新区阳山西滑坡地质灾害(特大型)治理项目
项目地点:苏州大阳山西坡
治理面积:治理总面积 26 万 m^2,其中边坡 14 万 m^2,宕底废弃 12 万 m^2
建设单位:苏州浒墅关经济开发区管理委员会
资金来源:中央财政 750 万元,省级地勘基金 750 万元,其余由地方财政资金配套
标段划分:项目施工按工艺不同分为 3 个标段
　　　　　一标段主要为削坡减载、修筑截排水沟和挡土墙施工

二标段主要为锚杆格构加固施工

三标段主要为挂网客土喷播和普通喷播施工

施工单位：一标段：中国煤炭地质总局华盛水文地质勘查工程公司

二标段：江苏地质基桩工程公司

三标段：核工业志诚建设工程公司

设计单位：江苏省地质调查研究院

监理单位：江苏省地质调查研究院

跟踪审计单位：苏州市云诚工程投资咨询有限公司

施工中标价：46 176 970 元（一标段）、14 383 875 元（二标段）、12 973 042 元（三标段）

合同工期：578 天，2012 年 9 月 1 日至 2014 年 4 月 1 日

实际工期：1138 天，2012 年 9 月 17 日至 2015 年 10 月 30 日

工程质量要求：验收合格

（二）主要成果及转化应用

我院根据设计方案和监理合同的要求，紧紧围绕监理工作目标（质量目标、造价目标、进度目标、安全目标）全面开展监理工作，主持或参加重要工地例会 28 次，签发监理工程师通知单共 42 份（其中一标段 11 份、二标段 19 份、三标段 12 份），收到全过程控制单位联系单 8 份、工作联系单 11 份。监理过程中我单位坚持以质量控制为中心，安全施工为根本，综合协调、全面服务，严格按监理规范进行监理，综合工程特点，抓好工程施工中的质量控制 3 个阶段，严谨科学地督促进度计划的完成，认真检查、复核所有工作量是否实事求是，强调安全施工的重要性，以期抓好质量、进度、投资、安全的有效控制。工程完工后现场监理积极配合第三方单位进行现场竣工图实测和工程量计算，同时配合和督促施工单位尽快完善竣工资料。工程决算工程量全部以第三方测量报告为准（图 14-31）。

削坡施工旁站监理

锚杆施工旁站监理

格构施工旁站监理

喷播施工旁站监理

水沟施工旁站监理　　　　　　　　挡墙施工旁站监理

图 14-31　监理现场

本工程在国土主管部门、建设单位、设计单位、监理单位、跟踪审计单位和各施工单位的共同努力下完成了合同规定及设计变更增加的各项内容，技术资料及质量管理资料完备，符合设计方案要求。各分项分部工程质量经参建单位验收均合格，项目于 2015 年 12 月 25 日通过苏州市国土资源局组织的专家验收，质量评级优良（图 14-32）。

图 14-32　苏州阳山西滑坡地质灾害（特大型）治理项目竣工现场

二、句容市仑山湖桃花源废弃矿山地质环境治理工程

（一）项目简介

项目名称：句容市仑山湖桃花源废弃矿山地质环境治理工程

项目地点：镇江市句容林场仑山

治理面积：治理总面积 58 万 m^2，其中边坡 17 万 m^2，宕底废弃地 27 万 m^2

建设单位：句容市国土资源局

资金来源：中央财政 900 万元，其余由地方财政资金配套

施工单位：一标段：江苏省岩土工程公司（东一、东二、西二、西三宕口）

　　　　　　二标段：浙江华东建设工程有限公司（西一宕口）

设计单位：江苏南京地质工程勘察院

监理单位：江苏省地质调查研究院

施工中标价:3 920.24 万元(其中一标段:1 949.76 万元;二标段:1 970.48 万元)

合同工期:457 天,2010 年 9 月 26 日至 2011 年 12 月 27 日

实际工期:一标段 1039 天,2010 年 9 月 26 日至 2013 年 7 月 30 日

二标段 1162 天,2010 年 9 月 26 日至 2013 年 11 月 30 日

工程质量要求:验收合格

工程主要内容:削坡降坡、挂网客土喷播、穴植坑补充种植、坡脚种植、平台种植、场地整平、覆土复垦、截排水系统、喷灌养护系统等

(二)主要成果及转化应用

我院根据设计方案和监理合同的要求,自 2010 年 9 月 26 日正式派驻监理项目组进场,严格按照设计方案和监理合同的要求,围绕监理工作目标,坚持以质量控制为中心,安全施工为根本,综合协调、全面服务,严格按监理规范进行监理,综合工程特点,抓好工程施工中的质量控制 3 个阶段,严谨科学地督促进度计划的完成,认真检查、复核所有工作量是否实事求是,强调安全施工的重要性,全面抓好质量、进度、投资、安全的有效控制(图 14-33)。

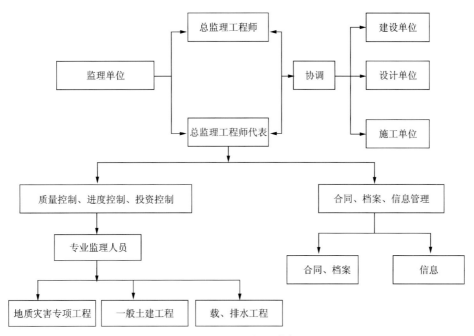

图 14-33 监理组织机构框图

监理过程中我单位主持或参加重要工地例会 16 次,专题例会 3 次;提交监理月报 38 份;签发质量、进度和安全类监理通知单 58 份、停工通知单 2 份;提交业主监理工作联系单 2 份、监理工程师备忘录 2 份、收到业主整改通知单 1 份。

为严格控制施工境界及削坡工程质量,我单位自 2010 年 9 月至 2012 年 3 月削坡施工过程中每月对施工现状进行一次测量,并向业主提交测量成果。工程完工后现场监理积极配合第三方单位进行现场竣工图实测和工程量计算,同时配合和督促施工单位尽快完善竣工资料。本工程的决算工程量全部以第三方测量报告为准(图 14-34~图 14-38)。

图 14-34　削坡境界控制

图 14-35　挂网质量控制

图 14-36　喷播质量控制

图 14-37　排水沟质量控制

图 14-38　仑山湖矿山地质环境治理工程竣工 1 年后现状

第十五章　矿咨中心地质技术服务工作成果简介

20年来,矿咨中心围绕矿政管理重点工作,紧密结合矿政管理流程,着力满足政府和矿山企业的需求,积极做好技术服务工作。在矿产资源规划、矿业权监督管理、矿产资源节约集约与综合利用及绿色矿山建设等方面取得了丰硕成果,服务领域基本覆盖了矿产资源开发利用和监督管理的各个环节,为政府和企业的管理创新、技术创新提供了可靠的技术支撑。

第一节　矿产资源规划编制研究

一、项目简介

自2000年以来,我院陆续完成了三轮矿产资源规划的研究与编制工作。2002年完成了第一轮矿产资源规划编制,2008年完成第二轮,2016年完成第三轮。通过专题研究和规划编制形成的矿产资源规划,成为江苏省矿产资源勘查、开发利用与保护的指导性文件,依法审批矿业权、监督管理矿产资源勘查开发的重要依据。同时,构建了在全国为数不多的省级总体规划与专项规划相配套的矿产规划框架体系,建立和完善了以省级规划为指导、市县级规划为基础的规划系统,保持了江苏省规划工作的编制研究水平处于全国的前列。

2005年6月,有7项规划成果荣获国土资源部全国矿产资源规划优秀成果奖。其中,《江苏省矿产资源总体规划(2000—2010年)》《金坛市矿产资源总体规划(2001—2010年)》荣获国土资源部全国矿产资源规划优秀成果一等奖,《江苏省露采矿产资源保护与合理利用规划(2003—2010年)》《连云港市矿产资源总体规划(2001—2010年)》《常州市矿产资源总体规划(2001—2010年)》《苏州市矿产资源总体规划(2001—2010年)》《宜兴市矿产资源总体规划(2001—2010年)》荣获国土资源部全国矿产资源规划优秀成果二等奖。

2012年3月,国土资源部通报表彰的全国矿产资源规划优秀成果中,江苏地调院编制的规划成果有9个获得一等奖,8个获得二等奖。无论是获奖数量还是获奖质量,都占据绝对优势,充分体现了江苏省地质调查研究院在矿产资源规划咨询服务领域的优势和实力。获得全国矿产资源规划优秀成果一等奖的有《江苏省矿产资源总体规划(2008—2015年)》《江苏省地质勘查规划(2006—2015年)》《江苏省地质遗迹保护规划(2011—2020年)》《南京市矿产资源总体规划(2008—2015年)》《淮安市矿产资源总体规划(2008—2015年)》《泰州市矿产资源总体规划(2008—2015年)》《宜兴市矿产资源总体规划(2008—2015年)》《金坛市矿产资源总体规划(2008—2015年)》和《盱眙县矿产资源总体规划(2008—2015年)》。获得矿产资源规划优秀成果二等奖的有《江苏省矿山环境保护与治理规划(2005—2015年)》《徐州市矿山环境保护与治理规划(2006—2015年)》《镇江市矿产资源总体规划(2008—2015年)》

《苏州市矿产资源总体规划(2008—2015年)》《南通市矿产资源总体规划(2008—2015年)》《宿迁市矿产资源总体规划(2008—2015年)》《江都市矿产资源总体规划(2008—2015年)》《灌云县矿产资源总体规划(2010—2015年)》(图15-1)。

图15-1　各种证书

2015年起开展的第三轮矿产资源规划编制工作,已经圆满完成。2017年初,《江苏省矿产资源总体规划(2016—2020年)》成为首批获得国土资源部批复的第三轮省级矿产资源规划。批复要求江苏省认真做好规划的组织实施工作,全面落实规划提出的各项目标任务和工作措施,探索完善矿地融合地质工作新模式,推进江苏省矿产资源利用方式和管理方式的根本转变,切实增强资源保障能力、环境保护能力和地质工作服务功能。各市县级规划已经通过政府批准正式实施。

二、主要成果

一是构建了总体规划与专项规划相结合的规划框架。在完成《江苏省矿产资源总体规划》编制实施的基础上,相继编制实施了《江苏省地质勘查规划》《江苏省露采矿产资源保护与合理利用规划》《江苏省矿山环境保护与治理规划》《江苏省废弃矿井治理规划》《江苏省绿色矿山建设规划》《江苏省地质遗迹保护规划》《江苏省古生物化石保护规划》等专项规划,以及《南京—镇江地区重点勘查区专项规划》《金坛盐矿重点开采区专项规划》《徐州市煤炭重点开采区专项规划》《盱眙县凹凸棒石黏土重点开采区专项规划》等分项规划。

《江苏省地质勘查规划》系统汇总了几十年来全省地质勘查工作的成果,深入开展了"江苏省基础性、公益性地质调查现状及未来需求研究""江苏省矿产勘查工作现状及未来需求研究"和"江苏省地质勘查工作政策措施研究"3个专题研究,编制了规划文本和附表及相应的规划图件。与《全国地质勘查规划》相衔接,围绕区域地质调查、环境地质调查和矿产勘查三大领域,部署了区域地球化学调查、地热资源调查、城市地质调查、地质遗迹调查、地下水战略水源地勘查、重要成矿区带重要矿产勘查、危机矿山后备资源勘查、资源勘查综合研究等重大工程,提出了公益性、基础性地质矿产调查评价与商业性矿产勘查分制运行、协调运作的基本思路。

《江苏省露采矿产资源保护与合理利用规划》结合全省经济社会发展对资源和环境的要求,对资源的开发利用进行了合理布置,针对矿产资源开发利用中可能或已经存在的环境问题提出了有效的策略。规划很好地贯彻了省人大"关于限制开山采石的决定"的精神,也较好地落实了省人大关于《关于加强环境综合整治推进生态省建设的决定》的意志,从矿山布局调整着手,根据苏南、苏中和苏北社会经济发展水平的不同、资源条件的不同、对资源和环境需求的不同、矿业在各地经济发展中作用的不同,提出的分区管理和矿山布局调整,对改进全省露采矿山原现有面貌具有指导意义。

《江苏省矿山环境保护与治理规划》在实地调查的基础上,开展了"露采矿山地质环境现状与演变趋势研究""地下开采矿山地质环境现状与演变趋势研究""矿山环境保护与治理现状及模式研究""矿山环境保护与治理目标与任务研究"4个专题研究,围绕江苏"两个率先"和生态省建设目标,提出了大力发展生态矿业,建立矿业循环经济链,挖掘矿业废弃地潜力资源,治理矿山环境的新思路。规划总结了适合不同类型、不同地区的矿山环境治理模式,以及"生态矿业"与"生态矿业工业园"的矿山环境保护模式;引进"循环经济"理念,提高矿产资源综合利用率,使尾矿资源化,实现无废矿业、绿色矿山;以景观恢复、土地资源开发和废弃资源二次开发为先导,加速废弃露采矿山环境治理。针对江苏都市发展区、风景区和主要交通干线两侧可视区的废弃露采矿山,部署了5大类22项治理重点工程及其不同任务要求和可行的治理模式建议。

《江苏省废弃矿井治理规划》深入调研竖井、斜井、平硐及其他四种类型废弃矿井418个,其中废弃煤矿井249个、铁矿井99个、金铜(铅锌)等有色金属矿井43个、高岭土矿井8个、铀矿井6个、石膏矿井5个、硫矿井3个、紫砂矿井3个、天青石(锶)矿井2个。规划全面掌握废弃矿井分布状况,分析了其危害程度以及发展动态;以废弃矿井治理为契机,推动各地基本建立地方地质灾害防治法规体系和市、区、街道(镇)三级地质灾害行政监督管理体系;部署覆盖(废弃矿井分布区)各地的群专结合的地面不均匀沉降监测网络及地面沉陷信息管理系统,建立地面沉陷应急处置机制;完成一批废弃矿井治理工程。

《江苏省绿色矿山建设规划》以资源合理利用、节能减排、保护生态环境和促进矿地和谐为主要目标,以开采方式科学化、资源利用高效化、企业管理规范化、生产工艺环保化、矿山环境生态化为基本要求,将绿色矿业理念贯穿于矿产资源开发利用全过程,从提高资源利用水平、节能减排、保护耕地和矿山地质环境、创建和谐社区等角度出发,重点围绕规模开采非砂土类固体矿产的矿山企业,开展国家级和省级绿色矿山建设。其中,由部、省发证的开采固体矿产的矿山力争创建国家级绿色矿山,由市、县发证的大中型矿山创建省级绿色矿山。建成两类不同矿种、具有江苏特色的绿色矿业发展示范区。建立完善的绿色矿山标准体系和管理制度,研究制定绿色矿山建设的配套激励政策。

《江苏省地质遗迹保护规划》在全省地质遗迹资源调查的基础上,对全省地质遗迹分布作了两级区划划分,确定了省内重要地质遗迹的保护等级,为开展地质遗迹保护工程提供了依据。针对各区划单元中地质遗迹资源特点以及社会经济文化发展的需求制定相应的发展规划目标。规划确定了地质遗迹调查评价与研究、地质遗迹保护建设工程、地质博物馆建设工程和地质遗迹信息化建设工程四大地质遗迹保护工程。

《江苏省古生物化石保护规划》在古生物化石专项调查的基础上,深入研究评价了古生物化石科学内涵和资源价值,提出加强古生物化石科学研究,建立和完善古生物化石保护长效机制,加强地质公园、矿山公园、古生物化石保护区和古生物化石保护点建设,逐步建立覆盖全省的重要古生物化石保护网络,构建与生态文明建设相适应的古生物化石保护新格局,有效发挥古生物化石的科研、科普和旅游功能,促进社会经济发展。

《南京—镇江地区重点勘查区专项规划》以提升江苏重要矿产保障能力,构建矿产资源储备体系为目标,紧紧围绕江苏矿产资源需求和区域经济社会发展需要,突出"攻深找盲",开辟"第二找矿空间",按照整装勘查和勘查开发一体化的要求,分类部署、差别管理、分类指导的原则,遵循地质成矿规律和找矿规律,分阶段部署不同类型的地质找矿项目。以铁、铜、铅锌、金、锶、硫铁矿等重要矿种为重点,优化部署矿产资源调查评价和勘查布局,科学确定调查评价与勘查工作时序,合理统筹安排公益性调查、勘查项目和商业性勘查项目,力争区内主要矿产"攻深找盲"有所突破,危机矿山资源接替资源有所增加,提升矿产资源对经济社会发展的保障能力。

《金坛盐矿重点开采区专项规划》《徐州市煤炭重点开采区专项规划》《盱眙县凹凸棒石黏土重点开采区专项规划》分别从区域内优势和重要矿产资源着手,按照"在保护中开发,在开发中保护"的总原则,以国内、外市场为导向,以科技创新为主线,以培育产业发展为重点,构筑具有市场竞争优势的产品体系,形成以大企业集团为龙头,大、中型企业协调发展的矿业发展格局;有效地处理好资源开发与保护、产品与市场、规模与效益的关系，推动绿色矿山建设。

二是形成了省、市、县三级矿产资源规划体系。除了省级规划外，还完成了大量的市、县级矿产资源规划成果。先后完成了南京、无锡、常州、苏州等11个省辖市，以及宜兴、金坛、盱眙等10多个矿产资源重点县的矿产资源规划。

市级规划是落实省级规划的重要平台，也是指导县级规划的重要通道。各市规划在确保省级规划重大目标落实的基础上，针对本地矿产资源特点和矿业发展状况，提出更具操作性的实施方案。以南京市矿产资源总体规划（2016—2020年）为例，在"南京市第二轮矿产资源总体规划实施评价""南京市矿产资源利用潜力与形势研究""南京市矿产资源开发与生态文明建设研究"和"南京市矿产资源规划目标指标与措施研究"等4个专题研究的基础上，确立了保护生态，绿色发展；政府引导，市场配置；统筹安排，有序推进；深化改革，创新管理等4项原则。构建了涵盖地质调查与矿产勘查、矿产资源开发利用与保护以及矿山地质环境保护与恢复治理三大类7项指标的指标体系，并明确了各项指标的属性（约束性指标或预期性指标），尽可能以定量的方式确定了各项指标在不同规划时期的具体要求。规划坚持"环保优先"的指导方针，以生态矿业建设为主线，加强宏观调控和空间约束能力，突出规划空间指导和指标引导作用，统筹制定全市矿业的发展方向与战略目标，提出规划期内矿业发展布局、矿产资源勘查开发、总量调控、矿山生态环境保护与治理的任务要求，以及规划实施的对策措施与管理体系，使规划具有宏观战略性、科学前瞻性与政策指导性和现实可操作性。

县级规划是矿产资源规划体系中最基础的规划。按照《江苏省市县级矿产资源规划编制技术规程》的要求，县级规划是上级规划落地的最终平台，既要满足上级规划的指导作用，更需要对规划的目标任务和工程进行逐个落实落地。以《盱眙县矿产资源总体规划（2016—2020年）》为例，规划紧密结合盱眙县县情和矿情，紧紧抓住绿色矿业建设这条主线，以发展眼光和超前意识，提出矿业结构调整、矿业区域布局与矿业市场构建等重大任务；立足盱眙县矿业实际和区位特点，提出调整矿产资源开发利用结构。同时结合生态红线区域保护规划的要求，进行矿业布局和结构调整。将铁、铜、金等急需矿产作为矿产调查评价重点，将凹凸棒石黏土、膨润土、地热、矿泉水作为矿产勘查重点，分别确定了重点调查评价区和重点勘查区，为产业化、规模化开发资源提供重要基础。突出了优势特色矿产凹凸棒石黏土开发，鼓励发展凹凸棒石黏土精深加工产业，控制初级产品加工。鼓励对地热和矿泉水的利用，倡导合理、规范、有序、综合的利用清洁绿色资源。按照生态文明建设的要求，统筹安排矿山地质环境保护与治理恢复任务。对接落实省市规划中矿业权规划部署以及县国土资源管理权限的相关矿产矿业权规划区块，形成勘查规划区块和开采规划区块设置方案，为规划期内合理有序投放矿业权提供依据。

三是为积极推进矿产资源规划实施管理提供有力保障。完成的《江苏省矿产资源规划环境影响评价》在全国具有示范作用，也为规划编制提供了技术支持。研究出台了《江苏省矿产资源规划实施管理办法》和《江苏省市县级矿产资源规划编制技术规程》，为国土资源部完成了《省级地质遗迹保护规划编制要求研究》。先后完成了三轮全省开山采石禁止开采区方案的编制工作，在全国率先完成了全省山体资源特殊保护区划定方案的调研和编制，出台了《江苏省找矿突破战略行动实施方案》，开展了矿产资源规划实施评估工作，确保了矿产资源规划的顺利实施和矿政管理精细化服务。

根据我国2003年9月1日生效的《环境影响评价法》要求，江苏省在全国率先开展了矿产资源规划环境影响评价工作。江苏省的矿产资源规划环境影响评价工作，重点探讨了实施矿产资源规划环境影响评价的技术框架，建立了环境影响评价的指标体系；研究了矿产资源规划环境影响评价的方法和重点；创建了GIS技术评价方法，提出了利用GIS技术进行矿产资源规划环评的思路和技术框架，并以江苏省矿产资源规划环境影响评价为例，成功运用GIS叠图法等先进方法和手段，全面系统地评价和预测了规划对生态环境、地质环境、水环境等的影响，尤其对重点开采区及矿业经济区对生态环境敏感目标的影响进行了预测和评价，验证了GIS应用思路和技术框架的可行性。

规划环境影响评价报告分析了矿产资源开发对生态环境、地质环境、水环境、土地资源和大气环境等方面的影响，从总体上把握了江苏省矿产资源开发对环境的影响，并将自然保护区、风景名胜区、森林公园、地质公园、湿地、重要水体及饮用水源地、自然灾害易发区和基本农田保护区等作为环评的重点；突出了规划方案分析和环境影响预测与评价的两个规划环评重点。通过矿产资源规划环评，为政府决策和项目环评提供依据，为我国矿产资源规划环境影响评价提供借鉴。

2001年江苏省人大常委会颁布了全国第一个限制开山采石行为的省级地方性法规，即《关于限制开山采石的决定》，要求在三年内分期分批关闭禁采区内开山采石企业，明确要求禁采区内一律不得审批新的采石企业。为此省厅组织实施了"全省开山采石禁采区划定方案"编制工作。禁采区方案经省政府批准后，一并纳入全省各级矿产资源规划内，并在第一轮规划编制的同时，对禁采区方案进行完善。

2002年8月，江苏省有开山采石活动的9个市都按时完成了第一轮禁采区的划定工作，公布了禁采区分布图。经省政府批准，全省共划定禁采区79处、禁采带26条，总面积9838km^2，占全省面积的近十分之一。截至2004年底，全省开山采石禁采区内898家采石企业按计划全部关闭，关闭率达到100%；从根本上改变了资源利用现状，保护了禁采区的生态环境。

在开展第二轮矿产资源规划的同时，按照整体微调、侧重保护、宽收慎放、兼顾需求的原则，对全省各市的禁采区（带）进行了修改调整，共划定禁采区88个，比上一轮的禁采区个数增加了9个；禁采带62条，比上一轮的26条禁采带增加了38条。禁采区总面积11 405km^2，面积扩大了1567km^2，所占全省面积的比例由上一轮的9.58%提高到11.11%。对划定的禁采带，明确了禁采带两侧各1000m范围内为禁采区域，1000m之外的可视范围也为禁采区域，对一些重要区段的禁采带确定了禁采山体的区域范围，使方案的执行具有更好的可操作性。

第三轮方案共划定107个开山采石禁采区，禁采区面积约12 865m^2；62条开山采石禁采带，禁采带长度约3550km。与上轮规划81个禁采区、面积约12 104.5km^2、禁采带长约3200km相比，均有增加。

2009年3月，省人大常委会颁布实施了《江苏省地质环境保护条例》，对山体资源保护做出了严格规定，明确提出要划定山体资源特殊保护区，区内严格限制开山采石、露天采矿、工程取土、设置固体废弃物堆放场所、新扩建墓地等活动。山体资源特殊保护区是针对城镇规划区、自然保护区、风景名胜区、地质遗迹保护区、重要基础设施保护范围、重要交通干线两侧可视范围、重要水域周边等区域内的山体，划定为实施严格、特别保护规定的区域。为此，省国土资源厅先后发文，对全省山体资源特殊保护区划定工作进行了详细部署并提出了技术要求。

经过三年多的努力，2012年12月底，南京、无锡、徐州、常州、苏州、南通、连云港、淮安、扬州、镇江等10市提交的山体资源特殊保护区划定方案获得了省政府批复，全省山体资源特殊保护区划定工作圆满完成，成为全国首个专门针对山体资源在全省域范围划定保护区的省份，这是江苏省贯彻落实十八大精神，加强生态文明建设的重要举措。全省共划定山体资源特殊保护区517个，面积1 960.55km^2，占全省山体资源总面积的64.34%，占全省土地总面积的1.91%（图15-2）。在此基础上，形成了全省山体资源特殊保护区划定工作的主要成果——《江苏省山体资源特殊保护区图集》。图集综合运用地图设计与编制和计算机信息处理等技术方法，整理和汇总了全省10个市、44个县（市、区）的山体资源及特殊保护区数据，以县为编制单元，系统、全面、直观地展现了全省山体资源特殊保护区的位置、范围及基本信息，是保护稀缺山体资源的地质环境和景观生态的基础资料，是城市规划建设、矿产资源开发、地质环境保护、服务产业发展布局的重要依据。

《江苏省找矿突破战略行动实施方案》根据江苏成矿地质背景及地方经济社会发展的实际情况，统一部署了找矿突破战略行动。总体部署包括基础地质调查与研究、重要矿产勘查、矿产资源节约与综合利用和找矿突破科技支撑四个方面。实施方案以铁、铜、铅、锌、金、铀、煤炭等重点紧缺矿种和磷、钼、金红石、金刚石、高纯石英等特色优势矿种为目标，统筹协调多种资金和技术力量，重点在11个成矿远景区内加大勘查投入、加快勘查进度，尽快实现找矿重大突破；继续开展老矿山深部和外围接替资源勘查，促进深部找矿突破，延长矿山服务年限；构建矿产资源节约与综合利用监督管理的长效机制，促进资源节约型和环境友好型绿色矿山建设；加快新理论、新技术、新方法和新装备的应用，加强人才培养，依靠科技进步来推动找矿突破战略行动。

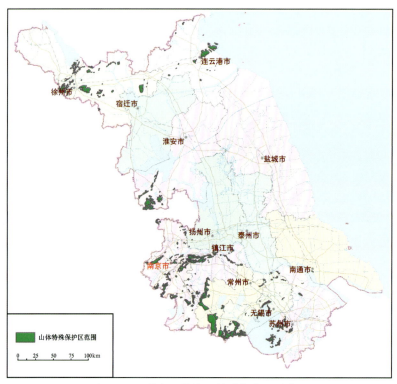

图 15-2　江苏省山体资源特殊保护区分布图

三、转化应用

第一轮规划的发布、实施给矿产资源开发利用与管理带来了观念上、认识上和方式方法上的改变，为矿产资源管理方式实现根本性转变奠定了坚实的基础。规划成为指导全省矿产资源勘查开发利用与保护的纲领性文件，成为依法审批和监督管理矿产资源勘查开采活动的重要依据，成为落实产业政策、加强和改善对矿产资源开发宏观调控的重要手段。规划实施对推进全省生态矿业建设发挥了积极作用，特别是根据规划要求实行的矿业结构调整、矿产资源开采分区管理、采矿权市场建设以及矿山环境保护与治理制度建设和管理等方面，取得了良好的成效，初步实现了矿产资源利用方式和管理方式的根本转变，充分发挥了政府的宏观调控作用，对全省"十五"乃至更长时期的矿业发展产生了长期的战略效应。

第二轮规划更加注重精细化管理。规划部署的煤炭和铁、铜等重要金属矿产勘查取得新进展，宁芜、宁镇成矿区带地质找矿不断深入，部分老矿山深部及外围找矿取得重大成果。地热资源商业性勘查成效突出。结合社会市场需求，拓展地质勘查新领域，完成了一批大、中型城市及矿山地质灾害与环境调查评价工作，全省生态环境地质调查成果的推广应用，为江苏产业布局和结构调整提供了科学依据。

为江苏相关规划布局提供了指导和支撑。规划部署的苏州等城市地质调查工作，将为城市的发展和规划提供科学决策依据。规划提出合理利用金坛盐盆岩穴空间资源，为国家西气东输、川气东送、国家战略石油储备等重大工程提供了支撑，也推动了这些项目的实施。规划确立的矿山环境整治工程纳入了江苏省国民经济社会发展"十二五"重大工程。

规划的实施实现了对矿产开发利用的有效调控。实行的分区管理，推进了新一轮限制开山采石工作，全面关闭了禁采区内 164 家矿山，有效减缓了开山采石对环境的破坏，使山体景观、宝贵的文化遗迹和地质遗迹得到了保护。规划促进和指导了全省矿产资源开发利用整合。绿色矿山建设取得突破性进展。组织 4 批共 26 个矿山成功申报国家级绿色矿山试点单位，占全省矿山总数的 2.29%，远高于全国

0.6%的占比水平。指导了江苏省绿色矿山建设规划和建设指南的制定,稳步推进了省级绿色矿山建设,已有5个矿山成为省级绿色矿山。全面实施了"百矿环境整治""山体保护复绿工程""工矿废弃地恢复工程""矿山复绿行动"等重大工程,以关闭露采矿山为主的地质环境治理和生态修复工作取得重要成效。

第三轮规划体现了管理理念的转型,突出了问题导向、目标导向和需求导向。以增强资源保障能力、环境保护能力和地质工作服务功能为目标,以资源节约集约利用为主线,以改革创新为动力,坚守规划红线,树立底线思维,构建了"矿地融合"的地质工作新模式,强化了空间管控,积极稳妥地化解了过剩产能,大力提倡建设绿色矿山,发展绿色矿业。

在规划实施进程中,矿地融合模式推进了地质工作的社会化服务功能不断深化和拓展,陆续推进的一批有影响的重大项目成效显著、成果丰硕,重要成矿区带矿产勘查取得一定进展;矿产资源开发利用管理方式实现新转变,矿产资源勘查开采信息公示工作全面推进,矿产资源节约和综合利用水平达到规划要求;坚守规划红线和生态底线,建设绿色矿山、发展绿色矿业已经成为矿业行业的必然选择;矿山地质环境保护与恢复治理得到加强,山水林田湖生态保护和修复工程进度明显加快,自然资源保护能力和管理水平得到提升。

第二节 江苏省矿业权实地核查

一、项目简介

矿业权实地核查工作是"十二五"期我国矿产资源领域一次重要的基本国情调查,主要任务是核实有效矿业权(不含油气)登记数据与实际情况的一致性,核准矿业权实际位置是否在法定许可范围内,摸清矿业权家底,解决矿业权空间范围交叉、重叠及基本数据偏差、错误等问题,保护矿业权人物权利益,更好地履行矿产资源保护与合理开发利用职责。

项目自2008年4月启动,至2009年12月结束,提前一年率先在全国全面完成实地核查,取得了丰硕成果。实地核实工作按照"统一组织、统一方法、统一标准、统一进度"的指导方针,结合江苏省实际,统筹安排、分工负责、层层落实。全省共划分76个测区,投入核查单位26家,核查人员436人,主要测绘仪器设备138台套,核查经费2700余万元,完成了200个探矿权、1973个采矿权的实地核查,提交各类成果400余份。建立了统一的矿业权实地核查数据库,为矿业权管理数据纳入国土资源监管平台提供了保障。至2010年5月,江苏省各级发证矿业权登记数据更新与换证工作全面完成(图15-3)。

图15-3 核查成果首批通过部级验收

项目组织得力、成果优秀、数据规范,核查工作获得了原国土资源部的充分肯定。省厅获"全国矿业权实地核查工作全优奖"荣誉称号,我院获"全国矿业权实地核查工作先进集体"(图 15-4)和"全国矿业权实地核查工作优秀承担单位"荣誉称号,3 人获"全国矿业权实地核查工作突出贡献奖"。

图 15-4　先进集体牌匾

二、主要成果

通过实地核查,全省共核实有效矿业权 2173 个,其中采矿权 1973 个,探矿权 200 个。提交单矿权核查记录表 2173 张、对照表 2173 张、单矿权基本情况说明 2173 份,编制探矿权勘查工程实际材料图 200 张、采矿权开拓工程平面图 1973 张、矿区控制点点之记 4075 份,埋设界桩 2796 个,编写县级实地核查报告 76 份、市级汇总报告 13 份、省级总结报告 1 份,建立矿业权实地核查数据库,更新了探矿权和采矿权登记数据库,汇编了实地核查质量检查报告、验收报告等材料。

经核查,共发现存在坐标不一致问题的矿业权 998 个,占全省有效矿业权总数的 45.9%;登记信息一致问题矿业权 34 个,占有效矿业权总数的 1.6%;存在矿业权交叉重叠问题矿业权 6 个,占有效矿业权总数的 0.28%;存在超层越界问题矿业权 12 个,占有效矿业权总数的 0.55%。除个别因历史原因存在矿业权交叉问题外,其他矿业权问题的已根据实地核查成果得到了有效解决或处理,为矿业权登记数据库更新和换证工作奠定了基础,为"矿政管理一张图"建设工程做出了重要贡献。

三、转化应用

全面查清了矿业权现状,为矿业权管理数据纳入国土资源监管平台提供了保障。首次实现了有效矿业权的拐点坐标数据在 1980 西安坐标系、1985 国家高程基准内的统一,全面核实了矿业权登记数据项,夯实了矿政管理的数据基础,提高了成果的统计、分析功能,提升了矿业权管理水平。

首次系统建立了全省所有矿山地质测量的基础设施体系。通过实地核查,向矿区引入控制点 4075 个,埋设界桩 2796 个,为各类矿山的监督管理提供了基础数据,对矿政管理、国土资源管理其他领域和基础测绘工作均发挥了重要的作用。

首次完整获得了有效矿业权的勘查工程或采掘工程的空间数据,为矿业权管理从属性管理走向空间管理奠定了基础。实测编制了 200 张探矿权勘查工程实际材料图和 1973 张采矿权开拓采掘工程平面图，填补了江苏省矿业权登记数据库中矿业权基本现状图形数据的空白。

首次建立了探矿权、采矿权核查数据库和矿业权空间数据库。开发建设了矿业权实地核查数据库管理信息系统，体现了"矿政管理一张图"的基本理念，实现了"一张图管矿"的基本功能，满足各级国土资源管理部门的不同需求，提高了矿业权管理的信息化水平。

矿业权实地核查是推进矿政信息公开、加强社会化服务的首要环节。矿业权实地核查成果已经广泛应用于各级矿政管理实践中，在矿业权问题处理、登记数据库更新、日常矿政监管等方面发挥了重要数据支撑的作用，为矿政管理科学化奠定了坚实基础，推进了矿政管理一张图信息系统和综合监管平台建设的进一步完善，对保护矿业权人权益和矿产资源所有者利益提供了科学依据。

第三节　矿业权设置方案编制

一、项目简介

全面实行矿业权设置方案制度是当时我国矿产资源管理制度的一项重大创新举措。2011年，国土资源部出台的《关于进一步完善矿业权管理促进整装勘查的通知》（国土资发〔2011〕55号）。首次明确提出在全国层面全面实行矿业权设置方案制度，其目的在于从源头上保障和促进矿产资源勘查开采合理布局，进一步规范矿产资源勘查开发秩序，依法保护矿业权人权益，提高矿产资源勘查和开发利用水平。

按照建设江苏绿色矿山、构建矿业新格局的要求，评价采矿权现状的合理性，提出调整和优化采矿权布局的新思路。一类矿产编制全省分矿种矿业权设置方案。对二、三类矿产，以地级市为单位，严格按照矿产资源勘查开发利用空间管制制度，优化矿业权布局，分别编制了行政区内的矿业设置方案。

二、主要成果及转化应用

经过3年的努力，完成了全省地热、煤、矿泉水、磷矿业权设置方案，全省部分重点地区高风险矿种矿业权设置方案，承接了无锡、镇江、扬州、泰州等地的二、三类矿产矿业权设置方案，完成了矿业权设置方案数据库检查修改与备案入库。

矿业权设置方案以矿产资源规划为主要依据，充分利用了矿产资源潜力评价、储量利用调查和矿业权实地核查等成果。对规划中明确的重点勘查区、重点开采区、集中开采区，率先完成了矿业权设置方案编制工作，合理划定矿业权区块，满足矿产资源管理需要。在省、市两级矿业权设置方案中，根据全省矿产资源勘查及开发利用的特点，以省、市两级矿产资源总体规划为指导，通过矿业权区块设置将规划目标细化、"落地"、具体化，增强相关规划的实施效力（图 15-5）。

通过有计划的投放与全国矿业权统一配号系统衔接，完善了全省矿业权审批制度，促进了矿业权管理方式转变，变过去"被动受理、盲目投放"，为"主动管理、有序投放"。为矿政管理简政放权和进一步理顺各级部门的职责权限关系奠定了基础。

推进了矿业权市场建设。方案明确了新立矿业权的规模、范围、投放时序、出让方式、设置条件和矿产资源勘查开发利用方向与要求，培育并显化了二级市场（转让市场），保证交易行为更加公开、公平、公正，规范和透明。通过强化对矿业权出让的监管，促进矿业权的科学有序投放，强化了市场配置资源的决定性作用，提高了矿业权市场化管理水平。

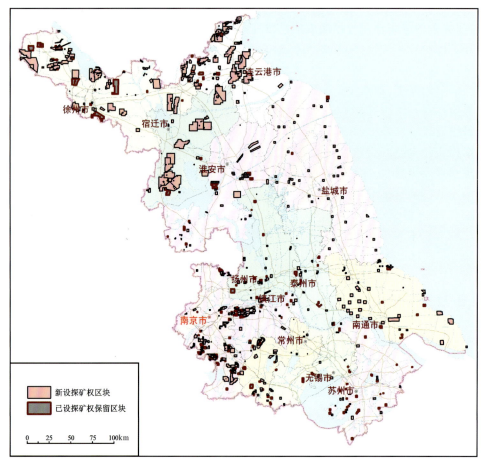

图 15-5　江苏省主要矿产资源勘查规划区块图

健全了矿产资源勘查开采合理布局长效机制。矿业权设置方案变事后被动整合矿业权为提前科学布局矿业权，有效控制了矿山企业数量、开发总量，调整优化结构，合理配置和投放矿业权。在推进整合工作常态化管理中，一些平面重叠、布局不合理的已有矿业权，根据实际情况进行了调整或整合，有效解决了布局不合理的现象。

实施矿业权设置方案制度，也是规划实施的重要内容。规划中明确的重点勘查区、重点开采区、集中开采区，需要率先编制矿业权设置方案，合理划分矿业权区块，满足矿产资源管理需要。2015年，矿业权设置方案管理正式纳入到矿产资源规划实施管理的职能之中。

第四节　矿业权人勘查开采信息公示

一、项目简介

矿业权人勘查开采信息公示是党的十八大以来矿政管理改革创新的重大举措，是矿业领域"企业自律、部门监管、社会监督"的诚信体系建设的重要手段和途径，是社会信用体系建设的重要内容。我院全面承接了2016年常州试点和2017年起的全省全面推进工作。在省厅的直接领导下，提供强有力的技术支持，建立事中事后监管制度，执行随机抽查制度和举报受理、结果公示制度，实施矿业权人失信行为联合惩戒制度，探索实施矿业权人信用等级评价制度。江苏省矿业权人勘查开采信息公示工作不掉队、有亮点、有创新,工作成效得到了省厅和部领导的肯定和认同。2018年,自然资源部指定江苏省共同参与《全国矿业权人勘查开采信息公示制度建设研究》课题,要求将江苏的经验和做法能够起到在全国借鉴推广的作用。

二、主要成果及转化应用

为创新矿产资源勘查开发监管方式,强化矿业权人信用约束,提高监管效能,2016年省厅指定我院在常州市开展矿业权人勘查开采信息公示试点工作。试点工作加深了对公示办法的理解认识,感受到了公示工作的责任性和技术要求的严谨性,找到了以问题为导向的实施方案,提炼了信息核查的技术路径和技术方法,形成了规范公正的工作模式。

我院通过试点探索和不断实践,先后出台了《江苏省矿业权人勘查开采信息公示实施方案》,建立了包括核查管理人员和核查专家在内的全省矿业权人勘查开采信息公示核查人员库,制定了《江苏省矿业权人勘查开采信息公示核查人员库管理制度(试行)》《江苏省矿业权人异常名录管理制度(试行)》,编制了《矿业权人勘查开采信息公示实地核查工作指南(试行)》,汇编了《江苏省矿业权人勘查开采信息公示工作手册》,形成了涵盖信息填报、随机抽查、实地核查、异常名录管理等信息公示管理全过程的规范程序和技术要求,确保了信息公示工作有据可依、有章可循。

建立的信息公示和黑名单制度,通过信息公示系统平台,可以及时掌握对矿业权人的勘查开采活动状态、出让价款缴纳、地质环境恢复治理、土地复垦等各项责任义务落实情况,充分发挥企业自律意识和主体责任,降低行政风险,有效推进矿产资源勘查开采管理工作,有利于提升矿产资源的配置和利用效率,实现资源合理利用和企业经营发展的协调发展。

自主开发了具有江苏特色的"江苏省矿产资源勘查开采信息公示服务系统",并将"全国矿业权人勘查开采信息公示系统"一并纳入,探索出了符合信息公示流程和技术方法的操作系统,使公示工作的重要流程和环节都能通过操作系统全面严谨地展现。

矿业权人勘查开采信息公示制度实施以来,树立了以信用为核心的新型监管理念,实现了管理方式由矿业权年检制度向矿业权人信息制度的转换,满足了按照完善社会主义市场经济体制转变政府职能的新要求,把不该政府管理的事项交给市场和社会,把该由政府管理的事项切实管住管好。提高了矿业权人主动履行法定义务的意识,促进了矿产资源合理开发与高效利用,基本形成了"政府监管、企业自治、社会监督、信用约束"的矿业新秩序。

第五节 江苏省露采矿山开采现场监督管理模式研究

一、项目简介

项目由江苏省国土资源厅于2005年下达,历时1年。项目借鉴建设工程监理理念,通过典型矿山试点实践和大量调查研究,建立了一套适合江苏省露采矿山的监督管理模式——矿山监理模式。

项目采取理论研究和技术实践相结合的技术路线,针对江苏露采矿山监督管理中暴露的监管人员专业技术力量薄弱和技术手段匮乏的难点和不足,将现代地质、测绘、采矿、管理等领域的新技术、新方法、新理念运用到露采矿山的现场监督管事中,做到了技术和管理的有机结合,真正实现了动态化、规范化、科学化监督管理矿山。项目获得了"2007年度江苏省国土资源科技创新三等奖"(图15-6)。

奖状

江苏省地质调查研究院：

你单位承担完成的"江苏省露采矿山开采现场监督管理模式研究"项目获2007年度江苏省国土资源科技创新奖三等奖，特颁发此状，以资鼓励。

江苏省国土资源厅

二〇〇八年三月

图 15-6　奖状

二、主要成果及转化应用

项目对矿山监理的概念、性质、原则、适用范围、内容、程序等进行了详细研究和界定，对监理中所采取的技术手段、方法、精度、监督内容、现场监理组织形式、各方责任义务等进行了详尽论述。通过对开采现场的定期监测，实时掌握矿山开采的三维境界、边坡要素、资源储量变化数据，实现对露采矿山全方位的监督管理。

项目成果具有较强的规范性、实用性和创新性，为江苏省出台《江苏省开山采石矿山监理暂行办法》提供了蓝本，为江苏省露采和地下矿山实行了矿山监理制度提供了理论与技术依据(图 15-7)。2007 年江苏省开山采石矿山开始全面实施矿山监理制度，2009 年徐州市率先将研究成果运用到地下矿山的开发利用监督管理工作中，并延伸到储量动态监测、矿山地质环境恢复治理监督等管理领域。目前，江苏省除采用钻井方式开采矿山外，露天开山采石矿山和地下井工矿山已全面实行矿山监理制度，对推动全省矿业秩序的根本好转做出重要贡献，实现了对矿山开采全过程的有效监督管理，在全国具有典型示范效应。

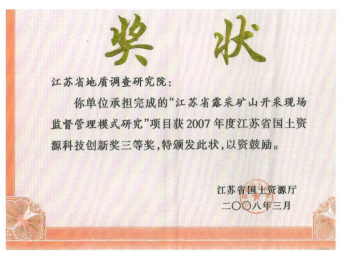

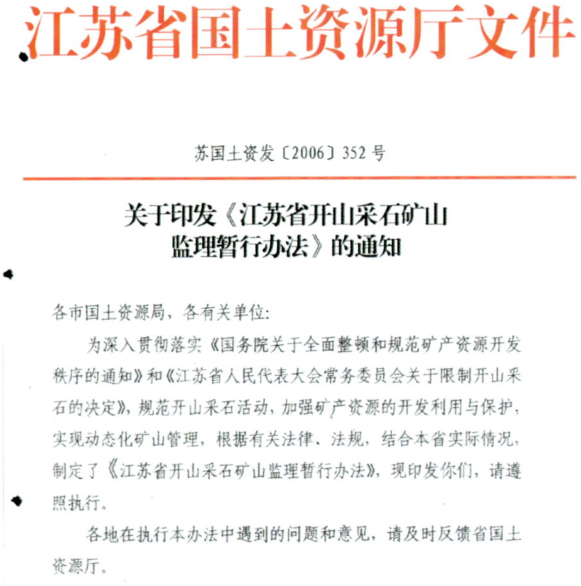
江苏省国土资源厅文件

苏国土资发〔2006〕352 号

关于印发《江苏省开山采石矿山监理暂行办法》的通知

各市国土资源局，各有关单位：

为深入贯彻落实《国务院关于全面整顿和规范矿产资源开发秩序的通知》和《江苏省人民代表大会常务委员会关于限制开山采石的决定》，规范开山采石活动，加强矿产资源的开发利用与保护，实现动态化矿山管理，根据有关法律、法规，结合本省实际情况，制定了《江苏省开山采石矿山监理暂行办法》，现印发你们，请遵照执行。

各地在执行本办法中遇到的问题和意见，请及时反馈省国土资源厅。

图 15-7　通知文件

第十六章 国土测绘与规划

随着国家和地方需求的不断变化，国土测绘与规划行业呈现出跨学科、多领域、技术复杂、时间响应需求强、专业化跟踪服务要求高的特点，涉及大量关乎国民经济与社会发展的服务性工程与咨询类项目，为国土测绘与规划行业带来机遇亦带来了挑战。我院国土测绘与规划工作顺应全省国土资源管理与地方经济社会发展需要，在做好我院重大项目技术支撑的前提下，坚持夯实基础、规范管理、锐意创新、服务一流的发展理念，勇于开拓创新，不断引入多专业、高层次人才和先进技术、仪器设备，大力提高国土测绘与规划领域的专业化技术服务水平。在土地调查与测绘、不动产调查与测绘、各类基础性测量、各类自然资源确权登记等测绘领域和土地利用规划与工程设计、土地利用评价与监测等国土规划咨询领域开展了大量工作，取得了诸多成果

国土测绘与规划是我院自主培育并逐渐壮大的业务领域，尽管起步较晚，但发展迅速，业务规模逐年递增。据不完全统计，1999—2018年，我院承担各类国土测绘与规划项目600余项，经济规模累计超过2亿元，在为各级政府和用地单位提供优质服务的同时，也为我院业务领域发展和经济水平提升做出了突出贡献，取得了显著的社会效益和经济效益。

第一节 国土资源测绘与调查

一、第二次农村土地调查

（一）项目简介

按照全国第二次土地调查的要求，为了全面查清目前全国土地利用情况，掌握真实的土地基础数据，建立和完善土地调查、统计和登记制度，实现土地资源信息的社会化服务，满足经济社会发展及国土资源管理的需要。镇江市及淮安市国土资源局，在全市范围内开展第二次土地调查工作。受两市国土局的委托，我院承担了镇江市润州区、淮安市清浦区第二次土地调查项目。我院参与该项目的工作人员在业主单位科学组织、严格管理、定期督导、统一协调下，在各国土所、各村民委员会的大力支持和配合下，完成了两区的调查任务。本次调查严格执行了土地调查的相关法律和技术标准、规范、规程，充分利用已有的土地调查成果和资料，运用航空遥感、地理信息系统、卫星定位和数据库管理、网络通讯等先进技术，采用内、外业相结合的方法，形成了集信息获取、处理、存储、传输、分析和应用服务为一体的土地调查技术流程，获取了测区内农村地区每一块土地的类型、面积、权属和分布信息。建立了二次调查数据库。

(二)主要成果及新技术的运用

1. RS 遥感技术的应用

遥感技术的不断进步与成熟,提高了土地变更调查的工作效率,节约了调查工期,保证了土地调查结果的准确和客观。传感器分辨率的不断改进使得第一手调查底图更加清晰,图像解译和处理手段更加准确。

2. GIS 地理信息系统的应用

地理信息系统的应用为调查成果的管理提供了有效的手段,在本项目中地理信息系统作为土地管理的核心技术被使用,根本上改变了纸质成果存储和管理的传统方式,同时地理信息系统也促进了成果的广泛应用和社会化服务。

3. GPS 全球定位系统的应用

全球定位系统的应用提高了调查的精度,以全球定位系统、全站仪解析法为代表的新方法打破了卷尺测量、目测估算及图解计算的传统测量方法,精度更高。

通过3S技术开启了自动解译、现场导航、及时定位、自动量算、快速入库的土地调查新模式。内业自动判读,快速发现变化信息,外业精准定位,实地核查,能够快速高效的获得数字化测量成果,提高了调查的科技含量,简化了技术难度,减轻了基层土地管理部门的工作难度和负担,同时提高了作业效率和成果质量。

(三)应用成效

1. 满足社会发展的需要

第二次土地调查作为一项重大的国情国力调查,全面查清了测区的土地利用状况,掌握真实的土地基础数据,并对调查成果实行了信息化、网络化管理,建立和完善了土地调查、统计制度和登记制度,实现土地资源信息的社会化服务,满足了社会发展、土地宏观调控及国土资源管理的需要。

2. 保证国民经济平稳健康发展

土地是民生之本,发展之基。土地管理影响着国家经济安全、粮食安全、生态安全,关系到经济社会发展全局。掌握真实准确的土地基础数据,是贯彻落实科学发展观,发挥土地在宏观调控中的特殊作用、严把土地"闸门"的重要基础。第二次土地调查,全面掌握建设用地、农用地特别是耕地、未利用地的数量和分布,掌握城镇、村庄以及独立工矿区内部工业用地、基础设施用地、商业用地、住宅用地以及农村宅基地等各行业用地的结构、数量和分布,是科学制定土地政策、合理确定土地供应总量、落实土地调控目标的重要依据,是挖掘土地利用潜力、大力推进节约集约用地的基本前提,是准确判断固定资产投资增长规模、及时调整供地方向、政府科学决策的重要依据。

3. 科学规划、合理利用、有效保护和严格管理土地资源的重要支撑

运用土地政策参与国家宏观调控的新形势、新任务,充分应用经济手段、法律手段、行政手段和技术手段,科学规划、合理利用、严格保护土地资源,保障各项管理扎实有效。为土地征收、农用地转用、土地登记、土地规划、土地开发整理等各项土地资源管理业务提供可靠的基础支撑和全面的服务,提高了国

土资源管理部门的执政能力。

二、村庄地籍调查

（一）项目简介

为了贯彻《中共中央关于全面深化改革若干重大问题的决定》、2013年中央1号文件和国土资源部、财政部、农业部《关于加快推进农村集体土地确权登记发证工作的通知》精神，明晰农村土地产权，依法保护土地权利人的合法权益，江苏省各市县决定开展地籍调查工作，我院承担了苏州高新区城镇地籍调查、淮安市淮阴区村庄地籍调查、苏州市吴江区村庄地籍调查项目。作业人员调查了测区范围内集体建设用地及农村宅基地各宗地的权属和使用状况、收集权源资料、勘丈宗地边长、绘制宗地草图、填写调查表并由相关权利人签字盖章，同时分类整理出一户多宅、应拆未拆、不符合新一轮土地利用规划及面积超标的宅基地和农村（集镇镇区外）集体土地建设用地使用权的宗地。通过全解析法完成农村宅基地和集体建设用地使用权宗地的地籍测量，并计算面积，绘制地籍图和宗地图。建立了农村宅基地使用权和集体土地使用权专项数据库。

（二）主要成果及新技术的应用

1. 地籍分幅图编绘

通过全解析法完成农村宅基地和集体建设用地使用权宗地的地籍测量，并计算面积，绘制地籍分幅图。

2. 地籍调查表及宗地图

调查测区范围内集体建设用地及农村宅基地各宗地的权属和使用状况、收集权源资料、勘丈宗地边长、绘制宗地草图、形成权籍调查表并由相关权利人签字盖章，并且出具宗地图。

3. 建立农村地籍调查数据库一套

以平台软件为基础，建立了地籍管理信息系统。数据入库前，我院根据《地籍调查规程》（TD/T 1001—2012）等规范要求对数据成果质量进行了权属正确性检查、界址点检查、界址边长检查、权利人检查、权属性质检查和宗地拓扑检查。对于检查合格的数据建立了地籍调查数据库（图16-1）。

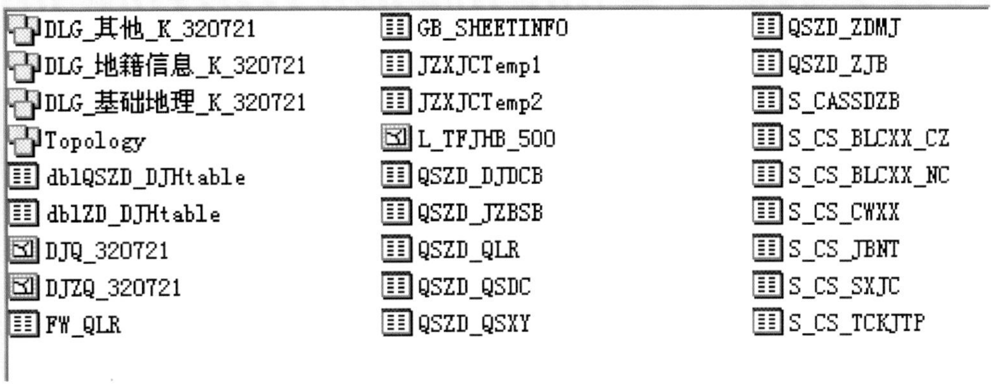

图16-1 地籍调查数据库

（三）应用成效

1. 明晰了农村土地产权，依法保护土地权利人合法权益

项目成果通过权属调查、地籍测量、数据建库、资料整理等工作，形成了完整的农村地籍调查成果，建立了标准、科学、规范、现势的村庄调查数据库，优良的数据成果。明晰了农村土地产权，依法保护了土地权利人的合法权益，受到了业主好评。

2. 土地资源管理科学化、现代化

该成果使得业主单位全面掌握了工作区内村庄内部宅基地、工业用地、公共设施用地、商业用地等各类用地的结构、数量和分布，探索出一套符合该区实际的土地资源信息的调查统计与快速更新机制，能及时、准确、直观、真实地反映土地利用变化状况，做到图件、数据、实地三者一致，并通过对调查成果实行信息化、网络化管理，实现土地资源管理科学化、现代化。

3. 发挥了土地资源信息在国土资源管理事业中的基础和支撑作用

在农村宅基地和农村建设用地登记发证中充分运用了调查成果，并将该成果纳入国土资源"一张图"建设内容，充分地发挥了成果效用，为当地的社会经济全面、协调、可持续发展提供了保障。

三、农村宅基地、农房统一调查

（一）项目简介

为稳步推进农村宅基地和农房统一调查和登记发证工作，根据中央、省市有关会议精神，以及省国土厅等五厅局《关于贯彻落实国土资源部 财政部 住房和城乡建设部 农业部 国家林业局进一步加快推进宅基地和集体建设用地使用权确权登记发证工作的通知》（苏国土资发〔2014〕324号），省厅决定开展农村宅基地与农房统一调查项目。通过公开招标，我院承担了南京市六合区及江宁区农村宅基地与农房统一调查任务，六合区作业范围为程桥街道古墩社区及马鞍街道玉王社区。江宁作业范围为淳化街道周子社区。此次调查完成了测区内农村宅基地各宗地的权属和使用状况、收集了权源资料、勘丈了宗地边长、绘制了宗地草图、填写了调查表并由相关权利人签字盖章，房屋调查逐户逐房进行了核实。对测区内房屋坐落、房屋产权人、层数、建筑结构、建成年份、房屋用途（批准/实际用途）、房屋面积（批准/实际面积）、墙体归属、产权来源、四至墙界、产权纠纷和他项权利等基本情况进行调查。通过全解析法完成农村宅基地和集体建设用地使用权宗地的权籍测量，并计算面积，绘制权籍图和宗地图。建立了农房一体化调查数据库。

（二）主要成果及技术创新

1. 房产平面图改进

房产测量规范中房产图主要针对城市商品房制定，对于农村住宅适用性不强，本次调查中对房产图加以改进，出具了适用性更好的房产平面图，得到业主单位认可，提高了农村宅基地及农房统一调查的工作效率,节约了调查工期,准确的反映了调查结果的客观性(图16-2)。

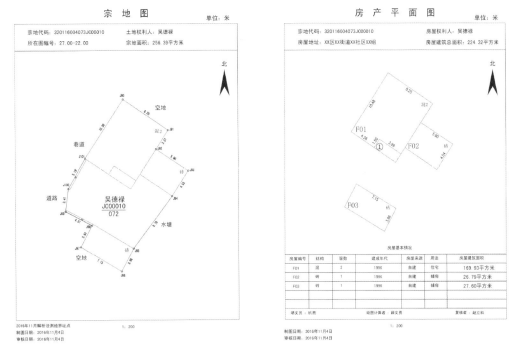

图16-2 宗地图和房产平面图

2. 三级确认模式建立

测区内宅基地及农房存在审批手续不全,变更登记不及时,现势性不强的问题。手续齐全且与现状一致、无障碍可以直接进行统一登记的农户只有少部分。为妥善解决问题,实现应发尽发的目标,我单位配合业主本着"尊重历史、面对现实、实事求是"的精神,对于历史上无审批手续,或虽有手续但现势性不强的宅基地使用权和房屋所有权,在权利人符合宅基地申请条件的前提下,本着尊重事实、面对历史的原则,利用以组、村、镇"三级确认"的方法,确定其宅基地使用权和房屋所有权。

(三)应用成效

1. 维护农民合法权益

将农房纳入不动产统一登记,表明了我国在维护农民合法权益、促进城乡统筹发展进程中,认识不断深化、改革不断深入、目标更加明确的过程。多年来,有关部门虽然长期呼吁要增加农民财产性收入,但作为农民最主要财产的农房除了居住,既不能抵押担保,也难以转让受益。如今,将农房与宅基地一起并入不动产登记,房地一体,就使落实中央提出的"选择若干试点,慎重稳妥推进农民住房财产权利抵押、担保、转让"要求,在法律和政策体系中向前推进了一大步。

2. 建立城乡统一土地市场和不动产体系

就不动产确权登记发证工作来说,我国最大的不动产在农村地区,但多年来农村宅基地和集体建设用地使用权没有确权登记发证,致使侵占、挤占、违法廉价占用农村土地的事件时有发生。将包括农房在内的不动产进行统一登记,既有利于保护农民权益,也是建立城乡统一土地市场和不动产体系的基础。

3. 为城镇化和户籍改革带来直接动力

决定农民是否进城落户的关键,是农民自身有没有这份经济实力以及后续保障能力。农房成为法律认可和保护的不动产,既可为农民转移进城带来可能的转让收益,增加进城资本,也增加了将来的财产保障实力和信心,让农民可以放心进城,从而为城镇化和户籍改革带来直接动力。

四、矿山测量

(一)项目简介

矿山测量作为一门交叉性学科,与地质、采矿、测绘技术和仪器设备的发展等密切相关。我院矿山测量工作主要为矿山、矿井开采设计、储量检测、矿山地质环境治理、矿山开采与矿山地质环境治理工程监理等进行测绘技术服务,具体工作包括控制测量、地形图测量、井下导线测量、工程点放样、地质工程测量等。我院在矿山测量工作中引入大量先进的测绘技术与仪器设备,与矿山测量实际工作有机结合,拓宽了传统矿山测量的生存空间和业务范围,增进了矿山测量工作的技术发展,极大的提高了工作效率和成果质量,改善了工作环境和减轻了劳动强度。

(二)主要成果及科技创新

2006年,我院在青龙山地区关闭露采矿山开展1:1000地形测绘,测区面积3.6km²,需对测区宕口内、外围进行地形测量,并计算测区内各个废弃宕口的底平面面积、宕口坡面面积及宕口内的土石方量。矿山宕口坡面面积是矿山整治设计中常用的一项基础数据,按照以往测量工作的习惯,实际工作中仅实测宕口边坡的坡顶线和坡底线,两线通过若干条直线连接形成一个平直的斜面,以此计算出坡面面积,但这样计算出的坡面面积是一个理想化的面积,与实际凹凸不平的坡面面积存在很大的误差,并最终影响到了与其相关的工程量与其相关费用的精确度。项目组人员为保障成果质量和工期,在项目实施中大胆创新、积极探索高效科学的测绘技术方法,利用GPS技术结合免棱镜全站仪,对矿山宕口坡面进行大比例尺地形测量的同时,构建了测算区域的数字高程模型(DEM),全数字模拟逼真宕口的真实形态,采用该模型计算土石方量,引入了小三角锁的方法计算表面面积的计算方法,并用传统的剖面法对该方法进行了检验。项目成果通过了省测绘质量监督检验站的质检,在省级刊物上发表了该技术方法应用的论文,该项目也获得了江苏省优秀测绘工程二等奖(图16-3)。

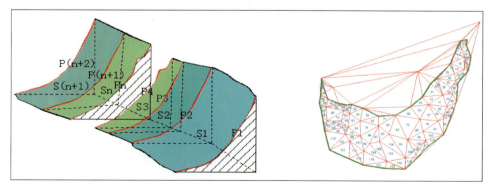

图16-3 剖面法和小三角锁计算示意图

井下测量也是矿山测量的一种,是我院承担的一项测绘工作。在矿井平面联系测量时,矿井联系测量采用传统几何定向方法,观测时间长,计算繁琐,定向效率不高,很大程度上影响了矿山的正常生产。在土包山矿井平面联系测量时,我院技术人员利用免棱镜全站仪观测模式,在基于AutoCAD平台上进行观测数据解算的定向方法。即井上、下同时用免棱镜方法获取定向钢丝坐标,当作重合点,然后在CAD平台上进行坐标转换,使上下观测钢丝坐标位置强制符合来得到井下坐标的方法,此方法实际操作中简单易行,大大提高了定向的效率(图16-4)。

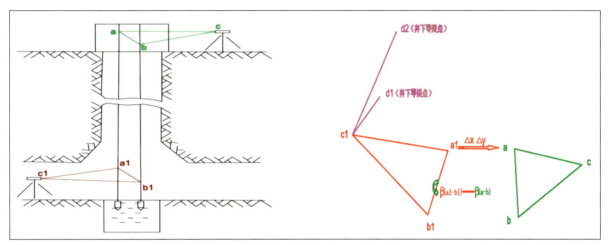

图16-4 井上、下观测与坐标拟合示意图

（三）应用成效

各类先进技术方法、仪器在矿山测量中的应用显著提高了工作的效率,探索了矿山数字化测绘成果的初步应用,具有可操作性,为我院同类项目开展提供了参考和借鉴。

五、一等水准测量

（一）项目简介

水准测量又名"几何水准测量",是用水准仪和水准尺测定地面上两点间高差的方法。一等水准测量属精密水准测量,是水准测量中精度要求最高的,也是高精度形变测量必不可少的观测手段,需要在计算中加入水准标尺长度改正、水准尺温度改正、正常水准面不平行改正、重力异常改正、固体潮改正、闭合差改正等,是一项严密的测量工作,投入的人力、物力巨大。其难点是须构建一个与重力方向严格垂直的水平视线,视线是否绝对水平、读数是否客观,是本项目精度保证的关键。

我院承担了大量的一等水准测量工作任务,如苏州基岩标联测一等水准、淮安盐矿开采区地面沉降测量一等水准、扬州城区北部地面沉降一等水准、苏锡常地区地面沉降监测与风险管理一等水准、江苏沿海地区地面沉降监测一等水准、苏南现代化建设示范区综合地质调查一等水准、泰兴市地面沉降监测一等水准等多次水准测量工作,工作量累计达数千千米,为我院各类项目提供了大量高精度、准确可靠的测量数据(图16-5)。

图 16-5 一等水准测量现场

(二)主要成果及科技创新

2004年,我院对部省合作项目"长江三角洲(江苏域)地面沉降监测项目"中的苏州虎丘至渭塘、盛泽基岩标实施一等水准测量项目,项目分两条闭合水准路线沿公路布设,一条由虎丘至渭塘组成闭合环,另一条路线由虎丘经盛泽至太浦闸组成闭合环。以测区内Ⅰ宁沪57甲主(虎丘)国家Ⅰ等基岩水准点为起算点,高程采用正1985国家高程基准起算。在该项目引入了精密水准测量手段,采用数字水准测量的方法观测,使用了当时世界上精度最高的DINI12型电子水准仪和铟钢条码尺,每千米往返水准观测精度为0.3mm,该技术比传统方法高效、准确、可靠。经统计数据成果优良率达95%以上,每千米水准测量的偶然中误差 $M_\triangle = \pm 0.25$mm,为项目的总体完成提供了高精度准确可靠的基础数据。项目成果是在100%过程检查的基础上进行,苏州虎丘至渭塘、盛泽基岩标一等水准测量项目完成后通过了省测绘质量监督检验站的质检,出具了合格报告,并获得了当年的江苏省优秀测绘工程三等奖(图16-6、图16-7)。

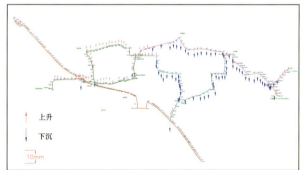

图 16-6 水准测量路线图与监测点沉降示意图

(三)应用成效

一等水准测量中采用数字水准测量相对于传统光学水准测量有着许多突出的优点:读数客观,不存在误差、误记问题,没有人为读数误差。精度高,视线高和视距读数都是采用大量条码分划图像经处理后取平均得出来的,因此削弱了标尺分划误差的影响。多数仪器都有进行多次读数取平均的功能,可以削弱外界条件的影响。不熟练的作业人员也能进行高精度测量。速度快,由于省去了报数、听记、现场计算的时间以及人为出错的重测数量,测量时间与传统仪器相比可以节省1:3左右。效率高,只需调焦和按键就可以自动读数,减轻了劳动强度。视距还能自动记录,检核,处理并能输入电子计算机进行

图 16-7　水准测量获奖证书

后处理,可实现内外业一体化。

一等水准测量在我院开展的地面沉降、建筑物形变沉降观测、地裂缝、基岩标分层标测量等数据获取中取得了广泛应用,为相关项目提供了大量精确、可靠的测量数据,有效的服务了我院基础科研项目。

六、溧阳市河湖和水利工程管理范围划定

(一)项目简介

江河湖泊具有重要的资源功能和生态功能,是洪水的通道、水资源的载体、生态环境的重要组成部分,而依托河湖建设的各种水利工程在防洪减灾、水资源配置、水生态改善等方面也发挥着重要的作用。河湖和水利工程管理范围划定是依法保护水利工程的重要措施,是加强水利工程管理的一项基础性工作。党中央和国务院高度重视河湖及水利工程的建设和管理工作,为切实加强和促进河湖及水利工程管理的规范化、法制化,水利部发文要求开展该项工作部署。省委十二届六次全会出台了《省委十二届六次全会重要改革举措实施规划(2014—2020 年)》(苏办发〔2014〕39 号),要求按照中央统一部署,明确实现自然生态空间统一确权登记的内容和制度,完成流域性河道、大中型水库、大中型闸站管理与保护范围划定、定桩。省办公厅发文要求全省做好此项工作,随后省水利厅、省国土资源厅、省财政厅联合发文推动此项工作展开。我院在此背景下承担了徐州铜山区试点、常州市新北区、钟楼区、天宁区、溧阳市的河湖和水利工程管理范围划定任务。

(二)主要成果及科技创新

1. 项目主要成果

溧阳市河道绵长、水系错综复杂,工作量大,河道管理范围线穿越工矿企事业单位、公园居民区、墓地、各种工业建筑设施等,还有各种历史遗留矛盾需要解决,实际工作情况极其复杂,一条河道划界需要从起点至终点需对涉及到的每家每户、一厂一矿逐个沟通。项目分 3 个年度开展,范围包括 24 条河道,1 处湖泊,65 座水库,6 个闸站枢纽,划界长度 1000 余千米,项目组人员克服了种种困难,原本三年完成的工作任务在一年内完成。项目主要工作成果包括控制点布设与测量成果、划界河道的 1∶1000 地形图、划界基准线测量成果、河道管理范围线成果、界桩和告示牌制作安装与测量成果、界桩和告示牌身份

证成果、信息化的成果资料、数据库成果、项目的各类报告成果以及划界成果在国土和规划等部门的共享与应用。

2. 划界工作模式与方法

依法依规是整个工作开展的根基,根据相关法规制定了划界的依据和标准,为了更好地执行划界标准,实施中在现场结合规划、管理实际、历史权属等因地制宜地进行,起到了很好的效果。比如在河道划界中基准线是河口线或背水坡堤脚线,而河道现状堤防堤线不清晰或局部遭受破坏等因素导致划界基准线难以确定,这种情况下项目组试点先行开展摸底,多方收集相关历史权属、规划、界线、法律法规等资料,建立与各级的联动机制与项目例会周报等制度,跑遍各层管理单位沟通、了解相关管理法规、条例对划界工作的要求,结合河道堤防上下游断面关系确定划界基准线(图16-8),必要时协同河道管理单位本着尊重历史、依法依规、便于管理的原则,通过认真细致确定了划界基准及标准,不为以后成果应用留下隐患。

划界工作中覆盖面广,控制测量显得尤为重要,工作中采用了JSCORS的测量技术和江苏似大地水准面精化模型的软件成果,替代了传统的控制测量模式,相比高效可靠,极大地提高了测绘开展的工作效率。为保证项目内业的高效和统一,项目组根据划界的工作步骤和需要开发了河湖划界软件平台,解决了许多繁琐的人工数据操作和修改,为划界提供了有力的技术保障。

图16-8 河道管理范围界线影像图与矢量图

(三)应用成效

完成河湖和水利工程划界长度1000余千米,埋设界桩10 235个、告示牌1091块、控制点545个,建立了河湖生态保护红线,解决了河道、水利工程、防洪工程设施、大坝、水文监测环境管理与保护范围、城镇排水与污水处理设施保护范围的交叉重叠、各自为政,不能有效管理的问题,是溧阳市水安全、水生态文明建设的重要保障,为河道管理范围内实施有效管理提供了重要依据,大大加强了对涉水违建的防范和行政执法的合法性和明确性,为河长制工作长效管理建立了基础(图16-9)。河湖和水利工程管理范围划界成果在水利、规划、国土等相关部门进行成果共享,并将成果纳入相关部门的日常管理工作中。

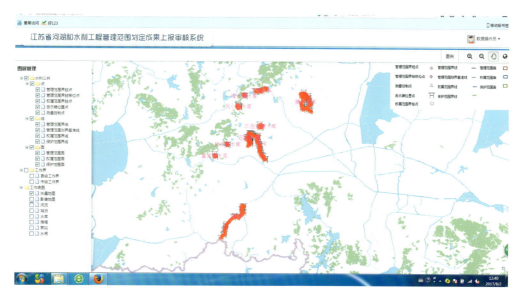

图 16-9　河湖和水利工程数据审核系统与界桩身份证

七、农村土地承包经营权确权登记颁证

(一)项目简介

开展农村土地承包经营权确权登记颁证工作是全面深化农村改革的一项重大措施。2014年以来,国测中心先后在苏南常熟市、溧阳市、宜兴市,苏中句容市、丹徒区、丹阳市、扬中市、京口区、海陵区、姜堰区,苏北盱眙县、金湖县、淮阴区、铜山区、赣榆区等 15 个县(市、区)开展农村土地承包经营权确权登记颁证工作。在各级人民政府和农委农工系统领导的关心支持下,建立各县(市、区)农村土地承包经营权数据库,健全各县(市、区)农村土地承包经营权确权登记制度,解决长久以来的地块面积不准、四至不清、空间位置不明、登记簿不健全等问题,实现承包地块、面积、合同、证书"四到户"和承包地块面积、合同、登记簿、证书"四相符"。该项目在缺乏明确的技术标准的条件下,结合各地方实际先行试点、以点带面,摸索出一套适合地方实情的农村土地承包经营权技术路线,在合法、合理、合情的基础上结合"一村一情、一组一策"的实施方案全面开展各地农村土地承包经营权工作。我院自主研发的《农村土地承包经营权登记管理系统》荣获 2017 年度江苏省测绘地理信息科技进步三等奖,该系统在南京市、扬中市的推广应用得到农委系统的高度认可和好评。

(二)主要成果及科技创新

1. 主要成果

农村土地承包经营权的县(市、区)验收的两个先决条件是进档率达到 90%,发证率达到 90%。农村土地承包经营权的主要成果对于作业单位的考量指标就是"一户一档类"归档资料的准确性和完整性以及承包方代表的农村土地承包经营权证书的到户率。针对镇村两级行政单位还需要完善"综合类档案"的归档和扫描工作(图 16-10)。

(1)"一户一档类"归档资料包括。①发包方调查表、承包方调查表、承包地块调查表;②组级地块分布图/公示表、承诺书、地块示意图;③农村土地承包经营权公示结果归户表;④农村土地(耕地)承包合同;⑤农村土地承包经营权登记簿。

镇村两级"综合类档案"对于作业单位包括数字正射影像图、工作草图。其他还包括村组矛盾调处文件、村组级会议纪要及照片、公示照片等综合类材料。

(2)各县(市、区)农村土地承包经营权调查图件成果及属性数据,成果导入各级主管部门指定的系统平台内。

(3)各县(市、区)农村土地承包经营权 MDB 格式的数据库。

(4)各县(市、区)农村土地承包经营权技术设计书、检查记录及检查报告、技术总结等文档资料。

2. 科技创新

(1)率先在农口系统提出并实现"农地一张图"管理概念

"农地一张图"概念实现了"以图管地""以人查地""以地查人",满足各级政府职能部门对农村土地承包经营权日常管理的需要。

①以国家测绘局"天地图"作为工作底图,实现农户承包地块的空间范围的显示,并能实现地图放大、缩小和平移等窗口操作。

②实现按照镇(乡)、村、组和农户名称逐级进行所属地块空间范围的定位和地块显示;并能显示农户承包土地的面积等信息。

③通过输入农户名称、地块名称、承包方代表等关键词,实现有关地块信息的查询,可显示某地块所有的承包者及规模流转地的承包人,并将有关检索结果进行可视化呈现与导出。

④按地区实现有关地块承包面积、合同面积等信息的统计汇总,按组实现承包人承包地块信息的汇总,并可将结果打印和导出。

(2)开发的系统创新性实现了以"大地块"对规模流转地的管理,为建立土地流转市场以及土地流转适度规模经营提供了有效技术支撑。

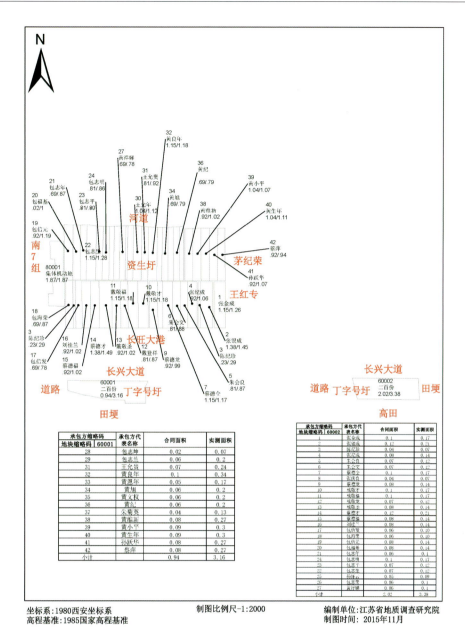

图 16-10 农户承包地块分布图

(3)针对一户一卷档案信息的固定化,创新设计了一键自动生成功能,减轻了档案录入人员的工作量,提高了归档工作效率。

(三)应用成效

1. 农村土地承包经营权是农村"三块地"深化改革的基础

当前我国农村产业制度改革已经步入深水区,土地征收、集体经营性建设用地入市、宅基地制度改革势在必行。在新一轮农村土地制度改革试点中,这三项改革被简称为农村"三块地"改革。

现阶段深化农村土地制度改革,顺应农民保留土地承包权、流转土地经营权的意愿,将土地承包经营权分为承包权和经营权,实行所有权、承包权、经营权分置并行,着力推进农业现代化,是继家庭联产承包责任制后农村改革的又一重大制度创新。"三权分置"是农村基本经营制度的自我完善,符合生产关系适应生产力发展的客观规律,展现了农村基本经营制度的持久活力,有利于明晰土地产权关系,更好地维护农民集体、承包农户、经营主体的权益;有利于促进土地资源的合理利用,构建新型农业经营体系,发展多种形式适度规模经营,提高土地产出率、劳动生产率和资源利用率,推动现代农业发展。一个是稳定承包权,一个是放活经营权。具体说,就是在落实农村土地集体所有权的基础上,稳定农村土地承包关系并保持长久不变,在坚持和完善最严格的耕地保护制度的前提下,赋予农民对承包地占有、使用、收益、流转及承包经营权抵押、担保权能。

2. "农村土地承包经营权登记管理系统"取得良好应用反响

开发的"农村土地承包经营权登记管理系统"采用WebGIS技术、数据库技术、.NET技术等,涵盖农户承包地登记基本信息表的采集与管理、承包地块的空间信息的可视化、农地测量成果的入库、公示审核、登记发证、档案管理、纠纷仲裁、数据互联互通等功能,系统超前性地提出"农地一张图",具有较好的便捷性、实用性、先进性,具有较强的应用拓展功能,在国内同类系统中居于领先地位。南京市、扬中市各个农村基层反映功能强大,界面友好,安全可靠,性能稳定,可操作性强。

八、东海县自然资源统一确权登记

(一)项目简介

为落实十八届三中全会通过的《中共中央关于全面深化改革若干重大问题的决定》和《中共中央国务院关于印发〈生态文明体制改革总体方案〉的通知》(中发〔2015〕25号)要求,根据《国土资源部、中央编办、财政部、环境保护部、水利部、农业部、国家林业局关于印发〈自然资源统一确权登记办法(试行)〉的通知》(国土资发〔2016〕192号)和《国土资源部办公厅关于印发〈探明储量的矿产资源纳入自然资源统一确权登记试点工作方案〉的函》(国土资厅函〔2017〕409号)的要求,2017年,我院受江苏省国土资源厅、东海县国土资源局的委托,以东海县自然资源作为统一确权登记试点地区,并对该县探明储量的矿产资源统一确权登记作为重点试点对象,对自然资源统一确权登记工作流程与技术方法进行了大胆尝试与探索,推动江苏省自然资源统一确权登记工作的开展,形成可复制可推广的自然资源统一确权登记之经验。

工作内容主要包括以下几个方面:

(1)划分自然资源登记单元。自然资源登记单元是自然资源确权登记的基本单元,需要按照不同自然资源类型和在生态、经济、国防等方面的重要程度并结合生态功能的完整性、集中连片等原则进行划定。

(2)自然资源基本状况登记。需要登记自然资源的数量、质量、面积、用途管制要求、生态红线要求等基本内容,为了保证登记信息科学精确,需要开展以自然资源现状调查和公共管制规划调查工作。

(3)自然资源所有权登记。自然资源所有权包括全民所有权和集体所有权两大类,登记全民所有权代表和代表行使内容。

(4)自然资源用益物权登记信息关联。自然资源统一确权登记需要关联单元内各类自然资源的用益物权登记信息,借助不动产统一登记的成果,完成自然资源用益物权登记信息的关联,矿产资源用益物权与矿业权建立关联信息。

(5)自然资源登记单元附图制定。在土地利用现状调查以及不动产登记成果的基础上,制定自然资源登记单元附图,明确自然资源单元范围线及界址点坐标、国家所有权权属范围线、地类界线、不动产登记单元线等信息。

(6)自然资源登记信息平台搭建。建立以不动产登记信息管理基础平台为基础的自然资源登记信息数据库,最终将自然资源登记信息与农业、水利、林业、环保等相关部门管理信息的互通共享,服务自然资源的确权登记和有效监管。

(二)主要成果及转化应用

自然资源统一确权登记是深化生态文明制度改革、建设美丽中国、落实新发展理念的一项重要举措,在坚持资源公有、物权法定和统一确权登记的原则下,实现对水流、森林、滩涂、探明储量的矿产资源等自然资源生态空间统一进行确权登记,清晰界定全部国土空间各类自然资源资产的产权主体,划清了全民所有和集体所有之间的边界,划清了全民所有、不同层级政府行使所有权的边界,划清了不同集体所有者的边界,推进了确权登记法治化,建立了自然资源登记信息与不动产登记信息互联互通共享的信息平台(图16-11)。

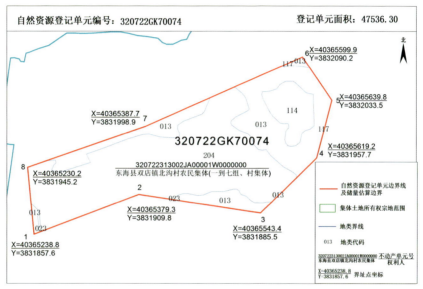

图16-11 矿产资源确权登记成果图

本项目在开拓性试验摸索的过程中,突破其限制,大胆尝试和创新,探索自然资源统一确权登记操作流程与技术方法。根据试点实施情况,编制了试点成果报告,对《自然资源统一确权登记办法(试行)》提出修改意见与建议,根据要求编制了《自然资源统一确权登记工作指南》。成果具有一定的创新性和实用性,从自然资源系统性、整体性出发,结合人文、经济、社会构建自然资源统一确权登记,建立人与地关系,地域系统内人地要素适配与空间利用结构优化即国土优化开发理论发展与方法创新。

第二节 土地规划与评价

一、土地利用规划

(一)项目简介

随着工业化、城镇化、农业现代化进程加快,土地资源供需矛盾日益凸显,为科学合理地利用有限的土地资源,正确处理好经济建设和保护耕地的关系,积极开展了各类土地利用规划编制,全面分析土地利用面临的形势,明确土地利用的战略、目标、任务,制定各类用地结构和布局优化调整方案,统筹安排区域各类用地指标,协调城乡用地之间的关系,落实各类土地开发、整理、复垦指标,切实保护土地资源。

(二)主要成果及应用转化

通过开展各类土地利用规划编制,加强了政府对土地的宏观调控,土地用途管制制度逐步得到落实,控制和引导土地利用成效显著:农用地特别是耕地保护得到强化,非农建设占用耕地的规模得到有效控制;保障了经济社会发展合理用地需求的供给,促进了经济发展质量的提升,显著提高了建设用地节约集约利用水平;土地整理复垦开发力度加大,基本实现了建设占用耕地的占补平衡,切实保护耕地特别是基本农田、筑牢粮食安全和生态安全防线,促进社会经济持续、稳定、协调发展;改善了土地生态环境质量,加快了土地市场建设,规范了土地利用秩序(图16-12,表16-1)。

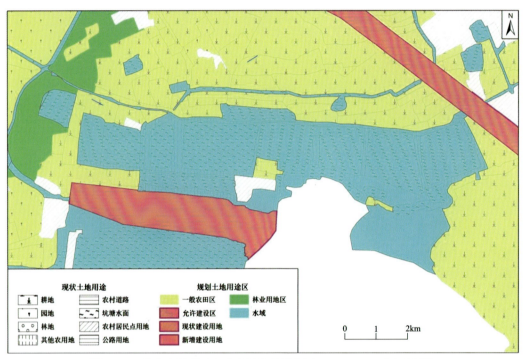

图16-12 淮安市淮阴区土地利用总体规划图(2006—2020年)(局部)

表16-1 历年主要土地利用规划项目

序号	项目名称	实施时间	项目经费(万元)	工作内容
1	常州市戚墅堰区土地利用总体规划(2005—2015年)	2008年	28	项目区土地利用现状和用地方向调查研究,专题研究报告、规划大纲、规划文本和说明编制,规划图件编绘,规划数据库建设
2	徐州市贾汪区耕地占补平衡补充耕地项目库规划	2012年	15	规划项目区土地利用结构调整、施工组织、耕地质量保障、土地权属调整方案
3	淮安市淮阴区城乡建设用地增减挂钩实施规划	2014年	69	规划项目区挂钩复垦项目的搬迁补偿和建新安置方案以及挂钩指标使用计划

续表 16-1

序号	项目名称	实施时间	项目经费（万元）	工作内容
4	淮安市淮阴区土地利用总体规划（2006—2020年）调整完善	2015年	96	分析现行规划基本情况，对土地用途区和建设用地管制区进行调整，对调整方案实施影响进行评估
5	镇江新区高标准基本农田建设实施规划	2017年	16	分析项目区基本农田、土地整治现状和高标准基本农田建设潜力，对各类高标准农田建设工作进行安排

二、矿山土地复垦工程规划设计

（一）项目简介

按照《土地复垦条例》《土地复垦条例实施办法》《关于加强生产建设项目土地复垦管理工作的通知》（国土资发〔2006〕225号）、《关于组织复垦方案编制和审查有关问题的通知》（国土资发〔2007〕81号）的要求，矿山企业需要编制实施土地复垦工程，及时对损毁的土地进行复垦利用，促进矿区土地节约集约利用，保护和改善矿区生态环境。

通过对矿区开展实地调查，收集相关数据资料，与矿山和矿区群众进行探讨交流，完成方案编制的前期准备工作。之后按照相关技术规程要求，对项目区自然生态环境、地质矿产条件、土地资源状况等进行分析，明确矿区土地损毁情况，在进行土地适宜性评价的基础上，征求当地国土等相关部门、群众及矿山企业的意见，确定土地复垦方向，设计土地复垦工程，并进行投资估算，同时提出相应的措施保障复垦工作的顺利实施。

（二）主要成果及应用转化

开展矿山土地复垦是贯彻落实科学发展观、坚持最严格的耕地保护制度、实施土地可持续利用的重要举措，对恢复和改善矿区生态环境、发展循环经济、建设节约集约型社会、促进经济社会全面协调可持续发展具有十分重要的意义（图16-13、表16-2）。

（1）土地复垦工程规划设计为矿山企业、施工单位开展土地复垦工程提供了技术依据，矿山企业将其列入矿山建设的总体安排中，落实复垦资金，确保土地复垦工程有计划、有组织地实施，及时恢复土地的利用价值和生态价值，有效促进社会、经济、生态效益的统一。

（2）土地复垦工程依据土地利用总体规划，在对损毁土地调查评价的基础上，按照因地制宜原则，宜耕则耕、宜林则林、宜草则草、宜渔则渔、宜建则建。通过采取工程、生物、化学等综合土地复垦措施，将损毁土地恢复到可供利用的状态，在此基础上进行田、水、路、林、村等综合整治，可有效改善当地农业生产条件及生态环境，提高土地利用率和土地质量，增加耕地面积，促进矿地和谐。

（3）土地复垦工程的实施，有利于控制和减少对土地资源的破坏，做到生产建设与土地复垦统一规划的同时，有效落实法律规定的矿山企业所应承担的土地复垦责任，及时复垦损毁土地，对土地资源的重建与保护，改善生态环境具有重要意义。

图 16-13 矿山土地复垦工程规划设计图

表 16-2 历年主要矿山土地复垦工程规划设计项目

序号	项目名称	实施时间	项目经费（万元）	工作内容
1	南京梅山铁矿土地复垦方案	2013 年	38	①实地调查,收集相关数据资料。②内业处理,根据相关规程要求进行资料整理,对土地损毁情况进行分析预测及适宜性评价,在此基础上设计土地复垦工程措施,并进行投资估算,提出保障措施,确保工程的顺利实施。③征求意见,将土地复垦方向、复垦措施等相关内容征求当地国土等相关部门、群众、矿山企业的意见,对方案进行完善
2	江苏油田淮安赵集盐矿土地复垦方案	2014 年	26	
3	江南—小野田乌龟山砂岩矿土地复垦方案	2015 年	43	
4	中国高岭土有限公司阳东矿土地复垦方案	2016 年	34	
5	中国水泥厂青龙山矿土地复垦方案	2016 年	28	

三、建设项目节地评价

(一)项目简介

建设项目节地评价以节约用地为基本原则,在建设项目调查、分析的基础上,采用类比法和功能分析法评价建设项目优化用地规模,根据用地规模最小化原则,选择两种结果中的最小值作为评价项目优化用地规模。由负责建设项目用地预审、办理供(用)地手续的国土资源主管部门组织实施建设项目节地评价论证后,建设单位按论证意见办理后续报批手续。

(二)主要成果及应用转化

通过建设项目节地评价及论证,掌握建设项目用地节约集约利用状况及优化用地规模,引导建设项目用地节约集约利用,同时为建设项目用地预审管理、办理供(用)地手续提供依据。在满足建设项目基本功能的前提下,通过采取一系列技术、经济和政策措施,减少对土地资源的消耗。建设项目在占用既定的土地资源和现有技术经济条件下,通过增加建设用地投入,优化建设用地布局,改善运营管理等途径,不断提高建设用地的利用效率,取得更大的经济、社会和生态环境效益(表16-3)。

表16-3 历年主要矿山土地复垦工程规划设计项目

序号	项目名称	实施时间	项目经费(万元)	工作内容
1	G233常州金坛段改扩建工程项目节地评价	2015年	15	①前期准备包括确定评价事项,拟定计划。②建设项目调查,实地踏勘,资料收集。③采用功能分析法和类比法,建设项目优化用地规模评价。④节地评价报告编制
2	苏州港太仓港区工程项目节地评价	2016年	15	
3	融保达宝应100MW风电项目节地评价	2017年	16	
4	镇江市润州区七里甸街道光明社邻中心项目节地评价	2017年	14	

四、耕地质量等级调查评价与监测

(一)项目简介

耕地质量等级调查评价以最新土地利用现状图为基础,全面调查耕地自然质量状况、土地利用状况、投入—产出状况,以经过论证的农用地分等指标体系、方法体系、参数体系等为基础,按照《农用地质量分等规程》的思路与要求,通过资料收集调查、县域参数体系确定、指标分值量化与自然质量分值计算、自然质量等指数计算、土地经济系数及经济等指数计算,确定自然质量等指数、利用质量等指数、经济质量等指数,划分耕地质量等别,形成报告成果、表格成果、图件成果、数据库成果等完整的成果体系。

耕地质量等级监测是将区域内现状耕地,结合耕地质量等别,划分耕地质量等别变化类型,具体可以划分为干旱型、渍涝型、瘠薄型、肥力提升型、盐碱胁迫型、水土流失型等。根据划分的类型,布设监测样点,建立监测样点数据库,对各监测样点主导耕地质量等别变化的因素进行长期监测,对区域耕地质量平均等别和耕地产能变化做出评价,并提出农用地分等国家级参数调整的建议,最终形成研究报告、监测样点分布图、数据库、影像照片等成果体系(图16-14)。

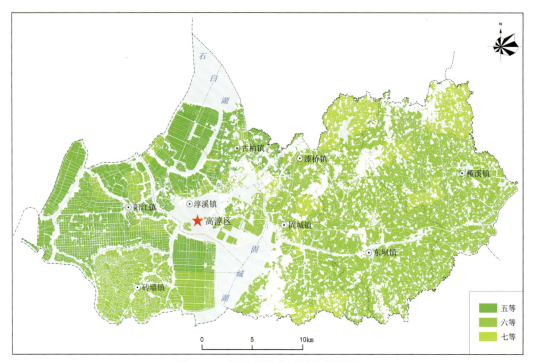

图16-14　耕地质量等级评价结果图

(二)主要成果及应用转化

1. 事关国土资源管理事业的长远发展

在对土地资源做好数量管控的同时,加强质量管理和生态管护,严格土地整治新增耕地质量评定和验收,优化耕地质量等级监测布局,提升土地资源管理水平;及时跟踪、更新,全面掌握和科学量化耕地质量的价值情况。

对以耕地为主的农用地进行质量分等,与土地调查、宗地统一编码和集体所有权土地登记发证等工作,直接关系到国土资源管理基础信息平台的构建,直接关系到土地统一登记制度的建立,直接关系到国土资源管理部门的职能定位和国土资源管理事业的长远发展。

2. 为耕地占补平衡提供技术保障

由于占、毁、调、退、补、整等原因,土地利用方式发生明显变化,新增加了一部分耕地,也减少了一部分耕地,再加上土地整治、农田水利建设等,部分耕地质量有所提升,这些耕地质量等级都需要结合最新土地调查成果进行补充完善。耕地质量等级成果完善后,进一步对等级折算系数开展研究,将为防治占多补少、占优补劣,为耕地占补面积和产能的双平衡提供保障。

3. 预防和治理土地污染,保障粮食生产安全

通过耕地年度监测,对比分析区域内的土壤重金属的含量变化情况,了解耕地地块的土壤重金属含量的变化趋势及土壤健康状态,实施土壤污染控制防治和质量管理;监测地块的自然条件现状,掌握耕地质量的渐变规律,根据影响地块的主要限制因素以及作物的生长习性,科学合理优化种植结构,提高作物产量,科学管理作物生长,对耕地质量进行针对性养护,提高耕地的产出效益,提高农户收入水平,保障粮食生产安全。

下部

综合建设成果

第十七章 江苏地调院综合能力建设

20年来，在国土资源部和中国地质调查局的关心和指导下，在江苏省国土资源厅党组的关怀和支持下，江苏省地质调查研究院历届领导班子不忘初心、开拓进取，始终以"创建一流地调院"为目标，继承发扬地质工作"三光荣""四特别"的优良传统，紧紧围绕国家和江苏省经济建设、社会发展对地质工作的需求，积极探索地质科技发展新思路、新途径，为江苏地质事业、经济社会发展和国土资源管理事业做出了应有的贡献。20年来，江苏地调院能力资质建设、地质勘查装备配置、科研平台建设以及科研基础设施建设等方面取得了长足的进步，为江苏地质调查和科研生产提供了完善的综合保障，服务地方经济发展的能力水平得到提升，打造了一支江苏地质工作领军团队。

截至2018年6月，江苏地调院拥有各类从业资质28个，其中甲级资质19个。专业门类涵盖区域地质、矿产地质、水工境地质、地质实验测试、地质灾害危险性评估、地热勘查、国土资源规划、测绘、物化探遥感等。拥有各类地质勘查设备3500余台/套，可满足全院各专业地质工作所需，包括磁力仪、浅层地震仪、电阻率法仪、测井仪、X射线衍射分析仪、光栅摄谱仪等重要设备。先后建成国土资源部地裂缝地质灾害重点实验室、江苏省境外矿产资源勘查开发信息服务平台、江苏省国土资源厅地质灾害应急技术指导中心、江苏省无机材料专业测试服务中心和江苏省地质调查研究院设立博士后科研工作站五大科研平台，为江苏地调院科研人才孵化、科研技术创新提供了高层次服务和平台保证。20年来，江苏地调院的基础设施、基地建设逐步完善，为地调院的发展奠定了坚实的物质基础。

第一节 地勘资质能力建设

一、地质调查勘查资质建设

江苏地调院地质勘查资质和地质调查服务类资质主要包括：《地质勘查资质管理条例》中规定的综合地勘资质13大类资质（如区域地质调查、固体矿产勘查、地球化学勘查资质等），其他地质技术服务类资质（如地质灾害危险性评估、水文与水资源调查评价、工程勘察资质等）。

1. 综合地质勘查资质

1996年8月29日，修订后的《矿产资源法》第三条第四款规定，"从事矿产资源勘查和开采的，必须符合规定的资质条件"。经过考核、评估，2001年3月，作为行业主管部门的中国地质调查局向江苏省地调院颁发了《国家地质调查项目承担单位合格证书》。2001—2008年间，江苏地调院逐步完善资质建设，陆续获得综合地质勘查从业资质10个，其中甲级资质9个，专业门类涵盖区域地质调查、矿产地质、水文地质、环境地质、工程地质、实验测试等（图17-1）。

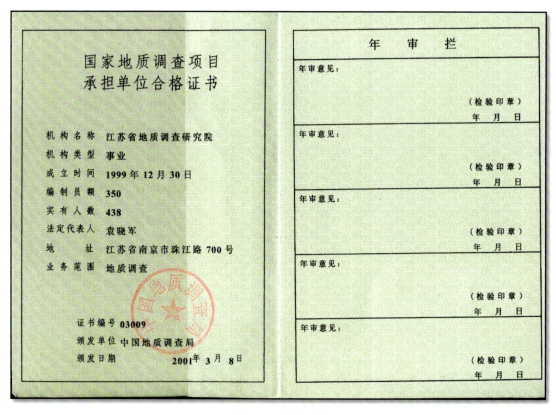

图 17-1 合格证书

2008年,《地质勘查资质管理条例》(国务院令第520号)进一步缩减了国家复核、发放的范围,规定了由国务院国土资源主管部门审批颁发的地质勘查资格证书的范围。2008年12月,江苏地调院通过国土资源部审批、颁发《地质勘查资质证书》含7个甲级资质:区域地质调查,液体矿产勘查,固体矿产勘查,水文地质、工程地质、环境地质调查,地球化学勘查,遥感地质调查,地质试验(岩矿鉴定、岩矿测试、岩土试验),证书编号:01200811100258,有效期至2013年12月31日;通过江苏省国土资源厅审批、颁发《地质勘查资质证书》含1个乙级资质:地球物理勘查,证书编号:32200811100023,有效期至2013年12月31日(表17-1、图17-2)。

2013年,5年有效期届满前,根据《地质勘查资质管理条例》相关规定,江苏地调院开展以上地质勘查资质延续申报工作。2013年9月,江苏地调院通过国土资源部审批、颁发《地质勘查资质证书》,7个甲级资质顺利延续,证书编号:01201311100419,有效期至2018年9月30日;2014年1月,通过江苏省国土资源厅审批、颁发《地质勘查资质证书》地球物理勘查乙级资质顺利延续,证书编号:32201411100009,有效期至2019年1月14日(表17-1、图17-2)。

表17-1 江苏省地调院地质调查勘查工作资质汇总表

序号	资质名称	发证单位	有效日期	级别	备注
1	地质勘查资质证书(区域地质调查;液体矿产勘查;固体矿产勘查;水文地质、工程地质、环境地质调查;地球化学勘查、遥感地质调查、地质实验测试)	国土资源部	2018年9月29日	7项甲级	
2	地质灾害防治单位资质证书 危险性评估	国土资源部	2021年2月28日	甲级	
3	地质灾害防治单位资质证书 勘查	国土资源部	2021年7月23日	甲级	

续表 17-1

序号	资质名称	发证单位	有效日期	级别	备注
4	地质灾害防治单位资质证书　设计	国土资源部	2021年2月28日	甲级	
5	地质灾害治理工程监理单位资质等级证书	国土资源部	2019年6月17日	甲级	
6	测绘资质证书	国家测绘地理信息局	2019年12月31日	甲级	
7	检验检测机构资质认定证书	中国国家认证认可监督管理委员会	2024年5月28日		不分级别
8	水文、水资源调查评价资质证书	水利部	2018年9月30日	甲级	
9	建设项目水资源论证资质证书	水利部	2018年9月14日	甲级	
10	工程勘察资质证书	住房和城乡建设部	2020年6月17日	甲级	
11	地质勘查资质证书　地球	江苏省国土资源厅	2019年1月14日	乙级	
12	建设工程质量检测机构资质证书	江苏省住房和城乡建设厅	2019年8月15日		不分级别
13	建设工程质量检测机构备案证书	江苏省住房和城乡建设厅	2019年8月15日		不分级别
14	江苏省环境污染治理工程设计能力评价证书	江苏省环境保护产业协会	2021年5月7日	甲级	
15	江苏省环境污染治理能力评价证书	江苏省环境保护产业协会	2021年7月19日	乙级	

图 17-2　资质证书

2017年9月29日,国务院宣布取消地质勘查资质审批,取消审批后,由国土资源相关管理部门通过制定发布开展地质勘查的标准和规范,发挥地质勘查行业组织自律作用,建立地质勘查单位"黑名单"

制度等措施加强监管。2017年10月31日,国土资源部发布关于取消地质勘查资质审批后加强事中事后监管的公告,宣布不再受理地质勘查资质新设、延续、变更、补证等申请和开展审批工作,也不得以转交下属事业单位、协会继续审批等方式搞变相审批,并做好取消审批后的地勘行业监督管理工作。从5个方面做好监督管理,保障地质勘查工作顺利进行:实行地质勘查信息公示公开,加大监督检查力度,建立地质勘查单位异常名录和黑名单制度,推进行业诚信自律体系建设,制定标准规范。随后各省市地区结合自身实际情况陆续出台了一系列相关政策,做出相关的衔接落实通知。

2018年4月4日,国务院公布《地质勘查资质管理条例》自公布之日起废止,地质勘查资质的时代正式结束。但是,在2008—2018年这一特殊的历史阶段,实施、加强地质勘查资质管理,对于规范地勘单位管理、加强地勘单位能力建设,起到了积极的推动作用;江苏地调院地勘资质建设,是全院综合能力、科研实力的具体体现。

2. 其他地质技术服务类资质

为保证地质技术服务类工程质量,控制工程工期,充分发挥工程投资效益,加强对监理单位的资质管理,相关行业业务主管部门结合专业特点,对地质技术服务实行资质管理。江苏地调院地质技术服务类资质包括:由国土资源部审核、颁发的地质灾害防治单位资质证书——危险性评估、勘查、设计和地质灾害治理工程监理单位资质等级证书4种,甲级;由国家测绘地理信息局审核、颁发的测绘资质证书,甲级;由水利部审核、颁发的水文、水资源调查评价资质证书、建设项目水资源论证资质证书,甲级;由住房和城乡建设部审核、颁发的工程勘察资质证书,甲级;由江苏省住房和城乡建设厅审核、颁发的建设工程质量检测机构资质证书、建设工程质量检测机构备案证书,不分级;由江苏省环境保护产业协会审核、颁发的江苏省环境污染治理工程设计能力评价证书—甲级,江苏省环境污染治理能力评价证书—乙级。

二、质量管理体系建设

为加强地质勘查项目的技术质量管理,2000年,江苏省地质调查研究院开始按ISO9001:2000标准建立了质量管理体系。2001年7月,首次、首批通过中国地质调查局组织的二方认证。为适应地质勘查形势和质量管理自身发展的需要,2004年组织开展质量管理体系的三方工作;2004年11月,首次通过三方现场认证审核,并取得认证证书(图17-3)。

长期以来,认真做好质量管理体系的日常维护、运行和监督工作,严格按准则要求制定各项年度计划,按计划完成各项质量活动,定期组织进行质量自查、内部审核和管理评审。2008年1月,通过上海质量认证中心组织的2000版ISO9001质量管理体系再认证审核;2011年1月、2013年6月相继通过上海质量认证中心组织的2008版ISO9001质量管理体系再认证审核。2016年4月顺利通过了换证工作。2016年9月,组织ISO9001:2015版内审员培训工作,随后完成了体系文件的转版,2017年上半年率先顺利通过转版审核并取得新版证书。

结合地质勘查特点不断完善质量管理体系,先后实现质量管理体系文件修订,使全院地质勘查质量管理得到不断完善。通过20年的探索,江苏省地调院质量管理体系得到不断地持续的改进。体系的建设和运行更加贴近我院实际工作需要和要求,和院—二级单位—项目三级管理形式更加紧密地结合,主要体现在以下三个方面。

一是组织机构得到健全。院领导层分工协作,职责明确。先后成立专业技术委员会、保密委员会、安全卫生委员会,加强技术、文件资料、安全卫生的管理。设立在总工领导下的技术部和质量管理办公室,负责全院技术、质量和日常管理。人事部负责人力资源的管理和岗位技术培训工作。办公室、后勤综合部负责行政、基础设施、安全保卫和后勤保障工作。

二是质量管理体系文件得到不断完善。在符合标准要求的前提下,力求使质量管理体系文件贴近

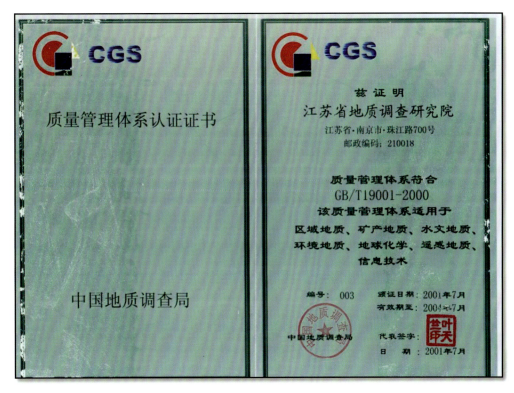

图 17-3 质量管理体系认证证书

实际,便于理解和操作。同时,和各部门、单位的职责分工紧密地结合起来,在项目管理上和现有的三级管理模式结合起来。先后完成《质量手册》《程序文件》(19个)的修订工作。

三是全院各项规章制度得到进一步完善。各项规章制度体现各自单位的管理特色和行政特点,是质量管理体系的重要支撑和运行基础。旧的制度得到修订和重新发布实施。形成涉及院务、项目、财务、资料、生产、医疗、劳动、奖惩等十三类制度共41个,覆盖我院地质勘查管理的各个方面(图17-4)。

"质量兴院"已成为江苏地调院全体干部职工的共识,地质勘查项目实施过程中,项目100%自检、互检,二级单位及院技术部组织抽检;对设计、野外作业、报告编制等关键环节实施有效控制,保证了地质勘查成果的质量。多年来,项目合格率100%,优良率90%以上,未发生过重大生产质量事故。逐渐完善的质量管理体系符合质量管理标准要求,持续改进措施得力、有效,促进和保证全院相关质量管理工作的加强和深化,对提高管理水平,增强综合竞争力,促进江苏地调院更好更快地发展具有十分重要的意义(表17-2)。

表 17-2 江苏省地调院管理体系建设汇总表

序号	资质名称	发证单位	有效日期	级别	备注
1	质量管理体系认证证书	上海质量体系审核中心	2019年5月24日	不分等级	不分级别
2	环境管理体系认证证书	上海质量体系审核中心	2020年12月11日	不分等级	不分级别
3	职业健康安全管理体系认证证书	上海质量体系审核中心	2020年12月11日	不分等级	不分级别
4	信息安全管理体系认证证书	上海质量体系审核中心	2020年12月11日	不分等级	不分级别

图 17-4　质量管理体系新证书

三、环境管理体系建设

随着地矿、国土、测绘和信息化技术市场竞争日趋激烈,为了加强我院地质技术市场服务能力,提高市场竞争力,在实施地质勘查工作的全过程保护自然环境,保护生物多样性,保证地调院持续健康有效的发展。2017年初,开始宣贯ISO14001:2015标准,建立了院的环境管理体系;2017年11月,顺利通过上海质量体系审核中心的现场审核;同年12月,取得了《环境管理体系认证证书》(图17-5)。

四、职业健康安全管理体系建设

为了加强我院地质技术市场服务能力,提高市场竞争力;在实施地质勘查工作的全过程能更好地落实安全规章制度,强化安全防范措施,确保职工身心健康和财产安全;保证地调院在全国同行的领先地位和全国文明单位的持续保持。2017年,开始贯标OHS18001:2007,建立院的职业健康安全管理体系;2017年11月,顺利通过上海质量体系审核中心的现场审核;同年12月,取得了《职业健康安全管理体系认证证书》(图17-6)。

图 17-5　环境管理体系证书

五、信息安全管理体系建设

随着国家《网络安全法》的实施,为了保护知识产权,加强我院地质技术服务能力,提高市场竞争力;保证地调院在全国同行的领先地位和全国文明单位的持续保持。2017 年,开始贯标 ISO/IEC27001：2013,建立院的信息安全管理体系。在实施地质勘查工作的全过程更好地落实"积极预防、全面管理、控制风险、保障安全、遵纪守法"的信息安全方针,同年 11 月,顺利通过上海质量体系审核中心的现场审核;12 月,取得了《信息安全管理体系认证证书》(图 17-7)。

图 17-6　职业健康安全管理体系证书

六、实验测试管理体系建设

江苏地调院所属的测试研究所(即地调院实验室)按《中华人民共和国计量法》《计量认证/审查认可(验收)评审准则》建立了完善的试验测试管理体系。早在 1989 年,实验室就首次通过经国家级计量认证(CMA)。2004 年,经国土资源部授权成立"国土资源部南京矿产资源监督检测中心";2005 年,按 ISO/IEC 17025:2000《检测和校准实验室能力的通用要求》(CNAS-CL01《检测和校准实验室能力认可准则》)标准要求建立并运行完善的实验室质量管理体系,首次通过中国实验室合格评定国家认可委员会(CNAS)认可,取得实验室认可证书,建立并运行有完善的实验室质量管理体系(图 17-8)。

2006 年以来,随着《检验检测机构资质认定评审准则》的实施,实验室按要求建立、运行和改进管理体系,实现"科学、公正、严谨、准确"的质量方针,不断完善管理体系,及时更换实验室资质认定证书。根据能力验证规则和有关行业主管部门的要求以及自身能力建设的需要,实验室每年参加相关能力验证机构和行业主管部门组织的验证活动,累计参加了各类能力验证活动 50 多次,涉及各类矿石、土壤、水、

图 17-7 信息安全管理体系证书

环境空气、水泥、钢材等多种样品和多个参数，均获得满意结果。目前，拥有计量认证产品 163 个，共计 2591 个参数，检测对象涉及岩石、矿物、水、土壤、生物、金属及非金属材料、岩土物理力学试验、建设工程质量检测、非金属矿物化性能测试、耐火保温材料检测等诸多方面，拥有为自然资源、环境保护、工程建设、农业和化工等多个行业提供高质量检测技术服务的资格和能力（图 17-9）。

经有关行业考核、认定、授权或核准，实验室除具备国土资源部地质实验测试 3 个甲级资质（岩矿分析、岩矿鉴定、岩土试验）、国土资源部多目标地球化学调查样品（52 种元素）测试资格，国土资源部地下水有机污染物分析资格，还成为江苏省建设工程质量检测机构（见证取样类、专项类和备案类）、江苏省饮用天然矿泉水水源水质全分析技术检验机构全国土壤污染状况详查检测实验室（无机分析和有机污染物分析）、"江苏省农产品产地土壤重金属污染普查"样品检测资格、南京市一类土工实验室。

实验室已经建设成为华东地区地质实验测试专业的权威机构，是江苏省分析测试协会副理事长单位、江苏省地质学会测试专业委员会和江苏省分析测试协会光谱专业委员会的主任单位和全国国土资源标准化技术委员会地质矿产实验测试标准化分技术委员会、中国计量测试学会地质矿产实验测试专业委员会的会员单位。

图 17-8　实验测试管理体系旧证书

图 17-9　实验测试管理体系新证书

七、安全生产管理建设

江苏地调院安全卫生委员会具体领导和组织安全生产管理工作，建立了安全生产工作责任制，从管理机构、制度和具体落实上持续加强。安全生产管理体系在质量管理上、组织上、制度上得到充分体现。先后成立专业技术委员会、保密委员会、安全卫生委员会，确保地质勘查项目实施、地质资料、人身安全、环境卫生等方面得到领导和组织落实。定期参加江苏省安全生产监督管理局培训中心组织的安全生产管理培训，经考核后，获得江苏省安全生产监督管理局颁发的安全资格证书。

2008年10月成功申请，由江苏省安全生产监督管理局获批《安全生产许可证》（图17-10）；2011年11月，通过延续复核审批（编号：（苏）FM安许证字〔2011〕00000242号，有效期2011年12月30日至2014年12月29日）；2014年11月，通过延续复核审批（编号：（苏）FM安许证字〔2014〕00000242号，有效期2014年12月29日至2017年12月28日）。

2017年11月，为了全面贯彻落实《中华人民共和国安全生产法》、《生产安全事故应急预案管理办法》等安全生产法律法规、标准规范，强化安全生产监督管理，规范应急管理工作，提高应对风险和防范事故的能力，保障职工安全健康和生命财产安全，最大限度地减少人员伤亡、财产损失和社会影响，组织编写了《综合应急预案》《专项应急预案》《现场处置方案》，规范和指导地调院生产安全事故的应急救援行动。通过延续复核审批（编号：（苏）FM安许证字〔2018〕0001号，有效期2018年01月02日至2021年01月01日）（图17-11）。

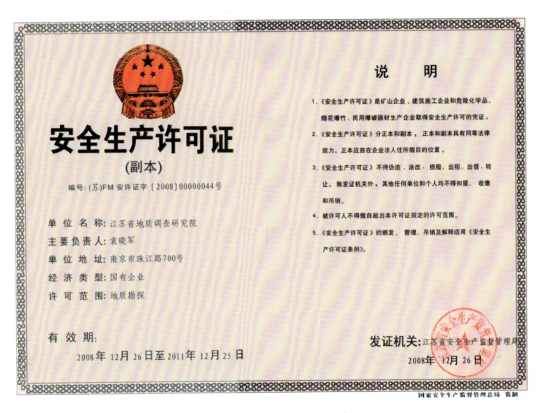

图17-10　安全生产许可老证书

图 17-11 安全生产许可新证书

第二节 地质勘查技术设备建设

江苏省地质调查研究院建院 20 年来,地质勘查技术装备不断完善、充实,购进了大量世界先进仪器设备,现有固定资产 3.12 亿元,其中房产 1.78 亿元,仪器设备 3500 余台/套,价值 1.07 亿元,其他固定资产 0.27 亿元(表 17-3、表 17-4)。可满足区域地质、矿产地质、水工环地质、遥感地质、液体矿产、地球物理、地球化学、实验测试等各专业工作所需。特别是 2006 年《国务院加强地质工作决定》印发以来,江苏地调院陆续购置了 50 万元以上的大型设备 36 台(套),为地质科研工作提供了强大的物质保障。

表 17-3 重要大型仪器设备一览表(100 万元以上)

序号	仪器名称	型号	产地	购置日期
1	X 荧光光谱仪	PW2440	荷兰	2001 年 12 月
2	原子吸收光谱仪	M6	美国	2002 年 3 月
3	X 荧光能谱仪	QUANX	美国	2003 年 3 月
4	激光粒度分析仪	HELOS/BF-MAGIC	德国	2006 年 2 月
5	X 衍射仪	X"PERT PRO	美国	2006 年 4 月
6	气相色谱质谱联仪	AGILENT6890/59751	美国	2006 年 5 月
7	液相色谱仪	AGILENT1100	美国	2006 年 8 月
8	快速溶剂萃取仪	ASE300	美国	2007 年 12 月
9	多功能电法仪	GDP-32Ⅱ	美国	2008 年 1 月

续表 17-3

序号	仪器名称	型号	产地	购置日期
10	等离子体质谱仪	X series Ⅱ ICP-MS	美国	2008年12月
11	保护热板法导热仪	6000GHP	美国	2009年9月
12	X射线荧光光谱仪	Axios-Advanced	美国	2010年3月
13	多功能电法接收机	GDP-32Ⅱ	美国	2010年12月
14	等离子体发射光谱仪	ICAP6300MFC	美国	2010年12月
15	热常数分析仪	TPS 2500S	瑞典	2011年3月
16	数字测井采集系统	PSJC-2A	北京	2013年5月
17	连续流动分析仪	SAN++	美国	2013年8月
18	元素分析仪	Vario macro cube	美国	2013年9月
19	地质透视仪	SIR-30E	美国	2014年10月
20	等离子体质谱仪	X series Ⅱ ICP-MS	美国	2014年11月
21	偏光显微镜	Axio Scope A1	德国	2014年12月
22	X射线荧光能谱仪	ARL QUANT X	美国	2014年12月
23	等离子体光谱仪	ICAP7400DUD	美国	2015年7月
24	气质联用仪	7890B/7000C	美国	2015年8月
25	布里渊光频域光纤应变/湿度分析仪	FTB-2505	德国	2015年8月
26	三重四级杆质谱仪	Triple Quad5500	美国	2015年9月
27	自动凯氏定氮仪	BUCHI K-375	瑞士	2016年5月
28	快速溶剂萃取仪	ASE350	美国	2017年2月
29	波长色散型X射线荧光光谱仪	帕纳科 AXIOS MAX	荷兰	2017年4月

表 17-4 主要地质勘查装备一览表

序号	设备类别	数量(台套)	金额(万元)	备注
1	水工环设备	698	1200	
2	地质勘查设备	340	388	
3	实验测试仪器	578	3320	
4	测绘仪器	176	645	
5	无人机	5	9.5	
6	野外物探车	4	112	
7	电脑设备	872	634	含笔记本电脑
8	文印设备	105	228	

一、水工环地质调查主要设备

江苏地调院拥有各类水工环设备100多台套，可满足野外调查、监测、采样、现场测试、定位等工作所需,包括 FTB 2505 型光频域光纤应变/温度分析仪、地下水流速流向仪、多参数水质监测仪、压力式地下水监测信息采集传输一体化设备、408M 型微型双阀采样泵、贯入式采样器、土壤水采样器、单人取土钻机等各类新型设备,有力支撑了各项野外调查、地质环境监测及国土资源部地裂缝重点实验室的建设。主要设备仪器简述如下。

1. FTB 2505 型光频域光纤应变/温度分析仪

2015 年引进,由德国 fibirsTerre 公司生产,该设备为基于布里渊光频域散射的光纤应变/温度测量与分析仪器,适用于长距离分布式应变及温度等的实时在线监测(图 17-12)。"苏南平原区地裂缝成因机制及预警研究"行业专项采用该设备进行地裂缝物理模型试验,全面获取采水型地裂缝土体变形规律;"江苏沿海地区综合地质调查"及"苏南综合地质调查项目"采用该设备对沿海及苏锡常地区的地裂缝及地面沉降分布式光纤进行监测,获取了土体的形变信息。同时,以该设备为技术支撑,撰写了 4 篇科技论文,申请了 7 项专利(3 项发明专利,4 项实用新型)。

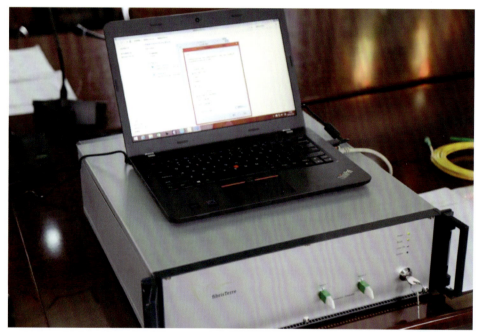

图 17-12　FTB2505 型光频域光纤应变/温度分析仪

2. 地下水流速流向仪

2015 年引进,由美国 Geotech 公司生产,该仪器是一款融合了高分辨率磁通量阀门罗盘和高放大率胶质颗粒追踪摄像机的产品(图 17-13)。江苏沿海综合地质调查项目将地下水流速流向仪应用到野外水文地质调查中,对南通地区的不同深度的地下水监测井进行流速流向测量,取得了良好效果。

3. 压力式地下水监测信息采集传输一体化设备

该设备自 2016 年起开始应用于全省的国家地下水监测站点的实时监测,设备数量共计 336 套。该设备包括数据监测与数据传输两大模块,通过物联卡通信技术与地下水监测中心数据接收平台互联互通,实现了对全省国家地下水监测站点水位、水温及大气压的实时监测(图 17-14)。

图 17-13　地下水流速流向仪

图 17-14　压力式地下水监测信息采集传输一体化设备

4. 408M 型微型双阀采样泵

2015 年引进，由加拿大 Solinst 公司生产，该设备为一款气体驱动的低流速取水泵，高低流量可调节，对样品扰动小，采样管具有抗酸抗碱、抗各种有机溶剂的特点，确保样品不被污染；最大扬程可达 150m，操作简单，携带方便（图 17-15）。适用于小口径、低流速地下水样品及 VOC 样品采集。

二、基础地质调查主要设备

江苏地调院拥有各类地球物理勘查仪器设备 10 余套，总值 600 多万元。其中，具有国际和国内先进水平的大型设备 5 套，分别为美国 Zonge 公司产的 GDP-32 综合电法仪、北京中地英捷物探研究所制造的 PSJ-2A 型数字测井仪、GSSI 公司最新研制的新一代 SIR-30E 专业型高速地质雷达仪、重庆奔腾数控研究所研制的大功率激电仪系统、WGMD-9 型高密度电法系统。主要设备仪器简述如下。

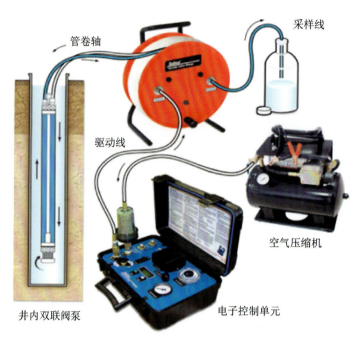

图 17-15　408M 型微型双阀采样泵

1. 综合电法仪

2007 年引进 GDP-32 综合电法仪（图 17-16），由美国 Zonge 公司研制，是目前全球最先进的综合电法仪之一，配备 30kW 大功率发射系统，可进行激发极化法（IP）、复电阻率法（CR）、可控源音频大地电磁法（CSAMT）、天然场源音频大地电磁法（AMT）、瞬变电磁法（TEM）、纳米瞬变电磁法（NanoTEM）等多种方法的测量。已在地热勘查、矿产勘查、采空区勘查、深部地质调查、水文地质调查、地裂缝调查等方面广泛应用，取得大量的应用成果。

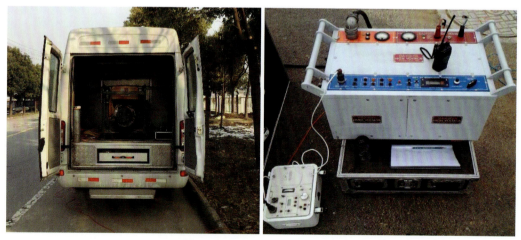

图 17-16　GDP-32 综合电法仪

2. 数字测井仪

2013 年引进 PSJ-2A 数字测井仪（图 17-17），由北京中地英捷物探仪器研究所研制，是目前国内最先进的测井仪之一，配备 3000m 缆绳的大型绞车，可进行井温、井径、井斜、视电阻率、自然电位、自然伽马、侧向电阻率、声波时差、井液电阻率等多种参数的测量。广泛应用于地热、水文、第四系钻孔测井。

图 17-17 PSJ-2A 数字测井仪

3. 地质雷达仪

2014 年引进 SIR-30E 地质雷达仪(图 17-18),由美国 GSSI 公司研制,是全球最先进的地质雷达仪之一,配套雷达天线包括 100MHz 单体屏蔽天线和非屏蔽低频组合天线(16MHz、20MHz、35MHz、40MHz、80MHz),探测深度范围 0~30m。广泛应用于覆盖层结构、活动断裂、土(溶)洞、地裂缝、防空洞调查及地下管线探测等领域,应用效果良好。

图 17-18 SIR-30E 地质雷达仪

4. 高密度电法仪

2014 年引进 WGMD-9 高密度电法仪(图 17-19),由重庆奔腾数控技术研究所研制,是国内主流的高密度电法仪之一,既可以进行常规二维高密度电法测量,也可以进行分布式三维高密度电法。在滑坡、岩溶、采空区等地质灾害调查和活动断裂探测等领域广泛应用,取得了较好的应用效果。

图 17-19 WGMD-9 高密度电法仪

5. 大疆精灵 Phantom4 无人机

我院地质灾害评估中心及环境研究所陆续购进先进的无人机进行地质灾害调查及环境监测。

三、实验测试主要设备仪器

江苏地调院拥有各类实验、测试、检测设备 400 多台套,总值 4000 多万元。具有国际和国内先进水平的大型仪器设备 30 多台(套),如电感耦合等离子体质谱仪、电感耦合等离子发射光谱仪、X 射线荧光能谱分析仪、波长色散型 X 射线荧光光谱仪、原子吸收分光光度计、原子荧光光度计、流动注射仪、离子色谱仪、元素分析仪、气相色谱仪、气相色谱-质谱联用仪、高效液相色谱仪、三重四级杆质谱仪、多功能 X 射线衍射仪、研究级正立数字偏光显微镜、红外光谱仪、干湿二合一激光粒度仪、岩石三轴试验机、热物性常数分析仪、应力控制式三轴仪、全自动固结仪等。主要设备仪器简述如下。

1. 电感耦合等离子体质谱仪

自 2003 年引进第一台仪器,后陆续更新引进 5 台,均由美国 Thermo Fisher 公司制造,现正在运行使用的有 4 台。是目前全球最先进的电感耦合等离子体质谱仪之一。主要用于地质、环境、材料等样品中的微量和痕量元素分析。在环境地质调查、土地质量地球化学调查和地下水监测样品分析测试中发挥了重要作用(图 17-20)。

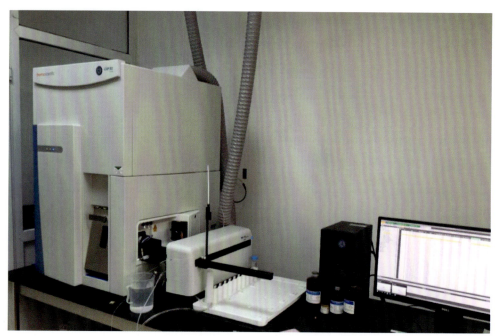

图 17-20　iCAP RQ 电感耦合等离子体质谱仪(Thermo Fisher)

2. 电感耦合等离子体发射光谱仪

2003 年引进由美国 Thermo Fisher 公司制造的仪器(图 17-21),后续更新引进共 2 台,目前正在运行使用的有 2 台。主要用于岩石、土壤、环境、材料等样品中的常量和微量元素分析。在地质找矿、环境地质调查、土壤污染状况详查、水质样品分析测试中广泛应用。

3. 气相色谱-质谱(GC-MS/MS)联用仪

2015 年陆续引进,目前有 3 套,均由美国 Agilent 公司制造,是目前性能最优秀的气相色谱-质谱(GC-MS/MS)联用仪之一,主要用于土壤、水质等环境样品中有机污染物等成分的分析检测(图 17-22)。

广泛应用于土壤污染状况详查和土地质量地球化学调查样品中的农残、多环芳烃和石油烃等有机污染物的测定。

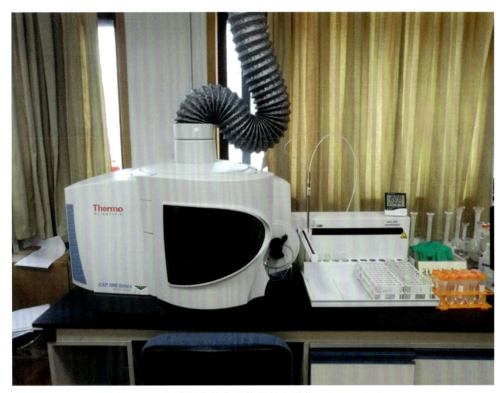

图 17-21 电感耦合等离子体发射光谱仪(Thermo Fisher)

图 17-22 气相色谱-质谱(GC-MS/MS)联用仪(Agilent)

4. 波长色散型 X 射线荧光光谱仪

自 2001 年引进第一台仪器，后陆续更新引进 2 台，均为荷兰 PANalytical 公司制造（图 17-23），目前正在运行使用为 3 台。主要用于岩石、土壤、材料等样品中的常量和微量元素分析。在地质找矿、环境地质调查、土壤污染状况详查、分析测试中广泛应用。

图 17-23　波长色散型 X 射线荧光光谱仪（PANalytical）

5. 三重四极杆液质谱仪（LC/MS/MS）

自 2016 年第一次引进使用，由美国 AB 公司制造，是全球最先进专业制造质谱的仪器公司（图 17-24）。主要用于土壤、水质样品中的难分解有机化合物分析测试。在环境质量调查、土地质量调查中广泛应用。

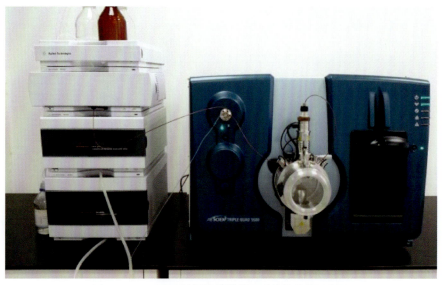

图 17-24　三重四极杆液质谱仪（LC/MS/MS）（AB）

6. 数字偏光显微镜

目前正在运行使用为 2 台 2014 年引进的最新设备,由德国 Zeiss 公司生产制造,是全球最先进专业制造显微镜的仪器公司(图 17-25)。主要用于岩石、矿物样品的岩矿鉴定。是地质及工程项目中不可或缺的物理分析方法。在地质找矿、工程地质项目中广泛应用。

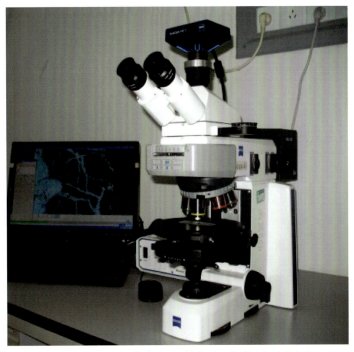

图 17-25　研究级正立数字透、反射偏光显微镜(含 CCD)(Zeiss)

7. 干湿二合一激光粒度仪

自 2006 年引进第一台德国 SYMPATEC 公司制造的全自动干湿二合一激光粒度仪(图 17-26)。后陆续引进不同公司生产的各种类型的仪器。目前正在运行使用的有 3 台。主要用于土壤、土工试验中的样品颗粒粒度分析,是土壤及工程项目中不可或缺的物理分析方法。在土壤质量调查、工程地质项目中广泛应用。

图 17-26　干湿二合一激光粒度仪(SYMPATEC)

8. 连续流动分析仪

自2013年开始引进荷兰SKALAR制造的连续流动分析仪(图17-27)。后陆续引进增加分析模块,不断完善该仪器的总体测试能力。主要用于水质样品的分析,目前在此仪器设备上已经基本完全替代了对应的传统人工分析方法。在水质样品分析中广泛应用。

图17-27 连续流动分析仪(SKALAR)

四、国土测绘主要设备仪器

江苏地调院拥有各类测绘仪器设备100多台套,总值400多万元。如GPS、全站仪、水准仪、陀螺仪、测距仪、管线探测仪、测深仪、声速仪、水位仪、验流仪、平板数据采集设备等,主要设备仪器简述如下。

1. 全球定位系统(GPS)

我院现有的GPS接收机类型有Trimble R8、R10等系列,徕卡GS10系列等。具有采集的三维数据定位精度高、可靠性好、观测时间短、操作简单、测站间无需通视,全天候作业的特征点。主要用途包括:控制测量、图根点测量、工程测量、变形测量、地籍测量、地质工程测量等。

GPS定位设备在我院承担的句容市农村土地承包经营权确权登记颁证项目、常州市河湖和水利工程划界确权项目、苏沪浙自然资源更新调查、淮安市国土资源局淮阴分局村庄地籍调查项目、淮安区农村建设用地调查项目、赣榆县农村集体土地地籍调查及数据建库归档项目、江苏沿海地区地面沉降GPS测量项目等项目中应用广泛(图17-28)。

2. 全站仪

我院现有的全站仪类型有拓普康系列、索佳系列、徕卡系列、南方系列等,既有长距离免棱镜的拓普康3002LN,又有0.5″高精度索佳NET05,还有用于井下防爆作业的拓普康TS-332N,还有能精密定向的索佳全站陀螺仪GP3XT22。在控制测量、地形测量、形变测量、矿山测量、地籍测量、不动产测量、工程测量、工程放样及竣工验收等方面应用广泛(图17-29)。

图 17-28　野外 GPS 测量项目

图 17-29　全站仪

3. 水准仪

我院现有的水准仪有光学水准仪和电子水准仪两种，电子水准仪品牌主要为天宝和徕卡两种（图 17-30）。电子水准仪主要应用在我院承担的一等水准测量和精密形变监测工作中，如苏州基岩标联测一等水准、淮安盐矿开采区地面沉降测量一等水准、扬州城区北部地面沉降一等水准、苏锡常地区地面沉降监测与风险管理一等水准、江苏沿海地区地面沉降监测一等水准、苏南现代化建设示范区综合地质调查一等水准、泰兴市地面沉降监测一等水准、无锡市滨湖区雪浪山滑坡、崩塌地质灾害应急监测等，为我院各类项目提供了大量高精度、准确可靠的测量数据。

图 17-30　天宝 DINI12 数字水准仪

4. 遥感图像处理分析软件及设备

我院现有多种遥感图像处理和分析软件,包括业内应用较普遍的 ERDAS、ENVI、PCI-GXL、GAMMA、ArcGIS、MapGIS、简译等(图 17-31)。ERDAS、PCI-GXL 主要用于遥感影像的几何纠正、图像增强和镶嵌,PCI-GXL 更注重于大数据量遥感影像的批量处理;ENVI 主要用于遥感影像光谱的分析,在图像分类、蚀变提取、波谱填图方面优势明显;ArcGIS、MapGIS 主要用于目标要素的信息提取,获取要素矢量数据进行统计分析,并建立数据库;GAMMA 是雷达数据处理软件,主要用于地表形变信息提取。

图 17-31　遥感图像处理分析软件

上述软件在我院承担的项目中应用广泛,如东部沿海地区自然资源遥感综合调查(苏沪区)、华东地区矿山环境监测、千山成矿带矿山遥感解译与外业查证、全国地表形变遥感地质调查、昆山市水系分布遥感制图、苏南平原区地裂缝成因机制及预警研究(InSAR)、苏锡常地区地面沉降监测与控制管理(InSAR)、江苏沿海地区海岸线变迁、辐射沙脊群形成演化与深槽稳定性研究等。

另我院还拥有完善的遥感专业设备,包括专业信息系统机房、物理隔离的内外网络系统、PB 级卫星数据存储设备、专业级虚拟机系统、多台高性能服务器、工作站、计算机、大型绘图仪、激光打印机、大幅面扫描仪和无人机(图 17-32)。

图 17-32　遥感专业设备

综上所述,自建院以来,江苏地调院地质勘查科研设备取得长足的发展,通过政府采购和公开招标添置和更新大量先进仪器设备,通过精细化管理,利用资产管理软件等手段,及时做好仪器设备的维护,合理配置固定资产,为江苏省地质调查研究院科研工作起到了重要的物质保障。

第三节 地质科技平台建设

一、国土资源部地裂缝地质灾害重点实验室

2012年5月,江苏地调院获批筹建国土资源部地裂缝地质灾害重点实验室,该实验室以差异性地面沉降引发的地裂缝为研究重点,以地裂缝成因机理、监测技术、模型模拟、防减灾技术为研究方向的科技创新平台。2016年11月22日,以95分的高分通过专家组验收,作为全国地调系统首个部重点实验室正式挂牌运行(图17-33)。三年来,依托重点实验室平台的优势和研究特色,成功申报并承担国土资源公益性行业专项2项、国家自然科学基金1项、江苏省基础研究计划(自然科学基金)2项。在科技创新、人才培养、开放交流、国际合作等方面取得了突破性成果,已逐步形成了光纤技术在地裂缝监测的应用以及地裂缝模型模拟两大研究特色,具有一定的影响力。截至2018年8月,共发表论文54篇,出版专著1部,申请国家专利17项(发明专利5项)。

图17-33 重点实验室验收现场情况

(一)主要成果及科技创新

1. 国际上首次实现苏南地区典型地裂缝数值模拟研究

创新性地采用双尺度模拟方法,在苏锡常区域三维地下水流和地质力学模型上,局部嵌套光明村地裂缝模型(图17-34)。在国际上首次应用"界面元+有限元"技术耦合的方法,定量了过量开采地下水导致的一个实际三维地质体中地裂缝的发生与发展,这也是国际上首次实现野外实际地裂缝的数值模拟(图17-35)。该项成果在水文地质国际顶尖期刊 *Water Resources Research* 上发表,达到国际领先水平。

2. 建立了完善的地裂缝分布式光纤监测系统

实验室率先将分布式光纤监测技术引入地裂缝的监测领域,建立了包括传感器选型、布设技术、数

据采集、处理、传输、显示等完善的地裂缝光纤监测系统(图17-36)。针对地裂缝监测需求,自主研发和改进了多种新型光纤传感器,获批了多项国家专利;并设计完成了能够自主供电、远程数据传输,集BOTDR和FBG优势功能于一体的分布式光纤综合监测系统,完成国内首台FBG/BOTDR集成解调仪样机。

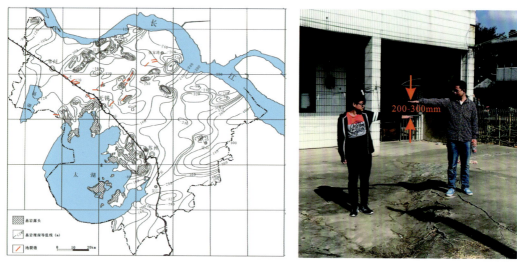

图17-34 光明村地裂缝照片

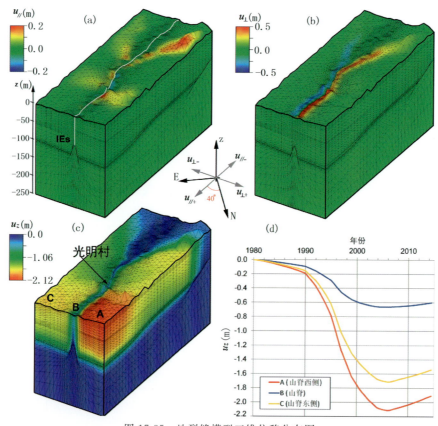

图17-35 地裂缝模型三维位移分布图

(a) 光纤加速传感器　　(b) 静力水准仪　　(c) 分布式传感器

(d) 低内力微型传感器　　(e) 角度传感器　　(f) 集成解调仪样机

图 17-36　监测系统

3. 提出了采水型地裂缝破坏理论

以无锡光明村地质条件为背景,建立了国内首个采水条件下基岩潜山型地裂缝物理试验模型。该物理模型运用分布式光纤监测技术,对土体渗流场、变形场以及温度场的演变过程进行了实时监测。试验表明拉张应力集中部位是地裂缝发育危险区域,在监测过程中出现峰值位置是地裂缝发生概率最大位置。在五种成因模式的基础上,提出了采水型地裂缝破坏理论,并在新研制的大型物理实验系统上开展实验验证(图 17-37)。

图 17-37　大型物理模型

4. 国内首次实现了对地裂缝模型与地质体模型间拓扑关系描述

以 Generalized Tri-prism(GTP,广义三棱柱模型)为基础理论,借助广义三棱柱体元间的拓扑关系,在国内首次实现了对地裂缝模型与地质体模型间拓扑关系的描述,并采用 OpenGL 技术进行了三维虚拟表达,实现了无锡石塘湾因果岸典型地裂缝-地质模型体的多种可视化操作。在国内,首次实现了对地裂缝模型与地质体模型间拓扑关系描述,完成了地裂缝-地质实体多种可视化操作(图 17-38)。

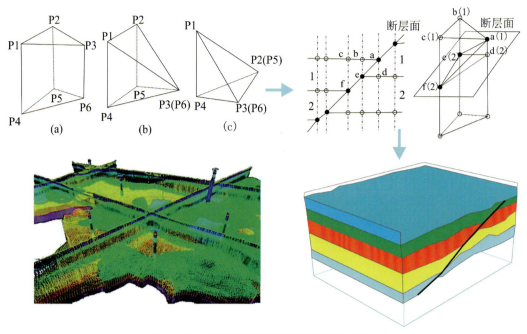

图 17-38　地裂缝地质结构三维可视化模型

(二) 完善实验室硬件设施建设

1. 建设完成了 2 座地裂缝自动化监测站

2015 年选择无锡光明村典型地裂缝建设了国际上独一无二集拉弦式三维裂缝形变监测、水准测量、分布式光纤、GPS、InSAR 等多监测技术于一体的监测示范站;2018 年完成了基于光纤监测的石塘湾因果岸地裂缝自动化监测站建设。自建成以来,获取了大量连续的监测数据,为无锡地区乃至整个长三角地区地面沉降防治提供了珍贵的基础资料(图 17-39、图 17-40)。

图 17-39　光明村地裂缝自动化监测示范站

图 17-40　因果岸地裂缝自动化监测示范站

2. 建成实验室科研大楼

省厅与地调院共同出资 7000 多万元,在南京百水桥基地,建设部地裂缝地质灾害重点实验室科研大楼,2018 年 8 月,开展光纤实验室、模拟仿真实验室、地质灾害应急实验室-全息投影实验室等多个实验室的建设,极大地改善了重点实验室的科研工作环境。

(三) 广泛合作，开放共赢

坚持"开放、流动、联合、竞争"的运行机制，先后举办或承办了多次国际性、全国性的学术会议。积极与国际上知名高校（英国格拉斯哥大学、美国亚利桑那大学、意大利帕多瓦大学）、联合国教科文组织地面沉降工作组（UNESCO）进行学术交流，研讨当今国内外地裂缝研究领域许多前沿课题。建设期间我院投入268万元，连续设立了三批共14个开放基金课题，与国内外高校团队合作。2017年与意大利帕多瓦大学 Teatini 教授就大型物理模型试验的地裂缝数值模拟工作开展合作，开启了首次国际合作的新篇章。

经过多年的建设，重点实验室已成为江苏省重要的地学科研中心与服务平台，为江苏省地质环境保护、社会经济的可持续发展提供了重要支撑，全面提升了在地裂缝地质灾害研究的创新能力和灾害防控的支撑引领能力。

二、境外矿产资源勘查开发信息服务平台

为全面贯彻落实"一带一路"国家战略、大力拓展对内对外开放新空间工作会议精神和《江苏省参与建设丝绸之路经济带和21世纪海上丝绸之路的实施方案》要求，2015年5月中旬，江苏省国土资源厅设立了境外矿产资源勘查开发服务工作领导小组，着手建立江苏省境外矿产资源勘查开发信息服务平台。江苏地调院积极参与江苏省国土资源厅组织的"一带一路"境外矿产资源勘查开发工作，申请获批2015—2017年省级地勘专项资金785万元，开发建设江苏省境外矿产资源勘查开发信息服务平台，为涉矿单位"走出去"提供信息服务。

（一）主要成果及科技创新

1. 平台网站开发

"江苏省境外矿产资源勘查开发信息服务平台"（以下简称"信息服务平台"）自2015年12月开始设计开发，2016年12月12日正式上线提供服务，专人进行日常管理维护，保证平台信息每日更新。信息服务平台以网站形式呈现（图17-41），网址 http://www.jsgeoglobal.cn。为用户提供查询矿业动态、合作信息、境外项目、案例分析、风土人情、法律法规、矿产资料等信息服务，并提供在线浏览全球地质矿产类专业图形等数据服务。注册用户还可获得下载资料、发布合作信息、互动交流等服务。截至2018年8月31日，信息服务平台已发布涉及100多个国家（或地区）的资讯类信息1824条、法律法规类159条、矿产资源类1405条，WebGIS空间数据量近25G。已有注册用户在平台发布矿权信息，寻求合作。

2. 境外矿产综合研究

组织省内地勘单位开展了南部非洲、老挝、坦桑尼亚、莫桑比克、哈萨克斯坦、玻利维亚等6个国家（或地区）的专题研究工作，以及坦桑尼亚、莫桑比克、哈萨克斯坦、玻利维亚、博茨瓦纳、赞比亚和纳米比亚等7个国家的矿业信息动态监测工作，新获一批综合性地质成果和最新行业资讯。目前境外平台的建设维护工作已经完成2015—2017年的工作任务，正在完成三期情报分析模块和微信公众号的开发、2015年度以来境外矿产相关主题情报分析结果的报告编写，以及与新疆地勘单位合作开展中蒙成矿地质条件对比研究和蒙古国的矿业动态监测。

图17-41 "江苏省境外矿产资源勘查开发信息服务平台"首页

(二)平台应用成效

信息服务平台的建设与维护为江苏省"走出去"企事业单位的境外矿产资源勘查开发提供集成、高效、优质的信息资料服务,推动江苏省"一带一路"的实施。

三、厅地灾应急技术指导中心

2013年5月,经省编办批准(苏编办〔2013〕26号)批准,江苏省国土资源厅地质灾害应急技术指导中心成立,为省国土资源厅履行全省地质灾害防治、应急管理职能的业务支撑单位。近年来,中心认真贯彻实施《地质灾害防治条例》《国务院关于加强地质灾害防治工作的决定》《江苏省地质环境保护条例》,全面落实地质灾害防治职责,不断强化地质灾害应急管理,有效保障了人民生命财产安全。

(一)主要职责

为全省地质环境监测与地质灾害防治工作提供技术服务与指导,负责建设和维护全省重大地质灾害应急技术处置和应急平台,按要求承担地质灾害调查、评价、监测预警、防治工程指导等工作,开展相关研究。

承担全省突发地质灾害调查评价、识别鉴定、监测预警,指导全省地质灾害防治和应急处置;协助编制省地质灾害防治规划、突发地质灾害应急预案和年度地质灾害防治方案;协助检查市级地质灾害应急预案、年度地质灾害防治方案、重大地质灾害隐患点防灾预案,抽查县(市、区)级地质灾害应急预案、年度地质灾害防治方案、地质灾害隐患点防灾预案;按照厅应急管理办公室要求或根据市、县(市、区)国土资源部门申请,对险(灾)情进行应急调查,提出应急技术处置方案;承担省级地质灾害监测预警工作,建设和维护省级地质灾害专业监测网络;承担地质灾害应急信息平台的建设和维护;协助做好地质灾害防治的宣传、培训和演练;负责应急技术装备的购置和管理;承担省级地质灾害防治专家库的建设和维护,对各地地质灾害防治技术人员进行业务指导。

(二)主要成效

认真贯彻落实省委省政府、国土资源部和省国土资源厅关于地质灾害防治工作的系列要求,强化制度建设、落实防治责任、提高应急处置能力,在地质灾害调查评价、监测预警、综合治理、应急防治和防灾能力建设方面取得显著成效。

1. 加强制度建设,强化应急值守

相继修订(编)完成了《江苏省突发地质灾害应急预案》和《江苏省地质灾害防治规划(2016—2020年)》,制定了《江苏省国土资源厅汛期突发地质灾害应急响应工作方案》,细化了地质灾害应急响应机制,成立了地质灾害应急工作领导小组,建立地质灾害应急值班制度,实行24小时值班和领导带班制度,建成了全省地质灾害应急会商系统,完善了全省地质灾害防治工作管理体系。

2. 开展隐患核查,细化应急方案

组织开展地质灾害排查、巡查和核查,对全省重要地质灾害隐患点进行全面核查,确定隐患点类型、规模、潜在危险和危害程度,预测发展趋势,提出防治对策与建议,及时编写核查报告指导各市国土资源局防灾工作。

3. 优化预警平台,提升预测水平

承担全省地质灾害气象风险预警工作,优化气象风险预警工作流程和预警产品发布,及时向市、县、乡镇、村负责同志和地质灾害隐患点的防灾责任人、监测人及危险区内的群众发布预警信息。至2017年,共制作预警产品1344套,发布预警71次,成功预报地质灾害167次,避免经济损失10 139.6万元,避免人员伤亡2156人。

4. 加强科技投入,高效处置险情

配置一批应急专用装备,提高应急处置响应速度,灾(险)情发生后第一时间赶赴现场进行应急调查,准确研判,提出有效的防治措施和治理建议。先后成功处置省纪委大院北侧滑坡、常州溧阳市土包山铁矿采空地面塌陷、连云港新浦磷矿地面采空塌陷等影响较大的地质灾害险(灾)情138起。特别是南京市栖霞区燕子矶街道太平村75-4号滑坡地质灾害的应急消险避免了灾难的发生,保护了人民群众生命和财产安全。

5. 加强科技创新,构建群专结合的突发地质灾害监测网络

采取网格化管理,加强地质灾害监测预警关键技术的科研攻关,加快卫星遥感、无人机、物联网等新技术在地质灾害监测中的应用,先后完成了《连云港地质灾害监测预警示范工程》《全省突发地质灾害监测预警示范工程》等项目,率先建成市级地质灾害专业监测预警系统。已经建立了1032处群测群防点和37处突发地质灾害专业监测站点,将部分重要地质灾害隐患点纳入国土资源综合动态智能监管系统进行连续监控,初步建成了群专结合的突发地质灾害监测网,为地质灾害应急管理提供技术支撑。

6. 加强宣传演练,提升基层防灾能力

以"4.22地球日"和"5.12防灾减灾日"宣传活动为契机,结合地质灾害应急演练,宣传普及地质灾害防治知识,不断增强社会公众的自救互救技能,特别是受地质灾害隐患点威胁群众的应急避险能力。全省各地印发地质灾害防治常识宣传单2万余份,制作地质灾害宣传牌182块,发放地质灾害科普宣传教材4.2万余份。

7. 加强综合建设,提升社会影响力

2017年,地质灾害应急技术指导中心被省总工会授予江苏省工人先锋号称号。多项成果获得省部级奖项,为全省国土资源管理部门和各建设单位做好技术服务的同时,学术与技术上也取得丰硕的成果。

四、江苏省无机材料专业测试服务中心

江苏省无机材料专业测试服务中心是江苏省大型科学仪器设备共享服务平台首批建设的10个专业测试服务中心之一,2004年度被列入江苏省科技基础设施建设计划项目。2004年11月启动,2006年12月通过验收。江苏省地质调查研究院(测试研究所)是专业测试服务中心建设和运行的依托单位。

通过持续建设,服务中心在无机材料专业测试领域,成为江苏省设备先进,技术一流,测试范围覆盖广,最具权威的分析测试平台,为全省的材料产业、科研和生产提供高水平、开放式、社会化的公共测试平台,为全省无机材料产业发展提供有效的技术支撑。服务中心在已有的条件基础上,通过购置先进的仪器设备、分析软件和样品前处理设备,改造检测室环境和建设超净工作室,形成无机材料从常量到超

痕量成分分析能力；为全省的科研院所、厂矿企业在无机新材料领域的科研项目研究和成果转化，提供一个开放式的检测服务平台，出具准确可靠的检测报告；为社会提供技术咨询，分析技术培训服务；针对江苏省新材料产业分析测试的需要，加强与省内检测机构的交流与合作，深入开展新材料测试方法研究。

江苏省无机材料专业测试服务中心自建设运行以来，在依托江苏省地质调查研究院的领导下，在江苏省大型科学仪器设备共享服务平台理事会的指导下，检测服务能力不断增强，对社会开放服务水平和程度越来越高，运行绩效显著。十多年来，中心培养博士2人，引进博士1人，引进硕士19人，现在的团队是一支层次结构合理、高素质的技术队伍。依托单位江苏省地质调查研究院都会自筹资金，为中心添置需要的先进设备。特别是近5年以来，每年为中心添置仪器设备价值都在300万元以上。中心建设期间，完成了多次实验室环境更新改造，实现了集中供气和纯水，配置了专业工作台面，新建了样品加工车间，新购进口设备40多台套。2005年4月通过了国家实验室认可首次评审；建成运行了实验室信息管理系统（LIMS）。十多年以来，新增有电感耦合等离子体质谱仪、X射线荧光能谱分析仪、波长色散型X射线荧光光谱仪、流动注射仪、离子色谱仪、气相色谱-质谱联用仪、高效液相色谱仪、三重四级杆质谱仪、激光粒度仪、岩石三轴试验机、热物性常数分析仪等多台套在国内和国际先进的大型仪器设备。中心的仪器设备已跻身国内同类实验室一流水平。

（一）主要成果及科技创新

中心拥有17个大型仪器机组加入江苏省大型仪器协作共用网。多年以来，入网机组坚持对外开展优良的技术服务，平均开机时和服务收入等指标在全省16家专业测试服务中心名列前茅。先后有多台机组和个人获省大仪平台先进机组（个人），中心获得2011、2012年度平台运行服务先进集体的称号。中心的项目建设获江苏省国土资源厅2007年度国土资源科技奖一等奖，项目建设期间开展的技术方法研究成果集成，获国土资源部2008年度国土资源科学技术奖二等奖（图17-42）。

中心履行公共服务平台开放共享的服务承诺，十多年来，中心服务对象涉及地质、环保、农业、化工、新材料和社会的多个方面，年均服务客户量2500批次左右，年均样品总量8万多件。测试服务收入从中心建设初期不足1000万元，2017年增长到3600万元，2018年有望突破7000万元，在同类实验室中业绩傲然。

在江苏省科技厅组织的对全省工程中心、公共服务平台及重点实验室的历次绩效评估中（2007年、2009年、2012年和2014年），江苏省无机材料专业测试服务中心都获得评估优秀等次，并获得公共服务平台运行补贴。中心鼓励机组人员积极撰写服务案例上报到省大仪平台，对其中优秀人员给予一定的奖励，数年来，累计上报服务案例近30个。在2009年省大仪平台理事会办公室"典型服务案例"评比活动中，中心有2篇获得了一等奖，4篇获得二等奖。

中心针对材料产业分析测试的需要，积极开展测试方法研究。中心建设期间，完成了高纯稀土（99.9%）中杂质分析方法、稀土物相分析方法研究；完成了土壤中重金属形态偏提取技术研究；完成了非金属矿在高氟、高砷地下水处理中的应用研究，完成了沸石矿物定量分析方法研究和凹土产品检测技术及行业标准研究；欧盟ROHS指令对江苏省相关企业影响及应对措施研究。十多年来，中心利用各种资金渠道，陆续开展了《钨矿石、钼矿石化学分析方法》（GB/T 14352）制修订、膨润土、高岭土和凹凸棒石黏土物化性能和成分分析标准物质研制、长江三角洲重金属污染土壤成分分析标准物质研制和黏土矿可塑性标准物质研制、复垦土地样品交换性总量及分量测定和复垦土地样品有效硅、有效硼测定（国家标准）、摩擦材料中微量石棉的检测方法研究、基于核酸适体的重金属汞快速检测试剂盒/试纸条研发、纳米凹凸棒石产品标准和检测方法的研究制定、凹凸棒石矿物成分和凹凸棒石矿物定量分析的红外吸收光谱快速检测方法研究、凹凸棒石/不饱和聚酯纳米复合材料的制备及其热性能研究等项目研究。其中部分项目成果已经转化为分析测试标准，如《钨矿石、钼矿石化学分析方法》（GB/T 14352—

2010)(第1部分—第18部分),《食品安全国家标准食品添加剂凹凸棒石黏土》(GB 29225—2012),《凹凸棒石黏土测试方法》(DB32/T 1220—2008)(江苏省地方标准)等。

(a) "快速高效去除地下水中高氟技术方法研究"获江苏省科学技术进步三等奖

(b) "地矿实验室信息管理系统(GM-LIMS)"工程建设项目获江苏省国土资源科技创新二等奖

图17-42 获奖证书

(二)运行绩效

多年以来,秉承检测公共服务平台为社会提供公益性开放服务的宗旨,中心以各种形式积极开展对外技术培训,为社会各行各业培养了大量的检测技术人才,得到了社会广泛赞誉,取得了良好的社会效益。

2006年6月份,中心与南京晓庄学院共同签署了《实践教学基地协议书》,在中心建立"专业实习、毕业论文指导一体化模式"的教学实践基地。为了做好这项工作,每届学生到来之前,测试所选派具有高级职称和丰富经验的优秀技术骨干作为指导老师,负责学生的选题和实验指导。这种教和学的模式,使得学生的选题切合生产实际,具有针对性和实际应用价值,同时也大大地提高了学生的实际操作能力,深受师生们的欢迎。自协议签署至今,已经为该校指导和培养了80多名化学分析专业本科生。

12年来,中心作为全省建设工程质量检测实践操作培训、考核机构,为全省建设行业培训了岩石、土工、室内环境、水质分析、化学分析等检测专业上岗人员500多人次。中心还为江苏省地质工程勘察院、沙钢集团、东森集团、孟北石矿、汤山膨润土厂、江苏卓盛检测技术有限公司等多厂矿企业和事业单位提供检测技术培训,累计达40多人次。中心作为江苏省地质学会测试专业委员会和江苏省分析测试协会光谱专委会的主任单位,多次承办地质实验测试学术研讨会和江苏省无机光谱分析技术研讨会等全省测试技术交流活动。积极参加省大仪平台组织的淮安推介会、苏州工业园区推介会等活动。

中心先后与荷兰PANalytical B.V.公司共建X荧光技术实验室,与美国Thermo Fisher Scientific公司共建光谱分析技术实验室;与省出入境检验检疫局工业产品检测中心和SGS-CSTC等实验室签订了检测合作协议;为东南大学、南京理工大学、南京水利科学研究院、镇江稀土材料厂等单位和省内外大型、特大型工程项目提供材料检测服务200批次;对内培训和为省建设工程质量检测行业提供岗位培训共计365人次。

五、博士后科研工作站

2006年5月,经国家人事部和全国博士后管理委员会批准,江苏省地质调查研究院设立博士后科研工作站,成为全国同行业首家拥有博士后科研工作站的单位(图17-43)。设立博士后科研工作站以来,院领导高度重视该项工作,成立了博士后科研工作站领导小组,领导小组下设专家指导委员会和博士后科研工作站管理办公室,并先后发布了《江苏省地质调查研究院博士后工作发展计划和措施》《江苏省地质调查研究院博士后科研工作站管理办法》等一系列文件,规范了院博士后科研工作站相关工作。

图17-43 博士后科研工作站

建站以来,我院已先后与吉林大学、南京大学、北京大学、中国科学院南京土壤研究所联合招收五名博士后科研人员,发表优秀论文十余篇,为我院地质事业发展做出卓越贡献。

"十一五"期间,江苏地调院提出博士后研究项目共14个,累计投入1500万元,其中200万元以上的项目3个,100万元以上的项目3个,100万元以下的项目8个。其中5个为国家项目,9个为省级以上项目。

江苏省地调院多方位加大人才引进和继续教育力度。对急需的专业人才采取倾斜政策大胆引进,对新引进的博士研究生采取发放一次性住房补贴4万元、两年内享受特岗津贴的倾斜政策。为激发科研人员学术创作热情。院出台了学术论文发表奖励制度,最高奖励额度可达1万元;对于有突出贡献的技术人员给予重奖,鼓励技术人员努力为院发展做贡献。对引进的博士研究生安排在重要技术岗位,使其在专业技术方面得到进一步的锻炼和提高。组织和委派部分博士后人员出国对口深造及专题交流,提高专业技术水平,逐步与国际接轨。他们在不同工作岗位上发挥了重要作用。

江苏省地质调查研究院博士后科研工作站的设立,加快了地质人才开发,加强了学科带头人队伍建设,健全了鼓励地质人才开发机制和管理机制,从而造就了一批品德优良、基础厚实、知识广博、专业精深的地学新人。为江苏地调院全面提升技术创新的水平和综合研究能力,增强矿产资源勘查核心技术和关键装备的自主研究开发能力,在更高层次上为全省、全国地质科研事业的发展做出了巨大的贡献。具体科研成果如下(表17-5)。

表17-5 江苏省地质调查研究院博士后科研工作站主要成果统计表

序号	姓名	性别	年龄	职务/职称	专业	在站时间	主要项目
1	于军	男	50	院总工程师	地质资源与地质工程	2007年11月—2011年7月	1.苏州城市地质调查评价。2.苏锡常地区地面沉降监测与风险管理
2	王丽娟	女	35	矿产地质研究所副所长	地质学	2011年4月—2016年1月	1.扬子地块东缘火山岩基底的组成及演化历史(国家自然科学基金25万元)。2.江苏省宁芜溧水火山岩盆地岩浆构造演化与成矿作用关系(项目经费300万元)。3.澳大利亚昆士兰州西北部地区艾萨山地区铜金多金属矿远景调查(项目经费281万元)
3	赵增玉	女	34	城市地质调查中心副主任	地理学	2012年11月—2015年11月	江苏1:5万慈湖(H50E002019)、柘塘镇(H50E002020)、小丹阳(H50E003019)、博望镇(H50E003020)幅区调(项目经费680万元)
4	卢毅	男	34	高级工程师	地质学	2015年1月—至今	1.部行业专项-地裂缝分布式光纤监测技术研发与系统集成(省基金30万元)。2.江苏省青年基金-江苏沿海第四纪地层地面沉降分布式光纤监测及其变形机理研究(项目经费16万元)。3.江苏省国土厅科技项目-江苏沿海地区地面沉降分布式光纤监测研究
5	任静华	女	32	土地质量评价与污染防治应用研究中心总工程师	农业资源与环境	2018年5月—至今	探索镉与矿物材料的微界面反应过程与分子机理

1. 于军

在站期间,作为技术负责人,主持了《苏州城市地质调查》和《苏锡常地区地面沉降监测与风险管理》

项目,共计发表论文5篇。

苏州是全省首个完成城市地质调查工作的中心城市,成果全面系统完整地总结了苏州城市规划区的三维地质结构特征,根据矿产资源总量和矿产类型,提出了矿产资源保护、开发和管理的建议;细化建立了第四纪底层精细结构模型,为工程地质勘查、地下水资源勘查、地质灾害地面沉降防治提供了坚实的基础;构建了精细三维工程地质模型,为城市地下空间开发、应用、管理和应急抢险提供有效的管理工具;查明了各含水层地下水资源量,提出利用深层地下水作为应急水源地的建议对策;对城市范围内的土壤和浅层水地球化学现状进行了全面的分析,提出了土地利用调整建议;建设了较为完善的城市地质信息管理与服务系统,实现了海量异构数据的集约化管理。

代表性论文有:

(1)InSAR/GPS集成技术在常州-无锡地面沉降监测中的应用研究(自然科学进展)。

(2)地面沉降风险评价初探(高校地质学报)。

(3)苏锡常地区地面沉降地质结构三维可视化模型虚拟现实系统研究[吉林大学学报(地球科学版)]。

2. 王丽娟

在站期间,作为项目负责人完成国家自然科学基金一项,省部级公益性科研项项目两项,共计发表论文8篇,其中SCI高影响因子期刊3篇,单篇引用率高达96次。

应用先进的测试分析和物探测量手段,建立了宁芜-溧水火山岩盆地的成岩成矿时代格架,认为火山岩盆地的成岩成矿时代相似,均为早白垩世,而非传统认为的晚侏罗世;研究了岩浆的源区和演化关系,认为岩浆起源于富集地幔源区,龙王山组、大王山组和姑山组火山岩为同源异相体,而娘娘山组为独立的一期岩浆活动;对比研究了火山岩盆地岩浆岩的成矿作用能力,揭示了基底地壳物质对岩体成矿能力的影响,即基底地壳物质加入越多,壳幔混合作用越强,对成矿可能越有利;理清了宁芜-溧水盆地基底构造演化与成岩成矿作用关系,认为在基底隆起过渡区基底构造发育,岩浆活动强烈,促进成矿作用的发生,为找矿预测提供了依据;系统总结了两个盆地铁铜等典型矿床的矿床成因和区域成矿模式,细致划分了各类矿床的典型蚀变带,认为宁芜-溧水盆地铁矿床属于高温热液矿床,铜金矿床属中低温热液矿床;建立了板块俯冲-后撤(rollback)模式解释长江中下游地区白垩纪成岩成矿作用的大地构造背景。

代表性论文有:

(1)Zircon U-Pb dating and Lu-Hf isotope study of sub-volcanic and intrusive rocks in the Lishui Basin in the middle and lower Yangtze River beach(Chinese Science Bulletin)。

(2)U-Pb and Lu-Hf isotopes of detrital zircon from Neoproterozoic sedimentary rocks in the northern Yangtze Block:Implications for Precambrian crustal evolution[Gondwana Research.(SCI)]。

(3)Early crustal evolution in the western Yangtze Block:Evidence from U-Pb and Lu-Hf isotopes on detrital zircons from sedimentary rocks(Precambrian Research)。

3. 赵增玉

在站期间,作为项目负责人,主持了"江苏1∶5万慈湖(H50E002019)、柘塘镇(H50E002020)、小丹阳(H50E003019)、博望镇(H50E003020)幅区调"项目,共计发表论文6篇。

基于数字填图系统(DGSS),建立了区域地质调查成果的空间数据库,将野外路线数据、勘探工程数据、实际材料图、地质图、物化遥数据等原始资料和成果统一组织管理,为进一步的GIS成矿预测奠定了坚实的数据基础;采用证据权模型对研究区内的玢岩铁矿资源进行成矿预测,划分出5个成矿预测区,预测区具明显的北东向展布的特征,与区域成矿地质背景吻合;采用加权Logistic回归模型对研究区内的火山岩型铜矿进行成矿预测,并划分出4个成矿预测区,呈北东或东西向展布,分别对应于中低温热液充填型铜矿和中温热液细脉浸染型铜矿；以玢岩铁矿 P5 预测区——云台山地区为例，建立了云台山三维地质模型，将区内的地层、构造、岩体三维可视化，并展望三维地质模型在成矿预测中的应用。

代表性论文有：

（1）加权 Logistic 回归模型在火山岩型铜矿预测中的应用——以宁芜盆地中段为例（高校地质学报）。

（2）基于证据权模型的宁芜盆地中段玢岩铁矿资源预测［北京大学学报（自然科学版）］。

（3）"Design of mineral deposit prediction expert system based on GIS and answer set programming"，2015 23th International Conference on Geoinformatics。

4. 卢毅

在站期间，作为项目负责人完成了部行业专项一项，江苏省青年基金一项，江苏省国土厅科技项目一项，在站期间发表学术论文 5 篇。

江苏沿海地区地面沉降分布式光纤监测研究引进分布式光纤监测技术对地裂缝进行分布式土体变形初探，取得较好的成果，能有效的对已发育地裂缝进行监测。

代表性论文有：

（1）基于 DFOS 的连云港第四纪地层地面沉降监测分析［南京大学学报（自然科学版）］。

（2）基于 BOFDA 的地面塌陷变形分布式监测模型试验研究（高校地质学报）。

（3）地面变形分布式光纤监测模型试验研究（工程地质学报）。

发明专利：一种用于土体分层变形监测的智能测试装置、测量标定方法和评价方法。

实用新型专利：

（1）一种测量细小直径材料与土体间黏结强度的拉拔试验装置。

（2）一种可测量试件弹性极限的单轴压缩实验装置。

（3）一种用于多层土体协调变形的模拟装置。

（4）一种用于流动性地下水的自动监测分析装置。

5. 任静华

2018 年 7 月入站，预期目标：

（1）通过原位、高分辨获取外加钝化剂、镉共同作用下水稻根际微界面 pH、Eh 等关键环境参数的二维空间分布信息，镉在根际土壤中的赋存形态和时空分布特征，从微观尺度揭示镉在根际土壤微界面的释放动力学机理。

（2）通过微界面物理化学指标的二维同步分析，阐明水稻和小麦根际微界面镉在全生育期迁移转化的地球化学机制。

第四节　院部与基地建设

一、地调院院部建设

江苏地调院所在的南京市珠江路七百号大院在 1949 年前中央地质调查所地质矿产陈列馆旧址所在地，距今已有 80 余年历史，旧址现为省级文物保护单位。2004 年，为适应现代博物馆对外开放和馆藏要求，我院启动南京地质博物馆老馆加固改造工程，对老博物馆的内部结构进行了加固处理，增加了平面负荷。2006年完成老馆陈列布展部分施工,按照"修旧如旧"的原则,对老博物馆外立面和屋顶进行了翻新改造。对老博物馆陈列布展施工,整个老馆布置为地学摇篮、中国石文化、矿产资源和地质环境4个展区;同时按要求增加了消防火灾自动报警系统、应急照明系统和消火栓,安装了视频监控系统和红外线入侵报警系统,增加了中央空调系统(图17-44～图17-47)。

2006年,我院启动南京地质博物馆(新馆)扩建工程,2010年2月建成交付使用。工程总投资1.36亿元,总建筑面积26 728m^2,地上13层,地下2层;其中1～4层为南京地质博物馆新馆,由省政府专项资金保障运营,同时面向公众免费开放,是国内最大最全的地学科普场馆,5～6层为地质资料馆使用,7～13层为我院办公及会议用房,该工程的完工,大大改善了我院科研办公条件。2011年,完成博物馆精品厅改造及陈列布展工程。

2014年,在700号大院进行机动车停车场和非机动车车棚改造工程,新增20余个地上车位以及非机动车停车棚。对我700号大院的形象做了进一步的提升。2014年,完成地质大厦负一层食堂改造工程,将原先的非机动车停车位加以改造,重新规划了排烟布局及通风设备,科学设计,加装VRV式空调等舒适性设备,极大地改善了员工的就餐环境,能满足160余人同时就餐。

图17-44　南京地质博物馆奠基仪式

图17-45　测试所大楼

图17-46　现代精彩的地质大厦

图17-47　深沉厚重的博物馆老馆

二、地调院科研基地

地调院科研基地位于栖霞区百水桥99号,我院基础地质研究所、矿产地质研究所及环境地质研究所在此办公,目前有资料大楼等三栋办公楼及食堂。总建筑面积6000余平方米。

科研基地资料大楼于2000年8月开工建设,同年12月建成,建筑面积1 737.5m²,造价168万元。

省地质灾害应急技术指导中心(国土资源部地裂缝地质灾害重点实验室)项目位于我院白水桥科研基地,该项目于2013年12月5日取得省发改委立项,2015年9月30日取得施工许可证,同年10月18日正式开工。总建筑面积8 668.4m²,其中实验楼主楼总建筑面积为6978m²,地上5层,地下1层;食堂及体能训练中心面积为1566m²,地上2层,地下1层;目前该项目已基本完成,全部竣工验收即将投入使用(图17-48、图17-49)。

图17-48 基地大院

图17-49 省地质灾害应急技术指导中心(新建)

三、分院建设

1998年建院以来,为加强全省地质工作,我院相继在连云港、无锡、苏州、淮安、南通、盐城、常州、徐州等设有9个分院(表17-6,图17-50)。

表17-6 分院情况

序号	地点	面积(m²)	竣工日期	使用年限	备注
1	连云港分院	109.42	2004-08-12	40	
2	南通分院	68.08	2004-10-09	40	
3	盐城分院	104.46	2004-10-09	40	
4	常州分院	122.07	2004-10-14	40	
5	徐州分院	400.02	2005-07-05	40	
6	苏州分院	972.39	2007-12-26	40	
7	无锡分院	115.26	2013-05-06	40	
8	连云港海州区	103.23	2013-12-26	40	
9	淮安淮海北路	159.15	2016-07-14	40	

2005年,完成扬州分院暨地面沉降观测和科普教育基地建设,新建办公楼建筑面积182m²,共二层,占地面积198m²。2005年,完成苏州"苏锡常地面形变监控中心"办公楼建设及内部装饰工程,建筑面积972.4m²,共三层。2013年,购置无锡(115.26m²)和连云港(103.23m²)分院办公用房,并完成内部装饰。

地调院成立20年来,新建办公用房38 288.3m²;新增国有土地18 558.2m²。截至2018年6月,全院共有办公用房49 631.93m²,国有土地39 906.4m²,其中院部房产34 393.76m²,基地房产12 902.09m²,分院房产2 336.08m²。

苏州"苏锡常地面形变监控中心"

无锡分院

连云港分院

徐州分院

图17-50 各分院办公室

第十八章　科研项目与人才建设

20年来，江苏省地质调查研究院坚持以"科研立院"为根本，以"服务民生"为理念，围绕国家和江苏省经济建设、社会发展对地质工作的需求，不断提高地质项目工作质量、促进地质调查成果转化应用与服务，推进地质科技创新和地质人才队伍建设。积极争取、认真实施一大批科研项目，取得了一大批重大地质科研成果，获得了一批地质科研专利，造就了一批地质科技人才，极大地提高了江苏地质工作程度和理论与实践水平。

第一节　地质科研项目成果

建院20年来，江苏地调院紧紧围绕党中央、国务院关于地质勘查工作的一系列重大举措，地勘任务饱满，大项目众多，地质科研成果丰硕，努力做好公益性地质工作，为江苏省经济社会发展和国土资源事业提供了技术支撑和保障。荣获各等级科技成果奖励141项，其中国土资源部科研成果奖（含其他部委）20项，省政府科研成果奖13项，中国地调局科研成果奖11项，厅局级科研成果奖（含其他厅局级及其他）97项，一等奖26项，二等奖83项，三等奖34项，金奖1项，奠定、夯实了全国一流地调院的地位，这一系列荣誉也都源于我们主动作为、超前谋划、勇于创新、开拓进取。

一、国土资源部科研成果奖

20年来，江苏地调院总计获得国土资源部"国土资源科学技术成果奖"20项。其中，《长江三角洲地面沉降防治关键技术研究与应用》成果荣获2013年度国土资源科学技术一等奖，《江苏省地质环境区划与规划应用》等19项成果荣获国土资源部科研成果奖二等奖（表18-1，图18-1）。

《长江三角洲地面沉降防治关键技术研究与应用》由江苏省地质调查研究院、上海市地质调查研究院及浙江省地质环境监测院联合申报，为构建覆盖长江三角洲全区的地面沉降多技术方法监测体系提供了有力的技术支撑，在创新区域地面沉降防控管理模式、地面沉降科学研究上取得了新的突破。

表18-1　国土资源部科学技术成果奖

序号	获奖项目名称	颁奖单位	获奖时间	级别	备注
1	苏州善安浜钽矿评价报告	国土资源部	2003年10月	二等	
2	江苏省盱眙县高家洼-梁家洼凹凸棒石黏土矿详查	国土资源部	2004年12月	二等	
3	苏锡常地区地面沉降预警预报工程研究	国土资源部	2004年12月	二等	
4	长江三角洲地区地下水资源与地质灾害调查评价	国土资源部	2006年1月	二等	

续表 18-1

序号	获奖项目名称	颁奖单位	获奖时间	级别	备注
5	西气东输工程建设用地地质灾害危险性评估	国土资源部	2006年1月	二等	
6	江苏省新沂市小焦金红石详查	国土资源部	2007年10月	二等	
7	江苏省1∶250 000多目标区域地球化学调查	国土资源部	2009年2月	二等	
8	江苏省科技平台地矿测试新技术集成研究	国土资源部	2009年2月	二等	
9	全国1∶50万环境地质调查及信息系统集成与综合研究	国土资源部	2009年2月	二等	
10	苏锡常地区地面沉降及地质结构三维可视化模型研究	国土资源部	2010年4月	二等	
11	苏锡常地区浅层地下水资源前景调查与开发利用示范	国土资源部	2010年4月	二等	
12	《地质矿产实验室测试质量管理规范》研究与制修订	国土资源部	2010年4月	二等	
13	平原地区(苏锡常)地下水开采引发地裂缝灾害预测技术研究	国土资源部	2012年12月	二等	
14	长江三角洲地面沉降防治关键技术研究与应用	国土资源部	2013年9月	一等	
15	江苏省地质勘查基金项目预算标准	国土资源部	2014年11月	二等	
16	长江三角洲地区多目标区域地球化学调查成果	国土资源部	2014年11月	二等	
17	江苏省水土污染调查及规划应用	国土资源部	2015年10月	二等	
18	淮河流域环境地质综合研究	国土资源部	2015年10月	二等	
19	长江三角洲地区(江苏域)环境地质综合评价	国土资源部	2016年10月	二等	
20	江苏省地质环境区划与规划应用	国土资源部	2017年10月	二等	

第十八章 科研项目与人才建设

国土资源科学技术奖 获奖证书

获奖项目：江苏省1:250000多目标区域地球化学调查
获奖等级：二等
获 奖 者：江苏省地质调查研究院

二〇〇九年二月
证书号：KJ2008-2-18-D1

国土资源科学技术奖 获奖证书

获奖项目：江苏省科技平台地矿测试新技术集成研究
获奖等级：二等
获 奖 者：国土资源部南京矿产资源监督检测中心

二〇〇九年二月
证书号：KJ2008-2-52-D1

国土资源科学技术奖 获奖证书

获奖项目：全国1:50万环境地质调查及信息系统集成与综合研究
获奖等级：二等
获 奖 者：江苏省地质调查研究院

二〇〇九年二月
证书号：KJ2008-2-30-D2

国土资源科学技术奖 获奖证书

获奖项目：苏锡常地区地面沉降及地质结构三维可视化模型研究
获奖等级：二等
获 奖 者：江苏省地质调查研究院

二〇一〇年四月
证书号：KJ2009-2-17-D1

国土资源科学技术奖获奖证书

获奖项目： 苏锡常地区浅层地下水资源前景调查与开发利用示范
获奖等级： 二等
获 奖 者： 江苏省地质调查研究院
二〇一〇年四月
证书号：KJ2009-2-27-D1

获奖项目：《地质矿产实验室测试质量管理规范》研究与制修订
获奖等级： 二等
获 奖 者： 国土资源部南京矿产资源监督检测中心
二〇一〇年四月
证书号：KJ2009-2-57-D4

获奖项目： 平原地区（苏锡常）地下水开采引发地裂缝灾害预测技术研究
获奖等级： 二等
获 奖 者： 江苏省地质调查研究院
二〇一二年十二月
证书号：KJ2012-2-10-D1

获奖项目： 长江三角洲地面沉降防治关键技术研究与应用
获奖等级： 一等
获 奖 者： 江苏省地质调查研究院
二〇一三年九月
证书号：KJ2013-1-01-D2

国土资源科学技术奖 获奖证书

获奖项目：江苏省地质勘查基金项目预算标准

获奖等级：二等

获 奖 者：江苏省地质调查研究院

二〇一四年十一月

证书号：KJ2014-2-55-D1

国土资源科学技术奖 获奖证书

获奖项目：长江三角洲地区多目标区域地球化学调查成果

获奖等级：二等

获 奖 者：江苏省地质调查研究院

二〇一四年十一月

证书号：KJ2014-2-23-D3

国土资源科学技术奖 获奖证书

获奖项目：江苏省水土污染调查及规划应用

获奖等级：二等

获 奖 者：江苏省地质调查研究院

二〇一五年十月

证书号：KJ2015-2-19-D1

国土资源科学技术奖 获奖证书

获奖项目：淮河流域环境地质综合研究

获奖等级：二等

获 奖 者：江苏省地质调查研究院

二〇一五年十月

证书号：KJ2015-2-39-D2

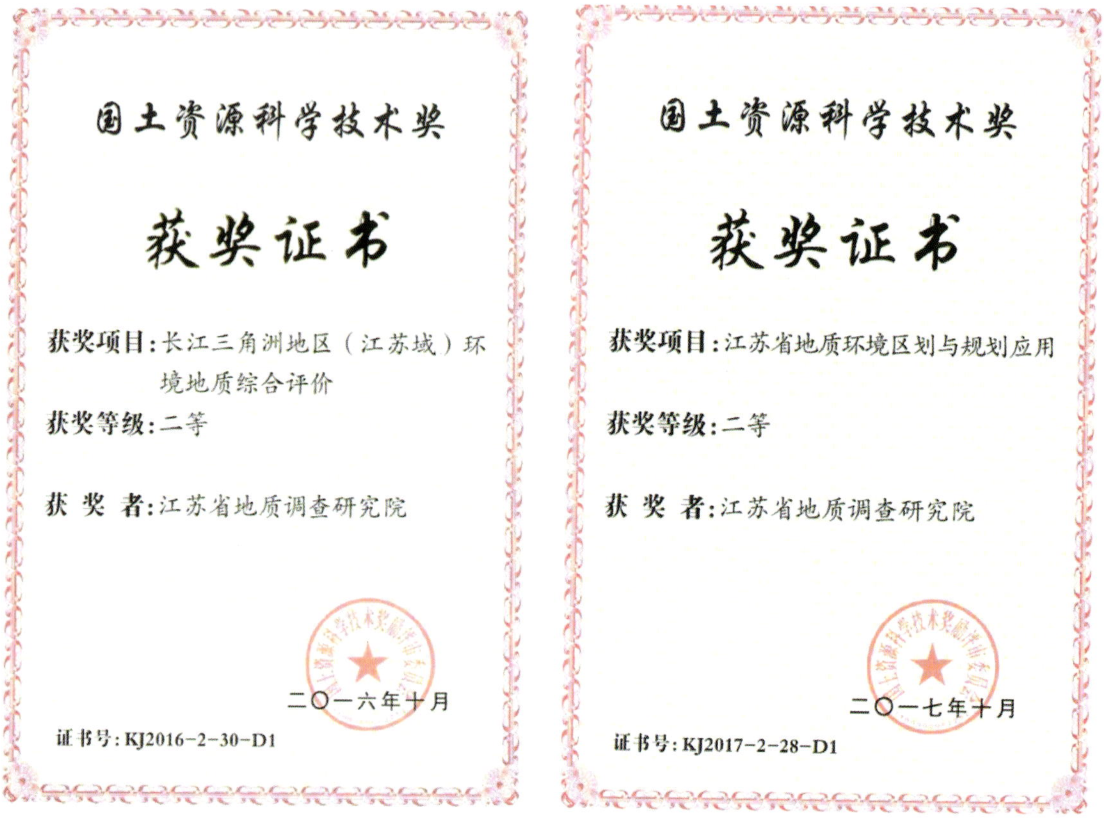

图 18-1　获奖证书

二、江苏省政府科研成果奖

建院 20 年,江苏地调院获得江苏省政府科研成果奖共 13 项,一等奖 1 项,二等奖 3 项,三等奖 9 项(表 18-2,图 18-2)。

表 18-2　江苏省政府科研成果奖

序号	获奖项目名称	奖励单位	时间	备注
1	江苏省及上海市 1∶50 万数字地质图	江苏省人民政府	1999 年	三等
2	东海浅覆盖变质岩区 1∶5 万新方法填图试验报告	江苏省人民政府	1999 年	三等
3	用新型吸附材料净化处理地下水	江苏省人民政府	2000 年	二等
4	长江下游漫滩浅层地下水水质净化技术研究报告	江苏省人民政府	2000 年	二等
5	1∶5 万沙河镇幅、东海县幅、房山镇幅区域地质调查	江苏省人民政府	2001 年	三等
6	苏州善安浜钽矿评价报告	江苏省人民政府	2003 年	三等
7	中国超高压变质带大型高品位金红石矿床勘查研究	江苏省人民政府	2004 年	二等
8	苏锡常地区地面沉降预警预报工程研究	江苏省人民政府	2004 年	一等
9	南通市 1∶25 万区域地质调查报告	江苏省人民政府	2005 年	三等

续表 18-2

序号	获奖项目名称	奖励单位	时间	备注
10	快速高效去除地下水中高氟技术方法研究	江苏省人民政府	2006年	三等
11	强降水型气象地灾预警预报系统研究	江苏省人民政府	2006年	三等
12	江苏省生态地球化学调查与评价研究	江苏省人民政府	2011年	三等
13	江苏省地下水现代化管理关键技术及其应用	江苏省人民政府	2015年	三等

图 18-2 奖状

2000年8月26日，江苏省第九届人民代表大会常务委员会第十八次会议通过了我院提出的控制苏锡常区域地面沉降的科学建议，被江苏省委、省政府采纳。2003年5月，由我院承担完成的苏锡常地区地面沉降预警预报工程研究项目顺利完成，在南京通过专家鉴定，该项成果包括《地面沉降监测网络建设工程报告》《地面沉降与地裂缝调查研究报告》《基于GMS平台的苏锡常地区地下水流模型研究报告》《地面沉降预警预报GIS管理系统研究报告》等4个部分，这项科研成果在苏锡常地区调整地下水开采结构，限采深层地下水，合理规划利用浅层地下水，从源头上控制地面沉降等地质灾害防治工作中成效显著。2004年，《苏锡常地区地面沉降预警预报工程研究》荣获江苏省政府科研成果一等奖。

2000年，《用新型吸附材料净化处理地下水》和《长江下游漫滩浅层地下水水质净化技术研究报告》均获得二等奖；2004年，《中国超高压变质带大型高品位金红石矿床勘查研究》获得二等奖。

三、中国地调局科研成果奖

建院以来，共有11项科研成果获中国地质调查各类项目成果奖。《长江三角洲地区多目标区域地球化学调查成果》和《长江三角洲经济区地质环境综合调查评价与区划》2个项目分别于2014年1月、

2016年1月荣获中国地质调查成果奖一等奖,《长江三角洲地区地下水污染调查评价》等5项成果获得中国地质调查成果奖二等奖。2012年2月,《1∶5万南通市幅》与《1∶25万南通市幅》2个图幅获得优秀图幅展评二等奖,《1∶5万阿湖镇幅》等3个图幅获得三等奖(表18-3,图18-3)。

表18-3　中国地调局科研成果奖

序号	获奖项目名称	奖励单位	时间	备注
1	1∶5万阿湖镇幅优秀图幅	中国地质调查局	2012年2月	三等
2	1∶5万东海县幅优秀图幅	中国地质调查局	2012年2月	三等
3	1∶5万房山县幅优秀图幅	中国地质调查局	2012年2月	三等
4	1∶5万南通市幅优秀图幅	中国地质调查局	2012年2月	二等
5	1∶25万南通市幅优秀图幅	中国地质调查局	2012年2月	二等
6	长江三角洲地区地下水污染调查评价	中国地质调查局	2013年2月	二等
7	淮河流域环境地质综合研究报告	中国地质调查局	2013年2月	二等
8	长江三角洲地区多目标区域地球化学调查成果	中国地质调查局	2014年1月	一等
9	江苏省典型市县级土地质量地球化学评估	中国地质调查局	2014年1月	二等
10	1∶25万南京市幅区域地质调查	中国地质调查局	2014年1月	二等
11	淮河流域平原地区地下水污染调查评价	中国地质调查局	2015年6月	二等
12	长江三角洲经济区地质环境综合调查评价与区划	中国地质调查局	2016年4月	一等

第十八章　科研项目与人才建设

中国地质调查成果奖 获奖证书

获奖成果：长江三角洲地区多目标区域地球化学调查成果

获奖等级：一等

获 奖 者：江苏省地质调查研究院

二〇一四年一月

证书号：DC 2013-1-016-D03

中国地质调查成果奖 获奖证书

获奖成果：江苏省典型市县级土地质量地球化学评估

获奖等级：二等奖

获 奖 者：江苏省地质调查研究院

二〇一四年一月

证书号：DC 2013-2-041-D01

中国地质调查成果奖 获奖证书

获奖成果：1:250000南京市幅区域地质调查

获奖等级：二等奖

获 奖 者：江苏省地质调查研究院

二〇一四年一月

证书号：DC 2013-2-069-D01

中国地质调查成果奖 获奖证书

获奖成果：淮河流域平原地区地下水污染调查评价

获奖等级：二等

获 奖 者：江苏省地质调查研究院

二〇一五年六月

证书号：DC 2014-2-D17-D02

图 18-3 获奖证书

四、其他科研成果奖

建院以来,江苏地调院锐意进取、争创一流,以开阔的视野和创新的思维谋划国土资源工作,20 年来,荣获江苏省国土资源厅、江苏省水利厅、部规划司、江苏省测绘局、国家质检总局等司局(厅局)科学技术成果奖 97 项(表),其中一等奖 23 项,二等奖 53 项,三等奖 22 项,金奖 1 项。其中,在江苏省第一轮和第二轮矿产资源规划工作中,获得一等奖 11 项,二等奖 13 项(表 18-4、表 18-5,图 18-4)。

表 18-4 厅局级科研成果奖

序号	获奖项目名称	奖励单位	奖励时间	级别	备注
1	苏通长江公路大桥地面沉降影响研究	江苏省国土资源厅	2002 年	厅级	一等
2	苏州善安浜钽矿评价报告	江苏省国土资源厅	2002 年	厅级	二等
3	江苏省 1∶50 万区域环境地质调查报告	江苏省国土资源厅	2002 年	厅级	二等
4	江苏省丹徒县上党火山岩盆地沸石矿普查评价报告	江苏省国土资源厅	2002 年	厅级	三等
5	阴平幅、华冲幅 1∶5 万区域地质调查	江苏省国土资源厅	2002 年	厅级	三等
6	无锡惠山新区地质灾害调查研究报告	江苏省国土资源厅	2002 年	厅级	三等
7	江苏省地质资料目录查询数据库	江苏省国土资源厅	2002 年	厅级	三等
8	江苏省矿山生态地质环境调查评价	江苏省国土资源厅	2004 年	厅级	二等
9	南京地区区域环境地球化学调查方法研究	江苏省国土资源厅	2004 年	厅级	三等

续表 18-4

序号	获奖项目名称	奖励单位	奖励时间	级别	备注
10	江苏省岩盐/芒硝矿产资源开发利用调查研究报告	江苏省国土资源厅	2004年	厅级	三等
11	扬州邗江区砖瓦建材基地黏土矿资源与环境调查	江苏省国土资源厅	2004年	厅级	三等
12	苏州虎丘至渭塘盛泽基岩标一等水准测量	江苏省测绘局	2004年	局级	三等
13	快速高效去除地下水中高氟技术方法研究	江苏省国土资源厅	2005年	厅级	一等
14	江苏省盱眙县牛头山矿区东段凹凸棒石黏土矿（胶体级）	江苏省国土资源厅	2005年	厅级	二等
15	江苏省南京市都市发展区地质灾害调查与区划	江苏省国土资源厅	2005年	厅级	三等
16	扬州市城区北部地面沉降调查及监测系统研究	江苏省国土资源厅	2005年	厅级	三等
17	常熟市浅层地下水开采工艺及开发利用研究	江苏省水利厅	2006年	厅级	三等
18	基于无机材料专业测试科技平台的测试新技术集成研究及示范	江苏省国土资源厅	2007年	厅级	一等
19	江苏省张家港市西张地区地热普查	江苏省国土资源厅	2007年	厅级	二等
20	江苏省土地开发整理的生态环境评价研究	江苏省国土资源厅	2007年	厅级	二等
21	江都市生态地质环境综合评价	江苏省国土资源厅	2007年	厅级	二等
22	江苏省露采矿山地质环境调查研究	江苏省国土资源厅	2007年	厅级	三等
23	江苏省露采矿山开采现场监督管理模式研究	江苏省国土资源厅	2007年	厅级	三等
24	苏锡常地区浅层地下水资源前景调查与开发利用示范	江苏省国土资源厅	2008年	厅级	一等
25	凹土性能测试技术及行业标准研究	江苏省国土资源厅	2008年	厅级	二等
26	江苏省盱眙地区凹凸棒石黏土矿资源潜力调查	江苏省国土资源厅	2008年	厅级	三等
27	江苏省地下水污染防治规划	江苏省国土资源厅	2008年	厅级	三等
28	无锡市地质灾害勘查与防治规划专题研究报告	江苏省国土资源厅	2008年	厅级	二等
29	江苏省南通市国土生态地球化学调查与评价	江苏省国土资源厅	2008年	厅级	二等
30	江都市河网水－底积物环境地球化学调查与评价	江苏省国土资源厅	2008年	厅级	三等
31	江苏省洪泽县蒋坝镇地区地热普查报告	江苏省国土资源厅	2008年	厅级	三等
32	淮河流域（江苏段）环境地质调查	江苏省国土资源厅	2009年	厅级	二等
33	宜兴市丁蜀镇土地质量地球化学等级评价	江苏省国土资源厅	2009年	厅级	二等
34	南通市洋口港（临港工业区）环境地质勘查	江苏省国土资源厅	2009年	厅级	三等
35	自行车车闸中石棉含量测定方法的研究	国家质检总局	2009年	局级	二等
36	江苏省生态地球化学调查与评价研究	江苏省国土资源厅	2010	厅级	一等
37	《江苏省矿产资源总体规划(2008—2015年)》	江苏省国土资源厅	2010	厅级	二等
38	江苏1∶5万南通市、南通县、小海镇、海门市幅区调	江苏省国土资源厅	2010	厅级	二等
39	苏锡常地区地下水禁采效果评价与研究	江苏省水利厅	2011	厅级	一等
40	江苏1∶5万昆山市、太仓市、安亭镇、吴江市、芦墟镇幅区调	江苏省国土资源厅	2011	厅级	一等

续表 18-4

序号	获奖项目名称	奖励单位	奖励时间	级别	备注
41	平原地区(苏锡常)地下水开采引发地裂缝灾害预测技术研究	江苏省国土资源厅	2011	厅级	一等
42	江苏省县(市)地质灾害调查与区划综合研究	江苏省国土资源厅	2011	厅级	二等
43	苏锡常地区禁采地下水的地质环境效应分析	江苏省国土资源厅	2011	厅级	二等
44	江苏省常州—无锡地区地面沉降 InSAR 监测	江苏省测绘地理信息局等	2012	局级	二等
45	江阴市饮用水水源地保障技术研究与运用	江苏省水利厅	2012	厅级	一等
46	长江三角洲地区(江苏域)地面沉降 GPS 监测	测绘局	2012	局级	二等
47	苏州市城市地质信息管理与服务系统开发项目	中国地理信息产业协会	2013	厅级	金奖
48	苏北盆地建湖隆起岩溶裂隙型地热资源研究	江苏省国土资源厅	2013	厅级	一等
49	江苏省镇江市韦岗铁矿接替资源勘查报告	江苏省国土资源厅	2013	厅级	二等
50	淮安市盐矿开采区地质环境监测网建设	江苏省国土资源厅	2013	厅级	二等
51	苏锡常地区地面沉降监测与风险管理	江苏省国土资源厅	2013	厅级	二等
52	江苏省土地质量地球化学评估	江苏省国土资源厅	2013	厅级	二等
53	江苏地区地下水污染调查评价	江苏省国土资源厅	2013	厅级	二等
54	扬州市土地质量生态地球化学普查与科级评价	江苏省国土资源厅	2013	厅级	二等
55	泰州市城市规划区浅层地温(热)能调查评价	江苏省国土资源厅	2013	厅级	二等
56	苏州高新区凤凰寺关闭矿山地质环境治理工程	江苏省国土资源厅	2013	厅级	二等
57	苏州高新区大鹿山关闭矿山地质环境治理	江苏省国土资源厅	2013	厅级	三等
58	苏州高新区枫桥街道岩界山关闭矿山地质环境整治工程	江苏省国土资源厅	2014	厅级	三等
59	盐城市市区第 V 承压地下水资源开发利用研究	江苏省水利厅	2014	厅级	三等
60	江苏省地下水水位红线控制管理研究	江苏省水利厅	2014	厅级	二等
61	江苏平原地区地下水污染调查评价	江苏省国土资源厅	2014	厅级	二等
62	《地矿实验室信息管理系统(GM-LIMS)研究报告》	江苏省国土资源厅	2014	厅级	二等
63	新沂市万顷良田土地质量地球化学评价—测试所	江苏省国土资源厅	2014	厅级	二等
64	江苏省地质环境调查与区划	江苏省国土资源厅	2015	厅级	一等
65	江苏省矿产资源利用现状调查	江苏省国土资源厅	2015	厅级	二等
66	江苏省南京市浅层地温能开发利用研究与应用	江苏省国土资源厅	2016	厅级	一等
67	江苏1:5万慈湖、柘塘、小丹阳、博望镇区调报告	江苏省国土资源厅	2016	厅级	二等
68	江苏省(含上海市)矿产资源潜力评价	江苏省国土资源厅	2016	厅级	二等
69	江苏省南京市云台山富而岗地区硫铁矿普查	江苏省国土资源厅	2016	厅级	三等

续表18-4

序号	获奖项目名称	奖励单位	奖励时间	级别	备注
70	中国农业生态地球化学评价体系研究与成果集成（江苏地调院）	江苏省国土资源厅	2016	厅级	三等
71	太湖周边优质农业地质资源调查及开发应用示范	江苏省国土资源厅	2017	厅级	二等
72	新疆西昆仑1∶5万J43E009017、J43E010017、J43E010018、J43E011017、J43E011018等5幅区域地质矿产调查	江苏省国土资源厅	2017	厅级	二等
73	江苏1∶5万余东镇、吕四镇、其林镇、南阳村、向阳村、启东、江夏幅区调	江苏省国土资源厅	2017	厅级	二等

表18-5 规划类科研成果奖

序号	获奖项目名称	奖励单位	奖励时间	级别	备注
1	江苏省矿产资源总体规划	国土资源部	2005年	一等	
2	金坛市矿产资源总体规划	国土资源部	2005年	一等	
3	苏州市矿产资源总体规划	国土资源部	2005年	二等	
4	连云港市矿产资源总体规划	国土资源部	2005年	二等	
5	宜兴市矿产资源总体规划	国土资源部	2005年	二等	
6	常州市矿产资源总体规划	国土资源部	2005年	二等	
7	江苏省露采矿产资源保护与开发利用规划	国土资源部	2005年	二等	
8	江苏省矿产资源总体规划（2008—2015年）	国土资源部	2012年	一等	
9	江苏省地质勘查规划（2006—2015年）	国土资源部	2012年	一等	
10	江苏省地质遗迹保护规划（2011—2020年）	国土资源部	2012年	一等	
11	南京市矿产资源总体规划（2008—2015年）	国土资源部	2012年	一等	
12	淮安市矿产资源总体规划（2008—2015年）	国土资源部	2012年	一等	
13	泰州市矿产资源总体规划（2008—2015年）	国土资源部	2012年	一等	
14	宜兴市矿产资源总体规划（2008—2015年）	国土资源部	2012年	一等	
15	金坛市矿产资源总体规划（2008—2015年）	国土资源部	2012年	一等	
16	盱眙市矿产资源总体规划（2008—2015年）	国土资源部	2012年	一等	
17	江苏省矿山环境保护与治理规划（2005—2015年）	国土资源部	2012年	二等	
18	徐州市矿山环境保护与治理规划（2006—2015年）	国土资源部	2012年	二等	
19	镇江市矿产资源总体规划（2008—2015年）	国土资源部	2012年	二等	
20	苏州市矿产资源总体规划（2008—2015年）	国土资源部	2012年	二等	
21	南通市矿产资源总体规划（2008—2015年）	国土资源部	2012年	二等	
22	宿迁市矿产资源总体规划（2008—2015年）	国土资源部	2012年	二等	
23	江都市矿产资源总体规划（2008—2015年）	国土资源部	2012年	二等	
24	灌云县矿产资源总体规划（2008—2015年）	国土资源部	2012年	二等	

图 18-4　获奖及证书

第二节　科技研发专利

建院以来,江苏地调院紧紧围绕党中央、国务院关于地质勘查工作的一系列重大举措,勇于创新,开拓进取,为江苏省经济社会发展和国土资源事业提供了技术支撑和保障。科技竞争取决于自主创新的能力,在科技研发专利工作中,我院树立了尊重知识、崇尚科学和创新思维的意识,营造鼓励自主创新和保护知识产权的环境,一直以技术创新为目标,积极鼓励自主创新,支持职工形成对我院发展有重大带动作用的核心技术和关键技术装备的自主知识产权。截至目前,我院共获得科技研发专利总计16项,分为发明专利和实用新型专利两大类。

一、发明专利

我院将专利价值的实现贯穿创意的形成、专利的确权、专利的运用、专利的保护等全过程,与我院的地质科研活动紧密相连,现发明专利总计5项。2017年5月24日,《一种施加凹土材料修复耕地镉污染的方法》获得国家知识产权局批准,其他4项发明专利申请待批(表18-6)。

表18-6 江苏地调院发明专利统计表

序号	专利名称	专利申请号	参与人员	专利申请日
1	一种施加凹土材料修复耕地镉污染的方法	201610017793.7	廖启林 朱伯万 任静华 金 洋 华 明 常 青	2016年1月12日
2	一种用于土体分层变形监测的智能测试装置、测量标定方法和评价方法	201610201921.3	卢 毅 于 军 龚绪龙 蔡田露 王光亚 李 伟 张 岩 梅芹芹	2016年3月31日
3	一种测量微小直径材料加筋土体黏结强度的拉拔试验装置及测量标定方法	201610203114.5	于 军 蔡田露 张 岩 卢 毅 龚绪龙 梅芹芹 李 伟 王光亚	2016年3月31日
4	一种用于流动性地下水的自动监测分析装置及使用方法	201711044900.6	卢 毅 于 军 龚绪龙 蔡田露 鄂 建 袁桂华 李 进 刘明遥	2017年10月31日
5	一种将光纤埋入深钻竖孔的装置及安装方法	201711050418.3	朱锦旗 卢 毅 于 军 魏广庆 龚绪龙 蔡田露 王光亚 刘明遥	2017年10月31日

1. 一种施加凹土材料修复耕地镉污染的方法

本发明涉及耕地镉污染治理技术,属于绿色环保科技领域。本发明所公布的技术及其试验结果,可为耕地 Cd 污染修复治理提供适宜的技术支撑,也可以弥补前人在凹凸棒石钝化材料研究试验中的相关不足。本发明针对耕地 Cd 污染防治问题,具体就是针对农田土壤 Cd 含量达到污染程度(中等以上污染)、稻米 Cd 含量超过国家限定标准,但又不能放弃稻米生产而研发的保障水稻生产安全(确保米中 Cd 绝大部分符合国家食品标准)的技术问题,提供一种施加凹土材料修复耕地镉污染的方法,属于土壤重金属污染原位钝化修复技术之一,具有成本低廉、操作简单、见效快、实用性强等优点;特别是能够解决在实际农田中的 Cd 污染土壤的修复问题(图18-5)。

2. 一种用于土体分层变形监测的智能测试装置、测量标定方法和评价方法

本发明属于地面变形监测技术领域,与现有技术相比其显著优点在于:一是能够以简便而又精确地测试小型室内模拟土体分层变形状况,填补了本领域现有土体分层变形检测装置的空白。二是本发明通过加压装置控制施力大小,模拟不同受力情况下的土体分层变形状况;通过改变容器的数量和种类,测定某一特定位置的土体变形状况,同时模拟不同数量不同部位的土体分层变形状况;并在其定位精度、工程实用性等多方面给出测量标定方法和评价方法,具有显著的优越性。三是本发明提出的用于土体分层变形监测的智能测试装置、测量标定方法和评价方法是完整的、一体化的监测测试系统,使用简便、快速,测试精确、可靠,既节约了人力成本,又节约了时间成本。适用于替代本领域的现有产品(图18-6)。

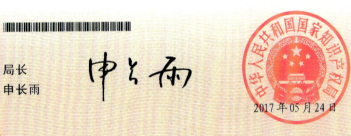

图 18-5 发明专利证书

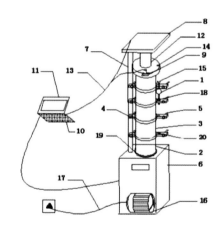

图 18-6　发明专利申请

3. 一种测量微小直径材料加筋土体黏结强度的拉拔试验装置及测量标定方法

本发明属于地面土体形变监测技术领域,与现有技术相比其显著优点在于:一是本发明可通过将钢板插入不同的凹槽处,从而精准控制待测材料与土体的接触长度;二是本发明利用夹持单元可夹持直径微小的待测材料,从而测出其微小直径材料加筋土体的黏结强度;三是本发明可通过电子拉力机与工业计算机准确控制试验,提高试验的精度,可操作性较强,测量快速,试验数据可靠;四是本发明的结构简单可靠,操作简便,成本低,适用范围广,可替代现有的传统产品,有效地用于测量微小直径材料加筋土体黏结强度(图18-7)。

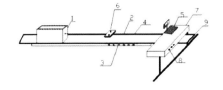

图18-7　发明专利申请

4. 一种用于流动性地下水的自动监测分析装置及使用方法

本发明属于地质调查技术领域,与现有技术相比其显著优点在于:一是本发明能够稳定地从指定深度抽取水样至地面。二是本发明能够促使监测井内地下水体进行循环,保证监测数据的准确性。三是本发明能够对抽取水量进行监测与反馈控制。四是本发明能实时监测动态地下水水质和生成水质状况报告。五是本发明采用了数据输出端口和远程数据传输模块,能够将抽取状态切换信息和水质状况报告发送至指定平台。六是本发明采用了太阳能电池和逆变控制器,能够连续供电,解决了现场无电源的难题。七是本发明设备外设防雷措施,预防在野外空旷场地发生意外。八是本发明提出的一种用于流动性地下水的自动监测分析装置广泛适用于在野外开展地质调查工作(图18-8)。

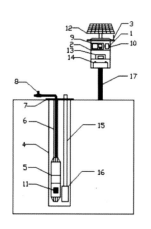

图 18-8　发明专利申请

5. 一种将光纤埋入深钻竖孔的装置及安装方法

本发明属于光纤测量技术领域,与现有技术相比其显著优点在于:一是本发明可以精确控制光纤测量深度;二是本发明先将钻孔疏通后再将光纤下埋,减小对光纤的损伤;三是本发明能够阻止光纤预拉时装置发生位移;四是本发明能够克服钻孔发生坍塌等不利影响;五是本发明能够简便、快速和有效地将光纤下埋入深钻孔中,节省了大量的时间和人力成本(图18-9)。

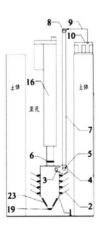

图 18-9 发明专利申请

二、实用新型专利

我院获得实用新型专利总计 11 项（表 18-7）。其中包括：一种用于土体状态监测的智能测试装置、一种测量细小直径材料与土体间黏结强度的拉拔试验装置、全自动卧式土的单轴抗拉强度测定装置、一种大型地裂缝物理模型的实验系统、一种用于土体工程孔孔口的保护装置、一种可测量试件弹性极限的单轴压缩实验装置、一种用于多层土体协调变形的模拟装置、一种用于应变感测光纤定点的装置、一种用于地面工程监测点设备的保护装置(授权未拿到证书)、一种用于流动性地下水的自动监测分析装置、一种将光纤埋入竖孔的安装装置。这些科技研发专利知识成果将为我院今后的发展积蓄了前进的动力,提高了核心竞争力,增加了我院无形的资产,为地调院的发展提供了强有力的科技支撑,进一步细化"一流人才、一流技术、一流装备、一流管理、一流效益",走出了一条具有江苏特色的创新发展之路。

表18-7 实用新型专利

序号	专利名称	专利号	发明人	专利授权公告日	授权公告号
1	一种用于土体状态监测的智能测试装置	ZL 201620262679.6	龚绪龙 于 军 卢 毅 张 岩 蔡田露 梅芹芹 王光亚 李 伟	2016年10月26日	CN 205664774 U
2	一种测量细小直径材料与土体间黏结强度的拉拔试验装置	ZL 201620269279.8	卢 毅 于 军 龚绪龙 梅芹芹 张 岩 蔡田露 王光亚 李 伟	2016年8月31日	CN 205538628 U
3	全自动卧式土的单轴抗拉强度测定装置	ZL 201620676223.4	赵秀峰 于 军 陆志峰 龚绪龙 罗惠芬 曹景洋 陈帮建 高孝礼 王光亚 范 建	2017年4月12日	
4	一种大型地裂缝物理模型的实验系统	ZL 201620826243.5	王光亚 朱锦旗 于 军 龚绪龙 卢 毅 吕菲菲 陈明珠	2017年01月11日	
5	一种用于土体工程孔孔口的保护装置	ZL 201720228144.1	缪世贤 黄敬军 武 鑫 卢 毅 魏永耀 贺怀振 陆 华 徐士银	2017年12月5日	CN 206707665 U
6	一种可测量试件弹性极限的单轴压缩实验装置	ZL 201720774874.1	卢 毅 于 军 蔡田露 龚绪龙 宋泽卓 汪 勇 王光亚 吕菲菲	2018年5月8日	CN 207336227 U
7	一种用于多层土体协调变形的模拟装置	ZL 201720774847.4	卢 毅 于 军 龚绪龙 蔡田露 汪 勇 王光亚 吕菲菲 武健强	2018年5月8日	CN 207336520 U
8	一种用于应变感测光纤定点的装置	ZL 201721427945.7	龚绪龙 卢 毅 于 军 魏广庆 蔡田露 王光亚 刘明遥	2018年5月8日	CN 207335638 U
9	一种用于地面工程监测点设备的保护装置(授权未拿到证书)	ZL 201720226748.2	缪世贤 黄敬军 武 鑫 卢 毅 李 伟 姜 素 崔龙玉 张 丽	2018年5月15日	CN 207365993 U
10	一种用于流动性地下水的自动监测分析装置	ZL 201721426075.1	卢 毅 于 军 龚绪龙 蔡田露 鄂 建 袁桂华 李 进 刘明遥	2018年5月25日	CN 207408388 U
11	一种将光纤埋入竖孔的安装装置	ZL 201721426064.3	于 军 卢 毅 魏广庆 龚绪龙 蔡田露 王光亚 刘明遥	2018年7月31日	CN 207676014 U

1. 一种用于土体状态监测的智能测试装置

本实用新型属于地面变形监测技术领域,涉及一种用于土体状态监测的智能测试装置,它包括容土装置、加压装置和百分表,所述容土装置设置在加压装置的固定槽内,百分表与容土装置固定连接。目的是为克服现有技术所存在的不足而提供一种用于土体状态监测的智能测试装置,本实用新型能够以简便而又精确地测试小型室内模拟土体分层变形状况,以便在其定位精度、工程实用性等多方面给出测量标定方法和评价方法。与现有技术相比其显著优点在于:一是本实用新型能够以简便而又精确地测试小型室内模拟土体分层变形状况,填补了本领域现有土体分层变形检测装置的空白。二是本实用新型通过加压装置控制施力大小,模拟不同受力情况下的土体分层变形状况;通过改变容器的数量和种类,测定某一特定位置的土体变形状况,同时模拟不同数量不同部位的土体分层变形状况;并在其定位精度、工程实用性等多方面给出测量标定方法和评价方法,具有显著的优越性。三是本实用新型提出的用于土体分层变形监测的智能测试装置、测量标定方法和评价方法是完整的一体化的监测测试系统,使用简便、快速,测试精确、可靠,既节约了人力成本,又节约了时间成本。适用于替代本领域的现有产品(图 18-10)。

图 18-10 专利证书

2. 一种测量细小直径材料与土体间黏结强度的拉拔试验装置

本实用新型属于地面土体形变监测技术领域，与现有技术相比其显著优点在于：一是本实用新型可通过将钢板插入不同的凹槽处，从而精准控制待测材料与土体的接触长度；二是本实用新型利用夹持单元可夹持直径微小的待测材料，从而测出其微小直径材料加筋土体的黏结强度；三是本实用新型可通过电子拉力机与工业计算机准确控制试验，提高试验的精度，可操作性较强，试验数据可靠；四是本实用新型的结构简单可靠，操作简便，成本低，适用范围广，可替代现有的传统产品，有效地用于测量微小直径材料加筋土体黏结强度（图 18-11）。

图 18-11　专利证书

3. 全自动卧式土的单轴抗拉强度测定装置

本实用新型公开了一种全自动卧式土的单轴抗拉强度测定装置,属一种原状土和重塑土的单轴拉伸强度测定装置,与现有技术相比,有益效果在于:一是通过优化黏结装置的结构,保证了试样与试样拉伸头处于同一轴线,并且调节板可使装置满足不同规格试样的尺寸要求,亦可保证升降丝杆、试样及固定座的中心在同一中心线上,在拉伸过程中避免了因试样端头应力集中和偏心受拉而破坏的现象,有效提高试验的稳定性和可靠性;二是电机与蜗杆及蜗轮减速机构噪音低,运转平稳,拉伸速率在0.001mm/min至2.0mm/min之间可实现无级调速;三是调节板上滚珠排的设计可有效减小黏性土试样表面与支撑板面之间因吸附作用而产生的摩擦力,还可防止拉伸过程中试样局部变形不均匀的情形出现;四是通过控制系统可实现试验过程控制和数据采集的自动化,实时显示拉伸应力值、拉伸位移值,实时绘制拉伸力与拉伸位移的关系曲线、拉伸力与时间的关系曲线,便于实验人员对土试样拉伸过程特性的研究(图18-12)。

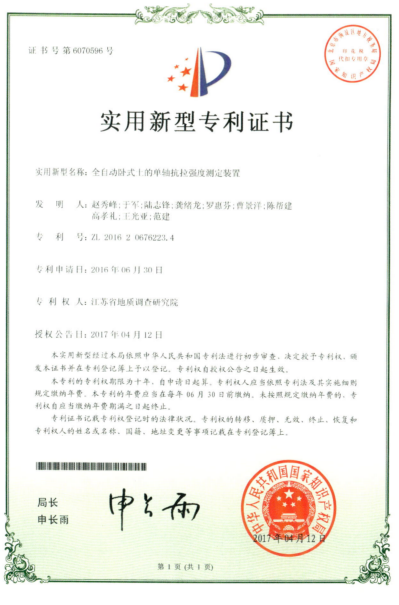

图18-12 专利证书

4. 一种大型地裂缝物理模型的实验系统

本实用新型公开了一种大型地裂缝物理模型的实验系统，涉及基于地质学的实验测量技术领域，实现了通过实验模拟，在开采条件下研究在基岩潜山部位地层差异压缩导致地裂缝发育扩展的物理模型。本实用新型包括：模型箱、支撑框架系统；在每一端的每一个进水口安装水量测仪表和水阀；基地形态控制系统包括：监测仪器由在各层设计的分布式光纤、液位计、位移计、测压管和温度计组成，适用于地裂缝物理研究(图 18-13)。

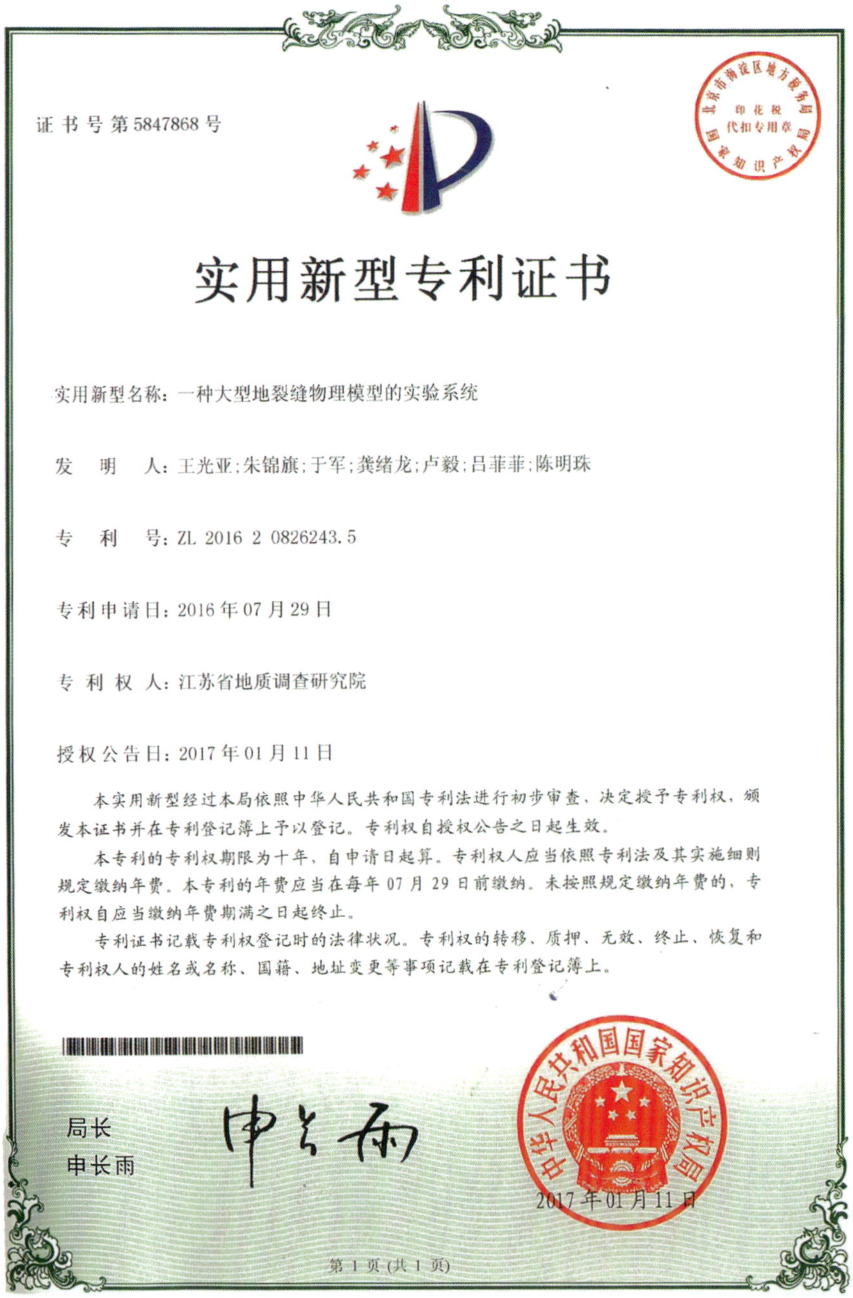

证书号第5847868号

实用新型专利证书

实用新型名称：一种大型地裂缝物理模型的实验系统

发　明　人：王光亚；朱锦旗；于军；龚绪龙；卢毅；吕菲菲；陈明珠

专　利　号：ZL 2016 2 0826243.5

专利申请日：2016年07月29日

专 利 权 人：江苏省地质调查研究院

授权公告日：2017年01月11日

本实用新型经过本局依照中华人民共和国专利法进行初步审查，决定授予专利权，颁发本证书并在专利登记簿上予以登记。专利权自授权公告之日起生效。

本专利的专利权期限为十年，自申请日起算。专利权人应当依照专利法及其实施细则规定缴纳年费。本专利的年费应当在每年07月29日前缴纳。未按照规定缴纳年费的，专利权自应当缴纳年费期满之日起终止。

专利证书记载专利权登记时的法律状况。专利权的转移、质押、无效、终止、恢复和专利权人的姓名或名称、国籍、地址变更等事项记载在专利登记簿上。

局长
申长雨

2017年01月11日

第1页(共1页)

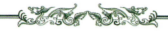

图 18-13　专利证书

5. 一种用于土体工程孔孔口的保护装置

本实用新型属于土体工程设备技术领域,特别是涉及一种用于土体工程孔孔口的保护装置。与现有技术相比其显著优点在于:本实用新型可以简单、快速、有效地实现对工程孔孔口进行保护,并对孔口的变形进行实时监控;本实用新型可根据实际需求调节嵌入土体中的深度,操作简单,施工难度小,不需要重新开挖掩埋,对孔口周围扰动小;可轻松拆卸、组装,运输方便并可多次回收利用,可节约人力和时间成本(图 18-14)。

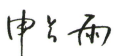

图 18-14 专利证书

6. 一种可测量试件弹性极限的单轴压缩实验装置

本实用新型属于工程地质试验技术领域,与现有技术相比其显著优点在于:一是本实用新型克服了现有试验方法直接测量试件在加载力作用下的端部竖向应变,无法去除端部应力集中效应的不利影响,并且试验得到的弹性模量与材料动态压缩弹性模量差异较大等缺点。二是本实用新型实现了试件弹性极限的直接测量,避免了根据应力-应变曲线获得弹性极限带来的误差。三是本实用新型实现了对于线性变形阶段不明显或没有线性变形阶段的土体弹性极限的确定。四是本实用新型具有试验方法简单、结果准确可靠等特点(图18-15)。

图 18-15　专利证书

7. 一种用于多层土体协调变形的模拟装置

本实用新型属于土体工程实验技术领域,与现有技术相比其显著优点在于:一是实用新型既可以竖直放置,也可以水平放置,能够模拟不同受力状态下的变形;二是实用新型能够通过土样柱数量或者种类来模拟不同土样或者不同部位的土体变形;三是本实用新型能够模拟不同性质土样的变形,简便而又精确地测试土体的分层变形状况;四是性能可靠、适用性强和成本可控(图18-16)。

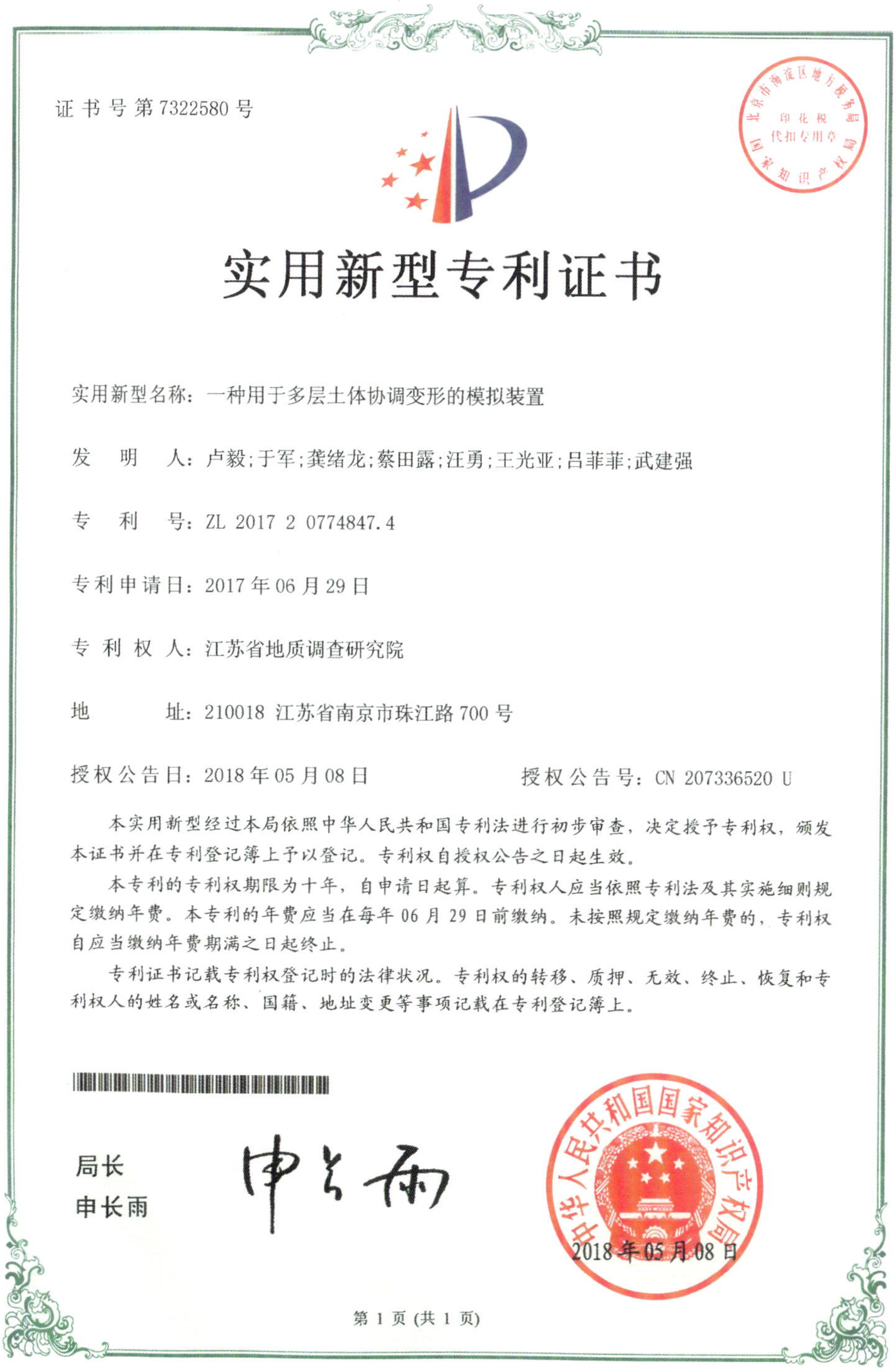

证书号第7322580号

实用新型专利证书

实用新型名称:一种用于多层土体协调变形的模拟装置

发　明　人:卢毅;于军;龚绪龙;蔡田露;汪勇;王光亚;吕菲菲;武建强

专　利　号:ZL 2017 2 0774847.4

专利申请日:2017年06月29日

专 利 权 人:江苏省地质调查研究院

地　　　址:210018 江苏省南京市珠江路700号

授权公告日:2018年05月08日　　　授权公告号:CN 207336520 U

　　本实用新型经过本局依照中华人民共和国专利法进行初步审查,决定授予专利权,颁发本证书并在专利登记簿上予以登记。专利权自授权公告之日起生效。

　　本专利的专利权期限为十年,自申请日起算。专利权人应当依照专利法及其实施细则规定缴纳年费。本专利的年费应当在每年06月29日前缴纳。未按照规定缴纳年费的,专利权自应当缴纳年费期满之日起终止。

　　专利证书记载专利权登记时的法律状况。专利权的转移、质押、无效、终止、恢复和专利权人的姓名或名称、国籍、地址变更等事项记载在专利登记簿上。

局长　申长雨

第1页(共1页)

图18-16　专利证书

8. 一种用于应变感测光纤定点的装置

本实用新型属于土体工程实验技术领域,其显著优点在于:一是本实用新型能够提高应变感测光纤与土体耦合度,满足应变感测光纤随土体协调变形,保证监测数据的准确性。二是本实用新型能够根据实际需要调整定点的数量、定点之间的距离以及填充材料,具有良好的工程实用性。三是本实用新型的安装简便、快速,性能可靠,具有良好的工程实用性,既节约了大量的人力成本,又节约了时间成本(图18-17)。

图18-17 专利证书

9. 一种用于流动性地下水的自动监测分析装置

本实用新型属于地质调查技术领域,与现有技术相比其显著优点在于:一是本实用新型能够稳定地从指定深度抽取水样至地面。二是本实用新型能够促使监测井内地下水体进行循环,保证监测数据的准确性。三是本实用新型能够对抽取水量进行监测与反馈控制。四是本实用新型能实时监测动态地下水水质和生成水质状况报告。五是本实用新型采用了数据输出端口和远程数据传输模块,能够将抽取状态切换信息和水质报告发送至指定平台。六是本实用新型采用了太阳能电池和逆变控制器,能够连续供电,解决了现场无电源的难题。七是本实用新型设备外设防雷措施,预防在野外空旷场地发生意外。八是本实用新型提出的一种用于流动性地下水的自动监测分析装置广泛适用于在野外开展地质调查工作(图18-18)。

图18-18 专利证书

10. 一种将光纤埋入竖孔的安装装置

本实用新型属于光纤测量技术领域，与现有技术相比其显著优点在于：一是本实用新型能够将光纤简便、平稳和快速的埋入到竖孔中；二是本实用新型将光纤与钢丝固定在一起减小对光纤损害；三是本实用新型轻巧、易于携带，装置结构简单，操作简便快捷，既节约了大量的人力成本，又节约了时间成本。本实用新型适用于替代本领域的现有产品（图 18-19）。

图 18-19　专利证书

第三节 科技人才建设成果

20年来,江苏地调院广大职工紧紧围绕党和国家大政方针,坚定不移地高举中国特色社会主义伟大旗帜,坚持改革开放、科技创新,贯彻落实党的路线、方针、政策,始终如一地传承弘扬"三光荣"精神,坚持不懈地抓好人才队伍建设,切实有效地做到精神文明和物质文明两手抓,逐步建立起一支懂技术、肯吃苦、能钻研的一流地质科技人才队伍。20年来,职工总人数稳步增加,中高层次的高学历、高职称人员和比例逐年增加,人员结构逐步趋于合理。截至2018年7月,在职职工总数447人,其中具有硕士及以上学历在职职工204人,占总人数的46%。建院以来获得正高级职称职工累计82人,占总人数的18%。我院共有全国五一劳动奖章获得者2人,省先进工作者1人,全省国土资源系统先进工作者3人,有突出贡献的中青年专家4人,享受政府津贴3人,地方挂职锻炼3人,333人才累计42人次,厅局级表彰累计25人次。

江苏地调院一贯注重营造"尊重劳动、尊重知识、尊重人才、尊重创造"的好氛围,引领社会主义核心价值观,在不同时期相继涌现出许多先进人物,这些先进人物彰显的高尚情操值得青史标名。为此,本章节专设"人才建设成果"一节,以列表的形式记述,冀望后人,发扬光大。

一、国家、部级和省级表彰优秀人才

建院20年来,江苏地调院一直致力于人才建设,涌现出大批优秀人才。其中受国家、部级表彰共8人,省级表彰4人。全国五一劳动奖章(即全国劳动模范)获得者2名,地质调查先进工作者2名,全国国土资源管理系统先进工作者2名,全国地质资料管理先进个人1名,国土资源部"十五"科技工作先进个人、"十一五"科技工作先进个人各1名,国土资源部优秀青年科技人才1名,江苏省先进工作者1名,江苏省有突出贡献的中青年专家4名(表18-8、表18-9,图18-20)。

表18-8 国家、部级表彰人员一览表

姓名	性别	出生年月	党派	荣誉	获得时间	表彰单位	备注
卞素珍	女	1949年2月	中共党员	全国五一劳动奖章获得者	2002年4月	中华全国总工会	
陈火根	男	1963年12月	中共党员	地质调查先进工作者	2004年2月	中国地调局	
于军	男	1968年1月	中共党员	地质调查先进工作者	2004年2月	中国地调局	
				全国国土资源管理系统先进工作者	2010年12月	人社部、国土资源部	
朱锦旗	男	1965年6月	中共党员	"十五"科技工作先进个人	2006年1月	国土资源部	
				地质战略研究高级咨询专家	2018年1月	中国地调局	
张登明	男	1967年6月	群众	全国五一劳动奖章获得者	2008年4月	中国地调局	
				国土资源部优秀青年科技人才	2011年9月	国土资源部	
黄建平	男	1962年11月	中共党员	"十一五"科技工作先进个人	2011年8月	国土资源部	
徐玉琳	女	1963年1月	中共党员	全国国土资源管理系统先进工作者	2015年12月	人社部、国土资源部	

注:按获得时间排序,下同。

表 18-9 江苏省政府表彰人员一览表

姓名	性别	出生年月	党派	荣誉	时间	表彰单位	备注
张登明	男	1967 年 6 月	群众	省先进工作者	2006 年 4 月	江苏省人民政府	
袁晓军	男	1963 年 8 月	中共党员	有突出贡献的中青年专家	2006 年 12 月	江苏省人民政府	
朱锦旗	男	1965 年 6 月	中共党员	有突出贡献的中青年专家	2008 年 8 月	江苏省人民政府	
潘明宝	男	1965 年 2 月	中共党员	有突出贡献的中青年专家	2011 年 12 月	江苏省人民政府	
于 军	男	1968 年 1 月	中共党员	有突出贡献的中青年专家	2015 年 3 月	江苏省人民政府	

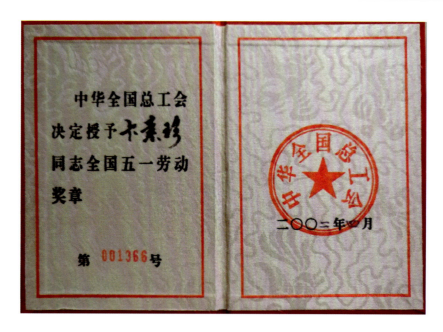

图 18-20 表彰证书

二、厅局级表彰人员名录

20年来,江苏地调院职工获得厅局级表彰主要包括江苏省(原)地质矿产厅先进个人3名,全省国土资源系统先进工作者3名,江苏省地质优秀科技工作者9名,江苏省技术改造先进工作者1名,省级机关优秀党务工作者1名,省级机关优秀工会干部1名,"十五"期间全省国土资源科技工作先进个人2名,省法制宣传教育先进个人1名,全省优秀宣传思想文化工作者2名,全省国土资源系统预防先进工作者1名,省国土资源厅先进工作者2名,省国土资源厅机关党委优秀党务工作者2名,省国土资源厅精神文明建设先进个人1名,等等(表18-10)。

表18-10 厅局级表彰一览表

姓名	性别	出生年月	党派	荣誉	获得时间	表彰单位	备注
沈玉明	男	1952年4月	中共党员	先进个人	2000年3月	省地矿厅	
吴新民	男	1964年6月	中共党员	先进个人	2000年3月	省地矿厅	
李善贵	男	1972年12月	中共党员	先进个人	2000年3月	省地矿厅	
胡柏祥	男	1952年9月	中共党员	优秀党务工作者	2001年6月	江苏省省级机关	
				先进工作者	2005、2006、2008、2009、2010年度	省国土资源厅	
				优秀党务工作者	2010年6月	省国土资源厅机关党委	
朱士鹏	男	1951年10月	中共党员	优秀工会干部	2003年1月	江苏省省级机关	
姚炳魁	男	1963年5月	中共党员	全省国土资源系统先进工作者	2003年6月	江苏省人事厅、国土资源厅	地、市级劳模
邹松梅	男	1957年11月	中共党员	全省国土资源系统先进工作者	2003年6月	江苏省人事厅、国土资源厅	地、市级劳模
袁晓军	男	1963年8月	中共党员	先进工作者	2004、2005、2006、2008、2009、2010年度	省国土资源厅	
周康民	男	1957年12月	中共党员	江苏省地质优秀科技工作者	2004年10月	省国土资源厅、省科学技术协会	第一届
张登明	男	1967年6月	群众	江苏省地质优秀科技工作者	2004年10月	省国土资源厅、省科学技术协会	第一届
				全省国土资源系统先进工作者	2005年11月	省国土资源厅、省人社厅	地、市级劳模
于 军	男	1968年1月	中共党员	江苏省地质优秀科技工作者	2004年10月	省国土资源厅、省科学技术协会	
王传礼	男	1962年9月	中共党员	精神文明建设先进个人	2004年12月	省国土资源厅	

续表 18-10

姓名	性别	出生年月	党派	荣誉	获得时间	表彰单位	备注
张培新	男	1966年4月	中共党员	江苏省技术改造先进工作者	2005年6月	省经贸委员会	
郝社锋	男	1977年8月	中共党员	法制宣传教育先进个人	2006年8月	省委宣传部、省级机关工委、省司法厅	
朱兴贤	男	1962年2月	中共党员	江苏省地质优秀科技工作者	2006年10月	省国土资源厅、省科学技术协会	第二届
周启钢	男	1969年6月	群众	江苏省地质优秀科技工作者	2006年10月	省国土资源厅、省科学技术协会	第二届
贾 根	男	1970年10月	中共党员	江苏省地质优秀科技工作者	2006年10月	省国土资源厅、省科学技术协会	第二届
武健强	男	1975年11月	群众	江苏省地质优秀科技工作者	2006年10月	省国土资源厅、省科学技术协会	第二届
				全省国土资源科技工作先进个人	2007年12月	省国土资源厅	"十五"期间
廖启林	男	1964年8月	中共党员	全省国土资源科技工作先进个人	2007年12月	省国土资源厅	"十五"期间
				江苏省地质优秀科技工作者	2008年9月	省国土资源厅、省科学技术协会	
王彩会	女	1973年5月	中共党员	江苏省地质优秀科技工作者	2008年9月	省国土资源厅、省科学技术协会	
王 颖	女	1973年10月	中共党员	全省优秀宣传思想文化工作者	2013年1月	省委宣传部	
肖荣基	男	1971年2月	中共党员	全省国土资源系统预防先进工作者	2014年1月	省国土资源厅	
朱锦旗	男	1965年6月	中共党员	预防职务犯罪先进工作者	2016年1月	省国土资源厅	
赵立鸿	男	1971年11月	中共党员	优秀党务工作者	2016、2017、2018年度	省国土资源厅机关党委	
王旭雁	女	1981年11月	中共党员	全省优秀宣传思想文化工作者	2016年2月	省委宣传部	

三、其他类表彰人员名录

获得省科协颁发的江苏省优秀科技工作者 3 名，省厅颁发的青年地质科技银锤奖 1 名，厅直机关工会颁发的巾帼岗位明星 1 名（表 18-11）。

表 18-11 其他类表彰一览表

姓名	性别	出生年月	党派	荣誉	获得时间	表彰单位	备注
邹松梅	男	1957年11月	中共党员	优秀科技工作者	2002年1月	江苏省科学技术协会	江苏省第五届
于 军	男	1968年1月	中共党员	优秀科技工作者	2003年12月	江苏省地质学会	
				青年地质科技奖银锤奖	2006年1月	中国地质学会	第十届
袁晓军	男	1963年8月	中共党员	优秀科技工作者	2004年1月	江苏省科学技术协会	江苏省第六届
蔡玉曼	女	1964年6月	群众	巾帼岗位明星	2004年3月	厅直机关工会联合会	
龚绪龙	男	1982年6月	中共党员	最美地质队员	2017年9月	中国地质矿产经济学会	第二届

四、重要人物名录

1. 江苏地调院历届院领导名录

刘　聪：院长（1997年11月—2001年1月）
戴长寿：党总支书记兼副院长（1997年11月—1999年12月）
詹庚申：副院长（1997年11月—2000年3月）、副院长（2002年1月—2012年7月）
朱锦旗：副院长（1998年11月—2007年6月）、院长（2010年12月—至今）
胡柏祥：党委书记（1999年12月—2011年6月）
袁晓军：常务副院长（1999年12月—2001年1月）、院长（2001年1月—2010年12月）
周康民：副院长（1999年12月—2011年6月）、党委书记（2011年6月—2016年3月）
朱士鹏：纪委书记兼工会主席（1999年12月—2008年1月）
朱兴贤：副院长（2004年3月—至今）
张登明：院总工程师（2006年2月—2016年3月）
陈火根：副院长（2008年1月—2016年4月）、党委书记（2016年4月—至今）
肖荣基：纪委书记（2008年1月—2014年4月）
邱祖林：工会主席（2008年2月—2011年6月）
刘学军：副院长（挂职半年）（2010年4月—2010年9月）
于　军：副院长（2011年6月—2016年8月）、副院长兼总工程师（2016年8月—至今）
陈　杰：工会主席（2011年6月—2013年1月）、副院长（2013年1月—2016年4月）
唐　青：工会主席（2013年3月—至今）
王俐俐：纪委书记（2014年4月—至今）
王传礼：副院长（2016年4月—至今）
郝社锋：副院长（2016年8月—至今）

2. 享受政府津贴等人员名录

截至2018年，我院享受政府特殊津贴共3人、挂职锻炼3人。333人才培养对象从2006年开始共计42人次获得此项荣誉。7人作为代表参加各类代表大会,415人次获得"院先进工作者"荣誉称号,先后共计82人取得正高级职称(其中在职47人,离退休23人,调离12人)。这些是地调院20年来优秀职工的代表,是地调院发展的中坚力量,为全体职工树立了学习榜样,为地调院和谐发展做出了应有的贡献(表18-12～表18-17)。

表18-12 享受国务院特殊津贴人员一览表

姓名	性别	出生时间	党派	获得时间	备注
陈礼宽	男	1940年11月	中共党员	2001年	
袁晓军	男	1963年8月	中共党员	2009年2月	
朱锦旗	男	1965年6月	中共党员	2016年12月	

表18-13 挂职锻炼人员一览表

姓名	性别	出生时间	党派	职务	时间	备注
詹庚申	男	1956年3月	中共党员	江苏省盱眙县科技副县长	2000年3月—2001年12月	
朱兴贤	男	1962年2月	中共党员	江苏省盱眙县科技副县长	2002年—2003年	
于军	男	1968年1月	中共党员	湖北省恩施土家族苗族自治州政府副秘书长、国土资源局副局长	2008年10月—2009年9月	

表18-14 333各期次人才培养对象一览表

姓名	性别	出生时间	党派	获得时间	备注
朱锦旗	男	1965年6月	中共党员	2007年4月	首批中青年科学技术带头人(2007年4月—2010年12月)
朱兴贤	男	1962年2月	中共党员	2007年4月	首批中青年科学技术带头人(2007年4月—2010年12月)
于军	男	1968年1月	中共党员	2007年4月	首批中青年科学技术带头人(2007年4月—2010年12月)
潘明宝	男	1965年2月	中共党员	2007年4月	首批中青年科学技术带头人(2007年4月—2010年12月)
黄建平	男	1962年11月	中共党员	2007年4月	首批中青年科学技术带头人(2007年4月—2010年12月)
华建伟	男	1964年7月	中共党员	2007年4月	首批中青年科学技术带头人(2007年4月—2010年12月)
袁晓军	男	1963年8月	中共党员	2007年4月	首批中青年科学技术带头人(2007年4月—2010年12月)
张登明	男	1967年6月	群众	2007年4月	首批中青年科学技术带头人(2007年4月—2010年12月)
顾阿明	男	1955年6月	中共党员		第一期第二批次第三层次培养对象

续表 18-14

姓名	性别	出生时间	党派	获得时间	备注
邹松梅	男	1957年11月	中共党员		第一期第二批次第三层次培养对象
王学成	男	1960年3月			第二期第一批次第三层次培养对象 (2002年1月—2004年12月)
潘明宝	男	1965年2月	中共党员		第二期第一批次第三层次培养对象 (2002年1月—2004年12月)
华建伟	男	1964年7月	中共党员		第二期第一批次第三层次培养对象 (2002年1月—2004年12月)
邹松梅	男	1957年11月	中共党员		第二期第二批次第三层次培养对象 (2003年—2005年)
袁晓军	男	1963年8月	中共党员		第二期第三批次第三层次培养对象 (2003年10月—2006年9月)
朱锦旗	男	1965年6月	中共党员		第三期第三层次培养对象
朱兴贤	男	1962年2月	中共党员		第三期第三层次培养对象
张登明	男	1967年6月			第三期第三层次培养对象
华建伟	男	1964年7月	中共党员		第三期第三层次培养对象
潘明宝	男	1965年2月	中共党员		第三期第三层次培养对象
于军	男	1968年1月	中共党员		第三期第三层次培养对象
黄建平	男	1962年11月	中共党员		第三期第三层次培养对象
于军	男	1968年1月	中共党员	2011年9月	第四期第一批次第三层次培养对象 (2011年—2015年)
罗惠芬	女	1966年5月		2011年9月	第四期第一批次第三层次培养对象 (2011年—2015年)
汤志云	男	1970年11月	九三学社	2011年9月	第四期第一批次第三层次培养对象 (2011年—2015年)
张培新	男	1966年4月	中共党员	2011年9月	第四期第一批次第三层次培养对象 (2011年—2015年)
王光亚	男	1966年10月		2011年9月	第四期第一批次第三层次培养对象 (2011年—2015年)
陆徐荣	男	1967年10月		2011年9月	第四期第一批次第三层次培养对象 (2011年—2015年)
缪卫东	男	1967年11月		2011年9月	第四期第一批次第三层次培养对象 (2011年—2015年)
王彩会	女	1973年5月	中共党员	2011年9月	第四期第一批次第三层次培养对象 (2011年—2015年)
张登明	男	1967年6月		2011年9月	第四期第一批次第三层次培养对象 (2011年—2015年)
黄顺生	男	1975年9月		2013年11月	第四期第二批次第三层次培养对象 (2013年7月—2015年12月)

续表 18-14

姓名	性别	出生时间	党派	获得时间	备注
武健强	男	1975年11月		2013年11月	第四期第二批次第三层次培养对象（2013年7月—2015年12月）
黄晓燕	女	1973年9月		2013年11月	第四期第二批次第三层次培养对象（2013年7月—2015年12月）
陶 芸	女	1967年12月		2013年11月	第四期第二批次第三层次培养对象（2013年7月—2015年12月）
伍洲云	女	1970年9月	中共党员	2013年11月	第四期第二批次第三层次培养对象（2013年7月—2015年12月）
龚绪龙	男	1982年6月	中共党员	2016年10月	第五期第三层次培养对象（2016年—2020年）
武健强	男	1975年11月		2016年10月	第五期第三层次培养对象（2016年—2020年）
王丽娟	女	1983年3月		2016年10月	第五期第三层次培养对象（2016年—2020年）
王彩会	女	1973年5月	中共党员	2016年10月	第五期第三层次培养对象（2016年—2020年）
郝社锋	男	1977年8月	中共党员	2016年10月	第五期第三层次培养对象（2016年—2020年）
黄晓燕	女	1973年9月		2016年10月	第五期第三层次培养对象（2016年—2020年）

表 18-15 江苏省各类代表大会代表一览表

姓名	性别	出生时间	党派	荣誉	时间	备注
邹松梅	男	1957年11月	中共党员	党代表	2001年11月	江苏省第十次党代会
于 军	男	1968年1月	中共党员	党代表	2006年10月	江苏省第十一次党代会
王 颖	女	1973年10月	中共党员	工会代表	2008年4月	江苏省工会第十二次代表大会
徐玉琳	女	1963年1月	中共党员	党代表	2011年10月	江苏省第十二次党代会
王 颖	女	1973年10月	中共党员	工会代表	2013年4月	江苏省工会第十三次代表大会
徐玉琳	女	1963年1月	中共党员	党代表	2016年10月	江苏省第十三次党代会
熊爱花	女	1973年12月	群众	人大代表	2018年1月	玄武区第十八届人民代表大会

表 18-16 院先进工作者一览表

年度	先进工作者	备注
2000年	王传礼 黄光明 陈帮建 黄建平 姚炳魁 吴乔良 张登明 刘鸿宝 顾国华 皇甫阿富	共10人
2001年	陈火根 王传礼 于 军 樊建云 吴新民 高孝礼 张培新 江 冶 夏建明 金永念 黄建平 沈兆龙 周启钢 华建伟 邓 涛 张登明 王晓梅 刘传秀 王汪凯 徐玉琳 顾国华 陈守矩 刘晓玲	共23人
2002年	王传礼 吴新民 黄光明 林光西 班晓东 黄敬军 王光亚 张 于 徐雪球 陈福春 张登明 王汪凯 汪建明 沈玉明 顾国华 吴士良 王学成 余 勤 杜建国	共19人
2003年	郝社锋 李善贵 张纪庆 熊爱花 葛建强 廖启林 黄光明 王 伟 陈帮建 黄建平 孙国曦 王 辉 王季顺 马秋斌 沈兆龙 周清锋 章其华 陈 杰 厉建华 邱泰平	共20人

续表 18-16

年度	先进工作者										备注
2004年	赵立鸿	廖启林	曹景洋	周泳德	王　辉	杨礼平	吴乔良	伍洲云	周森国	厉建华	共21人
	邱泰平	唐家齐	周　曙	朱皖翔	唐海燕	何坚平	孙益华	朱国华	邱江华	聂桂平	
	陆美兰										
2005年	王　颖	田为超	徐寿军	吴新民	乔爱香	何玉如	武健强	马秋斌	邵家宇	周启钢	共19人
	章其华	陈　军	伍洲云	韦福彪	营兆端	周　曙	陈守矩	潘万乾	杜建国		
2006年	罗惠芬	樊建云	林光西	杭荣胜	陆徐荣	刘　健	黄建平	黄　震	刘志平	沈兆龙	共19人
	陶　芸	刘　洪	孙　磊	祖茂勤	李　卉	刘海英	曹诚彦	夏明飞	方　强		
2007年	张纪庆	朱　军	蔡玉曼	班晓东	张祥云	贾　根	黄建平	季克其	杨　林	周清锋	共19人
	陈福春	孙　磊	王素娟	营兆端	徐玉琳	李　菊	谢增平	杜建国	陆美兰		
2008年	于　军	郝社锋	李善贵	孙　玲	陈　勇	杨振森	黄顺生	高孝礼	杭荣胜	杨敏娜	共27人
	武健强	朱叶飞	马忠卫	范迪富	黄晓燕	陶　芸	陈　杰	赵　成	王来梁	殷文华	
	营兆端	王汪凯	刘鸿宝	祖茂勤	曹诚彦	徐　蓉	李相民				
2009年	陈　勇	徐寿军	周生顺	金　洋	乔爱香	何玉如	王光亚	陆　华	潘明宝	黄建平	共24人
	王海欧	苏一鸣	马秋斌	王彩会	杨　林	沈兆龙	周清锋	王文庆	邓　涛	韦福彪	
	聂　瑛	祖茂勤	孙益华	方　强							
2010年	蔡　亭	陈　勇	陈　亮	曹　磊	蔡玉曼	常　青	武健强	尚通晓	黄　震	杨用彪	共27人
	朱静苹	刘志平	黄晓燕	程　勇	孙　磊	陈　杰	聂　瑛	殷文华	王牧月	徐玉琳	
	樊亚芳	盛士玉	刘海英	刘　杰	龚绪龙	张　平	朱建南				
2011年	曹景洋	常　青	朱明君	徐士银	欧　健	黄建平	仲伟福	狄　群	杜建国	姚炳魁	共28人
	李　朗	周启钢	张以高	宋京雷	何　伟	方　强	聂　瑛	江必玉	殷文华	岳苏敏	
	王牧月	陆美兰	彭建明	李正庆	聂桂平	龚绪龙	王丽娟	季克其			
2012年	郝社锋	贾静龙	朱　军	乔爱香	陆志锋	高翔云	龚绪龙	鄂　建	吴夏懿	贾　根	共25人
	张　平	王丽娟	宋　珂	杨礼平	季克其	杨　林	周清锋	戴　明	陈彦瑾	喻永祥	
	陈锡辉	陈亚琴	李　菊	孙益华	夏明飞						
2013年	李善贵	王旭雁	田为超	赵家胜	王　静	华　明	黄光明	杨　程	张　岩	张　平	共26人
	郭　刚	王丽娟	孙国曦	关俊朋	李　胤	李晓燕	刘志平	李　朗	沈兆龙	赵永忠	
	陈彦瑾	刘　洪	方　强	郁　飞	李　祥	陆美兰					
2014年	贾静龙	梅芹芹	赵立鸿	华　明	黄顺生	陈帮建	彭　磊	张　平	冯文立	黄建平	共26人
	陈　冬	朱叶飞	杨礼平	季克其	杨　林	邵家宇	王亚山	庄　颖	沈星驰	张亮亮	
	徐家和	甘　俊	唐海燕	李　菊	孙益华	缪世贤					
2015年	贾静龙	李善贵	王旭雁	朱　军	任静华	杭荣胜	班晓东	刘秋香	龚绪龙	许书刚	共29人
	刘明遥	朱首峰	王海欧	杨颖鹤	苏一鸣	马忠卫	李　旋	季克其	李　朗	王晓辉	
	续琰祺	宋京雷	方　强	林　锋	陈锡辉	徐玉琳	陆美兰	曲苏荣	孙益华		
2016年	贾静龙	杜厚军	步　昊	周生顺	华　明	乔爱香	陈帮建	李　明	龚绪龙	姜　素	共28人
	刘　彦	徐士银	赵增玉	孙清钟	陈　冬	宋　珂	杨礼平	刘志平	朱常坤	万佳俊	
	李后尧	何　伟	庄　颖	聂　瑛	沙建锋	殷文华	王牧月	孙益华			
2017年	许洪品	陆　婧	陶　陶	步　昊	杨振森	任静华	高翔云	张　琦	杨　磊	许书刚	共25人
	赵增玉	黄　震	胥　超	左丽琼	李　朗	周清锋	周晓丹	陈　刚	朱建南	姜　丽	
	张　沐	赵雪莹	宣国伟	殷文华	徐玉琳						

表 18-17 正高级职称人员一览表

序号	姓名	性别	出生年月	资格名称	获得时间	备注
1	朱锦旗	男	1965年6月	研究员级高级工程师	2004年12月	在职
2	陈火根	男	1963年12月	研究员级高级工程师	2005年9月	在职
3	王传礼	男	1962年9月	研究员级高级工程师	2006年11月	在职
4	朱兴贤	男	1962年2月	研究员级高级工程师	2006年11月	在职
5	于军	男	1968年1月	研究员级高级工程师	2006年11月	在职
6	罗惠芬	女	1966年5月	研究员级高级工程师	2011年12月	在职
7	肖书明	男	1966年8月	研究员级高级工程师	2009年12月	在职
8	王颖	女	1973年10月	研究员级高级政工师	2017年11月	在职
9	廖启林	男	1964年8月	研究员级高级工程师	2008年12月	在职
10	吴新民	男	1964年6月	研究员级高级工程师	2009年12月	在职
11	汤志云	男	1970年11月	研究员级高级工程师	2010年12月	在职
12	高孝礼	男	1962年9月	研究员级高级工程师	2010年12月	在职
13	蔡玉曼	女	1964年6月	研究员级高级工程师	2012年12月	在职
14	张培新	男	1966年4月	研究员级高级工程师	2013年12月	在职
15	黄光明	男	1966年9月	研究员级高级工程师	2013年12月	在职
16	黄敬军	男	1962年9月	研究员级高级工程师	2006年11月	在职
17	武健强	男	1975年11月	研究员级高级工程师	2014年12月	在职
18	王光亚	男	1966年10月	研究员级高级工程师	2010年12月	在职
19	陆徐荣	男	1967年10月	研究员级高级工程师	2012年12月	在职
20	吴曙亮	男	1963年7月	研究员级高级工程师	2011年12月	在职
21	刘健	男	1961年2月	研究员级高级工程师	2015年12月	在职
22	李向前	男	1969年4月	研究员级高级工程师	2015年12月	在职
23	潘明宝	男	1965年2月	研究员级高级工程师	2005年9月	在职
24	金永念	男	1959年9月	研究员级高级工程师	2006年11月	在职
25	贾根	男	1970年10月	研究员级高级工程师	2016年12月	在职
26	宗开红	男	1962年8月	研究员级高级工程师	2010年12月	在职
27	郭盛乔	男	1963年3月	研究员	2000年9月	在职
28	缪卫东	男	1967年11月	研究员级高级工程师	2012年12月	在职
29	黄建平	男	1962年11月	研究员级高级工程师	2004年12月	在职
30	孙国曦	男	1963年10月	研究员级高级工程师	2010年12月	在职
31	尚培颖	女	1966年11月	研究员级高级工程师	2016年12月	在职
32	杜建国	男	1968年4月	研究员级高级工程师	2013年12月	在职
33	徐雪球	男	1959年5月	研究员级高级工程师	2011年12月	在职
34	刘志平	男	1959年11月	研究员级高级工程师	2017年12月	在职

续表 18-17

序号	姓名	性别	出生年月	资格名称	获得时间	备注
35	王彩会	女	1973年5月	研究员级高级工程师	2014年12月	在职
36	范迪富	男	1964年7月	研究员级高级工程师	2012年12月	在职
37	姚文江	男	1971年5月	研究员级高级工程师	2013年12月	在职
38	姚炳魁	男	1963年5月	研究员级高级工程师	2005年9月	在职
39	黄晓燕	女	1973年9月	研究员级高级工程师	2014年12月	在职
40	周清锋	男	1964年2月	研究员级高级工程师	2013年12月	在职
41	周晓丹	女	1963年12月	研究员级高级工程师	2014年12月	在职
42	陶 芸	女	1967年12月	研究员级高级工程师	2015年12月	在职
43	李后尧	男	1963年7月	研究员级高级工程师	2007年10月	在职
44	华建伟	男	1964年7月	研究员级高级工程师	2006年11月	在职
45	王素娟	女	1964年4月	研究员级高级工程师	2014年12月	在职
46	伍洲云	女	1970年9月	研究员级高级工程师	2013年12月	在职
47	张 梅	女	1967年12月	研究员级高级工程师	2017年12月	在职
48	戴长寿	男	1942年12月	教授级高级工程师	1997年12月	离退休
49	厉建华	男	1955年12月	研究员级高级工程师	2013年12月	离退休
50	周康民	男	1957年12月	研究员级高级工程师	2009年12月	离退休
51	徐翠云	女	1951年9月	研究馆员	2004年10月	离退休
52	赵剑畏	男	1937年10月	教授级高级工程师	1996年5月	离退休
53	夏嘉生	男	1941年3月	教授级高级工程师	1998年3月	离退休
54	邵家骥	男	1941年9月	教授级高级工程师	1998年12月	离退休
55	徐玉琳	女	1963年1月	研究员级高级工程师	2007年10月	离退休
56	汪建明	男	1953年6月	教授级高级工程师	1999年12月	离退休
57	邹松梅	男	1957年11月	研究员级高级工程师	2003年9月	离退休
58	蔡在衡	男	1931年10月	教授级高级工程师	1988年12月	离退休
59	程寿森	男	1931年11月	教授级高级工程师	1987年12月	离退休
60	陈思松	男	1934年8月	教授级高级工程师		离退休
61	陆美兰	女	1962年1月	研究员级高级工程师	2016年12月	离退休
62	虞金其	男	1938年12月	教授级高级工程师	1996年5月	离退休
63	詹庚申	男	1956年3月	研究员级高级工程师	2005年9月	离退休
64	张骏成	男	1940年5月	教授级高级工程师	1998年11月	离退休
65	陈礼宽	男	1940年11月	教授级高级工程师	1996年12月	离退休
66	朱士鹏	男	1951年10月	研究员级高级工程师	2008年12月	离退休
67	冯金顺	男	1954年5月	研究员级高级工程师	2012年12月	离退休
68	李 卉	女	1959年8月	研究馆员	2012年10月	离退休
69	顾阿明	男	1955年6月	研究员级高级工程师	2003年9月	离退休

续表 18-17

序号	姓名	性别	出生年月	资格名称	获得时间	备注
70	何坚平	男	1956年5月	研究员级高级工程师	2011年12月	离退休
71	袁晓军	男	1963年8月	研究员级高级工程师	2004年12月	调离
72	张登明	男	1967年6月	研究员级高级工程师	2008年12月	调离
73	蔡述伟	男	1958年12月	研究员级高级工程师	2003年9月	调离
74	陈 杰	男	1971年6月	研究员级高级工程师	2010年12月	调离
75	王晓梅	女	1968年6月	研究员级高级工程师	2013年12月	调离
76	徐子培	男	1930年9月	教授级高级工程师	1987年12月	调离
77	徐学思	男	1936年11月	教授级高级工程师	1996年5月	调离
78	余 勤	男	1943年11月	教授级高级工程师	1998年12月	调离
79	李伟涛	男	1927年8月	教授级高级工程师		调离
80	周宜吉	男	1941年4月	教授级高级工程师	1996年5月	调离
81	邵慧之	男	1932年7月	教授级高级工程师	1988年2月	调离
82	邱祖林	男	1963年8月	研究员级高级工程师	2009年12月	调离

3. 国家注册师人员名录

建院以来,我院获得各类国家注册师人员共 21 人。其中,注册矿权评估师 3 人,环境影响评价工程师 1 人,矿产储量评估师 3 人,注册岩土工程师 4 人,土地估价师 1 人,国家珠宝玉石质量检验师 7 人,矿业权评估师 3 人(表 18-18)。

表 18-18 国家注册师人员一览表

姓 名	性别	出生年月	证书名称	获得时间	备注
贾 根	男	1970年10月	注册矿业权评估师	2005年8月	
刘 洪	男	1973年2月	注册矿业权评估师	2008年1月	
周清锋	男	1964年2月	注册矿业权评估师	2008年2月	
黄晓燕	女	1973年9月	环境影响评价工程师	2009年5月	
李后尧	男	1963年7月	矿产储量评估师	2002年	
孙国曦	男	1963年10月	矿产储量评估师	2007年9月	
顾阿明	男	1955年6月	矿产储量评估师	2002年10月	
			注册岩土工程师	2006年3月	
刘 健	男	1961年2月	注册岩土工程师	2002年9月	
姚炳魁	男	1963年5月	注册岩土工程师	2006年3月	
王彩会	女	1973年5月	注册岩土工程师	2006年12月	
宋 喧	男	1986年4月	土地估价师	2010年9月	
沈兆龙	男	1964年11月	国家珠宝玉石质量检验师	1998年3月	
吴乔良	男	1961年12月	国家珠宝玉石质量检验师	1998年3月	

续表 18-18

姓 名	性别	出生年月	证书名称	获得时间	备注
汪建明	男	1953 年 6 月	国家珠宝玉石质量检验师	1998 年 3 月	
殷文华	女	1963 年 7 月	国家珠宝玉石质量检验师	2000 年 10 月	
宋 磊	女	1978 年 12 月	国家珠宝玉石质量检验师	2002 年 9 月	
陈锡辉	男	1982 年 2 月	国家珠宝玉石质量检验师	2006 年 10 月	
郁 飞	男	1982 年 11 月	国家珠宝玉石质量检验师	2012 年 11 月	
李善贵	男	1972 年 12 月	矿业权评估师	2002 年 8 月	
伍洲云	女	1970 年 9 月	矿业权评估师	2002 年 8 月	
郭方礼	男	1971 年 1 月	矿业权评估师	2008 年 2 月	

第十九章　江苏地调院单位综合建设成果

20年来,江苏地调院一贯坚持科研生产和精神文明建设"两手抓、两手都要硬"的方针,党建、精神文明建设年年都有新进展、新突破。以文明单位创建为中心的单位综合建设,以职工之家建设为中心的群众工会工作,以服务中心工作为目标的青年团工作,以服务社会公众为目标的南京地质博物馆建设,取得了一大批丰硕的成果,取得了一大批"含金量"十足的重大荣誉和奖项,巩固了江苏地调院的省内行业龙头地位。

第一节　文明单位建设成果

江苏地调院的文明单位创建之路始于建院之初。作为全省公益性调查工作的排头兵,肩负着重要使命,社会责任重大,必须不断提高资源对经济社会可持续发展的保障能力,深化文明创建工作,创建和谐地勘文化,为构建和谐地调院提供思想基础和环境氛围,为科研生产保增长、促发展提供强大动力。正是在这样的认知下,20年来,地调院历届党委领导班子集体高度重视文明单位建设,坚持精神文明、物质文明、政治文明同计划、同部署、同检查、同考核、同总结;全院党政工团各负其责、密切配合,形成了齐抓共管、全员参与、共同推进的良好氛围,有力地促进了全院文明创建工作的健康发展。通过深入开展一系列持续、卓有成效的创建工作,江苏地调院文明创建工作取得了一系列重大成效。先后获得江苏省文明委颁发的江苏省文明单位5次、江苏省文明单位标兵单位1次,全国文明委颁发的全国文明单位2次(表19-1)。

表19-1　江苏地调院文明单位建设主要荣誉统计表

序号	荣誉名称	时间	颁发部门	备注
1	省级文明行业示范点	2000年12月	江苏省文明委、省厅	第四批
2	2001—2002年度江苏省文明单位	2003年12月	江苏省文明委	
3	2003—2004年度江苏省文明单位	2005年12月	江苏省文明委	
4	2007—2009年度江苏省文明单位	2009年12月	江苏省文明委	
5	江苏省文明单位-标兵单位	2013年11月	江苏省文明委	
6	全国文明单位	2015年2月	中央文明委	第四届
7	江苏省文明单位	2016年11月	江苏省文明委	
8	全国文明单位	2017年11月	中央文明委	第五届

一、创建历程

2000年12月,院党委班子提出了创建省级文明单位的工作设想。2001年初,院党委制定了《江苏省地质调查研究院开展创建省级文明单位活动实施规划》,提出了创建的指导思想、创建的目标和总体要求等。并出台了《地调院创建省级文明单位标准(试行)》,从组织领导好、整体素质好、形象塑造好等5个方面,明确了创建思路。

2002年9月,院党委向全院发出"地调院创建省级文明单位"的"动员令"。2002年12月,江苏省委宣传部、江苏省精神文明建设指导委员会以及江苏省部分厅局联合召开了"关于确定江苏省第四批创建文明行业示范点"新闻发布会,宣布江苏省地调院等117个单位被确定为江苏省第四批创建文明行业示范点单位。

2003年初,地调院领导班子提出创建文明单位规划:一年打基础,二年见成效,三年达目标。要在全院全面开展创建活动,呈现各部门、各单位两个文明建设协调发展的局面,涌现出一批创建工作先进集体、先进个人以及典型代表,力争使在当年进入省级文明单位行列,把地调院建设成作风优良、服务优质、环境优美、群众满意的省级文明行业。2003年下半年,积极做好省级文明单位各种材料的申报工作,创建文明单位的指导思想明确、基础工作到位、创建措施扎实有力,广大职工的积极参与,2003年11月,被江苏省文明委命名为"江苏省文明单位"(2001—2002年),是江苏地调院首次获得这一荣誉。2005年,被江苏省文明委命名为"江苏省文明单位"(2003—2004年)。2010年底,被江苏省文明委命名为"江苏省文明单位"(2007—2009年)(图19-1)。

图19-1 荣誉称号

2013年11月20日,在省群众性精神文明建设先进单位暨第二届"江苏最美乡村"表彰会上,我院荣获"江苏省文明单位标兵"(2010—2012)称号,院长朱锦旗出席主会场表彰会并上台领奖。据悉,全省文明单位标兵96个,其中省级机关和直属单位仅有3家榜上有名。这是省级文明创建工作的最高荣誉,也是我院在三次荣获"江苏省文明单位"称号后,再上台阶首次获此殊荣,标志着我院群众性精神文明建设和文明单位创建活动取得新的突破。

早在2005年2月,院党委就提出:"今后,要通过活动凝聚人心,丰富职工文化生活,为院经济建设和全国文明单位建设夯实基础。"十年间的"江苏省文明单位"(三届)、"江苏省文明单位标兵"、"江苏省五一劳动奖状单位"等荣誉,成为积极争创全国文明单位的起点。江苏地调院自2013年正式启动争创全国文明单位工作以来,凝心聚气、改革创新,积极培育社会主义核心价值观,将争创全国文明单位与全院中心工作紧密结合,不断提升员工文明素养,以"一流地调院建设"为目标,全面展现地调院文明创建工作的风貌和成就。

2015年2月28日,全国精神文明建设工作表彰暨学雷锋志愿服务大会在北京隆重举行,党和国家领导人习近平、刘云山等在人民大会堂会见第四届全国文明城市、文明村镇、文明单位和未成年人思想道德建设工作先进代表。江苏省地质调查研究院被中央精神文明建设指导委员会授予第四届"全国文明单位"荣誉称号。长期以来,院历届党政班子坚持将文明创建工作纳入"全国一流地调院"建设工作中,全院干部、职工群策群力,认真落实有关文明创建的各项要求,聚焦文明创建工作出现的重点和难点,优化文明创建工作机制,传播地调院良好形象、努力践行社会责任,显著增强地调院综合实力。"全国文明单位"是由中央文明委命名表彰、全面评价一个单位的最高荣誉,这一沉甸甸的"国"字号荣誉,是对江苏地调院长期以来文明创建工作成绩的肯定和褒奖。

2017年是三年周期的全国文明单位复查年,也是江苏地调院首次接受全国文明单位复查和检阅。通过全体干部职工的共同努力,同年11月,顺利通过复查,荣获第五届"全国文明单位"荣誉称号(图19-2)。

图19-2 "全国文明单位"证书

二、创建举措

1. 加强思想道德教育

围绕中央和省委部署,深入开展一系列主题教育活动:党的群众路线教育实践活动、"三严三实"、"两学一做"和"不忘初心、牢记使命"主题教育,深入学习习近平总书记系列重要讲话精神,加强社会主义核心价值观和中国梦的宣传教育。加强社会公德、职业道德和家庭美德的教育,不断提高全院职工思想政治理论水平和文化道德修养。建实地调院"道德讲堂",设置固定场所,开展道德讲堂活动,增强职工的思想道德修养,提升文明素质。

2. 强化创建工作机制

致力于一流地质调查队伍建设,坚持院务公开和民主管理,不断完善职工(会员)代表大会制度,规范职代会管理。逐步完善院文明单位创建机制:2015年7月,为加强院党建、群团和文明单位创建工作,在院人事部(党群工作部)的基础上,分设独立的党群工作部;2016年5月,为加强文明单位创建和日常管理,院内设机构"党群工作部"增挂"文明办"牌子,更名为"党群工作部(文明办)"。把创建工作列入单位发展总体规划,专门成立创建文明单位工作领导小组和办公室,明确职责分工和完成创建任务时限。全院职工充分认识文明单位创建的意义,党政工团齐心合力,共同推进各项工作的开展,确保高质量、高标准地完成各项创建任务。

3. 认真履行社会责任

组织开展系列社会公益活动,每年都开展捐赠活动,职工的奉献精神和社会责任意识逐步提高。在"南京志愿者服务平台"注册地调院志愿服务队人数已经超过300人次,成立志愿者服务团,走进社区老年公寓、敬老院,走进机关、学校等开展服务。院属南京地质博物馆每年免费接待观众达12万人次以上。认真做好城乡文明共建,先后组织开展慰问贫困孤寡老人活动,向"妇女儿童之家"捐赠物资,向家境贫困的大中小学生发放助学金,投入资金建设的村民健身广场、爱心水渠、乡村道路等民生共建工程。每年联合省血液中心开展"点滴凝聚、奉献爱心"无偿献血活动。

4. 深化单位文化建设

培养职工传承和发扬地质工作"三光荣""四特别"精神。每年购置优秀书籍,营造多读书、勤思考的氛围。重视职工文体活动,建成多功能活动室和图书阅览室。开展诸多常态化的有益健康的文体活动,包括省级机关书法摄影展、国土资源杯篮球赛、"相约明天"联谊活动、每季度开展登山或环湖活动等。围绕重大节日开展活动,"春节"举办迎新联欢会,"清明"开展英烈祭扫活动,"重阳"组织老同志郊游,"三八节"组织女职工活动,"建党节"开展新老党员宣誓活动。利用行业特点,开展"土地日""地球日""博物馆日"等特色活动。

5. 组织文明创建活动

院党委高度重视精神文明建设,每年组织开展丰富多彩的创建活动,培养职工文明意识,提高地调院整体文明程度。围绕做文明有礼地质人,倡导文明出行、文明上网、文明就餐。在地调院内部,开展文明单位(部门)创建、文明职工评选活动。开展"三个一"节约活动,增强职工环保意识,弘扬勤俭节约的文明风尚。各部门、各单位围绕创建主题,通过开展丰富多彩的创建活动、点面结合、相互呼应,营造浓厚的创建氛围;结合各自实际,营造声势、扩大影响,树立地质工作者的良好形象,形成全院文明创建大格局,做大做响地调院的文明单位品牌。

三、创建成效

1. 职工文明素质明显提升

坚持正面引导,树身边先进典型,在全院上下营造和谐向上的工作氛围。强化业务技能培训,在全院形成浓厚的学习氛围。强化党委的核心作用,充分发挥党支部和党员干部的战斗堡垒和先锋模范作用。涌现了一批高素质地质科技领军人才:享受国务院特殊津贴人员3名、全国"五一"劳动奖章2名、部科技领军人才1名、江苏省有突出贡献中青年专家4名、国土资源部"百人计划"2名等。

2. 科研成果服务社会民生

利用技术优势为江苏国民经济建设和社会发展提供高质量的地质技术服务,实施了一大批基础性、公益性、战略性地质科研项目,科研成果被广泛应用于环保、水利、交通、农业等领域,为江苏经济建设高质量发展提供高质量的地质科技服务。地面沉降预警预报为江苏地质环境提供保护,生态环境地质调查与监测破译江苏土壤"DNA",城市地质调查服务江苏国土规划与城乡一体化,沿海地质调查助力江苏沿海大开发,耕地监测与土壤修复推进生态省建设,南京地质博物馆促进江苏文化大省建设,地热资源勘查优化能源结构、提供清洁能源,矿产资源"三项"调查、攻深找盲化解江苏资源危机,发现中小型—超大型矿产地13处,提交的超大型钽矿床,钽资源量位居亚洲第三。这些科技成果为政府的宏观决策、

3. 深化创建催放文明之花

丰富多彩的创建主题活动,将文明创建工作与"中国梦"和"价值观"学习宣传相结合。通过积极参与社会公益活动、利用地质技术提供优质服务、学雷锋志愿服务、道德讲堂、帮扶共建、建设优美环境等创建活动,围绕立德树人,以信念引领梦想、"最美"激发梦想、劳动创造梦想,凝聚正能量,激发内生动力。全院经济水平和效益稳步攀升,职工幸福感、满意度逐年提高;队伍结构日趋合理,科技创新保持领先,服务能力有效加强,经济活力明显提高。

20年来,江苏地调院历届党政领导班子坚持精神文明建设工作常抓不懈,全体干部职工倍加珍惜荣誉、格外爱护荣誉、始终保持荣誉,认真落实全国精神文明建设表彰大会、省委历次会议精神和省文明委会议部署,在文明单位建设的路上取得了丰硕的成果。

成绩来之不易,经验弥足珍贵。文明建设永远在路上,需要长期坚持、不断深化。要以时不我待、只争朝夕的精神投入到新的创建工作中,发扬拼搏精神、创新精神、协作精神,深入学习贯彻习近平新时代中国特色社会主义思想,不忘地质人初心、牢记地调院使命。站在新的历史起点,我们要从文明创建中汲取力量和智慧,为江苏地调院的科学发展增添强大的精神力量、不竭动力和智慧源泉。立足新时代新任务新要求,精心组织、创新推进,掀起群众性精神文明创建活动新高潮,不断丰富精神文明建设内涵,凸显文明创建成效,提高全体职工文明素质和单位文明水平,使江苏地调院文明建设取得实效、争先进位,走在全省乃至全国地勘单位前列,为建设"强富美高"新江苏做出新的更大的贡献。

第二节 群团建设成果

20年来,江苏地调院在争做全省地质调查工作的领军者的同时,一直争做群众工会工作和团员青年工作的排头兵,依靠全体职工的团结一致共同奋斗,构建和谐的文化环境氛围。在这样的认识下,我院一直坚持群团建设与院中心工作同计划、同部署、同检查、同考核、同总结。建院以来,群团工作综合能力不断提升,硕果累累。荣获全国厂(院)务公开民主管理先进单位、全国模范地勘单位、全国国土资源系统先进集体、全国国土资源系统功勋集体、全国院务公开民主管理先进单位、全国模范职工之家等众多成色十足的建设成果(表19-2)。

表19-2 江苏地调院群团建设主要荣誉统计表

序号	荣誉名称	时间	颁发部门	备注
1	职工小家(基础地质研究所分工会)	2003年	江苏省总工会	
2	省级巾帼文明示范岗(信息中心)	2004年6月	江苏省省级机关妇女工作委员会	
3	省级巾帼文明示范岗(信息中心)	2005年3月	江苏省省级机关妇女工作委员会	
4	全国厂务公开民主管理先进单位	2010年10月	全国厂务公开协调小组	
5	工会基层工作先进单位	2011年1月	江苏省国土资源厅直属工会联合会	
6	模范职工小家(测试研究所分工会)			
7	先进职工小家(环境地质研究所分工会、信息中心分工会)			
8	省直机关党工共建创先争优工会工作创新成果一等奖	2012年2月	江苏省省直机关工会工作委员会	

续表 19-2

序号	荣誉名称	时间	颁发部门	备注
9	2011 年度省级机关五四红旗团委	2012 年 5 月	江苏省省级机关团工委	
10	省级巾帼文明岗(矿产所海外项目组)	2012 年 11 月	江苏省省级机关妇女工作委员会	
11	江苏省模范职工之家	2013 年 1 月	江苏省省直机关工会工作委员会	
12	2012 年度省五四红旗团委	2013 年 5 月	共青团江苏省委员会	
13	省级巾帼文明岗(沿海地区综合地质调查水文地质专题组)	2014 年 9 月	江苏省省级机关妇女工作委员会	
14	江苏省五一劳动奖状	2014 年 5 月	江苏省总工会	
15	玄武区"巾帼文明岗"	2016 年 3 月	南京市玄武区妇女联合会	
16	全国模范职工之家	2016 年 3 月	中华全国总工会	
17	2014—2015 年度省级机关五四红旗团委	2016 年 5 月	江苏省省级机关团工委	
18	江苏省工人先锋号	2017 年 4 月	江苏省总工会	
19	2017 年度省级机关五四红旗团委	2018 年 5 月	江苏省省级机关团工委	

一、争创"职工之家",抓实群众工会建设

"职工之家"的创建不仅是江苏地调院综合管理和建设的重要组成部分,也是扎扎实实为职工做实事、办好事的"贴心"工程。20 年来,从"职工小家"的创建到"全国模范职工之家"的获得,追求从未停歇、一直砥砺前进。

(一)主要方法措施

1. 加强队伍组织建设

随着各项地质事业的不断发展,我院队伍不断壮大,2018 年 7 月,全院设立 9 个分工会,在职职工 347 人,离退休职工 419 人。其中在职女职工 148 人,占全体在职职工的 43%。为每个会员建立了会员基本情况信息档案,做到了会员底数清、家庭情况清,依照《工会法》《中国工会章程》,院工会每年年底举行职工大表大会,分别于 2005 年、2010 年和 2015 年按时进行换届。工会的组织结构不断完善,目前院工会共有工会委员会委员 7 人,女工委员会委员 5 人,经费审查委员会委员 3 人,劳动法律监督委员会委员 5 人(表 19-3)。

表 19-3 院工会人员机构设置一览表(2018 年)

委员会名称	委员姓名	备注
工会委员会委员	唐青(会主席)、张纪庆、王颖、蒋波、李小贝、邓涛、陈美芳	
女工委员会委员	王颖(主任)、朱静平、王丽娟、黄晓燕、张岩	
经费审查委员会委员	张纪庆(主任)、吴新民、蔡亭	
劳动法律监督委员会委员	诸培万(主任)、杜厚军、曹磊、徐士银、徐宁玲	

2. 完善工会制度建设

建院以来,我院认真推行院务公开制度,建立健全职工民主管理、民主监督机制,切实维护职工的合法权益,通过职代会依法行使职能,坚持职代会民主评议领导干部制度,坚持业务招待费使用情况、院长年度报告、工资、福利以及重大投资和涉及职工切身利益的问题向职代会报告制度。除了每年认真召开职工代表大会(图19-3、图19-4)以外,院工会规章制度不断修订完善。现有的规章制度主要有:《职工带薪休假实施办法》《职工考勤与休假暂行规定》《绩效工资分配暂行办法》《职工考核考勤奖励办法》等。

图19-3　院四届三次职代会

图19-4　院四届四次职代会

3. 加强硬件建设

职工活动场所是职工活动的主阵地,是工会建设的重要部分。院一直重视"职工之家"建设,从建院时几张桌子一间职工活动室开始,随着院各项硬件建设的不断加强,"职工之家"的基础设施随之完善丰富。先后在地质大厦七楼和十三楼建成"多功能活动室"。先后投资购买了跑步机、羽毛球、乒乓球等体育活动器具,配置了液晶电视,并开通了有线电视信号;购买了休息座椅,安装了固定宣传镜框,衣柜内配放了衣架,安排专人管理。2018年7月,白水桥科研基地改扩建工程完工,"职工之家"活动阵营进一步扩大,白水桥基地不仅拥有$1000m^2$的多功能活动室,而且增设了篮球场等户外活动场所,进一步满足职工增强体魄的健身需求。

4. 加强软件建设

除了硬件建设,软件建设同样重要。为了进一步做实"职工之家",提高创建过程中职工的幸福感、获得感,院工会每年主要开展以下工作:

为每位职工购买人身意外保险、人身意外附加医疗险等。

慰问生病住院职工及省市级劳模,根据各项政策为职工申请补贴及理赔。

落实带薪休假政策。从最初定期组织职工分批带薪旅游休假,到现在帮助个人根据工作安排自行进行带薪休假。

不断加大对因病致困职工的帮扶力度,积极争取相关政策,帮助职工渡过难关。

每年三八节女工委都会进行组织,认真谋划,组织受女职工喜爱的健身活动,真正体现我院女职工半边天的支撑作用(图19-5)。

每年开展"优秀女职工"评选,树立女职工典型,并给予奖励;特聘专家为女职工进行健康讲座,加强健康意识。

每年高温季节组织开展送"清凉"活动。对野外一线工作的职工送上慰问、关怀和防暑物品。同时对野外安全进行监督检查,防止意外发生,确保职工野外工作安全。

重大传统节日,在政策范围内,最大化为职工提供福利,满足职工的获得感。

定期组织离退休老同志进行体检、疗养,年底开展团拜、送温暖等活动(图19-6)。

图 19-5　2018 年三八妇女节游园活动图

图 19-6　2016 年 7 月高温慰问

5. 开展多彩活动

每年都开展诸多有益身心健康的文化娱乐和体育健身活动。积极组织参加省级机关举办的各类书法摄影展；2013 年 7 月，院工会承办了第二届"国土资源杯"篮球比赛并取得冠军。2018 年 5 月，代表省厅参加"省级机关第三届运动会"，取得了"5000m 个人健身跑"女子青年组第一名、广播操比赛第二名的好成绩。定期组织单身青年参加"相约明天"联谊活动、参加省国土资源系统"国土资源杯"职工运动会、每季度举办"健康环湖走"、每年开展春季登临紫金山活动、每年举办院职工乒乓球比赛或羽毛球比赛、年中举办职工扑克牌（掼蛋）比赛、元旦组织迎新春职工拔河比赛等，每年年底，与院团委一起举办"院迎新春联欢晚会"，职工自导自演，贡献"文化大餐"。系列文体活动培养了团结、拼搏、进取、向上的精神和工作作风，极大地丰富了职工业余文化生活，促进了业务精湛、充满激情和活力的科研队伍建设，取得了良好的效果，增强了职工的凝聚力和向心力，为职工营造了一个团结、友爱、和谐的地调院人文环境（图 19-7～图 19-10）。

图 19-7　2015 年获第四届国土资源杯篮球赛冠军

图 19-8　2016 年羽毛球比赛

图 19-9　2010 年建院十周年文艺汇演

图 19-10　2018 年院迎新春晚会

（二）主要建设成就

2003年，院基础地质研究所分工会被江苏省总工会授予"职工小家"称号，这是我院首次获得此称号，是对创建"职工之家"之路的肯定与鼓励。同年，获得"全国地质灾害防治先进集体"，被省人事厅、国土厅联合授予全省国土资源系统先进集体，2011年1月，江苏省国土资源厅直属工会联合会下发了《关于表彰2009—2010年度工会工作先进集体和先进个人的决定》，院工会荣获"工会基层工作先进单位"荣誉称号，测试研究所分工会荣获"模范职工小家"荣誉称号，环境地质研究所分工会、信息中心分工会、省地质资料馆分工会荣获"先进职工小家"荣誉称号，院原党委书记胡柏祥获得"荣誉工会积极分子"，院女工委员会主任王颖获得"优秀工会干部"，信息中心分工会主席李菊、地灾水勘中心分工会主席蒋孟林获得"优秀工会积极分子"荣誉称号。

"巾帼不让须眉"，"巾帼"系列奖项是对优秀女职工的褒奖。2004年3月厅直机关工会授予蔡玉曼"巾帼岗位明星"荣誉称号。同年6月院信息中心图文部获得2002—2003年度省级机关"巾帼文明示范岗"。2005年3月，院信息中心图文部获得省级"巾帼文明示范岗"称号。2012年11月，院矿产所海外项目组获得省级机关"巾帼文明岗"荣誉称号。2014年9月，我院沿海地区综合地质调查水文地质专题组荣获省级机关"巾帼文明岗"，徐玉琳荣获省级机关"巾帼建功标兵"荣誉称号。2016年3月，南京地质博物馆获得玄武区"巾帼文明岗"荣誉称号，是唯一获此殊荣的地质行业窗口单位。

2012年2月，院工会提交的创先争优创新成果交流材料——《扎实开展院务公开，深入推进创先争优》荣获省直机关党工共建工会工作创新成果一等奖。

2013年4月，院工会被江苏省总工会首次授予"江苏省模范职工之家"荣誉称号。院工会按照"组织起来，切实维权"的工作方针，走出了一条具有行业特色的基层工会工作新路子，继续在"职工之家"创建之路上迈出扎实的步伐。

2014年4月，我院荣获"江苏省五一劳动奖状"荣誉称号。这是深入开展"职工之家"创建工作取得的又一重要成绩。

2016年3月，我院荣获中华全国总工会授予的"全国模范职工之家"荣誉称号，这是继2015年我院获得"全国文明单位"之后，又一响当当的"国字号"荣誉，是江苏省国土资源厅下属事业单位中首家获此殊荣的单位，是院"职工之家"创建之路的里程碑（图19-11）。

2017年4月，我院地灾中心（厅地质灾害应急技术指导中心）荣获江苏省总工会授予的"工人先锋号"荣誉称号。

二、服务青年成长，扎实推进共青团建设

2002年3月，江苏省地调院召开团支部一届一次代表大会。郝社锋当选院第一届团支部书记。大会通过了《院团支部2002年工作设想》《共青团江苏省地质调查研究院支部工作条例》《共青团江苏省地质调查研究院团员评议制度》《推荐优秀团员作为党组织发展对象的实施办法》等文件，标志着院共青团组织恢复建设。

2004年9月，根据《中国共产主义青年团章程》和《中国共产主义青年团基层组织选举工作暂行条例》的规定，召开第一次团员大会，选举产生了共青团江苏省地质调查研究院总支委员会，郝社锋当选第一届团总支书记，院团总支下设4个团支部。2007年8月召开了第二次团员大会，根据院部门及青年团员人数的变化，院团总支对团支部进行调整，由原来4个团支部增加为6个团支部。

2010年9月，随着院青年团员人数的增多，结合院团工作的实际情况，根据《中国共青团章程》召开第一次团员代表大会，成立第一届共青团江苏省地质调查研究院委员会，郝社锋当选第一届院团委书记，院团委下设7个团支部；2014年4月，召开第二次团员代表大会，对院团委进行换届，成立第二届共青团江苏省地质调查研究院委员会，魏芳当选第二届院团委书记，根据人员变化，团支部调整为6个。

图 19-11　主要成就

(一)以先进的政治理论为抓手加强青年思想引领

我院共青团一直坚持高举中国特色社会主义伟大旗帜,以邓小平理论、"三个代表"重要思想、科学发展观为指导,深入贯彻落实习近平总书记系列重要讲话精神,紧密团结在党的周围,引导全院团员青年正确理解党的基本路线、方针和政策,鼓励青年职工用先进的科学文化知识来武装自己,引导青年团员树立正确的人生观、价值观、世界观,把新理论新思想新方法贯彻落实到团的工作和青年工作的各个领域,体现在团的建设的各个方面。院共青团始终坚持围绕院中心工作,鼓励团员青年立足本职岗位,努力钻研业务,在各自岗位上做出贡献。

1. 全院青年学术交流活动

每两年组织开展一次35岁以下青年学术论文交流活动,目前已经连续举办七届(图19-12)。通过活动,活跃了青年学术氛围,促进青年职工业务水平整体不断提高,激发了青年科研人员攀登科学高峰的信心和勇气,发扬了我院以科研和创新为本的优良传统,为促进团员青年迅速成长为业务骨干搭建了一个良好的平台。

图 19-12　第六、七届青年科技论文交流会

2. 读书演讲比赛

为了进一步在团员青年中营造读书氛围,促进知行合一、理论联系实际的能力,院共青团采用征文演讲比赛的方式促进院团员青年新理论新思想的学习。2014年9月举办"中国梦 地质人"杯征文演讲比赛。2016年5月配合院党委举办"在党为党、在岗有为"征文演讲比赛(图19-13)。同年6月,选派优秀选手代表省厅参加省级机关举办的"在党为党、在岗有为"征文演讲比赛获得演讲二等奖的佳绩。2018年4月,经过层层选拔,选派两位选手参加与省厅合办的"国土新青年论坛"征文演讲比赛,包揽亚、季军(图19-14)。

图 19-13　2016年"在党为党、有岗有为"征文演讲比赛合影　　图 19-14　2018年"国土青年论坛"征文演讲比赛合影

(二)以丰富多彩的形式为载体开展主题团日活动

形式多样丰富多彩彰显青春特色的团日活动是增强共青团组织凝聚力、影响力的有效纽带,通过团

日活动,加强了院团员青年内部的交流沟通,加强了与其他青年团体的联系融合,加强了社会主义核心价值观的内化于心、外化于行,通过主题鲜明的团日活动提升团员青年的整体素质,对外展现新地质人的良好风貌,体现社会价值,获得社会认可。

1. 开展爱国主义教育活动

从彩旗招展热血澎湃的2008火炬传递现场的热火加油声,到清明时节雨花台烈士陵园、茅山新四军纪念碑和渡江战役纪念馆对先烈深切缅怀,处处都有院团员青年的身影。于无声处获得爱国主义教育的滋养(图19-15、图19-16)。

图19-15　2015年清明节雨花台缅怀先烈合影

图19-16　2017年渡江胜利纪念馆合影

2. 游园拓展活动

五四青年节一定有青春靓丽色彩。乐观向上充满趣味的活动一直备受团员青年的欢迎。从苏州乐园、中山陵"破冰建队",到情侣园拓展联谊,再到溧水大金山国防园的攀岩墙,扬州红山体育公园龙舟赛处处洋溢着青春的朝气与活力(图19-17、图19-18)。

图19-17　2015年溧水大金山拓展活动合影

图19-18　2016年扬州红山拓展活动合影

(三)以青年文明号创建为追求树立先进标杆旗帜

我院工作性质比较特殊,大多数青年职工长期在野外一线工作,这决定了我院青年文明号创建工作不可能有模式可循。因此,结合我院特点,提出了"总体推进,个别突破"灵活有效的争创思路。即整个创建工作由院共青团统一规划、统一安排,根据各专业领域、项目组工作时间灵活安排创建,条件成熟的、符合创建要求的个体率先取得突破,进入青年文明号序列,带动其他集体创建工作。

早在2002年便要求院团组织开展青年文明号争创工作。2003年、2004年,南京地质博物馆作为窗口单位2次被评为省级青年文明号。2004年9月确定了环境地质研究所和信息中心2个争创集体,博物馆因人员年龄超出规定,纳入信息中心集体争创。2个争创集体连续3次被省级机关团工委评为青年文明号,以及2008年度机关性质省级青年文明号。2010年6月,环境地质研究所、信息中心再次提出争创省级青年文明号,南京地质博物馆提出争创省级机关青年文明号。2013年根据青年文明号的新要求,我院重新厘定了争创部门,确定环境地质研究所、地质博物馆科普部争创机关性质省级青年文明号,物探组争创省级机关青年文明号。申报的3个青年文明号争创集体均获得批准。2015年环境地质研究所、地质博物馆科普部获得省级机关江苏省青年文明号称号,物探组获得省级机关青年文明号称号。2017年,根据青年文明号最新的文件精神,环境地质研究所、地质博物馆科普部获得江苏省青年文明号,物探组争创江苏省青年文明号,我院新增地质灾害防治技术研究中心为新的争创集体,争创省级机关青年文明号,目前四个争创集体均已获得批准。

(四)以青年志愿者活动为平台展现无私青春风采

1. 公益日、节假日志愿服务

结合3·5学雷锋日、4·22地球日等公益日,积极开展节能减排、保护环境资源等青年志愿者活动,大力宣传节约环保理念,引导广大团员青年带头履行社会责任、自觉践行健康文明的生活方式。周末利用业余时间以及专业知识,每个团支部选派院团员青年到南京地质博物馆义务服务(图19-19)。

图19-19 志愿服务小分队开展志愿活动

2. 无偿献血活动

恢复团组织以来,院共青团组织多次无偿献血活动。无偿献血活动得到院广大团员青年的积极响应。尤其近几年,献血量逐年递增,献血人数不断增加,投身公益意识不断增强。据不完全统计,截至2018年我院累计献血40 000mL,其中多名同志累计献血在4000mL以上取得江苏省献血"三免"奖励。来自基础所的骆丁同志志愿捐献造血干细胞。他的HLA分型相关资料成功汇入中国造血干细胞捐献者资料库(图19-20)。

图19-20 2017、2018年无偿献血活动合影

3. 捐款献爱心

2005年以先进性教育活动为契机,捐资24万元援建邱集希望小学,并为邱集大王小学一次性捐资

2万元支助失学儿童。2014年响应省级机关团工委"三下乡"活动要求,向苏北欠发达地区捐款5000元。面对各种灾难,院共青团处处有身影,先后组织团员向5·12汶川地震灾区、4·20雅安地震灾区、6·23盐城冰雹灾区捐款,缴纳特殊团费(图19-21)。

图19-21　2013年为雅安灾区捐款

(五)以开拓创新为不懈动力青春之花结累累硕果

在党委领导下,院共青团组织从无到有,不断完善,团结带领全院广大团员,锐意进取、团结奋进,不断增强共青团组织凝聚力、号召力、影响力,以青年人特有的风采和蓬勃朝气,展现了江苏地调院的风采和卓越贡献。

2012年5月,荣获省级机关团工委授予的"2011年度省级机关五四红旗团委"荣誉称号,同时获得2011年度省级机关五四红旗团支部1个、省级机关优秀共青团干部1名和省级机关优秀共青团员1名。2013年5月,荣获共青团江苏省委员会授予的"2012年度省五四红旗团委荣誉称号"。2014年9月,选送的"'保护家园,防患未然'地质灾害应急救援青年志愿者演练活动"荣获共青团江苏省委员会授予的"江苏省志愿服务项目大赛优胜奖";2015年3月,"'保护家园,防患未然'地质灾害应急救援青年志愿者演练活动"再次荣获共青团江苏省委员会、江苏省志愿者协会联合授予的"江苏省十佳志愿服务项目荣誉称号"。2015年5月,5人荣获厅团委授予的"省国土资源厅优秀共青团员青年"称号,3人荣获厅团委授予的"省国土资源厅优秀共青团干部"称号。2016年5月,荣获省级机关团工委授予的"2014—2015年度省级机关五四红旗团委"荣誉称号;2018年5月,荣获省级机关团工委授予的"2017年度省级机关五四红旗团委"荣誉称号(图19-22)。

第三节　省部级及其他重要荣誉

地调院建院20年来,党政领导班子始终坚持科技创新与文明创建双轮驱动理念,队伍建设、党风廉政建设和文明创建成效显著,其中获得国土资源部及中国地调局表彰11项、江苏省及厅局表彰33项、行业协会及其他表彰25项,被评为全国国土资源系统先进单位、全国模范地勘单位、全国院务公开民主管理先进单位、全国国土资源系统功勋集体,在中国地质调查局开展的2016、2017年度省级地调院评优中获第一,被中国地质调查局评估为省级公益性地质调查队伍能力建设A级单位,连续13年荣获全省国土资源系统先进单位称号。

一、国土资源部及中国地质调查局表彰

我院积极推动地质科技创新,服务"强富美高"新江苏建设,20年来,先后获得国土资源部和中国地

图 19-22 荣誉证书

质调查局十多项被表彰(表 19-4)。2004 年 12 月,获国家人事部和国土资源部联合表彰的"全国国土资源管理系统先进集体";2006 年 2 月,被国土资源部评为"全国地质资料管理先进集体";2007 年 10 月,被国土资源部评为"全国地质勘查行业先进集体";2011 年,被国土资源部评为"全国矿业权实地核查先进集体和个人先进市(县)局和优秀承担单位";2012 年 10 月,我院荣获全国模范地勘单位荣誉称号。2015—2017 年连续 3 年被中国地质调查局评为"先进集体"(图 19-23)。

表 19-4 国土资源部及中国地质调查局表彰

序号	奖项名称	奖励单位	时间	备注
1	全国国土资源管理系统先进集体	人事部、国土资源部	2004 年 12 月	
2	全国地质资料管理先进集体	国土资源部	2005 年 5 月	
3	全国地质勘查行业先进集体	国土资源部	2007 年 10 月	
4	全国矿业权实地核查工作先进集体	国土资源部	2011 年 6 月	
5	全国危机矿山接替资源找矿专项工作先进集体	国土资源部	2011 年 10 月	
6	全国矿业权实地核查先进集体	国土资源部	2011 年 6 月	
7	全国模范地勘单位	国土资源部	2012 年 10 月	
8	全国矿产资源利用现状调查先进集体	国土资源部	2013 年 2 月	
9	2015 年度先进单位	中国地质调查局	2016 年 2 月	
10	2016 年度先进单位	中国地质调查局	2017 年 2 月	
11	2017 年度先进单位	中国地质调查局	2018 年 2 月	

图 19-23　国土资源与中国地质调查局表彰部分荣誉

二、江苏省及厅局表彰

我院先后 13 次荣获全省国土资源系统先进单位称号，4 次被省人社厅和省国土厅评为"全省国土资源系统先进集体荣誉称号"，多次被省住房和城乡建设厅评为节水型单位。我院深入推进惩治和预防腐败体系建设，源头预防和治理腐败的整体水平显著提高，党风廉政建设和反腐败工作成效明显，2006年被省厅评为江苏省国土资源厅系统"四五"法制宣传教育先进集体。2010 年 7 月，获得 2008—2009年度全省国土资源政务信息工作先进单位；2011 年，被省测绘局评为全省测绘"五五"普法先进单位；2012 年，被省厅评为 2010—2011 年度全省国土资源政务信息工作先进单位、国土资源系统纪检监察先进集体；2014 年 1 月，被省国土厅评为全省国土资源系统预防职务犯罪工作先进集体；2016 年，被省厅评为 2014—2015 年度全省国土资源政务信息工作先进单位（表 19-5，图 19-24）。

表 19-5 江苏省及厅局表彰

序号	奖项名称	表彰单位	获奖时间	备注
1	江苏省国土资源管理系统先进集体	江苏省人力资源和社会保障厅、江苏省国土资源厅	2003 年、2005 年、2011 年、2017 年	
2	2005 年度先进集体	江苏省国土资源厅	2006 年 1 月	
3	"四五"法制宣传教育先进集体	江苏省国土资源厅	2006 年	
4	全省国土资源科技工作先进集体	江苏省国土资源厅	2007 年 12 月	
5	2007 年度先进单位	江苏省国土资源厅	2008 年 2 月	
6	2009 年度先进单位	江苏省国土资源厅	2010 年 3 月	
7	江苏省矿业权实地核查工作先进集体	江苏省国土资源厅	2010 年 5 月	
8	2008—2009 年度全省国土资源政务信息工作先进单位	江苏省国土资源厅	2010 年 7 月	
9	工会基层工作先进单位	江苏省国土资源厅直属工会联合会	2011 年 1 月	
10	地质灾害防治先进单位	江苏省国土资源厅	2011 年 4 月	
11	全省测绘"五五"普法先进单位	江苏省测绘局	2011 年 5 月	
12	2010 年度先进单位	江苏省国土资源厅	2011 年 1 月	
13	2011 年度先进单位	江苏省国土资源厅	2012 年 1 月	
14	2010—2011 年度全省国土资源政务信息工作先进单位	江苏省国土资源厅	2012 年 3 月	
15	江苏省地质资料管理工作先进集体	江苏省国土资源厅	2012 年 3 月	
16	国土资源系统纪检监察先进集体	江苏省国土资源厅	2012 年 12 月	
17	节水型单位	江苏省住房和城乡建设厅	2013 年 6 月	
18	2013 年度先进集体	江苏省国土资源厅	2014 年 1 月	
19	全省国土资源系统预防职务犯罪工作先进集体	江苏省国土资源厅	2014 年 1 月	
20	2014 年度先进集体	江苏省国土资源厅	2015 年 1 月	

续表 19-5

序号	奖项名称	表彰单位	获奖时间	备注
21	2015 年度先进集体	江苏省国土资源厅	2016 年 1 月	
22	全省国土资源系统 2014—2015 年度预防职务犯罪工作先进单位	江苏省国土资源厅	2016 年 1 月	
23	2014—2015 年度全省国土资源政务信息工作先进单位	江苏省国土资源厅	2016 年 8 月	
24	2016 年度先进集体	江苏省国土资源厅	2017 年 1 月	
25	江苏省国土资源系统先进集体	江苏省国土资源厅、江苏省人社厅	2017 年 6 月	
26	"十二五"国土资源科技工作先进集体	江苏省国土资源厅	2017 年 6 月	

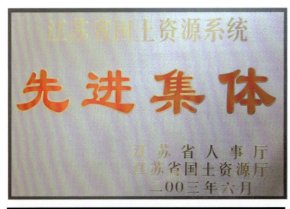

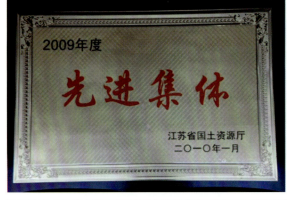

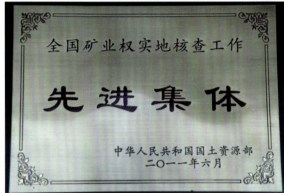

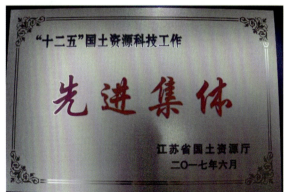

图 19-24　江苏省及厅局表彰

三、行业协会及其他表彰

2005年11月,在首届全国地质勘探工程技术人员技能大赛上获得"优秀组织奖";被中国地质灾害防治工程行业协会评为"中国地质灾害防治工程行业协会常务理事单位";是江苏省地质学会科技思想库、江苏省地质学会协同创新服务示范基地、江苏省地质学会学术创新基地;被江苏省地理信息测绘行业协会评为2012—2013年度诚信测绘单位;被江苏省矿业协会评为2012—2013年度先进会员单位、2014—2015年度先进会员单位;被中国地质环境监测院评为2013年度"中国地质环境信息网"信息报送优秀单位;2017年12月,获评"江苏省科技服务业百强机构",是江苏唯一一家地勘单位。江苏地调院利用自身优势,承担社会责任,获得多项荣誉。4次被大同博爱基金会评为"助学爱心单位";2018年6月,获梅园新村街道"区域化党建联盟共建共享先进单位"荣誉称号(表19-6,图19-25)。

表19-6 行业协会及其他表彰

序号	奖项名称	奖励单位	时间
1	首届全国地质勘探工程技术人员技能大赛优秀组织	中国能源化学工会全国委员会	2005年11月
2	中国地质灾害防治工程行业协会常务理事单位	中国地质灾害防治工程行业协会	2012年12月
3	助学爱心单位	江苏大同博爱基金会	2013—2017年
4	江苏省地质学会科技思想库	江苏省地质学会	2013年9月
5	江苏省地质学会协同创新服务示范基地	江苏省地质学会	2013年9月
6	江苏省地质学会学术创新基地	江苏省地质学会	2013年9月
7	2012—2013年诚信测绘单位	江苏省地理信息测绘行业协会	2013年12月
8	2013年度"中国地质环境信息网"信息报送优秀单位	中国地质环境监测院	2014年9月
9	江苏省科技服务业百强机构	江苏省科技创新服务联盟	2017年12月
10	区域化党建联盟共建共享先进单位	梅园新村街道	2018年6月

图 19-25　其他表彰

附表 第二类技术服务项目统计表

表1 地灾中心第二类技术服务项目汇总表

序号	项目名称	实施时间	工作内容
\multicolumn{4}{l}{地质勘查基金项目}			
1	江苏省2017年度重要地质灾害隐患点调查评价	2017年1—12月	开展重要地质灾害隐患点及其周边区域的详细地质灾害调查,并辅以物探、钻探、测试等手段,全面查清重要地质灾害隐患点周边地质环境条件,摸清灾害隐患点的发育特征,形成机理及发展趋势,对重要地质灾害隐患点的稳定性进行评价、危险性评价,提出有针对性的防治建议,以确保地质灾害防治工作的有效开展
2	盐城市射阳县龙卷风和强冰雹灾区地质灾害隐患点排查及地质灾害危险性评估项目	2016年6月—2017年11月	围绕射阳县地质灾害防治和地质环境保护需求,查清全县地质灾害分布发育特征和存在的地质环境问题,对灾后安置区进行地质灾害危险性评价,危险性评价,为灾后重建以及射阳县的城市发展规划、生态文明建设提供保障
3	淮安市(淮安区)地质环境专项调查评价	2016年6月—2018年12月	充分利用、整合已有地质成果,开展多方法、多手段的各类地质环境调查工作,基本查明淮安区地质环境问题,构建中心城区三维工程地质结构模型,建立地质环境综合评价评估体系,开展地质环境承载力综合评价,为城市发展规划、建设和管理提供资料保障
4	扬州市江都区地质环境综合调查评价	2014年10月—2016年7月	充分利用、整合已有地质成果,综合运用现代地质环境调查手段,详细查明扬州市江都区现有的环境地质问题,分析各类环境地质条件以及人类活动密切相关的各类环境地质问题,分析现有的环境地质条件对江都区、合理进行地质环境保护分区,为开展地质环境保护与开发利用提供依据
5	高邮市地质环境勘查评价	2014年10月—2016年7月	充分利用、整合已有地质成果,科学、合理的进行地质环境保护分区,为开展地质环境保护与开发利用提供依据
6	苏南地区岩溶地质生态环境调查评价	2014年10月—2017年7月	在充分收集、系统利用已有地质研究成果的基础上,查明工作区岩溶分布发育特征和生态地质环境问题,深入分析岩溶地质条件对生态环境的影响作用,开展现有的环境地质综合评价分区,为苏南地区生态环境保护和经济社会可持续发展提供技术支撑
7	江苏省(22个)大型以上地质灾害隐患点勘查	2014年3月—2018年2月	选取22个典型地质灾害隐患点开展地质灾害详细调查,辅以钻探、物探、试验测试等手段,全面查明各个隐患点地质灾害现状发育特征,评价其稳定性,预测其发展变化趋势,提出地质灾害防治建议,为地质灾害防治提供依据

续表1

序号	项目名称	实施时间	工作内容
地质灾害防治规划			
8	江苏省地质灾害防治规划（2011—2020年）	2011年5月—2012年3月	全面收集工作区地质灾害相关资料，补充开展地质灾害调查工作，基本查明工作区地质灾害现状和发展趋势，开展地质灾害易发区和防治分区，提出符合地区实际的防治需求调研，并结合上位规划，提出地质灾害防治原则和目标，划定地质灾害易发区和防治分区，提出符合地区实际的防治任务，为科学规划地质灾害防治工作提供依据
9	江苏省地面沉降防治规划（2011—2020年）	2012年3—10月	
10	南京市地质灾害防治规划（2011—2020年）	2011年1—11月	
11	无锡市地质灾害防治规划（2016—2020年）	2017年6—8月	
12	常州市地质灾害防治规划（2011—2020年）	2011年10—12月	
13	苏州市姑苏区地质灾害防治规划（2013—2020年）	2013年3—10月	
14	"十二五"期间常州市突发地质灾害应急体系建设规划	2011年4月	
15	南通市地质灾害防治规划（2011—2020年）	2011年1—11月	
16	连云港市地质灾害防治规划（2016—2020年）	2015年7—12月	
17	扬州市地质灾害防治规划（2012—2020年）	2012年2—11月	
18	镇江市地质灾害防治规划（2017—2020年）	2016年10月—2017年11月	
19	泰州市城区地质灾害防治规划（2014—2020年）	2014年6—11月	
20	宿迁市市区地质灾害防治规划（2013—2020年）	2013年7—12月	

续表 1

序号	项目名称	实施时间	工作内容
21	张家港市地质灾害防治规划(2017—2020年)	2017年3—6月	全面收集工作区地质灾害相关资料,补充开展地质灾害调查工作,基本查明工作区地质灾害现状和发展趋势,开展地质灾害调研,并结合上位规划,提出地质灾害防治原则和目标,划定地质灾害易发区和防治分区,提出符合地区实际的防治任务,为科学规划地质灾害防治工作提供依据
22	昆山市地质灾害防治规划(2016—2020年)	2017年1—5月	
23	苏州市吴中区地质灾害防治规划(2016—2020年)	2017年9—12月	
24	邳州市地质灾害防治规划(2016—2020年)	2016年5—12月	
25	扬中市地质灾害防治规划(2014—2020年)	2015年7—9月	
26	兴化市地质灾害防治规划(2014—2020年)	2014年11月—2015年3月	
27	靖江市地质灾害防治规划(2014—2020年)	2014年11月—2015年3月	
28	江阴市地质灾害防治规划(2013—2020年)	2014年1—5月	
29	宜兴市地质灾害防治规划(2013—2020年)	2013年1—12月	
30	泰兴市地质灾害防治规划(2013—2020年)	2013年7—12月	
31	太仓市地质灾害防治规划(2013—2020年)	2013年6—10月	
32	苏州高新区地质灾害防治规划(2011—2020年)	2012年1—12月	
33	宝应县地质灾害防治规划(2011—2020年)	2012年1—12月	

续表1

序号	项目名称	实施时间	工作内容
34	仪征县地质灾害防治规划（2011—2020年）	2012年1—12月	
35	盱眙县地质灾害防治规划（2011—2020年）	2012年1—12月	
36	启东市地质灾害防治规划（2011—2020年）	2011年8—12月	
37	丹阳市地质灾害防治规划（2011—2020年）	2011年3—8月	全面收集工作区地质灾害相关资料，补充开展地质灾害调查工作，基本查明工作区地质灾害现状和发展趋势，开展地质灾害防治需求调研，并结合上位规划，提出地质灾害防治原则和目标，划定地质灾害易发区和防治分区，提出符合地区实际的防治任务，为科学规划地质灾害防治工作提供依据
38	高邮市地质灾害防治规划（2011—2020年）	2011年1—5月	
39	仪征市地质灾害防治规划（2011—2020年）	2011年1—11月	
40	江都市地质灾害防治规划（2011—2020年）	2011年1—3月	
41	高淳县地质灾害防治规划（2011—2020年）	2011年1—11月	
42	溧水县地质灾害防治规划（2011—2020年）	2011年1—11月	
43	铜山县地质灾害防治规划（2007—2020年）	2008年3—8月	
44	新沂市地质灾害防治规划	2008年3—8月	
地质环境相关规划			
45	江苏省地质环境监测规划（2016—2025年）	2016年1—10月	收集工作区内各方面地质环境资料，基本查明地质环境现状和存在的主要地质环境问题，开展地质环境监测，提出规划指导思想、原则和监测主要任务，部署地质环境监测网和重点监测工程，结合地区实际提出切实有效的保障措施，为科学开展地质环境监测提供依据
46	连云港市地质环境监测规划（2016—2025年）	2017年7—12月	

续表 1

序号	项目名称	实施时间	工作内容
47	泰州市地质环境监测规划(2017—2025年)	2017年8—12月	收集工作区内各方面地质环境资料，基本查明地质环境现状和存在的主要地质环境问题，开展地质环境监测需求调研，提出规划指导思想、原则和监测主要任务，部署地质环境监测网和重点监测工程，结合地区实际提出切实有效的保障措施，为科学开展地质环境监测提供依据
48	宿迁市地质环境监测规划(2016—2025年)	2015年6—12月	
49	常州市地质环境保护规划(2014—2020年)	2014年1—12月	
50	盱眙县矿山地质环境保护与治理规划(2014—2020年)	2014年1—6月	
地质灾害危险性区域评估			
51	连云港市高新区地质灾害危险性区域评估	2018年4—8月	收集分析开发园区已有地质资料，开展大比例尺的地质灾害调查，部署水文地质、工程地质调查和钻探工作，全面查清开发园区地质灾害的发育特征、分布规律，在此基础上开展不同工况条件下的地质灾害危险性评估、预测及综合评估，划定危险性大、中、小区段，提出有针对性的地质灾害防治措施；并建立成果查询服务系统，以便于成果应用
52	宿迁经济技术开发区地质灾害危险性区域评估	2018年8—10月	
53	江苏海州经济开发区地质灾害危险性区域评估	2017年12月—2018年4月	
54	扬州宝应经济开发区光电产业园地质灾害危险性区域评估报告	2017年11月—2018年3月	
55	靖江经济开发区总部区域地质灾害危险性区域评估	2017年10月—2018年1月	
56	连云港徐圩经济开发区地质灾害危险性区域评估	2017年9—12月	
57	泰兴经济开发区地质灾害危险性区域评估	2016年10月—2017年3月	
58	连云港徐圩经济技术开发区地质灾害危险性区域评估	2016年10月—2017年3月	
59	徐州经济技术开发区地质灾害危险性区域评估报告	2016年11月—2017年3月	
60	如皋市如皋港区地质灾害危险性区域评估	2016年9—12月	

续表1

序号	项目名称	实施时间	工作内容
地质灾害危险性评估			
61	新建江苏南沿江城际铁路工程地质灾害危险性评估	2017年6月—2018年5月	在充分收集和分析工作区各方面地质资料的基础上,有重点地开展地质灾害调查工作,基本查明评估区地质灾害的类型、分布特征,并深入分析了工程建设与地质环境的相互关系和演化趋势,结合工程建设特点,对评估区内地质灾害的危险性进行现状、预测和综合评估,并提出地质灾害防治措施,为工程建设项目防灾、减灾提供依据
62	G40沪陕高速公路平潮至广陵段扩建工程地质灾害危险性评估	2018年6月	
63	宁句城际S6号线工程地质灾害危险性评估	2017年10月—2018年1月	
64	344省道连云港段工程地质灾害危险性评估	2017年11—12月	
65	南京地铁S8南延线工程地质灾害危险性评估	2017年3—6月	
66	南京地铁2号线西延工程地质灾害危险性评估	2016年10月—2017年1月	
67	南京地铁3号线三期工程地质灾害危险性评估	2016年10月—2017年1月	
68	五峰山过江通道南北公路连接线工程地质灾害危险性评估	2016年11月	
69	南京地铁9号线一期工程地质灾害危险性评估	2016年9月—2017年1月	
70	南京地铁10号线二期工程地质灾害危险性评估	2016年11月	
71	江苏新沂通用机场建设工程地质灾害危险性评估	2016年8月	
72	南京地铁1号线北延工程地质灾害危险性评估	2016年7月	

续表1

序号	项目名称	实施时间	工作内容
73	南京农业大学白马教学科研基地项目地质灾害危险性评估	2016年7月	在充分收集和分析工作区各方面地质资料的基础上,有重点地开展地质灾害调查工作,基本查明评估区地质灾害的类型、分布特征,分析评估区内地质灾害与地质环境的相互关系和演化趋势,结合工程建设特点,对评估工程建设的危险性进行现状、预测和综合评估,并提出地质灾害防治措施,为工程建设项目防灾、减灾提供依据
74	江苏省建湖通用机场项目地质灾害危险性评估	2016年4月	
75	新加坡·南京生态科技岛现代有轨电车一期工程地质灾害危险性评估	2016年3月	
76	宜兴市桃花水库工程地质灾害危险性评估	2016年1—3月	
77	宜兴至长兴高速公路江苏段地质灾害危险性评估	2015年10月	
78	无锡地铁4号线一期工程地质灾害危险性评估	2015年9—12月	
79	345国道海门东段改扩建工程地质灾害危险性评估	2015年8月	
80	南京地铁5号线工程地质灾害危险性评估	2015年7—9月	
81	南京土山(陆航)机场迁建项目地质灾害危险性评估	2015年7—9月	
82	345国道通南北绕城段工程地质灾害危险性评估	2014年10月	
83	长湖申线(江苏段)航道整治工程地质灾害危险性评估	2014年9—10月	
84	常州市轨道交通2号线一期工程地质灾害危险性评估	2014年7—9月	
85	312国道、338省道高速公路改扩建段至绕越高速公路段南京龙潭港地质灾害危险性评估	2014年5月	

续表1

序号	项目名称	实施时间	工作内容
86	江苏科技大学新校区建设项目地质灾害危险性评估	2014年4—5月	在充分收集和分析工作区各方面地质资料的基础上，有重点地开展地质灾害调查工作，基本查明评估区地质灾害的类型、分布特征，并深入分析了工程建设与地质环境的相互关系和演化趋势，结合工程建设特点，对评估区内地质灾害的危险性进行现状、预测和综合评估，并提出地质灾害防治措施，为工程建设项目防灾、减灾提供依据
87	江苏大学京江校区工程项目地质灾害危险性评估	2014年4—5月	
88	江苏句容抽水蓄能电站项目地质灾害危险性评估	2014年3—5月	
89	360省道高淳西段改扩建工程地质灾害危险性评估	2013年7月	
90	无锡地铁1号线南延线工程地质灾害危险性评估	2013年11月—2014年2月	
91	宁溧城际工程地质灾害危险性评估	2013年10月	
92	常州轨道交通1号线工程地质灾害危险性评估	2012年11月—2013年2月	
93	南京宁天城际一期（大桥北站至金牛湖段）工程地质灾害危险性评估	2011年9—11月	
94	南京地铁11号线一期工程地质灾害危险性评估	2011年9—11月	
95	南京至高淳城际快速轨道南京南站至禄口机场段工程地质灾害危险性评估	2011年7—9月	
96	江阴市筠山应急备用水源地工程地质灾害危险性评估	2011年11月	
97	南京河西青奥公园项目地质灾害危险性评估	2011年10月	
98	金坛—溧阳天然气管道工程地质灾害危险性评估	2011年10月	

续表1

序号	项目名称	实施时间	工作内容
99	南京地铁12号线工程地质灾害危险性评估	2010年6—11月	在充分收集和分析工作区各方面地质资料的基础上,有重点地开展地质灾害调查工作,基本查明评估区地质灾害的类型、分布特征,并深入分析了工程建设与地质环境的相互关系和演化趋势,结合工程建设特点,对评估区内地质灾害的危险性进行现状、预测和综合评估,并提出地质灾害防治措施,为工程建设项目防灾、减灾提供依据
100	南京地铁6号线机场段工程地质灾害危险性评估	2010年7—9月	
101	无锡硕放机场飞行区跑道延长工程、航油库工程地质灾害危险性评估	2010年10月	
102	南京地铁4号线工程地质灾害危险性评估	2010年4—7月	
103	新建铁路郑州至徐州客运专线(徐州段)地质灾害危险性评估	2010年5—7月	
104	苏北成品油管道及油库配套设施工程地质灾害危险性评估	2010年3—6月	
105	南京火车站北广场及周边市政配套工程地质灾害危险性评估	2010年6月	
106	锡盟—南京1000kV特高压输变电工程(江苏段)地质灾害危险性评估	2010年1—5月	
107	苏州光福机场歼八F飞机配套建设项目地质灾害危险性评估	2010年1—2月	
108	上海市轨道交通11号线北工程(安亭站—花桥站)地质灾害危险性评估	2010年1—2月	
109	苏锡常南部高速公路常州—无锡段工程地质灾害危险性评估	2009年12月	
110	徐州至明光高速公路江苏段工程地质灾害危险性评估	2009年11—12月	
111	苏嘉甬高速公路昆山至吴江段地质灾害危险性评估	2009年11—12月	

续表1

序号	项目名称	实施时间	工作内容
112	江苏创意文化产业基地产业片区（SOd021）项目地质灾害危险性评估	2009年10—11月	在充分收集和分析工作区各方面地质资料的基础上，有重点地开展地质灾害调查工作，基本查明评估区地质灾害的类型、分布特征，分析人分析区内地质灾害的危险性，对评估区内地质灾害建设与地质环境的相互关系和演化趋势，结合工程建设特点，对评估区内地质灾害进行现状、预测和综合评估，并提出地质灾害防治措施，为工程建设项目防灾、减灾提供依据
113	江苏淮安民用机场连接工程地质灾害危险性评估	2009年10月	
114	南京禄口国际机场二期建设工程地质灾害危险性评估	2009年9—10月	
115	312国道（绕城公路—仙隐北路段）快速化改造工程	2009年8—9月	
116	南京地铁3号线（南京南站—吉印大道站）工程地质灾害危险性评估	2009年8—10月	
117	南水北调东线徐州市截污导流工程地质灾害危险性评估	2009年9月	
118	宁启铁路南京至南通段复线电气化改造工程地质灾害危险性评估	2009年6—8月	
119	331省道金湖—马坝段工程地质灾害危险性评估	2009年7—8月	
120	南京市城西干道综合改造工程地质灾害危险性评估	2009年3—7月	
121	常州市轨道交通规划基本线网地质灾害危险性评估	2009年3—5月	
122	常州市高架道路二期工程地质灾害危险性评估	2009年3—4月	
123	郑州至徐州客运专线（徐州段）地质灾害危险性评估	2009年3月	
124	南京地铁1号线南延伸段工程地质灾害危险性评估	2008年7—8月	

续表 1

序号	项目名称	实施时间	工作内容
125	溧水至马鞍山高速公路（江苏段）工程地质灾害危险性评估报告	2008 年 8 月	在充分收集和分析工作区各方面地质资料的基础上，有重点地开展地质灾害调查工作，基本查明评估区地质灾害的类型、分布特征，对评估区内地质灾害的危险性进行现状、预测和综合评估，结合工程建设特点，分析人类工程建设与地质环境的相互关系和演化趋势，为工程建设项目防灾、减灾防治措施提供依据
126	日照一仪征原油管道配套工程（江苏段）地质灾害危险性评估	2008 年 4—5 月	
127	宿迁至新沂高速公路工程地质灾害危险性评估	2008 年 1—2 月	
128	新建铁路上海至南京城际轨道交通（江苏段）地质灾害危险性评估	2008 年 1—2 月	
129	新建铁路南京至安庆铁路工程（江苏省段）地质灾害危险性评估	2007 年 8—12 月	
130	江苏成品油管道工程（江南部分）地质灾害危险性评估	2007 年 11—12 月	
131	宜兴油车水库工程地质灾害危险性评估	2007 年 6—7 月	
132	南京地铁 3 号线地质灾害危险性评估	2007 年 5—7 月	
133	苏州港京杭运河高新港区一期工程地质灾害危险性评估	2007 年 6 月	
134	南京地铁 2 号线西延线地质灾害危险性评估	2007 年 4—6 月	
135	江苏省第二核电厂工程地质灾害危险性评估	2007 年 3—4 月	
136	宿迁市湖滨新城开发区地质灾害危险性评估	2006 年 12 月	
137	无锡市轨道交通线网 2 号线工程地质灾害危险性评估	2006 年 10—12 月	

续表1

序号	项目名称	实施时间	工作内容
138	无锡市轨道交通线网1号线工程地质灾害危险性评估	2006年10—12月	在充分收集和分析工作区各方面地质资料的基础上,有重点地开展地质灾害调查工作,基本查明评估区地质灾害的类型、分布特征,并深入分析了工程建设与地质环境的相互关系和演化趋势,结合工程建设特点,对评估区内地质灾害的危险性进行现状、预测和综合评估,并提出地质灾害防治措施,为工程建设项目防灾、减灾提供依据
139	南京地铁2号线东延线工程项目地质灾害危险性评估	2006年9月	
140	川气东送天然气管道工程(江苏省段)地质灾害危险性评估	2006年7—8月	
141	济宁至徐州高速公路江苏段工程评估	2006年7—8月	
142	徐州市贾汪区新城区(东区)建设项目地质灾害危险性评估	2006年7—8月	
143	常州高架道路第一期工程地质灾害危险性评估	2006年4—5月	
144	南京地铁1号线南延线地质灾害危险性评估	2005年8—9月	
145	无锡市硕放机场改扩建工程地质灾害危险性评估	2005年6—7月	
146	江苏LNG工程地质灾害危险性评估	2005年6—8月	
147	南水北调东线第一期工程长江—路至湖马湖段其它工程地质灾害危险性评估	2005年1月	

续表 1

序号	项目名称	实施时间	工作内容
148	连云港市锦屏磷矿周边地块地质灾害危险性评估	2017 年 3—7 月	充分收集和分析矿区各方面地质资料,特别是矿山开采资料,在此基础上开展地质灾害调查,并有针对性的部署钻探、物探等工作,查明主要地质环境的发育分布特点、特别是采空区展布及现状特征,深入分析了工程建设、人类活动与地质环境的相互关系和演化趋势,结合工程建设特点,对评估区内地质灾害的危险性进行现状、预测和综合评估,划定危险性大中小区段,评价建设用地适宜性,并提出地质灾害防治措施,为工程建设项目防灾、减灾提供依据
149	连云港市新浦磷矿周边地块项目地质灾害危险性评估	2016 年 7 月—2017 年 1 月	
150	连云港市汽车服务产业集聚区(新浦磷矿周边)地质灾害危险性评估	2015 年 3—8 月	
151	南京市仙林大学城钟山煤矿地块二期项目采空区勘查及地质灾害危险性评估	2014 年 1—2 月	
152	徐州潘安湖二期项目地质灾害危险性评估及采空区地质稳定性评价	2013 年 1—3 月	
153	仙林钟山煤矿储备地块一项目地质灾害危险性评估	2012 年 9—11 月	
154	宜兴市太华镇砺山地块(砺山煤矿)采空区勘查及地质灾害危险性评估	2012 年 7—12 月	
155	宜兴采空区勘查及地质灾害危险性评估(川埠煤矿)地块	2012 年 5 月	
156	南京市委党校新校区(灵山煤矿)地块地质灾害危险性评估	2011 年 4—7 月	
157	中天钢铁集团有限公司职工宿舍(横林地裂缝)地质灾害危险性评估	2011 年 1—2 月	

续表 1

序号	项目名称	实施时间	工作内容
158	南部新城中芬合作交流中心地块地质灾害危险性评估	2018年4月	在充分收集和分析工作区各方面地质资料的基础上，有重点地开展地质灾害调查工作，基本查明评估区地质灾害的类型、分布特征，并深入分析了工程建设区内地质灾害的危险性现状、预测和综合评估，预测地质灾害演化趋势，结合工程建设特点，对评估区内地质灾害与地质环境的相互关系，并提出地质灾害防治措施，为工程建设项目防灾、减灾提供依据
159	新建如皋市江安镇江安初级中学项目地质灾害评估	2018年4月	
160	无锡西漳中学改扩建工程地质灾害危险性评估	2018年4月	
161	南京龙之江新城市广场二期工程地质灾害危险性评估	2018年4月	
162	南京市仙林中医院项目地质灾害危险性评估	2018年3月	
163	灌云县大伊山风景区旅游观光车道路地质灾害评估	2018年2月	
164	南京三江学院迁建工程地质灾害危险性评估	2018年1—2月	
165	南京殡仪馆搬迁工程二期项目（含罐子山项目）地质灾害危险性评估	2018年1—2月	
166	南京市栖霞区石埠桥片区保障性住房项目地质灾害危险性评估	2017年11—12月	
167	348省道射阳段工程地质灾害危险性评估	2017年9—10月	
168	盱眙县淮河大桥改造工程地质灾害危险性评估	2017年9—10月	
169	苏州市吴中区东大湖堤线二期暨溪湖大道二期工程地质灾害危险性评估	2017年9—10月	

续表1

序号	项目名称	实施时间	工作内容
170	南京一中分校地质灾害危险性评估地质灾害危险性评估	2017年9月	在充分收集和分析工作区各方面地质资料的基础上,有重点地开展地质灾害调查工作,基本查明评估区地质灾害的类型、分布特征,并深入分析了地质灾害的危险性,结合工程建设与地质环境的相互关系和演化趋势,结合工程建设特点,对评估区内地质灾害进行现状、预测和综合评估,并提出地质灾害防治措施,为工程建设项目防灾、减灾提供依据
171	宿迁市黄河故道后续工程地质灾害危险性评估	2017年8月	
172	330省道淮安北段地质灾害危险性评估	2017年6月	
173	东方盐湖城国际养生城一期项目（C01、C02地块）地质灾害危险性评估	2017年5—6月	
174	南京市南部新城健康产业园地块地质灾害危险性评估	2017年4月	
175	南京和燕路过江通道项目地质灾害危险性评估	2017年3月	
176	泰州市232省道兴化段工程地质灾害危险性评估	2017年2—3月	
177	灌云县唐庄至204国道连接线（跃进门大桥）工程项目地质灾害危险性评估	2016年12月	
178	长江干流江苏段崩岸应急治理工程地质灾害危险性评估	2016年6月	
179	长江镇扬河段三期整治工程地质灾害危险性评估	2016年5月	
180	宁马高速江苏段改扩建工程地质灾害危险性评估	2016年7月	
181	江苏省高级人民法院新建审判业务楼项目地质灾害危险性评估	2016年3月	
182	南京栖霞山风景山门广场项目地质灾害危险性评估	2015年11—12月	

续表 1

序号	项目名称	实施时间	工作内容
183	泰州职业技术学院中国医药城新校区建设项目地质灾害危险性评估	2015 年 11 月	在充分收集和分析工作区各方面地质资料的基础上，有重点地开展地质灾害调查工作，基本查明评估区地质灾害的类型、分布特征，并深入分析了工程建设与地质环境的相互关系和演化趋势，结合工程建设特点，对评估区内地质灾害的危险性进行现状、预测和综合评估，并提出地质灾害防治措施，为工程建设项目防灾、减灾提供依据
184	镇江市铁瓮城周边地块棚户区改造项目地质灾害危险性评估	2015 年 9—10 月	
185	南京市燕子矶中学地质灾害危险性评估	2015 年 9 月	
186	新加坡·南京生态科技岛纬七路生态交通枢纽综合体项目地质灾害危险性评估	2015 年 7 月	
187	常州大学怀德学院二期工程项目地质灾害危险性评估	2015 年 6—7 月	
188	无锡市伯渎港综合整治工程地质灾害危险性评估	2015 年 6—7 月	
189	淮河入海水道二期工程地质灾害危险性评估	2015 年 4—5 月	
190	南京港龙潭港区铁路专用线工程地质灾害危险性评估	2015 年 3 月	
191	国储局江苏省泰兴成品油储备库项目地质灾害危险性评估	2014 年 12 月	
192	江苏如皋中央直属棉花储备库项目地质灾害危险性评估	2014 年 12 月	
193	天润盐城大丰试验风电场项目地质灾害危险性评估	2014 年 11 月	
194	溧水县新建"县区域供水工程"项目地质灾害危险性评估	2014 年 10 月	
195	灌河治理工程地质灾害危险性评估	2014 年 7—9 月	

续表1

序号	项目名称	实施时间	工作内容
196	国华射阳二期150MW风电场工程地质灾害危险性评估	2014年6月	在充分收集和分析工作区各方面地质资料的基础上，有重点地开展地质灾害调查工作，基本查明评估区地质灾害的类型、分布特征，分析人为工程活动与地质环境的相互关系和演化趋势，结合工程建设特点，对评估区内地质灾害的危险性进行现状、预测和综合评估，并提出地质灾害防治措施，为工程建设项目防灾、减灾提供依据
197	苏州港京杭运河高新港区码头一期工程陆域扩建工程地质灾害危险性评估	2014年4月	
198	句容市东部干线（县道212陈武至春城段）工程地质灾害危险性评估	2014年4月	
199	南京生态科技经济开发区市政基础设施项目地质灾害危险性评估	2014年3月	
200	淮安市古黄河环境整治工程地质灾害危险性评估	2014年3月	
201	南京河西CBD三期地下空间项目地质灾害危险性评估	2014年2月	
202	宜兴路云岭路新建工程地质灾害危险性评估	2013年10月	
203	镇江圌山温泉度假村项目地质灾害危险性评估	2013年5月	
204	镇江国际会议中心建设项目地质灾害危险性评估	2013年4月	
205	射阳河整治工程地质灾害危险性评估	2013年3月	
206	南京市仙林湖地区高级中学项目地质灾害危险性评估	2013年3月	
207	连云港市新海新区花果山大酒店项目地质灾害危险性评估	2013年3月	
208	南京市河西南部基础设施工程地质灾害危险性评估	2013年2月	

续表 1

序号	项目名称	实施时间	工作内容
209	南京市下关中等专业学校异地复建项目地质灾害危险性评估	2013 年 1—2 月	在充分收集和分析工作区各方面地质资料的基础上,有重点地开展地质灾害调查工作,基本查明评估区地质灾害的类型、分布特征,并深入分析了工程建设与地质环境的相互关系和演化趋势,结合工程建设特点,对评估区内地质灾害的危险性进行现状、预测和综合评估,并提出地质灾害防治措施,为工程建设项目防灾、减灾提供依据
210	新建尧化门货场工程地质灾害危险性评估	2013 年 1 月	
211	丰县至砀山公路江苏段改扩建工程项目地质灾害危险性评估	2013 年 1 月	
212	海安至启东高速公路项目地质灾害危险性评估	2013 年 1 月	
213	苏州市东太湖水环境综合治理用地项目（吴江区）地质灾害危险性评估	2012 年 12 月	
214	镇江市体育会展中心南 1 号地块项目地质灾害危险性评估	2012 年 12 月	
215	南京市麒麟科技创新园快速公共交通工程（现代有轨电车）地质灾害危险性评估	2012 年 10—11 月	
216	南京市江东北路定淮门大街节点改造工程地质灾害危险性评估	2012 年 10 月	
217	南京下关区滨江区域老城改造项目 2 号地块地质灾害危险性评估	2012 年 10 月	
218	中国科举博物馆项目地质灾害危险性评估	2012 年 10 月	
219	镇江港高资港区华电句容煤炭储运码头工程地质灾害危险性评估	2012 年 9—10 月	
220	南京南部新城医疗中心建设项目地质灾害危险性评估	2012 年 9 月	
221	常州火车站北广场地块项目地质灾害危险性评估	2012 年 9 月	

续表1

序号	项目名称	实施时间	工作内容
222	宁杭高铁站前大道新建工程地质灾害危险性评估	2012年5月	在充分收集和分析工作区各方面地质资料的基础上,有重点地开展地质灾害调查工作,基本查明评估区地质灾害的类型、分布特点、分布特征,并深入分析了工程建设与地质环境的相互关系和演化趋势,结合工程建设特点,对评估区内地质灾害的危险性进行现状、预测和综合评估,并提出地质灾害防治措施,为工程建设项目防灾、减灾提供依据
223	金湖县中义渡大桥建设项目地质灾害危险性评估	2012年4月	
224	盐城港响水港区小麋牛作业区码头一期工程地质灾害危险性评估	2012年2月	
225	江阴靖江中等专业学校搬迁项目地质灾害危险性评估	2012年2月	
226	江苏省太湖流域水环境监测站网一期工程地质灾害危险性评估	2011年12月	
227	如东光正实验学校工程地质灾害危险性评估	2011年11月	
228	南京市燕子矶新城保障房项目地质灾害危险性评估	2011年10—11月	
229	淮安东方死海文化乐园项目地质灾害危险性评估	2011年8—9月	
230	常熟发电有限公司2×1000MW机组项目500kV送出工程地质灾害危险性评估	2011年8月	
231	张家港市后塍高级中学异地新建项目地质灾害危险性评估	2011年5月	
232	南京市北十里长沟东支河道综合整治工程地质灾害危险性评估	2011年4—5月	
233	南京市东麒路北延建工程项目地质灾害危险性评估	2011年6—7月	
234	盱眙县大云山汉墓博物馆建设项目地质灾害危险性评估	2011年4月	

续表1

序号	项目名称	实施时间	工作内容
235	江阴市立新中学地质灾害危险性评估	2011年3月	在充分收集和分析工作区各方面地质资料的基础上,有重点地开展地质灾害调查工作,基本查明评估区地质灾害的类型、分布特征,并深入分析了工程建设与地质环境的相互关系和演化趋势,结合工程建设特点,对评估区内地质灾害的危险性进行现状、预测和综合评估,并提出地质灾害防治措施,为工程建设项目防灾、减灾提供依据
236	镇江港高资港区宝龙通用码头工程地质灾害危险性评估	2011年3月	
237	南京市内金川河水系环境综合整治工程地质灾害危险性评估	2011年1—2月	
238	宜金线改线及老路改造工程地质灾害危险性评估	2010年12月	
239	宜兴市太湖大道东延段新建工程地质灾害危险性评估	2010年11月	
240	宜兴市杨公路新建工程地质灾害危险性评估	2010年11月	
241	太仓市第三水厂一期工程地质灾害危险性评估	2010年6月	
242	336省道靖江改线段工程地质灾害危险性评估	2010年5月	
243	南京市纬一路(长江大桥—绕城公路)快速化改造工程地质灾害危险性评估	2010年4月	
244	连云港港赣榆港区起步工程地质灾害危险性评估	2010年1—2月	
245	常州市龙城大道(龙江路—奔牛机场)改扩建工程地质灾害危险性评估	2010年1月	
246	靖江经济开发区新港园区铁路专用线工程项目地质灾害危险性评估	2009年12月	
247	芬欧汇川(常熟)纸业有限公司二期扩建项目地质灾害危险性评估	2009年9月	

续表1

序号	项目名称	实施时间	工作内容
248	华能太仓电厂三期工程地质灾害危险性评估	2009年8月	在充分收集和分析工作区各方面地质资料的基础上,有重点地开展地质灾害调查工作,基本查明评估区地质灾害的类型、分布特点,对评估区内地质灾害的危险性进行现状、预测和综合评估,并提出地质灾害防治措施,为工程建设项目防灾、减灾提供依据
249	太仓市应急水源地工程危险性评估	2009年7月	
250	南京市汉口路西延工程地质灾害危险性评估	2009年3—4月	
251	吴江市东太湖环湖大堤工程地质灾害危险性评估	2009年3月	
252	苏州高新区第二水厂二期扩建工程地质灾害危险性评估	2009年1月—2008年12月	
253	徐州市贾汪区城市总体规划区地质灾害危险性评估	2008年11—12月	
254	连云港港北疏港公路工程地质灾害危险性评估	2008年12月	
255	徐贾快速通道项目地质灾害危险性评估	2008年10—11月	
256	华能太仓发电有限责任公司地质灾害危险性评估报告	2008年3—4月	
257	徐州矿务集团有限公司汉皇营项目地质灾害危险性评估	2008年3—4月	
258	连云港港疏港航道整治工程地质灾害危险性评估	2007年11月	
259	231省道兴化至泰州公路段改建工程地质灾害危险性评估	2007年11月	
260	中国海运苏江造船基地工程地质灾害危险性评估	2007年10月	

续表 1

序号	项目名称	实施时间	工作内容
261	325省道淮安段建设工程地质灾害危险性评估	2007年7月	在充分收集和分析工作区各方面地质资料的基础上，有重点地开展地质灾害调查工作，基本查明评估区地质灾害的类型、分布特征，并深入分析了工程建设与地质环境的相互关系和演化趋势，结合工程建设特点，对评估区内地质灾害的危险性进行现状、预测和综合评估，并提出地质灾害防治措施，为工程建设项目防灾、减灾提供依据
262	237省道淮安段扩建工程地质灾害危险性评估	2007年3月	
263	连云港市花果山大道建设项目地质灾害危险性评估	2007年2月	
264	江都市沿江开发区船舶工业带一期、二期工程地质灾害危险性评估	2007年1月	
265	国电宿迁电厂二期（2×600MW级机组）扩建工程地质灾害危险性评估	2006年12月	
266	江苏省望亭电厂油改煤工程地质灾害危险性评估	2006年11月	
267	改建沪宁铁路丹阳车站货场搬迁工程地质灾害危险性评估	2006年11月	
268	淮安一涟水一级公路建设工程地质灾害危险性评估	2006年10月	
269	扬州第二发电有限责任公司三期2×1000MW扩建工程地质灾害危险性评估	2006年10月	
270	江苏东台风电场二期200MW工程地质灾害危险性评估	2006年9月	
271	连云港市连云区北崮山大道地质灾害危险性评估	2006年9月	
272	无锡市桃花山垃圾填埋场扩建工程地质灾害危险性评估	2006年5月	

续表 1

序号	项目名称	实施时间	工作内容
273	江苏省扬子江现代粮食物流中心建设项目地质灾害危险性评估	2006年3—4月 2005年9月	在充分收集和分析工作区各方面地质资料的基础上,有重点地开展地质灾害调查工作,基本查明评估区地质灾害的类型、分布特征,并深入分析了地质灾害与地质环境的相互关系和演化趋势,结合工程建设特点,对评估区内地质灾害的危险性进行现状、预测和综合评估,并提出地质灾害防治措施,为工程建设项目防灾、减灾提供依据
274	连云港主体港区疏港道路东段地质灾害危险性评估	2006年1—3月	
275	苏州环太湖公路至绕城公路连接线工程地质灾害危险性评估报告	2005年12月	
276	江苏大丰风力发电场工程地质灾害危险性评估	2005年11月	
277	苏州港太仓港区万方（国际）码头工程地质灾害危险性评估	2005年10月	
278	京沪铁路电气化改造工程徐州段工程地质灾害危险性评估	2005年10月	
279	江苏省扬子江现代粮食物流中心建设项目地质灾害危险性评估	2005年10月	
280	宿迁峰山热电厂工程地质灾害危险性评估	2005年10月	
281	京沪铁路电气化工程徐州至上海段（江苏锡常部分）地质灾害危险性评估	2005年8—9月	
282	江苏省靖江经济开发区新港园区公用码头工程建设用地地质灾害危险性评估	2005年7—8月	
283	南京市危险废物处置中心项目地质灾害危险性评估	2005年2—3月	
284	靖江城区"城中村"改造项目地质灾害危险性评估	2005年2—3月	

续表1

序号	项目名称	实施时间	工作内容
285	南水北调东线第一期工程骆马湖水资源轻制工程地质灾害危险性评估	2005年1月	在充分收集和分析工作区各方面地质资料的基础上，有重点地开展地质灾害调查工作，基本查明评估区地质灾害的类型、分布特点，分析人为工程活动与地质环境的相互关系和演化趋势，结合工程建设项目地质灾害的危险性进行现状、预测和综合评估，并提出地质灾害防治措施，为工程建设项目防灾、减灾提供依据
286	江苏省华能淮阴电厂三期工程地质灾害危险性评估	2004年12月	
287	331,332省道金宝线金湖段地质灾害危险性评估	2004年10月	
288	常州西绕城公路工程地质灾害危险性评估	2004年1—3月	
289	淮安淮阴华尔润红星盐矿工程建设用地地质灾害危险性评估	2004年1月	
290	宁宿徐公路盱眙南段工程地质灾害危险性评估	2004年4—6月	
291	南水北调东线第一期工程骆马湖—南四湖江苏段境内工程地质灾害危险性评估	2004年10—11月	
292	西气东输冀宁联络管线管道工程江苏段地质灾害危险性评估	2004年1—3月	
293	沂沭泗河洪水东调南下续建工程——新沂河整治工程地质灾害危险性评估	2004年9—10月	
294	新长铁路新沂—袁北段续建工程地质灾害危险性评估	2004年5—7月	
295	南京至杭州高速公路南京—溧水段地质灾害危险性评估	2004年5—6月	
296	长江南京段上游过江通道工程地质灾害危险性评估	2004年9月	

续表 1

序号	项目名称	实施时间	工作内容
297	205 国道新沂绕城西线二期工程地质灾害危险性评估	2004 年 8 月	在充分收集和分析工作区各方面地质资料的基础上,有重点地开展地质灾害调查工作,基本查明评估区地质灾害的类型、分布特征,并深入分析了工程建设与地质环境的相互关系和演化趋势,结合工程建设特点,对评估区内地质灾害的危险性进行现状、预测和综合评估,并提出地质灾害防治措施,为工程建设项目防灾、减灾提供依据
298	江苏省城镇建设学校二期扩建项目地质灾害危险性评估	2003 年 9—10 月	
299	312 国道沪宁段扩建工程地质灾害危险性评估	2003 年 3—6 月	
300	沪宁高速公路(江苏段)扩建工程地质灾害危险性评估	2003 年 5—7 月	
301	南京至太仓公路南京常州段工程地质灾害危险性评估	2003 年 1—2 月	
302	上海至武威公路沪苏浙高速公路江苏段地质灾害危险性评估	2003 年 10—12 月	
303	南京交通职业技术学院江宁新校区地质灾害危险性评估	2003 年 3—4 月	
304	江苏沙洲电厂建设用地地质灾害危险性评估	2003 年 1 月	
305	昆山市外环线西环路地质灾害危险性评估	2003 年 9—10 月	
306	苏州绕城公路东南段及至上海郊区环线公路(江苏段)地质灾害危险性评估	2003 年 1—2 月	
307	宿迁发电厂工程建设用地质灾害危险性评估	2003 年 3—5 月	
308	徐州矿务集团大黄山矿区工业广场地质灾害危险性评估	2003 年 5 月	
309	徐州矿务集团坑口发电厂地质灾害危险性评估	2003 年 4 月	

续表1

序号	项目名称	实施时间	工作内容
310	盐城工学院新校区建设用地地质灾害危险性评估	2003年7—8月	在充分收集和分析工作区各方面地质资料的基础上，有重点地开展地质灾害调查工作，基本查明评估区地质灾害的类型、分布特征，并深入分析了工程建设的危险性现状，预测和综合评估地质灾害的相互关系和演化趋势，结合工程建设特点，对评估区内地质灾害进行现状、预测和综合评估，并提出地质灾害防治措施，为工程建设项目防灾、减灾提供依据
311	京福高速公路徐州段二期工程地质灾害危险性评估	2002年6—7月	
312	南京一蚌埠高速公路江苏段地质灾害危险性评估	2002年12月	
313	宁淮公路地质灾害危险性评估	2002年4—5月	
314	苏南干线航道网部分航道整治工程地质灾害危险性评估	2002年1—2月	
315	苏虞张公路地质灾害危险性评估	2002年3—4月	
316	连云港—盐城高速公路地质灾害危险性评估	2002年1—2月	
317	江南大学新校区地质灾害危险性评估	2002年11月	
地质灾害勘查设计			
318	南京大学仙林校区天文台道路西侧山体滑坡地质灾害治理工程勘查与设计	2018年4月	在充分收集分析项目区周边水工环地质、地质灾害等相关资料的基础上，开展大比例尺的地形测绘和地质灾害调查，有针对性地采用钻探、物探及实验测试等手段，全面查明工作区地质灾害分布发育特征，开展地质灾害隐患的稳定性和危险性评价，并提出合理、经济合理、安全可靠的地质灾害治理设计方案，编制设计图件，为地质灾害治理工程施工提供依据
319	无锡山水城张港北等五处崩塌、滑坡地质灾害应急消险工程设计	2018年4月	
320	灌云县龟腰山北段崩塌地质灾害治理工程勘查设计	2018年2—6月	
321	宜兴市张渚镇牛岭山正中腹日酒店西侧滑坡地质灾害治理工程勘查设计	2018年1—5月	
322	江阴市500kV利梅线71＃电塔东测崩塌、滑坡地质灾害治理工程勘查设计	2017年8—10月	

续表1

序号	项目名称	实施时间	工作内容
323	灌云县大伊山风景区龟腰山北段崩塌地质灾害治理工程勘查与设计	2017年6—11月	在充分收集分析项目区周边水工环地质、地质灾害等相关资料的基础上,开展大比例尺的地形测绘和地质灾害调查,有针对性地采用钻探、物探及实验测试等手段,全面查明工作区地质灾害分布发育特征,开展地质灾害隐患的稳定性和危险性评价,并提出经济合理、技术可行、安全可靠的地质灾害治理设计方案,编制设计图件,为地质灾害治理工程施工提供依据
324	连云港经济技术开发区云门寺关闭矿山地质环境治理工程设计	2017年6—9月	
325	南京市栖霞区红枫路拟建衡阳排灌站滑坡地质灾害应急治理工程勘查设计	2017年5—7月	
326	宜兴市芙蓉山庄七号楼等五处崩塌、滑坡地灾治理工程勘查与设计	2017年1—5月	
327	无锡市惠山区阳山镇长腰山南坡崩塌、滑坡地质灾害治理工程勘查与治理设计	2017年6—7月	
328	宜兴太华镇太华村襄阳滑坡点地质灾害治理工程勘查与设计	2017年3—6月	
329	南京栖霞区笆斗山古塞茅保护区滑坡地质灾害治理工程勘查设计	2017年4—7月	
330	南京市鼓楼区旅游学校西侧山体等6个地质灾害点治理工程设计	2017年3—6月	
331	江阴市上海振华重工江阴分公司南侧边坡崩塌、滑坡地质灾害治理工程勘查设计	2017年3—5月	
332	南京市栖霞区红枫路拟建所西侧滑坡地质灾害应急治理工程勘查设计	2017年1—4月	
333	宜兴市大贤岭林扬横山路南侧滑坡、崩塌地质灾害治理工程勘查与治理设计	2017年1—4月	

续表1

序号	项目名称	实施时间	工作内容
334	南京市六合区红光社区金杭组鹏达超市北侧滑坡地质灾害治理工程勘查设计	2017年1—3月	在充分收集分析项目区周边水工环地质、地质灾害调查,有针对性地采用钻探、物探及实验测试等相关资料的基础上,开展大比例尺的地形测绘和地质灾害调查,全面查明工作区地质灾害分布发育特征,开展地质灾害隐患的稳定性和危险性评价,并提出经济合理、技术可行、安全可靠的地质灾害治理设计方案,编制设计图件,为地质灾害治理工程施工提供依据
335	无锡市滨湖区中国企业管理无锡培训中心崩塌、滑坡地质灾害勘查	2016年11月—2017年2月	
336	南京市栖霞区燕子矶街道太平村75-4号滑坡地质灾害治理项目设计	2016年11月—2017年1月	
337	宜兴市G104国道丁山服务区西侧滑坡地质灾害治理工程勘查与治理设计	2016年8—12月	
338	南京市栖霞区燕子矶街道铁石岗公墓滑坡地质灾害治理工程勘查与设计	2016年6—9月	
339	江阴市鹅鼻嘴公园鹅山南坡崩塌地质灾害治理工程设计	2016年9—11月	
340	高淳区桠溪镇小山地质灾害治理工程设计	2016年6—8月	
341	江阴市海港大道秦望山随道南口崩塌、滑坡地质灾害治理工程设计	2016年6—7月	
342	无锡市滨湖区白药山崩滑地质灾害勘查	2016年11—12月	
343	南京市浦口区桥林街道林山村花园组滑坡地质灾害勘查与设计	2016年5—6月	
344	靖江地震台西侧滑坡、崩塌地质灾害治理工程勘查设计	2016年1—3月	
345	南京市栖霞区尧化街道尧化新寓北侧滑坡地质灾害治理工程勘查设计	2016年1—3月	

续表1

序号	项目名称	实施时间	工作内容
346	徐州市贾汪区小洪山滑坡、地塌地质灾害治理工程设计	2015年11月—2016年2月	在充分收集分析项目区周边水工环地质、地质灾害等相关资料的基础上,开展大比例尺的地形测绘和地质灾害调查,有针对性地采用钻探、物探及实验测试等手段,全面查明工作区地质灾害分布发育特征,开展地质灾害隐患的稳定性和危险性评价,并提出经济合理、技术可行、安全可靠的地质灾害治理方案,编制设计图件,为地质灾害治理工程施工提供依据
347	南京市鼓楼区石头城路南艺后街等7处洪涝地质灾害治理应急抢险工程勘查设计	2015年10—12月	
348	南京市栖霞区燕子矶街道太平村69-38号地质灾害治理工程勘查设计	2015年8—9月	
349	南京市栖霞区燕子矶街道太平村75-4号滑坡地质灾害勘查设计	2015年7—8月	
350	南京市栖霞区燕子矶街道胜利村附楼57号滑坡处滑坡地质灾害应急消险工程设计	2015年6—7月	
351	高邮市神居山风景区地质灾害治理工程设计	2013年1—3月	
352	南京市下区乐龄(象山)老年公寓北侧滑坡地质灾害治理工程设计	2013年1—3月	
353	靖江市孤山特大型崩塌滑坡地质灾害治理工程设计	2014年8—11月	
354	无锡市惠山区阳山镇阴山北侧崩塌地质灾害治理工程设计	2014年8—9月	
355	南京市栖霞区燕子矶街道化工厂中学南侧滑坡地质灾害治理工程设计	2014年7—8月	
356	南京市仙林大学城经天路南侧地块-滑坡崩塌地质灾害治理工程设计	2014年5—8月	
357	宜兴市太华镇太平村箭岭林道边坡地质灾害应急治理工程设计	2014年3—6月	

续表 1

序号	项目名称	实施时间	工作内容
358	盱眙县盱城镇魁星广场西侧山体崩塌地质灾害治理工程设计	2014年3—5月	在充分收集分析项目区周边水工环地质、地质灾害等相关资料的基础上,开展大比例尺的地形测绘和地质灾害调查,有针对性地采用钻探、物探及实验测试等手段,全面查明工作区地质灾害分布发育特征,开展地质灾害隐患的稳定性和危险性评价,并提出地质灾害治理工程施工提供依据靠的地质灾害治理方案,编制设计图件,为地质灾害治理工程施工提供依据
359	南京市栖霞区太平村 68-3 号滑坡地质灾害治理工程设计	2014年3—5月	
360	宜兴市张渚镇柏山村牛山滑坡地质灾害治理工程设计	2014年3—5月	
361	扬州市观音山西侧山体滑坡地质灾害治理工程勘查设计	2013年11月—2014年1月	
362	南京市溧水区晶桥镇小茅山矿山地质环境治理设计	2013年10—12月	
363	盱眙县盱城镇魁星广场西侧山体崩塌地质灾害治理设计	2013年7—9月	
364	盱眙山水大道休闲街地质灾害治理及现场内挡土墙设计	2013年9—12月	
365	连云港市海州区桃花涧景区将军崖岩画地质灾害治理工程可行性研究及设计	2013年9—12月	
366	南京六合区瓜埠镇瓜埠山地质灾害工程设计	2013年5—8月	
367	南京市栖霞区燕子矶中学北大门北侧滑坡地质灾害勘察与治理设计	2012年1—2月	
368	南京市栖霞区滑坡、崩塌群地质灾害(特大型)治理设计	2012年1—2月	
369	南京市栖霞区龙潭街道龙小山北侧崩塌、滑坡地质灾害治理设计	2012年1—2月	
370	连云港市高公岛村西山(特大型)滑坡地质灾害治理设计	2012年1—2月	

续表1

序号	项目名称	实施时间	工作内容
371	连云港市后腔废弃矿山地质环境综合治理方案设计方案	2012年1—2月	在充分收集分析项目区周边水工环地质、地质灾害等相关资料的基础上，开展大比例尺的地形测绘和地质灾害调查，有针对性地采用钻探、物探及实验测试等手段，全面查明工作区地质灾害分布发育特征，开展地质灾害隐患的稳定性和危险性评价，并提出经济合理、技术可行、安全可靠的地质灾害治理设计方案，编制设计图件，为地质灾害治理工程施工提供依据
372	宜兴市丁蜀实验中学东侧滑坡地质灾害治理工程设计	2012年1—2月	
373	宿迁市泗阳县龙卧塘滑坡地质灾害治理设计	2012年1—2月	
374	江阴市鹅鼻嘴公园崩塌地质灾害隐患点治理设计	2011年6—8月	
375	南京市栖霞区燕子矶街道太平村83-1号南侧滑坡地质灾害勘察与治理设计	2011年6—7月	
376	南京市委党校校区崩塌、滑坡地质灾害治理设计	2011年5—7月	
377	南京市栖霞区燕子矶街道丁家山沿线滑坡地质灾害勘察与治理设计	2011年5—7月	
378	连云港市海州区锦屏镇驹山废弃矿山地质灾害治理设计	2010年11月	
379	南京市溧水县浮山采石场矿山地质环境治理工程设计	2010年9—10月	
380	连云港市海州区锦屏山刘志洲山塌陷区地质灾害治理工程设计	2010年4—5月	
381	苏州市吴中区双湾村边坡地质灾害治理工程设计	2010年1—5月	
382	苏州市吴中区环太湖废弃建材矿山群（横泾一石场）矿山地质环境治理项目设计	2010年1—2月	

续表 1

序号	项目名称	实施时间	工作内容
383	苏州吴中区胥口镇绕城高速太湖服务区边坡地质灾害治理设计	2009年3—4月	在充分分析项目区周边水工环地质、地质灾害等相关资料均基础上，开展大比例尺的地形测绘和地质灾害调查，有针对性地采用钻探、物探及实验测试等手段，全面查明工作区地质灾害分布发育特征，开展地质灾害隐患的稳定性和危险性评价，并提出经济合理、技术可行、安全可靠的地质灾害治理设计方案，编制设计图件，为地质灾害治理工程施工提供依据
384	苏州市吴中区东山镇莫厘峰华侨塞园滑坡地质灾害治理设计	2009年4—6月	
		2008年11月	
385	苏州市吴中区光福玄墓山南麓（部队营区）滑坡地质灾害治理设计	2009年3—4月	
386	淮安市洪泽盐盆盐硝矿开采区地面沉陷监测网建设	2011年1—5月	全面收集整理淮安、洪泽两大盐盆范围内的各方面地质资料和盐硝矿开采资料，充分分析矿开采可能产生的地面沉陷和地下水污染影响范围，部署并实施工基岩标、地面标、GPS标、地下水监测井等多种监测设施，为后续开展长期监测测量，为在标体稳定后开展长期监测提供基础
387	淮安市淮安盐盆盐硝矿开采区地面沉陷监测网建设	2012年3—12月	

地质灾害治理调查评价及其他

序号	项目名称	实施时间	工作内容
388	常州市金坛区新建明月山溪花园项目北侧边坡稳定性调查评价	2018年4—5月	收集项目区各方面地质资料，开展地质灾害详细调查工作，并辅以必要的勘探手段，全面查清项目区地质灾害的分布发育特征，提出地质灾害防治对策，并开展有针对性的地质灾害防治提供依据
389	溧阳市曹山旅游度假区地质灾害调查评价	2018年1—5月	
390	宜兴市湖㳇镇西镜山边坡地质灾害稳定性调查评价	2017年7—9月	
391	连云港市营山社区刘沟小区西侧边坡崩塌滑坡地质灾害调查评价	2016年5—7月	
392	连云港市浦发路采空地面塌陷调查评价	2015年12月—2016年1月	
393	南京市六合区牛湖街道甫田村采空地面塌陷地质灾害调查评价	2015年1—3月	
394	镇江新区圌山度假旅游项目边坡调查评价	2014年11—12月	

续表1

序号	项目名称	实施时间	工作内容
395	南京高科仙林湖置业有限公司G81北侧山体边坡稳定性调查评价	2012年5月	收集项目区各方面地质资料，开展地质灾害详细调查工作，并辅以必要的勘探手段，全面查清项目区地质灾害的分布发育特征，并开展稳定性评价，提出地质灾害防治对策，为开展地质灾害防治提供依据
396	锡北镇光明村地裂缝地质灾害调查评估	2012年6月	
397	常州市武进区废弃露采矿山及地裂缝地质灾害调查评价	2011年1—6月	
398	苏州高新区中小学地质灾害隐患调查	2010年4—6月	
399	吴中区中小学校舍地质灾害隐患调查	2009年11—12月	
400	南京市栖霞区龙潭街道黄龙山地质灾害调查	2009年4—7月	
401	常熟市大义小山关闭谷口边坡地质灾害调查评价	2009年1—2月	
402	龙潭街道龙小山北侧地块边坡稳定性调查评价	2008年1—3月	
403	南京市浦口区顶山滑坡群地质灾害调查评价	2006年11—12月	
404	南京天元·吉第住宅小区二期工程边坡稳定性调查评价	2006年5月	
405	南京市翠屏国际城（一期）边坡治理后稳定性评价	2006年2—3月	
406	阳山镇长腰山采石矿区环境综合整治项目边坡稳定性调查评价	2005年5—6月	
407	淮安市地质灾害调查	2005年1—2月	
408	常州大学城地裂缝地质灾害勘查报告	2005年1—2月	

续表1

序号	项目名称	实施时间	工作内容
409	常州市第三制药厂地裂缝地质灾害勘查报告	2005年1—2月	收集项目区各方面地质资料，开展地质灾害详细调查工作，并辅以必要的勘探手段，全面查清项目区地质灾害的分布发育特征，并开展稳定性评价，提出地质灾害防治对策，为开展有针对性的地质灾害防治提供依据
410	常州市武进区漕桥镇地裂缝地质灾害勘查报告	2005年1月	
411	南京市栖霞区燕子矶中学斜坡地质灾害勘查	2004年2—3月	
412	宜兴市丁蜀镇兰山村滑坡灾害调查评价	2004年2—3月	
413	宿迁市城市规划区地质灾害勘察评价	2003年5—8月	
414	无锡市惠山新区地质灾害调查研究	2002年1—2月	
415	徐州市地质灾害隐患点复查（2014年度）	2014年5—9月	在地质灾害排查的基础上，逐点开展地质灾害调查工作，查明各个隐患点地质灾害发育特征，分析其形成机理和影响因素，预测其发展趋势，并提出防灾减灾措施
416	南京市栖霞区、玄武区、六合区地质灾害隐患点核查	2011年3—5月	
417	常州市地质灾害隐患点专项调查	2008年8—11月	
418	苏州市吴中区地质灾害隐患点复查	2008年10—11月	
419	徐州市贾汪区中心城市规划区工程地质评价	2008年10—11月	充分收集贾汪区中心规划区各方面地质环境条件的改变及其变化趋势，特别是多年来煤矿采空区引起地质环境条件的改变及其变化趋势，重点分析研究煤矿开采资料，开展场地稳定性分析和工程地质适宜性评价，为城市规划、建设提供依据
420	沪宁城际轨道交通工程丹阳—昆山段区域地面沉降专题研究	2008年1—5月	全面收集工程沿线地面沉降资料，研究地面沉降分布发育特征，建立模型进行趋势预测，评价地面沉降对工程建设的影响，分析工程沿线面沉降分布历史及变形成因，分析工程沿线面沉降对工程建设的影响，提出有针对性的防治措施，为建设项目开展地面沉降防治提供依据
421	京沪高速铁路丹阳—上海段沉降专题研究（江苏境内）地面沉降	2006年4—8月	
422	苏通长江公路大桥地层沉降影响研究	2001年8—10月	

续表1

序号	项目名称	实施时间	工作内容
423	苏州高新区环阳山路西线改造一期工程与高岭土矿相互影响论证报告	2015年6—8月	
424	溧阳市上黄镇西埝村大笠山矿对常溧阳至溧阳高速公路安全影响评估	2014年1—2月	全面收集工程沿线矿山开采资料,查清工程沿线矿产分布情况,分析矿山开采影响范围和建设项目用地红线之间的关系,确定矿山开采的安全距离,提出切实可行的措施建议,为工程建设提供依据
425	常州至溧阳高速公路儒林—上黄段与矿区安全性距离分析评价	2010年7—8月	
426	济宁至徐州高速公路江苏段采矿安全性距离分析	2006年8—12月	

表2 地热中心第二类技术服务项目汇总表

序号	项目名称	实施时间	工作内容
1	江苏省苏州市高新区阳山地区地热勘查	2010年7月—2011年10月	开展了地热地质调查、重磁资料数据处理及地质解释、可控源音频大地电磁测深、地热钻井。口水温42℃、单井涌水量2218m³/d
2	江苏省苏州市高新区通安—浒墅关地区地热勘查	2006年10月—2007年12月	开展了地热地质调查、重磁资料数据处理及地质解释、可控源音频大地电磁测深、地热钻井。口水温34℃、单井涌水量810m³/d
3	江苏省苏州市高新区通安地区地热勘查	2009年10月—2011年11月	开展了地热地质调查、重磁资料数据处理及地质解释、可控源音频大地电磁测深、地热钻井。口水温42℃、单井涌水量2000m³/d
4	江苏省苏州市高新区浒墅关地区地热普查	2010年1月—2010年11月	开展了地热地质调查、重磁资料数据处理及地质解释、可控源音频大地电磁测深、地热钻井。口水温42℃、单井涌水量1328m³/d
5	苏州太湖国家旅游度假区地热普查	2006年6月—2007年4月	开展了地热地质调查、重磁资料数据处理及地质解释、可控源音频大地电磁测深、地热钻井。口水温32℃、单井涌水量339m³/d
6	苏州太湖国家旅游度假区渔洋山地区地热钻井选址调查	2013年7月—2013年8月	开展了地热地质调查、重磁资料数据处理及地质解释、可控源音频大地电磁测深,确定了地热井井位

续表 2

序号	项目名称	实施时间	工作内容
7	江苏省苏州市苏州太湖国家旅游度假区（梅舍地区）地热钻井选址调查	2008年1月—2008年2月	开展了地热地质调查、重磁资料数据处理及地质解释、可控源音频大地电磁测深，确定了地热井井位
8	江苏省苏州市苏州太湖国家旅游度假区（渔洋山地区）地热钻井选址调查	2007年4月—2007年5月	开展了地热地质调查、重磁资料数据处理及地质解释、可控源音频大地电磁测深，确定了地热井井位
9	江苏省苏州市吴中区金庭镇缥缈地区地热勘查	2011年8月—2013年8月	开展了地热地质调查、重磁资料数据处理及地质解释、可控源音频大地电磁测深、地热钻井。井口水温45℃，单井涌水量3486m³/d
10	江苏省苏州市吴中区胥口地区地热普查	2009年10月—2011年9月	开展了地热地质调查、重磁资料数据处理及地质解释、可控源音频大地电磁测深、地热钻井。井口水温46℃，单井涌水量1099m³/d
11	江苏省苏州市吴中区石湖景区地热普查	2009年10月—2010年11月	开展了地热地质调查、重磁资料数据处理及地质解释、可控源音频大地电磁测深、地热钻井。井口水温36℃，单井涌水量2544m³/d
12	江苏省苏州市相城区阳澄湖地区地热勘查	2009年5月—2011年4月	开展了地热地质调查、重磁资料数据处理及地质解释、可控源音频大地电磁测深、地热钻井。井口水温48℃，单井涌水量422m³/d
13	江苏省苏州市吴江区汾湖镇元荡地区地热普查	2015年10月—2016年12月	开展了地热地质调查、重磁资料数据处理及地质解释、可控源音频大地电磁测深、地热钻井。井口水温40℃，单井涌水量180m³/d
14	江苏省苏州市吴中区临湖地区地热勘查	2007年5月—2009年6月	开展了地热地质调查、重磁资料数据处理及地质解释、可控源音频大地电磁测深、地热钻井。井口水温65℃，单井涌水量887m³/d
15	江苏省苏州市吴中区石公山地区地热钻井选址调查	2014年11月	开展了地热地质调查、重磁资料数据处理及地质解释、可控源音频大地电磁测深，确定了地热井井位
16	江苏省苏州市吴中区金庭镇西南部地区地热钻井选址调查	2012年6月	开展了地热地质调查、重磁资料数据处理及地质解释、可控源音频大地电磁测深，确定了地热井井位
17	江苏省吴江区桃源镇地区地热勘查	2014年8月—2018年6月	开展了地热地质调查、重磁资料数据处理及地质解释、可控源音频大地电磁测深、地热钻井。井口水温40℃，单井涌水量300m³/d
18	江苏省吴江市东太湖地区（4号井）地热勘查	2012年7月—2013年5月	开展了地热地质调查、重磁资料数据处理及地质解释、可控源音频大地电磁测深、地热钻探井位，实施了地热井

续表2

序号	项目名称	实施时间	工作内容
19	江苏省吴江市东太湖地区（3号井）地热勘查	2010年7月—2011年4月	开展了地热地质调查、重磁资料数据处理及地质解释、可控源音频大地电磁测深、地热钻井。井口水温56℃，单井涌水量520m³/d
20	江苏省吴江市太湖沿岸地区（1号井）地热勘查	2006年3月—2007年6月	开展了地热地质调查、重磁资料数据处理及地质解释、可控源音频大地电磁测深、确定了地热钻井井位，实施了地热钻探
21	江苏省吴江市太湖沿岸地区（莘平）（2号井）地热钻查	2008年3月—2010年9月	开展了地热地质调查、重磁资料数据处理及地质解释、可控源音频大地电磁测深、地热钻井。井口水温45℃，单井涌水量383m³/d
22	江苏省苏州市吴江区横扇地区地热钻井选址调查	2015年3月—2015年4月	开展了地热地质调查、重磁资料数据处理及地质解释、可控源音频大地电磁测深、确定了地热钻井井位
23	江苏省昆山市花桥镇地区地热钻井选址调查	2011年2月—2011年3月	开展了地热地质调查、重磁资料数据处理及地质解释、可控源音频大地电磁测深、确定了地热钻井井位
24	江苏省昆山市张浦地区地热钻查	2010年4月—2012年2月	开展了地热地质调查、重磁资料数据处理及地质解释、可控源音频大地电磁测深、地热钻井。井口水温45℃，单井涌水量3120m³/d
25	江苏省常熟市尚湖地区地热普查	2009年2月—2009年12月	开展了地热地质调查、重磁资料数据处理及地质解释、可控源音频大地电磁测深、地热钻井。井口水温42℃，单井涌水量385m³/d
26	江苏省常熟市昆承湖地区地热普查	2009年2月—2010年6月	开展了地热地质调查、重磁资料数据处理及地质解释、可控源音频大地电磁测深、地热钻井。井口水温47℃，单井涌水量580m³/d
27	江苏省常熟市沙家浜镇横泾地区地热普查	2007年10月—2008年10月	开展了地热地质调查、重磁资料数据处理及地质解释、可控源音频大地电磁测深、地热钻井。井口水温36℃，单井涌水量1288m³/d
28	江苏省常熟市梅李镇地区地热普查	2006年9月—2007年11月	开展了地热地质调查、电测深、重磁资料数据处理及地质解释、可控源音频大地电磁测深、地热钻井。井口水温48℃，单井涌水量256m³/d
29	江苏省张家港市西张地区地热普查	2003年12月—2004年8月	开展了地热地质调查、电测深、重磁资料数据处理及地质解释、可控源音频大地电磁测深、地热钻井。井口水温45℃，单井涌水量1181m³/d
30	江苏省张家港市双山岛地区地热普查	2015年6月—2017年6月	开展了地热地质调查、重磁资料数据处理及地质解释、可控源音频大地电磁测深、地热钻井。井口水温53℃，单井涌水量421m³/d
31	江苏省张家港市香山地区地热普查	2013年6月—2014年12月	开展了地热地质调查、重磁资料数据处理及地质解释、可控源音频大地电磁测深、地热钻井。井口水温35℃，单井涌水量2163m³/d

续表 2

序号	项目名称	实施时间	工作内容
32	江苏省张家港市凤凰镇鸷山地区地热普查	2015 年 3 月	开展了地热地质调查、重磁资料数据处理及地质解释、可控源音频大地电磁测深、选择了井位正在钻井中
33	江苏省无锡市滨湖区南泉地区地热钻井选址调查	2009 年 5 月—2009 年 6 月	开展了地热地质调查、重磁资料数据处理及地质解释、可控源音频大地电磁测深、确定了地热钻井。井位
34	江苏省无锡市无锡新区鸿山镇地区地热普查	2010 年 4 月—2011 年 3 月	开展了地热地质调查、重磁资料数据处理及地质解释、可控源音频大地电磁测深、地热钻井。口水温 37℃，单井涌水量 556m³/d
35	江苏省无锡市无锡新区后宅镇地区地热钻井选址调查	2010 年 10 月—2010 年 11 月	开展了地热地质调查、重磁资料数据处理及地质解释、可控源音频大地电磁测深、确定了地热钻井。井位
36	无锡市太湖国家旅游度假区马山地区地热普查	2015 年 2 月—2015 年 3 月	开展了地热地质调查、重磁资料数据处理及地质解释、可控源音频大地电磁测深、确定了地热钻井。井位
37	江苏省无锡市惠山区阳山镇东家桥地区地热普查	2007 年 8 月—2009 年 2 月	开展了地热地质调查、重磁资料数据处理及地质解释、可控源音频大地电磁测深、地热钻井。口水温 37℃，单井涌水量 1890m³/d
38	江苏省无锡市惠山区阳山镇地区地热普查	2005 年 12 月—2007 年 3 月	开展了地热地质调查、重磁资料数据处理及地质解释、可控源音频大地电磁测深、地热钻井。口水温 38℃，单井涌水量 485m³/d
39	江苏省无锡市滨湖区太湖新城地区地热普查	2013 年 3 月—2013 年 12 月	开展了地热地质调查、重磁资料数据处理及地质解释、可控源音频大地电磁测深、地热钻井。口水温 48℃，单井涌水量 709m³/d
40	江苏省无锡市锡山区羊尖镇史家桥地区地热普查	2006 年 2 月—2008 年 5 月	开展了地热地质调查、重磁资料数据处理及地质解释、可控源音频大地电磁测深、地热钻井。口水温 43℃，单井涌水量 530m³/d
41	江苏省无锡市惠山区阳山张华村地区地热普查	2013 年 3 月—2014 年 5 月	开展了地热地质调查、重磁资料数据处理及地质解释、可控源音频大地电磁测深、地热钻井。口水温 40℃，单井涌水量 385m³/d
42	江苏省江阴市敔山湾地区地热钻井选址调查	2014 年 11 月—2014 年 12 月	开展了地热地质调查、重磁资料数据处理及地质解释、可控源音频大地电磁测深、确定了地热钻井。井位
43	江苏省宜兴市西渚镇横山水库西部地区地热普查	2012 年 8 月—2013 年 5 月	开展了地热地质调查、重磁资料数据处理及地质解释、可控源音频大地电磁测深、地热钻井。口水温 52℃，单井涌水量 554m³/d
44	江苏省宜兴市湖㳇地区地热普查	2011 年 7 月—2012 年 3 月	开展了地热地质调查、重磁资料数据处理及地质解释、可控源音频大地电磁测深、地热钻井。口水温 53℃，单井涌水量 531m³/d

续表2

序号	项目名称	实施时间	工作内容
45	江苏省宜兴市元上地区地热普查	2014年12月—2016年6月	开展了地热地质调查、重磁资料数据处理及地质解释、可控源音频大地电磁测深，地热钻井。井口水温50℃，单井涌水量488m³/d
46	江苏省宜兴市芳桥地区地热普查	2012年8月—2014年1月	开展了地热地质调查、重磁资料数据处理及地质解释、可控源音频大地电磁测深，地热钻井。井口水温42℃，单井涌水量3364m³/d
47	江苏省宜兴市张渚镇老虎山地区地热钻井选址调查	2018年4月—2018年5月	开展了地热地质调查、重磁资料数据处理及地质解释、可控源音频大地电磁测深，确定了地热井井位
48	常州市武进区西太湖地区地热钻井选址调查	2009年5月—2009年6月	开展了地热地质调查、重磁资料数据处理及地质解释、可控源音频大地电磁测深，确定了地热井井位
49	常州市武进区紫薇园地区地热钻井选址调查	2009年5月—2009年6月	开展了地热地质调查、重磁资料数据处理及地质解释、可控源音频大地电磁测深，确定了地热井井位
50	江苏省常州市雪堰镇滨湖地区地热钻井选址调查	2011年6月—2011年7月	开展了地热地质调查、重磁资料数据处理及地质解释、可控源音频大地电磁测深，确定了地热井井位
51	江苏省常州市新北地区地热普查	2008年3月—2009年2月	开展了地热地质调查、重磁资料收集及地质解释、可控源音频大地电磁测深，地热钻井。井口水温48℃，单井涌水量392m³/d
52	江苏省溧阳市天目湖镇金山地区地热普查	2004年9月—2004年11月	开展了地热地质调查、重磁资料收集及地质解释、可控源音频大地电磁测深，地热钻井。井口水温38℃，单井涌水量528m³/d
53	江苏省溧阳市新昌镇大溪水库东岸地区地热钻井选址调查	2006年4月—2006年5月	开展了地热地质调查、重磁资料收集及地质解释与处理、可控源音频大地电磁测深，确定了地热钻井井位
54	江苏省溧阳市社渚镇金山地区地热钻井选址调查	2010年9月—2010年10月	开展了地热地质调查、重磁资料数据处理及地质解释、可控源音频大地电磁测深，确定了地热钻井井位
55	江苏省溧阳市大石山地区地热普查	2012年3月—2013年6月	开展了地热地质调查、重磁资料数据处理及地质解释、可控源音频大地电磁测深，地热钻井。井口水温58℃，单井涌水量810m³/d
56	江苏省溧阳市天目湖镇地区地热普查	2010年8月—2012年7月	开展了地热地质调查、重磁资料数据处理及地质解释、可控源音频大地电磁测深，地热钻井。井口水温56℃，单井涌水量603m³/d
57	江苏省溧阳市戴埠地区地热普查	2010年3月—2011年6月	开展了地热地质调查、重磁资料数据处理及地质解释、可控源音频大地电磁测深，地热钻井。井口水温43℃，单井涌水量320m³/d

附表　第二类技术服务项目统计表

续表2

序号	项目名称	实施时间	工作内容
58	江苏省溧阳市李家园南部地区地热钻井选址调查	2011年10月—2011年11月	开展了地热地质调查，重磁资料数据处理及地质解释，可控源音频大地电磁测深，确定了地热井井位
59	江苏省溧阳市李家园北部地区地热钻井选址及A点区的复核论证	2012年10月—2012年11月	开展了地热地质调查，重磁资料数据处理及地质解释，可控源音频大地电磁测深，确定了地热井井位
60	江苏省溧阳市戴埠镇李家园地区地热普查	2007年7月—2008年8月	开展了地热地质调查，重磁资料收集及地质解释，可控源音频大地电磁测深，地热钻井。井口水温36℃，单井涌水量968m³/d
61	江苏省溧阳市戴埠镇戴南村地区地热普查	2012年10月—2014年10月	开展了地热地质调查，重磁资料数据处理及地质解释，可控源音频大地电磁测深，地热钻井。井口水温48℃，单井涌水量508m³/d
62	江苏省溧阳市龙潭森林公园南部地区地热钻井选址调查	2015年5月—2015年6月	开展了地热地质调查，重磁资料数据处理及地质解释，可控源音频大地电磁测深，确定了地热井井位
63	江苏省溧阳市燕山地区地热钻井选址调查	2014年4月—2014年5月	开展了地热地质调查，重磁资料数据处理及地质解释，可控源音频大地电磁测深，确定了地热井井位
64	江苏省溧阳市天目湖北岸地区地热钻探	2015年8月—2015年12月	开展了地热地质调查，重磁资料数据处理及地质解释，可控源音频大地电磁测深，地热钻井，实施了地热钻井井位
65	江苏省溧阳市上兴镇曹山地区地热普查	2015年2月—2016年6月	开展了地热地质调查，重磁资料数据处理及地质解释，可控源音频大地电磁测深，地热钻井。井口水温45℃，单井涌水量1238m³/d
66	江苏省溧阳天目湖镇竹林湾地区地热钻井选址调查	2013年5月—2013年6月	开展了地热地质调查，重磁资料数据处理及地质解释，可控源音频大地电磁测深，确定了地热井井位
67	江苏省溧阳天目湖镇新城地区地热钻井选址调查	2013年5月—2013年6月	开展了地热地质调查，重磁资料数据处理及地质解释，可控源音频大地电磁测深，确定了地热井井位
68	江苏省溧阳市天目湖镇横塘山地区地热钻井选址调查	2017年10月—2017年11月	开展了地热地质调查，重磁资料数据处理及地质解释，可控源音频大地电磁测深，确定了地热井井位
69	江苏省金坛市薛埠镇北部地区地热钻井选址调查	2011年1月—2011年2月	开展了地热地质调查，重磁资料数据处理及地质解释，可控源音频大地电磁测深，确定了地热井井位
70	江苏省镇江市圌山地区地热	2009年6月—2010年10月	开展了地热地质调查，重磁资料数据处理及地质解释，可控源音频大地电磁测深，地热钻井。井口水温45℃，单井涌水量3024m³/d

续表2

序号	项目名称	实施时间	工作内容
71	江苏省镇江市镇江新区大路镇东南部地区地热	2011年11月—2013年6月	开展了地热地质调查、重磁资料数据处理及地质解释、可控源音频大地电磁测深、地热钻井。井口水温48℃，单井涌水量795m³/d
72	江苏省镇江市高资镇东南部地区(香山庄园)地热钻井选址调查	2015年4月—2015年5月	开展了地热地质调查、重磁资料数据处理及地质解释、可控源音频大地电磁测深，确定了地热井井位
73	镇江市南山地区地热普查	2013年3月—2013年12月	开展了地热地质调查、重磁资料收集及地质解释、可控源音频大地电磁测深，确定了地热井井位，实施了地热钻井
74	江苏省丹阳市导墅镇马庄地区地热普查	2009年7月—2010年12月	开展了地热地质调查、重磁资料数据处理及地质解释、可控源音频大地电磁测深，地热钻井。井口水温42℃，单井涌水量603m³/d
75	江苏省丹阳市胡桥地区地热钻井选址调查	2010年9月	开展了地热地质调查、重磁资料数据处理及地质解释、可控源音频大地电磁测深，确定了地热井井位
76	江苏省丹阳市后巷建山地区地热普查	2010年9月—2012年2月	开展了地热地质调查、重磁资料数据处理及地质解释、可控源音频大地电磁测深，地热钻井。井口水温48℃，单井涌水量3360m³/d
77	江苏省镇江市丹徒区谷阳镇地区地热普查	2011年7月—2013年2月	开展了地热地质调查、重磁资料数据处理及地质解释、可控源音频大地电磁测深，地热钻井。井口水温45℃，单井涌水量2503m³/d
78	江苏省镇江市丹徒区谷阳镇地区地热钻井选址调查	2013年2月—2013年3月	开展了地热地质调查、重磁资料数据处理及地质解释、可控源音频大地电磁测深，确定了地热井井位
79	江苏省韦岗西部地区地热钻井选址调查	2012年12月—2013年1月	开展了地热地质条件、进行了成因分析、评价了水质、计算评价了地热资源量和开采量、提出了开发利用方案
80	江苏省镇江市韦岗铁矿地热资源评价研究	2011年8月—2011年10月	研究了地热地质条件、进行了成因分析、评价了水质、计算评价了地热资源量和开采量、提出了开发利用方案
81	江苏省扬中市西南部地区地热勘查	2013年5月—2014年5月	开展了地热地质调查、重磁资料数据处理及地质解释、可控源音频大地电磁测深，确定了地热井井位，实施了地热钻井
82	江苏省扬中市西沙地区地热钻井选址调查	2012年3月—2012年4月	开展了地热地质调查、重磁资料数据处理及地质解释、可控源音频大地电磁测深，确定了地热井井位
83	江苏省扬中市北部沿江地区地热钻井选址调查	2012年4月	开展了地热地质调查、重磁资料数据处理及地质解释、可控源音频大地电磁测深，确定了地热井井位

续表 2

序号	项目名称	实施时间	工作内容
84	江苏省扬中市雷公岛地区地热普查	2011年9月—2014年1月	开展了地热地质调查，重磁资料数据处理及地质解释，可控源音频大地电磁测深，地热钻井。井口水温57℃，单井涌水量256m³/d
85	江苏省扬中市西北部沿江地区地热普查	2011年11月—2013年1月	开展了地热地质调查，重磁资料数据处理及地质解释，可控源音频大地电磁测深，地热钻井。井口水温62℃，单井涌水量1505m³/d
86	江苏省句容市茅山水库地区地热钻井选址调查	2011年5月—2011年6月	开展了地热地质调查，重磁资料数据处理及地质解释，可控源音频大地电磁测深，确定了地热井井位
87	江苏省句容市茅山镇北部地区地热普查	2011年5月—2011年6月	开展了地热地质调查，重磁资料数据处理及地质解释，可控源音频大地电磁测深，确定了地热井井位。实施了地热钻探
88	江苏省南京市六合区奶山地区地热钻井选址调查	2017年11月—2017年12月	开展了地热地质调查，重磁资料数据处理及地质解释，可控源音频大地电磁测深，确定了地热井井位
89	南京市六合区竹镇地区地热钻井选址调查	2014年7月—2014年8月	开展了地热地质调查，重磁资料数据处理及地质解释，可控源音频大地电磁测深，确定了地热井井位
90	南京市江宁区汤山地区地热普查	2011年6月—2013年9月	开展了地热地质调查，重磁资料数据处理及地质解释，可控源音频大地电磁测深，地热钻井。施工了2口地热井，井口水温分别为72℃、73℃，单井涌水量分别为2268m³/d、418m³/d
91	南京市江宁区汤山地区地热资源调查评价研究	2009年10月—2009年12月	查明了地热地质条件，分析了温泉成因，进行了水质评价，预测了地热资源可开采量
92	江苏省高淳县游子山地区地热钻井选址调查	2012年3月—2014年1月	开展了地热地质调查，重磁资料数据处理及地质解释，可控源音频大地电磁测深，地热钻井。井口水温50℃，单井涌水量510m³/d
93	南京市江宁区大塘金香草小镇地区地热钻井选址评价调查	2017年7月—2017年8月	开展了地热地质调查，重磁资料数据处理及地质解释，可控源音频大地电磁测深，确定了地热井井位
94	江苏省南京市雨花台地区地热钻井选址调查	2010年6月	开展了地热地质调查，重磁资料数据处理及地质解释，可控源音频大地电磁测深，确定了地热井井位
95	江苏省南京市江宁区谷里镇地区地热勘查	2011年1月—2012年5月	开展了地热地质调查，重磁资料数据处理及地质解释，可控源音频大地电磁测深，地热钻井。井口水温48℃，单井涌水量509m³/d
96	江苏省如东县洋口镇地区地热普查	2010年4月—2013年11月	开展了地热地质调查，重力航磁资料收集及地质解释，可控源音频大地电磁测深，地温测量，地热钻井。施工了2口地热井，井口水温分别为76℃、91℃，单井涌水量分别为3506m³/d、2480m³/d

续表 2

序号	项目名称	实施时间	工作内容
97	江苏省南通市通州区石港镇西部地区地热普查	2014 年 8 月—2016 年 2 月	开展了地热地质调查，重磁资料数据处理及地质解释，可控源音频大地电磁测深，地热钻井。井口水温 45℃，单井涌水量 968m³/d
98	如东县小洋口地区地热回灌井选址调查	2017 年 4 月—2017 年 5 月	在已有地热勘查资料的基础上，开展了可控源音频大地电磁，通过回灌试验数据，确定了回灌地热井位置
99	如东小洋口国际温泉度假城浅层地热能勘察	2015 年 6 月—2015 年 9 月	研究了浅层地热能赋存条件，进行了热响应测试，确定了换热孔的合理间距，计算了浅层地热能资源量，建筑物制冷和供暖服务面积。提出了开发利用建议
100	江苏省海门市海门镇地区地热勘查	2010 年 10 月—2014 年 7 月	开展了地热地质调查，重磁资料数据处理及地质解释，可控源音频大地电磁，通过回灌试验数据，确定了回灌地热井。井口水温 51℃，单井涌水量 1505m³/d
101	南通市崇川区滨江地区地热钻井选址调查	2017 年 3 月—2017 年 4 月	在已有地热勘查资料的基础上，开展了可控源音频大地电磁，确定了回灌地热井位置
102	江苏省建湖县新城区东冯村地区地热钻井选址调查	2013 年 7 月	开展了地热地质调查，重磁资料数据处理及地质解释，可控源音频大地电磁测深，地热钻井。井位
103	江苏省建湖县新城区西黄舍地区地热钻井选址调查	2013 年 7 月	开展了地热地质调查，重磁资料数据处理及地质解释，可控源音频大地电磁测深，地热钻井。井位
104	江苏省泰州市海陵区朱西地区地热钻井选址调查	2013 年 8 月—2013 年 9 月	开展了地热地质调查，重磁资料数据处理及地质解释，可控源音频大地电磁测深，地热钻井。井口水温 42℃，单井涌水量 2488m³/d
105	江苏省泰州市泰东镇地区地热勘查	2009 年 9 月—2010 年 2 月	开展了地热地质调查，重磁资料数据处理及地质解释，可控源音频大地电磁测深，地热钻井。井口水温 48℃，单井涌水量 2592m³/d
106	江苏省兴化市昭阳镇地区地热普查	2009 年 6 月—2009 年 9 月	开展了地热地质调查，重磁资料数据处理及地质解释，可控源音频大地电磁测深，地热钻井。井位
107	江苏省泰兴市西南部地区地热钻井选址调查	2013 年 4 月	开展了地热地质调查，重磁资料数据处理及地质解释，可控源音频大地电磁测深，地热钻井。井位
108	江苏省泰兴市宣堡地区地热钻井选址调查	2011 年 12 月	开展了地热地质调查，重磁资料数据处理及地质解释，可控源音频大地电磁测深，地热钻井。井口水温 30℃，单井涌水量 887m³/d
109	江苏省泰兴河失镇地区地热普查	2010 年 12 月—2012 年 2 月	开展了地热地质调查，重磁资料数据处理及地质解释，可控源音频大地电磁测深，地热钻井。井

续表 2

序号	项目名称	实施时间	工作内容
110	江苏省泰州市天德湖地区地热普查	2012年4月—2013年1月	开展了地热地质调查、重磁资料数据处理及地质解释、可控源音频大地电磁测深、地热钻井。井口水温40℃、单井涌水量1463m³/d
111	江苏省泰州市野徐镇地区地热钻井选址调查	2011年10月	开展了地热地质调查、重磁资料数据处理及地质解释、可控源音频大地电磁测深、确定了地热钻井井位
112	扬州市广陵区泰安镇西部地区地热钻井选址调查	2013年3月—2013年4月	开展了地热地质调查、重磁资料数据处理及地质解释、可控源音频大地电磁测深、确定了地热钻井井位
113	江苏省扬州市蜀冈—瘦西湖风景名胜区保障湖东岸地区地热钻井选址论证	2017年12月—2018年1月	开展了地热地质调查、重磁资料数据处理及地质解释、可控源音频大地电磁测深、确定了地热钻井井位
114	江苏省靖江市靖城镇新普村地区地热钻井选址调查	2014年6月—2014年7月	开展了地热地质调查、重磁资料数据处理及地质解释、可控源音频大地电磁测深、地热钻井。井口水温40℃、单井涌水量766m³/d
115	江苏省靖江市沿江生态园区地热普查	2006年5月—2007年9月	开展了地热地质调查、重磁资料数据处理及地质解释、可控源音频大地电磁测深、地热钻井。井口水温36℃、单井涌水量766m³/d
116	江苏省宝应经济开发区七里村地区地热普查	2012年10月—2014年11月	开展了地热地质调查、重磁资料数据处理及地质解释、可控源音频大地电磁测深、地热钻井。井口水温93℃、单井涌水量1505m³/d
117	江苏省仪征市铜山、月塘地区地热钻井选址调查	2008年9月—2008年10月	开展了地热地质调查、重磁资料数据处理及地质解释、可控源音频大地电磁测深、确定了地热钻井井位
118	扬州京杭大运河度假村地区地热资源选区调查	2003年4月—2003年6月	开展了浅部地热地质调查、重磁资料数据处理及地质解释、二维反射地震剖面地质解释等，确定了地热井井位
119	江苏省高邮地区地热普查	2012年9月—2013年6月	开展了地热地质调查、重磁资料数据处理及地质解释、可控源音频大地电磁测深、地热钻井。井口水温44℃、单井涌水量3630m³/d
120	江苏省高邮市送桥镇神居山地区地热普查	2017年1月—2018年6月	开展了地热地质调查、重磁资料数据处理及地质解释、可控源音频大地电磁测深、地热钻井。井口水温80℃、单井涌水量1915m³/d
121	扬州市邗江瓜洲地区地热普查	2014年7月—2015年4月	开展了地热地质调查、重磁资料数据处理及地质解释、可控源音频大地电磁测深、地热钻井。井口水温48℃、单井涌水量2474m³/d
122	江苏省连云港市连云区西墅地区地热普查	2015年9月—2016年7月	开展了地热地质调查、重磁资料数据处理及地质解释、可控源音频大地电磁测深、地热钻井。井口水温42℃、单井涌水量302m³/d

续表2

序号	项目名称	实施时间	工作内容
123	江苏省赣榆县西部地区地热钻井选址调查	2012年9月	开展了地热地质调查、重磁资料数据处理及地质解释、可控源音频大地电磁测深，确定了地热钻井井位
124	江苏省赣榆县青口镇地区地热钻井选址调查	2015年12月—2016年1月	开展了地热地质调查、重磁资料数据处理及地质解释、可控源音频大地电磁测深，确定了地热钻井井位
125	江苏省赣榆县班庄地区地热普查	2008年2月—2012年	开展了地热地质调查、重磁资料数据处理及地质解释、可控源音频大地电磁测深，地热钻井。口水温38℃，单井涌水量312m³/d
126	江苏省连云港市赣榆区厉庄镇谢湖地区地热钻井选址调查	2017年4月—2017年5月	开展了地热地质调查、重磁资料数据处理及地质解释、可控源音频大地电磁测深，确定了地热钻井井位
127	江苏省连云港市赣榆区班庄镇夹谷山地区地热钻井选址调查	2017年7月—2017年8月	开展了地热地质调查、重磁资料数据处理及地质解释、可控源音频大地电磁测深，确定了地热钻井井位
128	江苏省灌云县地热资源勘查	2017年1月—2017年10月	开展了地热地质调查、重磁资料数据处理及地质解释、可控源音频大地电磁测深，地热钻井。口水温46℃，单井涌水量1019m³/d
129	江苏省灌云县穆墩岛地区地热钻井选址调查	2010年1月	开展了地热地质调查、重磁资料数据处理及地质解释、可控源音频大地电磁测深，确定了地热钻井井位
130	江苏省泗洪县临淮镇地区地热普查	2010年11月—2011年7月	开展了地热地质调查、重磁资料数据处理及地质解释、可控源音频大地电磁测深，地热钻井。口水温52℃，单井涌水量3506m³/d
131	宿迁市宿豫区梨园湾、杉荷园项目区地热钻井选址勘查	2017年4月—2017年5月	开展了地热地质调查、重磁资料数据处理及地质解释、可控源音频大地电磁测深，确定了地热钻井井位
132	江苏省宿迁市宿城区景区地热普查	2011年10月—2013年1月	开展了地热地质调查、重磁资料数据处理及地质解释、可控源音频大地电磁测深，地热钻井。口水温52℃，单井涌水量510m³/d
133	江苏省宿迁市洋河滩地区地热钻井选址调查	2012年3月—2012年4月	开展了地热地质调查、重磁资料数据处理及地质解释、可控源音频大地电磁测深，确定了地热钻井井位
134	江苏省宿迁市晓店地区地热普查	2007年11月—2008年12月	开展了地热地质调查、重磁资料数据处理及地质解释、可控源音频大地电磁测深，地热钻井。口水温43℃，单井涌水量304m³/d
135	徐州市铜山区潘塘地区地热资源普查	2007年1月—2007年3月	开展了地热地质调查、重磁资料数据处理及地质解释、可控源音频大地电磁测深，确定了地热钻井井位

续表 2

序号	项目名称	实施时间	工作内容
136	江苏省徐州市新城区地热普查	2013年12月—2015年3月	开展了地热地质调查、重磁资料数据处理及地质解释、可控源音频大地电磁测深。地热钻井。井口水温54℃、单井涌水量357m³/d
137	江苏省徐州市贾汪地区地热普查	2016年2月—2016年6月	开展了地热地质调查、重磁资料数据处理及地质解释、可控源音频大地电磁测深。地热钻井。井口水温42℃、单井涌水量1258m³/d
138	徐州市贾汪区龙山大酒店地热钻井选址调查	2016年2月—2016年3月	开展了地热地质调查、重磁资料数据处理及地质解释、可控源音频大地电磁测深。确定了地热井井位
139	江苏省邳州市碾庄地区地热钻井选址调查	2011年3月—2011年4月	开展了地热地质调查、重磁资料数据处理及地质解释、可控源音频大地电磁测深。确定了地热井井位
140	江苏省邳州市运河—炮车地区地热普查	2009年7月—2011年1月	开展了地热地质调查、重磁资料数据处理及地质解释、可控源音频大地电磁测深。地热钻井。井口水温52℃、单井涌水量887m³/d
141	江苏省新沂市五花山庄地区地热钻井选址调查	2012年4月	开展了地热地质调查、重磁资料数据处理及地质解释、可控源音频大地电磁测深。确定了地热井井位
142	江苏省新沂市时集镇北部地区地热钻井选址论证	2017年8月—2017年9月	开展了地热地质调查、重磁资料数据处理及地质解释、可控源音频大地电磁测深。确定了地热井井位
143	江苏省新沂市马陵山地区地热普查	2009年9月—2011年7月	开展了地热地质调查、重磁资料数据处理及地质解释、可控源音频大地电磁测深。地热钻井。井口水温52℃、单井涌水量519m³/d
144	江苏省淮安市淮安区流均镇地区地热钻井选址调查	2016年10月—2016年11月	开展了地热地质调查、重磁资料数据处理及地质解释、可控源音频大地电磁测深。确定了地热井井位
145	江苏省洪泽县高良涧镇地区地热钻井选址调查	2007年4月	开展了地热地质调查、重磁资料数据处理及地质解释、可控源音频大地电磁测深。确定了地热井井位
146	江苏省洪泽县蒋坝镇地区地热普查	2007年4月—2008年6月	开展了地热地质调查、重磁资料数据处理及地质解释、可控源音频大地电磁测深。地热钻井。井口水温44℃、单井涌水量737m³/d
147	江苏省洪泽县蒋坝镇地区（2井）地热普查		开展了地热地质调查、重磁资料数据处理及地质解释、可控源音频大地电磁测深。确定了地热井井位。正在进行地热钻探
148	江苏省洪泽县万集—仁和镇地区地热钻井选址调查	2007年4月	开展了地热地质调查、重磁资料数据处理及地质解释、可控源音频大地电磁测深。确定了地热井井位

续表2

序号	项目名称	实施时间	工作内容
149	江苏省金湖县森林公园景区地热普查	2015年6月—2016年4月	开展了地热地质调查、重磁资料数据处理及地质解释、可控源音频大地电磁测深、地热钻井。井口水温43℃，单井涌水量2409m³/d
150	江苏省金湖县涂沟镇地区地热钻井选址调查	2007年8月—2007年11月	开展了地热地质调查、重磁资料数据处理及地质解释、可控源音频大地电磁测深，确定了地热钻井井位
151	江苏省盱眙县盱城镇北部地区地热普查	2010年5月—2011年11月	开展了地热地质调查、重磁资料数据处理及地质解释、可控源音频大地电磁测深，确定了地热钻井。井口水温53℃，单井涌水量3615m³/d
152	江苏省盱眙县盱城镇地区地热钻井选址调查	2007年1月—2008年1月	开展了地热地质调查、重磁资料数据处理及地质解释、可控源音频大地电磁测深，进行了地热钻探验证
153	淮安市淮安区溪河镇地区地热资源普查	2016年7月—2017年7月	开展了地热地质调查、重磁资料数据处理及地质解释、可控源音频大地电磁测深，确定了地热井井位
154	江苏省盱眙县东部地区地热普查	2008年2月—2008年11月	开展了地热地质调查、重磁资料数据处理及地质解释、可控源音频大地电磁测深，圈定了地热远景区，确定了地热井井位
155	郯庐断裂带东部重点地区地热资源普查	2013年4月—2013年12月	开展了地热地质调查、重磁资料数据处理及地质解释、可控源音频大地电磁测深，圈定了2处地热远景区，确定了地热井井位
156	苏北典型地区地热勘查	2012年4月—2012年6月	开展了综合地球物理勘查及地热地质调查，基本查明了四个典型区地热地质条件，建立了地热成因模式，圈定了勘查靶区，确定了地热井井位
157	扬州地区地热资源普查	2013年6月—2013年12月	开展了综合地球物理勘查及地热地质调查，查明了地热地质条件，建立了地热成因模式，圈定了勘查靶区，确定了地热钻井井位
158	宝应县宝射河以南地区地热资源普查	2016年6月—2016年7月	开展了综合地球物理勘查及地热地质调查，查明了地热地质条件，圈定了勘查靶区，确定了地热钻井井位
159	徐州市贾汪地区地热普查	2011年2月—2012年2月	开展了地球物理勘查及地热地质调查，查明了地热地质条件，圈定了勘查靶区，确定了地热钻井井位
160	邳州市地热资源普查	2011年2月—2012年2月	开展了地球物理勘查及地热地质调查，查明了地热地质条件，圈定了勘查靶区，确定了地热钻井井位
161	新沂市地热资源普查	2011年2月—2012年2月	开展了地球物理勘查及地热地质调查，查明了地热地质条件，圈定了勘查靶区，确定了地热钻井井位

附表 第二类技术服务项目统计表

续表 2

序号	项目名称	实施时间	工作内容
162	泗洪县穆墩岛地区地热资源调查	2011年2月—2012年2月	开展了地球物理勘查及地热地质调查,查明了地热地质条件,确定了地热钻井井位
163	海门地区地热普查	2011年2月—2012年2月	开展了地球物理勘查及地热地质调查,查明了地热地质条件,确定了地热钻井井位
164	扬州市邗江凤凰岛地区地热勘查评价	2011年5月	开展了地热地质调查,重磁资料数据处理及地质解释、可控源大地电磁测深,确定了地热井井位,评价了地热勘查开发的可行性
165	扬州市江都区樊川镇地区地热资源普查	2017年8月—2018年6月	开展了重磁资料数据处理及地质解释、可控源大地电磁测深,确定了地热井井位
166	常熟市地热资源勘查与开发利用规划研究	2008年1月—2008年4月	研究了地热地质条件,进行了地热资源勘查与开发规划分区,编制了规划文本,提出了开发利用管理措施
167	苏州市吴中区地热资源勘查与开发利用规划研究	2007年8月—2007年10月	研究了地热地质条件,进行了地热资源勘查与开发规划分区,编制了规划文本,提出了开发利用管理措施
168	镇江市地热资源勘查与开发利用规划研究	2013年7月—2013年10月	研究了地热地质条件,进行了地热资源勘查与开发规划分区,编制了规划文本,提出了开发利用管理措施
169	泰州市地热资源勘查与开发利用规划研究	2015年4月—2015年12月	研究了地热地质条件,进行了地热资源勘查与开发规划分区,编制了规划文本,提出了开发利用管理措施
170	扬州市地热资源勘查与开发利用研究	2011年3月—2012年2月	研究了地热地质条件,进行了地热资源勘查与开发利用现状,计算了地热资源可开采量,编制了规划文本,提出了开发利用管理措施
171	江苏省扬州市地热资源调查评价	2012年7月—2012年8月	研究了地热地质条件,调查地热资源开发利用现状,计算了地热资源可开采量,进行了地热流体质量评价
172	金坛地热资源勘查与开发利用规划研究	2009年1月—2009年5月	研究了地热地质条件,进行了地热资源勘查与开发规划分区,编制了规划文本,提出了开发利用管理措施
173	苏州市地热资源勘查与开发利用规划研究	2012年8月—2013年2月	研究了地热地质条件,进行了地热资源勘查与开发规划分区,编制了规划文本,提出了开发利用管理措施
174	江苏省地热能开发利用规划	2014年8月—2014年12月	按照2015年、2017年和2020年3个时段对深层地热能和浅层地热能的发展目标进行了规划,进行了投资估算和效益分析,提出了规划实施的保障措施

表 3 水勘中心第二类技术服务项目汇总表

序号	项目名称	实施时间	工作内容
1	江苏省地下水资源开发利用规划	2006 年	在基本查明区域水文地质条件、分区评价地下水资源的基础上，结合地方用水需求和最新的水资源管理政策，编制全省地下水资源开发利用规划
2	江苏省地下水污染防治规划	2008 年	通过系统评价全省地下水污染状况及地下水脆弱性、分析地质环境污染源的分布特征，结合地下水开发利用及社会经济发展状况等，开展了全省地下水污染防治规划
3	江苏省地下水超采区划分与评价	2013 年	根据最新的地下水开发利用、水位动态、环境地质问题等有关资料重新划定和评价地下水超采区，并按照严格水资源管理制度要求，划分地下水禁采区与限采区，提出地下水超采区管理对策措施和建议
4	2013 年度江苏省地下水基础环境状况调查评估	2014 年	根据相关要求组织开展地下水环境质量监测，指导重点调查场地地下水监测井建设
5	江苏省地下水位红线控制管理研究	2014 年	针对区域内不同的地下水赋存特点及环境地质问题，确定地下水位红线控制管理项目标层、分区分层划分地下水位红线，科学确立江苏省地下水水量水位双控管理目标
6	江苏省地下水超采区综合治理研究	2016 年	在调查评价江苏省地下水超采区地质背景的条件及超采现状的基础上，分析研究已在超采区治理的成功经验与不足，开展地下水合理开采研究，完善江苏省地下水超采区分类体系，分类提出地下水超采区治理措施，并对实施效果进行分析
7	江苏省地下水控制红线方案	2016 年	以水文地质条件及各地地下水位控制红线为基础，制定了地下水位红线控制水平评估及控制成效考核方案，提出了地下水位红线控制措施
8	江苏省地下水压采评估方法制定及 2016 年地下水压采效果评估	2017 年	在分析江苏省地下水情实际情况的基础上构建江苏省地下水压采评估层次结构模型，提出了多种方法相结合的地下水压采评估方法，明确单项指标的评估标准和综合评估各指标权重，开展 2016 年地下水压采效果评估
9	2017 年度地下水已封井第三方核查及压采效果评估	2018 年	对全省 2014—2017 年 6000 多眼已封井纸质资料进行全面核查及发现随机抽查、核实因超量开采地下水引发的环境地质问题，评估落实推进工作中存在的问题，并评估 2017 年地下水压采效果
10	苏锡常地下水资源调查评价	2002 年	系统研究苏锡常地区水文地质环境地质特征，调查地下水资源数量及质量，结合省政府地下水禁采令，预测封井后主采层地下水位恢复情况，提出下一步地下水合理开发利用的方案及措施
11	盐城市地下水资源可持续开发利用研究	2006 年	在全面调查盐城市区域水文地质及地下水开发利用现状的基础上，开展地下水可采资源量及水质评价，通过数值模拟、采样分析等手段，提出地下水资源可持续利用的对策与措施

续表3

序号	项目名称	实施时间	工作内容
12	泰州市地下水资源开发利用规划	2006年	在查清泰州市地下水资源的数量、质量、时空分布特征，分析地下水资源承载能力的基础上，制定泰州市地下水资源规划，提出合理开发、高效利用、有效保护、科学管理的布局和方案
13	宿迁市区地下水开发利用及保护规划	2016年	深入研究地下水资源分布特征及地下水动态变化，评价地下水可采资源量及质量现状，从地下水开发利用和地下水保护两个层面编制了规划方案，提出了地下水超采区的综合治理措施
14	常熟市浅层地下水开采工艺及开发利用研究	2005年	在全面评价常熟市浅层地下水资源数量质量基础上，开展浅层地下水开采后地质技术研究，提出浅层地下水合理开发利用的方案
15	昆山市浅层地下水资源调查评价	2006年	在全面收集利用已有水文地质成果资料的基础上，开展浅层地下水开采现状调查及勘察，查明昆山市浅层地下水赋存规律及水质现状，评价地下水可采资源量，分析地下水开发利用前景及开采后地质环境效应
16	吴江市浅层地下水资源调查评价	2006年	在全面收集利用已有水文地质成果资料的基础上，开展浅层地下水开采现状调查及勘察，查明吴江市浅层地下水赋存规律及水质现状，评价地下水可采资源量，分析地下水开发利用前景及开采后地质环境效应
17	江阴市浅层地下水资源调查与利用规划	2007年	在查明江阴市浅层地下水文地质条件的基础上，评价浅层地下水资源数量及质量，开展浅层地下水合理开发利用规划
18	江苏省盱眙县丘陵区地下水资源调查与评价	2010年	采用水文地质调查、水文地质物探、钻探成井抽水试验、地下水样采集检测分析等方法，对丘陵地区基岩地下水、松散岩类孔隙承压地下水地质条件开展调查研究，评价地下水资源数量及质量
19	江苏省东海县丘陵区地下水资源调查评价	2010年	通过水文地质调查、地热水开采井调查、水文地质物探、单井及多井群抽水试验等手段对东海温泉区开展资源调查评价，分析研究温泉区历年开采动态，建立地下热水开采数学模型，评价温泉区地热水可开采量
20	常州市区浅层地下水资源调查评价	2010年	在查明常州市区60m以浅含水砂层空间分布规律及水质现状的基础上，评价浅层地下水开采水量及质量，分析开发利用浅层地下水的地质环境效应，制定开发利用方案
21	茅山风景区地下水资源普查	2012年	通过地质、水文地质调查及物探工作，基本查明区内地层时代、岩性结构、走向和倾向、断裂构造位置及水性质，圈定富水区，为下一步凿井提供备选井位
22	姜堰市地下水资源调查评价	2012年	在查明姜堰市区域水文地质条件及多年地下水开采、水位、水质动态变化的基础上，利用数值模型评价各承压水可采资源量，提出合理开发、有效保护的地下水开发利用方案

续表3

序号	项目名称	实施时间	工作内容
23	无锡市惠山区地下水资源调查与开发利用规划	2014年	全面调查无锡市惠山区地下水资源分布特征及开发利用现状，制定地下水资源开发利用规划方案，为下一步地下水资源开发利用和保护提供科学依据
24	常州市区浅层地下水资源保护利用规划	2015年	在充分利用已有浅层地下水资源调查成果及补充调查开发利用现状的基础上，分析浅层地下水资源开采潜力，制定开发利用规划方案，并提出地下水资源的保护对策及措施
25	江阴地下水应急水源地可行性调查	2008年	在查明江阴市水文地质条件及区域供水现状的基础上，从应急供水的需水量，地下水可供水量，水质开采地下水后对地质环境影响等方面论证地下水作为应急备用水资源的可行性，制定应急供水模式，设计应急供水初步方案
26	苏州市沿江地区长江傍河取水可行性研究	2008年	通过开展沿江带第四系沉积环境，水文地质条件研究，选择有利地段进行傍河取水工程施工，试验，获取有关水文地质参数，为沿江带地下水资源开发利用及应急地下水供水水源地规划建设提供科学依据
27	江阴市绮山应急备用水源地可行性研究阶段工程地质勘察	2010年	通过地面调查、钻探、地质测绘等工作，调查水库四周围堰及库区主要工程地质问题，并作出初步评价
28	江阴市饮用水源地安全保障规划（地下水部分）	2010年	根据江阴市地下水资源分布状况，弄清符合应急备用水源地水量，水质要求的地下水源地，提出应急备用水源地的布局方案，以实现饮用水源和应急备用水源地的多源互补
29	昆山市2011年度地下水应急供水水文地质勘探	2012年	对拟建深水井进行水文地质勘探，在此基础上进行凿井施工设计
30	无锡市地下水应急备用水源地规划	2012年	在查明无锡市地下水资源分布规律，区域供水现状及规划的基础上，开展供水应急备用水源地可行性调查，评价地下水应急取水数量及水质，确定地下水应急开采及施工措施，规划，分析地下水源地的建设后对环境的影响，提出水源地保护对策及措施
31	江阴市地下水应急备用水源地勘察设计	2012年	在前期地下水应急备用水源地可行性调查及规划的基础上，开展供水水文地质勘察，查明水源地水文地质条件，评价地下水资源数量及质量，确定地下水应急开采及实施方案
32	吴江区地下水应急供水及监测项目凿井工程施工	2013年	根据相关规划方案凿建5眼深水井用于地下水应急供水及日常监测
33	江阴市地面沉降监测设施项目	2013年	施工基岩标1座，地面标5座，安装自动化监测系统方案的设计及施工
34	常熟市地面沉降基岩标建设工程	2011年	采用地质钻探，岩土工程地质采样测试分析，确定成标基岩目标层位，建设了5个基岩标，5个地面标。并对监测结果进行分析研究，编制常熟市地面沉降分析研究报告

附表　第二类技术服务项目统计表

续表 3

序号	项目名称	实施时间	工作内容
35	南京地铁 4 号线一期工程仙鹤门段地下水环境影响评价水文地质钻探方案	2013 年	通过水文地质钻探查明南京地铁 4 号线一期工程仙鹤门段水文地质工程地质条件,为地下水环境影响评价提供技术依据
36	苏州市区地下水动态监测井网点建设方案	2015 年	在全面分析地下水流场及动态监测网现状的基础上,结合国家级监测网建设及各区对应急备用水源井需求,提出苏州市区地下水监测网点调整方案及实施技术要求
37	江苏连云港化工产业园区环境水文地质勘察	2016 年	通过开展现场调查,水文地质勘探,地下水监测,室内外试验等工作,基本查明江苏连云港化工产业园区及其周边地下水文地质条件和地下水环境现状
38	江苏连云港经济开发区(板桥工业园部分区域)	2016 年	通过开展现场调查,水文地质勘探,地下水监测,室内外试验等工作,基本查明江苏连云港经济开发区板桥工业园区(部分区域)及其周边水文地质条件和地下水环境现状
39	苏州部分市县地下水动态监测及研究	1997 年—2018 年	定期监测地下水水位、水质、开采量,结合区域地质、水文地质条件分析研究地下水动态变化规律,编写季度及年度地下水水情报告
40	大丰港经济区规划水资源论证报告书	2011 年	从宏观上论证大丰港经济区水资源承载能力对规划的支撑与束条件,提出完善规划的意见以及保障合理用水,预防或者减轻对水资源不可持续利用不良影响的对策与措施
41	江苏红蜻蜓油脂有限责任公司建设项目评估	2012 年	通过总结、分析和评价建设项目实施后的绩效及存在问题,提出健全完善江苏省水资源论证的建议
42	江苏业江苏有限公司搬迁项目取用地下水水资源论证报告书	2005 年	根据建设项目取水用途,开发利用现状,所在区域地质、水文地质条件,结合区域地下水开发利用现状及水位动态,开展用水合理性及取水水源可靠性论证,分析退(排)水情况及其对水环境的影响,提出水资源节约、保护及管理措施
43	江苏汇源食品饮料有限公司建设项目水资源论证报告	2006 年	根据建设项目取水用途,区域水文地质条件,结合区域地下水开发利用现状及水位动态,开展用水合理性及取水水源可靠性论证,分析退(排)水情况及其对水环境的影响,提出水资源节约、保护及管理措施
44	江苏淮安食肉品有限公司放心食品加工基地项目水资源论证报告书	2008 年	根据建设项目取水用途,区域水文地质条件,结合区域地下水开发利用现状及水位动态,开展用水合理性及取水水源可靠性论证,分析退(排)水情况及其对水环境的影响,提出水资源节约、保护及管理措施
45	江苏嘉达股份有限公司建设项目水资源论证报告书	2008 年	根据建设项目取水用途,区域水文地质条件,结合区域地下水开发利用现状及水位动态,开展用水合理性及取水水源可靠性论证,分析退(排)水情况及其对水环境的影响,提出水资源节约、保护及管理措施
46	张家港市金双无制衣有限公司布料浸泡用水项目取用浅层地下水水资源论证报告书	2008 年	根据建设项目取水用途,区域水文地质条件,结合区域浅层地下水开发及其对水环境的影响,开展用水合理性及取水水源可靠性论证,提出水资源节约、保护及管理措施

续表 3

序号	项目名称	实施时间	工作内容
47	张家港市胜达钢绳有限公司间接冷却用水项目取用浅层地下水水资源论证报告书	2008年	根据建设项目取水用途、区域水文地质条件，结合区域浅层地下水开发利用现状及水位动态，开展用水合理性及取水水源可靠性论证，分析退（排）水情况及其对水环境的影响，提出水资源节约、保护及管理措施
48	张家港市星光橡胶工业有限公司间接冷却用水项目取用浅层地下水水资源论证报告书	2008年	根据建设项目取水用途、区域水文地质条件，结合区域浅层地下水开发利用现状及水位动态，开展用水合理性及取水水源可靠性论证，分析退（排）水情况及其对水环境的影响，提出水资源节约、保护及管理措施
49	盐城市第一中学学生温泉游泳馆建设项目水资源论证报告书	2009年	根据建设项目取水用途、所在区域地质、水文地质、地热地质条件，结合区域地下水开发利用现状及水位动态，开展用水合理性及取水水源可靠性论证，分析退（排）水情况及其对水环境的影响，提出水资源节约、保护及管理措施
50	溧阳市龙潭现代农业发展有限公司龙潭寄里矿泉水厂地下水水资源论证报告书	2010年	根据建设项目取水用途、所在区域地质、水文地质、地热地质条件，结合区域地下水开发利用现状及水位动态，开展用水合理性及取水水源可靠性论证，分析退（排）水情况及其对水环境的影响，提出水资源节约、保护及管理措施
51	盐城交通技师学院温泉游泳馆项目地热水水资源论证报告书	2010年	根据建设项目取水用途、所在区域地质、水文地质、地热地质条件，结合区域地下水开发利用现状及水位动态，开展用水合理性及取水水源可靠性论证，分析退（排）水情况及其对水环境的影响，提出水资源节约、保护及管理措施
52	盐城市城南健身中心温泉游泳馆项目地热水水资源论证报告书	2010年	根据建设项目取水用途、所在区域地质、水文地质、地热地质条件，结合区域地下水开发利用现状及水位动态，开展用水合理性及取水水源可靠性论证，分析退（排）水情况及其对水环境的影响，提出水资源节约、保护及管理措施
53	常熟市沪虞针织染厂建设项目水资源论证报告书	2011年	根据建设项目取水用途、开展用水合理性、开展水位动态、及水资源可靠性论证，分析退（排）水情况及其对水环境的影响，提出水资源节约、保护及管理措施
54	常州市恐龙谷温泉建设项目水资源论证报告书	2011年	根据建设项目取水用途、所在区域地质、水文地质、地热地质背景条件，结合区域浅层地下水开发利用现状及水位动态，开展用水合理性及取水水源可靠性论证，分析退（排）水情况及其对水环境的影响
55	大丰市半岛温泉酒店管理有限公司地热水取水建设项目水资源论证报告书	2011年	根据建设项目取水用途、所在区域地质、水文地质、地热地质背景条件，结合区域地下水开发利用现状及水位动态，开展用水合理性及取水水源可靠性论证，分析退（排）水情况及其对水环境的影响
56	大丰盐土大地农业科技有限公司螺旋藻养殖项目取用地下水水资源论证报告书	2011年	根据建设项目取水用途、所在区域地质、水文地质条件，结合区域地下水开发利用现状及水位动态，开展用水合理性及取水水源可靠性论证，分析退（排）水情况及其对水环境的影响，提出水资源节约、保护及管理措施

续表 3

序号	项目名称	实施时间	工作内容
57	江阴嚣龙湾住宅小区热泵系统地埋管工程建设项目水资源论证报告书	2011 年	基本查明论证区基岩地质、第四纪地质及水文地质条件，综合分析建设项目所在区域水资源分布及开发利用现状，论证热泵系统地理管工程运行后对水资源、尤其是地下水资源的影响，提出科学有效、切合实际的对策措施
58	泰州市碧桂园凤凰酒店有限公司地热井建设项目水资源论证报告书	2011 年	根据建设项目取水用途，所在区域地质、水文地质、地热地质背景条件，结合区域地下水开发利用现状及水位动态，开展用水合理性及取水水源可靠性论证，分析退（排）水情况及其对水环境的影响，提出水资源节约、保护及管理措施
59	扬州市万润生态旅游发展有限公司生态旅游度假村建设项目水资源论证报告书	2011 年	根据建设项目取水用途，所在区域地质、水文地质、地热地质背景条件，结合区域地下水开发利用现状及水位动态，开展用水合理性及取水水源可靠性论证，分析退（排）水情况及其对水环境的影响，提出水资源节约、保护及管理措施
60	常州三勤生态园 RSQ1 地热井地下水水资源论证报告书	2012 年	根据建设项目取水用途，所在区域地质、水文地质、地热地质背景条件，结合区域地下水开发利用现状及水位动态，开展用水合理性及取水水源可靠性论证，分析退（排）水情况及其对水环境的影响，提出水资源节约、保护及管理措施
61	江苏海北农业科技有限公司新凿井建设项目水资源论证报告书	2012 年	根据建设项目取水用途，所在区域地质、水文地质、地热地质背景条件，结合区域地下水开发利用现状及水位动态，开展用水合理性及取水水源可靠性论证，分析退（排）水情况及其对水环境的影响，提出水资源节约、保护及管理措施
62	江苏省宜兴竹海富陶温泉度假酒店建设项目水资源论证报告书	2012 年	根据建设项目取水用途，所在区域地质、水文地质、地热地质背景条件，结合区域地下水开发利用现状及水位动态，开展用水合理性及取水水源可靠性论证，分析退（排）水情况及其对水环境的影响，提出水资源节约、保护及管理措施
63	上海海丰生态奶业二期建设项目水资源论证报告书	2012 年	根据建设项目取水用途，所在区域地质、水文地质、地热地质背景条件，结合区域地下水开发利用现状及水位动态，开展用水合理性及取水水源可靠性论证，分析退（排）水情况及其对水环境的影响，提出水资源节约、保护及管理措施
64	大丰市明升新农村建设发展有限公司恒北生态温泉建设项目水资源论证报告书	2013 年	根据建设项目取水用途，所在区域地质、水文地质、地热地质背景条件，结合区域地下水开发利用现状及水位动态，开展用水合理性及取水水源可靠性论证，分析退（排）水情况及其对水环境的影响，提出水资源节约、保护及管理措施
65	苏州市吴中区洞庭山天然泉水厂建设项目水资源论证报告书	2013 年	根据建设项目取水用途，所在区域地质、水文地质、地热地质背景条件，结合区域地下水开发利用现状及水位动态，开展用水合理性及取水水源可靠性论证，分析退（排）水情况及其对水环境的影响，提出水资源节约、保护及管理措施
66	江苏省剑丰农业实业有限公司生活用水凿井项目水资源论证报告书	2014 年	根据建设项目取水用途，所在区域地质、水文地质、地热地质背景条件，结合区域地下水开发利用现状及水位动态，开展用水合理性及取水水源可靠性论证，分析退（排）水情况及其对水环境的影响，提出水资源节约、保护及管理措施

续表 3

序号	项目名称	实施时间	工作内容
67	江苏裕丰旅游开发有限公司荷兰花海假日酒店建设项目水资源论证报告书	2014 年	根据建设项目取水用途,所在区域地质、水文地质,地热地质背景条件,结合区域地下水开发利用现状及水位动态,开展用水合理性及取水水源可靠性论证,分析退(排)水情况及其对水环境的影响,提出水资源节约、保护及管理措施
68	江苏省常熟环通实业有限公司建设项目水资源论证报告书	2015 年	根据建设项目取水用途,所在区域地质、水文地质条件,结合区域浅层地下水开发利用现状及水位动态,开展用水合理性及取水水源可靠性论证,分析退(排)水情况及其对水环境的影响,提出水资源节约、保护及管理措施
69	苏州角直东方文化旅游发展有限公司地热井水资源论证报告书	2015 年	根据建设项目取水用途,所在区域地质、水文地质,地热地质背景条件,结合区域地下水开发利用现状及水位动态,开展用水合理性及取水水源可靠性论证,分析退(排)水情况及其对水环境的影响,提出水资源节约、保护及管理措施
70	宜兴市偏远山区供水管网改造工程地下水取水项目水资源论证报告书	2015 年	根据建设项目取水用途,所在区域地质、水文地质条件,结合区域浅层地下水开发利用现状及水位动态,开展用水合理性及取水水源可靠性论证,分析退(排)水情况及其对水环境的影响,提出水资源节约、保护及管理措施
71	无锡洪汇新材料科技股份有限公司 10 万 t/年氯乙烯共聚树脂搬迁扩建项目取用浅层地下水水资源论证报告书	2016 年	根据建设项目取水用途,所在区域地质、水文地质条件,结合区域地下水开发利用现状及水位动态,开展用水合理性及取水水源可靠性论证,分析退(排)水情况及其对水环境的影响,提出水资源节约、保护及管理措施
72	盐城大丰东方桃花洲温泉酒店有限公司建设项目水资源论证报告书	2016 年	根据建设项目取水用途,所在区域地质、水文地质,地热地质背景条件,结合区域地下水开发利用现状及水位动态,开展用水合理性及取水水源可靠性论证,分析退(排)水情况及其对水环境的影响,提出水资源节约、保护及管理措施
73	盐城大丰自来水有限公司地下水应急备用水源井水资源论证报告书	2016 年	根据建设项目取水用途,所在区域地质、水文地质条件,结合区域地下水开发利用现状及水位动态,开展用水合理性及取水水源可靠性论证,分析退(排)水情况及其对水环境的影响,提出水资源节约、保护及管理措施
74	苏州临湖地热开发有限公司温泉供水项目水资源论证报告书	2017 年	根据建设项目取水用途,所在区域地质、水文地质,地热地质背景条件,结合区域地下水开发利用现状及水位动态,开展用水合理性及取水水源可靠性论证,分析退(排)水情况及其对水环境的影响,提出水资源节约、保护及管理措施
75	苏州阳山天然矿泉水有限公司天然矿泉水扩建项目水资源论证报告书	2017 年	根据建设项目取水用途,所在区域地质、水文地质条件,结合区域地下水开发利用现状及水位动态,开展用水合理性及取水水源可靠性论证,分析退(排)水情况及其对水环境的影响,提出水资源节约、保护及管理措施
76	苏通长江公路大桥地层沉降影响研究	2002 年	查明了桥位区地质环境背景条件,分析了地层沉降量,提出了大桥南北地层沉降,预测了不同地下水开采方案条件下桥位区地下水控采范围等建议

续表 3

序号	项目名称	实施时间	工作内容
77	苏锡常地区地下水禁采效果评价与研究	2010 年	通过回顾苏锡常地区地下水限采、禁采工作中采取的法律、行政、技术和经济措施,研究禁采前后地下水位、地面沉降等地质环境变化规律,系统评估苏锡常地区地下水限采、禁采工作成效,提出地下水超采区长效管理措施
78	盐城市区第V承压水地下水资源开发利用研究	2013 年	在基本查明盐城市区第V承压水水文地质条件的基础上,评价第V承压水可采资源量及水质,提可持续利用对策措施
79	吴江盛泽地区地面沉降机理分析研究	2014 年	系统研究了区内地面沉降发育特征、成因机理及其影响因素,并建立了地下水开采和建筑荷载与地面沉降三维全耦合数学模型,预测了地下水开采与建筑荷载作用下地面沉降发展趋势,从多个角度提出了沉降防控措施
80	宿迁市地下水超采区生态修复研究	2016 年	采用水文地质钻探、抽水试验、地下水动态监测、水样检测分析等方法,对区内地下水超采状况开展调查研究,评价了地下水可采资源量和质量现状,为超采区治理和修复提供了科学依据。

表 4 矿环中心第二类技术服务项目汇总表

序号	项目名称	实施时间	工作内容
1	江苏省江阴市云亭绮山关闭矿山地质环境治理项目	2009 年	可研、工程设计、监理
2	镇江市丹徒区长山东古关闭矿山地质环境治理项目	2009 年	可研、工程设计
3	苏州高新区浒墅关经济开发区凤凰寺关闭矿山地质环境治理项目	2010 年	可研、工程设计、工程监理
4	苏州高新区枫桥街道钟家山废弃矿山矿口地质环境治理项目	2010 年	可研、工程设计、工程监理
5	苏州市高新区东渚镇阳宝山关闭矿山地质环境治理项目	2010 年	工程设计
6	苏州浒墅关开发区天狗庙关闭矿山地质环境治理项目	2010 年	工程监理
7	大厂晓山山体滑坡治理	2010 年	工程监理
8	南京市仙林新市区桂山关灰石矿山三号矿区陡山土石方削剥工程	2010 年	工程设计
9	江宁区汤山石灰石矿(阳明山庄东侧)关闭矿山地质环境治理项目	2010 年	工程设计、监理
10	江阴市南闸镇秦望山关闭矿山(十五矿区)地质环境治理工程	2010 年	工程设计、监理

续表 4

序号	项目名称	实施时间	工作内容
11	常州市武进太湖南堂山（二期）废弃露采矿山地质环境治理项目	2010 年	工程设计
12	苏州高新区枫桥街道大庵山谷口综合整治工程	2010 年	工程监理
13	苏州市高新区白鹤山、象山关闭矿山地质环境治理项目	2010 年	工程设计、监理
14	南京市六合区金牛湖街道西阳山采石场矿山地质环境治理项目	2010 年	工程设计
15	江苏省镇江市圌山、青龙山建材区关闭矿山地质环境治理项目	2011 年	可研、工程设计、监理
16	苏州高新区枫桥街道岩界山关闭矿山（南）地质环境治理项目	2011 年	工程设计、监理
17	苏州高新区枫桥街道观音山（南）关闭矿山地质环境治理项目	2011 年	工程设计
18	横山桥镇东城湾秦苑土方整治工程	2011 年	工程监理
19	武进区门前山、秦皇山，费巷水库治理项目	2011 年	工程监理
20	句容市仑山湖桃花源废弃矿山关闭矿山地质环境治理项目	2011 年	工程监理
21	镇江丹阳市埤城镇宝山关闭矿山地质环境治理项目	2011 年	工程设计、监理
22	苏州高新区枫桥街道观音山北关闭矿山地质环境治理项目	2011 年	工程设计
23	江苏省南京市栖霞区灵山、桂山、龙王山建材山关闭矿山地质环境治理项目	2011 年	可研、工程设计、监理
24	江苏省江阴市秦望山关闭矿区（东段）关闭矿山地质环境治理项目	2011 年	工程设计、监理
25	江阴市月城镇沿山东谷口关闭矿山建材区十里长山关闭矿山地质环境治理项目	2011 年	工程设计、监理
26	江苏省镇江市丹徒区十里长山建材区关闭矿山地质环境治理项目	2011 年	工程设计、监理
27	江苏省苏州市阳山东建材区关闭矿区（东段）关闭矿山地质环境治理项目	2011 年	可研、工程设计、监理
28	苏州高新区枫桥街道钟峰岭综合整治工程	2011 年	工程设计
29	苏州高新区枫桥街道高景山北谷口地质环境整治工程	2011 年	工程监理
30	枫桥石料厂肖家湾、高景山（西侧）谷口综合整治工程	2011 年	工程监理
31	苏州高新区通安镇青山、青峰石矿地质环境治理工程	2011 年	工程监理
32	溧阳市上兴镇秦采石矿关闭矿山地质环境治理项目	2011 年	可研、工程设计

续表 4

序号	项目名称	实施时间	工作内容
33	常州市武进区横山桥镇鸡笼山废弃露采矿山环境整治工程一标段	2011 年	工程监理
34	连云港市连云板桥东山嘴采石场关闭矿山地质环境整治工程	2011 年	工程监理
35	江苏省南京麒麟科创园青龙山沿线矿山地质环境治理工程示范工程实施方案	2012 年	可研、工程设计、监理
36	京沪高铁沿线（南京市江宁段）矿山地质环境治理工程	2012 年	可研、工程设计
37	京沪高铁沿线（南京市栖霞段）矿山地质环境治理工程	2012 年	可研、工程设计、监理
38	溧阳市社渚中巷铜矿地面塌陷地质灾害勘查设计方案	2012 年	地质灾害勘查
39	苏州浒墅关经济开发区阳山铜矿矿山道碴（旁开岭北）矿山治理	2012 年	可研、勘查、工程设计、监理
40	苏州高新区枫桥街道鹿山谷口整治工程	2012 年	工程监理
41	通安镇大小真山谷口整治工程	2012 年	工程监理
42	东渚镇庙下山、姚江山、嫠头山谷口整治工程	2012 年	工程监理
43	常州市武进区雪堰镇四顶山废弃采矿山环境整治工程	2012 年	工程监理
44	镇江主城区潜坡群地质灾害（特大型）治理项目——虎头山地质灾害治理监理工程	2012 年	工程设计
45	丹阳市帽山关闭矿山地质环境治理项目	2013 年	工程设计、监理
46	南京市仙林大学城灵山西北部地质环境治理工程	2013 年	工程设计
47	南京市栖霞区西岗街道摄山公园地质灾害治理工程	2013 年	工程设计
48	幕燕达摩洞地质灾害治理工程	2013 年	工程监理
49	下关老虎山特大型地质灾害治理工程	2013 年	工程监理
50	下关区白云雅居地质灾害治理工程（A）	2013 年	工程监理
51	南京市委党校边坡地质灾害治理工程	2013 年	工程监理
52	宁宣高速大花山矿区废弃露采矿山环境治理项目监理一标段	2013 年	工程监理
53	南京市浦口区凤凰山西坡潜坡地质灾害治理工程	2013 年	工程监理
54	苏州高新区枫桥街道白鹤山（东）谷口地质环境整治工程	2013 年	工程监理
55	苏州高新区枫桥肚皮山地质环境整治工程	2013 年	工程监理

续表 4

序号	项目名称	实施时间	工作内容
56	苏州高新区枫桥北爪山（含浒关部分）宕口环境治理工程	2013 年	工程监理
57	苏州高新区浒墅关经济开发区狗野岭、蒸山关闭矿山地质环境治理工程	2013 年	工程监理
58	苏州高新浒墅关经济开发白龙矿山地质环境治理工程（一、二标段）	2013 年	工程监理
59	宜兴市大潮漏芥矿山地质环境治理工程	2013 年	工程监理
60	宜兴丁蜀中学地质灾害治理工程	2013 年	工程监理
61	徐州市云龙区子房山北坡地质灾害治理工程	2013 年	工程监理
62	江阴市海港大道凤凰山隧道北出口关闭矿山地质环境治理项目	2014 年	工程设计、监理
63	江阴市海港大道凤凰山南出口关闭矿山地质环境治理项目	2014 年	工程设计、监理
64	江阴市海港大道秦望山隧道南出口龙西崩塌、滑坡地质灾害治理工程	2014 年	工程设计、监理
65	苏州高新区白龙西崩塌、滑坡地质灾害治理工程	2014 年	工程监理
66	南京市栖霞区龙潭街道黄龙山关闭矿山地质环境治理项目	2014 年	工程设计
67	苏州浒墅关开发区阳山白龙山国家地质遗迹地层剖面保护工程（孔山）	2014 年	工程设计、监理
68	江苏江宁汤山方山国家地质公园地质遗迹地层剖面保护工程（孔山）	2014 年	工程监理
69	南京浦口区青平江柯三河地质灾害治理工程	2014 年	工程监理
70	江阴市白石山关闭矿山地质灾害治理工程	2014 年	工程设计、监理
71	环固城湖地质环境治理工程（桥头、狮子山、煤杆石矿）	2014 年	工程监理
72	下关区白云雅居地质灾害治理工程（B）	2014 年	工程监理
73	南京市六合区冶山林场白云石厂关闭矿山地质环境治理工程	2014 年	工程设计
74	南京市六合区冶山林场白云石二矿关闭矿山地质环境治理工程	2014 年	工程设计
75	南京市六合区冶山林场白云石三矿关闭矿山地质环境治理工程	2014 年	工程设计
76	南京市六合区冶山林场白云石三厂关闭矿山地质环境治理工程	2014 年	工程设计
77	南京市六合区冶山林场金牛山采石场关闭矿山地质环境治理工程	2014 年	工程设计
78	南京市六合区冶山林场冶东村二关闭矿山地质环境治理工程	2014 年	工程设计

续表 4

序号	项目名称	实施时间	工作内容
79	南京市六合区竹镇镇乌山村洪营采石场关闭矿山地质环境治理工程	2014 年	工程设计
80	南京市六合区金牛湖街道枣园石矿关闭矿山地质环境治理工程	2014 年	工程设计
81	南京市六合区横梁街道横山砂矿关闭矿山地质环境治理工程	2014 年	工程设计
82	江阴市敔山湾耙齿山关闭矿山地质环境治理工程设计	2014 年	工程设计
83	南京市栖霞区龙潭采石场青龙山矿区关闭矿山地质环境治理工程	2014 年	工程设计
84	苏州市吴中区光福镇凤凰山一标段关闭矿山地质环境治理工程	2014 年	工程设计
85	苏州市吴中区光福镇凤凰山二标段关闭矿山地质环境治理工程	2014 年	工程设计
86	苏州市吴中区光福镇坳里矿（含白泥宕）三标段关闭矿山地质环境治理工程	2014 年	勘查、工程设计
87	镇江市西南片区凤凰山地质灾害治理工程	2014 年	工程设计
88	江阴市长山国防工程拆除暨地质灾害治理项目	2015 年	工程监理
89	江南水泥有限公司牛山头矿区 1 号宕口废弃矿山地质环境治理工程	2015 年	工程监理
90	苏州高新区枫桥街道罗介山废弃矿山地质环境治理工程	2015 年	工程监理
91	常熟市大义小山关闭矿山宕口地质灾害治理示范工程一期（新区松林山、大王山）	2015 年	工程监理
92	京沪高铁沿线（江阴段）鹤山采石宕口坡面地质环境治理工程	2015 年	工程设计
93	京沪高铁沿线（常州段）鹤山采石宕口坡面地质环境治理工程	2016 年	工程设计
94	镇江新区地质环境治理工程示范工程一期 新区松林山、大王山	2016 年	工程设计
95	麒麟街道泉水社区中通速递东侧山体崩塌地质灾害治理工程	2016 年	工程设计
96	南京市江宁区汤山街道龙尚水库南侧山体崩塌地质灾害治理工程	2016 年	工程设计
97	光大环保能源（江阴）有限公司北侧边坡地质环境治理项目	2016 年	可研、工程设计
98	高淳区固城镇丁家山废弃露采矿山地质环境治理工程	2016 年	工程监理
99	南京大学科学园地质环境治理工程	2016 年	工程监理
100	高淳区禅林山地质环境治理工程	2016 年	工程监理
101	六合区雄州街道瓜埠山西侧崩塌地质灾害治理工程	2016 年	工程监理

续表 4

序号	项目名称	实施时间	工作内容
102	浦口区沿山大道北侧赵家洼地质灾害点治理工程	2016 年	工程监理
103	连云港市海州区锦屏磷矿塌陷区刘志洲山废茅合口地质环境治理工程一标段	2016 年	工程监理
104	江阴市云亭镇定山西北坡地质灾害治理工程	2016 年	工程监理
105	江阴市华士镇砂山东坡关闭矿山地质环境治理项目	2017 年	工程设计、监理
106	江阴市华士镇砂山南坡地质灾害治理项目	2017 年	工程设计、监理
107	宁安铁路(江苏段)沿线江宁区铜井洪幕关闭矿山地质环境治理项目	2017 年	可研、工程设计、监理
108	宁安铁路(江苏段)沿线江宁区石山西、自得庄园、铺头东关闭矿山地质环境治理项目	2017 年	工程设计、监理
109	宁安铁路(江苏段)沿线江宁区祖堂山南坡关闭矿山地质环境治理项目	2017 年	可研、工程设计
110	南京市江宁区窦村采石场关闭矿山南部关闭矿山地质环境治理工程	2017 年	可研、工程设计
111	宁启铁路沿线六合区横山组崩塌地质灾害治理工程	2017 年	可研、工程设计
112	南京市江宁区江宁街道南山湖社区 石山组崩塌地质灾害治理工程	2017 年	工程设计
113	盱眙铁山寺风景区滑坡地质灾害勘查及治理工程	2017 年	可研、勘查、工程设计
114	苏州高新区大阳山国家森林公园阳山东南坡地层剖面保护工程(水魔方)	2017 年	可研、勘查、工程设计
115	幕燕环山路地质灾害治理工程	2017 年	工程监理
116	高淳区游子山真如禅寺地质灾害治理工程	2017 年	工程监理
117	南京市浦口区沿江街道冯墙社区马庄组滑塌地质灾害治理工程	2017 年	工程监理
118	江苏江宁汤山方山国家地质公园地质遗迹地层滑坡地质灾害治理工程	2017 年	工程监理
119	八南塘山反祖堂山北麓盘山公路滑坡地质灾害治理工程	2017 年	工程监理
120	江阴市稷山地质灾害治理工程	2017 年	工程监理
121	镇江地质环境治理示范工程三期一期一标段	2017 年	工程监理
122	镇江地质环境治理示范工程三期二期二标段	2017 年	工程监理
123	南京宝华项目中组团地质灾害治理监理工程	2017 年	工程监理
124	南京市栖霞区杨梅山东北部地质环境治理工程	2018 年	工程设计、监理

续表4

序号	项目名称	实施时间	工作内容
125	南京市江宁区横溪街道山景砂石场关闭矿山地质环境治理工程	2018年	工程设计
126	南京市江宁区禄口街道桑园采石场关闭矿山地质环境治理工程	2018年	工程设计
127	十月公社科技创业园(蚂蚁山西侧)崩塌、滑坡地质灾害消险治理工程	2018年	工程监理
128	汤山度假区建军、建设采石场废弃宕口矿山地质环境治理项目	2018年	工程监理
129	汤山康养小镇项目山体治理工程	2018年	工程监理
130	江宁区长山地质环境治理工程	2018年	工程监理

表5 矿咨中心第二类技术服务项目汇总表

序号	项目名称	实施时间	工作内容
1	徐州市贾汪区大蒋门矿高山矿段水泥用灰岩详查	2004年	矿产地质详查
2	梅山铁矿资源储量分割	2009年	资源储量分割
3	宁杭高铁压覆重要矿产资源评估	2011年	压矿评估和资源储量分割
4	宁启铁矿复线压覆矿产评估	2012年	压矿评估与储量分割
5	苏南运河四改三压覆重要矿产资源评估	2012年	压矿评估与储量分割
6	262省道压覆重要矿产资源评估与储量分割	2015年	压矿评估与储量分割
7	苏州高新区轨道2号线压覆重要矿产资源评估与储量分割	2015年	压矿评估与储量分割
8	南京地铁5号线压覆重要矿产资源评估与储量分割	2016年	压矿评估与储量分割
9	360省道压覆矿产评估与储量分割	2016年	压矿评估与储量分割
10	宜兴至长兴高速公路压覆矿产评估与储量分割	2016年	压矿评估与储量分割
11	江苏南沿江铁路压覆矿产评估与储量分割	2017年	压矿评估与储量分割
12	江苏船山石灰石矿储量年报	2013年	矿山储量动态监测

续表 5

序号	项目名称	实施时间	工作内容
13	中国水泥厂非法采矿鉴定	2006 年	非法采矿鉴定
14	徐州中联水泥厂非法采矿鉴定	2012 年	非法采矿鉴定
15	邳州石膏矿开采监理	2009 年	地下矿山开采监理
16	六合区矿山开采监理	2012 年	露采矿山开采监理
17	徐州市煤炭矿山开采监理	2012 年	地下矿山开采监理
18	江苏省废弃矿井治理规划	2010 年	废弃矿井调查与治理规划
19	镇江市废弃矿井治理规划	2011 年	废弃矿井调查与治理规划
20	宿迁市路马湖砂矿矿产资源开发利用方案	2004 年	矿产资源开发利用方案
21	上海铁路局石榴园采石场矿产资源开发利用方案	2009 年	矿产资源开发利用方案
22	泰州砖瓦粘土矿开发利用方案	2011 年	矿产资源开发利用方案
23	赣榆三清阁大理石矿技术方案	2012 年	技术改造方案编制
24	矿业权实地核查数据整理与登记数据库更新试点	2010 年	矿业权数据变更与换证
25	矿业权实地核查成果数据规范化整理和应用	2011 年	矿业权数据转换
26	江苏省宝玉石(赏石)资源调查评价	2014 年	宝玉石资源调查
27	镇江韦岗铁矿采矿权价款评估	2004 年	采矿权价款评估
28	内蒙古东胜煤田乃马岱勘查区煤矿探矿权评估	2007 年	探矿权价款评估
29	上海梅山铁矿采矿权评估	2009 年	采矿权价款评估
30	徐州矿务集团沱城煤矿张集煤矿采矿权评估	2013 年	采矿权价款评估
31	上海太平洋化工(集团)淮安元明粉有限公司采矿权评估	2015 年	采矿权价值咨询
32	江苏省矿产资源开发利用年报	每年	全省矿产资源开发利用与管理统计信息分析

续表 5

序号	项目名称	实施时间	工作内容
33	江苏省绿色矿山建设评估工作	2017年	分析重点矿山企业绿色矿山建设进程和绿色矿山示范区建设，建立绿色矿山名录库
34	省级地质遗迹保护规划编制要求研究	2012年	为全国省级地质遗迹保护规划提供规范
35	邳州石省级地质公园地质考察与申报	2012年	开展邳州石山地质遗迹调研，申报省级地质公园
36	江苏贾汪叠层石地质公园考察与申报	2012年	开展贾汪叠层石地质遗迹调研，申报省级地质公园
37	赣榆县班庄抗日山省级地质公园考察与申报	2012年	开展抗日山地质遗迹调研，申报省级地质公园
38	镇江句容赤山地质公园考察与申报	2013年	开展赤山地质遗迹调研，申报省级地质公园
39	江苏省重要矿产"三率"调查与评价	2013年	开展重点矿种矿山企业"三率"现状评价，为我国重点矿种矿山企业"三率"现状评价指标体系提供依据
40	南京、无锡、苏州、淮安、镇江等地山体资源特殊保护区划定方案	2011年	按照《江苏省地质环境保护条例》的要求，划定山体资源特殊保护范围，提出保护分区管理要求
41	江苏省山体资源特殊保护区图册	2012年	编制全省山体资源特殊保护区分县图册
42	江苏省矿产资源规划实施年度计划方案	2011年—2013年	开展规划主要目标任务和工程的年度实施跟踪和评估，推进规划实施管理
43	江苏省矿产资源中期评估	2012年	对矿产资源规划实施中期的实施情况和效果进行评估
44	南京、徐州、连云港、淮安、镇江等地国家级绿色矿山建设申报	2011年—2014年	开展重要矿山绿色矿山建设可行性调研，编制国家级绿色矿山申报报告
45	江苏省石榴子石、金红石矿业权出让方式调整普查	2016年	出让方式调整论证
46	江苏省古生物化石资源调查评价	2016年	古生物化石资源调查与保护规划
47	华东地区重要地质遗迹调查（江苏）	2017年	重要地质遗迹调查与数据库建设
48	全省矿权人勘查开采信息实地核查	2017年	公示信息实地核实
49	江苏省矿业权出让收益基准价制定	2018年	矿业权出让收益基准价制定研究

表 6 测试所代表性测试服务项目（化学分析类）

序号	项目名称/送样单位	实施时间	检测项目或参数
1	山西省黄土高原盆地经济带1:25万多目标区域地球化学调查	2002年	土壤样品中 Al₂O₃、Ba、Br、CaO、Cl、Cr、Cu、Fe₂O₃、Ga、K₂O、MgO、Mn、Na₂O、Nb、Ni、P、Pb、Rb、S、SiO₂ 等67个元素及氧化物
2	江苏省国土生态地球化学调查	2003年—2008年	土壤样品中 Al₂O₃、Ba、Br、CaO、Cl、Cr、Cu、Fe₂O₃、Ga、K₂O、MgO、Mn、Na₂O、Nb、Ni、P、Pb、Rb、S、SiO₂ 等67个元素及氧化物
3	上海市土地环境质量监测、上海典型地区多目标地球化学调查等	2005年—2018年	土壤样品中 Al₂O₃、Ba、Br、CaO、Cl、Cr、Cu、Fe₂O₃、Ga、K₂O、MgO、Mn、Na₂O、Nb、Ni、P、Pb、Rb、S、SiO₂ 等67个元素及氧化物
4	1:20万区域地质调查	2007年—2009年	水系沉积物样品中 Ag、Al₂O₃、As、Au、B、Ba、Be、Bi、CaO、Cd、Co、Cr、Cu、F、Fe₂O₃、Hg、K₂O、La、Li、MgO 等40个元素及氧化物
5	全国土壤污染调查	2007年—2010年	土壤样品中 Ag、Al₂O₃、As、B、Ba、Be、Bi、CaO、Cd、Ce、Co、Cr、Cs、Cu、Dy、Er、Eu、F、Fe₂O₃ 等61个元素及氧化物
6	贵州省多目标地球化学评价	2008年—2010年	土壤样品中 Ag、Al₂O₃、As、Au、B、Ba、Be、Bi、Br、C、CaO、Cd、Ce、Cl、Co、Cr、Cu、F、Fe₂O₃ 等54个元素及氧化物
7	设施农业监测等	2008年—2018年	土壤样品中 As、Cd、Cr、Cu、Hg、Ni、Pb、Zn 等污染物
8	上海市地下水基础环境状况调查评估、上海市地面沉降及地质环境长期监测、地下水人工回灌试验等	2008年—2018年	地下水样品无机全分析、有机污染物分析（可挥发性有机物、半挥发性有机物）
9	龙冠（黄泥尖）金（铜）矿普查、西横山南京市江宁区龙冠（黄泥尖）金（铜）矿普查化探土壤测量、铜井銮山矿区	2008年—2018年	Ag、Au、Cu、Pb、S、Zn、Fe、Mo、Sn、WO₃ 等元素及氧化物
10	印尼塔岛铁矿石普查项目	2009年—2012年	铁矿石样品中 As、mFe、Mn、P、S、Sn、TFe 等元素
11	西横山洞子洞北部普查等	2009年—2013年	土壤样品中 Cu、Pb、Zn、As、Bi、Sb、Ag、Au、Cu、Pb、Zn、Ag、As、Bi、Sb 等元素
12	新疆铜金矿普查、安徽庐江铜铁矿普查、安徽泾县-宣城地区1:5万地质草测等项目	2009年—2014年	土壤样品中 Au、Cu、Mo、Pb、W、Zn、As、Sb、Ag、Sn 等元素
13	印尼塔岛多金属石普查	2011年—2015年	多金属矿样品中 Au、Bi、Cd、Mo、W、As、Hg、Sb、Ag、Sn、Cu、Pb、Zn、As、Sn、Ag 等元素
14	江苏省农用地土壤污染普查	2013年—2014年	土壤样品中 As、Hg、pH、Cd、Cr、Pb、CEC 等元素和项目
15	广西土地质量地球化学评价	2014年—2016年	土壤样品中 As、B、CaO、Cd、Co、Cr、Cu、F、Hg、I、K₂O、MgO、Mn、Mo、N、Ni、P、Pb、pH、S、Se、V、Zn、有机碳等元素及氧化物
16	江苏省农产品产地土壤重金属污染防治	2014年—2017年	土壤样品中 As、Hg、pH、Cd、Cr、Pb 等元素、农产品理化性质、农产品重金属等测试
17	全国农用地土壤重金属污染详查	2017年—2018年	土壤重金属、有机污染物、理化性质、农产品样品中 As、Hg、Cd、Cr、Pb 等

表 7 测试所代表性测试技术服务项目（物性测试、岩土试验类）

序号	项目/工程名称	实施时间	检测项目或参数
1	南京地铁工程诸线	2005 年—	土工试验、岩石物理力学性质试验、热物理性质试验、电阻率试验、岩矿鉴定、水质简分析和土的腐蚀性试验等
2	京沪高速铁路及相关工程	2005 年—2013 年	土工试验、岩石物理力学性质试验、岩矿鉴定、水质简分析和土的腐蚀性试验等
3	宁安城际、宁杭城际、沪宁城际等铁路工程	2007 年—2010 年	土工试验、岩石物理力学性质试验、岩矿鉴定、水质简分析和土的腐蚀性试验等
4	西气东输管道、川气东送管道及相关工程	2005 年—2015 年	土工试验、岩石物理力学性质试验、岩矿鉴定
5	南京长江诸大桥工程	2005 年—2017 年	岩石物理力学性质试验、岩矿鉴定
6	南京多条过江隧道工程	2005 年—2016 年	岩石物理力学性质试验、岩矿鉴定
7	港珠澳、泉州湾、胶州湾、杭州湾、青岛海湾、大连湾等跨海大桥工程	2005 年—2016 年	岩石物理力学性质试验、岩矿鉴定
8	南京、泰州、镇江、淮安等市浅层地温能调查评价	2011 年—2015 年	土工试验、岩石物理力学性质试验、热物理性质试验等
9	郑州、安阳、鹤壁等城市地热能调查评价	2010 年—2015 年	土工试验、热物理性质试验等
10	镇江、泰州、中原城市群、芜湖、池州等市城市地质调查和环境地质调查	2011 年—2018 年	土工试验、岩石物理力学性质试验、热物理性质试验等
11	江苏沿海经济区综合地质调查	2013 年—2015 年	土工试验、岩石物理力学性质试验
12	江苏沿海地区地面沉降耦分模拟研究	2014 年—2017 年	土工试验
13	苏南现代化建设示范区综合地质调查	2015 年—2017 年	土工试验、岩石物理力学性质试验
14	南部新城红花机场地区基础设施项目南片区	2016 年—2017 年	岩石物理力学性质试验、热物理性质试验、电阻率试验、岩矿鉴定等
15	盱眙凹土资源潜力调查、江苏省矿产评价等项目	2004 年—2010 年	非金属矿物化性能试验
16	南京空军新机场建设工程	2012 年—2014 年	场道及附属工程的建设工程质量检测、土工试验等